APPLICATION

DE

L'ARITHMÉTIQUE

AU COMMERCE ET A LA BANQUE

d'après les principes de Bezout,

PAR J.-B. JUVIGNY.

Cinquième édition,

APPROUVÉE PAR LA SOCIÉTÉ DES MÉTHODES D'ENSEIGNEMENT

ET ADOPTÉE PAR L'ÉCOLE SPÉCIALE DE COMMERCE DE PARIS.

PARIS,

A LA LIBRAIRIE DU COMMERCE,

CHEZ RENARD, RUE SAINTE-ANNE, 71.

1840.

Paris. — Imprimerie de PAUL DUPONT et Cⁱᵉ,
rue de Grenelle-St-Honoré, 55.

APPLICATION

DE L'ARITHMÉTIQUE

AU COMMERCE ET A LA BANQUE.

IMPRIMERIE DE Mᵐᵉ HUZARD, NÉE VALLAT LA CHAPELLE,
RUE DE L'ÉPERON, N° 7.

APPLICATION

DE

L'ARITHMÉTIQUE

AU COMMERCE ET A LA BANQUE,

D'après les Principes de Bezout,

Par J.-B. JUVIGNY.

QUATRIÈME ÉDITION

APPROUVÉE PAR LA SOCIÉTÉ DES MÉTHODES D'ENSEIGNEMENT ET
ADOPTÉE PAR L'ÉCOLE SPÉCIALE DE COMMERCE DE PARIS.

Paris,

RENARD, A LA LIBRAIRIE DU COMMERCE, RUE Ste-ANNE, N° 71;
FIRMIN DIDOT PÈRE ET FILS, libraires, rue Jacob, N° 24;
BACHELIER, libraire, quai des Augustins, N° 55.

AOUT 1835.

TABLE DES MATIÈRES.

CHAPITRE II.

THÉORIE DES COMPTES COURANS.

CHAPITRE III.

DES FONDS PUBLICS FRANÇAIS ET ÉTRANGERS.

CHAPITRE IV.

DES CHANGES ÉTRANGERS.

CHAPITRE V.

DES ARBITRAGES.

FIN DE LA TABLE DES MATIÈRES.

_À_

Monsieur Jacques Lafitte,

Chevalier de la Légion-d'Honneur,

et Membre de la Chambre des Députés.

Monsieur,

C'est particulièrement à un homme qui, par la supériorite de ses connaissances, s'est placé au premier rang dans le monde commerçant, qu'il appartient d'apprécier l'utilité d'un Ouvrage dont l'unique objet est de rendre plus simple et plus facile la solution des problèmes les plus épineux de l'Arithmétique commerciale. L'hommage que voulez bien agréer du mien, je le regarde comme un préjugé favorable à son succès, et si le public vient à ratifier votre suffrage, tous mes vœux seront rémplis.

Agréez, Monsieur, l'assurance de la considération bien distinguée avec laquelle j'ai l'honneur d'être

Votre dévoué serviteur
et affectionné compatriote,

J.-B. Juvigny.

SOCIÉTÉ DES MÉTHODES D'ENSEIGNEMENT.

Paris, le 6 janvier 1828.

Rapport fait à la Société des Méthodes d'Enseignement sur le Traité d'Arithmétique commerciale de M. J.-B. Juvigny.

Lorsque, il y a plusieurs années, M. Juvigny fit paraître son Traité d'Arithmétique commerciale, en 2 volumes in-8°, il demanda les conseils de la Société des méthodes pour améliorer son travail, et le 8 janvier 1822, vous avez accordé votre approbation à la première édition de cet ouvrage, sur le rapport qui vous en fut fait, au nom de M. Tisserand et au mien. En donnant des éloges à l'auteur, nous lui avions indiqué plusieurs améliorations importantes. L'édition étant épuisée, M. Juvigny s'est appliqué à revoir son travail avec un grand soin ; et, docile à la critique, il n'a livré la troisième édition au public qu'après y avoir introduit des changemens remarquables. Le traité n'a plus qu'un seul volume au lieu de deux ; les explications en sont faites avec plus de soin et de clarté, et l'ouvrage est très recommandable.

L'Arithmétique de *Bezout* est, comme les autres ouvrages de ce savant, écrite avec un ordre et une clarté que personne ne conteste. Le reproche que l'on fait à la rédaction de ce traité est qu'il est incomplet, parce qu'il omet de considérer une foule de sujets qui font essentiellement partie de l'arithmétique élémentaire, et principalement de celle qui s'applique au commerce et à la banque. Ces lacunes sont surtout un défaut quand on destine l'ouvrage à l'enseignement des personnes qui se dévouent aux professions les plus nombreuses de la société. M. Juvigny a cru devoir emprunter à *Bezout* la théorie, la logique et le style des explications qui servent de base aux calculs numériques, et compléter ce travail en y ajoutant toutes les applications et les théories qui y manquent. Les exemples mêmes de *Bezout* sont remplacés par d'autres, qui sont tirés des usages et des besoins du commerce. Les emprunts faits à *Bezout* n'excèdent pas 80 pages : le reste du livre est consacré à l'application des principes généraux de l'arithmétique à tous les cas que le commerce réclame ; tels sont les changes, les arbitrages, les négociations de banque, l'évaluation des comptes courans, celle des prix des liqueurs, les escomptes et intérêts, des notions sur les monnaies tant réelles que fictives ou de compte, la théorie des opérations sur les fonds publics français et étrangers, etc., etc.

On doit louer M. Juvigny des améliorations qu'a subies son ouvrage, et la Société des méthodes verra avec plaisir que son influence et ses conseils ont contribué à produire un bon livre d'arithmétique, en indiquant à l'auteur de sages réformes. Ce traité sera fort utile entre les mains des jeunes gens qui se destinent au commerce et à la banque, et j'ai l'honneur de vous proposer d'accorder votre approbation au livre que le public accueille déjà avec empressement.

Signé FRANCOEUR, rapporteur.

Le Conseil approuve le présent rapport, et en adopte les conclusions.

Paris, le 10 février 1828.

Signé LE COMTE DE LASTEYRIE.

Paris, le 17 juillet 1835.

Le Directeur de l'École spéciale de Commerce de Paris
à M. Juvigny.

Monsieur,

Nous avons pris le temps nécessaire pour examiner la nouvelle édition de votre traité d'arithmétique. Les additions importantes qu'elle renferme, la méthode parfaite qui y règne et la clarté de vos démonstrations en font un ouvrage essentiellement propre au commerce, et je m'empresse de l'adopter pour l'enseignement de l'arithmétique dans mon établissement.

Je suis charmé que cette circonstance me procure l'occasion de vous renouveler, monsieur, l'assurance de mes sentimens distingués.

BLANQUI.

AVANT-PROPOS.

La Société des méthodes d'enseignement, tout en signalant la première édition de cet ouvrage comme éminemment utile pour le commerce, avait trouvé qu'elle laissait à désirer sous le rapport de la rigueur des démonstrations. Je crus ne pouvoir mieux profiter de cette observation critique qu'en empruntant, dans une nouvelle édition, les premiers élémens de calcul à l'Arithmétique de *Bezout*, qui fait partie des livres adoptés par l'Université, et qui se distingue par une clarté et une précision vraiment remarquables. Mon travail, ainsi modifié, je m'empressai de le soumettre de nouveau à la même Société, qui, cette fois, le jugea digne de sa complète approbation, ainsi que cela conste du rapport de M. Francœur, dont on trouvera copie, page x, et que je n'avais pas encore publié jusqu'à ce jour.

Comme *Bezout* écrivait pour la marine, et que je travaille pour le commerce, j'ai dû, à raison de cette différence de but, retrancher, ajouter et modifier. En conséquence, j'ai souvent substitué, aux exemples de cet auteur, d'autres exemples plus appropriés à mon objet, mais en conservant toujours ses raisonnemens et ses démonstrations, et sans jamais altérer le texte quant au fond. Au surplus, pour mettre le lecteur à même de ne pas confondre mon travail avec celui de *Bezout* (car je ne veux pas me parer des plumes du paon), j'ai eu soin d'indiquer, dans des notes, tous les numéros et paragraphes que j'ai ajoutés. Cette précaution eût été superflue pour tout ce qui concerne le système des nouvelles mesures, qui est entièrement de moi, parce que l'adoption de ce système, ne datant que du commencement de la révolution de 89, *Bezout*, mort long-temps auparavant, n'avait pu le comprendre dans son ouvrage.

Mes emprunts à *Bezout* finissent au n° 185 de la page 105, et, en retranchant de ce qui précède ce qui m'appartient en propre, ces emprunts se réduisent à environ 80 pages, et encore que je n'ai pas toujours copiées littéralement, puisque, je le répète, j'y ai fait plusieurs modifications.

Le présent ouvrage est divisé en deux parties, dont la première, qui sert d'introduction à la seconde, contient un petit Traité d'arithmétique (car, parler calcul sans parler principes, c'est bâtir sans fondations), lequel est terminé par des notions générales sur les monnaies, indispensables à tous ceux qui veulent faire le commerce des matières d'or et d'argent.

La seconde partie est divisée en cinq chapitres, dont le premier comprend les opérations les plus usuelles du commerce et de la banque. Ce premier chapitre contient aussi un petit travail sur les intérêts composés et sur les annuités, d'après lequel les questions de ce genre se trouvent réduites à une multiplication ou à une division pure et simple, au moyen de deux tables construites à cet effet (1).

Le second chapitre contient une théorie complète des comptes courans portant intérêt. Après avoir passé en revue, pour les comptes courans ordinaires, divers modes de réglement, dont quelques uns sont peu connus, ou bien nouveaux, j'ai abordé et traité à fond les comptes courans dans lesquels le taux d'intérêt n'est pas réciproquement le même entre les deux parties. Ce dernier cas entraîne nécessairement l'emploi d'une méthode toujours fort compliquée, mais qu'on ne saurait éluder, pourtant, comme font certains négocians, sans commettre des erreurs graves au préjudice

____

(1) Ce travail est extrait de mon ouvrage intitulé : *Moyen de suppléer par l'Arithmétique à l'emploi de l'Algèbre*, etc., qui se trouve chez Bachelier.

(xv)

de l'un des deux intéressés, selon que je l'ai démontré au n° 270.

Le troisième chapitre traite exclusivement des fonds français et étrangers.

Le quatrième renferme un traité sur les changes, et le cinquième est consacré aux arbitrages de banque.

A l'égard de ces dernières spéculations, le plus difficile ni le plus essentiel n'est pas de simplifier le mécanisme du calcul, à l'aide de formules abrégées ou autrement (quoique cette simplification soit fort bonne en elle-même, assurément); mais bien de perfectionner la méthode qui doit diriger dans la conclusion à tirer du résultat de ces mêmes calculs; car, quel qu'en soit d'ailleurs le mode d'exécution, ils ne seraient, dans cette occasion, qu'un instrument impuissant, si l'on ne savait interroger lesdits résultats d'après des règles fixes et invariables, qui sont pour le banquier ce que la boussole est pour le navigateur.

J'ai cru que le meilleur moyen d'atteindre ce but était de ramener les arbitrages proprement dits à leur essence véritable, c'est à dire à la vente des monnaies étrangères, dont les lettres de change sont le signe représentatif. Envisagées sous ce point de vue, les spéculations de banque deviennent aussi faciles à apprécier que les opérations mercantiles en général, que celles où il s'agirait, par exemple, d'acheter ou de vendre une aune de drap, pourvu toutefois qu'on ait bien précisé d'avance, ainsi que je l'ai fait, les cas où l'avantage de la spéculation consiste, tantôt dans le plus bas, tantôt dans le plus haut prix du change, et qu'en outre on ait enseigné à évaluer les frais de toute espèce qui viennent en déduction du bénéfice, comme je l'ai fait aussi au fur et à mesure de chaque exemple.

Après avoir développé la seule méthode d'après laquelle il convient, selon moi, d'étudier cette branche si intéressante et si noble de la science du banquier (pour peu, du moins, qu'on veuille sortir de l'ornière de la routine), j'ai terminé ce chapitre par des notions complémentaires, où j'ai résumé en quelques pages le système adopté depuis long-temps dans la banque, pour éviter les essais inutiles, autrement dits tâtonnages.

Quoique je n'aie rien changé, quant au fond, à la présente édition, cependant les additions et les changemens qu'elle renferme sont si considérables, qu'elle peut être regardée, à plusieurs égards, comme un nouvel ouvrage. Parmi ces diverses modifications, je me bornerai à signaler les plus importantes.

D'abord, j'y ai traité avec beaucoup plus de développement les règles d'échéance commune, et surtout celles d'intérêt simple, pour lesquelles j'ai indiqué de nouveaux modes de solution qui abrègent considérablement les calculs.

Le troisième chapitre, consacré aux fonds publics, qui, dans la dernière édition, ne comprenait que les opérations relatives aux rentes perpétuelles françaises et aux fonds napolitains, embrasse en outre, dans celle-ci, les actions de la banque de France, le dernier emprunt de la ville de Paris, de 40 millions de capital, l'emprunt espagnol, dit *Ardoin*, les obligations métalliques d'Autriche, l'emprunt romain et l'emprunt belge de 1831, l'emprunt grec, les deux emprunts de Don Miguel et de Don Pédro, et enfin l'emprunt de Piémont, de 27 millions de livres neuves de capital.

Toute la partie du quatrième chapitre qui sert d'introduction aux opérations arithmétiques relatives aux changes étrangers a été entièrement refondue. Les innovations survenues, depuis environ vingt ans, dans le mode de change de divers pays, ont été la principale cause de ce remaniement, auquel j'ai apporté tout le soin dont j'étais capable. Aussi, tous les rapports indiqués dans les cotes de change des diverses places de commerce de l'Europe qu'on trouvera dans ledit chapitre, sont-ils de la plus grande exactitude, attendu qu'ils sont puisés dans les bulletins originaux, que j'ai eu soin de me procurer chez les premiers banquiers de

la capitale, et notamment chez M. Rothschild. Ce premier
changement en a nécessité un second, parce que, dans
l'application de la théorie à la pratique, il était plus naturel
de substituer aux exemples calculés précédemment, sur des
données tombées depuis en désuétude, d'autres exemples
appropriés aux nouvelles données.

J'ai profité de cette circonstance pour donner plus d'exten-
sion et un classement plus méthodique à ce même travail.
Sans parler de beaucoup d'autres additions de détail, j'ai
ajouté, à la suite de la nomenclature des monnaies de change
de chaque pays, un tableau indiquant le titre et le poids
réels des monnaies effectives d'or et d'argent, et leur *valeur
réelle* en francs. Ces tableaux seront d'autant plus utiles que,
Bonnet et Bonneville exceptés, tous les auteurs qui ont
écrit sur le même sujet, ont donné, d'après l'*Annuaire du
Bureau des longitudes*, comme valeur réelle de ces mêmes
monnaies, leur *valeur légale*, laquelle est erronée dans
son application au commerce, ainsi que je l'ai prouvé
page 113. En outre, j'ai eu soin d'augmenter le prix des
monnaies d'argent de la valeur acquise à chaque titre, par
suite de la découverte du nouveau mode d'essai dit de *la voie
humide*, et de calculer les prix de toutes les monnaies d'or et
d'argent au dessous de 900 millièmes, d'après la diminution
qu'ont subie les frais d'affinage et ceux de fabrication, en
vertu des ordonnances royales des 15 octobre 1828 et 27 février 1835.

Au moyen de ces diverses précautions, toutes les valeurs
portées dans ces tableaux sont d'une exactitude tellement
rigoureuse, qu'on ne peut la rencontrer dans aucun des ouvrages publiés antérieurement au 6 juin 1830 (époque de la
mise en vigueur du nouveau procédé d'essai de la voie humide), et par conséquent pas même dans l'excellent traité
de Bonneville, qui se trouve dans ce dernier cas (1).

(1) L'ordonnance royale du 27 février 1835, relative à la diminution

Quant aux opérations arithmétiques relatives aux changes étrangers, auxquelles est consacré le reste de ce quatrième chapitre, non seulement ce travail a été tellement augmenté qu'on peut le regarder comme un traité complet sur la matière, mais il a été en outre sensiblement amélioré. En effet, quoique la méthode analytique connue sous le nom de *nombres fixes*, employée dans mes précédentes éditions, ait l'avantage incontestable d'abréger considérablement les calculs, puisqu'elle consiste à réduire à leur plus simple expression les nombres sur lesquels on doit opérer, cependant elle laissait à désirer, en ce sens, qu'elle ne dispensait pas de recourir aux multiplications et divisions complexes auxquelles donnent continuellement lieu les questions sur les changes. Voilà précisément pourquoi, tout en conservant cette méthode des nombres fixes, j'ai fait disparaître cet inconvénient une fois pour toutes, en appliquant le calcul décimal auxdites questions. Il m'a suffi pour cela de convertir, en décimales, les sous-multiples de l'unité principale des monnaies de change en usage dans les diverses places de commerce de l'Europe. Mais, pour épargner au lecteur la peine et la perte de temps qu'occasioneraient ces sortes de conversions, j'ai construit des tables où ces calculs se trouvent tout faits. Ainsi la méthode actuelle, qui est la plus expéditive de toutes, a le triple avantage :

1°. D'exprimer d'abord, par les plus petits nombres possibles, les valeurs sur lesquelles on devra opérer ;

2°. D'abréger ensuite l'opération définitive, autant qu'elle peut l'être, en lui appliquant le calcul décimal ;

3°. Enfin de se résumer, par des règles générales, qui dispensent, une fois pour toutes, de la pose de la conjointe,

des frais de fabrication, ayant paru pendant que mes tableaux étaient sous presse, les valeurs portées dans les deux dernières colonnes desdits tableaux, ont besoin, il est vrai, d'être rectifiées ; mais comme je donne, page 884, une méthode fort simple d'opérer cette rectification, l'utilité de ce travail n'en subsiste pas moins pour cela.

et dans lesquelles sont indiqués les *nombres fixes* par lesquels on devra alternativement, soit multiplier, soit diviser la quantité proposée; après toutefois avoir complété l'un des deux termes du rapport composé, à l'aide d'un facteur variable, qui est le prix du change.

Ce chapitre est celui de tout l'ouvrage qui m'a donné le plus de peine et d'embarras, sous tous les rapports; car les changes offrent l'image d'un véritable chaos, d'autant plus difficile à débrouiller, que les bulletins où l'on est obligé de puiser sont, la plupart du temps, incomplets, contradictoires, et toujours fort peu intelligibles, puisqu'ils ne mentionnent que les prix incertains, et sans distinction de l'espèce des unités, encore, ce qui jette une double incertitude dans l'esprit. La diversité de valeurs qu'on attribue aux monnaies de change dans quelques places de l'Europe, et surtout d'Allemagne, telles qu'Auguste et Francfort-sur-le-Mein, par exemple, augmente aussi la confusion déjà si grande inhérente à la matière.

Ce n'est pas tout encore : il arrive très souvent que deux places changent entre elles de deux et jusqu'à de trois manières différentes; et cette bizarrerie est commune tout à la fois aux places qui ont conservé le même mode de change qu'avant 89, et à celles qui, au contraire, l'ont modifié depuis environ vingt ans. Quant à ces dernières, c'est bien pis encore; car, pendant qu'un certain nombre de maisons stipulent d'après le nouveau mode de change, un grand nombre d'autres s'en tiennent obstinément à l'ancien. De là des bulletins contradictoires, parce qu'ils sont basés tantôt sur les anciens rapports, et tantôt sur les nouveaux. De là encore la nécessité de partir, pour les opérations cambistes, d'une foule de données différentes.

C'est précisément parce que j'ai voulu remonter à la source de toutes ces contradictions que j'ai dû me livrer aux recherches les plus pénibles, et donner à mon travail un surcroît d'étendue considérable. Mais, quant à ce dernier inconvénient, il est bien racheté, je crois, par des avantages bien réels, tels, par exemple, que l'exactitude dans l'ensemble et les détails, l'explication de tout ce que les cotes de change renferment d'obscur, d'inintelligible, ou de contradictoire, les lacunes que j'ai comblées, et enfin par cette multiplicité de règles générales d'une utilité pratique, qui embrassent tous les changes de l'Europe, et qui s'appliquent à tous les divers modes usités dans chaque place.

Quant au traité de négociations de banque, qui, dans mes précédentes éditions, était comme le parachèvement de l'ouvrage, je l'ai supprimé dans celle-ci, parce qu'il n'est réellement nécessaire qu'à ceux qui se destinent au haut commerce, et que, par conséquent, la classe la plus nombreuse des lecteurs, pour lesquels le reste du livre est composé, peut s'en passer. Mais, pour tout concilier et répondre à tous les besoins, je vais faire réimprimer séparément ce petit traité, avec les changemens que le temps a rendus nécessaires.

En définitive, j'ai cherché à faire un ouvrage qui pût tenir lieu de tous ceux du même genre publiés jusqu'à ce jour, et à le rendre, en même temps, de l'utilité la plus générale possible. C'est dans ce double but que j'ai réuni en un seul volume les différentes branches de l'arithmétique commerciale dont mes devanciers ont fait l'objet de traités séparés; que j'ai commencé par tout démontrer, pour rendre les jeunes gens véritablement profonds dans le calcul; et qu'ensuite j'ai résumé chaque méthode en règles générales qui permettent aux personnes d'un âge mûr de profiter de tous les procédés d'abréviation, sans les obliger à recourir à des démonstrations souvent peu intelligibles pour eux.

Enfin, ce traité est accompagné de deux tables de matières : l'une, qui précède cet avant-propos, est destinée à donner une idée du plan et de l'ensemble de l'ouvrage ; l'autre, placée tout à la fin, est rédigée, au contraire, dans un ordre alphabétique, et avec tant de soin qu'elle doit

nécessairement abréger et rendre très faciles toutes sortes
de recherches.

Après avoir obtenu de la *Société des Méthodes d'ensei-*
gnement une approbation sans réserve de la dernière édition de mon ouvrage, ainsi que je l'ai dit au commencement
de cet avant-propos, il était naturel que je fusse jaloux de joindre à un suffrage aussi honorable celui de *l'École spéciale*
de Commerce de Paris, de cet établissement si éminemment
utile, où des maîtres habiles professent, avec une supériorité bien reconnue, toutes les connaissances théoriques et
pratiques les plus propres à former de véritables négocians.
Aussi, à peine la réimpression de cette nouvelle édition
a-t-elle été terminée, que mon premier soin a été d'en en-
voyer les épreuves à M. le Directeur de cette institution,
avec prière de les soumettre à un examen critique bien ap-
profondi, et j'ai été assez heureux pour que le résultat
m'en ait été favorable, puisque, par la lettre beaucoup
trop flatteuse, sans doute, que M. Blanqui vient de me faire
l'honneur de m'écrire, et dont on trouvera copie à la page xii,
il m'annonce qu'*il s'empresse d'adopter mon ouvrage pour*
l'enseignement de l'arithmétique dans son établissement.

AVIS.

Les numéros placés entre deux parenthèses indiquent les articles sur lesquels on s'appuie dans les endroits où ils sont cités, et qu'il faudra relire toutes les fois qu'on n'aura pas présent le rapport que le premier article peut avoir avec le second.

APPLICATION

DE L'ARITHMÉTIQUE

AU COMMERCE ET A LA BANQUE,

D'APRÈS LES PRINCIPES DE BEZOUT.

PREMIÈRE PARTIE.

Notions préliminaires sur la nature et les différentes espèces de Nombres.

1. On appelle en général *quantité* tout ce qui est suscep-tible d'augmentation ou de diminution. L'étendue, la durée, le poids, etc., sont des quantités. Tout ce qui est quantité est de l'objet des Mathématiques ; mais l'Arithmétique, qui fait partie de ces sciences, ne considère les quantités qu'en tant qu'elles sont exprimées en nombres.

2. L'Arithmétique est donc la science des nombres : elle en considère la nature et les propriétés. Son but est de donner des moyens aisés, tant pour représenter les nombres que pour les composer et décomposer ; ce qu'on appelle *calculer*.

3. Pour se former une idée exacte des nombres, il faut d'abord savoir ce qu'on entend par *unité*.

4. L'unité est une quantité que l'on prend (le plus souvent arbitrairement) pour servir de terme de comparaison à toutes les quantités d'une même espèce : ainsi, lorsqu'on dit un tel corps pèse *cinq* livres, la livre est l'unité, c'est la quantité à laquelle on compare le poids de ce corps ; on aurait pu égale-ment prendre l'once pour l'unité ; et alors le poids de ce corps eût été marqué par quatre-vingts.

5. Le nombre exprime de combien d'unités ou de parties d'unité une quantité est composée.

Si la quantité est composée d'unités entières, le nombre

1

qui l'exprime s'appelle *nombre entier* ; et si elle est composée d'unités entières et de parties de l'unité, ou simplement de parties de l'unité, alors le nombre est dit *fractionnaire*, ou *fraction* ; *trois et demi* font un nombre fractionnaire ; *trois quarts* est une fraction.

6. Un nombre qu'on énonce sans désigner l'espèce des unités, comme quand on dit simplement *trois* ou *trois fois*, *quatre* ou *quatre fois*, s'appelle un *nombre abstrait* ; et lorsqu'on énonce en même temps l'espèce des unités, comme quand on dit *quatre livres, cent tonneaux*, on l'appelle *nombre concret*.

Nous définirons les autres espèces de nombres à mesure qu'il en sera question.

De la Numération et des Décimales.

7. La numération est l'art d'exprimer tous les nombres par une quantité limitée de noms et de caractères : ces caractères s'appellent *chiffres*.

Nous nous dispenserons de donner ici le nom des nombres ; c'est une connaissance familière à tout le monde.

Quant à la manière de représenter les nombres par des chiffres, plusieurs raisons nous engagent à en exposer les principes.

8. Les caractères dont on fait usage dans la numération actuelle, et les noms des nombres qu'ils représentent, sont tels qu'on les voit ici.

zéro, un, deux, trois, quatre, cinq, six, sept, huit, neuf.

    0   1   2   3   4   5   6   7   8   9

Pour exprimer tous les autres nombres avec ces caractères, on est convenu que de dix unités on en ferait une seule, à laquelle on donnerait le nom de *dizaine*, et que l'on compterait par dizaines comme on compte par unités, c. à d. que l'on compterait deux dizaines, trois dizaines, etc., jusqu'à 9 ; que, pour représenter ces nouvelles unités, on emploierait les mêmes chiffres que pour les unités simples, mais qu'on les en distinguerait par la place qu'on leur ferait occuper, en les mettant à la gauche des unités simples.

Ainsi, pour représenter *cinquante-quatre*, qui renferment cinq dizaines et quatre unités, on est convenu d'écrire 54. Pour représenter *soixante*, qui contiennent un nombre exact de dizaines et point d'unité, on écrit 60, en mettant un zéro qui marque qu'il n'y a point d'unités simples, et détermine le chiffre 6 à marquer un nombre de dizaines. On peut, par ce moyen, compter jusqu'à *quatre-vingt-dix-neuf* inclusivement.

9. Remarquons, en passant, cette propriété de la numération actuelle, savoir ; qu'un chiffre placé à la gauche d'un autre, ou suivi d'un zéro, représente un nombre dix fois plus grand que s'il était seul.

10. Depuis 99 on peut compter jusqu'à *neuf cent quatre-vingt-dix-neuf*, par une convention semblable. De dix dizaines on composera une seule unité qu'on nommera *centaine*, parce que dix fois dix font cent ; on comptera ces centaines depuis un jusqu'à neuf, et on les représentera par les mêmes chiffres, mais en plaçant ces chiffres à la gauche des dizaines.

Ainsi, pour marquer *huit cent cinquante-neuf*, qui contiennent huit centaines, cinq dizaines et neuf unités, on écrira 859. Si l'on avait *huit cent neuf*, qui contiennent huit centaines, point de dizaine, et neuf unités, on écrirait 809 ; c. à d. que l'on mettrait un zéro pour tenir la place des dizaines qui manquent. Si les unités manquaient aussi, on mettrait deux zéro : ainsi, pour marquer *huit cents*, on écrirait 800.

11. Remarquons encore qu'en vertu de cette convention, un chiffre suivi de deux autres, ou de deux zéro, marque un nombre cent fois plus grand que s'il était seul.

12. Depuis *neuf cent quatre-vingt-dix-neuf*, on peut compter, par le même artifice, jusqu'à *neuf mille neuf cent quatre-vingt-dix-neuf*, en formant de dix centaines une unité qu'on appelle *mille*, parce que dix fois cent font mille ; comptant ces unités comme ci-devant, et les représentant par les mêmes chiffres placés à la gauche des centaines.

Ainsi, pour marquer *sept mille huit cent cinquante-neuf*, on écrira 7859 ; pour marquer *sept mille neuf*, on écrira 7009, et pour *sept mille*, on écrira 7000, où l'on voit qu'un chiffre suivi de trois autres, ou de trois zéro, marque un nombre mille fois plus grand que s'il était seul.

13. En continuant ainsi de renfermer dix unités d'un certain ordre dans une seule unité, et de placer ces nouvelles unités dans des rangs de plus en plus avancés sur la gauche, on parvient à exprimer d'une manière uniforme,

et avec dix caractères seulement, tous les nombres entiers imaginables.

14. Pour énoncer facilement un nombre exprimé par tant de chiffres qu'on voudra, on le partagera, par la pensée, en tranches de trois chiffres chacune, en allant de droite à gauche : on donnera à chaque tranche les noms suivans, en partant de la droite : *unités, mille, millions, billions, trillions, quatrillions, quintillions, sextillions,* etc. Le premier chiffre de chaque tranche, en partant toujours de la droite, aura le nom de la tranche ; le second celui de dizaines, et le troisième celui de centaines.

Ainsi, en partant de la gauche, on énoncera chaque tranche comme si elle était seule, et l'on prononcera à la fin de chacune le nom de cette même tranche : par exemple, pour énoncer le nombre suivant :

quatrillions, trillions, billions, millions, mille, unités.

23   456   789   234   565   456

On dira vingt-trois *quatrillions,* quatre cent cinquante-six *trillions,* sept cent quatre-vingt-neuf *billions,* deux cent trente-quatre *millions,* cinq cent soixante-cinq *mille,* quatre cent cinquante-six *unités.*

15. De la numération que nous venons d'exposer, et qui est purement de convention, il résulte qu'à mesure qu'on avance de droite à gauche, les unités dont chaque nombre est composé, sont de dix en dix fois plus grandes, et que par conséquent, pour rendre un nombre dix fois, cent fois, mille fois plus grand, il suffit de mettre à la suite du chiffre de ses unités, un, deux, trois zéro : au contraire, à mesure qu'on rétrograde de gauche à droite, les unités sont de dix en dix fois plus petites.

16. Telle est la numération actuelle : elle est la base de toutes les autres manières de compter, quoique dans plusieurs arts on ne s'assujettisse pas toujours à compter uniquement par dizaines, par dizaines de dizaines, etc.

17. Pour évaluer les quantités plus petites que l'unité qu'on a choisie, on partage celle-ci en d'autres unités plus petites. Le nombre en est indifférent en lui-même, pourvu qu'on puisse mesurer les quantités qu'on a dessein d'évaluer ; mais ce qu'on doit avoir principalement en vue dans ces sortes de divisions, c'est de rendre les calculs le plus commodes qu'il sera possible ; c'est pour cette raison qu'au lieu de partager

l'unité en un grand nombre de parties, afin de pouvoir évaluer les plus petites, on ne la partage d'abord qu'en un certain nombre de parties, et qu'on subdivise celles-ci en d'autres plus petites. C'est ainsi que, dans les monnaies, on partage la livre en 20 parties qu'on appelle *sous*, le sou en 12 parties que l'on appelle *deniers*. De même, dans les mesures de poids, on partage la livre en 2 *marcs*, le marc en 8 *onces*, l'once en 8 *gros*, etc. ; en sorte que dans le premier cas on compte par vingtaines et par douzaines; dans le second, par deuxaines et par huitaines, etc.

18. Un nombre qui est composé de parties rapportées ainsi à différentes unités, est ce qu'on appelle un nombre *complexe*; et par opposition, celui qui ne renferme qu'une seule espèce d'unités, s'appelle *nombre incomplexe*. 8^{tt}, ou 8 livres, sont un nombre incomplexe ; 8^{tt} 17^{s} 8^{d}, ou 8 livres 17 sous 8 deniers, sont un nombre complexe.

19. Chaque art subdivise à sa manière l'unité principale qu'il s'est choisie. Les subdivisions de la toise sont différentes de celles de la livre; celles de la livre, différentes de celles du jour, de l'heure; celles-ci différentes de celles du marc ; et ainsi de suite : nous les ferons connaître lorsque nous traiterons des nombres complexes.

20. Mais de toutes les divisions et subdivisions qu'on peut faire de l'unité, celle qui se fait par décimales, c. à d. en partageant l'unité en parties de dix en dix fois plus petites, est incontestablement la plus commode dans tous les calculs (¹). Elle est fort en usage dans la pratique des Mathématiques ; la formation et le calcul des décimales sont absolument les mêmes que pour les nombres ordinaires ou entiers : nous allons les faire connaître.

21. Pour évaluer en décimales les parties plus petites que l'unité, on conçoit que cette unité, telle qu'elle soit, livre, toise, etc., est composée de dix parties, comme on imagine la dizaine composée de dix unités simples, ou comme on imagine la livre composée de 20 sous. Ces nouvelles unités, par opposition aux dizaines, sont nommées *dixièmes* ; on les représente par les mêmes chiffres que les unités simples ; et comme elles sont dix fois plus petites que celles-ci, on les place à la droite du chiffre qui représente les unités simples.

(¹) Telles sont les nouvelles divisions adoptées par le Gouvernement, divisions dont nous donnerons bientôt les dénominations et le calcul.

Mais pour prévenir l'équivoque, et ne point donner lieu de prendre ces dixièmes pour des unités simples, on est convenu en même temps de fixer, une fois pour toutes, la place des unités par une marque particulière : celle qui est le plus en usage est une virgule que l'on met à la droite du chiffre qui représente les unités, ou, ce qui est la même chose, entre les unités et les *dixièmes* ; ainsi, pour marquer *vingt-quatre unités et trois dixièmes*, on écrira 24,3.

22. On peut, de même, regarder actuellement les *dixièmes* comme des unités qui ont été formées de dix autres, dix fois plus petites, chacune, que les *dixièmes*, et par la même raison d'analogie, les placer à la droite des *dixièmes*. Ces nouvelles unités, dix fois plus petites que les *dixièmes*, seront cent fois plus petites que les unités principales, et, pour cette raison, seront nommées *centièmes*. Ainsi, pour marquer *vingt-quatre unités, trois dixièmes et cinq centièmes*, on écrira 24,35.

23. Concevons pareillement les *centièmes*, comme formés de dix parties ; ces parties seront mille fois plus petites que l'unité principale, et pour cette raison seront nommées *millièmes* ; et, comme dix fois plus petites que les *centièmes*, on les placera à la droite de celles-ci. En continuant de subdiviser ainsi de dix en dix, on formera de nouvelles unités qu'on nommera successivement des *dix-millièmes, cent-millièmes, millionièmes, dix-millionièmes, cent-millionièmes, billionièmes,* etc., et qu'on placera dans des rangs de plus en plus reculés sur la droite de la virgule.

24. Les parties de l'unité que nous venons de décrire sont ce qu'on appelle les *décimales*.

25. Quant à la manière de les énoncer, elle est la même que pour les autres nombres. Après avoir énoncé les chiffres qui sont à la gauche de la virgule, on énonce les décimales de la même manière ; mais on ajoute à la fin le nom des unités décimales de la dernière espèce : ainsi, pour énoncer ce nombre 34,572, on dirait trente-quatre unités et cinq cent soixante-douze *millièmes* ; si c'étaient des toises, par exemple, on dirait trente-quatre toises et cinq cent soixante et douze *millièmes* de toise.

La raison en est facile à apercevoir, si l'on fait attention que, dans le nombre 34,572, le chiffre 5 peut indifféremment être rendu ou par cinq *dixièmes*, ou par cinq cents *millièmes*, puisque le *dixième* (22) valant dix *centièmes*, et le *centième* (23) valant dix *millièmes*, le *dixième* contiendra dix fois dix *millièmes*, ou cent *millièmes*; ainsi les cinq *dixièmes* valent cinq cents *millièmes*. Par une raison semblable, le chiffre 7 pourra s'énoncer en disant soixante et dix *millièmes*, puisque (23) chaque *centième* vaut dix *millièmes*.

26. A l'égard de l'espèce des unités du dernier chiffre, on la trouvera toujours facilement en comptant successivement de gauche à droite sur chaque chiffre depuis la virgule, les noms suivans : *dixièmes*, *centièmes*, *millièmes*, *dix millièmes*, etc.

27. Si l'on n'avait pas d'unités entières, mais seulement des parties de l'unité, on mettrait un zéro pour tenir la place des unités ; ainsi, pour marquer cent vingt-cinq *millièmes*, on écrirait 0,125. Si l'on voulait marquer 25 *millièmes*, on écrirait 0,025 en mettant un zéro entre la virgule et les autres chiffres, tant pour marquer qu'il n'y a point de *dixièmes*, que pour donner aux parties suivantes leur véritable valeur. Par la même raison, pour marquer six *dix-millièmes*, on écrirait 0,0006.

28. Examinons maintenant les changemens qu'on peut faire naître dans un nombre, par le déplacement de la virgule.

Puisque la virgule détermine la place des unités, et que tous les autres chiffres ont des valeurs dépendantes de leurs distances à cette même virgule, si l'on avance la virgule d'une, deux, trois, etc., places sur la gauche, on rend le nombre 10, 100, 1000, etc., fois plus petit ; et, au contraire, on le rend 10, 100, 1000, etc., fois plus grand, si l'on recule la virgule d'une, deux, trois, etc., places sur la droite.

En effet, si l'on a 4327, 5264, et qu'en avançant la virgule d'une place sur la gauche, on écrive 432, 75264, il est visible que les mille du premier nombre sont des centaines dans le nouveau ; les centaines sont des dizaines ; les dizaines, des unités ; les unités, des dixièmes ; les dixièmes, des centièmes, et ainsi de suite. Donc chaque partie du premier nombre est devenue dix fois plus petite par ce déplacement. Si, au contraire, en reculant la virgule d'une place sur la droite, on eût écrit 43275, 264, les mille du premier nombre se trouveraient changés en dizaines de mille, les centaines en mille, les dizaines en centaines, les unités en dizaines, les dixièmes en unités, et ainsi de suite. Donc le nouveau nombre est dix fois plus grand que le premier.

29. Un raisonnement semblable fait voir qu'en avançant sur la gauche, de deux ou de trois places, on rendrait le

nombre cent ou mille fois plus petit, et au contraire, cent ou mille fois plus grand, en reculant la virgule de deux ou trois places sur sa droite.

30. La dernière observation que nous ferons sur les décimales, est qu'on ne change point la valeur en mettant à la suite du dernier chiffre décimal tel nombre de zéro qu'on voudra. Ainsi 43,25 est la même chose que 43,250 ou que 43,2500, ou que 43,25000, etc.

Car chaque *centième* valant dix *millièmes* ou cent *dix-millièmes*, etc., les vingt-cinq *centièmes* vaudront deux cent cinquante *millièmes* ou deux mille cinq cents *dix-millièmes*, etc. En un mot, c'est la même chose que lorsqu'au lieu de dire 25 pistoles, on dit 250 livres, et que lorsqu'au lieu de dire 25 quintaux, on dit 2,500 livres.

Des Opérations de l'Arithmétique.

31. Ajouter, soustraire, multiplier et diviser, sont les quatre opérations fondamentales de l'Arithmétique. Toutes les questions qu'on peut proposer sur les nombres se réduisent à pratiquer quelques unes de ces opérations, ou toutes ces opérations. Il est donc important de se les rendre familières, et d'en bien saisir l'esprit.

32. Le but de l'Arithmétique est, comme nous l'avons déjà dit, de donner des moyens de calculer facilement les nombres. Ces moyens consistent à réduire le calcul des nombres les plus composés à celui des nombres plus simples, ou exprimés par le plus petit nombre de chiffres possible. C'est ce qu'il s'agit d'exposer actuellement.

De l'Addition des nombres entiers et des Parties décimales.

33. Exprimer la valeur totale de plusieurs nombres, par un seul, est ce qu'on appelle *faire une addition*.

Quand les nombres qu'on se propose d'ajouter n'ont qu'un seul chiffre, on n'a pas besoin de règle; mais lorsqu'ils ont plusieurs chiffres, on trouve leur valeur totale qu'on appelle *somme*, en observant la règle suivante.

Écrivez, les uns sous les autres, tous les nombres proposés, de manière que les chiffres des unités de chacun soient dans une même colonne verticale ; qu'il en soit de même des dizaines, de même des centaines, etc. Soulignez le tout.

Ajoutez d'abord tous les nombres qui sont dans la colonne des unités ; si la somme ne passe pas 9, écrivez-la au dessous ; si elle surpasse 9, elle renfermera des dizaines ; n'écrivez au dessous que l'excédant du nombre des dizaines : comptez ces dizaines pour autant d'unités, et ajoutez-les avec les nombres de la colonne suivante : observez, à l'égard de la somme des nombres de cette seconde colonne, la même règle qu'à l'égard de la première, et continuez ainsi de colonne en colonne jusqu'à la dernière, au dessous de laquelle vous écrirez la somme telle que vous la trouverez. Éclaircissons cette règle par des exemples.

1er *Exemple.* Qu'il soit question d'ajouter 54925 avec 2023 : j'écris ces deux nombres comme on le voit ici.

$$
\begin{array}{r}
54925 \\
2023 \\
\hline
56948 \text{ somme.}
\end{array}
$$

Et après avoir souligné le tout, je commence par les unités, en disant : 5 et 3 font 8 , que j'écris sous cette même colonne.

Je passe à celle des dizaines, dans laquelle je dis : 2 et 2 font 4 , que j'écris au dessous.

A la colonne des centaines, je dis : 9 et 0 font 9, que j'écris sous cette même colonne.

Dans la colonne des mille, je dis : 4 et 2 font 6 , que j'écris sous cette colonne.

Enfin, dans la colonne des dizaines de mille, je dis : 5 et rien font 5, que j'écris de même au dessous.

Le nombre 56948, trouvé par cette opération, est la somme des deux nombres proposés, puisqu'il en renferme les unités, les dizaines, les centaines, les mille, et les dizaines de mille que nous avons rassemblés successivement.

2e *Exemple.* On demande la somme des quatre nombres suivans..... 6903, 7854, 953, 7327 : je les écris comme on les voit ici.

6903
7854
 953
7327
____
23037 somme.

Et en commençant comme ci-dessus, par la droite, je dis :
3 et 4 font 7, et 3 font 10, et 7 font 17 ; j'écris les 7 unités
sous la première colonne, et je retiens la dizaine pour la
joindre, comme unité, aux nombres de la colonne suivante,
qui sont aussi des dizaines.

Passant à cette seconde colonne, je dis : 1 que je retiens
et 0 font 1, et 5 font 6, et 5 font 11, et 2 font 13 ; j'écris 3
sous la colonne actuelle, et je retiens pour la dizaine une
unité que j'ajoute à la colonne suivante, en disant : une
et 9 font 10, et 8 font 18, et 9 font 27, et 3 font 30 ; je
pose 0 sous cette colonne, et je retiens, pour les trois dizaines,
trois unités que j'ajoute à la colonne suivante, en disant pareillement : 3 et 6 font 9, et 7 valent 16, et 7 font 23 ;
j'écris 3 sous cette colonne, et comme il n'y a plus d'autre
colonne, j'avance d'une place les deux dizaines qui appartien-
draient à la colonne suivante, s'il y en avait une. Le nombre
23037 est la somme des quatre nombres proposés.

34. S'il y a des parties décimales, comme elles se comptent,
ainsi que les autres nombres, par dizaines, à mesure qu'on
avance de droite à gauche, la règle pour les ajouter est absolument la même, en observant de mettre toujours les unités
de même ordre dans une même colonne.

Ainsi, si l'on propose d'ajouter les trois nombres 72,957,
12,8 et 124,03, j'écrirai

 72,957
 12,8
124,03
____
209,787 somme.

En suivant la règle ci-dessus, j'aurai 209,787 pour la
somme (').

35. Quand on aura de longues additions, comme cela arrive souvent
dans le commerce, et particulièrement au grand-livre, on se conduira
comme dans l'exemple suivant :

____

(') Le N° 35 est de M. Juvigny.

	fr.	c.			fr.	c.
	2347,	48			2347,	48
	5332,	92			5332,	92
	6504,	57			6504,	57
	3621,	39			3621,	39
	17806,	36				26
		26				21.
		23				14..
		16				179...
		10				16.....
		18				
	17806,	f. 36 c.	Somme...		17806,	f. 36 c.

C. à d. qu'ayant trouvé 26 pour la somme des centimes, j'écris 26 en ayant soin de retenir les 2 dizaines pour les ajouter à la colonne des décimes, dont la somme est 23, que j'écris au dessous de la précédente : j'augmente pareillement la colonne des francs des deux dizaines, et ainsi de suite jusqu'à ce que je sois arrivé à la dernière somme des unités de l'ordre principal. Cette somme est 17, à la suite de laquelle j'écris successivement 8, 0, 6, 3 et 6 ; et je sépare les deux derniers chiffres par une virgule, pour leur faire marquer des centimes.

Ce procédé réunit le double avantage de rendre moins pénible le calcul, en mettant à même celui qui opère de ne jamais revenir que sur une seule colonne, s'il est interrompu dans le cours de l'opération, et d'offrir un moyen sûr de découvrir tout d'un coup les erreurs où elles se trouvent, quand, faisant ces additions à deux, on vient à confronter mutuellement le résultat de son travail.

Quant au second procédé, qui consiste à écrire les sommes partielles par échelons, les unes au dessous des autres, comme on le voit sur la droite, il est tout aussi usité que le premier.

De la Soustraction des nombres entiers et des Parties décimales.

36. La soustraction est l'opération par laquelle on retranche un nombre d'un autre nombre. Le résultat de cette opération s'appelle *reste*, *excès*, ou *différence*.

Pour faire cette opération, on écrira le nombre qu'on veut retrancher au dessous de l'autre, de la même manière que dans l'addition ; et ayant souligné le tout, on retranchera, en allant de droite à gauche, chaque nombre inférieur de son correspondant supérieur, c. à d. les unités des unités, les dizaines des dizaines, etc. : on écrira chaque reste au dessous, dans le même ordre, et zéro lorsqu'il ne restera rien.

Lorsque le chiffre inférieur se trouvera plus grand que le chiffre supérieur correspondant, on ajoutera à celui-ci dix unités qu'on aura en empruntant, par la pensée, une unité sur son voisin à gauche, lequel doit, par cette raison, être regardé comme moindre d'une unité dans l'opération sui-vante.

1er *Exemple*. On propose de retrancher 5432 de 8954, j'écris ces deux nombres comme il suit :

$$
\begin{array}{r}
8954 \\
5432 \\
\hline
3522 \text{ reste.}
\end{array}
$$

Et en commençant par le chiffre des unités, je dis : 2 ôtés de 4, il reste 2, que j'écris au dessous : puis, passant aux dizaines, je dis : 3 ôtés de 5, il reste 2, que j'écris sous les dizaines. A la troisième colonne, je dis : 4 ôtés de 9, il reste 5, que j'écris sous cette colonne. Enfin à la quatrième, je dis : 5 ôtés de 8, il reste 3, que j'écris sous 5, et j'ai 3522 pour le reste de 5432 retranché de 8954.

2e *Exemple*. On veut ôter 7987 de 27646. On écrira :

$$
\begin{array}{r}
27646 \\
7987 \\
\hline
19659 \text{ reste.}
\end{array}
$$

Comme on ne peut ôter 7 de 6, on ajoutera à 6 dix unités qu'on empruntera en prenant une unité sur son voisin 4, et on dira : 7 ôtés de 16, il restera 9 qu'on écrira sous 7.

Passant aux dizaines, on ne dira plus, 8 ôtés de 4, mais 8 ôtés de 3 seulement, parce que l'emprunt qu'on a fait a diminué 4 d'une unité : comme on ne peut ôter 8 de 3, on ajoutera de même à 3 dix unités qu'on empruntera, en prenant une unité sur le chiffre 6 de la gauche, et on dira 8 ôtés de 13, il reste 5, qu'on écrira sous 8. Passant à la troisième colonne, on dira de même, 9 ôtés de 5, ou plutôt 9 ôtés de 15 (en empruntant comme ci-dessus), il reste 6 pour écrire sous 9.

A la quatrième colonne, on dira, par la même raison, 7 ôtés de 6, ou plutôt de 16, il reste 9, qu'on écrira sous 7 ; et comme il n'y a rien à retrancher dans la cinquième colonne, on écrira sous cette colonne, non pas 2, parce qu'on vient d'emprunter une unité sur ce 2, mais seulement 1, et on aura 19659 pour le reste.

37. Si le chiffre sur lequel on doit faire l'emprunt était un zéro, l'emprunt se ferait, non pas sur ce zéro, mais sur le premier chiffre significatif qui viendrait après ; or, quoique ce soit alors emprunter 100, ou 1000, ou 10000, selon qu'il y a un, deux ou trois zéro consécutifs, on n'en opérera pas moins

comme ci-dessus ; c. à d. qu'on ajoutera seulement 10 au chiffre pour lequel on emprunte ; et comme ces 10 sont censés pris sur les 100 ou 1000, etc., qu'on a empruntés, pour employer les 90 ou les 990, etc., qui restent, on comptera les zéro suivans pour autant de 9 ; c'est ce que l'exemple ci-après va éclaircir.

3ᵉ *Exemple*. Si de. . . 200̸6̸4
on veut retrancher. . . . 17489
$$\overline{2575 \text{ resté.}}$$

On dira d'abord : 9 ôtés de 4, ou plutôt de 14 (en empruntant sur le chiffre suivant), il reste 5. Puis, pour ôter 8 de 5, comme cela ne se peut, et qu'il n'est pas possible non plus d'emprunter sur le chiffre suivant qui est un zéro, on empruntera sur le 2 une unité, laquelle vaut mille à l'égard du chiffre sur lequel on opère. De ce mille, on ne prendra que dix unités qu'on ajoutera à 5, et on dira : 8 ôtés de 15, il reste 7.

Comme on n'a employé que dix unités sur mille qu'on a empruntées, on emploiera les 990 restantes, pour en retrancher les nombres qui répondent au dessous des zéro ; ce qui revient au même que de compter chaque zéro comme s'il valait 9. Ainsi l'on dira : 4 ôtés de 9, reste 5 ; puis 7 ôtés de 9, reste 2 ; et enfin 1 ôté de 1, il ne reste rien.

38. S'il y a des parties décimales dans les nombres sur lesquels on veut opérer, on suivra absolument la même règle ; mais pour éviter tout embarras dans l'application de cette règle, il n'y aura qu'à rendre le nombre des chiffres décimaux le même dans chacun des deux nombres proposés, en mettant un nombre suffisant de zéro à la suite de celui qui a le moins de décimales : cette préparation ne change rien à la valeur de ce nombre (30).

4ᵉ *Exemple*. De. . . . 5403,25
on veut ôter. 385,6532

Je mets deux zéro à la suite des décimales du nombre supérieur ; après quoi j'opère sur les deux nombres ainsi préparés, précisément selon l'énoncé de la règle donnée pour les nombres entiers.

$$5403,2500$$
$$-\ 385,6532$$
$$\overline{5017,5968}$$

De la Preuve de l'Addition et de la Soustraction.

39. Ce qu'on appelle preuve d'une opération arithmétique est une autre opération que l'on fait pour s'assurer de l'exactitude du résultat de la première.

La preuve de l'addition se fait en ajoutant de nouveau, par parties, mais en commençant par la gauche, les sommes qu'on a déjà ajoutées. On retranche la totalité de la première colonne, de la partie qui lui répond dans la somme inférieure ; on écrit au dessous le reste, qu'on réduit par la pensée, en dizaines, pour le joindre au chiffre suivant de cette même somme, et du total on retranche encore la totalité de la colonne supérieure ; on continue ainsi jusqu'à la dernière colonne, dont la totalité étant retranchée ne doit laisser aucun reste.

Ayant trouvé que ci-dessus les quatre nombres

$$\begin{array}{r} 6903 \\ 7854 \\ 953 \\ 7327 \\ \hline \end{array}$$

ont pour somme 23037

Pour vérifier ce résultat, j'ajoute les mêmes nombres en commençant par la gauche, et je dis : 6 et 7 font 13, et 7 font 20, lesquels ôtés de 23, il reste 3 ou 3 dizaines, qui, avec le chiffre suivant zéro, font 30. Je passe à la seconde colonne, et je dis : 9 et 8 font 17, et 9 font 26, et 3 font 29, que j'ôte de 30 ; il reste 1 ou une dizaine, qui, jointe au chiffre suivant 3, fait 13. J'ajoute tous les nombres de la troisième colonne, en disant : 5 et 5 font 10, et 2 font 12, qui, ôtés de 13, il reste 1 ou une dizaine, laquelle, ajoutée au chiffre suivant 7, fait 17 ; j'ajoute pareillement tous les nombres de la dernière colonne, en disant : 3 et 4 font 7, et 3 font 10, et 7 font 17, qui, ôtés de 17, il ne reste rien : d'où je conclus que la première opération est exacte.

On est fondé à conclure que la première opération a été bien faite, lorsqu'après cette preuve il ne reste rien, parce qu'ayant ôté successivement tous les mille, toutes les centaines, toutes les dizaines, et toutes les unités, dont on avait composé la somme, il faut qu'à la fin il ne reste rien (¹).

Remarquez que l'on peut vérifier une addition sans recourir à cette preuve, soit en recommençant le calcul de bas en haut, si l'on a opéré d'abord de haut en bas, ou bien en coupant l'addition en plusieurs autres, et en ajoutant les divers résultats, dont la somme doit être égale à celle de tous les nombres proposés.

40. La preuve de la soustraction se fait en ajoutant le reste trouvé par l'opération, avec le nombre retranché : si la première opération a été bien faite, on doit reproduire le nombre dont on a retranché : ainsi je vois que dans le troisième exemple donné ci-dessus, l'opération a été bien faite, parce qu'en ajoutant 17489 (nombre retranché) avec le reste 2575 je reproduis 20064, nombre dont on a retranché.

$$
\begin{array}{lr}
\text{de.} \ . \ . \ . \ . & 20064 \\
\text{Ôtez.} \ . \ . \ . & 17489 \\
\hline
\text{reste.} \ . \ . \ . & 2575 \\
\hline
\text{preuve.} \ . \ . & 20064 \\
\end{array}
$$

De la Multiplication.

41. Multiplier un nombre par un autre, c'est prendre le premier de ces deux nombres autant de fois qu'il y a d'unités dans l'autre. Multiplier 4 par 3, c'est prendre trois fois le nombre 4.

42. Le nombre qu'on doit multiplier s'appelle le *multiplicande* ; celui par lequel on doit multiplier s'appelle le *multiplicateur* ; et le résultat de l'opération s'appelle *produit*.

43. Le mot *produit* a communément une acception beaucoup plus étendue ; mais nous avertissons expressément que nous ne l'emploierons que pour désigner le résultat de la multiplication.

Le multiplicande et le multiplicateur se nomment aussi les *facteurs* du produit : ainsi 3 et 4 sont les facteurs de 12, parce que 3 fois 4 font 12.

44. Suivant l'idée que nous venons de donner de la multiplication, on voit qu'on pourrait faire cette opération en écrivant le multiplicande autant de fois qu'il y a d'unités dans

---

(¹) L'alinéa suivant est de M. Juvigny.

le multiplicateur, et en faisant ensuite l'addition. Par exemple, pour multiplier 7 par 3 , on pourrait écrire

$$7$$
$$7$$
$$7$$
$$\overline{}$$
$$21$$

et la somme 21 résultante de cette addition, serait le produit.

Mais lorsque le multiplicateur est tant soit peu considérable, l'opération devient fort longue. Ce que nous appelons proprement *multiplication* est la méthode de parvenir à un même résultat par une voie plus courte.

45. Tant qu'on ne considère les nombres que d'une manière abstraite, c. à d. sans faire attention à la nature de leurs unités, il importe peu lequel des deux nombres proposés pour la multiplication on prenne pour multiplicande ou pour multiplicateur. Par exemple, si l'on a 4 à multiplier par 3, il est indifférent de multiplier 4 par 3, ou 3 par 4 ; le produit sera toujours 12. En effet, trois fois 4 n'est autre chose que le triple de 1 fois 4, et 4 fois 3 est le triple de 4 fois 1. Or il est évident que 1 fois 4 et 4 fois 1 sont la même chose, et on peut appliquer le même raisonnement à tout autre nombre.

46. Mais lorsque, par l'énoncé de la question, le multiplicateur et le multiplicande sont des nombres concrets, il importe de distinguer le multiplicande du multiplicateur : cette attention est principalement nécessaire dans la multiplication des nombres complexes, dont nous parlerons par la suite.

Au reste, cela est toujours aisé à distinguer : la question qui conduit à la multiplication dont il s'agit fait toujours connaître quelle est la quantité qu'il faut répéter plusieurs fois, c. à d. le multiplicande, et quelle est celle qui marque combien de fois on doit répéter le multiplicande, c. à d. quel est le multiplicateur.

47. Comme le multiplicateur est destiné à marquer combien de fois on doit prendre le multiplicande, il est toujours un nombre abstrait : ainsi quand on demande ce que doivent coûter 52 toises de bois, à raison de 36 livres la toise, on voit que le multiplicande est 36 livres, qu'il s'agit de répéter 52 fois, soit que ce 52 marque des toises, ou toute autre chose.

48. Le produit qui est formé de l'addition répétée du multiplicande aura donc des unités de même nature que le multiplicande.

Après cette petite digression sur la nature des unités du produit et de ses facteurs, revenons à la méthode pour trouver ce produit.

49. Les règles de la multiplication des nombres les plus composés, se réduisent à multiplier un nombre d'un seul chiffre par un nombre d'un seul chiffre. Il faut donc s'exercer à trouver soi-même le produit des nombres exprimés par un seul chiffre, en ajoutant successivement un même nombre à lui-même. On peut aussi, si on le veut, faire usage de la table suivante, qu'on attribue à *Pythagore*.

Table de Multiplication.

1	2	3	4	5	6	7	8	9
2	4	6	8	10	12	14	16	18
3	6	9	12	15	18	21	24	27
4	8	12	16	20	24	28	32	36
5	10	15	20	25	30	35	40	45
6	12	18	24	30	36	42	48	54
7	14	21	28	35	42	49	56	63
8	16	24	32	40	48	56	64	72
9	18	27	36	45	54	63	72	81

La première bande de cette table se forme en ajoutant 1 à lui-même successivement.

La seconde en ajoutant 2 de même.

La troisième en ajoutant 3, et ainsi de suite.

50. Pour trouver, par le moyen de cette table, le produit de deux nombres exprimés par un seul chiffre chacun, on cherchera l'un de ces deux nombres, le multiplicande, par exemple, dans la bande supérieure, et en partant de ce nombre, on descendra verticalement jusqu'à ce qu'on soit vis à vis du multiplicateur, qu'on trouvera dans la première co-

lonne. Le nombre sur lequel on sera arrêté sera le produit. Ainsi pour trouver, par exemple, le produit de 9 par 6., ou combien font 6 fois 9., je descends depuis 9, pris dans la première bande, jusque vis à vis le 6 pris dans la première colonne ; le nombre sur lequel je m'arrête est 54 ; par conséquent 6 fois 9 font 54.

En voilà autant qu'il en faut pour passer à la multiplication des nombres exprimés par plusieurs chiffres.

De la Multiplication par un nombre d'un seul chiffre.

51. Écrivez le multiplicateur, qu'on suppose ici d'un seul chiffre, sous le multiplicande, peu importe sous quel chiffre ; mais pour fixer les idées, supposons que ce soit sous le chiffre des unités.

Multipliez d'abord le nombre des unités par votre multiplicateur, et si le produit ne contient que des unités, écrivez ce produit au dessous ; s'il contient des unités et des dizaines, écrivez seulement les unités, et comptant les dizaines pour autant d'unités, retenez celles-ci.

Multipliez de même le nombre des dizaines du multiplicande, et au produit ajoutez les unités que vous avez retenues ; écrivez le tout au dessous, s'il peut être marqué par un seul chiffre, sinon n'écrivez que les unités de ce produit, et retenez-en les dizaines, qui sont des centaines, pour les ajouter au produit suivant, qui sera pareillement des centaines.

Continuez de multiplier successivement, suivant la même règle, tous les chiffres du multiplicande : la suite des chiffres que vous aurez écrits marquera le produit.

Exemple. On demande combien 2864 toises valent de pieds ? La toise est de 6 pieds. La question se réduit à prendre 2864 pieds 6 fois.

J'écris donc. . . . . . 2864 multiplicande.

6 multiplicateur.

____

17184 produit.

Et je dis, en commençant par les unités, 1°. 6 fois 4 font 24, j'écris 4, et je retiens deux unités pour les deux dizaines.

2°. 6 fois 6 font 36, et 2 que j'ai retenues font 38 ; je pose 8, et retiens 3.

3°. 6 fois 8 font 48, et 3 que j'ai retenues font 51 ; je pose 1, et je retiens 5.

4°. 6 fois 2 font 12, et 5 que j'ai retenues font 17, que j'écris en entier, parce qu'il n'y a plus rien à multiplier. Le nombre 17184 est le produit demandé, ou le nombre des pieds que valent les 2864 toises, puisqu'il renferme 6 fois les 4 unités, 6 fois les 6 dizaines, 6 fois les 8 centaines, 6 fois les 2 mille, et par conséquent 6 fois le nombre 2864.

De la Multiplication par un nombre de plusieurs chiffres.

52. *Lorsque le multiplicateur a plusieurs chiffres, il faut faire successivement, avec chacun de ces chiffres, ce que l'on vient de prescrire lorsqu'il n'y en a qu'un, mais en commençant toujours par la droite. Ainsi on multipliera d'abord tous les chiffres du multiplicande par le chiffre des unités du multiplicateur ; puis par celui des dizaines, et l'on écrira ce second produit sous le premier ; mais comme il doit être un nombre de dizaines, puisque c'est par des dizaines qu'on multiplie, on portera le premier chiffre de ce produit sous les dizaines, et les autres chiffres toujours en avançant sur la gauche.*

Le troisième produit, qui se fera en multipliant par les centaines, se placera de même sous le second, mais en avançant encore d'une place : on suivra la même loi pour les autres.

Toutes ces multiplications étant faites, on ajoutera les produits particuliers qu'elles ont donnés, et la somme sera le produit total.

Exemple. On propose de multiplier par. . . . .

$$\begin{array}{r} 65487 \\ 6958 \\ \hline 523896 \\ 327435 \\ 589383 \\ 392922 \\ \hline 455658546 \text{ produit.} \end{array}$$

Je multiplie d'abord 65487 par le nombre 8 des unités du multiplicateur, et j'écris successivement sous la barre les chiffres du produit 523896, que je trouve en suivant la règle donnée pour le premier cas (51).

(20)

Je multiplie de même le nombre 65487 par le second chiffre 5 du multiplicateur, et j'écris le produit 327435 sous le premier produit, mais en plaçant le premier chiffre 5 sous les dizaines de ce premier produit.

Multipliant pareillement 65487 par le troisième chiffre 9, j'écris le produit 589383 sous le précédent; mais en plaçant le premier chiffre 3 au rang des centaines, parce que le nombre par lequel je multiplie est un nombre de centaines.

Enfin je multiplie 65487 par le dernier chiffre 6 du multiplicateur, et j'écris le produit 392922 sous le précédent, en avançant encore d'une place, afin que son premier chiffre occupe la place des mille, parce que le chiffre par lequel on multiplie marque les mille : enfin j'ajoute tous ces produits, et j'ai 455658546 pour le produit de 65487 multiplié par 6958, c. à d. pour la valeur de 65487 pris 6958 fois. En effet, on a pris 65487, 8 fois par la première opération, 50 fois par la seconde, 900 fois par la troisième, et 6000 fois par la quatrième.

53. Si le multiplicande ou le multiplicateur, ou tous les deux étaient terminés par des zéro, on abrégerait l'opération en multipliant comme si ces zéro n'y étaient point; mais on les mettrait ensuite tous à la suite du produit.

Exemple. On propose de multiplier   6500
par.   350

     325
    195

   2275000

Je multiplie seulement 65 par 35, et je trouve 2275, à côté duquel j'écris les trois zéro qui se trouvent, en tout, à la suite du multiplicande et du multiplicateur.

En effet, le multiplicande 6500 représente 65 centaines; ainsi quand on multiplie 65, on doit sous-entendre que le produit est des centaines. Pareillement, le multiplicateur 350 marque 35 dizaines. Ainsi quand on multiplie par 35, on doit sous-entendre que le produit sera des dizaines; il sera donc des dizaines de centaines, c. à d. desmille; il doit donc avoir trois zéro. On appliquera un raisonnement semblable à tous les cas.

54. Lorsqu'il se trouve des zéro entre les chiffres du multi-

plicateur, comme la multiplication par ces zéro ne donnerait
que des zéro, on se dispensera d'écrire ceux-ci dans le produit ; et passant tout de suite à la multiplication par le premier
chiffre significatif qui vient après ces zéro, on en avancera le
produit sur la gauche d'autant de places plus une qu'il y a de
zéro qui se suivent dans le multiplicateur, c. à d. de deux
places s'il y a un zéro, de trois s'il y en a deux.

Exemple. Si l'on a. . .   42052
à multiplier par.   3006

$$42052 \times 3006$$

42052
3006
252312
126156
126408312

Après avoir multiplié par 6 et écrit le produit 252312, on
multipliera tout de suite par 3 ; mais on écrira le produit
126156, de manière qu'il marque des mille ; il faudra donc le
reculer de trois places, c. à d. d'une place de plus qu'il n'y a de
zéro interposés aux chiffres du multiplicateur.

Voici trois exemples pour exercer les commençans :

245	56030	49306
308	20301	3020
1960	56030	986120
735..	168090..	147918...
75460	112060....	148904120
	113746500	

De la Multiplication des parties décimales.

55. *Pour multiplier les parties décimales, on observera
la même règle que pour les nombres entiers, sans faire aucune attention à la virgule ; mais après avoir trouvé le pro -
duit, on en séparera sur la droite, par une virgule, autant
de chiffres qu'il y a de décimales, tant dans le multiplicande
que dans le multiplicateur.*

1ᵉʳ *Exemple.* On propose de multiplier. .   54,23
par   8,3

16269
43384
450,109

Je multiplierai 5423 par 83, le produit sera 450109 ; et comme il y a deux décimales dans le multiplicande et une dans le multiplicateur, je séparerai trois chiffres sur la droite de ce produit, qui par là deviendra 450,109, tel qu'il doit être.

La raison de cette règle est facile à saisir, en observant que si le multiplicateur était 83, le produit n'aurait en décimales que des *centièmes*, puisqu'on aurait répété 83 fois le multiplicande 54,23 dont les décimales sont des centièmes ; mais comme le multiplicateur est 8,3, c. à d. (21) dix fois plus petit que 83, le produit doit donc avoir des unités dix fois plus petites que les centièmes ; le dernier chiffre de ces décimales doit donc (23) être des *millièmes* ; il doit donc y avoir trois chiffres décimaux dans ce produit, c. à d. autant qu'il y en a, tant dans le multiplicande que dans le multiplicateur.

On peut appliquer un raisonnement semblable à tout autre cas.

2ᵉ *Exemple*. Si l'on avait. .   0,12
à multiplier par.   0,3

0,036

On multiplierait 12 par 3, ce qui donnerait 36 ; comme la règle prescrit de séparer ici trois chiffres, on pourrait être embarrassé à y satisfaire, puisque ce produit 36 n'en a que deux ; mais si l'on reprend le raisonnement que nous avons appliqué à l'exemple précédent, on verra facilement qu'il faut, comme on le voit ici, interposer un zéro entre 36 et la virgule. En effet, si l'on avait 0,12 à multiplier par trois, il est évident qu'on aurait 0,36 ; mais comme on n'a à multiplier que par 0,3, c. à d. par un nombre dix fois plus petit que 3, on doit avoir un produit dix fois plus petit que 0,36, c. à d. des millièmes, et c'est ce qui a eu lieu (28) lorsqu'on a écrit 0,036.

Voici quelques exemples destinés à exercer le lecteur.

On propose de multiplier 24,514 par 2,012, puis 0,235 par 0,012, et puis 0,0045 par 0,0006.

Iᵉʳ EXEMPLE.	IIᵉ EXEMPLE.	IIIᵉ EXEMPLE.
24,514	0,235	0,0045
2,012	0,012	0,0006
49,322168 Produit..	0,002820 Produit..	0,00000270

Sur quelques Usages de la Multiplication.

56. Nous ne nous proposons pas de faire connaître tous les usages que l'on peut faire de la multiplication, nous en indiquerons seulement quelques uns qui mettront sur la voie pour les autres.

La multiplication sert à trouver, en général, la valeur totale de plusieurs unités lorsqu'on connaît la valeur de chacune. Par exemple, 1°. combien doivent coûter 5842 toises, à raison de 54ᵗ la toise? Il faut multiplier 54ᵗ par 5842, ou (45) 5842ᵗ par 54, on aura 315468ᵗ pour le prix total demandé. 2°. Combien 5954 pieds cubes (') d'eau pèsent-ils, en supposant que le pied cube pèse 72℔? Il faut multiplier 72℔ par 5954, ou 5954℔ par 72 ; on aura 428688℔ pour le poids de 5954 pieds cubes.

57. On emploie la multiplication pour convertir les unités d'une certaine espèce en unités d'une espèce plus petite ; par exemple, pour réduire les livres en sous, et ceux-ci en deniers ; les toises en pieds, ceux-ci en pouces, ces derniers en lignes ; les pistoles en réaux, et ceux-ci en maravédis. On a souvent besoin de ces sortes de conversions. Nous en donnerons quelques exemples.

Si l'on demande de convertir 8ᵗ 17ˢ 7ᵈ en deniers : comme la livre vaut 20ˢ, on multipliera les 8ᵗ par 20 (53) ; ce qui donnera 160ˢ, auxquels joignant les 17ˢ, on aura 177ˢ, qu'on multipliera par 12, parce que chaque sou vaut 12 deniers ; et on aura 2124 deniers, lesquels joints aux 7 deniers donnent 2131 deniers pour la valeur de 8ᵗ 17ˢ 7ᵈ convertis en deniers.

Si l'on demande combien 12 pistoles 17 réaux et 13 maravédis valent de maravédis ; comme la pistole vaut 32 réaux, on multipliera 32 réaux par 12, et au produit 384 réaux on ajoutera 17 réaux ; on multipliera le total 401 par 34, parce que le réal vaut 34 maravédis, et l'on aura 13634 maravédis, auxquels ajoutant 13 maravédis, on aura 13647 pour la valeur de 12 pistoles 17 réaux 13 maravédis convertis en maravédis.

58. L'abréviation dont nous avons parlé (53) peut être

(') Le pied cube est une mesure d'un pied de long sur un pied de large et sur un pied de haut, avec laquelle on évaluait autrefois la capacité des corps.

employée pour réduire promptement en livres un certain
nombre de *tonneaux*. Comme le tonneau de poids pèse 2000
livres, si l'on a, par exemple, 854 tonneaux, il n'y a qu'à
doubler 854, et mettre les trois zéro à la suite du produit ; on
aura 1708000 pour le nombre de livres que pèsent 854 tonneaux.

Avant de terminer ce qui regarde la multiplication, faisons observer aux commençans que ces expressions *doubler*,
tripler, *quadrupler*, etc., signifient la même chose que multiplier par 2, par 3, par 4, etc.

De la Division des nombres entiers et des parties décimales.

59. Diviser un nombre par un autre, c'est, en général,
chercher combien de fois le premier de ces deux nombres
contient le second.

Le nombre que l'on doit diviser s'appelle *dividende*, celui
par lequel on doit diviser *diviseur*, et celui qui marque combien de fois le dividende contient le diviseur s'appelle *quotient*.

On n'a pas toujours pour but, dans la division, de savoir
combien de fois un nombre en contient un autre ; mais on
fait l'opération comme si elle tendait à ce but ; c'est pourquoi
on peut, dans tous les cas, la considérer comme l'opération
par laquelle on trouve combien de fois le dividende contient
le diviseur.

Il suit de là, que si l'on multiplie le diviseur par le quotient, on doit reproduire le dividende, puisque c'est prendre
ce diviseur autant de fois qu'il est dans le dividende : cela est
général, soit que le quotient soit un nombre entier, soit qu'il
soit un nombre fractionnaire.

Quant à l'espèce des unités du quotient, ce n'est ni par
l'espèce de celles du dividende, ni par l'espèce de celles du
diviseur, ni par l'une ni l'autre qu'il faut en juger ; car le dividende et le diviseur restant les mêmes, le quotient, qui sera
aussi toujours le même numériquement, peut être fort différent pour la nature de ses unités, selon la question qui donne
lieu à cette division.

Par exemple, s'il est question de savoir combien 8ᵗ contiennent 4ᵗ, le quotient sera un nombre abstrait qui marquera
2 fois ; mais s'il est question de savoir combien pour 8ᵗ on
fera faire d'ouvrage à raison de 4ᵗ la toise, le quotient sera

2 toises, qui est un nombre concret et dont l'espèce n'a aucun rapport ni avec le dividende ni avec le diviseur.

Mais on voit, en même temps, que la question seule qui conduit à faire la division dont il s'agit, décide la nature des unités du quotient.

De la Division d'un nombre composé de plusieurs chiffres, par un nombre qui n'en a qu'un.

60. L'opération que nous allons décrire suppose qu'on sache trouver combien de fois un nombre d'un ou de deux chiffres contient un nombre d'un seul chiffre. C'est une connaissance déjà acquise, quand on sait de mémoire les produits des nombres qui n'ont qu'un chiffre. On peut aussi, pour y parvenir, faire usage de la table que nous avons donnée ci-dessus (49). Par exemple, si je veux savoir combien de fois 74 contient 9, je cherche le diviseur 9 dans la bande supérieure, et je descends verticalement jusqu'à ce que je rencontre le nombre le plus approchant de 74 : c'est ici 72 ; alors le nombre 8, qui se trouve vis à vis 72 dans la première colonne, est le nombre de fois, ou le quotient que je cherche.

Cela supposé, voici comment se fait la division d'un nombre qui a plusieurs chiffres par un nombre qui n'en a qu'un.

Écrivez le diviseur à côté du dividende ; séparez l'un de l'autre par un trait, et soulignez le diviseur, sous lequel vous écrivez les chiffres du quotient, à mesure que vous les trouverez.

Prenez le premier chiffre sur la gauche du dividende, ou les deux premiers chiffres, si le premier ne contient pas le diviseur.

Cherchez combien de fois ce premier ou ces deux premiers chiffres contiennent le diviseur, écrivez ce nombre de fois sous le diviseur.

Multipliez le diviseur par le quotient que vous venez d'écrire, et portez le produit sous la partie du dividende que vous venez d'employer.

Enfin retranchez le produit, de la partie supérieure du dividende à laquelle il répond, et vous aurez un reste.

A côté de ce reste abaissez le chiffre suivant du dividende principal, et vous aurez un second dividende partiel, sur lequel vous opérerez comme sur le premier, plaçant le quotient à droite de celui qu'on a déjà trouvé ; multipliant de

*même le diviseur par ce quotient, écrivant et retranchant le
produit comme ci-devant.*

*Vous abaisserez de même, à côté du reste de cette divi-
sion, le chiffre du dividende qui suit celui que vous avez
descendu, et vous continuerez toujours de la même manière
jusqu'au dernier inclusivement.*

Cette règle va être éclaircie par l'exemple suivant.

Exemple. On propose de diviser 8769 par 7.

J'écris ces deux nombres comme on les voit ci-après.

dividende   8769 | 7 diviseur.

7

17 | 1252 $\frac{5}{7}$ quotient.

14

36

35

19

14

5

En commençant par la gauche du dividende, je devrais dire,
en 8 mille combien de fois 7 ; mais je dis simplement en 8
combien de fois 7 ? Il y est une fois. Cet 1 est naturellement
mille, mais les chiffres qui viendront après, lui donneront sa
véritable valeur ; c'est pourquoi j'écris seulement 1 sous le
diviseur.

Je multiplie le diviseur 7 par le quotient 1, et je porte le
produit 7 sous la partie 8 que je viens de diviser ; faisant la
soustraction, j'ai pour reste 1.

Ce reste 1 est la partie de 8 qui n'a pas été divisée, et est
une dizaine à l'égard du chiffre suivant 7 ; c'est pourquoi
j'abaisse ce même chiffre 7 à côté, et je continue l'opération,
en disant, en 17 combien de fois 7 ? 2 fois. J'écris ce 2 à la
droite du premier quotient 1 qu'a donné la première opération.

Je multiplie, comme dans la première opération, le diviseur 7 par le quotient 2 que je viens de trouver ; je porte le
produit 14 sous mon dividende partiel 17, et faisant la soustraction, il me reste 3 pour la partie qui n'a pas pu être divisée.

A côté de ce reste 3, j'abaisse 6, troisième chiffre du dividende, et je dis, en 36 combien de fois 7 ? 5 fois ; j'écris 5 au
quotient.

Je multiplie le diviseur 7 par 5 ; et ayant écrit le produit 35 sous mon nouveau dividende partiel, je l'en retranche et il me reste 1.

Enfin, à côté de ce reste 1, j'abaisse le chiffre 9 du dividende, et je dis, en 19 combien de fois 7? 2 fois; j'écris 2 au quotient.

Je multiplie le diviseur 7 par ce nouveau quotient 2, et ayant écrit le produit 14 sous mon dernier dividende partiel 19, j'ai pour reste 5.

Je trouve donc que 8769 contiennent 7 autant de fois que le marque le quotient que nous avons écrit, c. à d. 1252 fois, et qu'il reste 5.

À l'égard de ce reste, nous nous contenterons, pour le présent, de dire qu'on l'écrit à côté du quotient, comme on le voit dans cet exemple, c. à d. en écrivant le diviseur au dessous de ce reste, et séparant l'un de l'autre par un trait; et alors on prononce *cinq septièmes*. Nous expliquerons par la suite la nature de ces sortes de nombres.

61. Si dans la suite de l'opération quelqu'un des dividendes partiels se trouvait ne pas contenir le diviseur, on écrirait zéro au quotient; et omettant la multiplication, on abaisserait tout de suite un autre chiffre à côté de ce dividende partiel, et on continuerait la division.

Exemple. Il s'agit de diviser 14464 par 8.

$$
\begin{array}{r|l}
14464 & 8 \\
\hline
8 & \overline{1808} \\
\hline
64 & \\
64 & \\
\hline
064 & \\
64 & \\
\hline
0 &
\end{array}
$$

Je prends ici les deux premiers chiffres du dividende, parce que le premier ne contient pas le diviseur.

Je trouve que 14 contient 8 une fois, j'écris 1 au quotient; je multiplie 8 par 1, et je retranche le produit 8 de 14, ce qui me donne pour reste 6, à côté duquel j'abaisse le troisième chiffre 4 du dividende.

Je continue en disant : en 64 combien de fois 8? huit fois; j'écris 8 au quotient; en faisant la multiplication, j'ai pour produit 64 que je retranche du dividende partiel 64; il me reste 0 à côté duquel j'abaisse 6, quatrième chiffre du divideude ; et comme 6 ne contient pas 8, j'écris 0 au quotient , et j'abaisse tout de suite à côté de 6 le dernier chiffre du dividende qui est ici 4, pour dire en 64 combien de fois 8 ? il y est 8 fois : après avoir écrit 8 au quotient, je fais la multiplication, et je retranche le produit 64 ; et comme il ne reste rien, j'en conclus que 14464 contiennent 8 fois.1808.

De la Division par un nombre de plusieurs chiffres.

62. Lorsque le diviseur aura plusieurs chiffres, on se conduira de la manière suivante :

Prenez sur la gauche du dividende autant de chiffres qu'il est nécessaire pour contenir le diviseur.

Cela posé, au lieu de chercher, comme ci-devant, combien la partie du dividende que vous avez prise, contient votre diviseur entier, cherchez seulement combien de fois le premier chiffre de votre diviseur est compris dans le premier chiffre de votre dividende, ou dans les deux premiers, si le premier ne suffit pas ; marquez ce quotient sous le diviseur, comme ci-devant.

Multipliez successivement, selon la règle donnée (51), tous les chiffres de votre diviseur par ce quotient, et portez à mesure les chiffres du produit sous les chiffres correspondans de votre dividende partiel. Faites la soustraction, et à côté du reste abaissez le chiffre suivant du dividende, pour continuer l'opération de la même manière.

Nous allons éclaircir ceci par quelques exemples, et prévenir en même temps les cas qui peuvent causer quelque embarras.

1er Exemple. On propose de diviser 75347 par 53.

$$
\begin{array}{r|l}
75347 & 53 \\
53 & \overline{1421\ \frac{34}{53}} \\
\hline
223 & \\
212 & \\
\hline
111 & \\
106 & \\
\hline
87 & \\
53 & \\
\hline
34 &
\end{array}
$$

Je prends seulement les deux premiers chiffres du dividende,
parce qu'ils contiennent le diviseur, et au lieu de dire en 75
combien de fois 53, je cherche seulement combien les sept
dizaines de 75 contiennent les cinq dizaines de 53, c. à d.
combien 7 contient 5 ; je trouve une fois, et j'écris 1 au quotient.

Je multiplie 53 par 1, et je porte le produit 53 sous 75 : la
soustraction faite, il reste 22, à côté duquel j'abaisse le chiffre 3 du dividende, et je poursuis, en disant, pour plus de facilité : en 22 combien de fois 5 (au lieu de dire en 223 combien de fois 53) ; je trouve 4 fois, j'écris 4 au quotient.

Je multiplie successivement par 4 les deux chiffres du diviseur, et je porte le produit 212 sous mon dividende partiel 223 ; la soustraction faite, j'ai pour reste 11 ; j'abaisse à
côté de ce reste le chiffre 4 du dividende, et je dis simplement
comme ci-dessus, en 11 combien de fois 5 ? 2 fois ; j'écris 2
au quotient, et je multiplie 53 par 2, ce qui me donne 106
que j'écris sous le dividende partiel 114 ; faisant la soustraction, j'ai pour reste 8, à côté duquel j'abaisse le dernier chiffre 7 ; je divise de même 87, et continuant comme ci-dessus,
je trouve 1 pour quotient, et 34 pour reste, que j'écris à côté
du quotient de la manière qui a été indiquée plus haut (60).

63. On devrait, à la rigueur, chercher combien de fois
chaque dividende partiel contient le diviseur entier ; mais
cette recherche serait souvent longue et pénible ; on se contente, comme on vient de le voir, de chercher combien la
partie la plus forte de ce dividende contient la partie la plus
forte du diviseur. Le quotient qu'on trouve par cette voie
n'est pas toujours le véritable, parce qu'en prenant ce parti,
on ne fait réellement qu'une estimation approchée ; mais,
outre que cette estimation met presque toujours sûr le but,
et que, dans le cas où elle n'y met pas, elle en écarte peu, la
multiplication qui vient ensuite sert à redresser ce qu'il peut
y avoir de défectueux dans ce jugement. En effet, si le dividende partiel contenait réellement le diviseur 3 fois, par
exemple, et que par l'essai qu'on fait, on eût trouvé qu'il le
contient 4 fois, il est facile de voir qu'en faisant la multiplication par 4, on aurait un produit plus grand que le dividende, puisqu'on prendrait le diviseur plus de fois qu'il n'est
réellement dans ce dividende, et par conséquent la soustraction deviendra impossible : alors on diminuera le quotient
successivement d'une, deux, etc., unités, jusqu'à ce qu'on

trouve un produit qu'on puisse retrancher ; au contraire , si l'on n'avait mis que 2 au quotient, le reste de la soustraction se trouverait plus grand que le diviseur ; ce qui prouverait que le diviseur y est encore contenu , et que par conséquent le quotient est trop faible.

Au reste , on acquiert en peu de temps l'usage de prévoir de combien on doit diminuer ou augmenter le quotient que donne la première épreuve.

2e *Exemple.* On propose de diviser 189492 par 375.

$$
\begin{array}{r|l}
189492 & 375 \\
1875 & \overline{505\ \frac{117}{375}} \\
\hline
1992 & \\
1875 & \\
\hline
117 &
\end{array}
$$

Je prends les quatre premiers chiffres du dividende , parce que les trois premiers ne contiennent pas le diviseur.

Je dis ensuite , en 18 seulement combien de fois 3 ? il y est réellement 6 fois ; mais en multipliant 375 par 6 , j'aurais plus que mon dividende 1894 : c'est pourquoi j'écris seulement 5 au quotient. Je multiplie 375 par 5 ; et après avoir écrit le produit sous 1894, je fais la soustraction, et j'ai pour reste 19.

J'abaisse à côté de 19 le chiffre 9 du dividende , et comme 199 que j'ai alors ne contient pas 375, je pose 0 au quotient, et j'abaisse à côté de 199 le chiffre 2 du dividende , ce qui me donne 1992, pour lequel je dis, en 19 seulement combien de fois 3 ? 6 fois. Mais par la même raison que ci-dessus , je n'écris au quotient que 5 ; et après avoir opéré comme ci-devant, j'ai pour reste 117.

64. Voici une réflexion qui peut servir à éviter, dans un grand nombre de cas, les tentatives inutiles. On est principalement exposé à ces essais douteux lorsque le second chiffre du diviseur est sensiblement plus grand que le premier. Dans ce cas, au lieu de chercher combien le premier chiffre du diviseur est contenu dans la partie correspondante du dividende , il faut chercher combien ce premier chiffre augmenté d'une unité se trouve contenu dans la partie correspondante du dividende : cette preuve sera toujours plus approchante que la première.

(31)

Exemple. On propose de diviser 1832 par 288.

$$\begin{array}{r|l} 1832 & 288 \\ 1728 & \overline{6\ \frac{104}{288}} \\ \hline 104 & \end{array}$$

Au lieu de dire, en 18 combien de fois 2, je dirai, en 18 combien de fois 3, parce que le diviseur 288 approche beaucoup plus de 300 que de 200 ; je trouve 6 qui est le véritable quotient ; au lieu que j'aurais trouvé 9 , et j'aurais par conséquent été obligé de faire trois essais inutiles.

Moyens d'abréger la Méthode précédente.

65. C'est pour rendre la méthode plus facile à saisir, que nous avons prescrit d'écrire sous chaque dividende partiel le produit qu'on trouve en multipliant le diviseur par le quotient ; mais comme le but de l'Arithmétique doit être d'abréger les opérations, nous croyons devoir faire remarquer qu'on peut se dispenser d'écrire ces produits, et faire la soustraction à mesure qu'on a multiplié chaque chiffre du diviseur. L'exemple suivant suffira pour faire entendre comment se fait cette soustraction.

Exemple. On veut diviser 756984 par 932.

$$\begin{array}{r|l} 756984 & 932 \\ 1138 & \overline{812\ \frac{200}{932}} \\ 2064 & \\ \hline 200 & \end{array}$$

Après avoir pris les quatre premiers chiffres du dividende qui sont nécessaires pour contenir le diviseur, je trouve que 75 contient 9, 8 fois : c'est pourquoi j'écris 8 au quotient, et au lieu de porter sous 7569 le produit de 932 par 8, je multiplie d'abord 2 par 8, ce qui me donne 16 ; mais comme je ne puis ôter 16 de 9, j'emprunte sur le chiffre suivant 6 une dizaine, qui, jointe à 9, me donne 19, desquels ôtant 16 , il me reste 3, que j'écris au dessous.

Pour tenir compte de cette dizaine empruntée, au lieu de diminuer d'une unité le chiffre 6 sur lequel j'ai emprunté, je retiens cette unité que je vais ajouter au produit suivant : ainsi continuant la multiplication, je dis 8 fois 3 font 24, et 1 que j'ai retenu font 25 ; comme je ne puis ôter 25 de 6 ,

j'emprunte sur le chiffre suivant 5 du dividende deux dizaines, qui, jointes à 6, me donnent 26, desquels j'ôte 25, et
il me reste 1 que j'écris sous 6 ; par là j'ai tenu compte de la
première dizaine dont j'aurais dû diminuer 6, parce que j'ai
retranché une dizaine de plus. Je tiendrai, de même, compte
des deux dizaines que je viens d'emprunter. Je continue donc
en disant : 8 fois 9 font 72, et 2 que j'ai empruntés font 74,
lesquels ôtés de 75, il reste 1.

J'abaisse à côté du reste 113 le chiffre 8 du dividende, et
je continue de la même manière, en disant : en 11 combien
de fois 9 ? 1 fois ; puis une fois 2 fait 2, qui ôtés de 8 il reste
6 ; une fois 3 fait 3, qui ôtés de 3 il reste 0 ; une fois 9 est 9,
qui ôtés de 11 il reste 2. J'abaisse le chiffre 4 à côté du reste
206, et je dis en 20 combien de fois 9 ? 2 fois ; et faisant la
multiplication, 2 fois 2 font 4, qui ôtés de 4 il reste 0 ;
2 fois 3 font 6, qui ôtés de 6 il reste 0 ; et enfin 2 fois 9 font 18,
qui ôtés de 20 il reste 2.

66. Il peut arriver, dans le cours de ces divisions partielles,
que le dividende contienne le diviseur plus de 9 fois ; cependant on ne doit jamais mettre plus de 9 au quotient ; car si
l'on pouvait seulement mettre 10, ce serait une preuve que le
quotient trouvé par l'opération précédente serait faux, puisque la dizaine qu'on trouverait dans le quotient actuel appar-
tiendrait à ce premier quotient.

67. Si le dividende et le diviseur étaient suivis de zéro,
on pourrait en ôter à l'un et à l'autre autant qu'il y en a à la
suite de celui qui en a le moins. Par exemple, pour diviser
8000 par 400, je diviserai seulement 80 par 4 ; car il est évident que 80 centaines ne contiennent pas plus 4 centaines,
que 80 unités ne contiennent 4 unités.

Voici trois exemples de division pour s'exercer.

224	4		16380	455		3639000	8425
24	56		2730	36		26960	432
00			9000			16850	
						00000	

De la Division des parties décimales.

68. Pour ne point nous arrêter à des distinctions superflues,
nous réduirons l'opération de la division des décimales à cette
règle seule.

Mettez à la suite de celui des deux nombres proposés, qui a le moins de décimales, un nombre de zéro suffisant pour que le nombre des décimales soit le même dans chacun; cela ne changera rien à la valeur de ce nombre (30); supprimez la virgule dans l'un et dans l'autre, et faites l'opération comme pour les nombres entiers; il n'y aura rien à changer au quotient que vous trouverez.

Exemple. On propose de diviser 12,52 par 4,3.

J'écris. . . . . . . 12,52 | 4,3

Ou plutôt . . . . . 12,52 | 4,30

en complétant le nombre des décimales.

Supprimant la virgule, j'ai 1252 à diviser par 430 ; faisant l'opération,

$$\begin{array}{c|c} 1252 & 430 \\ \hline 392 & 2\frac{392}{430} \end{array}$$

Je trouve 2 au quotient, et 392 pour reste, c. à d. que le quotient est 2 et $\frac{392}{430}$.

Mais comme l'objet qu'on se propose, quand on se sert de décimales, est d'éviter les fractions ordinaires, au lieu d'écrire le reste 392 sous la forme de fraction, comme on vient de le faire, on continuera l'opération comme dans l'exemple suivant.

Exemple.

$$\begin{array}{c|c} 1252 & 430 \\ \hline & 2,9116 \\ 3920 & \\ 500 & \\ 700 & \\ 2700 & \\ 120 & \end{array}$$

Après avoir trouvé le quotient en entier, qui est ici 2, on mettra à côté du reste 392 un zéro, qui, à la vérité, rendra ce reste dix fois trop grand ; on continuera de diviser par 430, et ayant trouvé qu'il faudrait mettre 9 au quotient, on l'y mettra en effet, mais après avoir marqué la place des unités entières, en mettant une virgule après le 2 : par ce moyen, le 9 ne marquera plus que des dixièmes. Après la multiplication et la soustraction faites, on mettra à côté du reste 50 un zéro, ce qui est la même chose que si l'on en avait mis d'abord deux à côté du dividende ; mais en mettant après le 9 le quotient 1 qu'on trouvera, on lui donnera par là sa véritable valeur, puisque alors il marque des centièmes ; on continuera ainsi tant qu'on le jugera nécessaire. En s'en tenant à deux décimales, on a la valeur du quotient à moins d'un centième d'unité près ; en poussant jusque après trois chiffres, on a le quotient à moins d'un millième près, et ainsi de suite, puisqu'on n'aurait pas pu mettre une unité de plus ou de moins, sans rendre le quotient trop fort ou trop faible.

Tous les restes de divisions peuvent être réduits ainsi en décimales.

Il reste à expliquer pourquoi la suppression de la virgule dans le dividende et dans le diviseur ne change rien au quotient, lorsqu'on a rendu le nombre des décimales le même dans chacun de ces deux nombres : c'est ce qu'il est aisé d'apercevoir, parce que dans l'exemple ci-dessus le dividende 12,52 et le diviseur 4,30 ne sont autre chose que 1252 centièmes et 430 centièmes, puisque les unités entières valent des centaines de centièmes (22) ; or, il est clair que 1252 centièmes ne contiennent pas autrement 430 centièmes, que 1252 unités ne contiennent 430 unités ; donc la considération de la virgule est inutile quand on a complété le nombre des décimales.

Voici quelques exemples sur lesquels on pourra s'exercer. On propose de diviser d'abord 2453,15 par 236,45 ; puis 0,0052 par 0,0035 ; puis 0,0071 par 0,008, et enfin 0,239 par 0,0005.

Iᵉʳ EXEMPLE.		IIᵉ EXEMPLE.		IIIᵉ EXEMPLE.		IVᵉ EXEMPLE.	
245315	23645	000520	00350	000710	00080	02390	00005
0088650	10,37	1700	0,14	700	0,88	39	478
177150		300		60		40	
11635						00	

Preuve de la Multiplication et de la Division.

69. On peut tirer de la définition même que nous avons donnée de chacune de ces deux opérations le moyen d'en faire la preuve.

Puisque dans la multiplication on prend le multiplicande autant de fois que le multiplicateur contient d'unités, il s'en-

suit que si l'on cherche combien de fois le produit contient le
multiplicande, c. à d. (59) si l'on divise le produit par le multiplicande, on doit trouver pour quotient le multiplicateur,
et *vice versâ*; en général, *si l'on divise le produit d'une
multiplication par l'un de ses facteurs, on doit trouver
pour quotient l'autre facteur.*

Par exemple, ayant trouvé ci-dessus (51) que 2864 multiplié par 6 a donné 17184, je divise 17184 par 2864; je dois
trouver, et je trouve en effet 6 pour quotient.

Pareillement, puisque le quotient d'une division marque
combien de fois le dividende contient le diviseur, il s'ensuit
que si l'on prend le diviseur autant de fois qu'il est marqué
par le quotient, c. à d. si l'on multiplie le diviseur par le quotient, on doit reproduire le dividende, lorsque la division a
été faite sans reste, et que, dans le cas où il y a un reste, si
l'on multiplie le diviseur par le quotient, et qu'au produit
on ajoute le reste de la division, on doit reproduire le dividende.

Par exemple, nous avons trouvé ci-dessus (63) que 189492
divisé par 375 donnait 505 pour quotient, et 117 pour reste.
En multipliant 375 par 505, on trouve 189375, auquel ajoutant le reste 117, on retrouve le dividende 189492.

Ainsi la multiplication et la division peuvent se servir de
preuve réciproquement.

Mais on peut vérifier ces opérations par un moyen plus
prompt que nous allons exposer; il ne faut pas, pour cela, négliger les réflexions que nous venons de faire; elles seront
utiles dans beaucoup d'autres occasions.

Preuve par 9.

70. Supposons qu'après avoir multiplié 65498 par 454, et
trouvé que le produit est 29736092, on veuille éprouver si ce
produit est exact.

On ajoutera tous les chiffres 6, 5, 4, 9, 8 du multiplicande comme s'ils ne contenaient que des unités simples, et
on retranchera 9 à mesure qu'il se trouvera dans la somme :
on aura un reste qui sera ici 5.

On ajoutera pareillement les chiffres 4, 5, 4 du multiplicateur, et retranchant pareillement tous les 9 que produira
cette addition, ou aura pour reste 4.

On multipliera le reste 5 du multiplicande par le reste 4 du multiplicateur, et du produit 20 on retranchera les 9 qu'il peut renfermer ; il restera 2.

Si le produit est exact, il faut qu'ajoutant de même tous les chiffres 2, 9, 7, 3, 6, 0, 9, 2 de ce produit, et retranchant tous les 9, il ne reste aussi que 2 ; ce qui a lieu en effet.

Cette règle est fondée sur ce principe que, pour avoir le reste de la soustraction de tous les 9 qu'un nombre peut renfermer, il n'y a qu'à chercher le reste que ses chiffres, ajoutés comme des unités simples, donneraient après la suppression des 9.

En effet, si d'un nombre exprimé par un seul chiffre suivi de plusieurs zéro on retranche tous les 9, le reste sera exprimé par ce seul chiffre. Si de 4000, ou de 500, ou de 60000, vous retranchez tous les 9, le reste sera 4, ou 5, ou 6, etc., ce qui est aisé à voir.

Donc le reste que donnerait, par la suppression des 9, un nombre tel que 65498 (qui est la même chose que 60000, plus 5000, plus 400, plus 90, plus 8), sera le même que celui que donneraient 6, plus 5, plus 4, plus 9, plus 8 ; c. à d. le même que si l'on ajoutait ces chiffres contenant des unités simples.

En voici maintenant l'application à la preuve de la multiplication.

Puisque 65498 est composé d'un certain nombre de 9 et d'un reste 5, et que le multiplicateur 454 est composé aussi d'un certain nombre de 9 et d'un reste 4, il ne peut s'en falloir que du produit de 5 par 4 ou 20, que le produit total ne soit divisible par 9, ou, en ôtant les 9, il ne doit s'en falloir que de 2 que le produit total ne soit divisible par 9 : donc il doit rester au produit la même quantité que dans le produit des deux restes, après la suppression des 9 qu'il renferme.

On pourrait faire aussi cette épreuve de la même manière par le nombre 3.

A l'égard de la division, elle devient facile à éprouver d'après ce qui a été dit (69). Après avoir ôté du dividende le reste qu'a donné la division, on regardera le résultat comme un produit dont le diviseur et le quotient sont les facteurs, et par conséquent on y appliquera la preuve par 9, de la même manière qu'on vient de le faire.

A parler exactement, cette vérification n'est pas infaillible, parce que dans la multiplication, par exemple, si l'on s'était trompé de quelques

unités sur quelque chiffre du produit, et qu'en même temps on eût fait
une erreur égale, mais en sens contraire, sur quelque autre chiffre du
même produit ; comme cela ne changerait rien au reste que l'on aurait
après la suppression des 9, cette règle ne ferait point apercevoir l'erreur ;
mais comme il faut, ainsi qu'on le voit, au moins deux erreurs, et deux
erreurs qui se compensent, ou qui ne diffèrent que d'un certain nombre de
fois 9, les cas où cette vérification serait fautive sont très rares dans l'usage.

Quelques usages de la Règle précédente.

71. La division sert non seulement à trouver combien de
fois un nombre en contient un autre, mais encore à partager
un nombre en parties égales. Prendre la moitié, le tiers, le
quart, le cinquième, le vingtième, le trentième, etc., d'un
nombre, c'est diviser ce nombre par 2, 3, 4, 5, 20, 30, etc.,
ou le partager en 2, 3, 4, 5, 20, 30, etc., parties égales,
pour prendre une de ses parties.

La division sert encore à convertir les unités d'une certaine
espèce en unités d'une espèce supérieure ; par exemple, un
certain nombre de deniers en sous, et ceux-ci en livres. Pour
réduire 5864 deniers en sous, on remarquera que, puisqu'il
faut 12 deniers pour faire un sou, autant de fois il y aura 12
deniers dans 5864 deniers, autant il y aura de sous ; il faut
donc diviser par 12, et on trouvera 488 sous et 8 deniers de
reste. Pour réduire en livres les 488 sous, on divisera 488
par 20, puisqu'il faut 20 sous pour faire la livre, et on aura
en total 24 livres 8 sous 8 deniers.

A l'occasion de cette division par 20, remarquons que
quand on a à diviser par un nombre suivi de zéro, on peut
abréger l'opération en séparant sur la droite du dividende
autant de chiffres qu'il y a de zéro : on divise la partie qui
reste à gauche par les chiffres significatifs du diviseur ; s'il y
a un reste, on écrit à sa suite les chiffres qu'on a séparés, ce
qui donne le reste total. Par exemple, pour diviser 5834 par
20, je sépare le dernier chiffre 4, et je divise par 4 la partie
restante 583 ; j'ai pour quotient 291, et 1 pour reste ; j'écris
à côté de ce reste 1 le chiffre séparé 4, ce qui me donne 14
pour reste total ; en sorte que le quotient est $291 \frac{14}{20}$.

Cette abréviation peut être appliquée à la réduction de la
charge d'un navire en tonneaux de poids. Si l'on sait que la
charge est de 2584954 ℔ : pour la réduire en tonneaux,
c. à d. pour diviser par 2000, on séparera les trois derniers
chiffres de la droite ; et prenant la moitié des autres, on aura
1292 tonneaux et 954 ℔.

Des Fractions.

72. Les fractions, considérées arithmétiquement, sont des nombres par lesquels on exprime les quantités plus petites que l'unité.

73. Pour se faire une idée nette des fractions, il faut concevoir que la quantité qu'on a prise d'abord pour unité est elle-même composée d'un certain nombre d'unités plus petites; comme l'on conçoit, par exemple, que la livre est composée de vingt parties ou de vingt unités plus petites, qu'on appelle *sous*.

Une ou plusieurs de ces parties forment ce qu'on appelle une *fraction de l'unité*. On donne aussi ce nom aux nombres qui représentent ces parties.

74. Une fraction peut être exprimée en nombres de deux manières qui sont chacune en usage.

La première manière consiste à représenter, comme les nombres entiers, les parties de l'unité que contient la quantité dont il s'agit; mais alors on donne un nom particulier à ces parties : ainsi, pour marquer 7 parties dont on en conçoit 20 dans la livre, on emploierait le chiffre 7, mais on prononcerait 7 sous, et on écrira 7^s : cette manière de marquer les parties de l'unité a lieu dans les nombres *complexes*, dont nous parlerons par la suite.

75. Mais comme il faudrait un signe particulier pour chaque division qu'on pourrait faire de l'unité, on évite cette multiplication de signes, en marquant une fraction par deux nombres placés l'un au dessous de l'autre, et séparés par un trait. Ainsi, pour marquer les 7 parties dont il vient d'être question, on écrit $\frac{7}{20}$; c. à d. qu'en général on écrit d'abord le nombre qui marque combien la quantité dont il s'agit contient de parties de l'unité, et on écrit au dessous de ce nombre celui qui marque combien on conçoit de ces parties dans l'unité.

76. Et, pour énoncer une fraction, on énonce d'abord le nombre supérieur, qui s'appelle le *numérateur*; ensuite le nombre inférieur, qui s'appelle le *dénominateur*; mais on ajoute au nom de celui-ci la terminaison *ième* : par exemple, pour énoncer $\frac{7}{20}$, on prononcera *sept vingtièmes*; pour énoncer $\frac{4}{5}$, on prononcera *quatre cinquièmes*; et, par cette ex-

pression *quatre cinquièmes*, on doit entendre quatre parties, dont il en faudrait 5 pour composer l'unité.

Il faut seulement excepter de la terminaison générale les fractions dont le dénominateur est 2 ou 3, ou 4, qui se prononcent *moitiés* ou *demies*, *tiers*, *quarts*. Ainsi les fractions $\frac{1}{2}$, $\frac{2}{3}$, $\frac{3}{4}$ se prononceraient *demie*, *deux tiers*, *trois quarts*.

77. Le numérateur marque donc combien la quantité représentée par la fraction contient de parties de l'unité ; et le dénominateur fait connaître de quelle valeur sont ces parties, en marquant combien il en faut pour composer l'unité. On lui donne le nom de dénominateur, parce que c'est lui en effet qui donne le nom à la fraction, et qui fait que dans ces deux fractions, par exemple, $\frac{3}{5}$ et $\frac{2}{7}$, les parties de la première s'appellent des *cinquièmes*, et les parties de la seconde des *septièmes*.

78. Le numérateur et le dénominateur s'appellent aussi, d'un nom commun, les *deux termes de la fraction*.

Des Entiers considérés sous la forme de Fraction.

79. Les opérations qu'on fait sur les fractions conduisent souvent à des résultats fractionnaires, dont le numérateur est plus grand que le dénominateur, par exemple, à des résultats tels que, $\frac{8}{8}$, $\frac{27}{5}$, etc.

Ces sortes d'expressions ne sont pas des fractions proprement dites, mais ce sont des nombres entiers joints à des fractions.

80. Pour extraire les entiers qui s'y trouvent renfermés, il faut diviser le numérateur par le dénominateur. Le quotient marquera les entiers, et le reste de la division sera le numérateur de la fraction qui accompagne ces entiers. Ainsi $\frac{27}{5}$ donneront $5\frac{2}{5}$, c. à d. cinq entiers et deux cinquièmes.

En effet, dans l'expression $\frac{27}{5}$, le dénominateur 5 fait connaître que l'unité est composée de 5 parties ; donc autant de fois il y aura 5 dans 27, autant il y aura d'unités entières dans la valeur de la fraction $\frac{27}{5}$.

81. Les multiplications et les divisions des nombres entiers joints aux fractions exigent, du moins pour la facilité, qu'on convertisse ces entiers en fraction.

On fait cette conversion en multipliant le nombre entier par le dénominateur de la fraction en laquelle on veut réduire cet entier. Par exemple, si l'on veut convertir 8 entiers en cinquièmes, on multipliera 8 par 5 , et on aura $\frac{40}{5}$. En effet, lorsqu'on veut convertir 8 en cinquièmes, on regarde l'unité comme composée de 5 parties ; les 8 unités en contiendront donc 40 ; pareillement, 7 $\frac{4}{9}$ convertis en neuvièmes feront $\frac{67}{9}$.

Des Changemens qu'on peut faire subir aux deux termes d'une Fraction sans changer sa valeur.

82. Il est visible que plus on concevra de parties dans l'unité, et plus il faudra de ces parties pour composer une même quantité.

83. Donc on peut rendre le dénominateur d'une fraction double, triple, quadruple, etc., sans rien changer à la valeur de la fraction, pourvu qu'en même temps on rende aussi le numérateur double, triple, quadruple, etc.

On peut donc dire, en général, *qu'une fraction ne change point de valeur, quand on multiplie ses deux termes par un même nombre.*

Ainsi $\frac{3}{4}$ est la même chose que $\frac{6}{8}$; $\frac{1}{2}$ est la même chose que $\frac{2}{4}$, que $\frac{3}{6}$, que $\frac{5}{10}$, etc.

84. Par un raisonnement semblable, on voit que moins on supposera de parties dans l'unité, moins il faudra de ces parties pour former une même quantité ; que, par conséquent, on peut, sans changer une fraction, rendre son dénominateur 2, 3, 4, etc., fois plus petit, pourvu qu'en même temps on rende son numérateur 2, 3, 4, etc., fois plus petit ; et en général, *une fraction ne change point de valeur quand on divise ses deux termes par un même nombre.*

Pour voir distinctement la vérité de ces deux proportions, il suffit de se rappeler ce que c'est que le dénominateur, et ce que c'est que le numérateur d'une fraction.

Remarquons donc que multiplier ou diviser les deux termes d'une fraction par un même nombre, n'est point multiplier ou diviser la fraction, puisque, comme nous venons de le dire, elle ne change point de valeur par ces opérations (*).

Il peut arriver que le numérateur d'une fraction soit accompagné lui-même d'une fraction, comme dans les deux exemples suivans : $\frac{3\frac{1}{2}}{36}$ $\frac{5\frac{3}{4}}{36}$. Ces sortes de fractions présentent,

---

(*) La fin de ce N° est de M. Juvigny.

au premier aspect, une confusion d'idées qui pourrait embarrasser les commençans ; mais un court moment de réflexion suffit pour faire apercevoir que le principe qu'on vient de poser un peu plus haut (83) fournit un moyen fort simple de ramener ces deux fractions à la forme ordinaire, sans en changer la valeur, puisqu'il suffit, pour cela, de multiplier les deux termes de chacune d'elles par le dénominateur de la fraction annexée de la manière suivante.

Je multiplie $3\frac{1}{2}$ et 36 par 2, d'une part, 5 et $36\frac{3}{4}$ par 4 de l'autre, et il en résulte ces deux nouvelles fractions $\frac{7}{2}$, $\frac{23}{144}$, respectivement égales aux deux précédentes.

Les deux principes que nous venons de poser un peu plus haut sont la base des deux réductions suivantes, qui sont d'un très grand usage.

Réduction des Fractions à un même dénominateur.

85. Pour réduire deux fractions à un même dénominateur, multipliez les deux termes de la première, chacun par le dénominateur de la seconde, et les deux termes de la seconde, chacun par le dénominateur de la première.

Par exemple, pour réduire à un même dénominateur les deux fractions $\frac{2}{3}$, $\frac{3}{4}$, je multiplie 2 et 3 qui sont les deux termes de la première fraction, chacun par 4, dénominateur de la seconde, et j'ai $\frac{8}{12}$, qui (83) est de même valeur que $\frac{2}{3}$.

Je multiplie de même les deux termes 3 et 4 de la seconde fraction, chacun par 3, dénominateur de la première, et j'ai $\frac{9}{12}$ qui est de même valeur que $\frac{3}{4}$, en sorte que les fractions $\frac{2}{3}$ et $\frac{3}{4}$ sont changées en $\frac{8}{12}$ et $\frac{9}{12}$, qui sont respectivement de même valeur que celles-là, et qui ont le même dénominateur entre elles.

Il est aisé de voir que, par cette méthode, le dénominateur sera toujours le même pour chacune des deux nouvelles fractions, puisque dans chaque nouvelle opération le nouveau dénominateur est formé de la multiplication des deux dénominateurs primitifs.

86. Si l'on a plus de deux fractions, on les réduira toutes au même dénominateur, en multipliant les deux termes de chacune par le produit résultant de la multiplication des dénominateurs des autres fractions.

Par exemple, pour réduire à un même dénominateur les quatre fractions $\frac{2}{3}$, $\frac{3}{4}$, $\frac{4}{5}$, $\frac{5}{7}$, je multiplierai les deux termes 2 et 3 de la première par le produit des trois dénominateurs 4, 5, 7 des autres fractions; produit que je trouve en disant : 4 fois 5 font 20, puis 7 fois 20 font 140; je multiplie donc 2 et 3 chacun par 140, et j'ai $\frac{280}{420}$, qui est de même valeur que $\frac{2}{3}$ (83).

Je multiplie pareillement les deux termes 3 et 4 de la seconde fraction par le produit de 3, 5, 7, produit que je forme en disant : 3 fois 5 font 15, puis 7 fois 15 font 105; je multiplie donc 3 et 4 chacun par 105, ce qui me donne $\frac{315}{420}$, fraction de même valeur que $\frac{3}{4}$.

Passant à la troisième fraction, je multiplie ses deux termes 4 et 5 chacun par 84, produit des 3 dénominateurs 3, 4 et 7, et j'ai $\frac{336}{420}$ au lieu de $\frac{4}{5}$.

Enfin pour la quatrième, je multiplierai 5 et 7 chacun par le produit 60 des dénominateurs 3, 4, 5 des trois premières fractions, et j'aurai $\frac{300}{420}$ au lieu de $\frac{5}{7}$; en sorte que les quatre fractions $\frac{2}{3}$, $\frac{3}{4}$, $\frac{4}{5}$, $\frac{5}{7}$ sont changées en $\frac{280}{420}$, $\frac{315}{420}$, $\frac{336}{420}$, $\frac{300}{420}$, moins simples, à la vérité, que celles-là, mais de même valeur qu'elles, et susceptibles, par leur dénominateur commun, des opérations de l'addition et de la soustraction.

Remarquons que le dénominateur de chaque nouvelle fraction étant formé du produit de tous les dénominateurs primitifs, ce nouveau dénominateur ne peut manquer d'être le même pour chaque fraction.

Réduction des Fractions à leur plus simple expression.

87. Une fraction est d'autant plus simple, que ses deux termes sont de plus petits nombres. Il est souvent possible d'amener une fraction proposée à être exprimée par de moindres nombres, et cela lorsque son numérateur et son dénominateur peuvent être divisés par un même nombre; comme cette opération n'en change point la valeur (84), c'est une simplification qu'on ne doit point négliger.

Voici le procédé qu'il faudra suivre :

88. On divisera le numérateur et le dénominateur chacun par 2, et on répétera cette division tant qu'elle pourra se faire exactement.

On divisera ensuite les deux termes par 3, et on continuera de diviser l'un et l'autre par 3, tant que cela pourra se faire.

On fera la même chose successivement avec les nombres 5, 7, 11, 13, 17, etc., c. à d. avec les nombres qui n'ont aucun diviseur qu'eux-mêmes, ou l'unité, et qu'on appelle *nombres premiers*.

Ainsi la seule difficulté qu'il y ait est de savoir quand on pourra diviser par 2, 3, 5, etc.

On pourra, dans cette recherche, s'aider des principes suivans :

89. Tout nombre qui finit par un chiffre pair est divisible par 2.

Tout nombre dont la somme des chiffres ajoutés ensemble, comme s'ils étaient des unités simples, fera 3 ou un *multiple* de 3, c. à d. un nombre exact de fois 3, sera divisible par 3.

Par exemple, 54231 est divisible par 3, parce que ces chiffres 5, 4, 2, 3, 1 font 15, qui est 5 fois 3.

La même chose a lieu pour le nombre 9, si les chiffres ajoutés ensemble font 9 ou un multiple de 9.

Cette propriété du nombre 3 se démontre comme celle du nombre 9, à très peu de chose près, et l'une et l'autre se démontrent comme on l'a fait à la preuve de 9 (70).

Tout nombre terminé par un 5 ou par un zéro est divisible par 5.

A l'égard des nombres 7 et des suivans, quoiqu'il soit facile de trouver de pareilles règles, comme l'examen qu'elles supposent est aussi long que la division, il faudra essayer la division.

Proposons-nous, par exemple, de réduire la fraction $\frac{2016}{5796}$. Je divise les deux termes par 2, parce que les deux derniers chiffres de chacun sont pairs, et j'ai $\frac{1008}{2898}$. Je divise encore par 2 et j'ai $\frac{504}{1449}$. Ce qui a été dit ci-dessus m'apprend que je puis diviser par 3 ; je divise en effet et j'ai $\frac{168}{483}$; je divise encore par 3, ce qui me donne $\frac{56}{161}$; enfin j'essaie de diviser par 7, la division réussit et me donne $\frac{8}{23}$.

La raison pour laquelle nous prescrivons de ne tenter la division que par les nombres premiers, 2, 3, 5, 7, etc., c'est qu'après avoir épuisé la division par 2, par exemple, il est inutile de tenter de diviser par 4, puisque si celle-ci pouvait réussir, à plus forte raison la division par 2 aurait-elle pu encore se faire.

90. De tous les moyens qu'on peut employer pour réduire une fraction à une expression plus simple, le plus direct est celui de diviser les deux termes par le plus grand diviseur commun qu'ils puissent avoir : voici la règle pour trouver ce plus grand diviseur commun.

Divisez le plus grand des deux termes par le plus petit ; s'il n'y a point de reste, c'est le plus petit terme qui est le plus grand diviseur commun.

S'il y a un reste, divisez le plus petit terme par ce reste, et si la division se fait exactement, c'est ce premier reste qui est le plus grand diviseur commun.

Si cette seconde division donne un reste, divisez le premier reste par le second, et continuez toujours de diviser le reste précédent par le dernier reste, jusqu'à ce que vous arriviez à une division exacte. Alors le dernier diviseur que vous aurez employé sera le plus grand diviseur des deux termes de la fraction.

Si le dernier diviseur se trouve être l'unité, c'est une preuve que la fraction ne peut être réduite.

Prenons pour exemple la fraction $\frac{3760}{9024}$.

Je divise 9024 par 3760 ; j'ai pour quotient 2 et pour reste 1504.

Je divise 3760 par 1504 ; j'ai pour quotient 2 et pour reste 752.

Je divise le premier reste 1504 par le second reste 752 ; la division réussit, et j'en conclus que 752 peut diviser les deux termes de la fraction $\frac{3760}{9024}$, et la réduire à sa plus simple expression, qu'on trouve, en faisant l'opération, être $\frac{5}{12}$.

En effet, on a trouvé que 752 divise 1504 ; il doit donc diviser 3760 qu'on a vu être composé de deux fois 1504 et de 752 : on voit de même qu'il doit diviser 9024, puisque 9024 est composé de deux fois 3760 et de 1504.

On voit de plus que 752 est le plus grand commun diviseur que puissent avoir 3760 et 9024 ; car il ne peut y avoir de diviseur commun entre 9024 et 3760, qui ne le soit en même temps de 3760 et 1504 ; et entre ces deux-ci il ne peut y en avoir un qui ne soit en même temps diviseur commun de 1504 et de 752 ; mais il est évident qu'entre ces deux-ci il ne peut y avoir de diviseur commun plus grand que 752 ; donc, etc.

Différentes manières dont on peut envisager une Fraction, et conséquences qu'on peut en tirer.

91. L'idée que nous avons donnée jusqu'ici d'une fraction est que le dénominateur représente de combien de parties l'unité est composée ; et le numérateur, combien il y a de ces parties dans la quantité que la fraction exprime.

On peut encore envisager une fraction sous un autre point de vue : on peut considérer le numérateur comme représentant une certaine quantité qui doit être divisée en autant de parties qu'il y a d'unités dans le dénominateur. Par exemple, dans $\frac{4}{5}$, on peut considérer 4 comme représentant 4 choses quelconques, 4 liv., par exemple, qu'il s'agit de partager en cinq parties ; car il est évident que c'est la même chose de partager 4 liv. en cinq parties pour prendre une de ces parties, ou de partager une livre en cinq parties pour prendre 4 de ces parties.

92. On peut donc considérer le numérateur d'une fraction comme un dividende, et le dénominateur comme un diviseur.

On voit par là ce que signifient les restes de division mis sous la forme que nous leur avons donnée (60).

93. Il suit de là, 1° qu'un entier peut toujours être mis sous la forme d'une fraction, en faisant de cet entier le numérateur, et lui donnant l'unité pour dénominateur : ainsi 8 ou $\frac{8}{1}$ sont la même chose ; 5 ou $\frac{5}{1}$ sont la même chose.

94. 2°. Que pour convertir une fraction quelconque en décimales, il n'y a qu'à considérer le numérateur comme un reste de division où le dénominateur était diviseur, et opérer par conséquent comme il a été dit (68, exemple II), en observant de mettre d'abord un zéro au quotient pour tenir la place des unités ; c'est ainsi qu'on trouvera que $\frac{3}{5}$ valent en décimales 0,6 ; que $\frac{5}{9}$ valent 0,555, etc.; que $\frac{1}{25}$ vaut 0,04, et ainsi de suite.

C'est ainsi qu'on peut réduire en décimales tout nombre complexe proposé. Par exemple, s'il s'agit de réduire $3^\text{T} 5^\text{P} 8^\text{P} 7^\text{l}$ en décimales de la toise, de manière à ne pas négliger une demi-ligne ; j'observe que la toise contient 864 lignes, et par conséquent 1728 demi-lignes ; il faut donc, pour ne pas négliger les demi-lignes, porter l'exactitude au delà des millièmes, c. à d. jusqu'aux dix-millièmes.

Cela posé, je réduis les $5^\text{P} 8^\text{P} 7^\text{l}$ tout en lignes ; et j'ai 823 lignes ou $\frac{823}{864}$ de la toise ; réduisant cette fraction en décimales, comme il vient d'être dit, on a 0,9525, et par conséquent 3 ,9525 pour le nombre proposé.

Des Opérations de l'Arithmétique sur les Fractions.

95. On fait sur les fractions les mêmes opérations que sur les nombres entiers. Les deux premières opérations, l'addition et la soustraction, exigent le plus souvent une opération préparatoire ; les deux autres n'en exigent point.

De l'Addition des Fractions.

96. Si les fractions ont le même dénominateur, on ajoutera tous les numérateurs, et l'on donnera à la somme le dénominateur commun de ces fractions. Ainsi pour ajouter $\frac{2}{7}$, $\frac{3}{7}$, $\frac{5}{7}$, j'ajoute les numérateurs 2 , 3 , 5 , et j'ai par conséquent $\frac{10}{7}$ que je réduis à 1 $\frac{3}{7}$ (80).

97. Si les fractions n'ont pas le même dénominateur, on commencera par les y réduire par ce qui a été enseigné (85 et 86) ; après quoi on ajoutera ces nouvelles fractions de la manière qui vient d'être prescrite. Ainsi, si l'on propose d'a-

jouter $\frac{3}{4}$. $\frac{2}{3}$, $\frac{4}{5}$, je change ces trois fractions en trois autres $\frac{45}{60}$, $\frac{40}{60}$, $\frac{48}{60}$, dont la somme est $\frac{133}{60}$, qui se réduisent à $2\frac{13}{60}$ (81).

De la Soustraction des Fractions.

98. Si les deux fractions proposées ont le même dénominateur, on retranchera le numérateur de l'une du numérateur de l'autre, et on donnera au reste le dénominateur commun de ces deux fractions. S'il est question de retrancher $\frac{5}{9}$ de $\frac{8}{9}$, le reste sera $\frac{3}{9}$ qui se réduit à $\frac{1}{3}$ (88).

99. Si de $9\frac{5}{8}$ on voulait retrancher $4\frac{7}{8}$, comme on ne peut ôter $\frac{7}{8}$ de $\frac{5}{8}$, on emprunterait sur 9 une unité, laquelle, réduite en huitièmes et ajoutée à $\frac{5}{8}$, ferait $\frac{13}{8}$, desquels ôtant $\frac{7}{8}$, il resterait $\frac{6}{8}$; ôtant ensuite 4 de 8 qui restent après l'emprunt, il resterait en tout $4\frac{6}{8}$ ou $4\frac{3}{4}$.

100. Si les fractions n'ont pas le même dénominateur, on les y réduira (85 et 86); après quoi on fera la soustraction comme il vient d'être dit. Ainsi, pour ôter $\frac{2}{3}$ de $\frac{3}{4}$, je change ces fractions en $\frac{8}{12}$ et $\frac{9}{12}$, et retranchant 8 de 9, il me reste $\frac{1}{12}$.

De la Multiplication des Fractions.

101. *Pour multiplier une fraction par une fraction, il faut multiplier le numérateur de l'une par le numérateur de l'autre, et le dénominateur par le dénominateur.* Par exemple, pour multiplier $\frac{2}{3}$ par $\frac{4}{5}$, on multipliera 2 par 4, ce qui donnera 8 pour numérateur; multipliant pareillement 3 par 5, on aura 15 pour dénominateur, et par conséquent $\frac{8}{15}$ pour le produit.

Pour sentir la raison de cette règle, il faut se rappeler que multiplier un nombre par un autre, c'est prendre le multiplicande autant de fois que le multiplicateur contient d'unités. Ainsi, multiplier $\frac{2}{3}$ par $\frac{4}{5}$, c'est prendre $\frac{4}{5}$ de fois la fraction $\frac{2}{3}$, ou, plus exactement, c'est prendre 4 fois le cinquième de $\frac{2}{3}$: or, en multipliant le dénominateur 3 par 5, on change les tiers en quinzièmes, c. à d. en parties cinq fois plus petites; et en multipliant le numérateur 2 par 4, on prend ces nouvelles parties quatre fois : on prend donc quatre fois la cinquième partie de $\frac{2}{3}$; on multiplie donc en effet $\frac{2}{3}$ par $\frac{4}{5}$.

102. Si l'on avait un entier à multiplier par une fraction, ou une fraction à multiplier par un entier, on mettrait l'entier sous la forme de fraction, en lui donnant l'unité pour dénominateur : par exemple, si j'ai 9 à multiplier par $\frac{4}{5}$, cela

se réduit à multiplier $\frac{9}{1}$ par $\frac{4}{7}$, ce qui, selon la règle qu'on vient de donner, produit $\frac{36}{7}$ qui se réduisent à $5\frac{1}{7}$.

On voit donc que pour multiplier une fraction par un entier, ou un entier par une fraction, l'opération se réduit à multiplier le numérateur de cette fraction par l'entier.

103. S'il y avait des entiers joints aux fractions, il faudrait, avant de faire la multiplication, réduire ces entiers chacun en fraction de même espèce que celle qui l'accompagne. Par exemple, si l'on a $12\frac{3}{5}$ à multiplier par $9\frac{3}{4}$, je change (81) le multiplicande en $\frac{63}{5}$ et le multiplicateur en $\frac{39}{4}$, et je multiplie $\frac{63}{5}$ par $\frac{39}{4}$ selon la règle ci-dessus (101), ce qui me donne $\frac{2457}{20}$ qui valent $122\frac{17}{20}$.

Division des Fractions.

104. *Pour diviser une fraction par une fraction, il faut renverser les deux termes de la fraction qui sert de diviseur, et multiplier la fraction dividende par cette fraction ainsi renversée.*

Par exemple, pour diviser $\frac{4}{5}$ par $\frac{2}{3}$, je renverse la fraction $\frac{2}{3}$, ce qui me donne $\frac{3}{2}$; je multiplie $\frac{4}{5}$ par $\frac{3}{2}$ selon la règle donnée (101), et j'ai $\frac{12}{10}$ pour le quotient de $\frac{4}{5}$ divisé par $\frac{2}{3}$.

Pour apercevoir la raison de cette règle, il faut observer que diviser $\frac{4}{5}$ par $\frac{2}{3}$, c'est chercher combien de fois $\frac{4}{5}$ contiennent $\frac{2}{3}$. Or il est facile de voir que, puisque le diviseur est 2 tiers, il sera contenu dans le dividende trois fois autant que s'il était 2 entiers; donc il faut diviser d'abord par 2, et multiplier ensuite par 3, ce qui n'est autre chose que prendre trois fois la moitié du dividende, ou le multiplier par $\frac{3}{2}$ qui est la fraction du diviseur renversée.

105. Si l'on avait une fraction à diviser par un entier, ou un entier à diviser par une fraction, on commencerait par mettre l'entier sous la forme de fraction, en lui donnant l'unité pour dénominateur : par exemple, si l'on a 12 à diviser par $\frac{5}{7}$, on réduira l'opération à diviser $\frac{12}{1}$ par $\frac{5}{7}$; ce qui, selon la règle qu'on vient de donner, se réduit à multiplier $\frac{12}{1}$ par $\frac{7}{5}$, et qui donne $\frac{84}{5}$ ou $16\frac{4}{5}$. Pareillement, si l'on avait $\frac{3}{4}$ à diviser par 5, on réduirait l'opération à diviser $\frac{3}{4}$ par $\frac{5}{1}$, c. à d. à multiplier $\frac{3}{4}$ par $\frac{1}{5}$, ce qui donne $\frac{3}{20}$.

On voit donc que, lorsqu'on a une fraction à diviser par un entier, l'opération se réduit à multiplier le dénominateur par cet entier.

106. S'il y avait des entiers joints aux fractions, on réduirait ces entiers chacun en fraction de même espèce que celle qui l'accompagne. Par ex., si l'on avait $54 \frac{3}{5}$ à diviser par $12 \frac{2}{3}$, on changerait le dividende en $\frac{273}{5}$ et le diviseur en $\frac{38}{3}$, et l'opération serait réduite à diviser $\frac{273}{5}$ par $\frac{38}{3}$, c. à d. (105) à multiplier $\frac{273}{5}$ par $\frac{3}{38}$, ce qui donnerait $\frac{819}{190}$ ou $4 \frac{59}{190}$.

Quelques applications des Règles précédentes.

107. Après ce que nous avons dit (91), il est aisé de voir comment on peut évaluer une fraction. Qu'on demande, par exemple, ce que valent les $\frac{5}{8}$ d'une livre? Puisque les $\frac{5}{8}$ d'une livre sont la même chose (91) que le huitième de 5 livres, je réduis les 5 livres en sous (57) et je divise les 100 sous qu'elles me donnent par 8, ce qui me donne 12 sous pour quotient et 4 sous de reste; je réduis ces 4 sous en deniers, et je divise 48 deniers par 8; j'ai 6 deniers. Ainsi les $\frac{5}{8}$ d'une livre sont 12 sous 6 deniers.

Si l'on demandait les $\frac{5}{8}$ de 24 livres, il est visible qu'on pourrait d'abord prendre, comme nous venons de le faire, les $\frac{5}{8}$ d'une livre, et multiplier ensuite par 24 ce qu'aurait donné cette opération; mais il est plus commode de multiplier d'abord $\frac{5}{8}$ par 24 liv., ce qui (101) donne $\frac{120}{8}$ liv., et d'évaluer ensuite cette dernière fraction qu'on trouvera valoir 15 livres (').

Enfin, comme prendre les $\frac{5}{8}$ de 24 livres n'est autre chose que de multiplier 24 livres par la fraction $\frac{5}{8}$, et par conséquent prendre 24 livres $\frac{5}{8}$ de fois, je puis encore opérer par parties aliquotes, et prendre d'abord pour $\frac{4}{8}$ la moitié du multiplicande qui est 12 livres, et puis pour le $\frac{1}{8}$ restant le quart de 12 qui est 3; ce qui fait en tout 15 livres. C'est la commodité du calcul qui doit seule déterminer la préférence entre ces divers modes d'évaluation.

On voit par cet exemple que, quoique *cinq fois le huitième de* 24, ou *le huitième de cinq fois* 24, ou enfin *le produit de* 24 *par la fraction* $\frac{5}{8}$, donnent toujours la même valeur numérique, cependant le procédé qui conduit à cette valeur diffère dans chacun des trois cas.

108. Les fractions décimales, n'ayant point de dénomina-

(') La fin de ce Numéro est de M. Juvigny.

teur, sont encore plus faciles à évaluer. Si l'on demande, par exemple, combien valent 0,532 de marc banco de Hambourg; comme le marc vaut 16 sous lubs, je multiplie 0,532 par 16, ce qui donne 8,512 sous lubs, c. à d. 8 sous lubs et 0,512 de sou lub; multipliant cette dernière fraction par 12 pour l'évaluer en deniers lubs, j'ai 6,144 deniers, c. à d. 6 deniers et 0,144 de denier : par conséquent, la valeur de 0,532 de marc banco sera de 8 sous lubs 6 deniers et 0,144 de denier (¹).

L'application que nous avons faite du calcul décimal aux changes étrangers, dans le 4ᵉ chapitre de la deuxième partie de cet ouvrage, donne continuellement lieu à l'évaluation de fractions décimales, qui ont souvent de 3 à 8 chiffres, p. o. m. En pareil cas, il suffit d'opérer, comme nous l'avons toujours fait, sur les trois premiers chiffres décimaux, parce que les chiffres négligés ne serviraient qu'à alonger inutilement l'opération, comme nous allons l'expliquer ci-après.

Reportons-nous à cet effet au 1ᵉʳ exemple du n° 407, relatif au change de Londres avec Hambourg, où il s'agissait de réduire 176 liv. sterling 5 sous 6 deniers en marcs banco, au change de 13 marcs 12 sous 9 deniers lubs par liv. sterling. Après avoir trouvé pour produit 2432 marcs, 066175, lorsqu'il a fallu évaluer la fraction décimale en sous et deniers lubs, nous avons négligé, comme de raison, les trois chiffres sur la droite, et nous avons trouvé que 0,066 de marc banco équivalait à 1 sou et 1 denier lub.

En effet, comme multiplier la fraction 0,066175 successivement par 16 et par 12 (subdivisions du marc en sous et deniers lubs), revient à la multiplier par le produit de ces deux nombres, ou par 192, on voit que si, comme nous l'avons fait, on ne tient compte que des 1000ᵉˢ du premier produit obtenu, le dernier résultat sera exact à $\frac{192}{1000}$ de denier lub, c. à d. à moins d'un denier lub près ; degré d'exactitude plus que suffisant pour tous les besoins du commerce.

Aussi, dans toutes les opérations arithmétiques, relatives aux changes étrangers, nous sommes-nous bornés à opérer constamment sur les trois premiers chiffres décimaux, tant dans les multiplications que dans les divisions; et, par ce moyen, nous avons obtenu des résultats définitifs, toujours exacts à une unité près de la plus petite espèce, c'est à dire :

A 1 denier sterling près pour le change de Londres ;

(¹) Tout le reste du présent numéro est de M. Juvigny.

A 1 penning près (le 320ᵉ du florin), pour le change d'Amsterdam;

A 1 penning près (le 240ᵉ du florin), pour le change d'Auguste, de Francfort-sur-le-Mein, de Vienne et de Trieste;

A 1 denier près (le 360ᵉ de la rixdale) pour le change de Berlin;

A 1 denier lub près (le 192ᵉ du marc), pour le change de Hambourg.

109. L'évaluation des fractions nous conduit naturellement à parler *des fractions de fractions*. On appelle ainsi une suite de fractions séparées les unes des autres par l'article *de*. Par exemple, $\frac{2}{3}$ *de* $\frac{3}{4}$, $\frac{2}{3}$ *de* $\frac{3}{4}$ *de* $\frac{5}{6}$, etc., sont des fractions de fractions. On les réduit à une seule fraction, en multipliant tous les numérateurs entre eux et tous les dénominateurs entre eux : en sorte que la fraction $\frac{2}{3}$ de $\frac{3}{4}$ se réduit à $\frac{6}{12}$ ou $\frac{1}{2}$; la fraction $\frac{2}{3}$ *de* $\frac{3}{4}$ *de* $\frac{5}{6}$ se réduit à $\frac{30}{72}$ ou $\frac{5}{12}$.

En effet, il est facile de voir que prendre les $\frac{2}{3}$ *de* $\frac{3}{4}$ n'est autre chose que multiplier $\frac{3}{4}$ par $\frac{2}{3}$, puisque c'est prendre $\frac{2}{3}$ de fois la fraction $\frac{3}{4}$. Pareillement, prendre les $\frac{2}{3}$ *des* $\frac{3}{4}$ *de* $\frac{5}{6}$ revient à prendre les $\frac{6}{12}$ *de* $\frac{5}{6}$, puisque $\frac{2}{3}$ *de* $\frac{3}{4}$ reviennent à $\frac{6}{12}$; et ce que l'on vient de dire fait connaître que les $\frac{6}{12}$ *de* $\frac{5}{6}$ reviennent à $\frac{30}{72}$ ou $\frac{5}{12}$.

Si l'on demandait les $\frac{3}{4}$ *de* $5\frac{3}{8}$, on convertirait l'entier 5 en huitièmes, et la question serait réduite à évaluer la fraction de fraction $\frac{3}{4}$ *de* $\frac{43}{8}$ qu'on trouverait être $\frac{129}{32}$ ou $4\frac{1}{32}$ (¹).

Application des Fractions au calcul mental dans certains cas.

110. La parfaite intelligence des fractions simplifie et abrège singulièrement les calculs : elle dispense souvent de mettre la main à la plume, comme on va en juger par les exemples suivans.

1ᵉʳ EXEMPLE. *Combien* 100 *livres tournois rapportent-elles d'intérêt par jour en parties de la livre, à raison de* 5 p. $\frac{0}{0}$ *par an?*

Sur cet énoncé, on serait tenté de croire d'abord que cette question est de nature à exiger le secours de la plume, tandis qu'on peut y satisfaire mentalement, avec un très court moment de réflexion.

En effet, l'année commerciale étant de 360 jours, c'est 5 livres ou 100 sous à répartir sur 360 jours; l'intérêt d'un jour sera donc $\frac{100}{360}$ ou $\frac{10}{36}$ de sou (84). Or, pour évaluer cette

---

(¹) Le Nᵒ suivant 110 est de M. Jurigny.

dernière fraction, je n'ai qu'à prendre le tiers de son numérateur 10 qui est 3 $\frac{1}{3}$, et regarder ce résultat comme des deniers, puisque son dénominateur 36 exprime des parties trois fois plus petites que le denier.

Même question en francs et parties de franc.

C'est 5 francs ou 500 centimes à répartir sur 360 jours. L'intérêt d'un jour sera donc $\frac{500}{360}$ ou $\frac{50}{36}$ de centime (84), c. à d. qu'il sera de 1 $\frac{7}{18}$ de centime.

2ᵉ Exemple. *Combien 100 livres rapportent-elles d'intérêt par jour, à raison de 6 p. $\frac{0}{0}$ l'an?*

C'est 6 livres ou 120 sous à répartir sur 360 jours ; l'intérêt d'un jour sera donc $\frac{120}{360}$ ou $\frac{12}{36}$ de sou (84), ou 4 deniers ; car nous venons de voir qu'il suffit, pour évaluer cette fraction, de prendre le tiers de son numérateur, et de regarder le résultat comme exprimant des deniers.

Même question en francs.

C'est 6 francs ou 600 centimes à répartir sur 360 jours ; l'intérêt d'un jour sera donc $\frac{600}{360}$ ou $\frac{40}{36}$ de centime (84), c. à d. qu'il sera 1 $\frac{2}{3}$ de centime.

Si l'on proposait ces deux questions séparément et dans le même ordre, il serait inutile de répéter sur nouveaux frais la même opération. Il suffirait d'augmenter le premier résultat de sa cinquième partie, attendu que la différence de 5 à 6 est de $\frac{1}{5}$ du premier nombre. Or, par une raison semblable, si l'on proposait les mêmes questions dans un ordre inverse, il suffirait de diminuer de sa sixième partie le premier résultat que l'on aurait obtenu.

Des Nombres complexes.

111. Quoique les règles que nous avons exposées jusqu'ici puissent servir aussi à calculer les nombres complexes, nous croyons cependant devoir considérer ceux-ci d'une manière plus particulière, parce que la division qu'on y fait de l'unité principale en facilite souvent le calcul.

Il y a plusieurs sortes de nombres complexes, et les règles pour les calculer tiennent beaucoup à la division qu'on a faite de l'unité : cependant il n'est pas nécessaire d'examiner toutes ces espèces, pour être en état de les calculer ; mais il importe de savoir quels rapports leurs différentes parties ont tant entre elles qu'à l'égard de l'unité principale ; c'est par cette raison que nous donnons ici une table des nombres complexes dont l'usage est le plus fréquent, et que nous avons employés dans cette Iʳᵉ Partie.

Table des Unités de quelques espèces, et Caractères par lesquels on représente ces différentes unités.

POUR LES MONNAIES FRANÇAISES.

₶ signifie.............. livre.	1 livre vaut........... 20 sous.	
ſ .... sou.	1 sou vaut........... 12 deniers.	

POUR LES POIDS.

℔ signifie.............. livre.	1 livre (poids) vaut... 2 marcs.
M..................... marc.	1 marc............... 8 onces.
O..................... once.	1 once............... 8 gros.
G..................... gros.	1 gros..... 3 deniers ou scrupules.
D........... denier ou scrupule.	1 denier............ 24 grains.
g..................... grain.	

POUR L'ÉTENDUE DES LIGNES.

T signifie.............. toise.	1 toise vaut.......... 6 pieds.
P..................... pied.	1 pied........... 12 pouces.
P..................... pouce.	1 pouce........... 12 lignes.
l..................... ligne.	1 ligne........... 12 points.
pt.................... point.	

POUR LA PISTOLE (*d'Espagne*).

pᵉ signifie........ pistole.	1 pistole vaut 32 réaux de plate.
ʳᵃᵘˣ .... réaux.	1 réale de plate vaut 34 maravédis de plate.
mᵈⁱˢ............... maravédis.	1 pistole vaut 1088 maravédis de plate.

Addition des Nombres complexes.

112. Pour faire cette opération, on écrit tous les nombres proposés les uns au dessous des autres, de manière que toutes les parties d'une même espèce se trouvent chacune dans une même colonne verticale ; et après avoir souligné le tout, on commence l'addition par les parties de l'espèce la plus petite ; si leur somme ne compose pas une unité de l'espèce immédiatement supérieure, on l'écrit sous les unités de son espèce ; si elle renferme assez de parties pour composer une ou plusieurs unités de l'espèce immédiatement supérieure, on n'écrit au dessous de cette colonne que l'excédant d'un nombre juste d'unités de cette seconde espèce, et l'on retient celles-ci pour les ajouter avec leurs semblables, sur lesquelles on procède de la même manière.

1ᵉʳ EXEMPLE. On propose d'ajouter

227₶	14ſ	8ᵈ
2549	18	5
184	11	11
17	10	7
2979₶	15ſ	7ᵈ somme.

La somme des deniers est 31, qui renferme deux douzaines

de deniers , ou 2 sous et 7 deniers ; je pose les 7 deniers , et je retiens 2 sous que j'ajoute avec les unités de sous , ce qui donne 15 sous , dont je pose seulement le chiffre 5 , et je retiens la dizaine pour l'ajouter aux dizaines ; ce qui me donne 5 ; et comme il faut deux dizaines de sous-pour faire une livre , je prends la moitié de 5 qui est 2 , avec 1 pour reste ; je pose ce reste , et je porte les 2 livres à la colonne des livres que j'ajoute comme à l'ordinaire.

2ᵉ Exemple. On propose d'ajouter

84 ᵖˡᵉˢ	21 ʳᵃᵘˣ	27 ᵐᵈⁱˢ
43	15	14
27	23	12
5	15	9
161 ᵖˡᵉˢ	11 ʳᵃᵘˣ	28 ᵐᵈⁱˢ

La somme des maravédis monte à 62 qui font 1 réal 28 maravédis , puisque 34 maravédis font un réal ; je pose 28 maravédis , et je retiens ce réal que j'ajoute avec les réaux ; le tout me donne 75 , qui valent 2 pistoles 11 réaux , puisqu'il faut 32 réaux pour faire une pistole ; je pose les 11 réaux , et j'ajoute les 2 pistoles avec les pistoles : le tout monte à 161 , en sorte que la somme est 161 ᵖˡᵉˢ 11 ʳᵃᵘˣ 28 ᵐᵈⁱˢ (¹).

Il est essentiel de s'accoutumer à calculer tout à la fois les nombres exprimés par deux chiffres. Ainsi, pour les maravédis , par exemple , il faut dire tout de suite : 27 et 14 font 41 , et 12 font 53 , et 9 font 62 , etc., sans quoi l'opération en deviendrait d'autant plus longue.

Voici deux exemples sur lesquels on pourra s'exercer.

234ᵀ	5ᵖⁱ	8ᵖᵒ	10ˡⁱᵍ	25℔	0ᵐᵃʳᶜˢ	5ᵒⁿᶜᵉˢ	6ᵍʳᵒˢ	23 grains
1241	3	5	9	19	1	7	7	17
602	1	11	4	62	1	3	6	15
25	4	6	7	31	0	4	3	18
2104ᵀ	3ᵖⁱ	8ᵖᵒ	6ˡⁱᵍ	1391℔	0ᵐᵃʳᶜˢ	5ᵒⁿᶜᵉˢ	7ᵍʳᵒˢ	1 grain

Soustraction des Nombres complexes.

113. Ecrivez les nombres proposés comme dans l'addition , et commencez la soustraction par les unités de l'espèce la plus basse. Si le nombre inférieur peut être retranché du nombre supérieur, écrivez le reste au dessous. S'il ne peut être retranché, empruntez sur l'espèce immédiatement supérieure une unité que vous réduirez à l'espèce dont il s'agit, et que vous

---

(¹) L'alinéa suivant est de M. Juvigny.

ajouterez au nombre dont vous ne pouvez retrancher. Faites la même chose pour chaque espèce, et lorsque vous aurez été forcé d'emprunter, diminuez d'une unité le nombre sur lequel vous avez fait cet emprunt. Enfin, écrivez chaque reste, à mesure que vous le trouverez, au dessous du nombre qui l'a donné.

1er Exemple. De. . . . 143^{li} 17^s 6^d
on veut ôter. 75 12 9
reste . . . 68^{li} 4^s 9^d

Ne pouvant ôter 9^d de 6^d, j'emprunte 1^s qui vaut 12^d, et 6 font 18, desquels ôtant 9, il reste 9 ; j'ôte ensuite 12^s, non pas de 17^s, mais de 16 qui restent après l'emprunt, et il reste 5 ; enfin je retranche 75 liv. de 143 liv., et il me reste 68 liv.

2e Exemple. De. . . . . 163 p^{les} 0 r^{aux} 5 m^{dis}
on veut ôter. 84 8 9
78 p^{les} 23 r^{aux} 30 m^{dis}

Comme je ne puis ôter 9 maravédis de 5 maravédis, et que d'ailleurs il n'y a pas de réaux sur lesquels je puisse emprunter, j'emprunte 1 pistole sur 163 pistoles, mais j'ai laissé par la pensée 31 réaux à la place du zéro, après quoi j'opère comme ci-dessus.

Voici deux exemples sur lesquels on pourra s'exercer.

564^t	2^{pi}	6^{po}	7^{lig}	25 ℔	0 marc	3 onces	4 gros	1 den.	15 grains
96	5	9	10	18	1	7	7	2	23
467^t	2^{pi}	8^{po}	9^{lig} différence	6 ℔	0 marc	3 onces	4 gros	1 den.	16 grains

Multiplication des Nombres complexes.

114. On peut réduire généralement la multiplication des nombres complexes à la multiplication d'une fraction par une fraction, multiplication dont nous avons donné la règle (102). Par exemple, si l'on demande ce que doivent coûter 54^t 3^p d'ouvrage, à raison de 42 liv. 17 sous 8 den. la toise, on peut réduire le multiplicande 42 livres 17 sous 8 den. tout en deniers (57), ce qui donnera 10292 deniers, et comme le denier est la 240e partie de la livre, le multiplicande peut être représenté par $\frac{10292}{240}$ de la livre ; pareillement on réduira le multiplicateur 54^t 3^p tout en pieds, ce qui donnera 327^p, et comme

le pied est la sixième partie de la toise, on aura pour multiplicateur $\frac{327}{6}$ de toise; en sorte que la question est réduite à multiplier $\frac{10292}{240}$ par $\frac{327}{6}$ ce qui (101) donnera $\frac{3365484}{1440}$ de livre, qui (107) valent 2337 liv. 2 sous 10 den.

Cette méthode s'étend à toute espèce de nombre complexe; mais elle exige plus de calcul que celle que nous allons exposer, c'est pourquoi nous ne nous y arrêterons pas davantage.

115. Un nombre qui est contenu exactement dans un autre est partie *aliquote* de cet autre : ainsi 3 est partie aliquote de 12, il en est de même de 2, de 4 et de 6.

Rappelons-nous que multiplier n'est autre chose que prendre le multiplicande un certain nombre de fois; multiplier par 8 $\frac{3}{4}$, par exemple, c'est prendre le multiplicande 8 fois, et le prendre encore $\frac{3}{4}$ de fois, ou en prendre les $\frac{3}{4}$. Or, on peut prendre ces $\frac{3}{4}$ ou en prenant d'abord le quart, et l'écrivant 3 fois, ou bien en prenant d'abord la moitié, et ensuite la moitié de cette moitié : ainsi, pour multiplier 84 par 8 $\frac{3}{4}$,

j'écrirais. . . . .

$$\begin{array}{r} 84 \\ 8\ \frac{3}{4} \\ \hline 672 \\ 42 \\ 21 \\ \hline 735\ \text{produit.} \end{array}$$

En multipliant 84 par 8, j'aurais d'abord 672. Ensuite pour prendre les $\frac{3}{4}$ de 84, je prendrais d'abord la moitié qui est 42; puis je prendrais la moitié de 42 qui est 21, et réunissant ces trois produits particuliers, j'aurais 735 pour le produit total.

116. Pour appliquer ceci aux nombres complexes, il faut remarquer que les différentes espèces d'unités au dessous de l'unité principale sont des fractions les unes à l'égard des autres, et à l'égard de cette unité principale; que par conséquent, pour multiplier facilement par ces sortes de nombres, il faut faire en sorte de les décomposer en parties aliquotes de l'unité principale, de manière que ces parties aliquotes puissent être employées commodément, ou de les décomposer en parties aliquotes les unes des autres; et si cette décomposition ne fournit que des parties aliquotes qui ne soient pas com-

modes dans le calcul, on y suppléera par de faux produits ; c'est ce que nous allons développer dans les exemples suivans.

1er EXEMPLE. On demande combien doivent coûter 54 pistoles d'Espagne et 16 réaux de plate, à raison de 15 liv. la pistole.

Il faut multiplier.	15$^{\#}$		
par.	54 p^{les}	16 ^{raux}	
	60$^{\#}$	0^{s}	0^{d}
	750		
	7	10	0
	817$^{\#}$	10^{s}	0^{d}

On multipliera d'abord, selon les règles ordinaires, 15 liv. par 54. Ensuite pour multiplier par 16 réaux qui sont la moitié de la pistole, et qui par conséquent ne doivent donner que la moitié du prix de la pistole, on prendra la moitié de 15 liv., et, additionnant, on aura 817 liv. 10 sous pour produit total.

2e EXEMPLE. Si l'on avait . .	15$^{\#}$		
à multiplier par.	54 p^{les}	20 ^{raux}	
	60$^{\#}$	0^{s}	0^{d}
	750		
	7	10	0
	1	17	6
	819$^{\#}$	7^{s}	6^{d}

On multipliera d'abord 15 liv. par 54. Ensuite, au lieu de multiplier par $\frac{20}{32}$, parce que 20 réaux font les $\frac{20}{32}$ de la pistole, on décomposera 20 réaux en 16 réaux, et 4 réaux dont le premier est la moitié, et le second le $\frac{1}{8}$ de la pistole ; on prendra donc d'abord la moitié de 15 liv., et ensuite le $\frac{1}{8}$ de 15 liv., et l'on aura, en réunissant tous ces produits particuliers, 819 liv. 7 sous 6 den. pour produit total.

3e EXEMPLE: Que l'on ait . .	15$^{\#}$		
à multiplier par.	5 p^{les}	26 ^{raux}	17 ^{mdis}
	75$^{\#}$	0^{s}	0^{d}
	7	10	0
	3	15	0
	0	18	9
	0	4	8 $\frac{1}{4}$
	87$^{\#}$	8^{s}	5^{d} $\frac{1}{4}$

Après avoir multiplié par 5 pistoles, on multipliera par
26 réaux, et pour cet effet, on décomposera ce nombre en
16 réaux, 8 réaux et 2 réaux; pour 16 réaux, on prendra la
moitié de 15 liv., qui est 7 liv. 10 sous; pour 8 réaux, on remarquera que c'est la moitié de 16 réaux, et par conséquent
on prendra la $\frac{1}{2}$ de 7 liv. 10 sous, qui est 3 liv. 15 sous. Pour
2 réaux, on remarquera encore que c'est le $\frac{1}{4}$ de 8 réaux, et
par conséquent on prendra le $\frac{1}{4}$ de 3 liv. 15 sous, qui est 18
sous 9 den. Ensuite, pour multiplier par 17 maravédis, au lieu
de comparer ces 17 maravédis à la pistole, on les comparera
au réal; et comme ils sont la moitié d'un réal, et par consé-
conséquent le $\frac{1}{4}$ de 2 réaux, on prendra le $\frac{1}{4}$ du dernier produit,
18 sous 9 den., relatif à 2 réaux. Enfin, réunissant tous ces
produits particuliers, on aura 87^{lt} 8^s 5^{d} $\frac{1}{4}$.

117. Si le multiplicande est aussi un nombre complexe,
on se conduira comme il va être expliqué dans l'exemple
suivant.

4e Exemple. Si l'on a . . . 15^{lt} 6^s 6^d
à multiplier par . . . . . . 27 ^{ples} 21 ^{raux} 25 $\frac{1}{2}$ m^{dis}

105^{lt}	6^s	0^d
300	0	0
6	15	0
1	7	0
0	13	6
7	13	3
1	18	3 $\frac{3}{4}$
0	9	6 $\frac{15}{16}$
0	4	9 $\frac{15}{32}$
0	2	4 $\frac{21}{64}$
424^{lt}	3^s	9^d $\frac{57}{64}$

On multipliera d'abord 15 liv. par 27. Ensuite, pour multiplier 6 sous par 27, on décomposera ces 6 sous en 5 sous et 1
sou. Les 5 sous faisant le quart de la livre doivent, étant multipliés par 27, donner 27 fois le quart de la livre ou le quart de
27 liv.; on prendra donc le quart de 27 liv., qui est 6 liv. 15
sous. Pour multiplier 1 sou par 27, on remarquera qu'un sou
est la cinquième partie de 5 qu'on vient de multiplier; ainsi
on prendra le cinquième des 6 liv. 15 sous, qui sera 1 livre
7 sous.

A l'égard des 6 deniers, on fera attention qu'ils sont la moitié d'un sou, et par conséquent on prendra la moitié de 1 liv. 7 sous qu'on a eus pour 1 sou.

Jusque-là tout le multiplicande est multiplié par 27.

Pour multiplier par 21 réaux, on s'y prendra de la même manière que dans l'exemple précédent ; c. à d. qu'on les décomposera en 16 réaux, 4 réaux et 1 réal. Pour 16 réaux, on prendra la moitié du multiplicande, qui est 7 liv. 13 sous 3 den. ; pour 4 réaux, le quart de ce que donnent les 16 réaux, et pour 1 réal le quart de ce dernier produit.

Enfin, pour $25\frac{1}{2}$ maravédis, on prendra d'abord pour 17 maravédis la moitié de ce qu'on vient d'avoir pour 1 réal, et pour les $8\frac{1}{2}$ maravédis restans la moitié de ce que donnent les 17 maravédis : en réunissant toutes les différentes parties, on aura $424^{\#}\ 3^{s}\ 9^{d}\ \frac{57}{64}$ pour produit total (').

Quant aux fractions qui accompagnent ces divers produits, comme chaque produit particulier a été formé en prenant des parties égales sur celui qui le précède immédiatement, il en résulte que le dernier dénominateur est multiple de tous les autres, et que par conséquent on peut éviter la longueur du procédé indiqué (85), et convertir toutes ces fractions en l'espèce de la dernière, en multipliant les deux termes de chacune par le quotient provenant de la division du dernier dénominateur 64, par le dénominateur de chacune de ces mêmes fractions. Ensuite, d'après la règle du n° 96, on trouve que leur somme est $\frac{185}{64}$ qui valent $2\frac{57}{64}$.

118. Jusqu'ici les parties du multiplicande qu'il a fallu prendre ont été assez faciles à évaluer ; mais dans le cas où ces parties seraient plus composées, on se conduirait comme dans l'exemple suivant.

5ᵉ Exemple. A raison de . . . $34^{\#}\ 10^{s}\ 2^{d}$ la toise, combien doivent coûter. . . . . 17^{T}

$$
\begin{array}{lll}
\hline
238^{\#} & 0^{s} & 0^{d} \\
340 & & \\
8 & 10 & \\
\phi & \mathit{17} & \\
0 & 2 & 10 \\
\hline
586^{\#} & 12^{s} & 10^{d} \\
\end{array}
$$

Après avoir multiplié 34 liv. par 17, et ensuite les 10 sous par 17 en prenant la moitié de 17, on multipliera 2 deniers qui

---

(') L'alinéa suivant est de M. Juvigny.

sont la sixième partie d'un sou, et par conséquent la sixième partie de la dixième partie ou (109) la 60ᵉ partie de 10 sous ; mais au lieu de prendre la 60ᵉ partie de 8 liv. 10 sous, il sera plus commode de faire un faux produit, et de prendre d'abord le dixième de ce qu'ont donné 10 sous, c. à d. le dixième de 8 liv. 10 sous ; ce dixième, qui est 0 liv. 17 sous, est pour 1 sou; mais comme il ne faut que pour le sixième d'un sou, on barrera ce faux produit, et on écrira le sixième au dessous (^{1}).

Remarquons en passant qu'on peut toujours multiplier tout à la fois par un nombre pair de sous quelconque. Ainsi, si au lieu de 10 sous j'avais eu 18 sous par exemple au multiplicande, au lieu de décomposer ceux-ci en 10, 5, 2 et 1 sous, voici comment j'aurais opéré.

J'aurais multiplié 18 sous par 17, en prenant les $\frac{18}{20}$ ou les $\frac{9}{10}$ de 17 considérés comme des livres, et j'aurais eu pour produit $\frac{153}{10}$ de livre, ou 15 liv. 6 sous, d'après ce qui a été dit au dernier paragraphe du n° 71. Cet exemple prouve que, pour multiplier un nombre pair de sous, il faut en prendre la moitié, faire le produit de cette moitié, en mettant au rang des sous le double des unités de ce produit. Pour 18 s. × 56, comme 56 × 9 = 504, on a 50 liv. 8 sous.

Remarquons encore qu'on peut souvent, et notamment dans cet exemple, éviter d'avoir recours aux faux produits. Ainsi, dans ce cas, on aurait pu se dispenser de faire un faux produit pour 1 sou, et composer tout d'un coup celui relatif aux 2 deniers du multiplicande, en observant que multiplier 2 deniers par 17, c'est prendre 17 fois 2 deniers, ce qui fait 34 deniers, c. à d. 2 sous 10 deniers.

6ᵉ *Exemple*. Combien pour 34 liv. 10 sous 2 deniers fera-t-on faire d'ouvrage à raison de 1 livre pour 17 toises ?

Il faut multiplier 17 toises par 34 liv. 10 sous 2 deniers, c. à d. prendre 17 toises autant de fois que la livre est contenue dans 34 liv. 10 sous 2 deniers.

(^{1}) Les trois alinéas suivans sont de M. Juvigny.

```
17ᵀ
34ᵗ    10ˢ    2ᵈ
─────────────────────────────────
68ᵀ    0ᴾ     0ᴾ     0ˡ     0ᵖᵗˢ
510
 8      3
 ϕ      8      ι      ϰ      4      4/5
 0      0      10     2      4      4/5
─────────────────────────────────
586ᵀ   3ᴾ     10ᴾ    2ˡ     4ᵖᵗˢ    4/5
```

Ainsi on multipliera d'abord 17 toises par 34 ; ensuite, pour multiplier 17 toises par 10 sous, on prendra la moitié de 17 toises, parce que 10 sous sont la moitié de la livre, et l'on aura 8 toises 3 pieds. Pour multiplier par 2 deniers, on cherchera, pour plus de facilité, ce que donnerait 1 sou, en prenant le dixième de ce qu'ont donné 10 sous ; ce dixième est 0 toise 5 pieds 1 pouce 2 lignes 4 points et $\frac{8}{10}$ ou $\frac{4}{5}$ de point ; on le barrera, comme ne devant pas faire partie du produit, mais on en prendra le sixième pour avoir le produit de 2 deniers, et on écrira au dessous ce sixième, qui est 0ᵀ 0ᴾ 10ᴾ 2ˡ 4 points et $\frac{24}{30}$ ou $\frac{4}{5}$.

Nous avons donné cet exemple, principalement pour confirmer ce que nous avons dit (46), qu'il importait de distinguer le multiplicande du multiplicateur, lorsqu'ils sont tous les deux concrets. En effet, dans l'exemple précédent, ainsi que dans celui-ci, les facteurs du produit sont également 17 toises et 34 liv. 10 sous 2 deniers ; cependant les deux produits sont différens (').

119. 7ᵉ Exemp. On propose de multiplier 11ᵗ 11ˢ 11ᵈ
par 11, 11 11

	liv.	sous	den.		
	11ᵗ	0ˢ	0ᵈ		
	11	0	0		
Pour 10 s. du multiplicande	5	10	0.		La moitié de 11 liv.
— 1 — —	0	11	0		Le dixième du produit ci-dessus.
— 6 den. —	0	5	6		La moitié du dernier produit.
— 3 — —	0	2	9		La moitié du dernier produit.
— 2 — —	0	1	10		Le tiers de l'avant-dernier produit.
— 10 s. du multiplicateur	5	15	11	$\frac{1}{2}$	La moitié du multiplicande.
— 1 s. —	0	11	7	$\frac{3}{20}$	Le dixième du produit ci-dessus.
— 6 den. —	0	5	9	$\frac{23}{40}$	La moitié du dernier produit.
— 3 — —	0	2	10	$\frac{63}{80}$	La moitié du dernier produit.
— 2 — —	0	1	11	$\frac{21}{120}$	Le tiers de l'avant-dernier produit.
	134ᵗ	9ˢ	3ᵈ	$\frac{40}{740}$	

(') L'exemple suivant est de M. Juvigny.

La manière dont nous avons indiqué l'opération nous dispense d'en rendre compte (¹).

Voici, pour finir, deux exemples destinés à exercer les commençans :
1°. Combien coûteront 5 toises 3 pieds 5 pouces 2 lignes d'un certain ouvrage, à raison de 24ᵗᵗ 13ˢ 8ᵈ⅓ la toise ?
2°. Combien coûteront 4 marcs 6 onces 7 gros 6 grains d'une certaine marchandise, à raison de 8ᵗᵗ 14ˢ 9ᵈ le marc ?

	EXEMPLE I.				EXEMPLE II.			
24ᵗᵗ	13ˢ	8ᵈ			8ᵗᵗ	14ˢ	9ᵈ	
5T	3P	5p	2l		44 marcs	6 onces	7 gros	6 grains
13₇ᵗᵗ	10ˢ	8ᵈ $\frac{1243}{1296}$	RÉPONSE.....	42ᵗᵗ	9ˢ	9ᵈ $\frac{645}{768}$

Division d'un Nombre complexe par un Nombre incomplexe.

120. Si le dividende seul est complexe, et si en même temps le dividende et le diviseur ont des unités de différente espèce, on divisera d'abord les unités principales du dividende, selon la règle ordinaire ; ce qui restera de cette division, on le réduira (57) en unités de la seconde espèce, qu'on ajoutera avec celles de même espèce qui se trouveront dans le dividende, et on divisera le tout comme à l'ordinaire : on réduira pareillement le reste de cette division en unités de la troisième espèce, auxquelles on ajoutera celles de la même espèce qui se trouveront dans le dividende, et on divisera le tout comme ci-dessus ; on continuera de réduire les restes en unités de l'espèce suivante, tant qu'il s'en trouvera d'inférieures dans le dividende.

EXEMPLE. On a donné 4783 liv. 3 sous 9 deniers pour paiement de 322 pistoles d'Espagne, on demande à combien cela revient la pistole.

4783ᵗᵗ	3ˢ	9ᵈ	322				
1563			14ᵗᵗ	17ˢ	1ᵈ $\frac{35}{322}$		
275							
5503							
2283							
29							
357							
35							

(¹) Le n° suivant est de M. Juvigny.

Il faut diviser 4783 liv. 3 sous 9 deniers par 322 en commençant par les livres.

Les 4783 liv. divisées par 322, selon la règle ordinaire, donneront 14 liv. pour quotient et 275 liv. pour reste : ces 275 livres réduites en sous (57) donneront avec les 3 sous du dividende 5503 sous, qui, divisés par 322, donneront 17 sous pour quotient et 29 sous pour reste : ces 29 sous, réduits en deniers, donnent, avec les 9 deniers du dividende, 357 deniers, lesquels, divisés par 322, donnent enfin 1 denier pour quotient et 35 pour reste : en sorte que le quotient est 14 liv. 17 sous 1 denier $\frac{35}{322}$ de denier.

121. Mais si le dividende et le diviseur ont des unités de même espèce, il faut, avant de faire la division, examiner si le quotient doit être ou ne pas être de même espèce qu'eux, ce que l'état de la question décide toujours.

122. Dans le cas où le dividende ou le diviseur étant de même espèce, le quotient devra aussi être de même espèce qu'eux, la division se fera précisément comme dans le cas précédent ; par exemple, si l'on proposait cette question : 1243 liv. ont produit un bénéfice de 7254 liv., à combien cela revient-il par livre? Il est évident que le quotient doit avoir des unités de même espèce que le dividende et le diviseur, c. à d. doit être des livres, et qu'on doit diviser 7254 livres par 1243, en réduisant, comme dans l'exemple précédent, le reste de cette division en sous, et le second reste en deniers, et on trouvera 5 livres 16 sous 8 deniers $\frac{760}{1243}$ pour réponse à la question.

123. Mais lorsque le dividende et le diviseur étant de même espèce, le quotient devra être d'espèce différente, alors il faudra commencer par réduire (57) le dividende et le diviseur, chacun à la plus petite espèce qui soit dans le dividende; après quoi, on fera la division comme dans le cas précédent, et on y traitera les unités du dividende, comme si elles étaient de même espèce que celle que doit avoir le quotient : par exemple, si l'on proposait cette question ; combien pour 7954 liv. 11 sous 8 deniers fera-t-on faire d'ouvrage, à raison de 72 liv. la toise? Il est clair, par la nature de la question, que le quotient doit être des toises et parties de toise. On réduira donc 7954 livres 11 sous 8 deniers tout en deniers, ce qui donnera 1909099 ; on réduira pareillement 72 livres en deniers, et on aura 17280 ; on divisera 1909099 considérés comme des

toises, par 17280, et on aura pour quotient 110 toises 2 pieds 10 pouces 6 lignes $\frac{19}{20}$.

Division d'un Nombre complexe par un Nombre complexe.

124. Lorsque le diviseur n'est pas un nombre complexe, il faut le réduire à sa plus petite espèce (57), multiplier le dividende par le nombre qui exprime combien il faut de parties de la plus petite espèce du diviseur pour composer l'unité principale de ce même diviseur ; alors la division sera réduite au cas précédent où le diviseur était incomplexe.

Exemple. 425 marcs de banque 14 sous lubs et 10 deniers lubs de Hambourg ont été payés 854 liv. 17 sous 9 deniers de France, on demande à combien cela revient le marc de banque? Il faut diviser 854 liv. 17 sous 9 deniers par 425 marcs 14 sous lubs 10 deniers lubs, et pour cet effet, je réduis en deniers lubs les 425 marcs 14 sous lubs 10 deniers lubs, ce qui me donne 81778 pour nouveau diviseur ; et comme il faut 192 deniers lubs pour faire le marc de banque, qui est l'unité principale du diviseur, je multiplie le dividende proposé 854 liv. 17 sous 9 den. par 192, ce qui (116) me donne 164138 liv. 8 sous pour nouveau dividende, en sorte que je divise comme il suit :

$$\begin{array}{r|l}
164138^{\text{tt}} \quad 8^{s.} & 81778 \\
\hline
582 & \quad 2^{\text{tt}} \quad 0^{s.} \quad 1^{\text{d}.} \frac{57998}{81778} \\
20 & \\
\hline
11648^{s.} & \\
12 & \\
\hline
139776 & \\
57998 & \\
\end{array}$$

Les 164138 liv., divisées par 81778, donnent 2 liv. pour quotient et 582 pour reste. Ces 582 liv., réduites en sous, donnent, avec les 8 sous du dividende, 11648 sous qui, divisés par 81778, donnent 0 sou pour quotient. Ces 11648 sous, réduits en deniers, valent 139776 den., lesquels, divisés par 81778, donnent 1 denier pour quotient et 57998 deniers pour reste : en sorte que le quotient est 2 livres 0 sou 1 denier $\frac{57998}{81778}$ de denier.

Pour entendre la raison de cette règle, il faut faire attention que les 425 marcs de banque 14 sous lubs 10 deniers lubs valent 81778 deniers lubs ; et le dernier lub étant la cent quatre-vingt-douzième partie du marc de banque, le diviseur est $\frac{81778}{192}$ du marc de banque : or, pour diviser par une fraction, il faut (104) renverser la fraction diviseur et multiplier ensuite par cette fraction ainsi renversée ; il faut donc ici multiplier par $\frac{192}{81778}$; ce qui revient à multiplier d'abord par 192, et à diviser ensuite par 81778, ainsi que le prescrit la règle que nous donnons.

Comme la division par un nombre complexe se réduit, ainsi qu'on vient de le voir, à la division par un nombre incomplexe, on doit avoir les mêmes attentions à l'égard de la nature des unités que nous avons eues (122 et 123).

Voici, pour finir, deux exemples destinés à exercer le lecteur.

1°. *On a payé* 137# 10ˢ 8ᵈ $\frac{1243}{1296}$ *pour* 5ᵀ 3ᴾ 5ᵖ 2ˡ *d'ouvrage, combien cela fait-il la toise?*

2°. *On a payé* 42# 9ˢ 4ᵈ $\frac{645}{768}$ *pour* 4marcs 6onces 7gros 6grains, *combien cela fait-il le marc?*

En procédant, pour ces deux questions, d'après le principe du n° 124, j'ai, dans le premier cas, 3696,583904 pour dividende, 149734656o pour diviseur, et 24# 13ˢ 8ᵈ $\frac{1}{3}$ pour quotient ;

Et, dans le second cas, 195702# 10ˢ 6ᵈ pour dividende, 22398 pour diviseur, et 8# 14ˢ 9ᵈ pour quotient.

Système des nouvelles Mesures (¹).

125. L'ancien système des poids et mesures avait le double inconvénient de n'offrir aucune uniformité dans les différentes subdivisions des unités principales, et de compliquer singulièrement les calculs relatifs à la conversion des unités plus grandes en unités plus petites, toutes les fois que les premières n'étaient pas multiples des secondes.

Dans le nouveau système dit *métrique*, au contraire, toutes les mesures sont liées entre elles, et dérivent d'une unité primordiale qui peut se vérifier en tous les temps et tous les pays, car il a son fondement dans la nature : sa nomenclature ne présente qu'un petit nombre de mots, et le calcul, n'ayant lieu que sur des nombres décimaux, se trouve par là même avoir atteint le plus grand degré de simplicité possible.

Pour déterminer le *mètre*, dont toutes les autres mesures sont déduites (ce qui a fait donner le nom de métrique au nouveau système), on a mesuré avec toute l'exactitude pos-

---

(¹) Tout ce qui concerne le nouveau système métrique, n° 125 à 145, est de M. Juvigny.

sible le quart d'un méridien terrestre, c. à d. la distance du pôle nord à l'équateur, comptée sur le méridien qui passe à Paris. On a trouvé que cette distance était de 5130740 toises ou de 30784440 pieds. On a divisé cette quantité en dix millions de parties égales, et on a pris pour la principale unité usuelle de longueur une de ces parties qui est $0^T,513074$, ou $3^P,0784440$, ou $3^P 11^l, 295936$; de sorte qu'un mètre vaut, à très peu près, 3 pieds 11 lignes $\frac{296}{1000}$, ou enfin $443^l,296$.

Il y a six espèces de mesures, qui sont :

1°. Les mesures de longueur ou *linéaires*, dont l'unité est le mètre ;

2°. Les mesures agraires ou de surface, dont l'unité est l'*are* ;

3°. Les mesures de volume, dont l'unité est le *stère* ;

4°. Les mesures de capacité, dont l'unité est le *litre* ;

5°. Les mesures pour les poids, dont l'unité est le *kilogramme* ([1]) ;

6°. Les mesures pour les monnaies, dont l'unité est le *franc*.

Nous allons donner successivement les divisions et la nomenclature des six nouvelles mesures ci-dessus, et indiquer les moyens de les énoncer avec facilité.

Mesures linéaires ou de longueur.

Le mètre est donc, encore une fois, la principale unité linéaire. Il vaut 3,0784440 pieds.

Une unité de	10 mètres s'appelle		*décamètre.*
Une unité de	100 —	—	*hectomètre.*
Une unité de	1000 —	—	*kilomètre.*
Une unité de	10000 —	—	*myriamètre.*
Unité . . . . t.	1 —	—	*mètre.*
Une unité...	10 fois plus petite		*décimètre.*
Une unité...	100 —	—	*centimètre.*
Une unité...	1000 —	—	*millimètre.*

Nota. La terre a de circonférence 9000 lieues communes de France de 25 au degré ; et puisque le mètre est la dix-millio-

---

([1]) Les lois des 1er août 1793 et 18 germinal an 3 avaient ordonné que le *gramme* serait l'unité des mesures de pesanteur ; mais son poids, qui n'est pas tout à fait de 19 grains, aura été jugé sans doute trop faible pour les besoins ordinaires du commerce, et c'est très probablement pour cette raison que la loi du 19 frimaire an 8 a substitué au gramme le *kilogramme*, lequel, depuis cette époque, a été adopté comme l'unité des nouvelles mesures de pesanteur.

5

(66)

nième partie du quart du méridien terrestre, il suit de là que
la circonférence du globe doit valoir 4000 myriamètres ; par
conséquent 4 myriamètres valent 9 lieues : donc le myriamè-
tre vaut 2 lieues $\frac{1}{4}$ de 25 au degré.

La lieue commune de France est plus grande que la lieue
de poste : une lieue de poste vaut 2000 toises anciennes ; la
lieue de 25 au degré vaut 2280 toises $\frac{1}{3}$, et la lieue de 20 au degré, autrement dite *lieue marine*, vaut 2850,41 toises.

Mesures de superficie.

On a choisi pour unité principale, dans les mesures de superficie, un carré dont le côté serait un *décamètre*, et qui con-
tiendrait, par conséquent, cent mètres carrés ; on a nommé
cette unité *are* ([1]) : ses multiples et sous-multiples se composent

d'unités
{ 100 fois plus grandes, dites *hectares*.
{ 10 fois plus petites, dites *déciares*.
{ 100 — — — *centiares*.

Mesures de solidité.

Les mètres *cubes*, decimètres *cubes*, etc., servent à mesurer
la valeur de la solidité des corps. On a nommé *stère* une mesure destinée particulièrement au bois de chauffage. Les composés du stère ne sont guère en usage.

Mesures de capacité.

Le *litre* est une mesure de capacité égale à un décimètre
cube.

Ses multiples et sous-multiples se composent, pour les noms
et pour les valeurs numériques, comme ceux des mesures de
longueur, savoir :

d'unités
{ 10 fois plus grandes, dites *décalitres*.
{ 100 — — — *hectolitres*.
{ 10 fois plus petites, dites *décilitres*.
{ 100 — — — *centilitres*.

Poids.

Le *gramme* est un poids égal à celui d'un centimètre cube
d'eau distillée.

Ses unités composées offrent la même analogie dans leur

([1]) Tous les mots appliqués aux nouvelles mesures dérivent du grec et
du latin.

nomenclature, et la même série décimale que celles des autres mesures.

Le *myriagramme* vaut.............	10,000	
Le *kilogramme* —	1,000	
L'*hectogramme*. —	100	
Le *décagramme* —	10	Unités de
Le *gramme* ou l'unité	1	gramme.
Le *décigramme* vaut	0,1	
Le *centigramme* —	0,01	
Le *milligramme* —	0,001	

En récapitulant ce que nous venons de dire plus haut, il en résulte que

Le *mètre* est l'unité des mesures de longueur. { Destinée à remplacer l'usage de la toise, du pied, de l'aune, de la brasse, etc.

L'*are*, l'unité des mesures agraires ou de superficie. { Destinée à remplacer l'usage de la perche, de la toise, pied, pouces carrés, etc.

Le *stère* ou *mètre cube*, l'unité des mesures de solidité. { Destinée à remplacer l'usage des toises, pieds, pouces cubes, etc.

Le *litre*, l'unité des mesures de capacité. { Destinée à remplacer l'usage du boisseau, du litron, de la pinte, etc.

Le *gramme*, l'unité des mesures de pesanteur. { Destinée à remplacer l'usage de la livre, du marc, de l'once, du quintal, etc.

Monnaies.

On appelle *franc* l'unité principale des monnaies. Cette unité se divise en *décimes* et en *centimes*, toujours d'après la même échelle décimale. On ne compte guère par décimes qu'à l'administration des postes.

Le *franc* est une pièce d'argent qui pèse 5 grammes ou 94[grains],13575, et qui contient en argent fin les $\frac{9}{10}$ de son poids. Il est destiné à remplacer l'usage de la livre tournois, de l'écu, de la pistole, etc. Le *franc*, qui est assujetti au système général des mesures prises dans la nature, étant un sous-multiple exact du kilogramme, peut servir à peser les corps ; ce qui est utile au commerce.

En effet, la pièce d'argent de 5 fr. pesant 25 grammes, ou 470 grains,67875, ce qui fait à très peu près 6 gros 39 grains, il en résulte que 40 pièces d'argent de 5 fr. équivalent 40 fois 25 grammes, c. à d. à 1000 grammes, ou à 1 kilogramme, qui est l'unité de poids du nouveau système métrique. 20 de ces mêmes pièces de 5 fr. peuvent, par conséquent, tenir lieu d'un demi-kilogramme égal, à peu de chose près, à l'ancienne livre, poids de marc.

On voit, par ce qui précède, que lors même que l'étalon des nouvelles mesures viendrait à se perdre, on serait toujours sûr, comme nous l'avons déjà dit, d'en retrouver le type en prenant la dix-millionième partie de la distance du pôle à l'équateur : au reste, on peut aussi retrouver le mètre dans tous les temps, sans être obligé de recourir à cette mesure, au moyen de son rapport à la longueur du pendule, qui a été fixé de la manière la plus précise par M. Borda. Il a trouvé, à l'Observatoire de Paris, la longueur du pendule qui fait cent mille oscillations par jour égale à $0^m,741887$.

De même les pièces de 40 francs ayant 26 millimètres de diamètre, et celles de 20 francs 21 millimètres, il en résulte que 34 pièces de 20 francs et 11 de 40 francs, mises l'une à côté de l'autre, donneront la longueur du mètre. En effet,

$$34 \text{ pièces (de 20 fr.)} \times 21 \text{ mill.} = 714 \text{ mill.}$$
$$11 \text{ pièces (de 40 fr.)} \times 26 \text{ mill.} = 286 \text{ mill.}$$
$$\overline{\hspace{3cm}}$$
$$1000 \text{ mill.}$$

De la Manière d'énoncer les nouvelles mesures, et de les rapporter à l'une quelconque des unités de son espèce.

126. *Pour énoncer une nouvelle mesure exprimée par un nombre décimal,* on énonce d'abord le nombre décimal, en faisant abstraction de la nature des unités, et on remplace ensuite l'unité abstraite par l'unité concrète dont il s'agit.

Ainsi le nombre $456^m,82$ peut s'énoncer.

Quatre cent cinquante-six mètres quatre-vingt-deux centimètres, ou *quarante-cinq mille six cent quatre-vingt-deux centimètres.*

127. *Pour rapporter une nouvelle mesure exprimée par un nombre décimal à l'une quelconque des unités concrètes de son espèce,* on transporte la virgule sur la droite du chiffre qui exprime les unités de l'ordre donné. S'il s'agit de convertir $4568^m,2534$ en décamètres, on écrira $456^{déca},82534$.

Par ce déplacement de la virgule, on rend le nombre proposé dix fois plus petit, il est vrai (28) ; mais, au lieu du mètre, on prend pour unité le *décamètre,* qui est dix fois plus grand ; on opère donc ainsi entre le nombre et l'espèce des nouvelles unités une compensation, au moyen de laquelle la valeur primitive demeure toujours la même.

Si, toujours en vertu du même raisonnement, je veux convertir 4568^m2534 en *hectomètres,* ou en *kilomètres,* j'écrirai $45^{hect},682534$ dans le premier cas, et $4^{kil},5682534$ dans le second.

S'il s'agit de convertir 4568^m,2534 en décimètres, on écrira 45682^{déci},534.

Par le déplacement de la virgule, j'ai rendu, dans le dernier cas, le nombre proposé dix fois plus grand, il est vrai (29); mais aussi, au lieu du *mètre*, j'ai pris pour unité le *décimètre*, qui est dix fois plus petit. J'ai donc opéré entre le nombre et l'espèce des nouvelles unités une compensation, au moyen de laquelle la valeur de la quantité primitive demeure toujours la même.

Un raisonnement semblablable fait voir que pour convertir 4568^m,2534 en *centimètres* ou en *millimètres*, sans changer la valeur de cette quantité, il faut écrire 456825^{cent},34 dans le premier cas, et 4568253^{mil},4 dans le second.

Quand le nombre de chiffres nécessaires au déplacement de la virgule n'est pas suffisant, on y supplée par des zéro, selon ce qui a été prescrit (27). Ainsi, pour convertir 5^{décam},27 en hectomètres, on écrira 0^{hect},527, et pour les convertir en kilomètres, on écrira 0^{kil},0527.

128. On voit, par ce qui précède, que la conversion des unités plus grandes en unités plus petites, et *réciproquement*, ne donne lieu, dans le système des nouvelles mesures, qu'à un simulacre d'opération, puisque cette conversion consiste dans le déplacement de la virgule, qu'il suffit d'avancer sur la gauche ou de reculer sur la droite d'un, deux, trois, etc., rangs, selon que l'unité à laquelle on veut rapporter la quantité proposée est 10, 100, 1000, etc., fois plus grande ou plus petite que l'unité dont il s'agit. En dernière analyse, ce déplacement de la virgule revient à multiplier ou à diviser les deux termes d'une fraction par un même nombre, ce qui n'en change pas la valeur (83 et 84).

Application des quatre premières Règles de l'Arithmétique aux nouvelles mesures.

129. L'addition et la soustraction des nombres rapportés à la même unité s'effectuent selon ce qui a été prescrit (34 et 38).

Quand les nombres expriment des unités de grandeurs différentes, on commence par rapporter lesdits nombres à la même unité, d'après le principe qui vient d'être exposé (127).

Ainsi, si l'on propose d'ajouter les deux nombres 377^{décim},4 et 0^{kil},009368, on les rapporte d'abord à la même unité, au mètre, par exemple, ce qui donne 37^m,74 d'une part, et 9^m,368 de l'autre, dont la somme est 47^m,108. Si je veux les rapporter au décimètre, au lieu du mètre, j'aurai 377^{déc},4 d'une part, et de l'autre, 9 3^{déc},68, dont la somme est 471^{déc},08 (34).

Actuellement, si de 377^{décim},4 je veux soustraire 0^{kil},009368, en rapportant ces nombres au mètre, j'aurai 37^m,74 d'une part, et 9^m,368 de l'autre ; et en opérant ensuite selon ce qui a été prescrit au n$_o$ 38, je trouve pour différence 28^m,372. Si je veux rapporter au contraire les nombres proposés au décimètre, j'aurai 377^{déc},4 d'une part et 9 3^{déc},68 de l'autre, dont la différence est 283^{déc},72.

130. Multiplication. *Si l'on demande combien coûteront 24 mètres 3 décimètres de drap, à raison de 18 fr. 77 c. le mètre*, il est évident que le coût total doit être des francs, et que pour le connaître il s'agit de répéter 18 fr. 77 c. vingt-quatre fois, plus trois dixièmes de fois, car le multiplicateur ne peut être, dans tous les cas, qu'un nombre abstrait. Voilà pourquoi je multiplie 18 fr. 77 c. par 24,3, d'après la régle prescrite (55), ce qui me donne pour produit et réponse à la question 456 fr. 11 c.

131. Division. *Je suppose qu'ayant payé 24 mètres et 3 décimètres d'étoffe 456 fr. 11 c., on veuille savoir à combien revient le mètre.*

Il est clair que le nombre de francs qui exprime le prix d'un mètre sera égal au nombre de fois que la somme 456 fr. 11 c. contiendra la totalité des mètres. Pour connaître ce prix donc, je n'ai qu'à diviser 456 fr. 11 c. par 24^m,3, c. à d. que, selon la règle du n° 68, je commence par changer les 3 décimètres du diviseur en 30 centimètres, en écrivant un zéro à la suite du 3, et puis en effectuant la division d'après la même règle, je trouve pour quotient et réponse à la question, 18 fr. 77 c.

De la Comparaison des anciennes mesures avec les nouvelles.

132. Nous avons déjà vu que le mètre valait 443^l,296, ou ci. . . . . 0^T,513074

1 toise, au contraire, vaut $\frac{1000000}{513074}$, et en réduisant cette fraction en décimales (94), une toise vaut. . . . . 1^m,94904

1 pied, qui est la sixième partie de la toise, vau-

(71)

dra, par conséquent, le sixième de 1^m,94904,
ou. . . . .   0^m,32484
1 pouce, qui est la douzième partie d'un pied,
vaudra le $\frac{1}{12}$ de 0^m,32484, ou. . . . .   0^m,02707
1 ligne, qui est la douzième partie du pouce,
vaudra le $\frac{1}{12}$ de 0^m,02707, ou. . . . .   0^m,00226

133. Cela posé, rien de plus facile maintenant que de réduire en mètres et en parties décimales du mètre un nombre quelconque de toises, pieds et pouces, et réciproquement. Soient donnés, par exemple, 45 toises 3 pieds 6 pouces 8 lignes.

```
Les 45 toises  × 1ᵐ,94904 donnent pour produit........  87ᵐ,7068
Les  3 pieds   × 0 ,32484 ...........................   0 ,9745
Les  6 pouces  × 0 ,02707 ...........................   0 ,1624
Les  8 lignes  × 0 ,00226 ...........................   0 ,0180
                                                      ──────────
Les 45ᵀ, 3ᴾ, 6ᴾ, 8ˡ valent donc.....................  88ᵐ,8617
```

On pourrait encore obtenir le même résultat sans le secours des tables de réduction qu'on trouvera un peu plus loin, et souvent d'une manière plus courte, en multipliant les toises et parties de la toise proposées par 1^m,949, valeur d'une toise; car, dans l'usage ordinaire, et tant que le nombre de toises à réduire ne passe pas dix mille, il suffit de conserver trois décimales dans tout le cours de l'opération.

Ainsi, si l'on multiplie 1^m,949, par 45^T 3^P 6^P 8^l, on trouvera également (115) pour produit 88^m,8617.

134. On peut aussi se passer des tables pour la conversion des mètres en toises, et il suffit pour cela de multiplier les mètres proposés par 0,513, valeur du mètre en toise, lorsqu'on se borne à trois décimales, degré d'exactitude suffisant, tant que le nombre de mètres à réduire ne passe pas dix mille.

Ainsi, si l'on demande combien 85 mètres valent de toises, je multiplie 85 par 0,513, et j'ai pour produit et valeur demandée 43^{toises},605 ou 43 toises 3 pieds 8 pouces en réduisant la fraction décimale en parties de la toise (108).

L'aune de Paris vaut 3 pieds 7 pouces 10 lignes $\frac{5}{6}$, ou en mètres, 1,18845.

L'*aune carrée* est une surface qui a une aune de long sur une aune de large. Une aune à $\frac{5}{8}$ est une surface qui a une aune de long sur $\frac{5}{8}$ d'aune de large. Ainsi une aune carrée vaut 3 aunes à $\frac{1}{3}$, ou 4 aunes à $\frac{1}{4}$, ou 8 aunes à $\frac{1}{8}$.

135. On a trouvé, par des expériences très délicates, qu'un kilogramme pèse 18827 grains : on sait d'ailleurs, qu'un grain est la 9216e partie d'une livre-poids; il en résulte par conséquent que,

1 kilogramme est les $\frac{18827}{9216}$ de la livre, et en convertissant cette fraction en décimales (94), 1 kilogramme vaut. . . . . - 2lb,04288

1 livre, au contraire, ne vaut que les $\frac{9216}{18827}$ du kilogramme, ou en décimales. . . . . 0^{kil},48951

1 once étant la seizième partie de la livre, vaudra donc le seizième de 0^k,48951, ou. . . . . 0 ,03059

1 gros étant le $\frac{1}{8}$ de l'once, vaudra le huitième de 0^k,03059, ou. . . . . 0 ,00382

1 grain étant la soixante-douzième partie du gros, vaudra le $\frac{1}{72}$ de 0^k,00382, ou. . . . . . . 0 ,00005

136. Avec de semblables rapports, rien de plus facile que de convertir un poids quelconque exprimé par les anciennes mesures en mesures décimales. Soient donnés, par exemple, 56 livres 15 onces 5 gros et 35 grains.

Les 56 livres × 0^k,48951 donnent pour produit...........	27^{kil},4125
Les 15 onces × 0 ,03059	0 ,4588
Les 5 gros × 0 ,00382	0 ,0191
Les 35 grains × 0 ,00005	0 ,0007
Les 56 liv. 15 onces 5 gros 35 grains valent donc............	27^{kil},8921

On pourrait encore obtenir le même résultat sans le secours des tables, et souvent d'une manière plus courte, en multipliant les livres et parties de la livre pesante proposées par 0^{kil},489 ½, valeur d'une livre ; car, dans l'usage ordinaire, et tant que le nombre de livres à réduire ne passe pas dix mille, il suffit de conserver trois décimales dans tout le cours de l'opération.

Ainsi, si l'on multiplie 0^k,489 ½ par 56 liv. 15 onces 5 gros et 35 gr., on trouvera également pour produit 27^k,892.

137. On peut aussi se passer des tables pour la conversion des kilogrammes en livres de poids, et il suffit pour cela de multiplier les kilogrammes proposés par 2,043 ([1]), valeur du kilogramme en livres.

Ainsi, si l'on demande combien 28 kilogrammes valent de livres, je multiplie 2,043 par 28, et j'ai pour produit et valeur demandée 57^{liv},204, ou 57 liv. 3 onces 2 gros, en réduisant la fraction décimale en parties de la livre (108).

138. L'unité monétaire de l'ancien système était la livre tournois. La loi du 25 germinal an 4, ayant fixé la valeur de la pièce de 5 francs à 5 livres 1 sou 3 deniers de l'ancienne monnaie, 80 francs équivalent à 81 livres tournois.

([1]) Comme 1 kilog. vaut 2lb,0428, il faut, quand on se borne à trois décimales, avoir soin d'ajouter une unité au troisième chiffre décimal, comme nous l'avons fait, attendu que le quatrième, qui est 8, passe 5.

Il résulte de ce rapport que, pour *convertir des livres tour-nois en francs*, *il suffit de diminuer le nombre des livres proposées de leur* 81e *partie, et que pour convertir des francs en livres tournois, il n'y a qu'à augmenter le nombre des francs proposés de leur* 80e *partie.*

Or, on obtient la 81e partie d'un nombre en le divisant d'a-bord par 9, et en prenant le 9e du quotient ; car le $\frac{1}{9}$ de $\frac{1}{9}$ est bien $\frac{1}{81}$ (109).

De même on trouve la 80e partie d'un nombre en le divisant d'abord par 10, et en prenant le 8e du quo-tient (71).

Au surplus, la démonétisation des anciennes monnaies duodécimales, qui ont cessé d'avoir cours forcé, à partir du 1er octobre 1834, rendra désormais ces sortes de réductions fort rares, puisqu'elles n'auront lieu que dans certains cas particuliers relatifs aux réglemens d'anciens comptes.

139. En continuant, selon le procédé des n°s 132 et 135, de comparer réciproquement entre elles les unités principales des anciennes et des nouvelles mesures de superficie, de soli-dité et de capacité, on déterminerait de la même manière leurs rapports respectifs, et de là on déduirait celui des diffé-rentes subdivisions des premières avec les parties décimales des secondes ; mais pour faciliter la conversion des anciennes mesures en nouvelles, et *réciproquement,* on a construit des tables de réduction que nous joignons ici, et qui rendent les opérations de ce genre d'une exécution prompte et facile.

TABLE *pour réduire un nombre quelconque de mesures* linéaires *anciennes en mesures nouvelles, et réciproquement.*

Nombres.	Lieues terrestres en kilomètres*.	Lieues marines en kilomèt**.	Toises en mètres.	Pieds en mètres.	Pouces en mètres.	Lignes en mètres.		Aunes de Paris en mètres ***.		Fractions d'aune en mètres.		Fractions d'aune en mètres.		Fractions d'aune en mètres.
1	4,4444	5,5556	1,94904	0,32484	0,027070	0,002256	1	1,18845	$\frac{1}{2}$	0,594	$\frac{5}{8}$	0,743	$\frac{7}{16}$	0,520
2	8,8889	11,1111	3,89807	0,64968	0,054140	0,004512	2	2,37689	$\frac{1}{3}$	0,396	$\frac{7}{8}$	1,040	$\frac{9}{16}$	0,669
3	13,3333	16,6667	5,84711	0,97452	0,081210	0,006768	3	3,56534	$\frac{2}{3}$	0,792	$\frac{1}{12}$	0,099	$\frac{11}{16}$	0,817
4	17,7778	22,2222	7,79615	1,29936	0,108280	0,009024	4	4,75378	$\frac{1}{4}$	0,297	$\frac{5}{12}$	0,495	$\frac{13}{16}$	0,966
5	22,2222	27,7778	9,74519	1,62420	0,135350	0,011280	5	5,94223	$\frac{3}{4}$	0,891	$\frac{7}{12}$	0,693	$\frac{15}{16}$	1,114
6	26,6667	33,3333	11,69422	1,94904	0,162419	0,013536	6	7,13068	$\frac{1}{6}$	0,198	$\frac{11}{12}$	1,089		
7	31,1111	38,8889	13,64326	2,27388	0,189489	0,015792	7	8,31912	$\frac{5}{6}$	0,990	$\frac{1}{16}$	0,074		
8	35,5556	44,4444	15,59230	2,59872	0,216559	0,018048	8	9,50757	$\frac{1}{8}$	0,149	$\frac{3}{16}$	0,223		
9	40,0000	50,0000	17,54133	2,92356	0,243629	0,020304	9	10,69601	$\frac{3}{8}$	0,446	$\frac{5}{16}$	0,371		
10	44,4444	55,5556	19,49037	3,24840	0,270699	0,022560	10	11,88446						

Nombres.	Kilomètres en lieues terrestres.	Kilomètres en lieues marines.	Mètres en toises.	Mètres en pieds.	Mètres en pouces.	Mètres en lignes.		Mètres en aunes de Paris.
1	0,225	0,18	0,51307	3,07844	36,9413	443,296	1	0,84144
2	0,450	0,36	1,02615	6,15689	73,8827	886,592	2	1,68287
3	0,675	0,54	1,53922	9,23533	110,8240	1329,888	3	2,52431
4	0,900	0,72	2,05230	12,31378	147,7653	1773,184	4	3,36574
5	1,125	0,90	2,56537	15,39222	184,7067	2216,480	5	4,20718
6	1,350	1,08	3,07844	18,47066	221,6480	2659,775	6	5,04861
7	1,575	1,26	3,59152	21,54911	258,5893	3103,071	7	5,89005
8	1,800	1,44	4,10459	24,62755	295,5306	3546,367	8	6,73148
9	2,025	1,62	4,61767	27,70600	332,4720	3989,663	9	7,57292
10	2,250	1,80	5,13074	30,78444	369,4133	4432,959	10	8,41435

* La lieue de 25 au degré vaut 2280T,33.

** La lieue marine, de 20 au degré, vaut 2850T,41.

*** L'aune de Paris vaut 3 pieds 7 pouces 10 lignes $\frac{5}{6}$.

Table pour réduire un nombre quelconque de mesures agraires anciennes en mesures nouvelles, et réciproquement.

Nombres.	Toises carrées en mètres carrés.	Pieds carrés en mètres carrés.	Pouces carrés en mètres carrés.	Lignes carrées en mètres carrés.	Nombres.	Lieues carrées en myriamètres carrés.	Lieues carrées en myriares.	Arpens-eaux et for. en hect., ou perches carrées en ares.	Arpens de Paris en hectares; ou perches carrées en ares.
1	3,798744	0,105521	0,00073278	0,000005089	1	0,1975309	19,75309	0,510720	0,341887
2	7,597487	0,211041	0,00146556	0,000010178	2	0,3950617	39,50617	1,021440	0,683774
3	11,396231	0,316562	0,00219834	0,000015267	3	0,5925926	59,25926	1,532060	1,025661
4	15,194975	0,422083	0,00293112	0,000020356	4	0,7901234	79,01234	2,042880	1,367548
5	18,993718	0,527604	0,00366390	0,000025445	5	0,9876543	98,76543	2,553600	1,709435
6	22,792462	0,633124	0,00439668	0,000030534	6	1,1851852	118,51852	3,064320	2,051322
7	26,591205	0,738645	0,00512946	0,000035623	7	1,3827160	138,27160	3,575040	2,393209
8	30,389949	0,844166	0,00586224	0,000040712	8	1,5802469	158,02469	4,085760	2,735096
9	34,188693	0,949686	0,00659502	0,000045801	9	1,7777777	177,77777	4,596480	3,076983
10	37,987436	1,055207	0,00732780	0,000050890	10	1,9753086	197,53086	5,107200	3,418870

Nombres.	Mètres carrés en toises carrées.	Mètres carrés en pieds carrés.	Mètres carrés en pouces carrés.	Mètres carrés en lignes carrées.	Nombres.	Myriamètres carrés en lieues carrées.	Myriares en lieues carrées.	Hectares en arpens-eaux et for., ou ares en perches carrées.	Hectares en arpens de Paris, ou ares en perches carrées.
1	0,263245	9,47682	1364,66	196511	1	5,0625	0,050625	1,958020	2,924943
2	0,526490	18,95363	2729,32	393023	2	10,1250	0,101250	3,916040	5,849886
3	0,789735	28,43045	4093,99	589534	3	15,1875	0,151875	5,874060	8,774829
4	1,052980	37,90726	5458,65	786045	4	20,2500	0,202500	7,832080	11,699772
5	1,316225	47,38408	6823,31	982557	5	25,3125	0,253125	9,790100	14,624715
6	1,579469	56,86090	8187,97	1179068	6	30,3750	0,303750	11,748120	17,549658
7	1,842714	66,33771	9552,63	1375579	7	35,4375	0,354375	13,706140	20,474601
8	2,105959	75,81453	10917,30	1572090	8	40,5000	0,405000	15,664160	23,399544
9	2,369204	85,29134	12281,96	1768602	9	45,5625	0,455625	17,622180	26,324487
10	2,632449	94,76816	13646,62	1965113	10	50,6250	0,506250	19,580200	29,249430

TABLE *pour réduire un nombre quelconque de mesures cubiques anciennes en mesures nouvelles, et réciproquement.*

Nombres.	Toises cubes en mètres cubes.	Pieds cubes en mètres cubes.	Pouces cubes en mètres cubes.	Lignes cubes en mètres cubes.	Nombres.	Cordes de bois, eaux et forêts, en stères.	Solives (charpente) en stères ou mètres cubes.
1	7,40389	0,0342773	0,000019836	0,00000001148	1	3,8391	0,10283
2	14,80778	0,0685545	0,000039673	0,00000002296	2	7,6781	0,20566
3	22,21167	0,1028318	0,000059509	0,00000003444	3	11,5172	0,30850
4	29,61556	0,1371090	0,000079346	0,00000004592	4	15,3562	0,41133
5	37,01945	0,1713863	0,000099182	0,00000005740	5	19,1953	0,51416
6	44,42334	0,2056636	0,000119018	0,00000006888	6	23,0343	0,61699
7	51,82723	0,2399408	0,000138855	0,00000008036	7	26,8734	0,71982
8	59,23112	0,2742181	0,000158691	0,00000009184	8	30,7124	0,82265
9	66,63501	0,3084953	0,000178528	0,00000010332	9	34,5515	0,92549
10	74,03890	0,3427726	0,000198364	0,00000011480	10	38,3905	1,02832

Nombres.	Mètres cubes en toises cubes.	Mètres cubes en pieds cubes.	Mètres cubes en pouces cubes.	Mètres cubes en lignes cubes.	Nombres.	Stères en cordes de bois, eaux et forêts.	Mètres cubes en solives.
1	0,135064	29,1739	50412,42	87112655	1	0,26048	9,7246
2	0,270128	58,3477	100824,83	174225310	2	0,52096	19,4492
3	0,405192	87,5216	151237,25	261337965	3	0,78144	29,1739
4	0,542057	116,6954	201649,66	348450619	4	1,04192	38,8985
5	0,675321	145,8693	252062,08	435563274	5	1,30241	48,6231
6	0,810385	175,0431	302474,50	522675929	6	1,56289	58,3477
7	0,945449	204,2170	352886,91	609788584	7	1,82337	68,0923
8	1,080513	233,3908	403299,33	696901239	8	2,08385	77,7970
9	1,215577	262,5647	453711,74	784013894	9	2,34433	87,5216
10	1,350641	291,7385	504124,16	871126549	10	2,60481	97,2462

TABLE pour réduire un nombre quelconque de mesures de capacité anciennes en mesures nouvelles, et réciproquement.

Nombres.	Pintes de Paris en litres.	Muids de vin de Paris en hectolitres.	Setiers de blé de Paris en hectolitres.	Boisseaux en litres.	Litrons en litres.
1	0,9313	2,6822	1,5610	13,008	0,8130
2	1,8626	5,3644	3,1220	26,017	1,6260
3	2,7940	8,0466	4,6830	39,025	2,4391
4	3,7253	10,7288	6,2440	52,033	3,2521
5	4,6566	13,4110	7,8050	65,042	4,0651
6	5,5879	16,0932	9,3660	78,050	4,8781
7	6,5192	18,7754	10,9270	91,058	5,6911
8	7,4506	21,4576	12,4880	104,066	6,5042
9	8,3819	24,1398	14,0490	117,075	7,3172
10	9,3132	26,8220	15,6100	130,083	8,1302

Nombres.	Litres en pintes de Paris.	Hectolitres en muids de vin de Paris.	Hectolitres en setiers de blé de Paris.	Litres en boisseaux.	Litres en litrons.
1	1,0737	0,3728	0,6406	0,07687	1,2300
2	2,1475	0,7457	1,2812	0,15375	2,4600
3	3,2212	1,1185	1,9219	0,23062	3,6900
4	4,2950	1,4913	2,5625	0,30750	4,9199
5	5,3687	1,8642	3,2031	0,38437	6,1499
6	6,4424	2,2370	3,8437	0,46124	7,3799
7	7,5162	2,6098	4,4843	0,53812	8,6099
8	8,5899	2,9826	5,1250	0,61499	9,8399
9	9,6637	3,3555	5,7656	0,69187	11,0699
10	10,7374	3,7283	6,4062	0,76874	12,2998

TABLE pour réduire un nombre quelconque de poids anciens en poids nouveaux, et réciproquement.

Nombres.	Livres en kilogramm.	Onces en kilogramm.	Gros en kilogramm.	Grains en kilogramm.	Quintaux en myriagram.
1	0,48951	0,03059	0,003824	0,0000531	4,8951
2	0,97901	0,06119	0,007648	0,0001062	9,7901
3	1,46852	0,09178	0,011472	0,0001593	14,6852
4	1,95802	0,12238	0,015296	0,0002124	19,5802
5	2,44753	0,15297	0,019120	0,0002655	24,4753
6	2,93704	0,18356	0,022944	0,0003186	29,3704
7	3,42654	0,21416	0,026768	0,0003717	34,2654
8	3,91605	0,24475	0,030592	0,0004248	39,1605
9	4,40555	0,27535	0,034416	0,0004779	44,0555
10	4,89506	0,30594	0,038240	0,0005310	48,9506

Nombres.	Kilogram. en livres.	Kilogram. en onces.	Kilogram. en gros.	Kilogram. en grains.	Myriagram en quintaux.
1	2,04288	32,686	261,49	18827,15	0,20429
2	4,08575	65,372	522,98	37654,30	0,40858
3	6,12863	98,058	784,46	56481,45	0,61286
4	8,17150	130,744	1045,95	75308,60	0,81715
5	10,21438	163,430	1307,44	94135,75	1,02144
6	12,25726	196,116	1568,93	112962,90	1,22573
7	14,30013	228,802	1830,42	131790,05	1,43001
8	16,34301	261,488	2091,90	150617,20	1,63430
9	18,38588	294,174	2353,39	169444,35	1,83859
10	20,42876	326,860	2614,88	188271,50	2,04288

140. Pour expliquer la manière de se servir de ces tables, nous allons en faire successivement l'application aux deux exemples des n°ˢ 133 et 136. Commençons par le premier, où il s'agissait de réduire 45 toises 3 pieds 6 pouces 8 lignes en mètres.

4^T valent 7^m,79615, les 40^T valent donc..........	77^m,9615
5 toises valent.................................	9 ,7452
3 pieds	0 ,9745
6 pouces......................................	0 ,1624
8 lignes.......................................	0 ,0180
Les 45^T 3^P 6^p 8^l valent donc....................	88^m,8616

Dans la partie supérieure de la table n° 1, relative aux mesures linéaires, j'arrête d'abord ma vue sur le petit carré de la colonne des titres, où est écrit *toises en mètres*, et je passe tout de suite à la quatrième ligne de la colonne verticale des chiffres, comprise dans l'espace du titre, et qui répond au nombre 4 de la petite colonne verticale à l'extrême gauche, où sont écrits les nombres entiers. Je vois que 4 toises valent 7^m,79615, et par conséquent, en multipliant cette quantité par 10, ce qui se borne à reculer la virgule d'un rang sur la droite, je compose tout d'un coup le produit pour 40 toises, qui devient ainsi 77^m,9615, et que je pose pour première somme.

Remontant ensuite à la tête de la même colonne des titres, je conduis mon œil de haut en bas jusqu'à la ligne horizontale qui correspond au nombre 5 de la petite colonne des entiers, et je vois que 5 toises valent 9^m,7452, que j'écris au dessous de ma première somme.

Je passe ensuite à l'autre petit carré adjacent à droite, où est écrit *pieds en mètres*; je conduis également mon œil de haut en bas dans la colonne verticale des chiffres, jusqu'à la ligne horizontale qui répond au nombre 3 dans la petite colonne des entiers; et, voyant que 3 pieds valent 0^m,9745, j'écris cette nouvelle somme au dessous de la précédente.

Je passe ensuite à l'autre petit carré adjacent à droite, où est écrit *pouces en mètres*; et, en continuant de la même manière, je vois que 6 pouces valent 0^m,1624, que je porte au dessous de la somme précédente.

Enfin, en continuant d'opérer de la même manière pour les 8 lignes, je trouve qu'elles valent 0,0180, que je porte au dessous du dernier produit; et, additionnant ces diverses sommes, je trouve pour total et réponse à la question 88^m,8616, résultat parfaitement conforme à celui du n° 133.

141. Passons actuellement à la seconde question du n° 136, relative à la réduction en kilogrammes de 56 livres 15 onces 5 gros et 35 grains.

5 livres valent 2ᵏ,44753, les 50 livres valent donc..	24ᵏ,4753
6 livres..	2 ,9370
10 onces..	0 ,3059
5 onces...	0 ,1529
5 gros..	0 ,0191
7 grains valent 0ᵏ00037, les 35 grains valent donc 0,00037 × 5..	0 ,0019
Les 56 liv. 15 onces 5 gros 35 grains valent donc....	27ᵏ,8921

Dans la partie supérieure de la table n° 5, relative aux mesures de pesanteur, j'arrête d'abord ma vue sur le petit carré où est écrit *livres en kilogrammes*; et opérant, comme dans l'exemple précédent, je vois que 5 livres valent 2ᵏ,44753, et que par conséquent 50 livres vaudront 10 fois davantage, c. à d. 24ᵏ,4753, que je pose pour première somme.

Remontant ensuite à la tête de la même colonne des titres, je conduis mon œil de haut en bas jusqu'à la ligne horizontale qui correspond au nombre 6 de la petite colonne des entiers, et je trouve que 6 liv. valent 2ᵏ,9370, que j'écris au dessous de la première somme.

Je passe ensuite successivement aux trois carrés sur la droite, où est écrit *onces en kilog.*, *gros en kilog.*, *grains en kilog.*; et, opérant absolument comme dans l'exemple précédent, j'écris au fur et à mesure, les unes au dessous des autres, les valeurs relatives aux 15 onces (que je décompose en 10 et 5 onces), aux 5 gros, aux 35 grains, et l'addition de ces diverses sommes me donne pour total et réponse à la question 27ᵏ,8921, résultat parfaitement conforme à celui du n° 136.

De la Division du Thermomètre suivant l'ancien et le nouveau système.

142. La division du nouveau thermomètre est en harmonie avec le système général des poids et mesures. La distance entre le terme de la glace et celui de l'eau bouillante, qui, dans l'ancien thermomètre de Réaumur, était partagée en 80 degrés, est divisée en 100 degrés dans le thermomètre décimal.

Il résulte de là que le rapport de l'ancien au nouveau thermomètre est de $\frac{80}{100}$ ou $\frac{8}{10}$, ou enfin de 0,8 en décimales (94);

Que celui du nouveau à l'ancien thermomètre est de $\frac{100}{80}$ ou $\frac{10}{8}$, ou enfin de 1,25 en décimales (94);

Et que par conséquent, *si l'on multiplie par* 0,8 *le nombre de degrés indiqués par le thermomètre décimal, on aura ceux correspondans sur le thermomètre ancien :*

De même qu'*en multipliant par* 1,25 *le nombre de degrés indiqués sur le thermomètre ancien, on aura ceux correspondans sur le thermomètre décimal.*

Méthode pour fixer le prix de toutes sortes de nouvelles mesures d'après celui des anciennes, et réciproquement.

143. 1ᵉʳ Exemple. *Trouver le prix du mètre lorsque la toise coûte* 45 *francs.*

Le prix du mètre sera évidemment d'autant moindre que celui de la toise, que la toise est plus grande que le mètre, et *vice versâ*, d'où il suit *que les prix de la toise et du mètre sont en raison inverse de la longueur de ces deux mesures.* Cela passé, puisqu'un mètre vaut 0,513 de toise, il ne s'agit, pour trouver le prix demandé du mètre, que de chercher le quatrième terme de la proportion suivante (174);

$$1 \text{ mètre} : 0^{\text{toise}}, 513 :: 45 \text{ fr.} : x.$$

Et, par conséquent, puisque le premier terme est l'unité, il suffit de multiplier purement et simplement 45 fr. (prix proposé de la toise) par 0,513, ce qui donne 23ᶠʳ,085 pour produit, c. à d. que j'opère absolument comme dans l'exemple du n° 134 et comme s'il s'agissait de réduire 45 mètres en toises, et que la seule différence entre les deux cas consiste dans la manière d'envisager le résultat de l'opération que je considère ici comme exprimant des francs, au lieu de mètres.

2ᵉ Exemple. *Trouver le prix de la toise lorsque le mètre coûte* 23 *fr.* 085.

Puisque, ainsi que nous venons de le voir un peu plus haut, les prix du mètre et de la toise sont en raison inverse de la longueur de ces deux mesures, et puisque, d'un autre côté, 1 toise vaut 1ᵐᵉᵗʳ,949, je dois trouver (174) le prix demandé de la toise dans le quatrième terme d'une proportion qui commencerait par ces trois autres :

$$1 \text{ toise} : 1^{\text{mètr.}}, 949 :: 23 \text{ fr.} 085 : x.$$

Et par conséquent, puisque le premier terme est l'unité, il suffit de multiplier purement et simplement 23 fr., 085 (prix proposé du mètre) par 1,949, ce qui donne 45 fr. pour pro-

duit, c. à d. que j'opère absolument comme dans l'exemple du
n° 133, et comme s'il s'agissait de réduire 23 ^{toises},085 en mètres, et que la seule différence entre les deux cas consiste dans
la manière d'envisager le résultat de l'opération, que je considère ici comme exprimant des francs, au lieu de toises.

Comme toutes les questions de la même nature donneront
toujours lieu à une proportion qui aura invariablement, pour
premier terme, l'unité dont on cherche le prix, pour second
terme la valeur de cette unité en mesures de l'espèce dont le
prix est donné, et pour troisième terme ce même prix, il en
résulte la règle universelle suivante :

144. *Pour fixer le prix de toutes sortes de nouvelles mesures* (linéaires, carrées et cubiques), *d'après celui des anciennes, et réciproquement, considérez le prix connu comme
des unités de l'espèce nouvelle dont vous cherchez le prix,
et convertissez-les en unités de même espèce que celle dont
vous connaissez le prix ; ce résultat donnera en francs le
prix cherché.*

3ᵉ EXEMPLE. *Le prix de la livre poids de marc étant de
27 fr. 88 c., quel sera le prix du kilogramme ?*

Je considère les 27 fr. 88 c. comme des kilogrammes, je les
réduis en livres, en les multipliant par 2,043 (valeur du kil.
en liv.), comme j'ai fait dans l'exemple du n° 137, où il s'a-
gissait de réduire 28 kil. en liv., et le résultat 56,96, considéré
comme des francs, est le prix cherché du kilogramme.

4ᵉ EXEMPLE. *Le prix du kilogramme étant de 56 fr. 96 c.,
quel sera le prix de la livre poids de marc ?*

Je considère les 56 fr. 96 c. comme des livres, je les réduis
en kilogrammes, en les multipliant par 0,4895 (valeur de la
liv. en kilog.), comme j'ai fait dans l'exemple du n° 136, où il
s'agissait de réduire des liv. en kilogrammes, et le résultat
27,88, considéré comme des francs, est le prix cherché de la
livre poids de marc.

Des Raisons, Proportions, et de quelques Règles qui en dépendent.

145. Les mots *raison* et *rapport* ont la même signification
en mathématiques, et l'un et l'autre expriment le résultat de
la comparaison de deux quantités.

146. Si dans la comparaison de deux quantités on a pour
but de connaître de combien l'une surpasse l'autre ou en est

surpassée, le résultat de cette comparaison, qui est la différence de ces deux quantités, se nomme leur *Rapport arithmétique.*

Ainsi, si je compare 15 avec 8 pour connaître leur différence 7, ce nombre 7, qui est le résultat de la comparaison, est le rapport arithmétique de 15 à 8.

Pour marquer que l'on compare deux quantités sous ce point de vue, on sépare l'une de l'autre par un point, en sorte que 15.8 marque que l'on considère le rapport arithmétique de 15 à 8.

147. Si dans la comparaison de deux quantités on se propose de connaître combien l'une contient l'autre ou est contenue en elle, le résultat de cette comparaison se nomme leur *Rapport géométrique.* Par exemple, si je compare 12 à 3 pour savoir combien de fois 12 contient 3, le nombre 4, qui exprime ce nombre de fois, est le rapport géométrique de 12 à 3.

Pour marquer que l'on compare deux quantités sous ce point de vue, on sépare l'une de l'autre par deux points : cette expression 12 : 3 marque que l'on considère le rapport géométrique de 12 à 3.

148. Des deux quantités que l'on compare, celle qu'on énonce ou qu'on écrit la première se nomme *antécédent,* et la seconde se nomme *conséquent.* Ainsi, dans le rapport 12 : 3, 12 est l'antécédent, et 3 le conséquent : l'un et l'autre s'appellent les *termes* du rapport.

149. Et pour avoir le rapport géométrique de deux quantités, il faut diviser l'une par l'autre.

150. Nous évaluerons ce rapport, dorénavant, en divisant l'antécédent par le conséquent : ainsi le rapport de 12 à 3 est 4, et le rapport de 3 à 12 est $\frac{3}{12}$ ou $\frac{1}{4}$.

151. Un rapport géométrique ne change point quand on multiplie ou quand on divise ses deux termes par un même nombre ; car le rapport géométrique, consistant (149) dans le quotient de la division de l'antécédent par le conséquent, est une quantité fractionnaire qui (83) ne peut changer par la multiplication ou la division de ses deux termes par un même nombre. Ainsi le rapport 3 : 12 est le même que celui 6 : 24 que l'on a en multipliant les deux termes du premier par 2 ; il est le même que celui 1 : 4 que l'on a en divisant par 3.

152. Cette propriété sert à simplifier les rapports. Par

exemple, si j'avais à examiner le rapport de $6\frac{3}{4}$ à $10\frac{2}{3}$, je di-
rais, en réduisant tout en fraction, ce rapport est le même
que celui de $\frac{27}{4}$ à $\frac{32}{3}$; ou en réduisant au même dénominateur, le même que celui de $\frac{81}{12}$ à $\frac{128}{12}$, ou enfin en supprimant
le dénominateur 12 (ce qui revient au même que de multiplier
les deux termes du rapport par 12), ce rapport est le même
que celui de 81 à 128.

153. Lorsque quatre quantités sont telles que le rapport
des deux premières est le même que le rapport des deux dernières, on dit que ces quatre quantités forment une *proportion*, et cette proportion est arithmétique ou géométrique,
selon que le rapport qu'on y considère est arithmétique ou
géométrique.

Les quatre quantités 3, 15, 4, 20 forment une proportion
géométrique, parce que 3 est contenu dans 15, comme 4 l'est
dans 20. Pour marquer qu'elles sont en proportion géométrique, on les écrit ainsi, 3 : 15 :: 4 : 20, c. à d. qu'on sépare
les deux termes de chaque rapport par deux points, et les
deux rapports par quatre points. Les deux points signifient
est à, et les quatre points signifient *comme*; de sorte qu'on
dit 3 *est à* 15 *comme* 4 *est à* 20.

154. Le premier et le dernier terme de la proportion se
nomment les *extrêmes*; le 2e et le 3e se nomment les *moyens*.

Comme il y a deux rapports, et par conséquent deux antécédens et deux conséquens, on dit, pour le premier rapport,
premier antécédent, *premier conséquent*; et pour le second,
second antécédent, *second conséquent*.

155. Il suit de ce que nous venons de dire sur les proportions géométriques :

Que si, dans une proportion géométrique, vous multipliez
chacun des deux conséquens par le rapport, vous les rendrez
pareillement égaux chacun à son antécédent; car multiplier
le conséquent par le rapport, c'est le prendre autant de fois
qu'il est contenu dans l'antécédent : ainsi, dans la proportion 12 : 3 :: 20 : 5, multipliez 3 et 5, chacun par 4, et vous
aurez 12 : 12 :: 20 : 20 ; pareillement, dans la proportion
15 : 9 :: 45 : 27, multipliez 9 et 27 chacun par $\frac{15}{9}$ ou $\frac{5}{3}$ qui est
le rapport, vous aurez 15 : 15 :: 45 : 45.

Propriétés des Proportions géométriques.

156. La propriété fondamentale de la proportion géométri-

que est que le *produit des extrêmes est égal au produit des moyens*; par exemple, dans cette proportion 3 : 15 :: 7 : 35, le produit de 35 par 3, et celui de 15 par 7, sont également 105.

Voici comment on peut se convaincre que cette propriété a lieu dans toute proportion géométrique.

Si les antécédens étaient égaux à leurs conséquens, comme dans cette proportion :

$$3 : 3 :: 7 : 7,$$

il est évident que le produit des extrêmes serait égal au produit des moyens.

Mais on peut toujours ramener une proportion à cet état (155), en multipliant les deux conséquens par la raison. Cette multiplication fera, à la vérité, que le produit des extrêmes sera un certain nombre de fois plus grand qu'il n'aurait été, ou sera un certain nombre de fois plus petit, si le rapport est une fraction; mais elle produira le même effet sur celui des moyens : donc, puisque après cette multiplication le produit des extrêmes serait égal au produit des moyens, ces deux produits doivent aussi être égaux sans cette même multiplication.

On peut donc prendre le produit des extrêmes pour celui des moyens, et réciproquement.

157. De la propriété fondamentale de la proportion géométrique, il suit que si, connaissant les trois premiers termes d'une proportion, on voulait déterminer le quatrième, il faudrait *multiplier le second par le troisième, et diviser le produit par le premier*; car il est évident (69) qu'on aurait le quatrième terme en divisant le produit des deux extrêmes par le premier terme; or ce produit est le même que celui des moyens : donc on aura aussi le quatrième terme en divisant le produit des moyens par le premier terme.

Ainsi, si l'on demande quel serait le quatrième terme d'une proportion dont les trois premiers seraient 3, 8, 12, je multiplie 8 par 12, ce qui me donne 96 que je divise par 3 ; le quotient 32 est le quatrième terme demandé ; en sorte que 3, 8, 12, 32 forment une proportion : en effet, le premier rapport est $\frac{3}{8}$, et le second est $\frac{12}{32}$ qui (84), en divisant les deux termes par 4, est aussi $\frac{3}{8}$.

Par un semblable raisonnement, on voit qu'on peut trouver tout autre terme de la proportion, lorsqu'on en

connaît trois. *Si le terme qu'on veut trouver est un des ex-*
trémes, il faudra multiplier les deux moyens, et diviser
par l'extrême connu; si, au contraire, on veut trouver un
des moyens, il faudra multiplier les deux extrémes, et di-
viser par le terme moyen connu.

158. Cette propriété de l'égalité entre le produit des extrêmes et celui des moyens ne peut appartenir qu'à quatre
quantités en proportion géométrique. En effet, si l'on avait
quatre quantités qui ne fussent point en proportion géométrique, en multipliant les conséquens par le rapport des deux
premières, il n'y aurait que le premier antécedent qui deviendrait égal à son conséquent. Par exemple, si l'on avait
3, 12, 5, 10, en multipliant les conséquens 12 et 10 par la
raison $\frac{1}{4}$ des deux premiers termes 3 et 12, on aurait $3,3,5,\frac{10}{4}$,
dans lesquels il est évident que le produit des extrèmes ne peut
être égal à celui des moyens : donc ces produits ne pourraient
pas être égaux non plus, quand même on n'aurait pas multiplié les conséquens par la raison $\frac{1}{4}$. Il est visible que ce raisonnement peut s'appliquer à tous les cas.

Donc, *si quatre quantités sont telles, que le produit des*
extrémes soit égal au produit des moyens, ces quatre quan-
tités sont en proportion.

De là nous conclurons cette seconde propriété des proportions.

159. *Si quatre quantités sont en proportion, elles y se-*
ront encore si l'on met les extrémes à la place des moyens,
et les moyens à la place des extrémes.

160. La même chose aura lieu, c. à d. *que la proportion*
subsistera si l'on échange les places des extrémes ou celles
des moyens.

En effet, dans tous ces cas, il est aisé de voir que le produit
des extrêmes sera toujours égal à celui des moyens.

Ainsi la proportion 3 : 8 :: 12 : 32 peut fournir toutes
les proportions suivantes par la seule permutation de ses
termes.

$$3:8::12:32; \qquad 3:12::8:32; \qquad 32:12::8:3; \qquad 32:8::12:3;$$
$$8:3::32:12; \qquad 8:32::3:12; \qquad 12:3::32:8; \qquad 12:32::3:8;$$

Et il en est de même de toute autre proportion.

161. Puisqu'on peut mettre le troisième terme à la place du
second, et réciproquement, on doit en conclure *qu'on peut,*
sans troubler une proportion, multiplier ou diviser les deux
antécédens par un même nombre, et qu'il en est de même

à l'égard des conséquens ; car, en faisant cette permutation, les deux antécédens de la proportion donnée formeront le premier rapport, et les deux conséquens, le second. Ainsi multiplier les deux antécédens de la première proportion revient alors à multiplier les deux termes d'un rapport chacun par un même nombre, ce qui (151) ne change point ce rapport. Par exemple, si j'ai la proportion 3 : 7 :: 12 : 28, je puis, en divisant les deux antécédens par 3, dire 1:7::4:28, parce que de la proportion 3:7::12:28 on peut (160) conclure 3 : 12 :: 7 : 28 ; et en divisant les deux termes du premier rapport par 3, 1:4::7:28, qui (160) peut être changée en 1 : 7 :: 4 : 28.

162. *Tout changement fait dans une proportion, de manière que la somme de l'antécédent et du conséquent, ou leur différence, soit comparée à l'antécédent ou au conséquent, de la même manière dans chaque rapport, formera toujours une proportion.*

Par exemple, si l'on a la proportion

$$12 : 3 :: 32 : 8,$$

on en pourra conclure les proportions suivantes :

$$12 \text{ } plus \text{ } 3 : 3 :: 32 \text{ } plus \text{ } 8 : 8,$$
$$\text{ou } 12 \text{ } moins \text{ } 3 : 3 :: 32 \text{ } moins \text{ } 8 : 8,$$
$$\text{ou } 12 \text{ } plus \text{ } 3 : 12 :: 32 \text{ } plus \text{ } 8 : 32,$$
$$\text{ou } 12 \text{ } moins \text{ } 3 : 12 :: 32 \text{ } moins \text{ } 8 : 32.$$

Car, si c'est au conséquent que l'on compare, il est facile de voir que l'antécédent, augmenté ou diminué du conséquent, contiendra ce conséquent une fois de plus ou une fois de moins qu'auparavant ; et comme cette comparaison se fait de la même manière pour le second rapport, qui, par la nature de la proportion, est égal au premier, il s'ensuit nécessairement que les deux nouveaux rapports seront aussi égaux entre eux.

Si c'est à l'antécédent que l'on compare, le même raisonnement aura encore lieu, en concevant que, dans la proportion sur laquelle on fait ce changement, on ait mis l'antécédent de chaque rapport à la place de son conséquent, et le conséquent à la place de l'antécédent, ce qui est permis (159) (').

163. Puisqu'une proportion n'est que l'assemblage de deux

(') Les trois numéros suivans sont de M. Juvigny.

rapports égaux, il suit de ce que nous avons dit (149) que, pour trouver la raison d'une proportion, il faut diviser un de ses antécédens par son conséquent. Il résulte, par conséquent, de là qu'en divisant l'antécédent d'un rapport par la raison, on doit retrouver le conséquent de ce rapport, et qu'en multipliant le conséquent d'un rapport par la raison, on doit retrouver son antécédent (69).

Je tire de là les deux conséquences suivantes :

1°. *Dans toute proportion chaque conséquent est égal à son antécédent divisé par la raison ;*

2°. Et *chaque antécédent est égal à son conséquent multiplié par la raison.*

164. En réfléchissant un peu sur ces deux dernières propositions, on y découvre un nouveau moyen de trouver tel terme que l'on voudra d'une proportion dont on connaîtrait les trois autres : car, en appliquant littéralement ces propositions à la question dont il s'agit, et en substituant aux mots premier antécédent, premier conséquent, ceux de premier et second termes et ainsi de suite, on verra que

$$\text{pour trouver}\begin{cases}\text{le 4}^e \text{ terme} \\ \text{le 2}^e \quad\text{---} \\ \text{le 3}^e \quad\text{---} \\ \text{le 1}^{er} \quad\text{---}\end{cases}\begin{cases}\text{il faut diviser}\dots \\ \\ \text{il faut multiplier}\end{cases}\begin{cases}\text{le 3}^e \\ \text{le 1}^{er} \\ \text{le 4}^e \\ \text{le 2}^e\end{cases}\begin{cases}\text{par la raison de} \\ \text{la proportion.}\end{cases}$$

165. Nous aurons occasion de voir, dans la seconde Partie, combien, dans certains cas, ce procédé abrège les calculs. En attendant, qu'on se figure qu'il s'agisse de trouver les quatrièmes termes (les conséquens du second rapport) de vingt proportions différentes, dont les deux premiers seraient constamment les mêmes. On sent qu'il sera bien plus court, en pareil cas, d'évaluer d'abord la raison régnante dans ses proportions, et de la faire servir de diviseur à l'égard de chaque troisième terme (c. à d. des antécédens du second rapport), puisqu'on s'épargne par là la longueur qu'entraînerait la multiplication successive des deux moyens l'un par l'autre : car, sauf l'évaluation de cette raison, le reste de l'opération se balance ; il consiste dans une division de part et d'autre.

166. Puisqu'en mettant le troisième terme d'une proportion à la place du second, et réciproquement, il y a encore proportion (160), on doit conclure que les deux antécédens se contiennent l'un l'autre autant de fois que les conséquens se contiennent aussi l'un l'autre.

Donc, *la somme des deux antécédens de toute proportion contient la somme des deux conséquens ou est contenue en elle, autant qu'un des antécédens contient son conséquent ou est contenu en lui.*

Par exemple, dans la proportion

$$12 : 3 :: 32 : 8$$

12 plus 32 : 3 plus 8 :: 32 : 8, ce qui est évident.

Mais, pour s'en convaincre généralement, il n'y a qu'à faire attention que si le premier antécédent contient le second quatre fois, par exemple, la somme des deux antécédens contiendra le second cinq fois ; et, par la même raison, la somme des conséquens contiendra le second conséquent cinq fois : donc la somme des deux antécédens contiendra celle des conséquens, comme le quintuple d'un des antécédens contient le quintuple de son conséquent, c. à d. (151) comme un des antécédens contient son conséquent.

On prouverait de même que la différence des antécédens est, à la différence des conséquens, comme un antécédent est à son conséquent.

167. Il est évident que la proposition qu'on vient de démontrer revient à celle-ci ; si l'on a deux rapports égaux, par exemple, celui

de . . . . $4 : 12$
et celui de . . . . $7 : 21$
____
$11 : 33$

On aura encore le même rapport, en ajoutant antécédent à antécédent, et conséquent à conséquent.

Donc, *si l'on a plusieurs rapports égaux, la somme de tous les antécédens est, à la somme de tous les conséquens, comme l'un des antécédens est à son conséquent.* Par exemple, si on a les rapports égaux $4:12::7:21::2:6$, on peut dire que 4 *plus* 7 *plus* 2 sont, à 12 *plus* 21 *plus* 6, comme 4 est à 12, ou comme 7 est à 21, etc.

Car, après avoir ajouté entre eux les antécédens des deux premiers rapports, et leurs conséquens aussi entre eux, le nouveau rapport qui, selon ce qu'on vient de voir, sera le même que chacun des deux premiers, sera aussi le même que le troisième : par conséquent, on pourra l'ajouter de même avec celui-ci, et il en résultera encore le même rapport, et ainsi de suite.

168. On appelle *rapport composé* celui qui résulte de deux ou d'un plus grand nombre de rapports dont on multiplie les antécédens entre eux, et les conséquens entre eux. Par exemple, si l'on a les deux rapports $12:4$ et $25:5$, le produit des antécédens 12 et 25 sera 300, celui des conséquens 4 et 5 sera 20 ; le rapport de 300 à 20 est ce qu'on appelle rapport composé des rapports de 12 à 4, et de 25 à 5.

169. Ce rapport est le même que si l'on avait évalué séparément chacun des rapports composans, et qu'on eût multiplié entre eux les nombres qui expriment ces rapports. En effet, le rapport de 12 à 4 est 3, celui de 25 à 5 est 5 : or, 3 fois 5 font 15, qui est le rapport de 300 à 20 ; et l'on peut voir que cela est général, en faisant attention que le rapport est mesuré (149) par une fraction qui a l'antécédent pour numérateur, et le conséquent pour dénominateur : ainsi le rapport composé doit être une fraction qui ait pour numérateur le produit des deux antécédens, et pour dénominateur le produit des deux conséquens ; c'est donc (101) le produit des deux fractions qui expriment les rapports composans.

170. Si les rapports que l'on multiplie sont égaux, le rapport composé est dit *rapport doublé*, si l'on n'a multiplié que deux rapports ; *rapport triplé*, si l'on en a multiplié trois ; *quadruplé*, si l'on en a multiplié quatre, et ainsi de suite. Par exemple, si l'on multiplie le rapport de 2 à 3 par celui de 4 à 6, qui lui est égal, on aura le rapport composé $8:18$ qui sera dit rapport *doublé* du rapport de 2 à 3, ou de 4 à 6.

171. *Lorsqu'on multiplie les termes de plusieurs proportions les uns par les autres et par ordre, les quatre produits forment une proportion.* Ainsi les proportions

$$3:6::4:8,\ 5:7::20:28,\ 2:11::8:44,$$

exprimant que les rapports $\frac{3}{6}$, $\frac{5}{7}$, $\frac{2}{11}$ sont respectivement égaux aux rapports $\frac{4}{8}$, $\frac{20}{28}$, $\frac{8}{44}$, le produit $\frac{3\times5\times2}{6\times7\times11}$ des trois premiers rapports doit être égal au produit $\frac{4\times20\times8}{8\times28\times44}$ des trois autres ; ce qui conduit à la proportion

$$3\times5\times2 : 6\times7\times11 :: 4\times20\times8 : 8\times28\times44.$$

Usage des Propositions précédentes.

172. Les propositions que nous venons de démontrer, et

qu'on appelle les *Règles des proportions*, ont des applications continuelles dans toutes les parties des Mathématiques : nous nous bornerons ici à celles qui appartiennent à l'Arithmétique commerciale, et nous commencerons par celles qu'on peut faire de ce qui a été établi (157), et qui est la base de presque toutes les autres.

De la Règle de Trois *directe et simple*.

173. On distingue plusieurs sortes de Règles de *Trois* : elles ont toutes pour objet de faire connaître un terme d'une proportion dont on en connaît trois.

Celle qu'on appelle *Règle de Trois directe et simple*, est nommée *simple*, parce que l'énoncé des questions auxquelles on l'applique ne renferme jamais plus de quatre quantités, dont trois sont connues, et la quatrième est à trouver.

On l'appelle *directe*, parce que des quatre quantités qu'on y considère, il y en a toujours deux qui non seulement sont relatives aux deux autres, mais qui en dépendent de manière que, de même qu'une des quantités contient l'autre ou est contenue en elle, de même aussi la quantité relative à la première contient la quantité relative à la seconde ou est contenue en elle ; c. à d., d'une manière plus abrégée, qu'une quantité et sa relative peuvent toujours être, toutes deux, ou antécédens ou conséquens dans la proportion ; ce qui n'a pas lieu dans la règle de Trois inverse, comme nous le verrons dans peu.

La méthode pour trouver le quatrième terme d'une proportion, et par conséquent pour faire la règle de Trois directe et simple, est suffisamment exposée (157) ; mais il est à propos de faire connaître, par quelques exemples, l'usage qu'on peut faire de cette règle (').

Comme nous allons faire successivement l'application des diverses sortes de règles de Trois à des questions relatives à l'intérêt de l'argent, il convient de définir d'abord ce que c'est que l'intérêt.

L'*intérêt* n'est, à proprement parler, que le loyer de l'argent ; c'est le profit que retire le prêteur de la somme prêtée. Pour le déterminer, on compare toutes les sommes à celle de

---

(') Les trois alinéas suivans sont de M. Juvigny.

100 francs prise pour unité, et on convient de ce qué doit rapporter cette dernière au bout d'un temps donné, d'un an par exemple. La somme placée prend le nom de *capital* ou *principal*.

La loi, en France, ayant fixé l'intérêt à 5 pour 100 par an, dans les transactions ordinaires, et à 6 pour 100 en matière de commerce, tout intérêt qui excède le taux légal y est qualifié d'*usure*, et le cas peut, selon les circonstances, devenir justiciable des tribunaux.

1er Exemple. *40 ouvriers ont fait, en un certain temps, 268 toises d'ouvrage, on demande combien 60 ouvriers pourraient en faire dans le même temps?*

Il est clair que le nombre des toises doit augmenter à proportion du nombre des ouvriers ; en sorte que celui-ci devenant double, triple, quadruple, etc., le premier doit devenir aussi double, triple, quadruple, etc. Ainsi l'on voit que le nombre de toises cherché doit contenir les 268 toises, autant que le nombre 60, relatif au premier, contient le nombre 40 relatif au second : il faut donc chercher le quatrième terme d'une proportion qui commencerait par ces trois-ci :

$$40 : 60 :: 268^T :$$

Ou, en divisant ces deux premiers termes par 20, ce qui est permis (151), par ces trois autres :

$$2 : 3 :: 268^T :$$

Ainsi, selon ce qui a été dit (157), je multiplie 268^T par 3, et je divise le produit 804 par 2 ; ce qui donne pour quotient 402^T, et par conséquent 402^T pour l'ouvrage que feraient 60 ouvriers.

2e Exemple. *Prendre l'intérét de 15000 francs pour un an, à raison de 5 pour cent l'an* ('). (5 pour cent s'écrit ainsi : 5 p. $\frac{o}{o}$.)

Cet énoncé, usité dans le commerce, n'est que l'expression abrégée de cette question : *cent francs rapportent 5 francs d'intérét pendant un an, combien 15000 francs en rapporteront-ils pendant le même temps ?*

Il est évident que l'intérêt doit augmenter à proportion du capital, et que, par conséquent, l'intérêt cherché doit contenir

---

(') L'année commerciale, nous le répétons, est de 36o jours, et par conséquent le mois de 3o jours.

5 francs autant de fois que 15000 francs contiennent 100 francs : il faut donc chercher le quatrième terme d'une proportion qui commence par ces trois-ci :

$$100 : 15000 :: 5 :$$

Multipliant 15000 par 5, et divisant le produit 75000 par 100, on aura 750 francs (').

On peut encore résoudre cette question en observant que 5 est le $\frac{1}{20}$ de 100, et que par conséquent on aura l'intérêt d'une somme quelconque à ce taux, en prenant le vingtième de cette somme ; or $\frac{1}{20}$ de 15000 est 750 francs, résultat conforme à celui qu'on a déjà trouvé ci-dessus.

3ᵉ EXEMPLE. $52^{\text{T}}\ 4^{\text{P}}\ 5^{\text{p}}$ d'ouvrage ont été payés $168^{\#}\ 9^{s}\ 4^{d}$, on demande combien on doit payer pour $77^{\text{T}}\ 1^{\text{P}}\ 8^{\text{p}}$?

Le prix de $77^{\text{T}}\ 1^{\text{P}}\ 8^{\text{p}}$ doit contenir le prix de $168^{\#}\ 9^{s}\ 4^{d}$ des $52^{\text{T}}\ 4^{\text{P}}\ 5^{\text{p}}$, autant que $77^{\text{T}}\ 1^{\text{P}}\ 8^{\text{p}}$ doit contenir $52^{\text{T}}\ 4^{\text{P}}\ 5^{\text{p}}$.

Il faut donc chercher le quatrième terme d'une proportion qui commencerait par ces trois-ci :

$$52^{\text{T}}\ 4^{\text{P}}\ 5^{\text{p}} : 77^{\text{T}}\ 1^{\text{P}}\ 8^{\text{p}} :: 168^{\#}\ 9^{s}\ 4^{d} :$$

C. à d., qu'il faut multiplier $168^{\#}\ 9^{s}\ 4^{d}$ par $77^{\text{T}}\ 1^{\text{P}}\ 8^{\text{p}}$, et diviser le produit par $52^{\text{T}}\ 4^{\text{P}}\ 5^{\text{p}}$, ce qu'on peut faire par ce qui a été dit (117 et 124).

Mais il sera encore plus simple de réduire les deux premiers termes à leur plus petite espèce, c. à d. en pouces ; et la question sera réduite à chercher le quatrième terme d'une proportion qui commencerait par ces trois autres :

$$3797 : 5564 :: 168^{\#}\ 9^{s}\ 4^{d} :$$

Alors multipliant $168^{\#}\ 9^{s}\ 4^{d}$ par 5564, on aura $937348^{\#}\ 10^{s}\ 8^{d}$, et divisant par 3797, le quotient $246^{\#}\ 17^{s}\ 3^{d}\ \frac{2789}{3797}$, sera ce qu'on doit payer pour les $77^{\text{T}}\ 1^{\text{P}}\ 8^{\text{p}}$.

S'il y avait des fractions, après avoir réduit les deux termes de même espèce à leur plus petite unité, comme dans cet exemple, on simplifierait le rapport de ces deux termes de la manière qui a été enseignée (152).

De la Règle de Trois *inverse et simple*.

174. La *règle de Trois inverse et simple* diffère de la règle de Trois directe, dont nous venons de parler, en ce que

---

(') L'alinéa suivant est de M. Juvigny.

des quatre quantités qui entrent dans l'énoncé de la question pour laquelle on fait cette opération, les deux principales doivent se contenir l'une l'autre dans un ordre tout opposé à celui des deux autres quantités qui leur sont relatives ; en sorte que, lorsque, par l'examen de la question, on a donné à ces quantités la disposition convenable pour former une proportion, l'une des quantités principales et sa relative forment les extrêmes, et l'autre quantité principale, avec sa relative, forme les moyens.

Au reste, cela n'introduit aucune différence dans la manière de faire l'opération ; c'est toujours le quatrième terme d'une proportion qu'il s'agit de trouver, ou du moins on peut toujours amener la chose à ce point.

Quelques arithméticiens ont prescrit, pour le cas présent, une règle assujettie à l'énoncé de la question : nous ne suivrons point leur exemple ; c'est la nature de la question, et non pas son énoncé (qui souvent est vicieux), qui doit diriger dans la résolution.

1er Exemple. *Un capital de* 6000 *francs a produit une certaine somme d'intérét pendant* 42 *jours ; quel capital faudra-t-il pour produire la méme somme d'intérét pendant* 20 *jours ?*

On voit qu'il faut, dans ce second cas, un capital d'autant plus considérable que le nombre des jours est moindre : ainsi, le capital cherché doit contenir le capital de 6000 francs autant que le nombre de 42 jours relatif à celui-ci contient le nombre 20 de jours relatif à l'autre capital. Il ne s'agit donc que de trouver le quatrième terme d'une proportion qui commencerait par ces trois-ci :

$$20^J : 42^J :: 6000 \text{ fr.} :$$

C. à d. de multiplier 6000 par 42, et de diviser le produit 252000 par 20 ; ce qui donne 12600 francs.

2e Exemple. Un équipage n'a plus que pour 15 jours de vivres ; mais les circonstances doivent encore lui faire tenir la mer pendant 20 jours : on demande à combien on doit réduire la totalité des rations par jour ?

Représentons par l'unité la totalité des vivres que l'on consomme par jour ; on voit que ce à quoi on doit se restreindre doit être d'autant moindre que cette unité, que le nombre 20 des jours pendant lesquels cette économie doit durer est plus grand que le nombre de 15 jours ; que, par conséquent, de

même que 20 jours contiennent 15 jours , de même la totalité
des vivres que l'on aurait consommés, pendant chacun de ces
15 jours, doit contenir celle des vivres que l'on consommera
pendant chacun des 20 jours ; il faut donc chercher le quatrième terme d'une proportion qui commencerait par les trois
suivans :

$$20^{\text{J}} : 15^{\text{J}} :: 1 :$$

Ce quatrième terme sera $\frac{15}{20}$ ou $\frac{3}{4}$; il faut donc se réduire aux
$\frac{3}{4}$ de ce qu'on aurait consommé par jour.

De la Règle de Trois composée.

175. Dans les deux règles de Trois que nous venons d'exposer, la quantité cherchée et la quantité de même espèce qui
entre dans l'énoncé de la question ont entre elles un rapport
simple et déterminé par celui des deux autres quantités qui entrent pareillement dans l'énoncé de la question.

Dans la règle de Trois composée, le rapport de la quantité
cherchée à la quantité de même espèce qui entre dans l'énoncé
de la question n'est pas donné par le rapport simple de deux
autres quantités seulement, mais par plusieurs rapports simples qu'il s'agit de composer (168) d'après l'examen de la question.

Quand une fois ces rapports ont été composés, la règle est
réduite à une règle de Trois simple ; les exemples suivans vont
éclaircir ce que nous disons.

1er Exemple. *Prendre l'intérêt de* 10000 *francs pour*
450 *jours, à raison de* $\frac{1}{2}$ *pour cent par* 30 *jours.* (Par 30 jours
s'écrit ainsi : par 30/j.)

Cet énoncé, usité dans le commerce, n'est que l'expression
abrégée de cette question : *cent francs ont rapporté la moitié d'un franc d'intérêt pendant* 30 *jours, combien rapporteront à proportion* 10000 *fr. pendant* 450 *jours ?*

On voit que l'intérêt dépend ici non seulement de la force
des capitaux, mais encore du nombre de jours.

Pour avoir égard à l'un et à l'autre, il faut considérer que
100 francs placés à l'intérêt pendant 30 jours ne rapportent
qu'autant que 30 fois 100 fr., c. à d. que 3000 fr. pendant
un jour.

Pareillement, 10000 francs placés à l'intérêt pendant
450 jours ne rapportent qu'autant que rapporteraient 450
fois 10000 francs, ou 4,500,000 francs pendant un jour.

La question est donc changée en celle-ci : 3000 *francs ont rapporté la moitié d'un franc d'intérêt pendant un jour, combien 4,500,000 fr. rapporteront-ils pendant le même temps ?* C. à d. qu'il faut chercher le quatrième terme d'une proportion qui commence par ces trois-ci :

$$3000 \text{ fr.} : 4{,}500{,}000 \text{ fr.} :: \tfrac{1}{2} \text{ fr.} :$$

ou, en divisant ses deux premiers termes d'abord par 1000, et puis par 3, ce qui est permis (151),

$$1 \text{ fr.} : 1500 \text{ fr.} :: \tfrac{1}{2} \text{ fr.} :$$

Et multipliant 1500 francs par $\tfrac{1}{2}$, et divisant le produit par 1, on trouvera, pour réponse à la question, 750 francs.

2ᵉ EXEMPLE. *Quel est le nombre de jours d'intérêt qui, sur 10000 fr. au taux de $\tfrac{1}{2}$ p. $\tfrac{0}{0}$ par 30 jours, équivaut à 360 jours d'intérêt sur 15000 francs, au taux de $\tfrac{5}{12}$ p. $\tfrac{0}{0}$ par 30/j. ?*

Si le taux de l'intérêt était le même dans chaque cas, on voit que le nombre de jours demandé serait d'autant plus grand que le capital relatif est plus petit ; mais comme l'intérêt demandé est plus élevé dans le premier cas, il faudra moins de jours pour cette raison : ainsi l'opération tient en partie à la règle de Trois directe et à la règle de Trois inverse.

On la réduira à une règle de Trois simple, en considérant que 10000 fr. placés à l'intérêt de $\tfrac{1}{2}$ p. $\tfrac{0}{0}$ par mois ne rapporteraient qu'autant que la moitié de 10000 francs, c. à d. que 5000 francs au taux de 1 p. $\tfrac{0}{0}$ par mois.

Pareillement, 15000 fr. placés à l'intérêt de $\tfrac{5}{12}$ p. $\tfrac{0}{0}$ par mois ne rapporteront qu'autant que les $\tfrac{5}{12}$ de 15000 fr., c. à d. que 6250 fr. au taux de 1 p. $\tfrac{0}{0}$ par mois ; ainsi on peut changer la question en celle-ci : *Quel est le nombre de jours d'intérêt qui, sur 5000 fr., au taux de 1 p. $\tfrac{0}{0}$ par 30/j., équivaut à 360 jours d'intérêt au même taux, sur 6250 fr. ?* Et comme les capitaux sont en raison inverse des jours, on trouvera le nombre de ceux demandés dans le 4ᵉ terme d'une proportion dont les trois premiers sont :

$$5000 \text{ fr.} : 6250 \text{ fr.} :: 360^{\text{J}} :$$

Ce quatrième terme sera 450 jours (¹).

(¹) Les nᵒˢ 176 à 181 inclusivement, relatifs à la règle conjointe, sont de M. Juvigny.

De la Règle conjointe.

176. La règle *conjointe* est ainsi nommée, parce que renfermant plusieurs rapports géométriques qui donnent autant de règles de Trois, on dispose ces rapports de manière à n'en former qu'un *rapport composé*, qui réunit toutes ces règles de Trois en une seule, ainsi qu'on va le voir tout à l'heure.

Commençons d'abord par en exposer le principe constitutif.

1°. L'antécédent du premier rapport doit être de même espèce que la quantité à réduire ;

2°. Chaque conséquent doit exprimer la valeur de son antécédent ;

3°. Chaque antécédent doit être de même espèce que le conséquent qui précède ;

4°. Enfin, le dernier conséquent doit être de l'espèce en laquelle on veut exprimer la valeur inconnue du quatrième terme.

Alors, après avoir disposé les rapports dans cet ordre, le produit de tous les antécédens formera, avec le produit de tous les conséquens, un rapport composé ; qui exprimera la valeur d'une unité de la quantité à réduire en unités de l'espèce que l'on cherche ; ou, si l'on aime mieux, ces deux produits formeront les deux premiers termes d'une règle de Trois, qui aura pour troisième terme la quantité à réduire, ou dont on cherche la valeur, et pour quatrième terme cette valeur même : ainsi il en résultera toujours cette proportion composée :

Le produit de tous les antécédens : produit de tous les conséquens :: la quantité dont on cherche la valeur : valeur cherchée.

177. 1ᵉʳ Exemple. *Supposé que 3 francs vaillent 55 deniers de gros d'Amsterdam ;*

Que 65 deniers de gros d'Amsterdam vaillent 32 sous lubs de Hambourg ;

Que 216 sous lubs de Hambourg vaillent 240 deniers sterling d'Angleterre :

On demande combien 120 francs vaudront de deniers sterling ?

Disposition des termes.

$$3 \text{ francs} : 55^{\partial} \text{ de gr.}$$
$$65^{\partial} \text{ de gr.} : 32^{s} \text{ lubs} \quad \Big\} :: 120 \text{ francs} : x$$
$$216^{s} \text{ lubs} : 240^{s} \text{ sterl.}$$

$$42120 : 422400 :: 120 \text{ fr.} : x = 1203 \tfrac{49}{117}{}^{\partial} \text{ sterl. Rép.}$$

Démonstration.

Si je n'avais pas cherché à abréger le calcul, j'aurais décomposé cette question, et j'en aurais tiré autant de proportions que de rapports de la manière suivante :

$$3 \text{ fr.} : 55^{\partial} \text{ de gros} :: 120 \text{ fr.} : x = 2200^{\partial} \text{ de gros,}$$
$$65^{\partial} \text{ de gros} : 32^{s} \text{ lubs} :: 2200^{\partial} \text{ de gros} : x = 183 \tfrac{1}{13}{}^{s} \text{ lubs,}$$
$$216^{s} \text{ lubs} : 240^{\partial} \text{ sterl.} :: 183 \tfrac{1}{13}{}^{s} \text{ lubs} : x = 1203 \tfrac{49}{117}{}^{\partial} \text{ sterl.}$$

Et j'aurais obtenu le résultat demandé dans le quatrième terme de la dernière proportion, qui est bien les mêmes $1203 \tfrac{49}{117}$ den. sterl. déjà trouvés.

Mais il est déjà prouvé (171) que si l'on multiplie les termes de ces trois proportions les uns par les autres et par ordre, les quatre produits formeront une proportion dont les deux premiers, 42120 et 422400, me sont déjà connus. Mais, avant de continuer cette multiplication, je remarque que les quatrièmes termes de toutes ces proportions, à l'exception de celui de la dernière, deviennent successivement les troisièmes termes des proportions suivantes. Je puis donc supprimer 2200 et $183 \tfrac{1}{13}$ comme étant des facteurs communs aux extrêmes et aux moyens, sans changer pour cela la valeur du rapport composé, puisque cela revient à en diviser les deux termes par des quantités égales. Mais après cette suppression des termes communs dans une suite de rapports dépendans du premier, il ne reste pour troisième terme de la règle de Trois composée que 120 fr., quantité à réduire, et pour quatrième, $1203 \tfrac{49}{117}$, valeur de cette même quantité. Donc, les différentes règles de Trois sont réunies en une seule.

Comme le même raisonnement est applicable à tout autre exemple, la propriété est démontrée.

178. Avant de procéder à la solution d'une conjointe, il faut avoir soin de simplifier les rapports autant que possible, en prenant des parties égales sur les antécédens et les consé-

quens ; ce qui ne change point la valeur de ces rapports : et,
pour en faire l'application à cet exemple même, si mon
unique objet n'eût été d'en venir tout de suite à la démonstration, j'aurais préparé la règle de Trois définitive de la manière
suivante :

$$\left.\begin{array}{lllll} \not{3} & 1 : & 11 & \not{5}\not{5} \\ \not{6}\not{5} & 13 : & 4 & \not{3}x \\ 2\not{1}\not{6} & 27 : & 80 & x\not{4}\phi \end{array}\right\} :: 120 \text{ francs} : x \text{ den. sterl.}$$

$$351 : 3520 :: 120 \text{ francs} : x = 1203 \tfrac{49}{117} \text{ den. sterl.}$$

J'aurais divisé par 3 le premier antécédent 3 et le dernier
conséquent 240, et après les avoir barrés, j'y aurais substitué
1 et 80.

J'aurais divisé par 5 le premier conséquent 55 et le second
antécédent 65, que j'aurais remplacés de même par 11 et
par 13.

J'aurais encore divisé par 8 le second conséquent 32 et le
dernier antécédent 216, et je leur aurais substitué 4 et 27.

Par ce moyen, j'aurais eu pour rapport composé du franc
au denier sterling $\tfrac{3520}{351}$, expression plus simple que la précédente.

Que si quelqu'un de ces nouveaux antécédens eût eu quelque diviseur commun avec le 3ᵉ terme 120, en vertu du principe déjà établi (161), j'aurais divisé ces deux quantités par
ce nombre même.

On voit, d'après cela, que peu importe l'ordre dans lequel
on prenne ces parties égales ; et l'on peut faire subir à un
terme quelconque tel nombre de réductions qu'on voudra,
pourvu qu'on opère les mêmes réductions dans les termes de
la colonne opposée, n'importe de quelle manière ; car cela
revient à les décomposer en facteurs égaux, et à supprimer
ensuite les facteurs communs.

Mais il faut se rappeler que ces parties égales doivent être
prises dans la colonne des antécédens et dans celle des conséquens, ou bien dans celle des antécédens et dans le 3ᵉ terme
de la conjointe, mais jamais dans la colonne des conséquens
et ledit 3ᵉ terme, attendu que celui-ci ne peut former de rapport qu'avec les antécédens (160).

La preuve de la conjointe a lieu par une autre opération
semblable, dans laquelle on inverse les rapports primitifs.

179. 2ᵉ Exemple. *servant de preuve au précédent*. Les
données étant les mêmes que dans l'exemple précédent, on

demande combien 1203 $\frac{49}{117}$ deniers sterling valent de francs?

<pre>
d. sterl. 240 (c) 3 (e) 1 : 216 (d) 24 s. lubs   den. sterl.
s. lubs.   32 (a)   1 :   65 d. de gr.)   49
d. de gr. 55 (b)   1 :   3 (c) 1 franc -   } :: 1203. ---- = 140800 (a)
dénier   117 (d)   13 :   )   117
                                                     4400 (b) 80 (c) 1.
                     ─────────   ─────────
                       13 :   1560 :: 1 : x — Réponse 120 francs.
</pre>

Je commence par réduire le 3ᵉ terme 1203 $\frac{49}{117}$ tout en 117ᵉ,
ce qui le change en 140800 ; je porte le dénominateur 117
dans la colonne des antécédens pour rétablir le rapport, et je
simplifie ensuite le plus possible les autres termes , entre lesquels j'ai intercalé des-lettres italiques, afin qu'en comparant
ceux qui se trouvent accompagnés de la même lettre , on pût
suivre la filière de ces réductions successives.

180. Quand quelqu'un des termes se trouve accompagné
de fractions, on commence par l'effacer ; on le réduit ensuite
en fractions , et on porte le dénominateur dans la colonne
opposée, comme on le voit dans le dernier exemple, et dans
l'exemple suivant :

3ᵉ Exemp. *Conjointe proposée.*   *Conjointe préparée.*

<pre>
  5. 3/7 : 11   )   5. 3/7 38:11   )
 17   : 19.3/5 } :: 25:x   5: 7   } :: 25:x
 ─────────────   17:98 19. 3/5)
                                ────────────────
                                3230:7546 :: 25:x
</pre>

De la Règle de Société.

181. La règle de *société* est ainsi nommée , parce qu'elle
sert à partager, entre plusieurs associés, le bénéfice ou la
perte résultant de leur société.

Son but est de partager un nombre proposé en parties qui
aient entre elles des rapports donnés.

La règle que l'on donne pour cet effet est fondée sur ce
que nous avons établi (167) : nous allons la déduire de ce
principe dans l'exemple suivant :

1ᵉʳ Exemple. *Trois personnes ont mis en société , la pre-*
mière 40000 fr., la seconde 30000 fr., et la troisième
20000 fr ; combien chacun doit-il avoir sur le bénéfice, qui
monte à 120000 fr.?
—On voit qu'il s'agit de partager 120000 fr. en trois parties
qui aient entre elles les mêmes rapports que 40000 fr.,

30000 fr., 20000 fr., ou (151) que 4, 3, 2 ; l'énoncé de la question fournit ces deux proportions :

$$4 : 3 :: \text{la } 1^{re} \text{ partie} : \text{la } 2^e,$$
$$4 : 2 :: \text{la } 1^{re} \text{ partie} : \text{la } 3^e;$$

Ou (160) ces deux autres :

$$4 : \text{la } 1^{re} \text{ partie} :: 3 : \text{la } 2^e,$$
$$4 : \text{la } 1^{re} \text{ partie} :: 2 : \text{la } 3^e;$$

De sorte qu'on a ces trois rapports égaux ;

$$4 : \text{la } 1^{re} \text{ partie} :: 3 : \text{la } 2^e :: 2 : \text{la } 3^e.$$

Or on a vu (167) que la somme des antécédens de plusieurs rapports égaux est, à la somme des conséquens, comme un antécédent est à son conséquent : on peut donc dire ici que la somme 9 des trois parties proportionnelles à celles que l'on cherche est, à la somme 120000 de celles-ci, comme l'une quelconque des trois parties proportionnelles est à la partie de 120000 qui lui répond.

La règle se réduit donc, 1° à faire une totalité des parties proportionnelles données ; 2° à faire autant de règles de Trois qu'il y a de parties à trouver, et dont chacune aura, pour premier terme, la somme des parties proportionnelles données ; pour second terme, le nombre proposé à partager ; et pour troisième terme, l'une des parties proportionnelles données : ainsi, dans la question que nous avons prise pour exemple, on aurait ces trois règles de Trois à faire :

$$9 : 120000 :: 4 :$$
$$9 : 120000 :: 3 :$$
$$9 : 120000 :: 2 :$$

dont on trouvera (157) que les quatrièmes termes respectifs sont $53333 \frac{1}{3}$ fr., 40000 fr., et $26666 \frac{2}{3}$ fr., qui ont entre eux les rapports demandés, et qui composent, en effet, le nombre 120000 fr.

Mais il est aisé de remarquer qu'il n'est pas absolument nécessaire de faire autant de règles de Trois qu'il y a de parties à trouver ; on peut se dispenser de la dernière, en retranchant du nombre proposé la somme des autres parties, quand on les a trouvées (¹).

On peut envisager encore la même question sous cet autre

(¹) Tout ce qui suit, jusqu'à l'Exemple II, est de M. Juvigny.

point de vue , en remarquant que chaque associé doit retirer du gain total à proportion de sa mise particulière.

Ainsi la 1re mise étant les $\frac{4}{9}$ de la mise totale, le premier associé doit retirer les $\frac{4}{9}$ de 120000 fr., c. à d. . . . . $53333\frac{1}{3}$ fr.

La mise du second associé étant les $\frac{3}{9}$ ou le $\frac{1}{3}$ de la mise totale, il doit retirer le $\frac{1}{3}$ de 120000 fr., qui est 40000

La mise du troisième associé étant les $\frac{2}{9}$ de la mise totale, il doit retirer les $\frac{2}{9}$ de 120000 fr., qui sont. . . . . $26666\frac{2}{3}$

Ce qui donne, pour le total des trois mises, les mêmes. . . . 120000 fr.

En terme de commerce, la mise totale se nomme *capital*, et le gain à partager *dividende*. Dans les grandes entreprises commerciales, les mises partielles prennent le nom d'*actions*.

2e **Exemple.** *Trois personnes ont à partager le bénéfice de la prise d'un vaisseau. La première a fait un fonds de 20000 fr.; la seconde, de 60000 fr.; la troisième, de 120000 fr.: on demande combien il revient à chacun sur la prise, estimée 800000 fr., tous frais faits.*

On voit qu'il s'agit de partager 800000 fr. en parties qui aient entre elles les mêmes rapports que 20000 fr., 60000 fr., 120000 fr., ou (151) que 2 , 6 , 12 , puisque chacun doit avoir proportionnellement à sa mise ; il faut donc ajouter les trois parties proportionnelles 2 , 6 , 12 , et faire les trois proportions suivantes , ou seulement deux :

$$20 : 800000 :: \ \ 2 \text{ fr.} : \text{la } 1^{re} \text{ partie,}$$
$$20 : 800000 :: \ \ 6 \text{ fr.} : \text{la } 2^e \text{ partie,}$$
$$20 : 800000 :: 12 \text{ fr.} : \text{la } 3^e \text{ partie.}$$

Les trois parties seront 80000 fr., 240000 fr., 480000 fr., lesquelles font ensemble les mêmes 800000 fr.

La question pourrait être plus compliquée, et cependant être ramenée aux mêmes principes, comme dans l'exemple qui suit.

3e **Exemple.** *Trois personnes ont mis en société, la première, 3000 fr., qui ont été pendant six mois dans la société; la seconde, 4000 fr., qui y ont été pendant cinq mois; et la troisième, 8000 fr., qui y ont été pendant neuf mois: combien chacun doit-il avoir sur le bénéfice , qui monte à 12050 fr.?*

On réduira toutes les mises à un même temps, de cette manière :

La mise de 3000 fr. a dû produire, pendant 6 mois , autant que 6 fois 3000 fr. , ou 18000 fr. pendant un mois.

La mise de 4000 fr. a dû produire, pendant 5 mois, autant que 5 fois 4000 fr., ou 20000 fr. pendant un mois.

Enfin, la mise de 8000 fr. a dû produire, en 9 mois, autant que 9 fois 8000 fr., ou 72000 fr. pendant un mois.

Ainsi, la question est réduite à cette autre : *les mises de trois associés sont 18000 fr., 20000 fr., 72000 fr. ; combien revient-il à chacun sur le gain de 12050 francs ?*

En procédant, comme dans l'exemple ci-dessus, on trouvera que

La part du premier associé est de.............. 1971 fr. 82 c.
Celle du second............................... 2190   91
Et celle du troisième 7887   27
                                              ____
Total égal au bénéfice à partager.......... 12050 fr. » (*)

De quelques Règles dépendantes des Proportions.

182. Nous réservons, pour le commencement de la seconde Partie de cet ouvrage, l'application aux opérations les plus usuelles du commerce et de la banque, de quelques autres règles dépendantes des proportions. Nous nous bornerons, en attendant, aux deux exemples suivans :

EXEMPLE. *Jean a oublié quel est le capital qu'il avait placé autrefois à l'intérêt : il se rappelle seulement que le dernier paiement qui lui avait été fait était de 527 fr. 50 c., et se rapportait à huit mois d'intérêt à 6 p. $\frac{0}{0}$ l'an ; il voudrait en connaître le principal.*

D'abord, le temps pour les intérêts étant directement proportionnel aux sommes, je saurai ce que Jean aurait dû recevoir pour l'année entière, au moyen de cette proportion, 8 : 12 :: 527 fr. 50 c. : x, dont le 4e terme est 791 fr. 25 c. Ensuite, une nouvelle analogie de raisonnement me fournit cette autre proportion, 6 : 100 fr. :: 791 fr. 25 c. : x, dont le 4e terme 13187 fr. 50 c. sert de réponse à la question.

En effet, après avoir déterminé, par la première proportion, l'intérêt d'un an relatif au *principal* inconnu, il est évident que cet intérêt est, par rapport à son capital, ce que 6, intérêt du capital 100 francs, est par rapport à ce dernier capital.

On peut abréger encore l'opération, en remarquant que

(*) A partir du numéro suivant, tout le reste de l'ouvrage est de M. Juvigny.

8 mois sont les $\frac{2}{3}$ d'un an. Ainsi, en prenant les $\frac{2}{3}$ de 6, intérêt d'un an, on arrivera directement au même résultat par cette seule proportion, 4 : 100 :: 527 fr. 50 c. : x, dont le 4e terme est les mêmes 13187 fr. 50 c.

C'est en approfondissant non seulement les rapports relatifs à l'ensemble d'une question, mais la manière dont les rapports de ces divers membres concourent au résultat général, qu'on parvient à simplifier les calculs. Il est vrai que cette abréviation tient, dans ce cas-ci, à l'état accidentel de la question ; mais, quand on est un peu profond dans le calcul, il est rare qu'un examen un peu attentif ne fasse pas découvrir quelque moyen de simplification dans les détails.

183. EXEMPLE. *J'achète en Espagne* 50 *balles de laines dont 42 R, 6 F et 2 S, pesant ensemble 400 arrobes, soient* 10000℔ *poids de Castille, à* 20 *réaux de veillon la livre; quelle est la proportion des prix d'achat de ces trois diverses sortes de laine?*

NOTA. Les laines fines s'achètent en Espagne à tant de réaux de veillon l'arrobe. En France, on les divise en trois sortes qu'on désigne par les lettres R, F et S.

Les F se vendent ordinairement 20 sous par demi-kilogramme moins que les R ; et les S 5 sous moins que les F.

10000℔ poids de Castille, à 20 réaux de veillon la livre, font, ci. . . . . R^{on}   200000

Frais présumés jusqu'en France. . . .   6800
____

TOTAL. . . . R^{on}   206800

TOTAL du coût réel à 4 R^{on} par fr. .   51700 francs.

400 arrobes, à 23℔ $\frac{1}{2}$ l'arrobe, font 9400 livres poids de marc, soient. . . .   9203 demi-kil.

Pour trouver le prix auquel reviennent les R, les F et les S, il faut faire la supposition suivante :

					fr.	c.
42 R pesant ensemble	7680 d.-k.	à 6 fr.	0 c.	la livre font	46.080	00
6 F idem..........	1102	à 5	0	....	5,510	00
2 S idem..........	421	à 4	75	....	1,999	75
50 balles pesant......	9203	*Coût supposé*..........			53,589	75
		Coût réel..........			51,700	00
		Surcharge des prix ci-dessus......			1,889	75

à répartir sur 9203 demi-kilogrammes, ce qui fait 20 $\frac{1}{2}$ centimes à déduire par demi-kilogramme.

COUT RÉEL.

```
.42 R  pes. ensem.   7680 d.-k.  à 5 fr.  79 c. ¼, ci...........   44,505 60
  6 F  idem.......   1102       à 4       79    ½, ci...........    5,284 09
  2 S  idem.......    421       à 4       54    ¼, ci...........    1,913 44
```
____

50 balles pes. ens.   9203   coûtant réell. (som⁰ égale) (¹)   51,703 13

Après avoir trouvé, 1° que le coût des 50 balles de laine montait, tous frais payés, à 206800 réaux de veillon, et à 51700 francs, en réduisant les monnaies espagnoles en monnaies françaises, sur le pied de 4 réaux de veillon par franc ;

.2°. Que leur poids total, réduit en poids de France, était de 9203 demi-kilogrammes ;

J'ai supposé que les R me revenaient à 6 fr. le demi-kilogramme, les F à 5 fr. et les S à 4 fr. 75 c. ; et j'ai calculé, d'après cette supposition, le coût partiel de ces trois diverses sortes, qui monte en tout à 53589 fr. 75 c., tandis que le coût réel n'est que de 51700 fr. Le coût supposé excède donc le coût réel de 1889 fr. 75 c., qui, répartis sur les 9203 demi-kilogr., font à très peu près 20 ½ centimes, que j'ai déduits des trois prix supposés plus haut.

Au moyen de cette déduction, j'ai trouvé la proportion qui existe dans le coût réel des trois diverses sortes de laine, comme la preuve en résulte de l'addition des trois évaluations partielles, dont la somme fait bien les mêmes 51700 fr., à 3 fr. 13 c. près.

Par ce moyen, je suis à même de déterminer, une fois pour toutes, les prix auxquels je devrai vendre ces trois sortes : car, si je veux gagner 20 p. $\frac{0}{0}$ net, par ex., sur cette partie de laines, je n'ai qu'à ajouter 20 p. $\frac{0}{0}$ à 5 fr. 79 ½, pour avoir le prix des R ; qu'à ajouter de même 20 p. $\frac{0}{0}$ à 4 fr. 79 ½, pour avoir le prix des F, et opérer de même pour les S.

De la Règle d'Alliage.

184. Les questions qui appartiennent à cette règle sont de deux sortes.

Dans l'une, il s'agit de trouver la valeur moyenne de plusieurs sortes de choses dont le nombre et la valeur particulière de chacune sont connus.

____

(¹) La différence de 3 fr. 13 c. en plus ici vient de ce que 1889 fr. 75 c., divisés par 9203, ne font pas 20 ½ centimes juste, mais bien 20 centimes et un peu plus de ½ centime, et que nous avons négligé cette différence.

Dans la seconde, il s'agit de connaître les quantités de chaque espèce de choses qui entrent dans un ou plusieurs mélanges, lorsqu'on connaît le prix ou la valeur de chaque espèce, et le prix ou la valeur totale de chaque mélange.

Quant aux questions de la première sorte, voici la règle pour les résoudre.

Multipliez la valeur de chaque espèce de choses par le nombre des choses de cette espèce ; ajoutez tous les produits et divisez la somme par le nombre total des choses de toutes les espèces.

EXEMPLE. *Un marchand mêle ensemble* 200 *bouteilles de vin, dont* 50 *lui ont coûté à raison de* 40 *sous,* 70 *à raison de* 30 *sous,* 50 *à raison de* 25 *sous, et* 30 *à raison de* 20 *sous : à combien lui revient la bouteille de mélange ?*

50 bouteilles	à 40 sous font.	. . . .	2000^f
70 id.	à 30	. . . .	2100
50 id.	à 25	. . . .	1250
30 id.	à 20	. . . .	600
			5950^f

Le coût de 200 bouteilles est donc de 5950^f et, par conséquent (en divisant par 200), le quotient 29^f 9$^{\lambda}$ est le prix de la bouteille du mélange. Les autres questions de cette espèce sont si faciles à résoudre d'après cet exemple, que nous croyons à propos de ne pas insister sur cette matière.

185. Nous voici arrivés aux questions de la 2e espèce, que Bezout a réservées pour l'algèbre, mais que je traiterai ici sans sortir du cercle de l'arithmétique : je me bornerai, toutefois, à en faire l'application au mélange des liquides.

EXEMPLE. Un marchand a des vins à 30 sous et à 19 sous la bouteille ; il voudrait, en les mêlant ensemble, obtenir une troisième qualité à 20 sous la bouteille : on demande dans quel rapport doit s'opérer ce mélange.

30	20	1 bouteille à 30 sous	=	30^f
19		10 bouteilles à 19	=	190
		11 bouteilles à 20	=	220^f

D'abord, pour la commodité du calcul, je dispose les qualités données sur une même ligne, comme si je voulais les additionner, et j'écris à côté le prix demandé, qui est 20 sous ; puis je retranche 20 de 30, prix supérieur, et je porte la différence 10 vis à vis 19, prix inférieur ; je retranche de

même 19, prix inférieur, de 20, et je porte le reste 1 vis à vis
le prix supérieur 30 : j'additionne ces différences, et leur
somme 11 m'indique que la question est résolue, en mélant les
vins dans le rapport de 1 à 10 du plus haut au plus bas prix.

La raison de cette méthode est fondée sur la compensation
que l'on établit, en observant que le nombre des bouteilles au
prix supérieur et le nombre de celles au prix inférieur que
l'on doit mêler soient en raison inverse de la différence de
ces prix avec le prix moyen : le raisonnement suivant, en développant ce principe, va le rendre plus sensible.

Quand je porte la différence du prix demandé au prix supérieur vis à vis le prix inférieur, c. à d. quand je prends 10
bouteilles à 19 sous pour faire partie du mélange, il est évident que je perds en qualité une quantité exprimée par cette
même différence, c. à d. 1 sou sur chaque bouteille, ou 10 sous
en tout ; mais, d'un autre côté, quand je porte la différence
du prix demandé au prix inférieur vis à vis le prix supérieur
30, c. à d. quand je veux mêler une bouteille à 30 sous aux
10 bouteilles à 19 sous, il est évident encore que je gagne sur
cette seule bouteille les 10 sous que je viens de perdre sur les
10 autres. Donc il y a compensation ; donc 1 bouteille à 30
sous plus 10 bouteilles à 19 sous, ou 11 bouteilles à 20 sous,
valent la même somme. Effectivement, dans l'un et l'autre
cas, on a pour résultat le même nombre de sous 220, comme
l'indique la preuve que porte avec elle l'opération.

NOTIONS GÉNÉRALES SUR LES MONNAIES.

Du Titre des anciennes et des nouvelles Monnaies.

186. Les monnaies d'or et d'argent se composent de deux
élémens différens ; savoir, du métal *pur* (autrement dit, parties ou portions de fin), qui sert à déterminer le titre, et de la
portion de cuivre qui en forme l'alliage (¹).

187. Le titre n'est donc autre chose que le degré de pu-
reté d'une masse quelconque d'or ou d'argent.

188. Le titre de l'or, c. à d. l'or pur, se divisait autrefois
en 24 karats, et le karat en $\frac{32}{32}$, et le titre de l'argent, c. à d.
l'argent pur, se divisait en 12 deniers, et le denier en $\frac{24}{24}$.

(¹) *Métal pur, matière pure, parties ou portions de fin,* ou tout simplement
le *fin,* sont des expressions différentes qui ont toutes le même sens ; tout
comme les parties ou portions de l'*alliage,* ou le *cuivre,* ne signifient non
plus que la même chose.

Les 32mes pour l'or et les 24mes pour l'argent s'appelaient *grains de fin*, pour les distinguer des grains de poids.

Le titre de l'or et de l'argent se divise aujourd'hui en 10 parties ou $\frac{1000}{1000}$.

189. L'or et l'argent monnayés sont au titre de $\frac{9}{10}$ ou $\frac{900}{1000}$ de fin sur $\frac{1}{10}$ ou $\frac{100}{1000}$ d'alliage, de sorte que les nouvelles monnaies contiennent un 10me d'alliage de leur poids.

190. La *tolérance* pour les monnaies d'or, c. à d. l'affaiblissement dans le titre et le poids, autorisé par le Gouvernement, est de 4 millièmes pour le titre, dont 2 en dedans et 2 en dehors; et sur le poids de 4 grammes par kilog., dont 2 en dedans et 2 en dehors.

Cette tolérance pour la monnaie d'argent est de 6 millièmes sur le titre, dont 3 en dedans et 3 en dehors; et, sur le poids, de 6 grammes par kilog., dont 3 en dedans et 3 en dehors.

Aujourd'hui, outre qu'il y a uniformité dans le titre pour les monnaies d'or et d'argent, l'application de la numération décimale au système monétaire a réduit ce système au plus grand degré de simplicité possible. En effet, non seulement le calcul décimal a fait disparaître pour jamais tout l'échafaudage d'opérations qu'exigeait l'ancienne division, mais il permet encore de déterminer le rapport entre le titre et le poids sans le moindre calcul, puisque le millième de fin correspond toujours au millième de poids.

Ainsi, 1 kilogramme d'or ou d'argent à 915 millièmes de fin correspond à 915 grammes, c. à d. qu'il contient 915 grammes de fin, ou de métal pur; 1 hectogramme à 915 millièmes de fin correspond à 915 décigrammes, qui font $91\frac{1}{2}$ grammes; enfin, 1 gramme d'or à 915 millièmes de fin correspond à 915 milligrammes, et contient, par conséquent, 915 milligrammes ou $91\frac{1}{2}$ centigrammes de métal pur. On voit qu'il n'y a absolument que le nom des unités à changer.

191. Il résulte, de cette concordance parfaite entre le poids et le titre, que, pour savoir combien un lingot quelconque d'or ou d'argent, à n'importe quel titre, contient de matière pure, il suffit de multiplier son poids par son titre.

De la valeur du kilogramme d'or et d'argent, avec et sans retenue, et du rapport entre les prix de l'or et de l'argent monnayés en France.

192. Conformément à la loi du 28 mars 1803 (7 germinal an XI), les pièces d'or de 20 et de 40 fr. sont respectivement

à la taille de 155 et de 77 ½ par kilogramme, et les pièces d'argent de 5 fr., à la taille de 40 par kilogramme (¹); et comme on ne tient aucun compte, dans le prix des matières d'or et d'argent, du cuivre qui en forme l'alliage, et que c'est le titre seul qui en règle la valeur, il suit de là et de ce qui précède :

1°. Que le gouvernement devrait payer les espèces d'or et d'argent au titre légal de 0,900, sur le pied de 3100 fr. le kilogramme d'une part, et de 200 fr. de l'autre, produits respectifs de 155 par 20 fr., et de 40 pour 5 fr. ;

2°. Qu'il devait payer les espèces et matières d'or et d'argent purs (²) sur le pied respectif de 3444 fr. 44 c., et de 222 fr. 22 c. le kilogramme, puisque 3100 fr. et 200 fr., augmentés chacun de sa 9ᵉ partie, donnent bien ces deux premières valeurs.

Mais il n'en est point ainsi, parce que le gouvernement exerce à l'avance sur ces matières un droit de retenue qui embrassait autrefois celui de *seigneuriage*, et qui se borne aujourd'hui aux seuls droits de fabrication. Ce droit est fixé ainsi qu'il suit, par la loi du 7 germinal an XI.

		fr.	c.
	d'or fin....................................	10	»
Par kilogramme	d'or au titre des nouvelles monnaies.....	9	»
	d'argent fin............................	3	33
	d'argent au titre des nouvelles monnaies..	3	»

Et en diminuant dans la même proportion, pour les titres inférieurs à 900 millièmes ; sans préjudice, toutefois, des droits d'*affinage* que la monnaie prélève sur toutes les matières d'or et d'argent au dessous du titre monétaire.

La quotité de ces frais avait été fixée primitivement par l'arrêté du 24 mai 1803 ; mais, depuis, les progrès des arts ayant entièrement modifié les anciens procédés d'affinage, les prix perçus au change, en exécution de l'arrêté précité, se sont trouvés supérieurs à ceux qu'occasionaient ces sortes d'opérations ; et c'est pourquoi une ordonnance royale, en

---

(¹) Le mot *taille*, en terme de monnaie, signifie la division d'un poids déterminé, comme d'un marc ou d'un kilogramme d'or et d'argent, par exemple, en une certaine quantité de pièces égales.

(²) D'après la loi du 19 brumaire an 6, l'or est réputé fin, lorsqu'il ne contient pas plus de 5 millièmes d'alliage, et l'argent lorsqu'il n'en contient pas plus de 20.

date du 15 octobre 1828, a réduit les frais d'affinage conformément à un nouveau tarif annexé à ladite ordonnance.

		fr.		fr.	
Le kilog. d'or pur vaut...	sans retenue	3144,4444	ou	3,444	le gramme.
	avec retenue	3434,4444		3,434	
Le kilog. d'or à 0,900....	sans retenue	3100	»	3,100	
	avec retenue	3091	»	3,091	
Le kil. d'argent pur......	sans retenue	222,2222		0,222	
	avec retenue	218.8889		0,219	
Le kilog. d'argent à 0,900	sans retenue	200	»	0,200	
	avec retenue	197	»	0,197	

193. L'or et l'argent monnayés, exempts de retenue, valant respectivement 3100 fr. et 200 fr. le kilog., ainsi que nous
venons de le voir un peu plus haut, il en résulte que l'or vaut
en France; 15 fois $\frac{1}{2}$ autant que l'argent, résultat de la division de 3100 fr. par 200 fr.

Le rapport entre la valeur de l'or et celle de l'argent offre
de grandes variations chez les nations étrangères.

En Espagne et en Portugal, ce rapport est de 1 à 16 à très
peu près, et de 1 à 13 seulement à Berlin. Le prix moyen
entre l'or et l'argent, en Europe, est de 14 $\frac{1}{2}$. Il résulte, de
cette différence de proportion, que celui qui a une somme à
toucher, en pays étranger, a de l'avantage à recevoir son paiement en argent, si l'argent y est moins précieux, par rapport
à l'or, que dans le pays du créancier; ce serait le contraire,
si l'argent avait plus de valeur relativement à l'or. C'est cette
disproportion, entre la valeur de l'or et celle de l'argent, qui
fait que l'Espagne voit exporter ses piastres fortes, et le Portugal et les Etats-Unis, leur or. Les Anglo-Américains ont
déjà remédié à cet inconvénient chez eux, ou sont sur le point
de le faire, en changeant le rapport légal entre la valeur de
l'or et celle de l'argent.

*De l'ancien et du nouveau mode d'essai pour les
matières d'argent, et des diverses conséquences
résultant de la découverte de ce dernier mode.*

194. C'est par la *coupellation* que se déterminait, jusqu'à
ces derniers temps, le titre des matières d'argent, tant en
France que dans la plus grande partie de l'Europe; mais l'expérience ayant fait reconnaître que ce mode d'essai n'accusait
pas toujours le titre juste, M. de Chabrol, alors ministre des
finances, nomma, le 18 novembre 1829, une commission
spéciale, qu'il chargea d'examiner le mode d'essai, alors en

(110)

usage au laboratoire des monnaies, à Paris, pour l'essai des
matières et espèces d'or et d'argent; de constater et indiquer
les changemens dont ce mode d'essai pouvait être susceptible, etc., etc. Le 18 mai 1830, cette commission présenta
un travail complet sur cette matière, dans lequel elle prouva
que l'ancien mode dit de *coupellation*, employé jusqu'alors,
était défectueux, en ce qu'il accusait le titre des matières d'argent trop bas; tandis que le nouveau procédé, désigné sous la
dénomination de la *voie humide*, ne laisse rien à désirer quant
à l'exactitude des titres qu'il constate. Cette découverte, due
à M. Gay-Lussac, a motivé une ordonnance royale, en date
du 6 juin 1830, qui statue que les essais et contre-essais, relatifs au jugement du titre des espèces d'argent fabriquées
dans les hôtels des monnaies, auront lieu dorénavant par la
voie humide, en remplacement de l'ancien mode de la coupellation, autrement dit, la *voie sèche*, lequel ne sera plus
employé que par des motifs de nécessité; mais en rectifiant
toujours le résultat, au moyen d'une table de compensation,
arrêtée par la commission des monnaies, et que nous donnons
ci-après.

*Table de compensation pour l'essai des matières d'argent, adoptée
au laboratoire des essais de la commission des monnaies.*

Titres exacts.	Titres trouvés par la coupellation.		Pertes ou quantités de fin à ajouter aux titres correspondans obtenus par la coupellation.	Titres exacts.	Titres trouvés par la coupellation.		Pertes ou quantités de fin à ajouter aux titres correspondans obtenus par la coupellation.
1000	998	97	1 03	500	495	32	4 68
975	973	24	1 76	475	470	50	4 50
950	947	50	2 50	450	445	69	4 31
925	921	75	3 25	425	420	87	4 13
900	896	»	4 »	400	396	05	3 95
875	870	93	4 07	375	371	39	3 61
850	845	85	4 15	350	346	73	3 27
825	820	78	4 22	325	322	06	2 94
800	795	70	4 30	300	297	40	2 60
775	770	59	4 41	275	272	42	2 58
750	745	48	4 52	250	247	44	2 56
725	720	36	4 64	225	222	45	2 55
700	695	25	4 75	200	197	47	2 53
675	670	27	4 73	175	172	88	2 12
650	645	29	4 71	150	148	30	1 70
625	620	30	4 70	125	123	71	1 29
600	595	32	4 68	100	99	12	0 88
575	570	32	4 68	75	74	34	0 66
550	545	32	4 68	50	49	56	0 44
525	520	32	4 68	25	24	78	0 22

Il suffit d'ajouter aux titres trouvés par la coupellation les millièmes indiqués dans les 3e et 6e colonnes de cette table pour chaque titre, pour avoir les mêmes titres que l'on aurait obtenus en se servant du procédé par la voie humide.

195. Conformément à l'art. 3 de l'ordonnance royale du 6 juin 1830, citée un peu plus haut, le prix des matières et espèces comprises au tarif du 17 prairial an 11, et des matières et espèces légalement titrées depuis sa publication, a été augmenté de la valeur acquise à chaque titre, d'après la table de compensation ci-dessus ; et il a été rédigé, à cet effet, un tarif (publié dans le *Moniteur* du 17 juin 1830) pour servir de base au prix que les directeurs de la fabrication des monnaies devront payer aux porteurs des matières.

Nous ne donnons point ce tarif ici, pour éviter les doubles emplois ; car il se trouve fondu et *rectifié* en même temps dans notre travail sur les monnaies étrangères de chaque pays compris dans le chapitre 4 de la deuxième partie de cet ouvrage. Nous disons *rectifié*, parce que ce tarif est faux dans toute la partie relative à des titres inférieurs à 900 millièmes, titres des nouvelles monnaies ; attendu qu'il ne porte la valeur du kilogramme correspondant à chaque titre, que déduction faite des frais de fabrication seulement, tandis que, ainsi que nous l'avons déjà dit (192), la monnaie retient, en outre, un droit d'affinage de *tant* par kilogramme, sur toutes les matières d'or et d'argent qu'on lui porte isolément en change, lorsqu'elles sont au dessous du titre monétaire.

Il est vrai que l'on peut éviter d'acquitter, en tout ou en partie, ce droit d'affinage, en portant tout à la fois aux hôtels des monnaies des matières au dessus et au dessous du titre légal.

Par exemple, si l'on verse, en quantités égales, des matières à 850 et à 950 millièmes, il y aura une compensation exacte, au moyen de laquelle on n'aura rien à payer pour les frais d'affinage ; et, dans tout autre cas, ce droit sera d'autant moindre que la combinaison du titre approchera de cette compensation.

196. Il résulte de la découverte du nouveau mode d'essai de la voie humide, que toutes les espèces décimales d'argent, fabriquées antérieurement à 1830, doivent être considérées comme étant au titre de 904 millièmes, au lieu de 900, et être payées sur le pied de 197 fr. 88 c. le kilogramme. Il résulte encore de cette même découverte, et de la réduction qu'ont subie les frais d'affinage, en vertu de l'ordonnance royale du 15 octobre 1828, que la valeur assignée précédem-

ment aux monnaies étrangères d'argent se trouve aujourd'hui trop faible, et qu'il faudra l'augmenter d'après les deux nouvelles bases que nous venons d'indiquer.

197. La loi du 14 juin 1829, en ordonnant la refonte des anciennes espèces duodécimales (¹) d'or et d'argent, avait fixé au 1ᵉʳ août 1834 l'époque à laquelle elles devaient cesser d'avoir cours forcé, et à 900 et 907 millièmes les titres respectifs auxquels elles devaient être reçues aux hôtels des monnaies, après leur démonétisation ; mais une conséquence naturelle de la découverte du nouveau mode d'essai de la voie humide, faite postérieurement à cette loi, était d'augmenter proportionnellement les titres de nos anciennes monnaies d'argent, évaluées précédemment trop bas ; et cet objet a été rempli par l'ordonnance royale, en date du 6 juin 1830, qui a élevé leur titre de 907 à 911 millièmes. Enfin, la loi du 30 mars 1830, fondée sur des motifs d'intérêt public, a prorogé jusqu'au 1ᵉʳ octobre 1834 le délai fixé primitivement par la loi du 14 juin 1829, pour la démonétisation de nos vieilles monnaies.

Ainsi, en vertu de cette dernière loi et à partir du 1ᵉʳ janvier 1835, les espèces duodécimales d'or et d'argent, versées aux hôtels des monnaies, tant par le Trésor que par les particuliers, y sont reçues, pour le poids qu'elles ont conservé, aux conditions suivantes :

Les espèces d'or, sur le pied de 900 millièmes de fin et payées comme lingots, à raison de 3091 le kilogramme;

Les espèces d'argent, sur le pied de 911 millièmes de fin (²) et payées à raison de 199 fr. 41 c. le kilog., conformément au tarif du 17 prairial an 11. Les porteurs de ces dernières espèces reçoivent, en outre, pour l'or contenu dans chaque kilog., une bonification de 1 fr. 19 c., tous frais d'affinage déduits.

____

(¹) Les espèces duodécimales sont, pour l'or, les pièces de 48, de 24 et de 12 liv. tournois; et, pour l'argent, les écus de 6 et de 3 liv., les pièces de 24, 12 et 6 sous tournois. Les pièces de 15 et de 30 sous, frappées sous l'Assemblée constituante en 1791, n'en font point partie; ces pièces circulent pour la valeur de 75 c. et de 1 fr. 50 c.

(²) L'expérience a prouvé que les vieilles espèces duodécimales d'argent fondues, et qui ont été essayées au laboratoire de Paris par la voie humide, étaient au titre de 912 millièmes; mais c'est pour indemniser de la perte d'argent que la coupellation occasione aux essais des délivrances, qu'on livre ces vieilles espèces d'argent, aux directeurs des monnaies, au titre moyen de 911 millièmes.

De la valeur réelle des monnaies étrangères d'or et d'argent, et de leur valeur droite de poids et de titre, d'après les lois de fabrication.

198. L'évaluation des monnaies étrangères peut se faire de deux manières.

La première, en considérant les pièces d'après le poids qu'elles peuvent avoir dans la circulation, et leur titre au tarif des monnaies, ou d'après celui trouvé par les essais : cette manière varie suivant les différences de titre et de poids réels de chaque pièce.

La deuxième se fait par le droit de poids et de titre que la loi exige en chaque pays, pour chaque nature de pièce, comparé au droit de poids et de titre des monnaies françaises sans aucune retenue; de sorte que $22^{gr},5$ d'argent fin, que peut contenir une pièce étrangère, équivalent à la pièce de 5 fr. de France, laquelle, étant du poids de 25 grammes au titre de 900 millièmes, contient aussi $25^{gr},5$ d'argent fin.

C'est d'après cette seconde manière, destinée seulement à constater la valeur légale des monnaies entre elles, qu'a été calculé, par l'administration générale des monnaies, un tableau que reproduit, tous les ans, l'*Annuaire du bureau des longitudes*. Mais, à l'exception de Bonnet et Boneville, tous les auteurs qui ont écrit sur cette matière ont fait et continuent de faire, tous les jours, une fausse application de ce tableau au commerce, en donnant, comme *valeur réelle* des monnaies étrangères, leur *valeur droite de poids et de titre*, d'après les lois de fabrication, tandis que cette dernière valeur n'est qu'imaginaire. Pour rendre cette vérité palpable, prenons pour exemple la guinée d'Angleterre, à laquelle tous les auteurs assignent, d'après l'*Annuaire du bureau des longitudes*, une valeur de 26 fr. 47 c., quoique la monnaie ne paie cette pièce que 26 fr. 21 c.

L'évaluation de 26 fr. 47 c., relative à la guinée en tant que considérée exacte de poids et de titre, est fondée sur les deux suppositions suivantes :

1°. Que, conformément aux ordonnances anglaises, cette pièce serait au titre de 917 millièmes, et qu'elle peserait $8^{gr},3802$, soit $0^{kil},0083802$;

2°. Que la monnaie paierait cette pièce sans aucune retenue, et par conséquent sur le pied de 3158 fr. 56 c. le kilogramme, taux *net* correspondant au titre de 917 millièmes pour l'or ; car, en admettant ces diverses données, on trouve que 3158 fr. 56 c. × 0^{kil},0083802 donnent effectivement, pour produit et pour valeur de la guinée, les mêmes 26 fr. 47 c. (¹).

Mais la monnaie, ainsi que nous l'avons déjà vu (192), au lieu de payer sans aucune retenue les espèces et matières d'or et d'argent qu'on lui porte au change, prélève au contraire un droit de fabrication qui s'étend à tous les titres sans exception, et en outre un droit d'affinage qui s'applique à tous les titres au dessous de 900 millièmes. Voilà donc une première raison qui suffirait seule pour que la *valeur réelle* des monnaies étrangères d'or et d'argent fût toujours inférieure à leur *valeur droite de poids et de titre.*

En second lieu, la guinée, ainsi que cela résulte d'un grand nombre d'essais authentiques, ne contient que 915 millièmes de fin, au lieu de 917, et ne pèse que 8^{gr},34 au lieu de 8^{gr},3802 ; lorsque, bien entendu, elle n'est point altérée par le frai ou par toute autre cause : cette infériorité du titre et du poids *réels* au titre et au poids *légaux* est donc une seconde raison pour que la valeur réelle de la guinée soit inférieure à sa valeur-droite de poids et de titre, et pour que cette première valeur ne soit que de 26 fr. 21 c. ; car, en multipliant 3142 fr. 52 c. (taux correspondant au kilogramme d'or à 0,915 avec retenue) par 8^{gr}34 ou 0^{kil},00834, on trouve pour produit et pour valeur réelle de la guinée les mêmes 26 fr. 21 c.

Or, ce que nous venons de dire de la Guinée s'applique littéralement à toute autre monnaie étrangère d'or ou d'argent, et à plus forte raison encore ; car l'Angleterre est, après la France, le pays où le titre et le poids réels des monnaies s'écartent le moins de leur titre et de leur poids légaux, tandis que, dans la plupart des autres pays, le titre réel est communément au dessous du titre légal de 5 à 15 millièmes, plus ou moins, et qu'un déficit analogue se rencontre dans le poids (²).

(¹) On aurait pu trouver le même résultat en multipliant 3^{fr},4444, valeur d'un gramme d'or fin, par 7^{gr},6846434, quantité des grammes d'or fin que la guinée est censée contenir : car 8^{gr},3802 × 0,917 = 7^{gr},6846434 d'une part, et de l'autre, 3^{fr},4444 × 7,6846434 = 26^{fr},465624.

(²) Nous ne citerons pour preuve de cette assertion que les monnaies du grand-duché de Toscane. Le titre de la *ruspone* et des sequins d'or aux

Cette explication était indispensable pour mettre le lecteur en état de se rendre raison de la différence qu'il rencontrera entre la valeur des diverses monnaies étrangères d'or et d'argent de chaque pays, mentionnées dans le chapitre IV de la dernière partie de cet ouvrage, et la valeur assignée à ces mêmes monnaies par les autres auteurs. En effet, ceux-ci, par défaut de connaissances spéciales sur la matière, ont donné comme véritable (toujours d'après l'*Annuaire*) la valeur droite de poids et de titre de chaque nature de pièce, laquelle, nous le répétons encore, n'est qu'imaginaire, et par conséquent, propre à induire le lecteur en erreur. Moi, au contraire, je donne la valeur réelle de chaque pièce, la seule qu'il importe au commerce et au public de connaître, puisque c'est celle que l'on en obtiendrait à nos hôtels des monnaies et chez les changeurs publics.

---

lys, qui doit être *légalement* de 1000 millièmes, n'est *réellement* que de 0,993. De même, le *francescone* et autres monnaies d'argent, qui *légalement* doivent être au titre de 917 millièmes (essai par la coupellation), ne contiennent *réellement* que 900 millièmes de fin ; et ce même francescone, dont le poids *légal* doit être de 27^{gr},507, ne pèse *réellement* que 27^{gr},30.

FIN DE LA PREMIÈRE PARTIE.

EXPLICATION

DES SIGNES ET ABRÉVIATIONS

CONTENUS

DANS LA SECONDE PARTIE.

argᵗ de ch. SIGNIFIE.. argent de change.
argᵗ cᵗ............. argent courant.
bén ou bᶜᵉ........ bénéfice.
bᵉ monᵉ ou bᵉ mᵉ... bonne monnaie.
c. à d............. c'ést à dire.
c................. centime.
ch................ change.
com. ou cᵒⁿ........ commission.
cour. ou cᵗ........ courant.
court. ou cᵍᵉ...... courtage.
cop.............. coppeck.
creuz............. creuzade.
creuz. de ch....... creuzade de change.
deald............. dealder.
ᴦ................. denier.
den. l. ou d. l..... denier lub.
den. de gr. ou d. d. g. denier de gros.
den. sterl. ou d. st.. denier sterling.
dir............... direct.
⸺................ divisé par.
duc............... ducat.
duc. de ch......... ducat de change.
⸗................ égale.
eff............... effectif.
fl................ florin.
fl. courᵗ ou fl. cᵣ... florin courant.
fl. de ch.......... florin de change.
fl. eff............ florin effectif.
fl. d'emp.......... florin d'empire.
fr................ franc.
h. bque........... hors banque.
ind............... indirect.
inv............... inverse.
J................. jour.
kreutz. ou kr...... kreutzer.
liv............... livre.
liv. aut........... livre autrichienne.
liv. cat........... livre catalane.

liv. cour. ou l. c.. livre courante.
liv. n. ou l. n..... livre neuve.
liv. sterl. ou l. st.. livre sterling.
mon. long. ou mᵉ lᵉ monnaie longue.
m. bᵒ............. marc banco.
mar. ou mᵈⁱˢ...... maravédis.
×................ multiplié par.
N/R.............. notre remise.
N/T.............. notre traite.
par ex........... par exemple.
par 3o j.......... par 3o jours.
pen.............. penning.
piast. ou pᵗʳᵉ..... piastre.
pᵗʳᵉ de ch........ piastre de change.
pistᵉ ou pˡᵉ...... pistole.
pˡᵗ de ch......... pistole de change.
p. o. m.......... plus ou moins.
p. ⁰⁄₀........... pour cent.
p. ⁰⁄₀₀.......... pour mille.
p. recevᵣ........ pour recevoir.
p. et s........... pur et simple.
Rép. ou R........ Réponse.
rixd............. rixdale.
rixd. de ch...... rixdale de change.
rx.............. réaux.
rx. de vᵒⁿ ou Rᵒⁿ.. réaux de veillon.
rx. de plat. ou Rᵗᵉ. réaux de plate.
roub............ rouble.
S/C............. son compte.
S/R............. sa remise.
S/T............. sa traite.
schel............ schelling.
ſ............... sou.
s. com.......... sou commun.
s. l............. sou lub.
s. st............ sou sterling.
silberg.......... silbergros.
stuiv........... stuiver.

SECONDE PARTIE.

CHAPITRE Ier.

CONTENANT LES OPÉRATIONS DE DÉTAIL LES PLUS USUELLES
DE COMMERCE ET DE LA BANQUE.

*Des Quotités pour cent et pour mille de toute espèce,
vulgairement appelées tant pour cent et tant pour
mille.*

199. La quotité pour cent est une base universelle à laquelle les négocians ont coutume de rapporter la plupart de
leurs spéculations, comme s'adaptant mieux au point de vue
sous lequel ils en envisagent, en général, les résultats.

Il convient, avant toute chose, de fixer, une fois pour toutes,
le sens de cette expression, qui revient souvent dans le commerce : *prendre tant pour cent sur une somme proposée.* Dans
les arbitrages surtout, ces sortes de questions se renouvellent
à chaque instant, comme nous le verrons dans la suite.

Prendre 2, 3 $\frac{1}{2}$, $\frac{3}{4}$ p. $\frac{0}{0}$ sur 25835 fr., par exemple, c'est
prendre les $\frac{2}{100}$, les $\frac{3}{100}$, les $\frac{1}{200}$, les $\frac{3}{400}$ de cette somme, ou
la multiplier par lesdites fractions.

De même prendre 4 $\frac{7}{8}$ p. $\frac{00}{00}$ sur 6500 fr., c'est prendre
les $\frac{4}{1000}$, les $\frac{7}{8000}$ de cette somme, ou la multiplier par ces
deux fractions.

200. 1er EXEMPLE. *Prendre 3 p. $\frac{0}{0}$ sur 25835 fr., ou,* en
d'autres termes, *combien 3 p. $\frac{0}{0}$ fait-il sur cette somme ?*

25835 fr. $\times \frac{3}{100} =$ RÉP. 775 fr. 05 c.

2e EXEMPLE. *Prendre $\frac{3}{4}$ p. $\frac{0}{0}$ sur 25835 fr.*

25835 fr. $\times \frac{3}{400} =$ RÉP. 193 fr. 76 c.

3e EXEMPLE. *Prendre 4 p. $\frac{00}{00}$ sur 25835 fr.*

25835 fr. $\times \frac{4}{1000} =$ RÉP. 103 fr. 34 c.

201. On voit que, *pour prendre une quotité quelconque
pour cent ou pour mille sur une somme proposée, il ne s'agit*

que de multiplier celle-ci par la quotité même, et de separer
deux ou bien trois chiffres sur la droite du produit.

Voici quelques exemples pour s'exercer. Prendre sur 4581 fr.
d'abord $2\frac{2}{3}$ p. $\frac{0}{0}$, puis $3\frac{5}{8}$, et enfin $\frac{3}{32}$ p. $\frac{0}{0}$.

4581 fr.	4581 fr.	4581 fr.
$2\frac{2}{3}$	$3\frac{5}{8}$	» $\frac{3}{32}$
9162	13743	1145 p. $\frac{8}{32}$ f. prod.
1527 p. $\frac{1}{3}$	2290 p. $\frac{4}{8}$	286 p. $\frac{2}{32}$
1527 p. $\frac{1}{3}$	572 p. $\frac{1}{8}$	143 p. $\frac{1}{32}$
fr. c.	fr. c.	fr. c.
122,16 réponse.	166,05 réponse.	4,29

Des Quotités pour cent de gain et de perte.

202. **1er Exemple.** *Jean ayant acheté, à 39 fr. 50 c.*
l'aune, une pièce de drap tirant 65 aunes, qui lui a occa-
sioné 32 fr. 50 c. de frais, à quel prix doit-il vendre l'aune
pour y gagner 15 p. $\frac{0}{0}$.

D'abord je remarque que les frais augmentent de 50 c. le
coût de l'aune, et la font ressortir, par conséquent, à 40 fr.: or,
gagner 15 p. $\frac{0}{0}$, c'est vendre 115 fr. ce qui a coûté 100 fr. Je
n'ai donc qu'à raisonner ainsi :

Si ce qui coûte 100 fr. on doit le vendre 115 fr., pour ga-
gner 15 p. $\frac{0}{0}$, combien, pour faire le même bénéfice, doit-on
vendre ce qui coûte 40 fr.? Ce qui conduit à la proportion
suivante,

$$100 \text{ fr. : } 115 \text{ fr. :: } 40 \text{ fr. : } x,$$

dont le 4e terme 46 fr. satisfait à la question.

J'aurais pu encore répondre à la même question, en prenant
d'abord 15 p. $\frac{0}{0}$ sur 40 fr., qui font 6 fr., et en les ajoutant
ensuite au prix d'achat; et remarquez que cette opération peut
s'effectuer sans le secours de la plume, puisqu'il suffit, d'après
le principe qui vient d'être exposé (201), de multiplier 40 par
15, ce qui donne 600, dont le $\frac{1}{100}$ est 6 fr.

203. **2e Exemple.** *Jean ayant vendu à 46 fr. l'aune du*
drap acheté à 40, on demande combien il a gagné p. $\frac{0}{0}$ dans
cette affaire.

C. à dire qu'on demande quel est le bénéfice proportionnel
qu'établit sur 100 fr. celui fait sur 40 qui est de 6 fr., différence entre les deux prix d'achat et de vente. Or, 100 fr. étant
considérés, dans l'état de la question, comme prix d'achat, et

les deux prix d'achat étant en raison directe des bénéfices (¹),
je dois trouver la quotité démandée dans le 4ᵉ terme de cette
règle de Trois :

Bénéfice.   Bénéfice.
40 fr. : 100 fr. :: 6 fr. : $x =$ Rép. 15 p. $\frac{0}{0}$.

Cet exemple et le précédent se servent réciproquement de
preuve.

204. 3ᵉ Exemple. *Jean n'ayant vendu qu'à 34 fr. l'aune
le même drap qu'il avait acheté à 40, on demande combien
il a perdu p. $\frac{0}{0}$ dans cette vente.* Rép. 15 p. $\frac{0}{0}$.

L'opération arithmétique et le raisonnement qui y conduit
sont absolument les mêmes que dans l'exemple précédent, à
cela près que les 6 fr. de différence entre les deux prix d'a-
chat et de vente représentent ici la perte, au lieu du bénéfice.

205. Ainsi, *pour évaluer la quotité pour cent de gain ou
de perte dans un marché quelconque, il faut multiplier par
cent la différence du prix d'achat au prix de vente, et diviser ce produit par le prix d'achat. Le* quotient exprimera
le bénéfice ou la perte, selon que le prix de vente sera au dessus ou au dessous du prix d'achat.

206. 4ᵉ Exemple. *Jean ayant gagné 15 p. $\frac{b}{0}$ en vendant
du drap à 46 fr. l'aune, on demande à quel prix il l'avait
acheté.*

Puisque gagner 15 p. $\frac{0}{0}$ c'est vendre 115 fr. ce qui n'a coûté
que 100 fr., je n'ai qu'à raisonner ainsi :

Si 115 fr., prix de vente à 15 p. $\frac{0}{0}$ de bénéfice, répondent
au prix d'achat 100 fr., à quel prix d'achat répondront 46 fr.,
prix de vente à 15 p. $\frac{0}{0}$ de bénéfice?

Et, par conséquent, je trouverai la solution de la question
dans le 4ᵉ terme de la règle de Trois suivante :

115 fr. : 100 fr. :: 46 fr. : $x =$ Rép. 40 fr.

*Du Calcul mental relatif à l'Évaluation des quotités
pour cent de gain et de perte.*

207. Pour résoudre mentalement ces sortes de questions, le
meilleur moyen est de chercher et de réduire le rapport qu'é-
tablit avec le prix d'achat la différence du prix de vente au

---

(¹) Nous prévenons, une fois pour toutes, que ces expressions, *en
raison directe*, *en proportion directe*, *dans le même rapport*, sont de par-
faits synonymes dans le langage des mathématiciens.

prix d'achat, et de prendre ensuite sur cent les parties exprimées par ce rapport.

Ainsi, s'il s'agit de répondre de tête à cette question, *combien Jean gagne-t-il p. ⁰∕₀ en vendant 35 fr. l'aune du drap
acheté à 30 fr. ?* je dis en moi-même :

La différence entre les prix d'achat et de vente est 5 fr. : ce
sont, par conséquent, les $\frac{5}{30}$ ou le $\frac{1}{6}$ de cent qu'il faut prendre ;
ce que j'effectue mentalement, en me figurant le nombre 100
écrit naturellement, et par ce moyen je trouve sans effort
16 $\frac{2}{3}$ p. ⁰∕₀ de bénéfice pour la quotité demandée.

Que si la différence entre les deux prix ne formait point un
rapport facile à apprécier, comme, par exemple, s'il était $\frac{3}{11}$,
on y suppléerait en y substituant $\frac{3}{10}$ ou $\frac{3}{12}$, enfin un rapport
d'une évaluation plus facile, mais le plus approchant possible
du rapport exact ; et, rectifiant ensuite le résultat par aperçu,
on aurait encore la quotité demandée à peu de chose près.

Règle d'Assurance simple.

208. On appelle *assurance maritime* un contrat par lequel
un assureur garantit au propriétaire d'un vaisseau ou de marchandises quelconques tous les risques de mer ou de terre,
jusqu'au lieu de la destination des objets assurés, moyennant
un prix convenu, qu'on appelle *prime.*

Le contrat s'appelle *police d'assurance :* les clauses n'en
sauraient être rédigées avec trop de précision et de clarté ; car
elles deviennent très souvent une source de discussions par le
grand nombre d'incidens auxquels donne lieu cette branche
du commerce maritime. On peut consulter, pour cette juris-
prudence, *Emérignon, Pothier, de Valin* et *Boucher.*

209. Exemple. *Jean ayant fait assurer à 25 p. ⁰∕₀ 40,000 fr.
de marchandises arrivées à bon port, on demande combien
il doit payer aux assureurs.*

Pour répondre à cette question, il ne s'agit que de prendre
25 p. ⁰∕₀ sur 40000 fr., qui font 10000 fr. (201).

Jean doit payer aux assureurs 10000 fr., et si les marchandises eussent été perdues, il n'aurait reçu des assureurs que
30000 fr., c. à dire son capital moins la prime ; de sorte que,
dans tous les cas, il y a 10000 fr. de débours pour Jean.

Remarque. 25 p. ⁰∕₀ étant le quart de 100 fr., on n'a pas
besoin du secours de la plume pour évaluer cette quotité, et il

suffit de prendre tout de suite le quart des 40000 fr. proposés, qui fait bien les mêmes 10000 fr.

Règle d'Assurance avec prime de la prime.

210. Lorsqu'en cas de *sinistre* ou de malheur l'assuré désire rentrer dans son capital intégral, il doit faire assurer ce même capital augmenté de la prime des primes jusqu'à extinction de tous risques, ce qui établit un nouveau capital fictif.

211. Exemple. *Jean veut faire assurer à 25 p. % 30000 fr. de marchandises, de manière à éteindre tous les risques, quelle est la somme qu'il doit faire assurer ?*

Pour la connaître, je suppose d'abord un capital de 100 fr., duquel déduisant 25 fr. pour 25 p. %, il me reste 75 fr., et puis je raisonne ainsi :

Si, pour extinction de tous risques sur un capital réel de 75 fr., je dois faire assurer 100 fr., quelle somme devrai-je faire assurer pour éteindre également tous les risques sur un capital réel de 30000 fr.? Ce qui donne lieu à la proportion suivante,

$$75 \text{ fr.} : 100 \text{ fr.} :: 30000 : x,$$

dont le 4e terme 40000 fr. est la somme que Jean devra faire assurer.

Remarque. Il est facile de trouver mentalement ce 4e terme, en faisant attention que 75 étant les $\frac{3}{4}$ de 100, l'on peut simplifier les deux premiers termes de la proportion, en leur substituant 3 : 4. Dès lors il ne s'agit plus que d'augmenter d'un tiers les 30000 fr. proposés ; ce qui donne pour résultat les mêmes 40000 fr. déjà trouvés.

En cas de sinistre, l'assureur paiera 30000 fr. à l'assuré, c. à d. le capital assuré, moins 10000 fr., lesquels comme nous venons de le voir (209), sont la prime de 40000 fr., et, en cas d'heureuse arrivée des marchandises, Jean paiera à l'assureur 10000 fr. qui constituent la prime et les primes des primes du capital réel de 30000 fr.

212. On voit que, lorsqu'on veut faire assurer une somme quelconque avec prime de la prime, *il faut former une règle de Trois qui ait pour premier terme le nombre 100, moins la prime relative à ces mêmes 100 fr., pour second terme le nombre 100, et pour troisième le capital réel.* Le quatrième terme sera le capital fictif, au moyen duquel tous les risques se trouveront éteints.

Règle d'Avarie.

213. On appelle *avaries* toute dépense extraordinaire faite pour le navire et les marchandises, et tout dommage qui leur arrive depuis leurs charge et départ jusqu'à leurs retour et décharge.

On distingue deux sortes d'avaries ; l'avarie simple et particulière, et l'avarie grosse et commune. La *grosse* est celle qui concerne le vaisseau et les marchandises, et la *simple* est celle qui ne concerne que l'un ou l'autre.

Les avaries se règlent à *tant* p. $\frac{0}{0}$, et sont réparties sur les propriétaires du vaisseau et sur ceux des marchandises.

Exemple. Un navire estimé avec sa cargaison 300000 fr. a fait pour 15000 fr. d'avaries, combien doit-on rabattre p. $\frac{0}{0}$ à chaque propriétaire ?

Le capital arbitraire 100 fr. servant de terme de comparaison, étant avec le capital réel 300000 fr. dans le même rapport que leurs quotités p. $\frac{0}{0}$ relatives, voici la proportion à former :

300000 fr. : 100 fr. :: 15000 fr. : $x = 5$ p. $\frac{0}{0}$.

On doit rabattre 5 p. $\frac{0}{0}$.

Pierre étant intéressé pour 25000 fr. dans la cargaison, on demande quelle est sa quote-part de perte.

Il ne s'agit que de prendre 5 p. $\frac{0}{0}$ sur les 25000 fr., selon ce qui a déjà été prescrit (201), et l'on trouvera qu'il doit payer 1250 fr.

Remarquez qu'il est très facile d'évaluer mentalement ces 5 p. $\frac{0}{0}$; car, puisque 5 p. $\frac{0}{0}$ est le $\frac{1}{20}$ de 100, il ne s'agit que de prendre le 20ᵉ de 25000 fr., c. à d. (71) de prendre la moitié de 2500 fr. ce qui donne bien les mêmes 1250 fr. déjà trouvés.

Règle de la Tare.

214. La *tare* est la diminution que l'on fait sur le poids brut des marchandises, pour compenser celui que représentent les caisses ou tonneaux, cordes, emballages, etc., de toute espèce : elle se règle de gré à gré.

Il y a deux manières de déterminer la tare, à *tant pour cent* ou *tant sur cent* ; ce qui entraîne deux manières d'opérer différentes.

Premier cas. Jean achète 36 boucauts de café pesant brut, c. à d. avec les futailles, 36580 kilogrammes, combien doit-il payer *net* en rabattant 10 p. $\frac{0}{0}$?

Comme rabattre 10 p. $\frac{0}{0}$ c'est ne payer net que 90 kilog. sur 100 kilog. bruts, je dis : *si, sur 100 kilog. bruts, je ne dois payer que 90 kilog. nets en rabattant 10 p. $\frac{0}{0}$, combien dois-je payer net sur 36580 kilog. bruts?* Ce qui fournit la proportion suivante,

$$100 \text{ kilog.} : 90 \text{ kilog.} :: 36580 \text{ kilog.} : x,$$

dont le 4ᵉ terme 32922 donne le nombre de kilog. nets à payer.

Second cas. Toutes les autres circonstances demeurant les mêmes, on demande combien Jean doit payer net en rabattant 10 sur 100 (¹).

Comme rabattre 10 sur 100, c'est ne payer que 100 kilog. nets sur 110 kilog. bruts, je dis : *si, sur 110 kilog. bruts, je ne dois payer que 100 kilog. nets en rabattant 10 sur 100, combien dois-je payer net sur 36580 kilog.?* Ce qui donne lieu à la proportion suivante,

$$110 \text{ kilog.} : 100 \text{ kilog.} :: 36580 \text{ kilog.} : x,$$

dont le 4ᵉ terme $33254\frac{6}{11}$ donne le nombre de kilog. nets à payer.

Règle de Voiture.

215. Le prix de voiture pour transport des marchandises se règle quelquefois à *tant* par quintal métrique, et quelquefois à *tant* par 50 kilog.

EXEMPLE. *Jean de Marseille fait venir des marchandises de Paris, pesant 5845 kilog., à raison de 9 fr. par 50 kilog., combien doit-il payer au voiturier?*

Les poids étant en rapport direct avec les prix, je dois trouver la solution de la question dans le 4ᵉ terme de cette règle de Trois,

$$50 \text{ kilog.} : 5845 \text{ kilog.} :: 9 \text{ fr.} : x = \text{Rép. } 1052 \text{ fr. } 10 \text{ c.}$$

(¹) L'idée qu'on attache à cette expression n'est pas celle qui se présente le plus naturellement à l'esprit; car rabattre 10 sur 100 n'est pas rabattre 10 sur le nombre 100 seulement, comme semblerait l'indiquer l'expression, mais rabattre 10 sur 110; de même que rabattre 12, 15 sur 100, etc., c'est rabattre 12 sur 112, 15 sur 115, etc. C'est sans doute son laconisme qui a déterminé l'usage de cet énoncé. Au reste, l'opération arithmétique est la même que celle relative à la règle d'escompte, dont nous parlerons au n° 240.

De l'Intérêt simple.

216. L'intérêt est simple ou composé. L'intérêt *simple*, qui va seul nous occuper en ce moment, est celui qu'on retire uniformément de la somme placée, et qui n'est jamais joint au capital pour produire de nouveaux intérêts. L'intérêt composé, au contraire, se capitalise tous les ans, ou tous les six mois, selon les conventions. Nous traiterons un peu plus loin les questions qui s'y rapportent.

On se sert également de deux expressions différentes pour désigner le taux de l'intérêt de l'argent. Ainsi, on dit *prêter à tant pour cent*, ou *à tel denier*.

Quand l'intérêt est à 4, 5 p. $\frac{o}{o}$ l'an, il est clair qu'on entend par là qu'une somme de 100 fr. rapporterait 4 fr., 5 fr. au bout d'un an : et, quand on dit qu'on place son argent au denier 25, ou au denier 20, cela veut dire qu'on retire pour l'intérêt d'un an la vingt-cinquième partie de la somme prêtée, dans le premier cas, et la vingtième partie dans le second ; et que, par conséquent, on retire en intérêts la valeur du principal, en 25 ans et en 20 ans.

Au reste, il est bien facile de ramener l'une de ces deux expressions à l'autre. En effet, si je veux connaître quel est le *denier* qui équivaut à 4 p. $\frac{o}{o}$ par an, je divise 100 par 4, et le quotient 25 m'indique que le denier 25, ou 4 p. $\frac{o}{o}$, n'est qu'une seule et même chose.

De même, si je veux savoir à quelle *quotité* p. $\frac{o}{o}$ correspond le denier 20, je divise 100 par 20, et le quotient 5 m'apprend que 5 p. $\frac{o}{o}$, ou le denier 20, est absolument la même chose.

D'après ce que nous avons dit sur les questions relatives à l'intérêt simple de l'argent (173, 174 et 175), nous pourrions, à la rigueur, nous dispenser d'en reparler ; mais, comme ces sortes de règles sont de l'usage le plus fréquent dans le commerce, et comme d'ailleurs la nouvelle théorie que nous allons exposer est très propre à faciliter la pratique du calcul mental, dont l'application est utile aux négocians dans une infinité de cas, et notamment dans les arbitrages et les négociations de banque, ces divers motifs nous ont engagé à entrer dans des développemens qui paraîtront longs d'abord, mais dont on recueillera le fruit un peu plus tard.

217. Exemple. *Prendre l'intérêt de 6500 fr. durant 78 jours, à raison de 5 p. $\frac{o}{o}$ l'an (soient $\frac{5}{12}$ p. $\frac{o}{o}$ par 30/j.).*

Comme nous avons déjà prouvé dans les deux exemples
du n° 175 que les produits des capitaux par les jours respectifs sont en raison directe de leurs intérêts relatifs, je dois
trouver l'intérêt demandé dans le 4ᵉ terme de la règle de Trois
suivante,

$$100 \text{ fr.} \times 360^{\text{J}} \brace 36000 \text{ fr.} \ : 5 \text{ p. }\tfrac{0}{0} :: \ 6500 \text{ fr.} \times 78^{\text{J}} \brace 507000 \text{ fr.} \ : x,$$

qui est 70 fr. 41 c.

218. Donc, de règle générale. *Pour trouver l'intérêt d'un
capital quelconque pendant un certain nombre de jours, à
quelque taux que ce soit, il suffit de multiplier entre eux
le capital, les jours et le taux d'intérêt, et de diviser ensuite le produit par* 36000.

219. Mais il faut remarquer que, abstraction faite du taux
actuel de l'intérêt, toutes les questions semblables donneront
toujours lieu à la proportion fondamentale que voici :

100 fr. $\times$ 360 jours, ou 36000 fr. : l'intérêt d'un an :: la
somme proposée $\times$ les jours donnés : l'intérêt cherché.

Or, comme dans le commerce le taux légal de l'intérêt est
invariable, il arrivera qu'on aura à faire des milliers de règles
de Trois semblables, qui commenceront toutes par les deux
mêmes premiers termes, c. à d. par 36000, et par le taux de
l'intérêt annuel. On abrégera donc, pour l'avenir, en cherchant, une fois pour toutes, la raison de cette proportion, et
en divisant son 3ᵉ terme par cette même raison (165).

Ici, ce 3ᵉ terme est 507000 fr., produit de la somme proposée par les jours, et la raison est 7200, quotient résultant
de la division de 36000 par 5. Or, 507000 divisés par 7200
donnent pour quotient 70 fr. 41 c., résultat identique avec
celui que l'on a déjà trouvé ci-dessus par la méthode ordinaire.

220. Si le taux d'intérêt était rapporté au mois, au lieu de
l'année, le rapport de la proportion fondamentale ci-dessus
ne changerait pas pour cela; seulement les deux premiers
termes en deviendraient 12 fois plus petits, et seraient changés en ces deux autres :

100 fr. $\times$ 30 jours, ou 3000 fr. : taux mensuel.

On déduit de ce qui précède cette règle générale :

221. *Pour trouver l'intérêt d'une somme quelconque pendant un certain nombre de jours, à n'importe quel taux, il faut
multiplier d'abord cette somme par lesdits jours, et diviser*

ensuite le produit par le quotient résultant de la division de 36000 par le taux annuel, ou, ce qui revient au même, par le quotient résultant de la division de 3000 par le taux mensuel.

222. Ces nombres indiqués ici comme diviseurs, lesquels, nous le répétons, ne sont autre chose que les *raisons* des proportions fondamentales semblables à celle indiquée à la fin du n° 219, s'appellent, dans le commerce, *diviseurs fixes*. Cette méthode des diviseurs, quoiqu'elle ne soit pas, à beaucoup près, la plus expéditive, est cependant la plus usitée, parce que c'est celle qui est connue depuis plus long-temps, et que l'esprit de routine, comme chacun sait, est l'ennemi naturel de toute espèce d'innovation.

223. Remarquons, avant de passer outre, que *chaque diviseur représente le nombre de jours pour lesquels l'intérêt est égal au capital proposé.*

Ainsi, en ne considérant ici que l'intérêt à 5 p. $\frac{o}{o}$ l'an, je dis que l'intérêt d'un capital quelconque, de 6500 fr. pendant 7200 jours, par exemple, sera de ces mêmes 6500 fr.; et cela, parce que le nombre 7200 est, comme nous venons de le voir un peu plus haut, le *diviseur* relatif audit taux de 5 p. $\frac{o}{o}$.

En effet, en opérant d'après le principe du n° 221, et en représentant par x l'intérêt demandé, on a

$$\frac{6500 \text{ fr.} \times 7200 \text{ jours}}{7200} = x;$$

Equation qui, en supprimant le facteur commun 7200 dans son premier nombre, se réduit à la suivante,

$$6500 \text{ fr.} = x \text{ (intérêt demandé)}:$$

Ce qui fait voir que, au taux de 5 p. $\frac{o}{o}$ l'an, l'intérêt de 6500 fr., pendant 7200 jours (nombre de jours égal au diviseur relatif), équivaut au capital proposé ; et comme le même raisonnement est applicable à tout autre taux d'intérêt, il en résulte que la proposition ci-dessus est tout à fait générale.

224. Puisque chaque *diviseur* représente le nombre des jours pour lequel l'intérêt équivaut au capital proposé, et puisque, d'un autre côté, les jours d'intérêt sont en raison directe des sommes qu'ils produisent, concluons de là que :

Le centième de chaque diviseur représente le nombre de jours pour lequel l'intérêt est égal au centième du capital proposé.

Ainsi, en considérant toujours le taux de 5 p. %, l'an, je dis que l'intérêt d'un capital quelconque, de 6500 fr. pendant 72 jours, par exemple, sera de 65 fr. (centième du capital proposé) ; et cela, parce que 72 jours sont aussi la centième partie de 7200, *diviseur* relatif audit taux de 5 p. %.

225. Cette dernière proposition fournit un nouveau mode de résoudre les règles d'intérêt ; car, aux taux de 5 et de 6 p. %, par exemple, dont les diviseurs relatifs sont respectivement 7200 et 6000, il suffit de prendre d'abord le centième du capital proposé, comme étant l'intérêt de 72 jours au premier taux, et de 60 jours au second taux, et de partir ensuite de cette base fondamentale pour ramener l'opération à une multiplication par parties aliquotes, en prenant des parties proportionnelles (115) sur la somme proposée, afin de rapporter le résultat au nombre de jours dont il s'agit.

Pour plus de clarté, faisons l'application de cette manière d'opérer à l'exemple ci-dessus, où il s'agissait de prendre l'intérêt de 6500 fr., pour 78 jours, à raison de 5 p. % l'an.

$$6500 \text{ fr.}$$
$$78 \text{ jours.}$$

pour 72 jours	$65^{fr},00^c$	le $\frac{1}{100}$ de 6500 fr.
pour 6 id...	5 41	le $\frac{1}{12}$ du produit précédent.
pour 78 jours	$70^{fr},41^c$	

Le résultat, comme l'on voit, est identique avec le précédent, obtenu par la méthode du diviseur.

226. Ce dernier mode de solution, par parties aliquotes, offre, sur celui du *diviseur*, le double avantage d'être plus expéditif et de faire éviter la division ; mais il n'est applicable qu'aux taux dont les diviseurs relatifs sont des nombres entiers. Voilà pourquoi précisément nous avons imaginé un troisième mode de solution qui est préférable aux deux précédens, en ce qu'il a le double mérite d'être expéditif de son côté, et de s'appliquer indistinctement à tous les taux d'intérêt. Il consiste à multiplier d'abord le capital proposé par les jours, et puis par la fraction, qui, au taux donné, exprime la valeur de l'intérêt de 1 fr. pendant 1 jour ; en ayant soin, toutefois, de ramener l'opération à une multiplication par parties aliquotes.

Or, quel que soit le taux d'intérêt annuel, la fraction exprimant la valeur de l'intérêt de 1 fr., pendant un jour, aura invariablement ledit taux pour numérateur, et pour dénominateur le nombre fixe 36000.

(128)

Ainsi, lorsque l'intérêt sera à 5 p. $\frac{o}{o}$ l'an, par exemple, l'intérêt de 1 fr., pendant 1 jour, équivaudra à $\frac{5}{36000}$ de franc.

En effet, d'après le principe fondamental (218), cet intérêt sera égal à $\frac{5 \times 1\,\text{fr.} \times 1\,\text{jour}}{36000}$, ou tout simplement à $\frac{5}{36000}$, puisque la multiplication d'un nombre par l'unité ne peut rien ajouter au multiplicande.

Si le taux de l'intérêt annuel était une fraction, alors l'intérêt de 1 fr., pendant un jour, serait aussi une fraction qui aurait le même numérateur que celle-ci, mais dont le dénominateur serait 36000 fois plus grand. Ainsi, si l'on suppose l'intérêt à $\frac{11}{12}$ p. $\frac{o}{o}$ l'an, l'intérêt de 1 fr., pendant un jour, sera égal à $\frac{11}{12 \times 36000}$, ou à $\frac{11}{432000}$ de franc.

Enfin, si le taux de l'intérêt annuel était un nombre mixte, on le transformerait en une fraction ordinaire par le procédé indiqué à la fin du n° 84. Ainsi, si l'on suppose le taux annuel à $3\frac{1}{2}$ p. $\frac{o}{o}$, l'intérêt de 1 fr., durant un jour, sera égal à $\frac{3\frac{1}{2}}{36000} = \frac{7}{2 \times 36000} = \frac{7}{72000}$ de franc.

227. Maintenant, faisons l'application du troisième mode de solution, que nous venons d'indiquer un peu plus haut, au même exemple ci-dessus, où il s'agissait de prendre l'intérêt de 6500 fr. pour 78 jours, ou, ce qui est la même chose, de 507000 fr. pendant 1 jour, au taux de 5 p. $\frac{o}{o}$ l'an.

Puisque, ainsi que nous venons de le prouver un peu plus haut (226), l'intérêt de 1 fr., à 5 p. $\frac{o}{o}$ l'an, pendant un jour, équivaut à $\frac{5}{36000}$ de franc, l'intérêt de 507000 fr., pendant un jour, sera égal à $\frac{5}{36000}$ de fois 507000 fr. Voilà pourquoi je multiplie ces deux nombres l'un par l'autre de la manière suivante :

Multiplicande	507000 fr.	
Multiplicateur	$\frac{5}{36000}$	
Pour $\frac{4}{36000}$ . . .	56333	le $\frac{1}{9}$ du multiplicande.
Pour $\frac{1}{36000}$ . . .	14083	le $\frac{1}{4}$ du produit précédent.
	70 f. 41 $\mathcal{s}$	

Et je trouve un résultat identique avec les précédens, obtenus par les trois autres méthodes exposées aux n⁰ˢ 217, 219 et 225.

228. Il faut remarquer 1° que, dans cette multiplication,

j'ai évité la longueur du procédé ordinaire du n° 102, relatif à la multiplication des fractions, en opérant par parties aliquotes, selon ce qui a été enseigné (115) ; 2° que, pour la commodité du calcul, j'ai d'abord regardé comme non avenus les trois zéro du dénominateur de la fraction multiplicateur, et qu'ensuite j'ai rectifié cette erreur volontaire, en séparant trois chiffres décimaux sur la droite du produit total : et c'est précisément dans ce double artifice que consiste l'abréviation de cette dernière méthode qui, sans cette précaution, ne serait que la reproduction littérale du principe exposé (218).

J'appellerai cette méthode celle des *multiplicateurs fixes*, par opposition à celle dite des *diviseurs fixes*.

229. Pour quiconque est tant soit peu versé dans les calculs, cette méthode des *multiplicateurs fixes*, aussi bien que celle du n° 225, n'a rien de difficile, puisqu'il suffit, pour la mettre en pratique, de savoir prendre le 6e, le 8e, le 9e, etc., d'un nombre ; cependant, on peut encore en simplifier le mode d'exécution, et la mettre, par conséquent, plus à la portée des calculateurs peu exercés, en transformant en fraction décimale la fraction vulgaire qui sert de multiplicateur.

Ainsi, au taux de 5 p. $\frac{o}{o}$ l'un, par exemple, le multiplicateur ordinaire qui exprime la valeur de l'intérêt de 1 franc pendant un jour, étant $\frac{5}{36000}$ de fr. (226), si je veux convertir cette fraction vulgaire en parties décimales du franc, et que je pousse l'exactitude du calcul jusqu'au septième chiffre décimal (68), je trouve que 0 fr. 0001389 en sont l'équivalent, à moins d'un dix-millionième d'unité près.

En substituant donc, dans l'exemple ci-dessus, le multiplicateur décimal au multiplicateur ordinaire,

J'ai   507000
à multiplier par   0,0001389
____

Et pour produit total 70 fr. 42**2̶3̶**ϕϕϕ, résultat identique avec le précédent (¹).

Ce dernier mode de solution par le multiplicateur décimal est, sinon le plus court, du moins le plus simple et le plus fa-

(¹) Nous ne portons ici que le total des produits particls, et il est bon de remarquer que cette multiplication se réduit, dans la pratique, à multiplier 1389 par 507, en n'ayant égard d'abord qu'aux chiffres significatifs, et à séparer ensuite sept chiffres décimaux sur la droite du produit.

cile de tous, et par conséquent celui qui convient au plus grand nombre.

230. Enfin, lorsqu'il s'agira de taux d'intérêt pour lesquels les diviseurs relatifs ne sont pas des nombres entiers, ceux qui s'en tiennent exclusivement à la méthode des diviseurs pourront, dans ce dernier cas, employer le moyen indirect suivant, qui peut-être est préférable.

Ce moyen consiste à calculer d'abord l'intérêt à un autre taux plus rapproché, qui ait un diviseur relatif exact, et à augmenter ou à diminuer ensuite le résultat, suivant le rapport qui existe entre les nombres qui représentent les deux taux.

Ainsi, s'il s'agit de prendre l'intérêt de 2400 fr. pour 90 jours, au taux de $3\frac{1}{2}$ p. $\frac{o}{o}$ l'an, comme le diviseur relatif à ce taux est $\frac{12000}{7}$, au lieu de calculer cet intérêt sur le pied de $3\frac{1}{2}$ p. $\frac{o}{o}$ l'an, je le calcule d'abord sur celui de 3 p. $\frac{o}{o}$, dont le diviseur relatif est 12000, et j'ai

$$\frac{2400^{\text{fr.}} \times 90^{\text{jours}}}{12000} = 18 \text{ fr.}$$

Mais comme l'intérêt de $3\frac{1}{2}$ p. $\frac{o}{o}$ doit être plus fort que celui de 3 p. $\frac{o}{o}$ dans la proportion de 3 à $3\frac{1}{2}$ ou de 6 à 7, j'augmente le résultat 18 fr. de sa sixième partie, qui est 3 fr., parce que 6 devient égal à 7, en lui ajoutant son sixième ; et, par ce moyen, j'ai 21 fr. pour réponse à la question.

Ou bien encore, au lieu de faire ce calcul à raison de 3 p. $\frac{o}{o}$, je puis tout aussi bien l'établir sur le pied de 4 p. $\frac{o}{o}$ l'an, taux dont le diviseur relatif est 9000 ; et j'aurais alors

$$\frac{2400^{\text{fr.}} \times 90^{\text{jours}}}{9000} = 24 \text{ fr.}$$

Mais l'intérêt de $3\frac{1}{2}$ p. $\frac{o}{o}$ devant être plus faible que celui de 4 p. $\frac{o}{o}$, dans la proportion de 4 à $3\frac{1}{2}$ ou de 8 à 7, je diminue le résultat 24 fr. de sa huitième partie, qui est 3 fr., parce qu'en diminuant 8 d'un huitième, il se réduit à 7 ; et, par ce moyen, j'ai toujours les mêmes 21 fr. pour réponse à la question.

231. Comme les multiplicateurs et les diviseurs varient avec les taux d'intérêt, nous donnons un peu plus loin une table qui renferme tous les élémens nécessaires pour résoudre les règles d'intérêt d'après les quatre divers modes spéciaux de solution que nous venons de passer en revue.

La première colonne indique le taux annuel de l'intérêt, et la seconde le taux mensuel, qui en est le 12°. Nous avons pratiqué une colonne pour ce dernier taux, parce qu'il y a des places et des cas où l'on stipule l'intérêt plutôt au mois qu'à l'année.

Les 3ᵉ et 4ᵉ colonnes renferment les *diviseurs fixes*. Lorsque ces diviseurs se sont trouvés des nombres mixtes, nous avons porté ceux-ci dans la 3ᵉ colonne, et nous les avons ensuite réduits en fractions, afin qu'ils fussent tout préparés pour l'opération.

La 5ᵉ colonne contient le nombre de jours pour lesquels l'intérêt équivaut au centième du capital. Ces nombres sont le centième de ceux des *diviseurs*, portés dans la 4ᵉ colonne, qui se trouvent exprimés par des nombres entiers, les seuls qui permettent l'emploi de la méthode indiquée au n° 225.

Les 6ᵉ et 7ᵉ colonnes contiennent respectivement les fractions ordinaires et décimales, destinées à servir de *multiplicateurs fixes*, lesquelles expriment la valeur de l'intérêt de 1 franc pendant un jour au taux correspondant. Seulement, nous avons supprimé les trois zéro dont le dénominateur de chaque fraction ordinaire, portée dans la 6ᵉ colonne, est censé suivi, parce qu'ils sont sous-entendus une fois pour toutes.

Quant aux fractions décimales de la 7ᵉ et dernière colonne, elles ne sont absolument que le résultat de la conversion des fractions vulgaires de la 6ᵉ colonne en parties décimales du franc, de manière à avoir huit chiffres décimaux, dont nous n'avons conservé que sept, après, toutefois, avoir eu le soin d'augmenter le dernier d'une unité, toutes les fois que le huitième égalait ou surpassait 5. Au moyen de cette précaution, tous les produits portés dans la dernière colonne sont exacts, à un demi-dix-millionième d'unité près.

Table relative aux Règles d'Intérêt, improprement appelées, en France, Règles d'Escompte.

TAUX de l'intérêt par		DIVISEURS ou raisons des proportions.		Nombre de jours équivalant au centième du capital.	MULTIPLICATEURS (valeur de l'intérêt de 1 fr. pendant un jour).	
an.	mois.	Nombres primitifs.	Nombres sur lesquels on devra opérer.		ordin.	décimaux.
1	$1/12$	....	36000	360	$1/36$ (*)	0,0000278
1 $1/2$	$1/8$	....	24000	240	$1/24$	0,0000417
2	$1/6$	....	18000	180	$1/18$	0,0000556
2 $1/2$	$5/24$	....	14400	144	$5/72$	0,0000694
3	$1/4$	....	12000	120	$1/12$	0,0000833
3 $1/2$	$7/24$	10285 $5/7$	72000/7	.....	$7/72$	0,0000972
4	$1/3$	....	9000	90	$1/9$	0,0001110
4 $1/2$	$3/8$	....	8000	80	$1/8$	0,0001250
5	$5/12$	....	7200	72	$5/36$	0,0001389
5 $1/2$	$11/24$	6545 $5/11$	72000/11	.....	$11/72$	0,0001528
6	$1/2$	....	6000	60	$1/6$	0,0001667
6 $1/2$	$13/24$	5538 $6/13$	72000/13	.....	$13/72$	0,0001806
7	$7/12$	5142 $6/7$	36000/7	.....	$7/36$	0,0001944
7 $1/2$	$5/8$	....	4800	48	$5/24$	0,0002083
8	$2/3$	....	4500	45	$2/9$	0,0002222
8 $1/2$	$17/24$	4235 $5/17$	72000/17	.....	$17/72$	0,0002361
9	$3/4$	....	4000	40	$1/4$	0,0002500
9 $1/2$	$19/24$	3789 $9/19$	72000/19	.....	$19/72$	0,0002639
10	$5/6$	....	3600	36	$5/18$	0,0002778
10 $1/2$	$7/8$	3428 $12/21$	72000/21	.....	$21/72$	0,0002917
11	$11/12$	3272 $8/11$	36000/11	.....	$11/36$	0,0003055
11 $1/2$	$23/24$	3130 $10/23$	72000/23	.....	$23/72$	0,0003194
12	1	....	3000	30	$1/3$	0,0003333

(*) Les dénominateurs de toutes les fractions contenues dans cette sixième colonne sont censés suivis de trois zéros.

232. En récapitulant ce qui précède, à partir du n° 217, et sans parler de la méthode générique résumée au n° 218, ni du moyen indirect indiqué (230), on voit qu'il y a quatre autres moyens de résoudre les règles d'intérêt, qui, quoique les mêmes dans le fond, diffèrent pourtant dans la forme ; ces quatre modes de solution, dont les deux derniers appartiennent à une même méthode, sont les suivans :

Le mode de solution résumé dans la règle générale (221), lequel consiste dans l'emploi des diviseurs fixes portés dans la 4ᵉ colonne de la table. (*Voyez, pour l'application, le* n° 219.)

Le mode de solution qui consiste à ramener l'opération à une multiplication par parties aliquotes, en prenant pour base du calcul le principe du n° 224, procédé qui n'est applicable, toutefois, que lorsque le diviseur relatif au taux donné est un nombre entier, et qu'il est terminé par deux zéro (¹). (*Voyez, pour l'application, le n° 225.*)

Enfin, les deux modes de solution consistant, le premier, à faire usage des multiplicateurs ordinaires portés dans la 6ᵉ colonne de la table ; et le second, à employer les multiplicateurs décimaux indiqués dans la dernière colonne de cette même table. (*Voyez, pour l'application de ces deux modes, les n°ˢ 227 et 229.*)

233. Voici quelques exemples auxquels nous avons appliqué ces quatre modes de solution.

Trouver l'intérêt de 5468 fr. 33 c. pour 63 jours, à raison de 4 p. $\frac{o}{o}$ l'an, soit $\frac{1}{3}$ p. $\frac{o}{o}$ par 30 jours.

PAR LE DIVISEUR.	PAR LE MULTIPLI-CATEUR ORD.	PAR LE MULTIPLI-CATEUR DÉCIMAL.	PAR PARTIES ALI-QUOTES.
5468 fr. 33 c. 63 jours.	5468 fr. 33 c. 63 jours.	344484 0,0001110	5468 fr. 33 c. 63 jours.
16404 32808.	344484 $\frac{1}{9}$	3444840 344484 .. 344484 ...	2734 p. 45 j. (*) 911 p. 15 182 p. 3
344|484 | 9|000 38ᶠ,27ᶜ R.	38ᶠ,27ᶜ. R.	38ᶠ,23ᶜ7724o R.	38ᶠ,27ᶜ p. 63 j. R.

Même question à 5 p. $\frac{o}{o}$ l'an, soient $\frac{5}{12}$ p. $\frac{o}{o}$ par 30 jours.

5468 fr. 33 c. 63 jours.	5468 fr. 33 c. 63 jours.	344484 0,0001389	5468 fr. 33 c. 63 jours.
3444|84 | 72|00 564 47ᶠ84ᶜ. R. 608 324 36	344484 $\frac{5}{36}$ 38276 p. $\frac{4}{36}$ 9569 p. $\frac{1}{36}$ 47ᶠ,84ᶜ5. R.	3100356 2755872. 1033452 .. 344484 ... 47ᶠ,84ᶜ882776. R.	2734 p. 36 j. 1367 p. 18 683 p. 9 47ᶠ,84ᶜ p. 63 j. R.

(¹) Sur 23 taux d'intérêt différens que contient la table précédente, ce procédé est applicable à 14 taux, comme il est facile de s'en convaincre en jetant un simple coup-d'œil sur la cinquième colonne de ladite table.

(*) Une fois pour toutes, on peut négliger les centimes dans tous les cas semblables, ou bien, si l'on veut être plus exact, on ne les négligera que quand leur nombre ne s'élevera pas à 50, et, dans le cas contraire, on portera 1 fr. de plus.

Trouver l'intérêt de 35486 fr. 45 c. pour 38 jours, à 5 p. % l'an, soient $\frac{5}{12}$ p. % par 30 jours.

PAR LE DIVISEUR.	PAR LE MULTIPLI-CATEUR ORD.	PAR LE MULTIPLI-CATEUR DÉCIMAL.	PAR PARTIES ALI-QUOTES.
35486 fr. 45 c.	35486 fr. 45 c.	1348468	35486 fr. 45 c.
38 jours.	38 jours.	0,0001389	38 jours.
283888	283888	12134212	17743 p. 36 j.
106158.	106458.	10787744.	2956 p. 6 (*)
1348468 | 7200	1348468	4045404..	985 p. 2
628 187f 28c R	$\frac{5}{12}$	1348468...	187f,28c p. 38 j. R.
524	149829 p. $\frac{4}{10}$	187f,30c20052 R.	
206	37457 p. $\frac{1}{36}$		
628	187f,28c6. R.		
52			

Trouver l'intérêt de 24533 fr. 45 c. pour 76 jours, à 6 p. % l'an, soit $\frac{1}{2}$ p. % par 30 jours.

PAR LE DIVISEUR.	PAR LE MULTIPLI-CATEUR ORD.	PAR LE MULTIPLI-CATEUR DÉCIMAL.	PAR PARTIES ALI-QUOTES.
24533 fr. 45 c.	24533 fr. 45 c.	1864508	24533 fr. 45 c.
76 jours.	76 jours.	0,0001666	76 jours.
147198	1864508	11187048	24533 p. 60 j.
171731	$\frac{1}{6}$	11187048.	6133 p. 15
1861508 | 6000	310f,75c. R.	11187048..	408 p. 1 (**)
310f,75c. R.		1864508...	310f,74c p. 76 j. R.
		310f,62c70328. R.	

Trouver l'intérêt de 5468 fr. 33 c. pour 53 jours, à 7 $\frac{1}{2}$ p. % l'an, soient $\frac{5}{8}$ p. % par 30 jours.

PAR LE DIVISEUR.	PAR LE MULTIPLI-CATEUR ORD.	PAR LE MULTIPLI-CATEUR DÉCIMAL.	PAR PARTIES ALI-QUOTES.
5468 fr. 33 c.	5468 fr. 33 c.	289804	5468 fr. 33 c.
53 jours.	53 jours.	0,0002083	53 jours.
2898,04 | 48,00	289804	869412	5468 p. 48 j.
180 60f,37c. R.	$\frac{5}{24}$	2318432.	455 p. 4
304	48303 p. $\frac{4}{24}$	579608...	113 p. 1
28	12075 p. $\frac{1}{4}$	60f,36c6+732. R.	60f,36c p. 53 j. R.
	60f,37c. R.		

Dans la multiplication par parties aliquotes du premier
exemple, nous avons pris, pour 45 jours, la moitié du multiplicande 5468 fr., qui est 2734, par la raison qu'au taux de
4 p. % l'an, 90 jours font 1 p. % ou 54 fr. 68 c. Nous n'aurions
dû écrire que 27 fr. 34 c. au lieu de 2734; mais nous avons
rectifié ensuite cette erreur volontaire, en séparant deux chiffres décimaux sur la droite du produit définitif. Pour les 18
jours restans, nous avons pris d'abord, pour 15 jours, le $\frac{1}{3}$ du

(*) Faux produit pour 6 jours.
(**) Pour un jour, le sixième du multiplicande, en gagnant deux colonnes de gauche à droite.

produit relatif à 45 jours, et puis, pour 3 jours, le $\frac{1}{5}$ du produit relatif à 15 jours, et ainsi de suite pour les exemples suivans.

Quant aux multiplications par le multiplicateur ordinaire, ce que nous avons dit à cet égard (227) nous dispense de toute nouvelle explication.

Considérations relatives au Calcul mental pour les règles d'intérêt, prises dans la théorie qui vient d'être développée.

234. Il arrive souvent qu'un négociant a besoin d'avoir sur-le-champ des résultats, sinon justes, du moins approximatifs, comme, par exemple, lorsqu'il est en pourparlers relatifs à la vente ou à l'achat de marchandises, et bien plus encore dans les négociations de banque. La vivacité, la finesse des propositions d'un agent de change lui rendent, dans bien des occasions, le calcul de tête indispensable. Par conséquent, rien de plus important alors qu'une bonne théorie. Elle réunit le double avantage de faire éviter des erreurs trop grossières, et de ménager les résultats les plus prompts. L'application du calcul mental aux règles d'intérêt, improprement appelées, en France, règles d'escompte, va nous en fournir la preuve.

1er Exemple. *Je suppose qu'on veuille connaître d'une manière approximative l'intérêt de* 12756 *fr. pour* 45 *jours, à raison de* $\frac{5}{12}$ *p.* $\frac{o}{o}$ *par* 30 *jours* (5 *p.* $\frac{o}{o}$ *l'an*).

D'abord, on réduira toujours la somme proposée à une somme ronde, en la supposant terminée par deux zéro, au lieu de deux chiffres significatifs. Seulement, lorsque ceux-ci feront plus de 50, comme dans ce cas-ci, on ajoutera 1 de plus par la pensée, comme nous le faisons ici, aux centaines ; ce qui porte la somme ci-dessus à 12800 fr., au lieu de 12756. Par ce moyen, la plus forte lacune ne peut pas être de 50 fr. : ce qui ne mérite aucune considération pour l'objet qu'on se propose. Puis, on doit bien avoir dans la tête qu'à ce taux de $\frac{5}{12}$ p. $\frac{o}{o}$ par 30 jours, 72 jours sont 1 p. $\frac{o}{o}$, comme 60 jours sont aussi 1 p. $\frac{o}{o}$ à celui de $\frac{1}{2}$ p. $\frac{o}{o}$ par mois (224), ainsi qu'on le voit dans la 5e colonne de la table relative aux règles d'intérêt, page 132.

Cela posé, je raisonne ainsi à part moi, en partant de la somme ronde de 12800 fr. : pour 36 jours, c'est la moitié de 128 fr., c. à d. 64 fr.; par conséquent, pour les 9 jours restans, ce sera le quart de 64 fr., qui est 16 fr.; 64 d'une part et 16 de l'autre font 80 fr. en tout : et, pour ajouter ces deux sommes, le meilleur moyen est de se les figurer écrites sur le papier dans leur ordre naturel, et de les additionner avec le secours de l'imagination.

Voyons actuellement de combien cet intérêt approximatif diffère du rigoureux :

$$
\begin{array}{lll}
\text{Intérêt approximatif}\dots\dots & \text{80 fr.} & \text{» c.} \\
\text{Intérêt rigoureux}\dots\dots\dots & 79 & 72 \\
\hline
\text{Différence}\dots\dots & \text{»} & 28
\end{array}
$$

Il n'en diffère que de 28 centimes.

Même question à ½ p. % par 30 jours (6 p. % *l'an*).

En partant toujours de la même somme ronde de 12800 fr., je dis en moi-même : pour 30 jours, c'est la moitié de 128 fr., c. à d. 64 fr. ; par conséquent, pour les 15 jours restans, ce sera la moitié de 64 fr., qui est 32 fr. ; 64 d'une part et 32 de l'autre font 96 fr. en tout.

Voyons actuellement de combien cet intérêt approximatif diffère du rigoureux :

$$
\begin{array}{lll}
\text{Intérêt approximatif}\dots\dots & \text{96 fr.} & \text{» c.} \\
\text{Intérêt rigoureux}\dots\dots\dots & 95 & 67 \\
\hline
\text{Différence}\dots\dots & \text{»} & 33
\end{array}
$$

Il n'en diffère que de 33 centimes.

2ᵉ **Exemple.** *On demande l'intérêt approximatif de* 8437 *fr. pour 89 jours, à raison de* $\frac{5}{12}$ *p. % par 30 jours* (5 *p. % l'an*).

Je pars de la somme ronde de 8400 fr., et raisonne ainsi mentalement : pour 72 jours, c'est 84 fr. ; reste 17 jours qui, à 1 jour près, sont le quart de 72. C'est pourquoi je prends le quart de 84 fr., qui est 21 fr., ce qui fait bien 105 francs en tout.

Voyons actuellement de combien cet intérêt approximatif diffère du rigoureux :

$$
\begin{array}{lll}
\text{Intérêt approximatif}\dots\dots & \text{105 fr.} & \text{» c.} \\
\text{Intérêt rigoureux}\dots\dots\dots & 104 & 29 \\
\hline
\text{Différence}\dots\dots & \text{»} & 71
\end{array}
$$

Il n'en diffère, comme on voit, que de 71 centimes.

Même question pour 61 jours à ½ p. % par 30 jours (6 p. % *l'an*).

Partant toujours de la même somme ronde de 8400 fr., je

dis : pour 60 jours, c'est 84 fr.; reste 1 jour, pour lequel je prends le 60ᵉ de 84 fr., c. à d. que je prends le 6ᵉ de 8 fr. (71), qui est 1 en nombre entier, que j'ajoute à 84 ; ce qui fait 85 fr. en tout pour l'intérêt approximatif demandé, qui diffère de l'intérêt rigoureux 85 fr. 77 c. de 77 centimes seulement.

235. Voici actuellement un exemple propre à confirmer ce que nous venons de dire sur la nécessité du calcul mental dans bien des circonstances.

J'ai 80 quintaux de sucre à vendre, que je ne veux pas absolument laisser à moins de 159 fr. 45 c. le quintal (ce qui fait 12756 fr. pour les 80 quintaux), payables en traites à 90 jours et à $\frac{5}{12}$ p. % par 30 jours. Le courtier, après avoir fait de vains efforts pour obtenir une diminution dans le prix, m'offre, au contraire, 160 fr. par quintal, mais à condition que j'accorderai un terme de 45 jours de plus pour le paiement; c. à d. que les traites, au lieu d'être à 90 seulement, seront à 135 jours.

Dans toutes les transactions verbales de ce genre, on doit éviter, autant que possible, de mettre la main à la plume; et voici comment un court moment de réflexion va me mettre à même de juger de ce que cette proposition a d'insidieux.

Je commence par évaluer mentalement, d'après le procédé déjà indiqué (225), l'intérêt de 45 jours sur 12756 fr., qui est 80 fr. que je perds d'une part, ci.. 80 fr.

De l'autre, le courtier m'offrant 55 cent. de plus par quintal, c'est 44 fr. que je gagne sur les 80 quintaux, ci............... 44

Différence.......... 36

On me ferait donc perdre 80 fr. d'un côté, tandis qu'on ne me ferait gagner que 44 fr. de l'autre : donc il résulterait de cette offre une perte de 36 fr. pour moi.

Règle d'Escompte d'après la méthode usitée en pays étranger.

236. L'*escompte* est la somme à soustraire d'un effet non échu pour le réduire à sa valeur actuelle; c'est, par conséquent, l'anticipation d'un paiement qui donne lieu à cette règle, laquelle consiste à trouver combien on doit payer comptant pour une valeur qui n'est exigible que dans un certain temps : d'où il

suit qu'*escompter* c'est déduire d'une somme prêtée les intérêts qui y ont été compris.

1er Exemple. *Jean achète pour 4240 fr. de marchandises à Pierre, avec l'option de ne payer que dans un an, ou de jouir de 6 p. ⁰/₀ d'escompte en payant comptant. Quel est, dans ce dernier cas, l'escompte à retrancher des 4240 fr. ? ou, en d'autres termes :*

Quelle est la valeur actuelle de 4240 fr. payables dans un an, à l'escompte de 6 p. ⁰/₀ l'an ?

Le vendeur, ne devant être payé que dans un an, a dû comprendre, dans le prix de sa marchandise, l'intérêt de son argent pendant ce temps, sur le pied de 6 p. ⁰/₀ l'an ; c. à dire qu'il a compté pour 106 fr. ce qui ne valait que 100 fr., argent comptant. Ainsi la somme que Jean aura à payer, en s'acquittant sur-le-champ, sera le quatrième terme d'une proportion qui commencerait par les trois suivans :

106 fr. : 100 fr. :: 4240 fr. : x = Rép. 4000 fr.

Si je veux commencer par connaître l'escompte auquel Jean aura droit, il est clair que, puisque, sur 106 fr. exigibles dans un an seulement, Jean doit jouir d'un rabais de 6 fr., s'il paie comptant, je trouverai le rabais total relatif aux 4240 fr. dans le quatrième terme de la proportion suivante :

106 fr. : 6 fr. :: 4240 fr. : x,

qui est 240 fr., lesquels, retranchés de 4240 fr., laissent pour reste les mêmes 4000 fr. déjà trouvés.

Il résulte de cette manière d'opérer que la valeur réelle de la marchandise vendue par Pierre était de 4000 fr., puisque l'escompte de 240 fr. équivaut juste à l'intérêt pur et simple de ces 4000 fr. pendant un an, à 6 p. ⁰/₀ (173) ; ce qui prouve que l'escompte a été bien calculé, parce que le vendeur, en donnant à l'acheteur l'option de payer à terme, ou au comptant sous escompte, ne doit éprouver ni perte ni gain dans cette alternative ; or, c'est précisément ce qui a lieu ici, puisqu'il retrouvera l'intérêt de son argent, si l'acheteur profite du terme qui lui est accordé pour le paiement.

2e Exemple. *Jean ayant mieux aimé souscrire à Pierre un billet de 4240 fr. à un an, que de payer comptant la marchandise à l'escompte de 6 p. ⁰/₀, veut s'acquitter ensuite au bout de 7 mois ; et Pierre, consentant à diminuer, pour les*

5 mois restans, les intérêts qui ont été compris dans le billet, à raison de 6 p. ⁰⁄₀ pour 12 mois, on demande pour quelle somme le marchand doit rendre son billet; ou, en d'autres termes:

* *Combien 4240 fr., payables à un an de date, valent-ils, argent comptant, au bout de 7 mois, à l'escompte de 6 p. ⁰⁄₀ l'an ?*

Puisque 12 mois produisent 6 p. ⁰⁄₀ d'intérêt, 7 mois ont dû produire un intérêt qu'on trouvera en cherchant le quatrième terme d'une proportion dont les trois premiers sont :

$$12 : 7 :: 6 :$$

Ce 4ᵉ terme est $\frac{42}{12}$ ou $3\frac{1}{2}$. Or, quand l'intérêt a été pris à 6 p. ⁰⁄₀, on a compté pour 106 fr. ce qui ne valait que 100 fr.: donc, quand l'intérêt est à $3\frac{1}{2}$ p. ⁰⁄₀, on compte pour 103 fr. 50 c. ce qui ne valait que 100 fr.; par conséquent, il faut maintenant que ce qui devait être payé 106 fr. ne soit plus payé que 103 fr. 50 c. Ainsi, la somme cherchée doit être le 4ᵉ terme d'une proportion dont les trois premiers sont :

$$106 \text{ fr.} : 103 \text{ fr. } 50 \text{ c.} :: 4240 \text{ fr.} : x.$$

Le 4ᵉ terme 4140 fr. est bien la somme que le débiteur doit payer pour retirer son billet, puisque les 140 fr. excédant les 4000 fr. (valeur de la marchandise le jour où ce billet a été souscrit) équivalent tout juste à l'intérêt de ces mêmes 4000 fr. pour 7 mois, à 6 p. ⁰⁄₀ (173), et qu'ainsi il ne résulte, pour le vendeur, ni gain ni perte des conditions de la vente.

Si l'on voulait commencer par déterminer l'escompte, on soustrairait de 6 fr., intérêt d'un an, $3\frac{1}{2}$ intérêt du temps échu, et l'on substituerait le reste $2\frac{1}{2}$ au deuxième terme de la dernière proportion de la manière suivante :

$$106 \text{ fr.} : 2 \text{ fr. } 50 \text{ c.} :: 4240 \text{ fr.} : x.$$

Le 4ᵉ terme serait alors 100 fr., lesquels, soustraits de 4240 fr., montant du billet, laissent pour reste les mêmes 4140 fr. déjà trouvés.

3ᵉ EXEMPLE. *Même question, en supposant que Jean veuille escompter son billet au bout de 145 jours.*

$$360 \text{ jours} : 145 \text{ jours} :: 6 \text{ fr.} : x = 2 \text{ fr. } 42 \text{ c.}$$
$$106 \text{ fr.} : 102 \text{ fr. } 42 \text{ c.} :: 4240 \text{ fr.} : x = \text{Rép. } 4096 \text{ fr. } 80 \text{ c.}$$

Il résulte de ce qui précède cette règle générale.

237. *Pour prendre l'escompte véritable d'une somme, ou, en d'autres termes, pour connaître la valeur actuelle d'un effet dont on anticipe le paiement, il faut former une règle de Trois, qui aura pour premier terme le nombre 100, augmenté de son intérêt d'un an au taux déterminé ; pour second terme, le même nombre 100, augmenté de son intérêt pendant le temps qu'a déjà couru l'effet ; et, pour troisième, la somme nominale de l'effet à escompter : le quatrième terme servira de réponse à la question* ([1]).

Règle d'Escompte d'après la méthode usitée en France.

238. La manière dont nous venons d'enseigner à calculer l'escompte est la seule exacte, et c'est celle qui est adoptée par presque toutes les autres nations : il n'y a guère qu'en France où l'on prenne l'escompte d'une somme, comme s'il s'agissait d'en prendre l'intérêt pur et simple, en sorte qu'on n'y fait aucune différence de la règle d'escompte à celle d'intérêt.

Ainsi, reportons-nous au 1er Exemple, où il s'agissait, en substance, de résoudre cette question : *Quelle est la valeur actuelle d'un effet de 4240 fr., payable dans un an, à l'escompte de 6 p. $\frac{0}{0}$ l'an ?*

Au lieu d'opérer, comme nous l'avons fait (236), on se contenterait, en France, de prendre l'intérêt de 4240 fr. pour un an, à 6 p. $\frac{0}{0}$ l'an (173), qui est de 254 fr. 40 c. ; on le déduirait de 4240 fr., et l'on estimerait que le reste, 3985 fr. 60 c., est bien la somme à payer lorsque le débiteur ou le porteur du billet veut s'acquitter sur-le-champ.

Cette méthode vicieuse, généralement adoptée en France, est toute à l'avantage de l'escompteur, qui jouit ainsi tout à la fois de l'intérêt de la somme primitive et de l'intérêt de cet intérêt, c. à d. de l'intérêt composé de ladite somme pendant le temps relatif.

En effet, l'escompte véritable étant, ainsi que nous l'avons déjà vu (236) un peu plus haut, de 240 fr. seulement, au lieu de 254 fr. 40 c., la différence 14 fr. 40 c. entre ces deux sommes est tout juste l'intérêt de 240 fr. pour un an, à raison de 6 p. $\frac{0}{0}$ l'an ; or, ces 240 fr. n'étant autre chose, comme

[1] Cette règle est commune à celle sur la tare à *tant* pour cent, dont nous avons déjà parlé (214).

nous l'avons déjà dit (236), que l'intérêt de 4000 ff. pour un an (valeur due par Jean au jour où il a souscrit le billet), il s'ensuit que le créancier perd cette différence de 14 fr. 40 c., dont profite à tort le débiteur.

Il est présumable que c'est la commodité du calcul qui aura fait adopter chez nous cette méthode, dont nous venons de démontrer le vice fondamental. En France, donc, nous le répétons, *règle d'escompte* et *règle d'intérêt*, c'est tout un ; d'où il suit que ce que nous avons dit sur les règles d'intérêt simple s'applique littéralement aux règles d'escompte.

De l'Intérêt composé.

239. L'intérêt simple, comme nous l'avons déjà dit au n° 216, est celui qui ne porte point intérêt les années suivantes ; mais quand le prêteur, au lieu de retirer à la fin de chaque année l'intérêt de son argent, le laisse entre les mains de l'emprunteur, pour être joint au capital primitif et fructifier à son tour l'année suivante ; alors, dis-je, le prêteur, par cette accumulation d'intérêts simples, jouit de l'intérêt de l'intérêt, c. à d. de *l'intérêt composé.*

La solution des problèmes relatifs aux intérêts composés et aux annuités est fondée sur la théorie des progressions géométriques et des logarithmes ; elle exige, par conséquent, une connaissance approfondie des calculs algébriques, que peu de personnes possèdent. Cependant, ces sortes de questions deviennent, chaque jour, d'un usage plus fréquent en France, depuis l'établissement des *tontines,* des *caisses d'épargne* et d'une foule d'autres établissemens de prévoyance. Voilà pourquoi nous offrons ici deux tables qui permettent de se passer du secours de l'algèbre à cet égard, et qui offrent des moyens aussi prompts, et quelquefois plus directs, d'obtenir les mêmes résultats.

Dans tous les problèmes d'intérêts composés, il entre nécessairement quatre élémens constitutifs, savoir ; le capital primitif, le taux de l'intérêt, la durée du placement et le capital obtenu ; et comme on peut prendre successivement pour l'inconnue chacune de ces quatre quantités, il en résulte qu'elles donnent lieu à quatre questions différentes ; mais, toutes les fois qu'on connaîtra trois de ces choses, on pourra, par artifice ou autrement, déterminer la quatrième au moyen de la table première, lorsque le taux de l'intérêt y sera compris.

Cette table indique l'accroissement progressif ; depuis un an jusqu'à 50, et année par année, d'une somme de 1000 fr. dont on aurait laissé accumuler les intérêts à 2, 3, 4, 5 et 6 p. $\frac{0}{0}$ l'an.

1er Exemple. *Combien 25000 fr. vaudront-ils après 14 ans, en ayant égard aux intérêts des intérêts à 5 p. $\frac{0}{0}$ l'an ?*

Je me porte d'abord, dans la Table première, à la colonne à 5 p. $\frac{0}{0}$, que je parcours de haut en bas, jusqu'à ce que je rencontre 1979 fr. 93 c., somme qui se trouve sur la ligne de 14 ans, et puis je dis : Si un capital primitif de 1000 fr., dont on a laissé accumuler les intérêts à 5 p. $\frac{0}{0}$, vaut 1979 fr. 93 c. au bout de 14 ans, combien vaudra, au bout du même temps, un capital primitif de 25000 fr. ? Raisonnement qui conduit à la proportion suivante :

$$1000 \text{ fr.} : 1979 \text{ fr. } 93 \text{ c.} :: 25000 \text{ fr.} : x,$$

dont le 4e terme, 49,498 fr. 25 c., satisfait à la question.

2e Exemple. *Quel capital dois-je placer actuellement, à l'intérêt composé de 5 p. $\frac{0}{0}$ l'an, pour obtenir 49498 fr. 25 c. au bout de 14 ans ; ou, en d'autres termes, combien 49498 fr. 25 c., payables dans 14 ans, valent-ils comptant ?*

Je me porte d'abord (T. 1re) au nombre 14 de la colonne des années ; je parcours la ligne horizontale jusqu'à la colonne à 5 p. $\frac{0}{0}$, où je trouve la somme de 1979 fr. 93 c. ; et puis renversant le raisonnement du premier exemple, je dis : Si un capital de 1979 fr. 93 c. provient d'un placement primitif de 1000 fr., dont on a laissé accumuler les intérêts pendant 14 ans, à 5 p. $\frac{0}{0}$ l'an, d'où peut provenir un capital de 49498 fr. 25 c. ? Je fais, par conséquent, cette proportion :

$$1979 \text{ fr. } 93 \text{ c.} : 1000 \text{ fr.} :: 49498 \text{ fr. } 25 \text{ c.} : x,$$

dont le 4e terme, 25000 fr., satisfait à la question.

Des Annuités.

240. Les questions relatives aux annuités sont l'inverse de celles auxquelles donnent lieu les intérêts composés. Dans les annuités, c'est l'emprunteur qui s'acquitte d'une dette avec ses intérêts en paiemens égaux, faits à des termes également

éloignés et qui prennent le nom d'*annuités*, parce que l'intervalle entre chaque paicment est ordinairement d'un an.

Dans tous les problèmes de ce genre, comme dans les précédens, il entre également quatre élémens constitutifs, savoir ; le capital prêté, le taux de l'intérêt, la quotité et le nombre des annuités ; et comme on peut prendre successivement pour l'inconnue chacune de ces quatre quantités, il en résulte qu'elles donnent lieu à quatre questions différentes; mais, toutes les fois qu'on connaîtra trois de ces choses, on pourra, par artifice ou autrement, déterminer la quatrième au moyen de la Table deuxième, lorsque le taux de l'intérêt y sera compris.

Cette seconde Table indique l'*annuité* à recevoir ou à payer à la fin de chaque année pendant un certain nombre d'années consécutives, depuis 1 an jusqu'à 50, pour éteindre un prêt ou un emprunt de 1000 fr. avec les intérêts composés à 1, 2, 3, 4, 5 et 6 p. $\frac{o}{o}$ l'an.

1er **Exemple.** *Trouver quelle somme il faut payer annuellement pour éteindre en 12 ans une dette de 12000 fr. avec ses intérêts pendant ce temps, à raison de 5 p. $\frac{o}{o}$ l'an.*

Je me porte d'abord (T. 2e), dans la colonne des années, au nombre 12. Je parcours la ligne horizontale jusqu'à la colonne à 5 p. $\frac{o}{o}$, où je trouve 112 fr. 83 c., et je dis : *Si, pour éteindre une dette de 1000 fr. contractée à 5 p. $\frac{o}{o}$, il faut payer pendant 12 ans consécutifs une annuité de 112 fr. 83 c., quelle annuité faudra-t-il payer pendant le même temps, pour éteindre une dette de 12000 francs ?* Raisonnement qui fournit la proportion suivante :

$$1000 \text{ fr.} : 112 \text{ fr. } 83 \text{ c.} :: 12000 \text{ fr.} : x,$$

dont le 4e terme, 1353 fr. 96 c., satisfait à la question.

2e **Exemple.** *L'intérêt étant à 5 p. $\frac{o}{o}$ l'an, quelle dette éteindra-t-on avec ses intérêts en 12 ans, en payant une somme de 1353 fr. 96 c. ?*

Je cherche d'abord avec quelle annuité on éteindra en 12 ans une dette de 1000 fr., et je me porte, à cet effet (T. 2e), dans la colonne des années, au nombre 12. Je parcours la ligne horizontale jusqu'à la colonne à 5 p. $\frac{o}{o}$, où je trouve 112 fr. 83 c., et puis je dis : *Si, en payant une annuité de 112 fr. 83 c. pendant 12 ans consécutifs, on éteint une dette de 1000 fr. à 5 p. $\frac{o}{o}$, quelle dette éteindra-t-on à ce taux, en*

payant, pendant le même temps , une annuité de 1353 *fr.*
96 *c.* ? Je fais, par conséquent, la proportion suivante ;

112 fr. 83 c. : 1000 fr. :: 1353 fr. 96 c. : x,

dont le 4ᵉ terme, 12000 fr., sert de réponse à la question.

Ceux qui désireront acquérir des notions plus étendues sur
les intérêts composés en général pourront consulter un petit
Traité que j'ai publié en 1825, et dans lequel je suis entré
dans les plus grands développemens sur les questions qui s'y
rapportent, toutes les fois qu'elles m'ont paru d'une utilité
pratique (¹).

(¹) Cet opuscule porte le titre suivant : *Moyen de suppléer par l'arith-*
métique à l'emploi de l'algèbre dans les questions d'intérêts composés,
d'annuités, d'amortissement, etc. ; terminé par une application spéciale du
même procédé à l'extinction de la dette publique. Il se trouve chez les
mêmes libraires que le présent ouvrage, et se vend 2 francs.

TABLE PREMIÈRE,

Indiquant l'accroissement, depuis 1 an jusqu'à 50, et année par année, d'une somme de 1000 fr. placée à l'intérêt composé de 2, 3, 4, 5 et 6 p. $\frac{0}{0}$ l'an.

Ann.	2 p. 100.		3 p. 100.		4 p. 100.		5 p. 100.		6 p. 100.	
1	1020f	»c	1030f	»c	1040f	»c	1050f	»c	1060f	»c
2	1040	40	1060	90	1081	60	1102	50	1123	60
3	1061	21	1092	73	1124	86	1157	63	1191	02
4	1082	43	1125	51	1169	86	1215	51	1262	48
5	1104	08	1159	27	1216	65	1276	28	1338	23
6	1126	16	1194	05	1265	32	1340	10	1418	52
7	1148	69	1229	87	1315	93	1407	10	1503	63
8	1171	66	1266	77	1368	57	1477	46	1593	85
9	1195	09	1304	77	1423	31	1551	33	1689	48
10	1218	99	1343	92	1480	24	1628	89	1790	85
11	1243	37	1384	23	1539	45	1710	34	1898	30
12	1268	24	1425	76	1601	03	1795	86	2012	20
13	1293	61	1468	53	1665	07	1885	65	2132	93
14	1319	48	1512	59	1731	68	1979	93	2260	90
15	1345	87	1557	97	1800	94	2078	93	2396	56
16	1372	79	1604	71	1872	98	2182	87	2540	35
17	1400	24	1652	85	1947	90	2292	02	2692	77
18	1428	25	1702	43	2025	82	2406	62	2854	34
19	1456	81	1753	51	2106	85	2526	95	3025	60
20	1485	95	1806	11	2191	12	2653	30	3207	14
21	1515	67	1860	29	2278	77	2785	96	3399	56
22	1545	98	1916	10	2369	92	2925	26	3603	54
23	1576	90	1973	59	2464	72	3071	52	3819	75
24	1608	44	2032	79	2563	30	3225	10	4048	93
25	1640	61	2093	78	2665	84	3386	35	4291	87
26	1673	42	2156	59	2772	47	3555	67	4549	38
27	1706	89	2221	29	2883	37	3733	46	4822	35
28	1741	02	2287	93	2998	70	3920	13	5111	69
29	1775	84	2356	57	3118	65	4116	14	5418	39
30	1811	36	2427	26	3243	40	4321	94	5743	49
31	1847	59	2500	08	3373	13	4538	04	6088	10
32	1884	54	2575	08	3508	06	4764	94	6453	39
33	1922	23	2652	34	3648	38	5003	19	6840	59
34	1960	68	2731	91	3794	32	5253	35	7251	03
35	1999	89	2813	86	3946	09	5516	02	7686	09
36	2039	89	2898	28	4103	93	5791	82	8147	25
37	2080	69	2985	23	4268	09	6081	41	8636	09
38	2122	30	3074	78	4438	81	6385	48	9154	25
39	2164	74	3167	03	4616	37	6704	75	9703	51
40	2208	04	3262	04	4801	02	7039	99	10285	72
41	2252	20	3359	90	4993	06	7391	99	10902	86
42	2297	24	3460	70	5192	78	7761	59	11557	03
43	2343	19	3564	52	5400	50	8149	67	12250	45
44	2390	05	3671	45	5616	52	8557	15	12985	48
45	2437	85	3781	60	5841	18	8985	01	13764	61
46	2486	61	3895	04	6074	82	9434	26	14590	49
47	2536	34	4011	90	6317	82	9905	97	15465	92
48	2587	07	4132	25	6570	53	10401	27	16393	87
49	2638	81	4256	22	6833	35	10921	33	17377	50
50	2691	59	4383	91	7106	68	11467	40	18420	15

TABLE SECONDE,

Indiquant l'annuité que l'on doit recevoir ou payer à la fin de chaque année pendant un nombre quelconque d'années, depuis 1 an jusqu'à 50, pour éteindre un prêt ou un emprunt de 1000 fr., avec les intérêts composés à 2, 3, 4, 5 et 6 p. % l'an.

Ann.	2 p. 100.		3 p. 100.		4 p. 100.		5 p. 100.		6 p. 100.	
1	1020f	»c	1030f	»c	1040f	»c	1050f	»c	1060f	»c
2	515	05	522	61	530	20	537	81	545	44
3	346	76	353	53	360	35	367	21	374	11
4	262	62	269	03	275	50	282	01	288	60
5	212	16	218	36	224	63	230	98	237	40
6	178	53	184	60	190	76	197	02	203	36
7	154	51	160	51	166	61	172	82	179	14
8	136	51	142	46	148	53	154	72	161	04
9	122	52	128	43	134	49	140	70	147	02
10	111	33	117	23	123	29	129	51	135	87
11	102	18	108	08	114	15	120	39	126	79
12	94	56	100	46	106	55	112	83	119	28
13	88	12	94	03	100	14	106	46	112	96
14	82	60	88	53	94	67	101	02	107	59
15	77	83	83	77	89	94	96	34	102	96
16	73	65	79	61	85	82	92	27	98	96
17	69	97	75	95	82	20	88	70	95	45
18	66	70	72	71	78	99	85	55	92	36
19	63	78	69	81	76	14	82	75	89	62
20	61	16	67	22	73	58	80	24	87	19
21	58	79	64	87	71	28	78	»	85	01
22	56	63	62	75	69	20	75	97	83	05
23	54	67	60	60	67	31	74	14	81	28
24	52	87	59	81	65	59	72	47	79	68
25	51	22	57	»	64	01	70	95	78	23
26	49	70	55	94	62	57	69	56	76	90
27	48	29	54	56	61	24	68	29	75	70
28	46	99	53	29	60	01	67	12	74	59
29	45	78	52	12	58	88	66	05	73	58
30	44	65	51	02	57	83	65	05	72	65
31	43	60	50	»	56	86	64	13	71	80
32	42	61	49	05	55	95	63	28	71	»
33	41	69	48	16	55	10	62	50	70	27
34	40	82	47	32	54	32	61	76	69	60
35	40	00	46	54	53	58	61	07	68	97
36	39	23	45	80	52	89	60	43	68	40
37	38	51	45	11	52	24	59	84	67	86
38	37	82	44	46	51	63	59	28	67	36
39	37	17	43	84	51	06	58	77	66	89
40	36	56	43	26	50	52	58	28	66	46
41	35	97	42	71	50	02	57	82	66	06
42	35	42	42	19	49	54	57	40	65	68
43	34	89	41	70	49	10	56	99	65	33
44	34	39	41	23	48	67	56	62	65	01
45	33	91	40	79	48	26	56	26	64	70
46	33	45	40	36	47	88	55	93	64	42
47	33	02	39	96	47	52	55	61	64	15
48	32	60	39	58	47	18	55	32	63	90
49	32	20	39	21	46	86	55	04	63	66
50	31	82	38	87	46	55	54	78	63	44

Règle d'Échéance commune.

241. La règle dite d'*échéance commune* a pour double but d'abréger les calculs et de simplifier les écritures. Elle consiste à trouver le terme moyen de paiement de plusieurs valeurs payables à divers termes, c. à. d. à déterminer l'époque moyenne de paiement qui puisse servir d'échéance commune à plusieurs valeurs dont les échéances sont inégales. Il faut, à cet effet, établir le calcul de telle sorte qu'on puisse indifféremment payer ou recevoir tout à la fois la somme de ces valeurs à cette époque moyenne ; ou bien, payer ou recevoir partiellement ces mêmes valeurs à leurs échéances respectives. Cette règle, qui est fort en usage dans le commerce, la banque et les finances (¹), a de nombreuses applications, dont nous allons faire connaître les principales :

1er Exemple. *Jean a vendu à Pierre une partie de laines montant à la somme de 12000 fr., payable comme suit, savoir :*

        fr. 2000 à   6 mois,
            4000 à   9 mois,
            6000 à 12 mois.

On demande quel est le terme moyen de paiement des trois traites ci-dessus, que Pierre doit souscrire à Jean pour s'acquitter de sa dette envers lui ? c. à d. quelle est l'époque à laquelle Pierre pourrait payer tout à la fois les 12000 fr. pour qu'il n'en résultât aucun préjudice ni pour l'un ni pour l'autre, par rapport aux intérêts ou aux escomptes ? car, ainsi que nous l'avons vu à la fin du n° 238, on ne fait aucune différence, en France, entre la manière de calculer l'escompte et l'intérêt simple.

OPÉRATION.

Valeurs.				Produits.		
fr. 2000	×	6 mois	=	12000		
4000	×	9 mois	=	36000	108000	
6000	×	10 mois	=	60000	———— = Rép. 9 mois.
					12000	
fr. 12000				108000		

———————————————————————

(¹) La règle d'échéance commune constitue un des élémens de la méthode à suivre pour distinguer le prix réel du prix nominal d'adjudication pour les emprunts à terme constitués par le gouvernement, sous là

Le terme moyen de paiement des 12000 fr., ou l'époque moyenne servant d'échéance commune aux trois traites ci-dessus, est de 9 mois, à partir du jour de la vente, depuis lequel les échéances sont prises.

Maintenant, si l'on veut déterminer la date de cette échéance commune, il faut connaître le jour où s'est opérée cette vente; et, en supposant qu'elle ait eu lieu au 1er janvier 1835, l'échéance commune, étant exprimée par 9 mois, doit tomber au 1er octobre suivant.

242. Pour se rendre raison de cette manière d'opérer, il faut avoir présent le raisonnement de l'exemple 1er du n° 175, qui prouve que chaque produit partiel représente une valeur qui rapporterait, en un seul mois, autant d'intérêt que la valeur primitive en rapporterait pendant le temps qui exprime son échéance; et qu'ainsi la somme des produits représente un capital qui rapporterait, en un seul mois, autant d'intérêt que la somme des valeurs primitives en rapporterait pendant le terme qui exprimerait leur échéance commune.

Il résulte, par conséquent, de là que les deux sommes 12000 fr. et 108000 fr. sont en raison inverse de leurs échéances respectives, et qu'ainsi je dois trouver le terme moyen de paiement demandé dans le 4e terme de la proportion suivante :

$$12000 \text{ fr.} : 1 \text{ mois} :: 108000 \text{ fr.} : x.$$

Ce qui se réduit à diviser la somme des produits par la somme des valeurs, comme nous l'avons fait ci-dessus, et qui donne 9 mois pour quotient et réponse à la question.

243. Maintenant, pour s'assurer de l'exactitude de cette méthode, il suffit de vérifier si l'escompte sur la totalité des valeurs, pendant le terme moyen de paiement, équivaut à la somme des escomptes partiels calculés séparément pour chaque valeur, d'après son échéance particulière. Ainsi, dans cette occasion, je dois m'assurer que l'escompte de 12000 fr. pour 9 mois est égal aux trois escomptes réunis de 2000 fr. pour 6 mois, de 4000 pour 9 mois et de 6000 fr. pour 10 mois. Fai-

---

forme de rentes perpétuelles. Ceux qui voudront acquérir des notions à cet égard pourront consulter l'ouvrage que j'ai publié, en 1833, sous le titre suivant : *Exposé des Principes élémentaires et raisonnés sur le meilleur système d'emprunts publics,* etc., et qui se trouve chez les mêmes ibraires que le présent ouvrage.

sons donc cette vérification, en partant de cette supposition que le taux de l'escompte soit fixé à 5 p. $\frac{0}{0}$ l'an.

L'escompte de 12000 fr., pour 9 mois, est de................. 450 fr.

L'escompte de 2000 fr. pour 6 mois, qui font $2\frac{1}{2}$ p. $\frac{0}{0}$ $=$ 50 fr.

L'escompte de 4000 fr. pour 9 mois, qui font $3\frac{3}{4}$ p. $\frac{0}{0}$ $=$ 150

L'escompte de 6000 fr. pour 10 mois, qui font $4\frac{1}{6}$ p. $\frac{0}{0}$ $=$ 250

12000 fr.Somme égale....   450 fr.

L'escompte de 12000 fr. pour 9 mois équivalant à la somme des escomptes partiels, c'est une preuve, tout à la fois, et de l'exactitude de mes calculs et de la méthode qui leur sert de base.

En déduisant ces 450 fr. d'escompte de la somme totale 12000 fr., il reste *net* 11550 fr., lesquels représentent la valeur au comptant des trois traites ci-dessus, tandis que leur somme *brute*, ou nominale, 12000 fr., ne représente qu'une valeur exigible au 1er octobre seulement.

On peut déduire de ce qui précède la règle générale suivante.

244. *Pour trouver le terme moyen de paiement de plusieurs valeurs payables à divers termes, il faut multiplier chaque valeur par son terme, et diviser la somme de tous les produits par la somme de toutes les valeurs ; le quotient exprimera le terme moyen de paiement desdites valeurs, ou, ce qui est la même chose, leur échéance commune, à partir du jour depuis lequel les échéances particulières sont prises.*

245. Remarquons, avant de passer outre, qu'on peut simplifier l'opération ci-dessus, si, au lieu de rapporter les échéances au jour où l'on établit son calcul, on prend pour point de départ la plus courte échéance. En effet, celle-ci, en opérant de la sorte, se trouvant exprimée par zéro, toutes les autres sont diminuées du terme relatif à cette première échéance ; d'où il suit, d'une part, que, la première valeur ne donnant lieu à aucun produit, la colonne des produits se trouve diminuée d'autant, et, de l'autre, que les produits relatifs aux autres valeurs sont exprimés par des nombres proportionnellement plus petits ; double raison qui concourt à simplifier l'opération.

Voici comment il faut se conduire pour appliquer ce nouveau procédé à l'exemple ci-dessus:

Valeurs.				Produits.	
fr. 2000	×	0 mois	=	00000	
4000	×	3 mois	=	12000	$\dfrac{36000}{12000} = 3$ mois.
6000	×	4 mois	=	24000	
fr. 12000				36000	

Par ce moyen, on trouve que la somme des produits, au lieu d'être de 108000 comme ci-dessus, n'est que de 36000, laquelle somme, divisée par 12000 fr., donne pour quotient 3 mois, à partir de la première échéance, qui est de 6 mois; en sorte que ces 3 mois, plus 6 mois, font 9 mois, à compter du jour de l'opération ou de la vente des marchandises, résultat conforme à celui que nous avons déjà trouvé un peu plus haut (241).

246. Ce qui précède prouve, ainsi que nous l'avons dit au commencement de cet article, que la règle d'échéance commune abrège tout à la fois les calculs et les écritures.

En effet, si l'on n'avait recours à cette règle, il faudrait calculer les escomptes de chaque valeur séparément; c. à d. qu'après avoir multiplié chacune de ces valeurs par son terme, il faudrait diviser ce produit par ladite valeur ; ce qui nécessiterait autant de divisions qu'il y aurait de valeurs. La règle d'échéance commune, au contraire, n'exige qu'une seule division, celle de la somme des produits par la somme des valeurs.

D'un autre côté, sans la règle d'échéance commune, il faudrait, dans la passation des écritures, autant d'articles qu'il y aurait de valeurs différentes, tandis que l'emploi de cette méthode permet d'englober toutes les valeurs dans un seul article.

247. Le résumé des numéros précédens fournit cette seconde règle générale.

Pour trouver le terme moyen de paiement servant d'échéance commune à plusieurs valeurs dont les échéances sont inégales, il faut d'abord prendre pour point de départ la plus courte échéance, à laquelle on rapportera toutes les autres ; puis, après avoir disposé l'opération, comme nous venons de le faire ci-dessus, on multipliera chaque valeur (en commençant par la seconde) *par l'intervalle qu'il y a entre l'époque où cette valeur doit être acquittée et celle du premier paiement. On divisera ensuite la somme de tous les produits par la somme de toutes les valeurs, et le quo-*

*tient donnera le terme, pris à partir de la plus courte
échéance, lequel, ajouté à celui de ladite échéance, fera
connaître l'échéance commune demandée.*

248. Lorsque, comme dans l'exemple précédent, les valeurs partielles divisent exactement leur somme totale, ou,
en d'autres termes, en sont parties aliquotes, on peut simplifier l'opération en divisant le terme de chaque valeur par le
nombre qui exprime combien cette valeur partielle est contenue dans la somme totale desdites valeurs.

Ainsi, dans l'exemple ci-dessus, la première valeur, 2000 fr., à 6 mois
de terme, étant contenue 6 fois dans la somme 12000 fr. de toutes les
valeurs, je prends le $\frac{1}{6}$ de 6 mois, qui est..................... 1 mois.

La deuxième valeur, 4000 fr., à 9 mois de terme, étant conte-
nue 3 fois dans 12000 fr., je prends le $\frac{1}{3}$ de 9 mois, qui est........ 3

La troisième valeur, 6000 fr., à 10 mois de terme, étant contenue 2 fois dans 12000 fr., je prends la moitié de 10 mois, qui est.. 5

Et la somme de ces trois résultats me donne, pour terme
moyen de paiement, les mêmes............................. 9 mois.

La raison de cette manière d'opérer est fondée sur ce
qu'on décompose la proportion composée du présent exemple
en trois autres proportions dont on divise le troisième terme
de chacune par la *raison* (164).

Ce dernier procédé, le plus abrégé de tous, applicable à des
cas particuliers seulement, est fort utile dans les négociations
de banque, et peut se résumer dans la règle générale suivante :

249. *Pour trouver une échéance commune, il suffit de
diviser le terme relatif de chaque valeur partielle par le
nombre qui exprime combien ladite valeur est contenue
dans la somme de toutes les valeurs, et d'additionner ces
divers produits.*

250. 2ᵉ EXEMPLE. *Jean de Bordeaux fait remise à son
correspondant de Paris de 96000 fr., en quatre effets sur
cette dernière ville, des sommes et aux échéances suivantes,
savoir :*

    fr. 24000 au 15 avril 1836.
        12000   31 juillet *dito.*
        48000   10 novembre *dito.*
        12000   1ᵉʳ février 1837.

*On demande quelle est l'échéance commune de ces
quatre effets ?*

OPÉRATION.

```
          Jours.                                              Produits.
fr. 24000×000 payables le 15 avril 1835.............. =   0000000 ⎞
    12000×107 interv^le du 15 avril 1835 au 31 juill. dito = 1284000 ⎟ 14808000
    48000×209...........idem...... au 10 nov^e dito = 10032000 ⎬ ———————— = 154 1/4
    12000×291...........idem...... au 1^er fév^er 1836 = 3492000 ⎠  96000
    ————
    96000 fr.           Dividende........... 14808,000|96000
                                                  520    |———————
                                                  408    |154 1/4
                                                   24
```

Le terme moyen de paiement, servant d'échéance commune
aux quatre effets ci-dessus, est de 154 jours $\frac{1}{4}$, soit de 154 jours
en nombre entier, à partir du 15 avril 1836, jour de la première échéance, à laquelle sont rapportées toutes les autres ;
en sorte que ces 154 jours, ajoutés au 15 avril 1835, fixent l'é-
chéance commune demandée au 16 septembre suivant.

Par conséquent, Jean de Bordeaux débitera en un seul article son correspondant de Paris des 96000 fr., montant des
quatre remises ci-dessus, *valeur au 16 septembre* 1836, et
il calculera les intérêts comme s'il n'y avait qu'une seule remise.

Ainsi que nous l'avons déjà dit (243), on fait la preuve de
cette opération, en vérifiant si l'escompte sur la totalité des
quatre remises pour les 154 jours, terme moyen des paiemens,
équivaut à la somme des escomptes partiels, calculés séparément pour chaque remise, d'après son échéance particulière.

Ainsi, en supposant le taux de l'intérêt à 6 p. $\frac{0}{0}$ l'an, l'escompte de 96000 fr., pour 154 $\frac{1}{4}$ jours (221) est de 2468 fr.

```
L'escompte de 12000 fr. pour 107 jours (221) =  214 fr.
              48000        209       (221) = 1672
              12000        291       (221) =  582
                                            ————————
                       Somme égale             2468
```

L'escompte de 96000 fr. pour 154 $\frac{1}{4}$ jours étant égal à la
somme des escomptes partiels, c'est une preuve tout à la fois
de l'exactitude de mes calculs, et de la méthode sur laquelle
ils sont fondés.

Remarque. Si nous avons compris dans ce calcul un quart
de jour négligé précédemment, c'est afin d'avoir une preuve
tout à fait exacte ; car, dans le commerce, on ne descend jamais aux fractions de jour ; seulement, on porte un jour de
plus, lorsque la fraction négligée excède $\frac{1}{2}$, et, dans le cas
contraire, on n'en tient aucun compte.

251. 3ᵉ Exemple. *Jean de Bayonne reçoit de son corres-*
pondant de Madrid cinq effets sur Bilbac, montant ensemble
à 620078 réaux de veillon et 5 maravédis, pour être négo-
ciés à leur réception à Bayonne, au cours de la place. Ces
effets, tous de sommes et d'échéances différentes, en ayant
égard aux termes courus et restant à courir, sont passibles,
savoir :

Rᵒⁿ 9430	30 mᵈⁱˢ passibles de 67 jours d'escompte	=	631877
10980	» ....75...................	=	823500
11456	4 ....,...97.·..................	=	1111244
12377	8 ....,,.83...................	=	1027312
15834	17..·.......,...,103................,....	=	1630953
60078 25		Dividende....	5224886 | 60079
			87 jours.

On demande quel est le terme moyen d'escompte de ces
cinq effets ?

Nota. Le réal de veillon vaut 34 maravédis de veillon.

Le terme moyen d'escompte, représentant l'échéance commune desdits effets, est de 87 jours, à partir de celui où Jean
dresse son bordereau de négociation, et comme il ne s'agit ici
que d'en encaisser le produit, il n'y a pas lieu à fixer la date
de l'échéance commune ; car Jean créditera son correspondant de Madrid de ce produit, valeur au comptant. Mais il y
aura toujours une double simplification, relative aux écritures, d'une part, que Jean passera en un seul article, et de
l'autre, au calcul des escomptes qu'il supputera comme s'il
n'y avait qu'une seule valeur de Rᵒⁿ 60078 et 25 marav., calcul qui lui est indispensable pour servir de base à sa négociation.

Quant aux petites négligences que, dans la vue de faciliter
les calculs, nous nous sommes permises dans le cours de l'opération ci-dessus, parce qu'elles sont adoptées dans le commerce, elles ne changent rien au résultat.

Par exemple, nous avons compté les 30 maravédis de la
première valeur pour un réal, et, par conséquent, pour 4 maravédis de plus, afin d'avoir à multiplier, par les 67 jours d'escompte correspondans, le nombre entier 9431, au lieu de
9430 réaux et 30 maravédis. De même, en multipliant la troisième valeur par les 97 jours d'escompte relatifs, nous avons
pris le $\frac{1}{8}$ de 97, pour les 4 maravédis, quoiqu'ils ne soient que
les $\frac{2}{17}$ d'un réal. Nous avons commis aussi une négligence

analogue pour les 8 maravédis de la quatrième valeur, lesquels nous avons comptés pour 8 $\frac{1}{2}$ maravédis. Enfin, nous avons ajouté une unité de plus au diviseur, pour les 25 maravédis, quoiqu'ils ne soient que les $\frac{25}{34}$ d'un réal.

Le quotient véritable était 86 jours $\frac{58092}{60079}$; mais, comme cette fraction excède $\frac{1}{2}$, nous avons porté un jour de plus : par conséquent, si l'on voulait faire la preuve de l'opération, il faudrait prendre l'escompte sur R^{on} 60079, non pas pour 87 jours, mais bien pour 86 jours et $\frac{58092}{60079}$ de jour seulement.

Au surplus, on a tort de ne pas pousser, dans beaucoup d'occasions, l'exactitude jusqu'aux fractions de jours évaluées en *demies* et *quarts* : car 6000 fr. à 6 p. $\frac{o}{o}$ l'an, produisant 1 franc d'intérêt par jour, il en résulte que, sur une somme de 120000 fr., par exemple, la différence d'un demi-jour entraîne une erreur définitive de 10 fr. en plus ou en moins.

Application de la Règle d'Echéance commune aux concordats des faillis.

252. Cette règle d'échéance commune est encore susceptible d'autres applications que celle où il s'agit de prendre l'escompte de plusieurs lettres de change ; elle est très utile et fort en usage pour apprécier les pertes résultantes des compositions que font avec leurs créanciers les négocians faillis : nous allons en donner quelques exemples.

1er Exemple. *Un négociant failli prend avec ses créanciers les arrangemens suivans, savoir :*

1°. *De leur faire perdre* 20 p. $\frac{o}{o}$ *sur leur créance* ;

2°. *De leur payer les* 80 p. $\frac{o}{o}$ *restans, en quatre paiemens égaux, à* 8, 12, 16 *et* 20 *mois :*

On demande combien chaque créancier perd p. $\frac{o}{o}$ sur son capital par cette composition, en supposant le taux de l'argent à 5 p. $\frac{o}{o}$ *l'an.*

D'abord, chaque créancier commence par perdre sans retour 20 p. $\frac{o}{o}$ sur son capital. Reste à savoir actuellement quelle perte établissent sur les $\frac{4}{5}$ restans les divers termes de paiement ; et, pour la connaître, prenons d'abord un moyen intermédiaire, celui de *déterminer le terme moyen des paiemens du failli* : question qui est absolument semblable à celle où il s'agirait de trouver l'échéance commune de 4 lettres de change payables aux diverses époques indiquées ci-dessus.

D'après ce que nous avons dit (248), il est prouvé que 80

p. %, payables par quarts à 8, 12, 16 et 20 mois, ou payables tout à la fois au quart de ces divers termes réunis, ne sont qu'une seule et même chose.

Ces termes réunis font 56 mois : j'en prends le quart, qui est 14 ; c'est donc tout comme si le failli payait les 80 p. % en un seul paiement au bout de 14 mois, sauf, pour les créanciers, les inconvéniens attachés à la privation de leurs fonds.

Or, je n'ai même pas besoin de prendre la plume pour voir que la quotité p. % de perte, que représentent 14 mois à raison de 5 p. % l'an, équivaut à 5 $\frac{5}{6}$ p. %, puisque, 12 mois donnant 5, les 2 mois en sus donneront, comme le $\frac{1}{6}$ de 12, $\frac{5}{6}$ p. % de plus.

Les termes que prend le failli pour satisfaire ses créanciers représentent donc 5 $\frac{5}{6}$ p. % de perte sur les $\frac{4}{5}$ de leur capital ; par conséquent, comme l'objet de la question est de connaître combien les créanciers perdent sur le capital primitif, il ne faut ajouter aux 20 p. % déjà perdus que les $\frac{4}{5}$ de 5 $\frac{5}{6}$ p. %, puisque, nous le répétons, cette perte ne porte que sur les $\frac{4}{5}$ du capital primitif.

Les $\frac{4}{5}$ de 5 $\frac{5}{6}$ sont 4 $\frac{2}{3}$ p. % de perte (109), qu'il faut ajouter aux 20 p. %, dont les créanciers ont été d'abord frustrés.

Ainsi donc, ils perdent 24 $\frac{2}{3}$ p. % en tout, et en sont, de plus, pour la privation de leurs fonds, qui ne finissent de leur rentrer que 56 mois, soit 4 ans et 8 mois après leur concordat.

2ᵉ Exemple. *Un failli propose à ses créanciers un arrangement par lequel il leur ferait perdre d'abord 25 p. %, et s'engagerait à leur payer les 75 p. % restans de la manière suivante :*

25 p. % par moitié à 3 et 6 mois,
30 . . par tiers à 8, 10 et 12 mois,
45 . . par quarts à 6, 9, 15 et 20 mois.

---

75 p. %.

On demande combien lesdits créanciers perdront pour cent en tout, en supposant, comme dans le cas précédent, que le failli ne tienne point compte des intérêts, et que le taux de l'argent soit également à 5 p. %.

Toujours en vertu de ce qui a été prouvé (248), je dis :

25 p. $\frac{0}{0}$ payables par moitié à 3 et 6 mois sont la même chose que 25 p. $\frac{0}{0}$ payables tout à la fois au bout de 4 $\frac{1}{2}$ mois.

30 p. $\frac{0}{0}$ payables par tiers à 8, 10 et 12 mois sont la même chose que 30 p. $\frac{0}{0}$ payables tout à la fois au bout de 10 mois.

45 p. $\frac{0}{0}$ payables par quarts à 6, 9, 15 et 20 mois sont la même chose que 45 p. $\frac{0}{0}$ payables tout à la fois au bout de 12 $\frac{1}{2}$ mois.

Par conséquent, c'est comme si le failli proposait de payer :

$$25\,\text{p.}\,\tfrac{0}{0}\,\text{à}\ 4\tfrac{1}{2} = 112\tfrac{1}{2}$$
$$30\ldots\text{à } 10\ = 300$$
$$44\ldots\text{à } 12\tfrac{1}{2} = 562\tfrac{1}{2}$$

$\left.\right\}$ $\frac{975}{100} = 9,75$ ou $9\tfrac{3}{4}$ mois.

Diviseur. 100   Dividende. 975 mois.

5 p. $\frac{0}{0}$, taux annuel de l'argent,
9 $\frac{3}{4}$ mois, terme moyen de paiement.

$2\frac{1}{2}$ p. $\frac{0}{0}$ pour 6 mois,
$1\frac{1}{4}$ pour 3 mois,
$"\frac{5}{16}$ pour $\frac{3}{4}$ mois.

$4\frac{1}{16}$ p. $\frac{0}{0}$ perte.

Le total de la perte est de 4 $\frac{1}{16}$ p. $\frac{0}{0}$; mais, comme elle ne porte que sur les $\frac{3}{4}$ du capital, il faut prendre les $\frac{3}{4}$ de 4 $\frac{1}{16}$, qui sont 3 $\frac{3}{64}$ p. $\frac{0}{0}$ (109), qu'il faut ajouter aux 25 p. $\frac{0}{0}$, dont les créanciers ont été d'abord frustrés.

Ainsi donc, ils perdent 28 $\frac{3}{64}$ p. $\frac{0}{0}$ en tout, et en sont, en outre, pour la privation de leurs fonds, qui ne finissent de leur rentrer que 89 mois après le concordat (somme de tous les termes réunis), équivalant à 7 ans et 5 mois.

CHAPITRE II.

DES DIVERSES MANIÈRES DE RÉGLER LES COMPTES COURANS PORTANT INTÉRÊT.

Notions générales.

253. Nous n'avions fait qu'effleurer la matière de ce chapitre dans notre première édition ; mais comme les comptes courans forment une branche fort importante dans la comptabilité commerciale, nous croyons rendre service aux jeunes gens qui se destinent à cette carrière, et aux négocians en général, en traitant à fond, aujourd'hui, un pareil sujet.

Un compte courant doit contenir, de la manière la plus sommaire possible, toutes les transactions qui ont eu lieu entre deux négocians, durant toute la durée de la période qu'il embrasse ; il est destiné à arrêter leur situation réciproque, c. à d. à arrêter le solde définitif qui revient à l'un ou à l'autre, et qui résulte de l'ensemble de leurs opérations.

Ces comptes sont établis en regard par *débit* et *crédit*. Les articles concernant le débit sont inscrits sur la partie gauche, et ceux concernant le crédit sur la partie droite. Chacun reconnaît à l'autre les intérêts des sommes dont il a joui, et au taux convenu, depuis et y compris le lendemain du jour où il les a reçues pour le compte de son correspondant, jusqu'au jour inclus où le compte est arrêté.

Chaque article n'occupe, pour l'ordinaire, qu'une seule ligne, et doit contenir les indications suivantes :

1°. La date des inscriptions, c. à d. celle à laquelle on a passé écriture de l'article au journal (') ;

2°. La somme qui fait l'objet de cet article ;

3°. La date des échéances, c. à d. la date à laquelle cette somme a été payée ou reçue ;

(') Il est un grand nombre de maisons de banque qui négligent de mentionner les dates des inscriptions dans leurs comptes courans, et qui se contentent d'y relater la date des échéances, qui sont, à la vérité, la chose principale ; mais comme nous pensons que la mention des dates de ces inscriptions est propre à prévenir la confusion des écritures , dans plusieurs occasions, nous les conservons dans nos exemples.

4°. Le nombre de jours écoulés depuis cette époque jusqu'à celle où le compte est arrêté ;

5°. Enfin, le produit résultant de la multiplication de la
somme par ledit nombre de jours, représentant l'intérêt de
chaque article.

L'époque la plus générale du réglement des comptes entre
négocians est la fin de l'année ; mais il est cependant beaucoup
de cas où on la devance.

254. Il y a diverses manières de régler ces comptes, dont la
moins bonne est peut-être celle qui est le plus généralement
suivie, tant l'empire de l'habitude est puissant chez la plupart
des hommes. Il en est de même en toute chose ; il faut leur
faire une sorte de violence pour leur faire abandonner une
ancienne méthode en faveur d'une nouvelle, même lorsque
les avantages de cette dernière leur sont le mieux démontrés ;
et encore n'est-ce qu'avec l'aide d'un long laps de temps
qu'on peut se flatter d'obtenir un pareil succès.

Nous allons passer successivement en revue les divers
modes de réglement des comptes courans, en commençant
par celui qui est généralement adopté en France.

*Des Comptes courans avec intérêts rapportés à la fin
de l'année, ou à toute autre époque postérieure à la
dernière échéance.*

255. Supposons que la maison *Pierre et compagnie* de
Bayonne ait été en relations d'affaires avec celle de *Jacques*
de Paris pendant l'année 1836, et que cette dernière demande
à l'autre son compte courant, arrêté au 10 novembre même
année, d'après une bonification réciproque d'intérêts, sur le
pied de 5 p. $\frac{0}{0}$ l'an ; supposons, en outre, que leurs opérations
consistent dans les articles suivans, que nous bornons à un
petit nombre, afin qu'on en saisisse plus facilement le mécanisme.

Crédit. 1°. Pierre de Bayonne a fourni, le 20 mai 1836,
une traite sur Jacques de Paris, de 8580 fr., payable le 30
juillet suivant ;

Débit. 2°. Pierre a fait remise à Jacques, le 2 juillet, de
3400 fr. sur Paris, valeur au 8 août suivant ; c. à d. que ces
3400 fr. ont été encaissés par Jacques le 8 août ;

Crédit. 3°. Pierre a reçu, le 6 juillet, une remise de Jacques
de 2586 fr. sur Bayonne, valeur au 27 août suivant ;

Débit. 4°. Pierre a fait à Jacques, le 10 septembre, un envoi de piastres qui, le 15 du même mois, a produit net à Paris 6585 fr. ;

Crédit. 5°. Jacques a fait remise à Pierre de 5440 fr. sur Bayonne, valeur au 11 septembre, suivant avis reçu par ce dernier le 30 août ;

Débit. 6°. Jacques a fourni sur Pierre une traite de 7386 francs, payable le 26 septembre, suivant avis reçu par ce dernier le 16 *dito.*

Crédit. 7°. Pierre a fourni sur Jacques, le 10 octobre, une traite de 2490 fr., valeur au 1er novembre suivant ;

Débit. 8°. Enfin, Jacques a tiré sur Pierre un mandat de 1635 fr., échéant le 3 octobre, suivant avis reçu par ce dernier le 26 septembre.

256. D'après ces élémens, voici comment j'établis mon compte :

DOIT   *Jacques de Paris, S/C courant et d'intérêts récipro-*
Pierre et Cie

Dates des inscriptions.		Sommes.			Dates des échéances.		Jours.	Nombres
1836.		fr.	c.					
Juillet...	2	3400	»	Pour N/R sur Paris..........	8	Août.	94	319600
Septemb.	10	6585	»	Pour notre envoi de piastres...	15	Septemb.	56	368760
»	16	7386	»	Pour S/T sur nous...........	26	»	45	332370
»	26	1635	»	Pour son mandat sur nous	3	Octobre.	38	62130
		19006	»					1082860
		»	»	Pour solde des nombres.......	»	»	»	343640
		137	72	Pour solde en sa faveur.......	10	Novemb.	»	
		19143	72		»	»	»	1426500

Sauf erreur et omission, monte le solde du présent

Bayonne, le 10

Je commence par classer les articles tant au débit qu'au
crédit dans l'ordre des dates où Pierre, qui est censé remettre
le compte à Jacques, a passé les écritures chez lui ; ensuite je
raisonne de la manière suivante, en commençant par le premier article du crédit, relatif à l'opération cotée 1.

Depuis le 30 juillet que Pierre a encaissé les 8580 fr. qu'il
a tirés sur Jacques, jusqu'au 10 novembre suivant, époque
de la clôture du compte, il y a 103 jours, durant lesquels il a
joui de ces fonds. Pierre doit donc à Jacques l'intérêt de
8580 fr., durant 103 jours ; ou bien, ce qui revient au
même (175), l'intérêt de 103 fois 8580 fr. durant un jour :
c'est pourquoi je multiplie 8580 par 103, et j'en porte le produit 883740 à la colonne des nombres. Après avoir opéré
absolument de la même manière pour les trois autres articles
du crédit, je passe au premier article du débit, relatif à l'opération cotée 2, et je dis :

Depuis le 8 août que Jacques a encaissé les 3400 fr. que
lui a remis Pierre, jusqu'au 10 novembre suivant, époque
de la clôture du compte, il y a 94 jours, durant lesquels il
a joui de ces fonds. Jacques doit donc à Pierre les intérêts
de 3400 fr. durant 94 jours ; ou bien, ce qui revient au

inscriptions. 1836.	fr.	c.		échéances.	Jo.	
Juillet... 2	3400	»	Pour N/R sur Paris..........	8 Août.	94	319600
Septemb. 10	6585	»	Pour notre envoi de piastres...	15 Septemb.	56	368760
» 16	7386	»	Pour S/T sur nous..........	26 »	45	332370
» 26	1635	»	Pour son mandat sur nous	3 Octobre.	38	62130
19006	»			» »	»	1082860
»	»	Pour solde des nombres.......	» »	»	343640
137	72	Pour solde en sa faveur.......	10 Novemb.	»	
19143	72			» »	»	1426500

inscriptions. 1836.	fr.	c.		échéances.	Jo.	
Mai...... 20	8580	»	Pour N/T sur lui..........	30 Juillet.	103	883740
Juillet... 6	2586	»	Pour sa remise sur N/ ville....	27 Août.	75	193950
Août.... 30	5440	»	Pour idem...........	11 Septemb.	60	326400
Octobre.. 10	2490	»	Pour N/T sur lui..........	1 Novemb.	9	22410
						1426500
19096	»					
47	72	Pour solde du nombre 343600 divisé par 7200..........				
19143	72					1426500

Sauf erreur et omission, monte le solde du présent compte à *cent trente-sept francs soixante-douze centimes.*

Bayonne, le 10 novembre 1836.

Pierre et Cie.

Je commence par classer les articles tant au débit qu'au crédit dans l'ordre des dates où Pierre, qui est censé remettre le compte à Jacques, a passé les écritures chez lui; ensuite je raisonne de la manière suivante, en commençant par le premier article du crédit, relatif à l'opération cotée 1.

Depuis le 30 juillet que Pierre a encaissé les 8580 fr. qu'il a tirés sur Jacques, jusqu'au 10 novembre suivant, époque de la clôture du compte, il y a 103 jours, durant lesquels il a joui de ces fonds. Pierre doit donc à Jacques l'intérêt de 8580 fr., durant 103 jours; ou bien, ce qui revient au même (175), l'intérêt de 103 fois 8580 fr. durant un jour : c'est pourquoi je multiplie 8580 par 103, et j'en porte le produit 883740 à la colonne des nombres. Après avoir opéré absolument de la même manière pour les trois autres articles du crédit, je passe au premier article du débit, relatif à l'opération cotée 2, et je dis :

Depuis le 8 août que Jacques a encaissé les 3400 fr. que lui a remis Pierre, jusqu'au 10 novembre suivant, époque de la clôture du compte, il y a 94 jours, durant lesquels il a joui de ces fonds. Jacques doit donc à Pierre les intérêts de 3400 fr. durant 94 jours; ou bien, ce qui revient au même (175), les intérêts de 94 fois 3400 fr. durant un jour : c'est pourquoi je multiplie 3400 fr. par 94, et j'en porte le produit 319600 dans la colonne des nombres, et continue d'opérer de la même manière pour les trois autres articles du débit.

Après avoir épuisé de la sorte, tant au débit qu'au crédit, tous les articles qui constituent les élémens de ce compte, j'additionne de part et d'autre les colonnes des francs et des nombres. Le total de la première, au débit, est de 19006 fr., et le total de la seconde de 1082860. Au crédit, le total de la colonne des francs est de 19096, et celui de la colonne des nombres de 1426500.

C. à d. que, d'après la manière dont sont calculées ici les colonnes des nombres, il en résulte :

1°. Que le total 1082860 de celle des nombres du débit représente la somme dont Jacques doit l'intérêt à Pierre durant un jour;

2°. Que le total 1426500 de la colonne des nombres du crédit représente également la somme dont Jacques doit l'intérêt à Pierre durant un jour.

Et, en retranchant la plus petite quantité de la plus

ques à 5 p. ⁰⁄₀ l'an, fixé au 10 novembre 1836, chez **AVOIR**
de Bayonne.

Dates des inscriptions.	Sommes.			Dates des échéances.	Jours.	Nombres
1836.		fr.	c.			
Mai...... 20		8580	»	Pour N/T sur lui............. 3o Juillet.	1o3	883740
Juillet... 6		2586	»	Pour sa remise sur N/ ville.... 27 Août.	75	193950
Août.... 30		5440	»	Pour idem................. 11 Septemb.	6o	326400
Octobre.. 10		2490	»	Pour N/T sur lui............ 1 Novemb.	9	22410
		19096	»			1426500
		47	72	Pour solde du nombre 343600 divisé par 7200...........		
		19143	72			1426500

compte à cent trente-sept francs soixante-douze centimes.

novembre 1836. **Pierre** et **C**ⁱᵉ.

même (175), les intérêts de 94 fois 3400 fr. durant un jour :
c'est pourquoi je multiplie 3400 fr. par 94, et j'en porte le
produit 319600 dans la colonne des nombres, et continue
d'opérer de la même manière pour les trois autres articles du
débit.

Après avoir épuisé de la sorte, tant au débit qu'au crédit,
tous les articles qui constituent les élémens de ce compte,
j'additionne de part et d'autre les colonnes des francs et des
nombres. Le total de la première, au débit, est de 19006 fr.,
et le total de la seconde de 1082860. Au crédit, le total de la
colonne des francs est de 19096, et celui de la colonne des
nombres de 1426500.

C. à d. que, d'après la manière dont sont calculées ici les
colonnes des nombres, il en résulte :

1°. Que le total 1082860 de celle des nombres du débit
représente la somme dont Jacques doit l'intérêt à Pierre durant un jour ;

2°. Que le total 1426500 de la colonne des nombres du
crédit représente également la somme dont Jacques doit l'intérêt à Pierre durant un jour.

Et, en retranchant la plus petite quantité de la plus

11

grande, on trouve pour différence 343640, qui représentent la somme dont Pierre reste encore devoir l'intérêt à Jacques pendant un jour. C'est pourquoi je porte d'abord cette différence au débit dans la colonne des nombres pour les y solder, c. à d. pour en rendre le total général égal à celui du crédit ; ensuite je prends l'intérêt de ces 343640 fr. durant un jour, en les divisant par le diviseur correspondant 7200, conformément au principe prescrit (221), et j'en porte le montant 47 fr. 72 c. au crédit de Jacques, dans la colonne des francs.

Enfin, j'additionne la colonne des francs au crédit, qui monte à 19143 fr. 72 c., dont Jacques se trouve définitivement créancier de Pierre ; et, voyant qu'au débit la colonne des francs ne s'élève qu'à 19006 dont Jacques est débiteur envers Pierre, je solde cette dite colonne en y écrivant 137 fr. 72 c., différence entre ces deux sommes, laquelle constitue le solde-définitif du compte en faveur de Jacques, c. à d. la somme qui lui reste due par Pierre pour que ce dernier soit quitte envers lui ; au moyen de quoi, toutes les colonnes se trouvent balancées.

257. Cette manière d'appliquer la théorie des diviseurs aux comptes courans abrège le calcul, en ce qu'elle épargne autant de divisions particlles qu'il y a d'articles tant au débit qu'au crédit. L'addition de la colonne des nombres est plus longue, il est vrai, que celle que l'on aurait eue à faire des francs, si l'on avait évalué séparément chaque intérêt relatif; mais cet inconvénient est bien plus que compensé par l'avantage résultant des divisions qu'on évite. Au reste, on a adopté dans la pratique un moyen de rendre moins longue cette addition des nombres, dont nous parlerons incessamment au n° 260.

258. Voilà la méthode adoptée généralement par les négocians pour le réglement de leurs comptes, dont, nous le répétons, ils fixent le plus ordinairement la clôture à la fin de l'année; mais peu importe l'époque du réglement, pourvu qu'elle soit, comme dans ce cas-ci, postérieure aux dernières échéances, parce que cela ne change absolument rien à cette méthode. Elle consiste, comme on voit,

1°. *A balancer d'abord les colonnes des nombres, en portant, dans la partie du débit ou du crédit qui est la plus faible, la différence en moins de cesdits nombres ; 2° à porter, dans la partie opposée et dans la colonne des francs, le quotient résultant de la division de cette différence par le diviseur correspondant au taux d'intérêt qui sert de base au règlement du compte ; 3° à balancer la colonne des francs en portant, dans la partie du débit ou du crédit qui se trouve la plus faible, la différence en moins de ces mêmes francs.*

259. Avant de passer outre, nous devons faire les remarques suivantes :

D'abord, il n'est point d'usage que les comptes courans que se fournissent les négocians entre eux portent, comme le nôtre, des titres de colonnes, que nous n'avons mentionnés que pour soulager l'attention du lecteur : ils sont sous-entendus, une fois pour toutes, dans la pratique, parce que l'habitude familiarise assez les négocians avec le mécanisme de ces comptes, pour que ces titres leur deviennent inutiles.

On ne forme non plus qu'une seule ligne de totaux généraux ; par conséquent, on n'y voit point figurer les premiers totaux, que nous n'avons indiqués nous-mêmes que pour faciliter la marche des opérations. On forme à part cesdits totaux, qui sont indispensables pour arriver aux résultats généraux. Lorsqu'un compte courant contient une colonne pour les dates des inscriptions, on doit classer les articles selon l'ordre dans lequel ont été passées successivement les écritures, en commençant par la date la plus ancienne ; et, dans ce cas, on doit bien présumer que, lorsque les échéances marchent dans le même ordre que les inscriptions, comme il arrive dans l'exemple actuel, cette concordance ne peut être que l'ouvrage du hasard.

Les opérations qui constituent les élémens de notre petit compte donneraient lieu aussi à divers frais de commission, de courtage, etc., que nous avons passés sous silence, pour ne pas multiplier d'abord les difficultés à pure perte, et parce que, d'ailleurs, cela ne change rien à la manière d'opérer.

260. Enfin, pour simplifier d'autant l'addition des colonnes des nombres, on a recours à un moyen que nous aurions employé nous-mêmes, si nous n'eussions craint de détourner par là l'attention du lecteur de l'objet principal, et d'interrompre ainsi la liaison des idées : voici ce moyen.

Dans la multiplication des francs par les jours d'escompte relatifs, on regarde d'abord comme non avenus les deux derniers chiffres de chaque produit, lorsqu'ils ne passent pas 50, et, dans le cas contraire, on augmente d'une unité de plus le dernier chiffre conservé (¹). Cette suppression répétée des deux derniers chiffres dans chaque produit partiel fait, il est vrai, que les totaux généraux des colonnes des nombres sont 100 fois plus petits, et que, par conséquent, le solde de cesdits nombres à diviser par le diviseur correspondant se trouve aussi 100 fois trop petit ; mais on répare ensuite cette erreur volontaire, en ayant soin de rendre également le diviseur relatif 100 fois plus petit, pour ne rien changer au quotient.

Ainsi, si j'avais pratiqué cette simplification, j'aurais trouvé, dans cette occasion, pour total général, à la colonne des nombres du débit, 14264, au lieu de 1426500, et, pour solde des nombres du débit, 3435, au lieu de 343640. J'aurais, en conséquence, divisé 3435 non pas par 7200, mais par le centième de 7200, qui est 72, et j'aurais obtenu pour quotient 47 fr. 72 c., résultat conforme à celui déjà trouvé.

Il est facile de voir qu'au moyen de la précaution que nous venons d'indiquer un peu plus haut, les petites erreurs provenant de la suppression des deux derniers chiffres doivent, en dernier résultat, se compenser à peu de chose près. Au reste, il ne faut pas perdre de vue que, d'après le principe déjà exposé (221), une négligence de 72 unités, au taux actuel de 5 p. ⁰/₀, n'entraînerait qu'une erreur définitive de 1 centime seulement ; une négligence de 720 unités, 10 centimes ; et, enfin, qu'il faudrait avoir négligé 7200 unités pour que l'erreur fût de 1 fr.

261. Il peut arriver qu'au moment où l'on règle son compte avec son correspondant, il reste de part ou d'autre, ou bien des deux côtés, des effets à payer ou à recouvrer, dont l'échéance tombe au delà du terme fixé pour la clôture du compte : alors, il y a une manière particulière de passer les écritures, connue sous la dénomination de *nombres rouges*, parce qu'on les écrit réellement à l'encre rouge ; en voici une application à l'exemple précédent.

Je suppose d'abord les quatre premiers articles, tant au débit qu'au crédit, absolument les mêmes, et puis je suppose, de plus,

---

(¹) Lorsque ces deux derniers chiffres feront 50 tout juste, on augmentera d'une unité le dernier chiffre conservé, de deux fois l'une seulement.

1°. Que Pierre eût remis à Jacques 2000 fr. payables le 30 novembre 1836 ;

2°. Que Jacques eût tiré sur Pierre 3000 fr. payables le 31 décembre 1836 ;

3°. Que Pierre eût tiré sur Jacques 4800 fr. payables le 20 novembre 1836.

DOIT *Jacques de Paris S/C courant et d'intérêts récipro*
Pierre et Cie

1836.	SOMMES.		JOURS.	NOMBRES.
	fr.	c.		
TOTAL du débit des 4 premiers articles.....................	19006	»	»	1082860
Pour N/R sur Paris, payable le 30 novembre prochain, ci...	2000	»	20	40000
Pour S/T sur nous, payable le 31 décembre prochain, ci...	3000	»	51	153000
Pour le nombre rouge porté au crédit, ci....................	»	)	»	48000
Pour solde des nombres, ci....	»	»	»	488640
	24006	»	.»	1619500

Pour ne pas répéter le détail des 4 premiers articles du compte précédent, je n'en reporte que le total seulement à chaque colonne, tant au débit qu'au crédit.

Et puis, comme la remise de 2000 fr. que Pierre a faite à Jacques n'échoit que le 30 novembre, c. à d. 20 jours après l'époque qui sert de base au réglement du compte, il s'ensuit que l'intérêt de ces 20 jours, au lieu d'être dû à Pierre par Jacques, est dû, au contraire, à Jacques par Pierre, puisque c'est ce dernier qui jouira des 2000 fr. pendant cet intervalle : voilà pourquoi j'écris au débit, pour mémoire seulement et à l'encre rouge (¹), le produit 40000, attendu qu'il ne doit pas faire partie de l'addition des nombres ; et je le transporte au crédit, à l'encre noire, comme devant, au contraire, en faire partie (²).

De même, puisque la traite de 3000 fr. que Jacques a fournie sur Pierre n'échoit que le 31 décembre, c. à d. 51 jours après le 10 novembre, il s'ensuit que ces 51 jours, au lieu d'être dus à Pierre par Jacques, sont dus, au contraire,

---

(¹) Les chiffres barrés sont censés écrits à l'encre rouge.
(²) Lorsqu'il se trouve, soit au débit, soit au crédit, plusieurs nombres à l'encre rouge, on en transporte le total en une seule ligne à la colonne opposée, comme nous l'avons fait ici, en portant tout à la fois à l'encre noire, dans la partie du crédit, 193000, montant des deux articles en nombres rouges du débit.

ques à 5 p. ⅖ l'an, fixé au 10 novembre 1836 chez **AVOIR**
de Bayonne.

1836.		SOMMES.		JOURS.	NOMBRES.
		fr.	c.		
Total du crédit des 4 premiers articles......................		19096	»	»	1426500
Pour N/T sur lui, payable le 20 novembre prochain, ci......		4800	»	10	48000
Pour le total des nombres rouges portés au débit ci-contre....		»	»	»	193000
Pour solde du nombre 488640 divisé par 7200, ci..........		67	86	»	»
Pour solde en ma faveur, ci...		42	14	»	»
		24006	»	»	1619500

à Jacques par Pierre, puisque c'est ce dernier qui jouira des
3000 fr. pendant cet intervalle : voilà pourquoi j'écris au
débit, pour mémoire seulement et à l'encre rouge, le produit 153000, attendu qu'il ne doit pas faire partie de l'addition des nombres ; et je le transporte au crédit, à l'encre noire,
comme devant, au contraire, en faire partie.

Enfin, comme les 4800 fr. que Pierre a tirés sur Jacques
n'échoient que le 20 novembre, c. à d. 10 jours après l'époque
du réglement, il s'ensuit que ces 10 jours, au lieu d'être dus
à Jacques par Pierre, sont dus, au contraire, à Pierre par Jacques, puisque c'est ce dernier qui jouira des 4800 fr. pendant
cet intervalle : voilà pourquoi j'écris au crédit, pour mémoire
seulement et à l'encre rouge, le produit 48000, attendu qu'il
ne doit pas faire partie de l'addition des nombres ; et je le
transporte au débit, à l'encre noire, comme devant, au contraire, en faire partie.

Poursuivant ensuite l'opération, comme dans l'exemple précédent et d'après le principe du n° 258,

1°. Je balance d'abord les nombres en écrivant au débit
488640, excédant de ceux du crédit sur ceux du débit ;

2°. J'écris ensuite au crédit et dans la colonne des francs
67 fr. 86 c., quotient résultant de la division de ces 488640
par 7200 ;

3°. Et, enfin, je balance la colonne des francs par 42 fr. 14 c., que j'écris au crédit, et qui constituent le solde définitif qui reste dû à Pierre par Jacques au 10 novembre 1836 : de sorte que ce dernier, qui, dans l'exemple précédent du n° 256, était créancier de 137 fr. 72 c., se trouve, dans celui-ci, débiteur de 42 fr. 14 c., par suite des trois articles à *nombres rouges*, introduits à ceux mentionnés au n° 255.

262. Il y a des banquiers qui ne comprennent point dans le corps même du compte courant les *nombres rouges*, dont ils établissent le calcul séparément au bas dudit compte, et qui transportent ensuite au crédit, à l'encre noire, l'excédant des nombres rouges du débit sur ceux du crédit, ou bien, au débit, l'excédant de ceux du crédit sur ceux du débit.

Ainsi, dans cette occasion, par exemple, ces banquiers, après avoir reconnu, par ce petit décompte séparé des *nombres rouges*, que le total s'en élevait à 193000 au débit et à 48000 seulement au crédit; ces banquiers, dis-je, auraient transporté, à l'encre noire, dans le corps du compte et dans la colonne des nombres du crédit, 145000, différence entre 193000 et 48000, et ils seraient arrivés aux mêmes résultats. En effet, cette manière d'opérer, qui ne diffère de la précédente que dans la forme, revient à supprimer des quantités égales dans les colonnes des nombres du débit et du crédit; ce qui évidemment ne peut changer la différence existant entre les totaux de ces mêmes colonnes, différence qui demeurerait tout aussi bien la même, si, au lieu de supprimer ces quantités égales, on les eût, au contraire, ajoutées.

263. Voilà la méthode la plus généralement usitée en France de régler les comptes courans, en rapportant les intérêts au jour de la clôture; mais elle offre le double inconvénient de nécessiter souvent l'emploi des nombres rouges, et d'exposer, en outre, à ce que les calculs que l'on a faits à l'avance au Grand Livre, pour préparer l'expédition des comptes courans à la fin de l'année, deviennent inutiles : car, s'il arrive que votre correspondant vienne à vous demander son compte avant cette époque, par exemple, ou que vous veniez à vous brouiller avec lui dans cet intervalle; dans ces deux cas, les calculs déjà faits sont également à recommencer, puisqu'il faut rapporter alors au jour de la clôture du compte, c. à d. à une époque antérieure, les mêmes échéances qui étaient rapportées au 31 décembre.

264. La méthode que nous allons exposer ici, tout aussi simple que la précédente, remplace, au contraire, ces inconvéniens par de très grands avantages, comme nous l'expliquerons incessamment : pour plus de clarté, nous allons en faire l'application au premier exemple du n° 256.

Des Comptes courans avec intérêts trans

DOIT   *Jacques de Paris S/C courant et d'intérêts récipro*
Pierre et Cie

DATES des inscriptions.		SOMMES.			DATES des échéances.		JOURS.	NOMBRES
1836.		fr.	c.					
Juillet...	2	3400	»	Pour N/R sur Paris............	8	Août.	9	30600
Septemb.	10	6585	»	Pour notre envoi de piastres...	15	Septemb.	47	309495
»	16	7386	»	Pour S/T sur nous............	26	»	58	428388
»	26	1635	»	Pour son mandat sur nous.....	3	Octobre.	65	106275
				Balance prép^{re} des capit., fr. 90	10	Novemb.	103	9270
		19006	»					884028
		137	72	Pour solde en sa faveur.	10	Novemb.	»	
		19143	72					884028

Je pars d'abord, dans le réglement du compte, de l'époque
relative à la première opération dont Pierre passe écriture,
c. à d. du 30 juillet, échéance de sa traite sur Jacques, de
8580 fr.; et c'est à cette époque, qui peut être prise d'une manière tout à fait arbitraire, que je rapporte toutes les autres
échéances : voilà pourquoi je crédite Jacques de ces 8580 fr.,
purement et simplement, attendu qu'il n'y a de jours d'intérêt ni pour l'un ni pour l'autre.

La seconde partie dont Pierre passe écriture est sa remise
à Jacques de 3400 fr., valeur au 8 août suivant, dont il le
débite. Du 30 juillet au 8 août, il y a 9 jours; mais, ces
9 jours étant postérieurs à l'époque qui sert de point de départ pour le calcul des échéances, il est clair qu'au lieu
d'être dus à Pierre par Jacques, ils sont, au contraire, dus à
Jacques par Pierre, puisque c'est ce dernier qui a joui des
3400 fr. pendant cet intervalle. Mais, n'importe, j'écris, à
l'ordinaire, le produit de 3400 par 9 dans la colonne des
nombres.

Le second article du débit se rapporte à l'envoi de piastres
que Pierre a fait à Jacques, le 10 sept., montant à 6585 fr.
Du 30 juillet au 15 sept., jour où cet envoi a été réalisé, il y

Dates des inscriptions.	Sommes.			Dates des échéances.		Jours.	Nombres
	fr.	c.					
1836.							
Juillet... 2	3400	»	Pour N/R sur Paris..........	8	Août.	9	30600
Septemb. 10	6585	»	Pour notre envoi de piastres...	15	Septemb.	47	309495
» 16	7386	»	Pour S/T sur nous......	26	»	58	428388
» 26	1635	»	Pour son mandat sur nous.....	3	Octobre.	65	106275
			Balance prép^re des capit., fr. 90	10	Novemb.	103	9270
							884028
	19006	»	Pour solde en sa faveur......	10	Novemb.	»	
	137	72					
	19143	72					884028

Dates des inscriptions.	Sommes.			Dates des échéances.		Jours.	Nombres
	fr.	c.					
1836.							
Mai...... 20	8580	»	Pour N/T sur lui............	30	Juillet.	»	»
Juillet... 6	2586	»	Pour S/R sur N/ville.........	27	Août.	28	72408
Août.... 30	5440	»	Pour idem.................	11	Septemb.	43	233920
Octobre.. 10	2490	»	Pour N/T sur lui............	1	Novemb.	94	234060
	19096	»	Balance des nombres.........	»	»	»	540388
	47	72					343640
	19143	72					884028

Je pars d'abord, dans le réglement du compte, de l'époque relative à la première opération dont Pierre passe écriture, c. à d. du 30 juillet, échéance de sa traite sur Jacques, de 8580 fr.; et c'est à cette époque, qui peut être prise d'une manière tout à fait arbitraire, que je rapporte toutes les autres échéances : voilà pourquoi je crédite Jacques de ces 8580 fr., purement et simplement, attendu qu'il n'y a de jours d'intérêt ni pour l'un ni pour l'autre.

La seconde partie dont Pierre passe écriture est sa remise à Jacques de 3400 fr., valeur au 8 août suivant, dont il le débite. Du 30 juillet au 8 août, il y a 9 jours; mais, ces 9 jours étant postérieurs à l'époque qui sert de point de départ pour le calcul des échéances, il est clair qu'au lieu d'être dus à Pierre par Jacques, ils sont, au contraire, dus à Jacques par Pierre, puisque c'est ce dernier qui a joui des 3400 fr. pendant cet intervalle. Mais, n'importe, j'écris, à l'ordinaire, le produit de 3400 par 9 dans la colonne des nombres.

Le second article du débit se rapporte à l'envoi de piastres que Pierre a fait à Jacques, le 10 sept., montant à 6585 fr. Du 30 juillet au 15 sept., jour où cet envoi a été réalisé, il y

a 47 jours ; mais, comme ils sont postérieurs à l'époque fondamentale, il est clair que, par la même raison qui vient d'être alléguée, ces 47 jours, au lieu d'être en faveur de Pierre, sont, au contraire, en faveur de Jacques. Mais, n'importe, j'écris, à l'ordinaire, le produit des francs par les jours dans la colonne des nombres, et j'opère de la même manière pour les articles suivans du débit.

Revenons actuellement au crédit du compte.

Le second article du crédit est relatif à la remise que Jacques a faite à Pierre de 2586 fr., au 27 août. Du 30 juillet au 27 août, il y a 28 jours; mais, comme ils sont postérieurs à l'époque fondamentale, il est clair que ces 28 jours, au lieu d'être dus à Jacques par Pierre, sont, au contraire, dus à Pierre par Jacques, puisque c'est ce dernier qui a joui des 2586 fr. pendant cet intervalle. Mais, n'importe, j'écris, à l'ordinaire, le produit de 2586 fr. par 28 dans la colonne des nombres.

Le troisième article du crédit se rapporte à la remise que Jacques a faite à Pierre de 5440 fr., valeur au 11 sept. Du 30 juillet au 11 septembre, il y a 43 jours; mais, comme ils sont postérieurs à l'époque fondamentale, il est clair que, par

posés et rapportés à une époque arbitraire.

ques à 5 p. ⁰/₀ l'an, fixé au 10 novembre 1836, chez   **AVOIR**
de Bayonne.

Dates des inscriptions.		Sommes.			Dates des échéances.		Jours.	Nombres
1836.		fr.	c.					
Mai.....	20	8580	»	Pour N/T sur lui.............	30	Juillet.	»	»
Juillet...	6	2586	»	Pour S/R sur N/ville..........	27	Août.	28	72408
Août....	30	5440	»	Pour idem.................	11	Septemb.	43	233920
Octobre..	10	2490	»	Pour N/T sur lui.............	1	Novemb.	94	234060
		19096	»	Balance des nombres..........	»	»	»	540388
		47	72					343640
		19143	72					884028

a 47 jours ; mais, comme ils sont postérieurs à l'époque fondamentale, il est clair que, par la même raison qui vient d'ê-
tre alléguée, ces 47 jours, au lieu d'être en faveur de Pierre,
sont, au contraire, en faveur de Jacques. Mais, n'importe, j'é-
cris, à l'ordinaire, le produit des francs par les jours dans
la colonne des nombres, et j'opère de la même manière pour
les articles suivans du débit.

Revenons actuellement au crédit du compte.

Le second article du crédit est relatif à la remise que Jacques a faite à Pierre de 2586 fr., au 27 août. Du 30 juillet
au 27 août, il y a 28 jours ; mais, comme ils sont postérieurs à l'époque fondamentale, il est clair que ces 28 jours,
au lieu d'être dus à Jacques par Pierre, sont, au contraire,
dus à Pierre par Jacques, puisque c'est ce dernier qui a joui
des 2586 fr. pendant cet intervalle. Mais, n'importe, j'écris,
à l'ordinaire, le produit de 2586 fr. par 28 dans la colonne
des nombres.

Le troisième article du crédit se rapporte à la remise que
Jacques a faite à Pierre de 5440 fr., valeur au 11 sept. Du
30 juillet au 11 septembre, il y a 43 jours ; mais, comme ils
sont postérieurs à l'époque fondamentale, il est clair que, par

la même raison que nous venons d'alléguer, ces 43 jours, au lieu d'être en faveur de Jacques, sont, au contraire, en faveur de Pierre. Mais, n'importe, j'écris, à l'ordinaire, le produit des francs par les jours dans la colonne des nombres, et continue d'opérer de la même manière pour les articles suivans.

Avant de passer outre, il est essentiel de remarquer qu'il résulte de la manière dont ce compte est établi :

1°. Que les intérêts sont toujours négatifs ; c. à d. que tous les jours d'intérêt portés au débit, au lieu d'être dus à Pierre par Jacques, sont, au contraire, dus à Jacques par Pierre : de sorte que la colonne des nombres, au débit, représente le crédit des intérêts, et que la colonne des nombres, au crédit, représente le débit des intérêts (¹).

2°. Que, jusqu'à présent, l'époque de la clôture du compte n'est pas censée connue, et que cette transposition d'intérêts la rend tout à fait arbitraire. Si nous avons choisi l'époque du 10 novembre à laquelle était arrêté déjà notre premier compte, c'est uniquement afin que ces deux méthodes différentes puissent se servir réciproquement de preuve.

Revenons actuellement à notre compte, où nous venons d'épuiser les articles du débit et du crédit. Arrivé à ce point de l'opération, je commence par établir une balance préalable des capitaux, qui consiste en un excédant de crédit sur le débit de 90 fr., lesquels constituent le solde en faveur de Jacques, valeur au 30 juillet, époque à laquelle j'ai rapporté toutes les autres échéances ; mais comme je cherche ici le solde définitif qui serait dû au 8 août, époque de la clôture du présent compte, et non au 30 juillet, il est clair qu'il faut augmenter ces 90 fr. de leur intérêt pendant les 103 jours d'intervalle entre ces deux époques, c. à d. qu'il faut bonifier ces 103 jours à Jacques.

Voilà pourquoi je multiplie 90 fr. par 103 jours ; mais, au lieu d'en porter le produit 9270 dans la colonne des nombres au crédit de Jacques, je les porte, au contraire, à son débit, parce qu'il ne faut pas perdre de vue que, comme nous venons de le voir, la méthode actuelle est fondée sur une transposition continuelle d'intérêts.

Je continue ensuite l'opération de la manière suivante :

(¹) Les comptes établis d'après cette méthode sont censés ne contenir que des nombres rouges dans la partie du débit et du crédit.

1°. Je balance les nombres en écrivant au crédit 343640, excédant de ceux du débit sur ceux du crédit, et en portant en même temps dans la colonne des francs 47 fr. 72 c., quotient résultant de la division de ces 343640 par 7200;

2°. Ensuite, je balance définitivement les capitaux par 137 fr. 72 c., que j'écris au débit, et qui constituent le solde définitif en faveur de Jacques; résultat parfaitement conforme à celui déjà obtenu par la méthode ordinaire au n° 256.

265. Si, après avoir fixé l'époque finale du réglement, il survenait quelque échéance postérieure, cela ne changerait rien au procédé que nous venons d'indiquer; mais s'il s'agissait, au contraire, de quelque échéance antérieure à celle fondamentale, à laquelle toutes les autres sont rapportées, alors on opérerait absolument comme dans les comptes ordinaires pour les nombres rouges : à la rigueur, on pourrait, cependant, en éviter l'emploi, en augmentant la somme de l'article dont il s'agirait de son intérêt relatif pendant les jours écoulés depuis son échéance jusqu'à l'époque du réglement.

266. La méthode que nous venons d'exposer, loin de présenter les inconvéniens que nous avons déjà signalés (263), offre, au contraire, le grand avantage de permettre d'établir, à l'avance, le calcul des intérêts au Grand Livre, en y pratiquant des colonnes à cet effet; calcul qui, nous le répétons, sert toujours également, quelle que soit l'époque à laquelle on veut arrêter un compte : de sorte que l'expédition des comptes courans se réduit ainsi à de simples copies des extraits du Grand Livre.

Mais, avec un peu de réflexion, on voit qu'on peut rendre l'application de cette nouvelle méthode encore plus utile au commerce, en général, en convenant de rapporter, une fois pour toutes, les intérêts à une seule et même échéance, que l'on fixerait au premier jour de l'année, comme une époque commune qui permettrait aux négocians de faire marcher leurs écritures avec une parfaite conformité. En prenant ainsi le commencement de l'année pour pivot de toutes les opérations, on évitera aussi l'emploi des nombres rouges, parce que, dans la méthode actuelle, il n'y a que les effets d'une échéance antérieure au commencement de l'année qui pourraient y donner lieu, et que ce cas n'arrivera presque jamais; d'ailleurs, si, par une exception fort rare, il venait à se présenter, nous venons de voir, un peu plus haut (265), qu'on pourrait se passer encore de ces mêmes nombres rouges en ajoutant, au montant de l'effet dont l'échéance serait antérieure au commencement de l'année, son intérêt pendant le nombre de jours écoulés depuis ladite échéance jusqu'au premier jour de l'année.

DOIT   *Jacques de Paris S/C courant et d'intéréts réciproques*

chez Pierre et

Dates des inscriptions.		Sommes.				Dates des échéances.		Jours.	Nombres
1836.		fr.	c.						
Juillet...	2	3400	»	Pour N/R sur Paris..........		8	Août.	219	744600
Septemb.	10	6585	»	Pour notre envoi de piastres...		15	Septemb.	257	1692345
»	16	7386	»	Pour S/T sur nous.............		26	»	268	1979448
»	26	1635	»	Pour son mandat sur nous.....		3	Octobre.	275	449625
				Balance prép^{re} des capit., fr. 90		10	Novemb	313	28170
		19006	»						4894188
		137	72	Pour solde en sa faveur.......		10	Novemb.	»	»
		19143	72						4894188

On voit que, quoique dans cet exemple on ait rapporté les intérêts au commencement de l'année, au lieu du 30 juillet, on trouve toujours les mêmes résultats ; ce qui prouve, par le fait, ce que nous avons déjà démontré par le raisonnement, *que cette époque peut être prise d'une manière tout à fait arbitraire.*

L'explication que nous venons de donner (264) sur cette méthode nous dispense de rien ajouter ici à ce sujet, parce que la manière dont nous venons de régler le compte actuel est fondée sur le même principe, c. à d. sur la transposition des intérêts du débit au crédit, et réciproquement.

Seulement, nous ferons remarquer que l'époque fondamentale dont on part cette fois-ci, étant antérieure au 30 juillet, échéance de la traite de 8580 fr., dont Pierre a commencé par passer écriture, donne 210 jours d'intérêt au crédit ; tandis que, dans l'exemple précédent, cette époque fondamentale, servant également de point de départ, se trouvant être précisément le 30 juillet, ne comportait aucun

qu'on pourrait se passer encore de ces mêmes nombres rouges en ajoutant, au montant de l'effet dont l'échéance serait antérieure au commencement de l'année, son intérêt pendant le nombre de jours écoulés depuis ladite échéance jusqu'au premier jour de l'année.

DOIT   *Jacques de Paris S/C courant et d'intérêts réciproques*

chez Pierre et

Dates des inscriptions.		Sommes.			Dates des échéances.		Jours.	Nombres.
1836.		fr.	c.					
Juillet...	2	3400	»	Pour N/R sur Paris............	8	Août.	219	744600
Septemb.	10	6585	»	Pour notre envoi de piastres...	15	Septemb.	257	1692345
»	16	7386	»	Pour S/T sur nous............	26	»	268	1979448
»	26	1635	»	Pour son mandat sur nous.....	3	Octobre.	275	449625
				Balance prépᵉ des capit., fr. 90	10	Novemb	313	28170
		19006	»					4894188
		137	72	Pour solde en sa faveur........	10	Novemb.	»	»
		19143	72					4894188

On voit que, quoique dans cet exemple on ait rapporté les intérêts au commencement de l'année, au lieu du 30 juillet, on trouve toujours les mêmes résultats; ce qui prouve, par le fait, ce que nous avons déjà démontré par le raisonnement, *que cette époque peut être prise d'une manière tout à fait arbitraire.*

L'explication que nous venons de donner (264) sur cette méthode nous dispense de rien ajouter ici à ce sujet, parce que la manière dont nous venons de régler le compte actuel est fondée sur le même principe, c. à d. sur la transposition des intérêts du débit au crédit, et réciproquement.

Seulement, nous ferons remarquer que l'époque fondamentale dont on part cette fois-ci, étant antérieure au 30 juillet, échéance de la traite de 8580 fr., dont Pierre a commencé par passer écriture; donne 210 jours d'intérêt au crédit; tandis que, dans l'exemple précédent, cette époque fondamentale, servant également de point de départ, se trouvant être précisément le 30 juillet, ne comportait aucun

267. Voici actuellement l'application de la même méthode à l'exemple précédent, en rapportant les intérêts au commencement de l'année, au lieu du 30 juillet.

à 5 pour °/₀ l'an, fixé au commencement de l'année 1836,   **AVOIR**

Cⁱᵉ de Bayonne.

Dates des inscriptions.		Sommes.			Dates des échéances.		Jours.	Nombres.
1836.		fr.	c.					
Mai.....	20	8580	»	Pour N/T sur lui.............	30	Juillet.	210	1801800
Juillet...	6	2586	»	Pour S/R sur N/ville..........	27	Août.	238	615468
Août....	30	5440	»	Pour idem...................	11	Septemb.	253	1376320
Octobre.	10	2490	»	Pour N/T sur lui	1	Novemb.	304	756960
								4550548
		19096	»					343640
		47	72	Balance des nombres..........	»	»	»	
		19143	72					4894188

jour d'intérêt: mais cette circonstance ne change rien au fond des choses.

268. Le résumé des quatre derniers numéros fournit la règle générale suivante :

Pour régler un compte courant d'après la nouvelle méthode fondée sur la transposition des intérêts, qui permet de rapporter ces intérêts à une époque arbitraire,

1°. On adoptera le commencement de l'année comme l'époque la plus convenable;

2°. Après avoir écrit, comme à l'ordinaire, dans les colonnes des nombres, les produits des sommes par les jours pour chaque article, on établira une balance préparatoire des capitaux, en ayant soin de ne porter ce solde préalable que dans l'intérieur du compte, et pour mémoire seulement, et on écrira en même temps, dans la colonne des nombres et du même côté, le produit résultant de la multiplication dudit solde par le nombre de jours écoulés depuis le com-

267. Voici actuellement l'application de la même méthode à l'exemple précédent, en rapportant les intérêts au commencement de l'année, au lieu du 30 juillet.

à 5 pour $\frac{o}{o}$ l'an, fixé au commencement de l'année 1836, **AVOIR**

Cie de Bayonne.

Dates des inscriptions.		Sommes.			Dates des échéances.		Jours.	Nombres
1836.		fr.	c.					
Mai.....	20	8580	»	Pour N/T sur lui............	30	Juillet.	210	1801800
Juillet...	6	2586	»	Pour S/R sur N/ville..........	27	Août.	238	615468
Août....	30	5440	»	Pour idem...............	11	Septemb.	253	1376320
Octobre.	10	2490	»	Pour N/T sur lui	1	Novemb.	304	756960
		19096	»					4550548
		47	72	Balance des nombres..........	»	»	»	343640
		19143	72					4894188

jour d'intérêt : mais cette circonstance ne change rien au fond des choses.

268. Le résumé des quatre derniers numéros fournit la règle générale suivante :

Pour régler un compte courant d'après la nouvelle méthode fondée sur la transposition des intérêts, qui permet de rapporter ces intérêts à une époque arbitraire.,

1°. On adoptera le commencement de l'année comme l'époque la plus convenable ;

2°. Après avoir écrit, comme à l'ordinaire, dans les colonnes des nombres, les produits des sommes par les jours pour chaque article, on établira une balance préparatoire des capitaux, en ayant soin de ne porter ce solde préalable que dans l'intérieur du compte, et pour mémoire seulement, et on écrira en même temps, dans la colonne des nombres et du même côté, le produit résultant de la multiplication dudit solde par le nombre de jours écoulés depuis le com-

mencement de l'année jusqu'à l'époque de la clôture du compte ;

3°. On balancera, enfin, les colonnes des nombres ; et, en portant le solde de ces nombres dans la colonne correspondante, on portera en même temps, dans la colonne des francs et du même côté, le quotient résultant de la division de ce solde par le diviseur correspondant ;

4°. Enfin, on soldera le compte par la balance définitive des capitaux.

Du Réglement des comptes courans, lorsque le taux de l'intérêt n'est pas le même de part et d'autre.

269. Nous venons de voir comment on règle un compte courant et d'intérêts, lorsque le taux de ces intérêts est le même de part et d'autre.

Si ce taux d'intérêt était différent et qu'il fût, par exemple, de 5 p. $\frac{0}{0}$ sur les sommes dont Jacques aurait à tenir compte à Pierre, tandis que Pierre les lui bonifierait, au contraire, à 6 p. $\frac{0}{0}$ l'an, en pareil cas on se conduirait comme ci-après :

Après avoir supprimé, dans le compte du n° 256, les colonnes des jours et des nombres, tant au débit qu'au crédit, j'établis à part et de la manière suivante le calcul des intérêts dont le résultat doit être compris dans ce même compte, savoir :

M. JACQUES, DE PARIS;

COMPTE D'INTÉRÊTS.

Du 30 Juillet 1836.

	SOMMES.		ÉCHÉANCES.	JOURS.	DÉBIT, 5 p. o/o.	CRÉDIT, 6 p. o/o.
	fr.	c.				
CRÉDIT...	8580	»	8 Août......	9	»	77220
Id.....	3400	»				
Id.....	5180	»	27 dito.......	19	»	98420
Id.....	2586	»				
Id.....	7766	»	11 Septembre.	15	»	116490
Id.....	5440	»				
Id.....	13206	»	15 dito.......	4	»	52824
Id.....	6585	»				
Id.....	6621	»	26 dito.......	11	»	72831
Id.....	7386	»				
DÉBIT.....	765	»	3 Octobre....	7	5355	»
Id.....	1635	»				
Id.....	2400	»	1er Novembre.	29	69600	»
Id.....	2490	»				
CRÉDIT....	90	»	10 dito.......	9	»	810
Id.....	59	35				
Id.....	149	35		103	74955	418595

Intérêts à 5 p. % (74955 divisés par 7200).	10f	41c	»f	»c
Idem à 6 p. % (418595 divisés par 6000).	»	»	69	76
BALANCE..................	59	35	»	»
	69	76	69	76

Dans le compte courant, ci-dessus, le premier article du
crédit correspond à l'échéance du 30 juillet, qui est, en conséquence, le point de départ pour la traite de 8580 fr., dont
Jacques est créancier jusqu'au 8 août, c. à d. pendant 9 jours,

que j'écris dans la colonne des jours. Le nombre résultant de 8580 multipliés par 9 est 77220, que j'écris dans la colonne des nombres du crédit.

Le 8 août, Jacques est débité de 3400 fr., ce qui réduit son crédit à 5180 fr., jusqu'au 27 du même mois. L'intervalle est de 19 jours, qui donnent 98420 pour le nombre, que j'écris dans la colonne de ceux du crédit.

Le 27 août, Jacques est crédité de 2586 fr., ce qui porte son crédit à 7766 fr., jusqu'au 11 septembre. L'intervalle est de 15 jours, d'où il résulte 116490 pour le nombre, que j'é-cris dans la colonne de ceux du crédit.

Le 11 septembre, Jacques est encore crédité de 5440 fr., ce qui le rend créancier de 13206 fr., jusqu'au 15 du même mois. L'intervalle est de 4 jours, d'où il résulte 52824 pour le nombre, que j'écris dans la colonne de ceux du crédit.

Le 15 septembre, Jacques est débité de 6585 fr., ce qui réduit son crédit à 6621 fr., jusqu'au 26 du même mois. L'in-tervalle est de 11 jours, d'où il résulte 72831 pour le nom-bre, que j'écris dans la colonne de ceux du crédit.

Le 26 septembre, Jacques est débité de 7386 fr., ce qui l'é-tablit débiteur de 765 fr., jusqu'au 3 octobre. L'intervalle est de 7 jours, d'où il résulte 5355 pour le nombre, que j'écris dans la colonne de ceux du débit.

Le 3 octobre, Jacques est encore débité de 1635 fr., ce qui porte son débit à 2400 fr., jusqu'au 1er novembre. L'inter-valle est de 29 jours, d'où il résulte 69600 pour le nombre, que j'écris dans la colonne de ceux du débit.

Le 1er novembre, Jacques est crédité de 2490 fr., ce qui le rend créancier de 90 fr., jusqu'au 10 novembre, époque de l'arrêté de son compte. L'intervalle est de 9 jours, d'où il ré-sulte 810 pour le nombre, que j'écris dans la colonne de ceux du crédit.

Quoique ce ne soit pas l'usage dans la pratique, nous avons additionné la colonne des jours pour avoir la preuve de l'exactitude des calculs partiels, dont le total doit toujours être égal au nombre de jours que présente l'intervalle entre le point de départ et l'époque de l'arrêté du compte courant.

En effet, ce total, étant ici de 103 jours, est bien le même que celui qui, dans le premier exemple que nous avons donné, est porté pour l'article de 8580 fr., du 30 juillet au 10 no-vembre.

Le total des nombres du débit est de 74955, dont la division par 7200 donne 10 fr. 41 c. pour les intérêts à 5 p. % dus par Jacques ; et le total des nombres du crédit est 418595, dont la division par 6000 donne 69 fr. 76 c. pour les intérêts à 6 p. % dus à Jacques. La différence entre ces deux résultats est 59 fr. 35 c., dont le compte de Jacques doit être crédité pour la balance des intérêts à 5 et à 6 p. % l'an, au 10 novembre. Cette dernière somme, ajoutée à celle de 90 fr., dont Jacques se trouve créancier, à dater du 1ᵉʳ novembre, porte à 149 fr. 35 c. le solde en sa faveur, au 10 du même mois, époque de l'arrêté de son compte courant.

270. La méthode que nous venons de prescrire pour régler les comptes courans, lorsque le taux d'intérêt n'est pas le même de part et d'autre, est fondée sur ce que celui des deux qui bonifie à l'autre l'intérêt supérieur n'entend le faire jouir de cette bonification que pour les époques pendant lesquelles il se trouve être son débiteur ; et que, pendant les intervalles où il se trouve être, au contraire, son créancier, il ne prélève lui-même ces intérêts que d'après le taux inférieur. Voilà pourquoi il est indispensable d'établir d'abord purement et simplement le compte général, comme s'il n'y avait pas d'intérêts, et de l'accompagner ensuite, comme nous l'avons fait, d'un bordereau séparé, où l'on établit successivement les soldes débiteurs et créditeurs résultant de chaque opération , et de calculer les intérêts de chacun de ces soldes d'après le taux qui lui correspond, pour le nombre de jours relatifs. Sans une pareille précaution, on tomberait dans des erreurs graves.

Pour faire mieux sentir la raison de notre manière d'opérer, et simplifier, le plus possible, la différence qui résulte nécessairement de celle du taux des intérêts lorsque ce taux n'est pas le même de part et d'autre, nous prenons ici pour exemple le compte suivant, où il n'y a qu'un seul article au débit comme au crédit.

DOIT   *Jacques, de Paris, S/C courant et d'intérêts au*

1836. Juillet 1ᵉʳ.	Pour N/R sur Paris........	fr.	c.	Jours	Nombres
		10000	»	184	1840000

Nous supposons que le taux des intérêts est à 6 p. ⁰/₀ au crédit, et à 5 p. ⁰/₀ au débit.

Si nous opérions, comme il semblerait qu'on pourrait le faire, nous diviserions 1° le total 3050000 des nombres du crédit par 6000, diviseur correspondant au taux de 6 p. ⁰/₀ l'an (221), et nous aurions, pour les intérêts à 6 p. ⁰/₀, en faveur de Jacques........................... 508 fr. 33 c.

2°. Le total 1840000 des nombres du débit par 7200, diviseur correspondant au taux de 5 p. ⁰/₀ l'an (221), et nous aurions pour les intérêts à 5 p. ⁰/₀ dus par Jacques. 255   55

D'où il résulterait une balance de............. 252   78

Tandis qu'au contraire, pour régler ce compte courant, comme il doit l'être, nous devons dire :

1°. Jacques, de Paris, doit d'abord à Pierre, de Bayonne, les intérêts de 10000 fr., du 1ᵉʳ juillet au 1ᵉʳ septembre, c. à d. pendant 62 jours, à raison de 5 p. ⁰/₀ l'an ; et, en divisant, par conséquent, 620000 de nombres par 7200, nous avons, pour les intérêts dont il s'agit. .... 86 fr. 11 c.

2°. Le 1ᵉʳ septembre, Pierre, de Bayonne, reçoit 25000 fr. pour le compte de Jacques. Sa créance de 10000 fr., sur Jacques, se trouve donc éteinte à partir du même jour ; et, en opérant la compensation, il ne doit plus, en réalité, à Jacques, que les intérêts sur la différence entre ces deux sommes, c. à d. sur 15000 fr., du 1ᵉʳ septembre au 31 décembre inclusivement, ou pendant 122 jours, à raison de 6 p. ⁰/₀. Par conséquent, en divisant 1830000 de nombres par 6000, nous avons, pour les intérêts dont il s'agit. 305   »

D'où il résulte une balance de................... 218   89

* En comparant la première balance, dont le résultat est de... 252   78.
avec la seconde, qui est de........................... 218   89

On trouve qu'elle présente, au préjudice de Pierre, de Bayonne, une différence de....................... 33   89

Cette différence est précisément le résultat de celle de 1 p. ⁰/₀ d'intérêts par an, sur 10000 fr., à compter du 1ᵉʳ septembre, où la compensation doit être faite, jusqu'au 1ᵉʳ janvier suivant, époque du réglement des intérêts à 6 et à 5 p. ⁰/₀, c. à d. pendant 122 jours ; intervalle durant lequel Pierre, au lieu de devoir 25000 fr., n'en doit réellement que 15000, déduction faite des 10000 reçus précédemment pour son compte par Jacques. Effectivement, si l'on divise les 1220000 (somme des nombres résultant de la multiplication de 10000 fr., par

DOIT   *Jacques, de Paris, S/C courant et d'intérêts au*

1836. Juillet 1ᵉʳ.	Pour N/R sur Paris........	fr. c.	Jours	Nombres.
		10000 »	184	1840000

Nous supposons que le taux des intérêts est à 6 p. ⁰/₀ au crédit, et à 5 p. ⁰/₀ au débit.

Si nous opérions, comme il semblerait qu'on pourrait le faire, nous diviserions 1° le total 3040000 des nombres du crédit par 6000, diviseur correspondant au taux de 6 p. ⁰/₀ l'an (221), et nous aurions, pour les intérêts à 6 p. ⁰/₀, en faveur de Jacques........................... 508 fr. 33 c.

2°. Le total 1840000 des nombres du débit par 7200, diviseur correspondant au taux de 5 p. ⁰/₀ l'an (221), et nous aurions pour les intérêts à 5 p. ⁰/₀ dus par Jacques. 255   55

D'où il résulterait une balance de.   252   78

Tandis qu'au contraire, pour régler ce compte courant, comme il doit l'être, nous devons dire :

1°. Jacques, de Paris, doit d'abord à Pierre, de Bayonne, les intérêts de 10000 fr., du 1ᵉʳ juillet au 1ᵉʳ septembre, c. à d. pendant 62 jours, à raison de 5 p. ⁰/₀ l'an; et, en divisant, par conséquent, 620000 de nombres par 7200, nous avons, pour les intérêts dont il s'agit. .... 86 fr. 11 c.

2°. Le 1ᵉʳ septembre, Pierre, de Bayonne, reçoit 25000 fr. pour le compte de Jacques. Sa créance de 10000 fr., sur Jacques, se trouve donc éteinte à partir du même jour; et, en opérant la compensation, il ne doit plus, en réalité, à Jacques, que les intérêts sur la différence entre ces deux sommes, c. à d. sur 15000 fr., du 1ᵉʳ septembre au 31 décembre inclusivement, ou pendant 122 jours, à raison de 6 p. ⁰/₀. Par conséquent, en divisant 1830000 de nombres par 6000, nous avons, pour les intérêts dont il s'agit. 305   »

D'où il résulte une balance de......................   218   89

En comparant la première balance, dont le résultat est de..   252   78
avec la seconde, qui est de......................   218   89

On trouve qu'elle présente, au préjudice de Pierre, de Bayonne, une différence de......................   33   89

Cette différence est précisément le résultat de celle de 1 p. ⁰/₀ d'intérêts par an, sur 10000 fr., à compter du 1ᵉʳ septembre, où la compensation doit être faite, jusqu'au 1ᵉʳ janvier suivant, époque du réglement des intérêts à 6 et à 5 p. ⁰/₀, c. à d. pendant 122 jours; intervalle durant lequel Pierre, au lieu de devoir 25000 fr., n'en doit réellement que 15000, déduction faite des 10000 reçus précédemment pour son compte par Jacques. Effectivement, si l'on divise les 1220000 (somme des nombres résultant de la multiplication de 10000 fr., par

1ᵉʳ Janvier 1837, chez Pierre et Cie, de Bayonne.   **AVOIR**

1836. Septemb. 1ᵉʳ.	Pour N/T sur lni.........	fr. c.	Jours	Nombres.
		25000 »	122	3050000

122 jours) par 36000, diviseur relatif au taux de 1 p. ⁰/₀ l'an (221), on trouvera 33 fr. 89 c., pour les intérêts dont il s'agit, et qui forment, par conséquent, la différence ci-dessus établie.

271. Il est donc évident et de règle générale que, lorsque le taux des intérêts d'un compte courant n'est pas le même de part et d'autre, *il faut, pour en arrêter exactement le résultat,* 1° *établir à part la compensation du débit avec le crédit, en suivant l'ordre des dates d'échéances des divers articles dont, à cet effet, le premier inscrit doit être conséquemment celui qui, par son échéance, se trouve le plus éloigné de l'époque fixée pour la clôture du compte;* 2° *porter les nombres qui en résultent, soit dans la colonne du débit, soit dans celle du crédit, selon que le solde est successivement débiteur ou créancier;* 3° *diviser le total des nombres du débit, ainsi que celui des nombres du crédit, par le diviseur résultant du taux de l'intérêt fixé pour chacun;* 4° *comparer entre eux les résultats de ces deux divisions, dont la différence forme la balance des intérêts à porter, selon qu'il y a lieu, au débit ou au crédit du compte courant qu'il s'agit d'arrêter.*

272. S'il arrive que dans ce compte il y ait des articles dont l'échéance dépasse le terme fixé pour sa clôture, le même principe leur est également applicable, quoiqu'en sens inverse; c. à d. que, pour établir la compensation de ces articles, il faut commencer par porter celui qui, par son échéance, se trouve le plus éloigné de l'époque fixée pour la clôture, ensuite celui dont l'échéance précède immédiatement, en remontant ainsi jusqu'à ladite époque, qui est, par conséquent, le point de rencontre des deux extrêmes, dont la compensation finale se fait alors fort aisément.

Afin de rendre ceci plus sensible, nous allons en faire l'application aux articles dont l'échéance dépasse l'époque du 10 novembre, fixée pour la clôture du compte que nous avons déjà pris pour exemple (261).

1ᵉʳ *Janvier* 1837, *chez Pierre et Cⁱᵉ, de Bayonne.*   **AVOIR**

1836. Septemb. 1ᵉʳ.	Pour N/T sur lui.........	fr.	c.	Jours	Nombres.
		25000	»	122	3050000

122 jours) par 36000, diviseur relatif au taux de 1 p. $\frac{0}{0}$ l'an (221), on trouvera 33 fr. 89 c., pour les intérêts dont il s'agit, et qui forment, par conséquent, la différence ci-dessus établie.

271. Il est donc évident et de règle générale que, lorsque le taux des intérêts d'un compte courant n'est pas le même de part et d'autre, *il faut, pour en arrêter exactement le résultat, 1° établir à part la compensation du débit avec le crédit, en suivant l'ordre des dates d'échéances des divers articles dont, à cet effet, le premier inscrit doit être conséquemment celui qui, par son échéance, se trouve le plus éloigné de l'époque fixée pour la clôture du compte; 2° porter les nombres qui en résultent, soit dans la colonne du débit, soit dans celle du crédit, selon que le solde est successivement débiteur ou créancier; 3° diviser le total des nombres du débit, ainsi que celui des nombres du crédit, par le diviseur résultant du taux de l'intérét fixé pour chacun; 4° comparer entre eux les résultats de ces deux divisions, dont la différence forme la balance des intérêts à porter, selon qu'il y a lieu, au débit ou au crédit du compte courant qu'il s'agit d'arrêter.*

272. S'il arrive que dans ce compte il y ait des articles dont l'échéance dépasse le terme fixé pour sa clôture, le même principe leur est également applicable, quoiqu'en sens inverse; c. à d. que, pour établir la compensation de ces articles, il faut commencer par porter celui qui, par son échéance, se trouve le plus éloigné de l'époque fixée pour la clôture, ensuite celui dont l'échéance précède immédiatement, en remontant ainsi jusqu'à ladite époque, qui est, par conséquent, le point de rencontre des deux extrêmes, dont la compensation finale se fait alors fort aisément.

Afin de rendre ceci plus sensible, nous allons en faire l'application aux articles dont l'échéance dépasse l'époque du 10 novembre, fixée pour la clôture du compte que nous avons déjà pris pour exemple (261).

M. JACQUES, DE PARIS;

COMPTE D'INTÉRÈTS.

Du 31 Décembre 1836.

	SOMMES.		ÉCHÉANCES.	JOURS.	DÉBIT, 5 p. o/o.	CRÉDIT, 6 p. o/o.
	fr.	c.				
DÉBIT....	3000	»	30 Nov. 1836.	31	»	93000
Id.....	2000	»				
Id.....	5000	»	20 dito........	10	»	50000
Id.....	4800	»				
Id.....	200	»	10 dito.......	10	»	2000
Id.....	90	»				
Id.....	110	»	Idem.......	»	»	»
Id.....	83	51				
Id.....	26	49	Idem.......	51	»	145000
Intérêts à 6 p. $\frac{2}{9}$ (145000 divisés par 6000).				»	»	24^f 16^c
Report de la Balance de ceux antérieurs au 10 novembre........................				»	»	59 35
				» »		83 51

Dans cette suite du compte courant déjà pris pour exemple,
l'article qui, par son échéance, se trouve le plus éloigné du
10 novembre, époque de la clôture, est un débit de 3000 fr.,
valeur au 31 décembre, qui est, par conséquent, le point de
départ pour remonter jusqu'à l'article dont l'échéance précède
immédiatement, c. à d. jusqu'au 30 novembre. L'intervalle
est de 31 jours, pendant lesquels l'intérêt est dû à Jacques,
puisqu'en arrêtant son compte au 10 novembre, il se trouve
débité, par anticipation, de l'article de 3000 fr. dont il s'a-
git. Il en résulte 93000 pour le nombre, que j'écris, en conséquence, dans la colonne de ceux du crédit.

A l'échéance du 30 novembre, Jacques est encore débité de 2000 fr. ; ce qui porte son débit à 5000 fr., pour lesquels l'intérêt lui est dû par la même raison que ci-dessus, en remontant jusqu'au 20 du même mois. L'intervalle est de 10 jours, et il en résulte 50000 pour le nombre, que j'écris, en conséquence, dans la colonne de ceux du crédit.

Enfin, à l'échéance du 20 novembre, Jacques est crédité de 4800 fr. ; ce qui réduit son débit à 200 fr., pour lesquels l'intérêt lui est dû par la même raison que ci-dessus, en remontant jusqu'au 10 novembre, époque de l'arrêté de son compte. L'intervalle est de 10 jours, et il en résulte 2000 pour le nombre, que j'écris, en conséquence, dans la colonne de ceux du crédit.

Compensation faite des 90 fr. dont Jacques est créancier pour les articles d'une échéance antérieure au 10 novembre, avec 200 fr. dont il est débiteur pour les articles d'une échéance postérieure, il reste encore débiteur de 110 fr. à la même époque.

Le total de la colonne des jours, étant ici de 51 , est bien le même que celui qui, dans le second exemple que nous avons donné (261), est porté pour l'article de 3000 fr., du 10 novembre au 31 décembre.

La colonne du débit ne présente aucun nombre, et le total de celle du crédit est 145000, dont la division par 6000 donne 24 fr. 16 c., pour les intérêts à 6 p. $\frac{o}{o}$, dus à Jacques. Ce résultat, augmenté de 59 fr. 35 c. pour celui des articles d'une échéance antérieure au 10 novembre, porte à 83 fr. 51 c. la balance finale des intérêts à 5 et à 6 p. $\frac{o}{o}$, dont le compte de Jacques doit être crédité à la même époque ; en sorte que, toute compensation faite, son débit de 110 fr. se trouve conséquemment réduit à 26 fr. 49 c.

273. Voici, pour s'exercer, un nouvel exemple d'un compte courant entre Jacques et Pierre, réglé sur deux taux d'intérêts différens. Ici, c'est Jacques qui reconnait à Pierre l'intérêt sur le pied de 5 p. $\frac{o}{o}$ l'an, tandis que Pierre ne les lui bonifie qu'à 4 p. $\frac{o}{o}$.

Le premier article du débit est un solde ancien porté à nouveau de 42643 fr. 20 c., valeur au 31 mars 1836. Les dates énoncées en marge sont celles des échéances ; celles des inscriptions n'y sont pas comprises, parce que, comme nous l'avons déjà remarqué, un grand nombre de maisons de banque se dispensent d'en faire mention.

Comme notre but est ici de familiariser le lecteur avec tous les usages de la pratique, nous présentons ce compte absolument tel qu'un banquier le fournirait à son correspondant : par conséquent, on n'y trouve pas de titres en tête des colonnes ; de plus, celles des nombres, ainsi que les deux diviseurs 7200 et 9000, correspondant respectivement aux deux taux de 5 et 4 p. $\frac{o}{o}$, ont subi la suppression des deux derniers chiffres dont nous avons parlé (260). Enfin, le corps du

DOIT *Jacques, de Paris, S/C courant au 1er Juillet*

			fr.	c.
1836. Décembre..	15	Solde du dernier compte, valeur au 31 Mars 1836......................	42643	20
1837. Février....	1	Acquit de S/T sur nous, O/Philippe..	350	»
Mars........	10	Pour notre envoi de piastres.........	21793	»
	31	Pour son mandat sur nous, O/Didier..	4911	50
Mai........	18	Pour frais de protêt à S/R du 10 du courant sur N/V..................	7	75
Juin.......	10	Pour notre envoi de piastres.........	21793	»
	30	Pour son mandat sur nous, O/Petit...	4911	50
	Id.	Intérêts à 5 et 4 p.$\frac{o}{o}$....... 358f 20c		
	Id.	C^{om} à $\frac{1}{4}$ p. $\frac{o}{o}$ sur fr. 53766 75. 268 85	627	5
			97037	»

(184)

Comme notre but est ici de familiariser le lecteur avec tous les usages de la pratique, nous présentons ce compte absolument tel qu'un banquier le fournirait à son correspondant : par conséquent, on n'y trouve pas de titres en tête des colonnes ; de plus, celles des nombres, ainsi que les deux diviseurs 7200 et 9000, correspondant respectivement aux deux taux de 5 et 4 p. $\frac{0}{0}$, ont subi la suppression des deux derniers chiffres dont nous avons parlé (260). Enfin, le corps du

(185)

compte contient aussi toutes les abréviations dont il est susceptible.

Que l'on compare actuellement les différens articles qui en forment les élémens, avec le bordereau séparé des intérêts dont il est accompagné ; que l'on suive, pas à pas, la marche des diverses opérations, et ce sera le vrai moyen d'étudier avec fruit le mécanisme, fort compliqué d'ailleurs, de ces sortes de réglemens.

DOIT   *Jacques, de Paris, S/C courant au 1ᵉʳ Juillet 1837, chez Pierre et Cⁱᵉ, de Bayonne.*   **AVOIR**

			fr.	c.
1836. Décembre..	15	Solde du dernier compte, valeur au 31 Mars 1836.....................	42643	20
1837. Février. ...	1	Acquit de S/T sur nous, O/Philippe..	350	»
Mars........	10	Pour notre envoi de piastres.	21793	»
	31	Pour son mandat sur nous, O/Didier..	4911	50
Mai........	18	Pour frais de protêt à S/R du 10 du courant sur N/V..................	7	75
Juin........	10	Pour notre envoi de piastres.........	21793	»
	30	Pour son mandat sur nous, O/Petit...	4911	50
	Id.	Intérêts à 5 et 4 p.$\frac{0}{0}$........ 353ᶠ 20ᶜ		
	Id.	Cᵒᵐ à ½ p. $\frac{0}{0}$ sur fr. 53766 75. 268 85	627	5
			97037	»

			fr.	c.
1836. Décembre..	25	Pour N/T sur lui, à notre ordre.....	6000	»
1837. Janvier. ...	30	Pour S/R sur Madrid..............	500	»
	31	Pour S/R sur N/V....... 4300ᶠ »ᶜ		
	Id.	Autre .. idem...... 4037 25	8337	25
Mars........	24	Pour N/T sur lui....................	6000	»
		Autre .. idem..............	4000	»
Avril......	3	Pour S/R sur N/V.................	2000	»
	25	Autre .. idem...............	5156	»
	30	Pour N/T sur lui....................	4926	50
Mai........	15	Pour S/R sur Vittoria..............	200	90
	22	Pour N/T sur lui....................	10000	»
Juin........	3	Autre .. idem..............	8007	75
	30	Pour S/R sur N/V.................	10000	»
	Id.	Solde qui nous revient.............	31908	60
			97037	»

compte contient aussi toutes les abréviations dont il est susceptible.

Que l'on compare actuellement les différens articles qui en forment les élémens, avec le bordereau séparé des intérêts dont il est accompagné ; que l'on suive, pas à pas, la marche des diverses opérations, et ce sera le vrai moyen d'étudier avec fruit le mécanisme, fort compliqué d'ailleurs, de ces sortes de réglemens.

1837, *chez Pierre et Cⁱᵉ, de Bayonne.* AVOIR

			fr.	c.
1836. Décembre..	25	Pour N/T sur lui , à notre ordre.....	6000	»
1837. Janvier. ...	30	Pour S/R sur Madrid...............	500	»
	31	Pour S/R sur N/V....... 4300ᶠ »ᶜ		
	Id.	Autre .. idem...... 4037 25		
			8337	25
Mars.......	24	Pour N/T sur lui...................	6000	»
	31	Autre .. idem...............	4000	»
Avril......	3	Pour S/R sur N/V..................	2000	»
	25	Autre .. idem...............	5156	»
	30	Pour N/T sur lui.	4926	50
Mai.........	15	Pour S/R sur Vittoria.............	200	90
	22	Pour N/T sur lui..................	10000	»
Juin........	3	Autre .. idem...............	8007	75
	30	Pour S/R sur N/V................	10000	»
	Id.	Solde qui nous revient............	31908	60
			97037	»

M. JACQUES, DE PARIS;

COMPTE D'INTÉRÊTS.

Du 25 Décembre 1836.

	Sommes	c	Date	Jours	Nombres	Nombres
Crédit...	6000f 500	»e »	30 Janvier 1837.	36	»	2160
	6500 8337	» 25	31 dito........	1	»	65
	14837 350	25 »	1er Février....	1	»	148
	14487 21793	25 »	10 Mars.......	37	»	5360
Débit....	7305 6000	75 »	24 dito.......	14	1023	»
	1305 4911	75 50	31 dito.......	7	91	»
	6217 4000	25 »				
	2217 42643	25 20				
	44860 2000	45 »	3 Avril.......	3	1346	»
	42860 5156	45 »	25 dito.......	22	9429	»
	37704 4926	45 50	30 dito.......	5	1885	»
	32777 200	95 90	15 Mai........	15	4917	»
	32577 7	05 75	18 dito.......	3	977	»
	32584 10000	80 »	22 dito.......	4	1303	»
	22584 8007	80 75	3 Juin........	12	2710	»
	14577 21793	05 »	10 dito.......	7	1020	»
	36370 4911	05 50	30 dito.......	20	7274	»
	41281 10000	55 »	Idem.........	»	»	»
	31281 627	55 05	Idem.........	»	»	»
	31908	60			31975	7733

Intérêts à 5 p. % (31975 divisés par 72).... 444f | 10c | » | »
Idem à 4 p. % (7733 divisés par 90)........ » | » | 85f | 90c
DIFFÉRENCE OU BALANCE.............:. » | » | 358 | 20

444	10	444	10

274. Enfin, pour prévenir, autant que possible, les difficultés de tous les genres, nous parlerons d'un cas particulier, quoiqu'il ne se présente que très rarement : c'est celui où, quoique le taux des intérêts d'un compte soit le même de part et d'autre, il y a un ou plusieurs articles qui, par une exception spéciale, comportent un intérêt différent du taux général qui sert de base au réglement dudit compte.

Ainsi, supposons que, dans l'exemple du compte courant du n° 256, et nonobstant le taux de 5 p. $\frac{0}{0}$ réciproquement consenti par Jacques et Pierre, il fût cependant convenu entre eux que le premier article du débit de 3400 fr. serait passible de 4 p. $\frac{0}{0}$ d'intérêt seulement, tandis que le second article du crédit de 2586 fr. serait passible, au contraire, de 6 p. $\frac{0}{0}$.

Dans cette supposition, à 319600, produit des nombres du premier article du débit, j'aurais substitué 255680, qui n'en est que les $\frac{4}{5}$; et cela, parce que l'intérêt à 4 p. $\frac{0}{0}$ ne doit être que les $\frac{4}{5}$ de ce qu'il serait à 6.

De même, à 193950, produit des nombres du second article du crédit, j'aurais substitué 232740, qui en est les $\frac{6}{5}$; et cela, par la raison que l'intérêt à 6 p. $\frac{0}{0}$ doit être les $\frac{6}{5}$ de ce qu'il serait à 5.

En opérant de la même manière sur chaque article exceptionnel, on les ramène tous au taux commun qui sert de base au réglement du compte ; ce qui ne change rien aux balances subséquentes. De règle générale donc :

Après avoir multiplié chaque article exceptionnel par les jours correspondans, on multipliera ce résultat par la fraction ou le nombre fractionnaire, qui exprime le rapport de l'intérêt du taux particulier de cet article à l'intérêt au taux commun, servant de base au réglement du compte.

275. Nous terminerons ce chapitre par un tableau de concordance des Calendriers républicain et grégorien, qui est nécessaire pour la liquidation d'anciens comptes.

TABLEAU *indiquant la concordance des Calendriers républicain et grégorien.*

Le Calendrier républicain a commencé le 22 septembre 1792, époque de la fondation de la république ; mais il n'a été décrété que le 4 frimaire de l'an II (24 novembre 1793), et il servit, deux jours après, à dater les actes publics : il a été suivi jusqu'au 10 nivose an XIV (31 décembre 1805). Depuis cette époque, on a repris le Calendrier grégorien. Ainsi le Calendrier républicain a été en usage pendant 12 ans 1 mois 6 jours : comme on a souvent besoin, dans le commerce, de savoir à quelle époque du Calendrier grégorien correspond une époque donnée du Calendrier républicain, nous croyons faire une chose utile de donner une Table de concordance pour ces deux Calendriers.

	An II. 1793—1794.	An III. 1794—1795.	An IV. 1795—1796.	An V. 1796—1797.	An VI. 1797—1798.	An VII. 1798—1799.	An VIII. 1799—1800.
1 Vendém.	22 Sept. 1793.	22 Sept. 1794.	23 Sept. 1795.	22 Sept. 1796.	22 Sept. 1797.	22 Sept. 1798.	23 Sept. 1799.
15	6 Octob. id.	6 Octob. id.	7 Octob. id.	6 Octob. id.	6 Octob. id.	6 Octob. id.	7 Octob. id.
1 Brumaire.	22 Octob. id.	22 Octob. id.	23 Octob. id.	22 Octob. id.	22 Octob. id.	22 Octob. id.	23 Octob. id.
15	5 Nov. id.	5 Nov. id.	6 Nov. id.	5 Nov. id.	5 Nov. id.	5 Nov. id.	6 Nov. id.
1 Frimaire.	21 Nov. id.	21 Nov. id.	22 Nov. id.	21 Nov. id.	21 Nov. id.	21 Nov. id.	22 Nov. id.
15	5 Déc. id.	5 Déc. id.	6 Déc. id.	5 Déc. id.	5 Déc. id.	5 Déc. id.	6 Déc. id.
1 Nivose.	21 Déc. id.	21 Déc. id.	22 Déc. id.	21 Déc. id.	21 Déc. id.	21 Déc. id.	22 Déc. id.
15	4 Janv. 1794.	4 Janv. 1795.	5 Janv. 1796.	4 Janv. 1797.	4 Janv. 1798.	4 Janv. 1799.	5 Janv. 1800.
1 Pluviose.	20 Janv. id.	20 Janv. id.	21 Janv. id.	20 Janv. id.	20 Janv. id.	20 Janv. id.	21 Janv. id.
15	3 Févr. id.	3 Févr. id.	4 Févr. id.	3 Févr. id.	3 Févr. id.	3 Févr. id.	4 Févr. id.
1 Ventose.	19 Févr. id.	19 Févr. id.	20 Févr. id.	19 Févr. id.	19 Févr. id.	19 Févr. id.	20 Févr. id.
15	5 Mars id.	5 Mars id.	5 Mars id.	5 Mars id.	5 Mars id.	5 Mars id.	6 Mars id.
1 Germinal.	21 Mars id.	21 Mars id.	21 Mars id.	21 Mars id.	21 Mars id.	21 Mars id.	22 Mars id.
15	4 Avril id.	4 Avril id.	4 Avril id.	4 Avril id.	4 Avril id.	4 Avril id.	5 Avril id.
1 Floréal.	20 Avril id.	20 Avril id.	20 Avril id.	20 Avril id.	20 Avril id.	20 Avril id.	21 Avril id.
15	4 Mai id.	4 Mai id.	4 Mai id.	4 Mai id.	4 Mai id.	4 Mai id.	5 Mai id.
1 Prairial.	20 Mai id.	20 Mai id.	20 Mai id.	20 Mai id.	20 Mai id.	20 Mai id.	21 Mai id.
15	3 Juin id.	3 Juin id.	3 Juin id.	3 Juin id.	3 Juin id.	3 Juin id.	4 Juin id.
1 Messidor.	19 Juin id.	19 Juin id.	19 Juin id.	19 Juin id.	19 Juin id.	19 Juin id.	20 Juin id.
15	3 Juillet id.	3 Juillet id.	3 Juillet id.	3 Juillet id.	3 Juillet id.	3 Juillet id.	4 Juillet id.
1 Thermidor.	19 Juillet id.	19 Juillet id.	19 Juillet id.	19 Juillet id.	19 Juillet id.	19 Juillet id.	20 Juillet id.
15	2 Août id.	2 Août id.	2 Août id.	2 Août id.	2 Août id.	2 Août id.	3 Août id.
1 Fructidor.	18 Août id.	18 Août id.	18 Août id.	18 Août id.	18 Août id.	18 Août id.	19 Août id.
15	1 Sept. id.	1 Sept. id.	1 Sept. id.	1 Sept. id.	31 Août id.	1 Sept. id.	2 Sept. id.
5e jour compl.	21 Sept. id.	21 Sept. id.	21 Sept. id.	21 Sept. id.	20 Sept. id.	21 Sept. id.	22 Sept. id.
6e id.........	....	22 Sept. id.	....	....	21 Sept. id.	22 Sept. id.	....

Suite du tableau C indiquant la concordance des Calendriers republicain et grégorien.

	An IX. 1800—1801.	An X. 1801—1802.	An XI. 1802—1803.	An XII. 1803—1804.	An XIII. 1804—1805.	An XIV. 1805.	
1 Vendém.	23 Sept. 1800.	23 Sept. 1801.	23 Sept. 1802.	24 Sept. 1803.	22 Sept. 1804.	23 Sept. 1805.	
15	7 Octob. id.	7 Octob. id.	7 Octob. id.	8 Octob. id.	7 Octob. id.	7 Octob. id.	
1 Brumaire.	23 Octob. id.	23 Octob. id.	23 Octob. id.	24 Octob. id.	23 Octob. id.	23 Octob. id.	
15	6 Nov. id.	6 Nov. id.	6 Nov. id.	7 Nov. id.	6 Nov. id.	6 Nov. id.	
1 Frimaire.	22 Nov. id.	22 Nov. id.	22 Nov. id.	23 Nov. id.	22 Nov. id.	22 Nov. id.	
15	6 Déc. id.	6 Déc. id.	6 Déc. id.	7 Déc. id.	6 Déc. id.	6 Déc. id.	
1 Nivose.	22 Déc. id.	22 Déc. id.	22 Déc. id.	23 Déc. id.	22 Déc. id.	22 Déc. id.	
15	5 Janv. 1801.	5 Janv. 1802.	5 Janv. 1803.	6 Janv. 1804.	5 Janv. 1805.		
1 Pluviose.	21 Janv. id.	21 Janv. id.	21 Janv. id.	22 Janv. id.	21 Janv. id.		
15	4 Févr. id.	4 Févr. id.	4 Févr. id.	5 Févr. id.	4 Févr. id.		
1 Ventose.	20 Févr. id.	20 Févr. id.	20 Févr. id.	21 Févr. id.	20 Févr. id.		
15	6 Mars id.	6 Mars id.	6 Mars id.	6 Mars id.	6 Mars id.		
1 Germinal.	22 Mars id.	22 Mars id.	22 Mars id.	22 Mars id.	22 Mars id.		
15	5 Avril id.	5 Avril id.	5 Avril id.	5 Avril id.	5 Avril id.		
1 Floréal.	21 Avril id.	21 Avril id.	21 Avril id.	21 Avril id.	21 Avril id.		
15	5 Mai id.	5 Mai id.	5 Mai id.	5 Mai id.	5 Mai id.		
1 Prairial.	21 Mai id.	21 Mai id.	21 Mai id.	21 Mai id.	21 Mai id.		
15	4 Juin id.	4 Juin id.	4 Juin id.	4 Juin id.	4 Juin id.		
1 Messidor.	20 Juin id.	20 Juin id.	20 Juin id.	20 Juin id.	20 Juin id.		
15	4 Juillet id.	4 Juillet id.	4 Juillet id.	4 Juillet id.	4 Juillet id.		
1 Thermidor.	20 Juillet id.	20 Juillet id.	20 Juillet id.	20 Juillet id.	20 Juillet id.		
15	3 Août id.	3 Août id.	3 Août id.	3 Août id.	3 Août id.		
1 Fructidor.	19 Août id.	19 Août id.	19 Août id.	19 Août id.	19 Août id.		
15	2 Sept. id.	2 Sept. id.	2 Sept. id.	2 Sept. id.	2 Sept. id.		
5e jour compl	22 Sept. id.	22 Sept. id.	22 Sept. id.	22 Sept. id.	22 Sept. id.		
6e id.........	....	....	23 Sept. id.	....	....		

CHAPITRE III.

DES FONDS PUBLICS FRANÇAIS ET ÉTRANGERS.

Des Fonds publics français.

276. La partie de la dette publique, constituée en rentes perpétuelles, consiste aujourd'hui en *cinq pour cent consolidés*, en *quatre et demi*, *quatre, et trois pour cent.*

Jusqu'à l'apparition de l'ordonnance royale du 29 avril 1831, il n'y avait que des inscriptions de rentes *nominatives*; mais l'article 1er de cette ordonnance autorise tout propriétaire de rentes sur l'Etat d'en réclamer la conversion en titres au porteur; la transmission de ces derniers titres ne donnant lieu à aucun transfert, la négociation peut s'en opérer sans l'entremise des agens de change.

Les arrérages des rentes 5 p. %, 4 ½ et 4 p. % se paient chaque semestre, aux 22 mars et 22 septembre de chaque année.

Les arrérages des rentes 3 p. % se paient les 22 juin et 22 décembre de chaque année.

Les arrérages sont payés à tout porteur d'inscription (titulaire ou non), sur la présentation qu'il en fait.

La rente *ferme* (¹), les 6 mars et 6 septembre, pour les 5, 4 ½ et 4 p. %; et les 6 juin et 6 décembre, pour le 3 p. %. Lorsque le 6 est un jour férié, la clôture est remise au lendemain, 7.

Les inscriptions, au Grand Livre, de la dette publique sont *insaisissables*. Aucune opposition ne peut être admise à la vente des inscriptions ni au paiement de leurs arrérages : le gouvernement, seul, s'en est réservé le droit contre ses comptables.

Pour coter les cours des rentes françaises, on a pris pour base, savoir :

Le prix de. ..
$\left\{\begin{array}{l} \text{5 francs de rente pour les 5 p. \%;} \\ \text{4 fr. 50 c...\textit{id}... pour les 4 } \tfrac{1}{2} \text{ p. \%;} \\ \text{4 fr.......\textit{id}... pour les 4 p. \%;} \\ \text{3 fr.......\textit{id}... pour les 3 p. \%.} \end{array}\right.$

De sorte que, lorsque les 5 p. % sont cotés, par exemple, à 101 fr. ou à 101 fr. 50 c., cela veut dire que 5 fr., de cette espèce de rente, coûtent ou 101 fr. ou 101 fr. 50 c., et que, par conséquent, une inscription de 50 fr. de rente coûte 1010 fr. dans le premier cas, et 1015 fr. dans le second.

De même, lorsque le 3 p. % est coté à 79 fr. 75 c., cela signifie que 3 fr., de cette espèce de rente, valent 79 fr. 75 c., et que, par conséquent, une inscription de 30 fr. de rente vaudra 797 fr. 50 c. et ainsi de suite.

L'intérêt annuel que l'Etat paie au porteur d'une inscription est ce qu'on appelle l'intérêt *nominal*. Cet intérêt, dont la quotité est subordonnée au taux constitutif de chaque espèce de fonds, est invariable de sa nature.

Le capital *nominal* de la rente est également invariable, parce qu'il consiste dans la somme fixe de 100 fr., dont l'Etat s'est reconnu débiteur, ou par chaque 5 fr. de rente, ou par chaque 4 fr. de rente, et ainsi de

---

(¹) En termes de Bourse, *fermer* ou détacher le coupon sont des expressions synonymes.

suite, selon chaque espèce de fonds publics ; d'où il suit que leur dénomination indique tout à la fois le *taux nominal* et le capital *nominal*.

277. Nous allons parcourir successivement le cercle des différentes opérations de Bourse, relatives aux négociations au comptant, tant pour les
fonds français que pour les fonds étrangers; car il ne saurait entrer dans
nos vues de donner la moindre notion sur les marchés à terme, lesquels
ne sont, à proprement parler, qu'au pari sur la hausse ou sur la baisse ;
un jeu déplorable, nuisible, tout à la fois, à l'industrie et au crédit public ; enfin, un jeu ruineux pour les particuliers, et profitable aux seuls
agens de change.

Cinq pour cent consolidés.

EXEMPLE I.

278. *Combien coûteront* 322 *fr.* 50 *c. de rente* 5 *p.* °/₀, *au cours de* 101 *fr.*
25 *c. ?*

Comme 5 fr. de rente à ce taux, au lieu de représenter un capital de
100 fr., seulement, en représentent un de 101 fr. 25 c., et que les sommes
qui expriment les rentes sont en raison directe de leurs capitaux respectifs, il en résulte que je dois trouver le coût demandé, au moyen de
la proportion suivante (173) :

Rente.   Cours.   Capital.   Rente.   Capital.

fr. 5 fr. : 101 fr. 25 c. : : 322 fr. 50 c. : x ,

dont le quatrième terme, 6530 fr. 62 c., satisfait à la question.

EXEMPLE II.

Combien peut-on acheter de rentes 5 *p.* °/₀, *au cours de* 101 *fr.* 25 *c., avec
un capital de* 6530 *fr.* 62 *c. ?* ou bien, ce qui est la même chose :
Quelle est la somme de rentes 5 *p.* °/₀, *qu'il faut vendre au cours de*
101 *fr.* 25 *c., pour se procurer ce même capital de* 6530 *fr.* 62 *c. ?*

Les quantités de rentes étant, ainsi que nous venons de le voir, en
raison directe des capitaux qu'elles représentent, je trouverai la quantité de rentes demandée en formant la proportion suivante (173) :

Cours. Capital. Rente.   Capital.   Rente.

101 fr. 25 c. : 5 fr. : : 6530 fr. 62 c. :   x ,

dont le quatrième terme, 322 fr. 50 c. de rente, satisfait à la question.

EXEMPLE III.

322 *fr.* 50 *c. de rente* 5 *p.* °/₀ *ont coûté* 6530 *fr.* 62 *c., on demande quel
était le prix d'achat?*

Toujours en vertu du même principe que les quantités des rentes sont
en raison directe de leurs capitaux relatifs, je trouverai le prix d'achat
demandé, au moyen de la proportion suivante (173):

Rente.   Capital.   Rente.   Capital.

322 fr. 50 c. : 6530 fr. 62 c. : : 5 fr.   :   x ,

dont le quatrième terme, 101 fr. 25 c., satisfait à la question.

EXEMPLE IV.

279. *A quel taux place son argent celui qui achète des rentes* 5 *p.* °/₀, *au
cours de* 90 *fr.* 90 *c. ?* ou, en d'autres termes :
Quel est l'intérêt représentatif du 5 *p.* °/₀, *au cours de* 90 *fr.* 90 *c. ?*

Il est évident que le taux de l'intérêt cherché sera d'autant plus élevé, que le prix de la rente sera plus bas, et que ce taux sera, au contraire, d'autant plus bas, que le prix de la rente sera plus élevé ; d'où il suit que le capital réel de la rente (son prix vénal) et son capital nominal sont en raison inverse de leur intérêt relatif, de sorte que plus donne moins , et moins donne plus ; je trouverai, par conséquent, le taux d'intérêt demandé dans le quatrième terme de la proportion suivante (174) :

$$90 \text{ fr. } 90 \text{ c. } : 100\, fr. : : 5 \text{ fr. } : x,$$

qui est $5\frac{1}{2}$ ou 5 fr. 50 c. p. $\frac{0}{0}$.

EXEMPLE V.

A quel cours faut-il acheter des rentes 5 p. $\frac{0}{0}$, *pour que l'argent qu'on y place rapporte* $5\frac{1}{2}$ p. $\frac{0}{0}$ *l'an?*

Toujours en vertu de ce dernier principe que le capital réel et le capital nominal de la rente sont en raison inverse de leur intérêt relatif, je trouverai le cours demandé au moyen de la proportion suivante (274) :

$$4\frac{1}{2} \text{ p. } \frac{0}{0} : 5 \text{ fr. } : : 100 \text{ fr. } : x,$$

dont le quatrième terme, 90 fr. 90 c., satisfait à la question.

280. La manière d'opérer que nous venons d'indiquer, relative aux cinq différentes questions qui précèdent, pour les rentes *cinq pour cent consolidés*, est absolument la même, lorsqu'il s'agit des $4\frac{1}{2}$, 4 et 3 p. $\frac{0}{0}$: en sorte qu'en résumant les notions ci-dessus, on en déduit les cinq règles générales suivantes, qui s'appliquent à toutes les rentes perpétuelles françaises créées ou à créer, quel que soit, d'ailleurs, le taux de leur constitution.

281. *Pour trouver la valeur d'une quantité quelconque de rentes perpétuelles françaises, quel qu'en soit le taux constitutif, et à n'importe quel cours, il faut multiplier la quantité proposée par le cours, et diviser le produit par le taux d'intérêt nominal du fonds dont il s'agit.* (Voyez, pour l'application de ce principe, l'exemple I.)

282. *Pour trouver la quantité de rentes en fonds publics français, que l'on peut acheter avec un capital quelconque, d'après les prix cotés sur le bulletin de la Bourse, il faut multiplier le capital proposé par le taux d'intérêt nominal du fonds dont il s'agit, et diviser le produit par le cours.* (Voyez, pour l'application de ce principe, l'exemple II.)

283. *Pour déterminer le prix d'achat d'une somme de rentes perpétuelles françaises dont on connaît le coût, il faut multiplier ce coût par le taux d'intérêt nominal du fonds dont il s'agit, et diviser le produit par la somme des rentes proposée.* (Voyez, pour l'application de ce principe, l'exemple III.)

284. *Pour connaître à quel taux d'intérêt on place son argent, lorsqu'on achète des rentes perpétuelles françaises, quel qu'en soit le taux constitutif, et à n'importe quel cours, il faut multiplier le taux d'intérêt nominal du fonds dont il s'agit par 100, et diviser le produit par le cours proposé.* (Voyez, pour l'application de ce principe , l'exemple IV.)

285. *Pour trouver le cours auquel il faut acheter des rentes perpétuelles françaises, quel qu'en soit le taux constitutif, pour que ce placement rapporte un taux d'intérêt déterminé, il faut multiplier le taux d'intérêt nominal du fonds dont il s'agit par 100, et diviser le produit par le taux d'intérêt proposé.* (Voyez, pour l'application de ce principe, l'exemple V.)

Actions de la Banque de France.

286. La Banque de France a été instituée en vertu de la loi du 24 germinal an XI (14 avril 1803), et du 22 avril 1806, avec un privilége de

quinze années, qui fut prorogé ensuite jusqu'au 22 septembre 1843 (¹).

Le capital primitif de la Banque de France fut fixé à 45 millions, divisés en 45 mille actions de 1000 fr. chacune. Au 1ᵉʳ janvier 1808 , elle fut autorisée à émettre 45 mille nouvelles actions de 1200 fr. de capital chacune , mais, au moyen d'un prélèvement de 200 fr. opéré sur le bénéfice existant, on rétablit l'égalité entre les 45 mille premières actions et les 45 mille nouvelles ; et , dès lors, les 90 mille actions participèrent, sans distinction d'origine, à un dividende égal.

Conformément à la loi du 17 mai 1834, le fonds de réserve, à maintenir par la Banque de France sur les bénéfices acquis, est fixé à la somme de dix millions, représentés par 500000 fr. de rente 5 p. $\frac{0}{0}$, et de l'hôtel de la Banque, qui figure pour une somme de quatre millions dans l'actif de cet établissement.

Le dividende semestriel se compose : 1° d'une répartition prise sur les bénéfices, égale à 6 p. $\frac{0}{0}$, sur le capital primitif de 1000 fr. par action ; 2° des deux tiers du surplus des bénéfices , le troisième tiers devant être mis en fonds de réserve. Néanmoins, en vertu de la loi précitée, du 17 mai 1834, la totalité des bénéfices doit être répartie , à moins que , dans des semestres précédens, la Banque n'ait été forcée d'effectuer un prélèvement sur la réserve, pour compléter le dividende légal de 6 p. $\frac{0}{0}$, pour cause d'insuffisance de bénéfice. En pareil cas, il doit être procédé comme antérieurement à l'apparition de la loi du 17 mai 1834 ; c. à d. qu'un tiers du surplus des bénéfices doit être mis en fonds de réserve , jusqu'à ce que la somme de dix millions se trouve complétée.

D'après ces diverses prescriptions de la loi , chaque dividende semestriel ne peut être moindre que 30 fr. par action ; il est payé, à bureau ouvert, les 1ᵉʳ janvier et 1ᵉʳ juillet de chaque année.

La transmission des actions s'opère par de simples transferts sur des registres doubles tenus à cet effet. Elles sont valablement transférées par la déclaration du propriétaire ou de son fondé de pouvoirs, signée sur les registres et certifiée par un agent de change, si , toutefois, il n'y a point d'opposition signifiée et visée à la Banque.

La Banque n'admet à l'escompte que du papier à trois signatures ; mais le transfert pur et simple des actions à la Banque équivaut à la troisième signature. Les actions transférées garantissent à la Banque le recouvrement des effets escomptés.

EXEMPLE.

Quel est l'intérêt que rapporte une action de la Banque de France, achetée à 1827 fr., lorsque le dividende, pour le semestre échu, est de 37 fr. 75 c. ?

Comme il s'agit ici de déterminer le taux annuel de l'intérêt, et que le dividende proposé, 37 fr. 75 c., ne représente que l'intérêt d'un semestre, je double ce dividende, ce qui donne 75 fr. 50 c. Alors, la question ci-dessus est changée en cette autre : *1827 fr. ont rapporté 75 fr. 50 c., pendant un an, combien rapporteront 100 fr. pendant le même temps ?* et je fais, par conséquent, la proportion suivante :

$$1827 \text{ fr. } : 75 \text{ fr. } 50 \text{ c. } :: 100 \text{ fr. } : x,$$

dont le 4ᵉ terme, 4,13 p. $\frac{0}{0}$, satisfait à la question.

REMARQUE. Cette solution suppose que le dividende prochain sera égal au semestre précédent, donnée tout à fait éventuelle de sa nature · en sorte que , rigoureusement parlant, on ne peut point évaluer, d'une manière bien précise, l'intérêt représentatif d'une action de la Banque de

---

France; mais, lorsqu'on voudra établir ce calcul d'après la base que nous venons d'indiquer, il suffira *de multiplier par 200 le dividende fixé pour le semestre échu, et de diviser le produit par le prix coûtant de l'action.*

Emprunt de la ville de Paris de 40 millions de francs de capital.

287. Cet emprunt, destiné à éteindre d'anciennes dettes et à subvenir à de nouveaux besoins, a été autorisé par la loi du 29 mars 1832, et adjugé, le 29 mai suivant, au prix de 4 fr. 87 c., à une compagnie des principaux banquiers de Paris, à la tête de laquelle figuraient MM. Rotschild frères.

Cet emprunt est constitué en annuités, et émis sous la forme de loterie; il est divisé en 40000 obligations au porteur, de 1000 fr. de capital chacune, produisant un intérêt fixe de 4 p. ½ de leur valeur nominale. Cet intérêt est payable, par semestre, les 1er janvier et 1er juillet de chaque année, jusqu'au remboursement intégral du capital, qui doit s'effectuer progressivement en vingt anuées, à dater du 1er janvier 1833 jusqu'au 1er juillet 1853, inclusivement, conformément au tableau imprimé au dos de chaque obligation.

Aux mêmes époques des 1er janvier et 1er juillet de chaque année, il se fait publiquement, à l'Hôtel-de-Ville, en présence du préfet de la Seine, un tirage des obligations à rembourser dans le semestre suivant. Les seize premiers numéros sortant de la roue de fortune donnent droit à des lots ou primes de diverses quotités, dont voici le tableau de répartition :

Le numéro premier sortant gagné.....	50000 fr.		
Le 2e	20000		
Le 3e	15000		
Le 4e	12000	} 112000 fr.
Le 5e	10000		
Les dix numéros suivans, chacun 500 fr...	5000		

Le numéro 16 gagne la somme rompue, formant le solde et excédant 112000 fr., laquelle varie à chaque tirage de la somme la plus haute, 1740 fr., à la moins élevée, 700 fr.; ce qui donne, pour terme moyen de ce seizième lot, ci...... 1220

Total des 16 lots..... 113220 fr.

Cet emprunt, comme nous l'avons déjà dit plus haut, tient tout à la fois des annuités et de la loterie; il tient des annuités, dont nous avons expliqué le mode de constitution (240), en ce que le remboursement du capital et des intérêts a lieu en quarante paiemens ('), et il tient de la loterie par la répartition semestrielle des lots gagnans. En effet, il faut remarquer que, bien qu'adjugé au taux de 4 fr. 87 c. contre 100 fr. de capital, il ne produit que 4 p. ½ d'intérêt fixe, et c'est précisément ces 87 c. excédans qui sont employés, tous les six mois (du moins en grande partie), au paiement des primes attribuées aux seize numéros favorisés par le sort.

MM. Blanc, Colin et Ce, banquiers à Paris, assurent ces obligations contre la chance de sortie, sans lots, moyennant une certaine rétribution, proportionnelle tout à la fois à leur cours et au nombre de celles restant à rembourser au moment de leur assurance; c. à d. que si une obligation assurée venait à sortir au prochain tirage, sans gagner de lot toutefois, ils s'engagent à l'échanger contre une autre qui est encore dans la roue de fortune.

---

(1) La seule différence que présente le mode de cet emprunt avec celui des annuités proprement dites, c'est que, dans ces dernières, les paiemens sont égaux, tandis que, dans l'emprunt de Paris, ils sont de sommes inégales.

La Banque de France est chargée du paiement des intérêts, et d'effectuer le remboursement du principal des obligations amorties à chaque tirage.

EXEMPLE.

A quel taux d'intérêt Jean place-t-il son argent, en achetant des obligations au porteur de la ville de Paris, au cours de 1340 francs?

Comme les capitaux réels des obligations (leur prix vénal) et leurs capitaux nominaux sont en raison inverse de leurs intérêts relatifs, je trouverai l'intérêt demandé dans le quatrième terme de la proportion suivante (174) :

Cours. Capital.   Rente.   Capital.   Rente.

1340 fr. : 40 fr. :: 100 : x,

dont le 4e terme, 2,99, soit 3 p. $\frac{0}{0}$, exprime l'intérêt brut de l'argent.

Mais, comme, ainsi que nous venons de le dire un peu plus haut, la ville de Paris rembourse tous les semestres, sur le pied de leur valeur nominale, un certain nombre d'obligations qui va croissant à chaque nouveau tirage, on est exposé, si l'on ne se fait assurer, à perdre, par l'effet de ce remboursement, la différence entre le pair, 1000 fr., de chaque obligation, et leur prix d'achat, différence qui est ici de 340 fr., et qui équivaut à la privation des intérêts pendant plus de huit ans de suite. Aussi la prudence fait-elle que la plupart des porteurs de ces obligations les font assurer, et c'est pourquoi il convient de déduire de 20 fr., montant de chaque coupon, le coût de l'assurance, qui, au cours actuel de 1340 fr. (¹), est de 7 fr. 95 c.; en sorte que le produit net d'une obligation n'est ici que de 12 fr. 05 c. pour le semestre courant, ce qui ne représente que 1,80 p. $\frac{0}{0}$ d'intérêt annuel seulement.

Les rentes perpétuelles françaises offrant un mode de placement tout aussi solide et beaucoup plus avantageux, il est évident que ce qui contribue le plus particulièrement à élever le cours de ces obligations si fort au dessus du pair, c'est l'espérance de gagner le gros lot de 50000 fr., et subsidiairement les autres lots, la fureur du jeu, enfin. Or, pour se convaincre combien cette espérance est chimérique, il suffit d'établir les calculs et les rapprochemens suivans :

Le 1er janvier 1835, il restera encore 36000 obligations dans la roue de fortune, d'où il résulte que les probabilités respectives de gagner chacun des seize lots, montant ensemble à 113220 fr., s'élèveront à la somme de 113220 fr. $\times \frac{1}{36000}$ ou à $\frac{113220}{36000}$, équivalant à 3 fr. 14 c.; c. à d. que la chance de sortie des 16 numéros gagnans représente un surcroît de valeur de 3 fr. 14 c. pour chaque obligation.

Maintenant, supposons que Pierre place la même somme de 1340 fr. en *cinq pour cent consolidés*. Au cours actuel de 104 fr. (²), il se procurera 64 fr. 42 c. de rente annuelle (282), soit 32 fr. 21 c. par semestre, excédant de 20 fr. 16 c. les 12 fr. 05 c. ci-dessus, lesquels 12 fr. 05 c. forment, ainsi que nous venons de le voir un peu plus haut, le produit net d'une obligation de la ville de Paris, pendant le 2e semestre de 1834. Cela posé, supposons encore que Pierre place cet excédant de 20 fr. 16 c. à la loterie royale sur un terne sec, qui se paie 5500 fois la mise. En cas de sortie des trois numéros qu'il aura choisis, Pierre gagnera 110880 fr. *bruts*, produit de 20 fr. 16 c. par 5500, ou 110859 fr. 84 c. *nets*, soit 110860 fr. : or, comme avec 90 numéros, on peut faire 117480 ternes différens, dont 10 sont heureux à chaque tirage, il en résulte que la probabilité, pour Pierre, de ga-

---

(¹) Au moment où j'écris (novembre 1834), le cours de ces obligations se maintient, depuis plus d'un mois, entre 1335 et 1350 fr.

(²) Au moment où j'écris (novembre 1834), le cours du 5 p. $\frac{0}{0}$ se maintient depuis long-temps au cours moyen de 104 fr.

gner les 110860 fr. ci-dessus sera de $\frac{1}{11748}$; et, comme 110860 fr. $\times \frac{1}{11748} = \frac{110860}{11748} = $ 9 fr. 43 c., le billet de loterie de Pierre vaudra donc 9 fr. 43 c. avant le tirage.

Or, nous venons de voir, un peu plus haut, qu'une obligation de la ville de Paris, envisagée uniquement sous le rapport du droit éventuel qu'elle peut donner à la répartition des lots gagnans, ou, si l'on aime mieux, que cette obligation, considérée comme billet de loterie, ne valait, avant le tirage du 1ᵉʳ janvier 1835, que 3 fr. 14 c., lesquels ne forment que le tiers des 9 fr. 43 c., valeur du billet de loterie de Pierre à la même époque.

En dernière analyse, il résulte bien évidemment de ce rapprochement que, toutes choses égales d'ailleurs entre Jean et Pierre, quant à la jouissance des intérêts d'un capital identique de part et d'autre, il résulte, dis-je, de ce rapprochement, rapporté au 1ᵉʳ janvier 1835, que la probabilité, pour Pierre, de gagner les 110860 fr., produit de son terne, est trois fois plus forte, ou, pour parler plus exactement, trois fois moins faible que la probabilité, pour Jean, de gagner les 113220 fr., formant le montant des seize lots attribués aux obligations de la ville de Paris.

Jean a donc doublement tort de jouer, d'abord celui de jouer en lui-même, et puis celui de choisir une chance trois fois plus désavantageuse que celle du terne sec de la loterie royale.

Est-ce à dire, pour cela, qu'il faille jouer à la loterie? Non, certes; et personne n'est moins suspect que moi, à cet égard, puisque je suis auteur d'un opuscule (*la Loterie dévoilée*), couronné par la Société pour l'Instruction élémentaire, au concours de 1827, opuscule dont il a été tiré plus de trente mille exemplaires, tant à Paris que dans les départemens, et qui, je crois, a contribué à hâter la suppression de la loterie.

DES FONDS PUBLICS ÉTRANGERS.

De la Dette publique de Naples.

288. La dette publique du royaume de Naples et des Deux-Siciles se compose :

1°. De 2,400,000 ducats de rentes cinq pour cent inscrites au Grand-Livre;

2°. De l'emprunt de Sicile, de 3,000,000 de ducats de capital, négocié le 26 mai 1821;

3°. De l'emprunt de 2,500,000 livres sterling, capital nominal, contracté à Naples, le 24 février 1824.

Les inscriptions au Grand-Livre de Naples sont nominatives; mais, pour faciliter en Europe la circulation de ces rentes, le Gouvernement napolitain a autorisé, d'abord à Naples, et un peu plus tard à Paris, l'établissement de deux sociétés, qui émettent des certificats de rentes de Naples *au porteur*, contre la même valeur en rente déposée à la Direction du Grand-Livre du royaume.

RENTES DE NAPLES.

Certificats Falconnet et compagnie.

289. Les certificats *au porteur*, émis par MM. Falconnet et compagnie à Naples, sont de 25 et de 500 ducats chacun, et le ducat est toujours évalué au change fixe de 4 fr. 40 c.

Ces certificats sont accompagnés de quatorze coupons d'intérêt, qui sont payés tous les six mois, sans aucune retenue, à Naples, par MM. Falconnet et compagnie, au 1ᵉʳ janvier et au 1ᵉʳ juillet de chaque année. MM. Rotschild frères les paient aussi à bureau ouvert, à Paris, et, la plupart du temps, plusieurs jours avant leur échéance, mais à un change au dessous du cours du jour, et qu'ils règlent de manière à y trouver le prélèvement de leur commission.

Aux termes de l'art. 2 de l'arrêté de la Chambre syndicale des agens de change, du 12 octobre 1822, chaque certificat de rentes de Naples, de l'émission Falconnet, doit, pour être négociable à la Bourse, être accompagné, au moins, d'un coupon d'intérêt.

De plus, il faut avoir soin de vérifier si ces certificats sont dépareillés, autrement dit, *boiteux*, c. à d. s'ils portent les mêmes numéros que les coupons : sans quoi, la négociation, par l'intermédiaire des agens de change, en devient impossible ([1]).

Les fonds de Naples sont cotés à la Bourse d'après la même base que les fonds français, c. à d. que le prix porté sur le bulletin authentique se rapporte à 5 ducats de rente. Ainsi, quand la rente de Naples (certificats Falconnet) est cotée à 94 fr. 50 c., par exemple, cela signifie que 5 ducats de rente coûtent 94 ½ ducats.

EXEMPLE I.

290. *Combien coûtera un certificat au porteur de 25 ducats de rente, émission Falconnet, au cours de 94 fr. 50 c.?*

L'opération arithmétique est absolument la même que celle de l'exemple du n° 278 pour les cinq pour cent consolidés, avec cette différence, pourtant, qu'il s'agit, dans cette occasion, de trouver le coût des ducats, non en ducats mêmes, mais en francs. Or, comme dans toutes les transactions relatives aux rentes de Naples, la valeur conventionnelle du ducat a été fixée, une fois pour toutes, à 4 fr. 40 c., il suit de là que chaque certificat de 25 ducats de rente vaut 110 fr., produit de 25 par 4 fr. 40 c. Ainsi, je trouverai le coût demandé au moyen de la proportion suivante :

Rente.	Rente.	Cours. Capital.	Capital.
5 fr. :	110 fr.	:: 94 fr. 50 c. :	x,
1 :	22		

dont le 4ᵉ terme, 2079 fr., satisfait à la question.

Il résulte de cette règle que, si l'on voulait connaître le coût de plusieurs certificats de 25 ducats, le moyen le plus simple serait d'opérer d'abord comme pour un seul certificat, et de multiplier ensuite ce résultat par le nombre donné de certificats.

C'est ainsi que je trouve que, au même change de 94 fr. 50 c., quatre certificats, de 25 ducats chacun, coûteront 8316 fr., car $4 \times 22 \times 94$ fr. 50 c. $= 8316$ fr.

EXEMPLE II.

Combien coûtera un certificat au porteur de 500 ducats de rente, émission Falconnet, au cours de 94 fr. 50 c.?

500 ducats, au change invariable de 4 fr. 40 c., valent 2200 fr. Ainsi, je trouverai le coût demandé au moyen de la proportion suivante :

Rente.	Rente.	Cours. Capital.	Capital.
5 fr. :	2200 fr.	:: 94 fr. 50 c. :	x,
1 :	440		

dont le 4ᵉ terme, 41580, satisfait à la question.

EXEMPLE III.

Combien, avec un capital de 9000 fr., peut-on acheter de certificats au porteur de 25 ducats de rente, émission Falconnet, au cours de 94 fr. 50 c. ?

---

[1] Ces ducats étant payables au porteur, il s'ensuit qu'on peut les négocier directement et sans l'entremise des agens de change, puisque cette négociation ne donne lieu à aucun transfert.

Le moyen le plus simple de résoudre toutes les questions de la même nature est d'opérer comme ci-après :

Conformément à la proportion fondamentale du 1er exemple du présent numéro, je multiplie d'abord 94 fr. 50 c., change proposé, par 22, ce qui donne 2079 fr. pour produit et coût d'un certificat de 25 ducats de rente.

Je divise ensuite 9000 fr., capital proposé, par 2079 fr., et j'ai 4 pour quotient, et 684 de reste ; d'où il suit qu'on ne pourra acheter que quatre certificats de 25 ducats de rente chacun, et que les 684 fr. de surplus resteront sans emploi, attendu que les certificats ne se fractionnent pas.

291. Il résulte de la simplification des deux premiers termes des proportions fondamentales des deux premiers exemples ci-dessus, et de ce que nous venons de dire dans le dernier exemple, les deux règles générales suivantes :

Pour trouver le coût d'un certificat de 25 ou de 500 ducats de rente de Naples (émission Falconnet), *il suffit, dans le premier cas, de multiplier le nombre fixe 22 par le cours, et, dans le second cas, de multiplier par ce même cours le nombre fixe 440.*

Nota. S'il s'agissait de plusieurs certificats, on opérerait d'abord comme pour un seul, et l'on multiplierait ensuite le résultat par le nombre donné de certificats.

292. *Pour connaître le nombre de certificats, soit de 25, soit de 500 ducats de rente de Naples, qu'on pourra acheter avec un capital quelconque, calculez d'abord le coût d'un de ces certificats d'après la règle précédente ; divisez ensuite par ce coût le capital proposé, et les entiers du quotient donneront le nombre de certificats demandé, et la fraction la somme qui ne pourra être employée à cet achat.*

Obligations de Sicile.

293. À partir de l'année 1821, le roi des Deux-Siciles a séparé les finances de la Sicile de celles du royaume de Naples ; il a créé, à cet effet, 3750 obligations de Sicile *au porteur*, de 1200 ducats de capital chacune, portant 5 p. ⁰/₀ d'intérêt fixe de leur valeur nominale, et remboursables en 17 ans et demi, à partir du 1er janvier 1823. Les intérêts en sont payés tous les six mois, au 1er janvier et au 1er juillet de chaque année.

EXEMPLE I.

Combien coûtera une obligation de Sicile de 1200 ducats de capital, au cours de 95 fr. ?

La manière d'opérer est absolument la même que celle pour les ducats Falconnet du n° 290, avec cette différence, pourtant, que les obligations de Sicile étant de 1200 ducats de capital, au lieu de 1200 ducats de rente, il faut substituer, dans la nouvelle proportion, au 1er terme 5 de l'ancienne, qui exprimait l'intérêt à 5 p. ⁰/₀, le capital 100 fr. correspondant à ces 5 fr. ; car les certificats Falconnet et les obligations de Sicile portant le même intérêt, celui de 5 p. ⁰/₀, et 1200 ducats, au change invariable de 4 fr. 40 c., valant 5280 fr., je trouverai le coût demandé au moyen de la proportion suivante :

Capital.	Capital.		Cours. Capital.	Capital.
100 fr.	: 5280 fr.			
1 fr.	: 52 fr. 80 c.	⎰ ⎱ ::	95 fr.	: x,

dont le quatrième terme, 5016 fr., satisfait à la question.

Nota. S'il s'agissait de plusieurs obligations, le moyen le plus simple serait d'opérer d'abord comme pour une seule, et de multiplier ensuite ce résultat par le nombre donné d'obligations.

EXEMPLE II.

*Combien, avec un capital de 27100 fr., pourra-t-on acheter d'obliga-
tions de Sicile de 1200 ducats de capital, au cours de 95 fr. ?*

Le moyen le plus simple de résoudre toutes les questions de la même
nature est d'opérer comme ci-après :

Conformément à la dernière proportion fondamentale ci-dessus, je
multiplie 95 fr., change proposé, par 52 fr. 80 c., ce qui donne 5016 fr.
pour le coût d'une obligation.

Je divise ensuite le capital proposé, 27100 fr., par 5016 fr., et j'ai
5 pour quotient et 2020 pour reste; d'où il suit qu'on ne pourra acheter
que cinq obligations de Sicile de 1200 ducats de capital chacune, et que
les 2020 fr. du surplus resteront sans emploi, attendu que les obligations
ne se fractionnent pas.

294. Il résulte de la simplification des deux premiers termes de la
proportion fondamentale du premier exemple ci-dessus (293), et de ce
que nous venons de dire dans le dernier exemple, les deux règles générales suivantes :

*Pour trouver le coût d'une obligation de Sicile de 1200 ducats de ca-
pital, il suffit de multiplier le nombre fixe 52,80 par le prix porté sur
le cours de la Bourse ; ce qui, dans la pratique, se réduit à multiplier 528 par le cours, et à séparer un chiffre décimal sur la droite du
produit.*

NOTA. S'il s'agissait de plusieurs obligations, on opérerait d'abord
comme pour une seule, et l'on multiplierait ensuite le résultat par le
nombre donné d'obligations.

295. *Pour connaître le nombre d'obligations de Sicile de 1200 ducats
en principal, qu'on pourra acheter avec un capital quelconque, calculez
d'abord le coût d'une obligation d'après la règle précédente ; divisez ensuite par ce coût le capital proposé, et les entiers du quotient donneront le
nombre d'obligations demandé, et la fraction, la somme qui ne pourra être
employée à cet achat.*

296. Quant à l'emprunt de 2,500,000 liv. sterl., divisé en 25,000 obligations *au porteur*, de 100 liv. sterl. chaque, dont nous avions parlé
dans la précédente édition, nous le passons sous silence dans celle-ci,
parce que, depuis long-temps, il ne se fait rien sur cette valeur à la Bourse
de Paris, et que cet emprunt n'y est même plus coté.

REMARQUE. On ne peut point déterminer le taux d'intérêt auquel place
son argent celui qui achète des fonds napolitains, ainsi que nous l'avons
fait pour les rentes de France (279), attendu que, comme nous l'avons
déjà dit (289), MM. Rotschild frères ne paient ces sortes de fonds qu'à
un change variable et indéterminé.

Fonds publics espagnols.

297. De 1820 à 1833, époque de l'avénement d'Isabelle II au trône
par suite de la mort de Ferdinand VII, l'Espagne avait contracté divers
emprunts à l'étranger, sous la forme de rentes perpétuelles, annuités, etc.;
mais, d'après un projet de loi qui, après avoir subi la discussion des
deux chambres législatives, a été renvoyé à une commission de la
chambre des *proceres*, la dette publique nationale, tant extérieure
qu'intérieure, doit être convertie en un fonds unique, contre lequel
doivent être échangés les anciens titres.

En attendant la réalisation de cette grande mesure financière, le nouveau gouvernement a conclu, le 20 novembre 1834, avec M. Ardoin,
banquier à Paris, un emprunt de 200 millions de réaux de veillon de
capital (soit de 50 millions de francs), au taux de 60 p. %.

(200)

Il n'a été publié, jusqu'à présent, ni prospectus, ni instruction quelconque sur ce nouvel emprunt, qui n'a été coté à la Bourse de Paris qu'après avoir été admis à celle de Londres : ce que l'on sait seulement, c'est qu'il est constitué en rentes perpétuelles 5 p. $\frac{0}{0}$, portant jouissance à partir du 1er novembre 1834 ; que les titres provisoires sont au porteur, et fractionnés en coupons de 50, 100, 150, etc., piastres fortes chacune, et que les arrérages seront payés, par semestre, les 1er mai et 1er novembre de chaque année, chez M. Ardoin, banquier à Paris, au change fixe et invariable de 5 fr. 40 c. la piastre forte.

Le calcul, pour établir la valeur des rentes espagnoles, d'après le cours de la Bourse, est le même que pour les rentes françaises, sauf à convertir les piastres fortes en francs, à raison de 5 fr. 40 c., comme nous avons converti les ducats Falconnet de Naples en francs, à raison de 4 fr. 40 c., dans le 1er exemple du n° 290.

EXEMPLE I.

Combien coûtera un certificat au porteur, de l'emprunt Ardoin, de 100 piastres fortes de rente, au cours de 71 fr. ?

100 piastres fortes, à 5 fr. 40 c. l'une, font 540 francs. Cela posé, les rentes étant en raison directe de leurs capitaux relatifs, je trouverai le coût demandé dans le 4e terme de la proportion suivante :

Rente.   Rente.   Cours. Capital.   Capital.

5 fr. : 540 fr.
1   : 108   } ::   71 fr.   : x,

qui est 7668 francs.

Il résulte de cette règle que, si l'on voulait connaître le coût de plusieurs certificats de 100 piastres fortes chacun, le moyen le plus simple serait d'opérer d'abord comme pour un seul certificat, et de multiplier ensuite ce résultat par le nombre donné de certificats.

C'est ainsi que je trouve que, au même change de 71 fr., cinq certificats, de 100 piastres fortes chacun, coûteront 38340 fr. ; car $5 \times 108 \times 71$ fr. $= 38340$ fr.

EXEMPLE II.

Combien, avec un capital de 39000 fr., pourra-t-on acheter de certificats au porteur du nouvel emprunt Ardoin, de 100 piastres fortes de rente chacun, au cours de 71 fr.?

Le moyen le plus simple de résoudre toutes les questions de cette nature est d'opérer comme ci-après :

Conformément à la proportion fondamentale du 1er exemple du présent numéro, je multiplie d'abord 71 fr., change proposé, par 108 ; ce qui donne 7668 fr. pour produit et coût d'un certificat de 100 piastres fortes de rente.

Je divise ensuite 39000 fr., capital proposé, par 7668, et j'ai 5 pour quotient et 660 fr. pour reste ; d'où il suit qu'on ne pourra acheter que cinq certificats de 100 piastres fortes de rente chacun, et que les 660 fr. de surplus resteront sans emploi, attendu que ces certificats ne se fractionnent pas.

EXEMPLE III.

À quel taux d'intérêt place son argent celui qui achète des certificats au porteur de l'emprunt Ardoin, de 100 piastres fortes de rente, au cours de 71 fr.?

Cette question est absolument la même que celle du n° 279 pour les rentes françaises, et par conséquent il suffit, pour la résoudre, de diviser, conformément à la règle générale du n° 284, le nombre fixe 500 par 71 fr., cours proposé ; ce qui donne 7,04 p. $\frac{0}{0}$ pour réponse à la question.

Comme les certificats de l'emprunt Ardoin sont de 5o, de 1oo, de 15o, etc., piastres fortes de rente, c. à d. de sommes multiples de 5, il résulte de là et de la simplification des deux premiers termes de la proportion du 1ᵉʳ exemple ci-dessus les deux règles générales suivantes :

Pour trouver le coût d'un certificat soit de 5o, soit de 1oo, soit de 15o piastres fortes de rente de l'emprunt Ardoin, il suffit de multiplier respectivement les nombres fixes 54, 1o8, 162 par le prix porté sur le cours de la Bourse.

Nota. S'il s'agissait de plusieurs certificats, on opérerait d'abord comme pour un seul, et l'on multiplierait ensuite le résultat par le nombre donné de certificats.

Pour connaître le nombre de certificats de l'emprunt Ardoin, soit de 5o, soit de 1oo, soit de 15o piastres fortes de rente, qu'on pourra acheter avec un capital quelconque, calculez d'abord le coût d'un de ces certificats, d'après la règle précédente ; divisez ensuite par ce coût le capital proposé, et les entiers du quotient donneront le nombre de certificats demandé, et la fraction, la somme qui ne pourra être employée à cet achat.

Fonds publics autrichiens (obligations métalliques).

298. Les obligations métalliques d'Autriche, qui se négocient à la Bourse de Paris, sont de 1ooo florins chacune, et produisent un intérêt fixe de 5 p. ⁰⁄₀ l'an. Le florin est évalué au change fixe de 2 fr. 6o c., de sorte qu'une de ces obligations représente un capital nominal de 26oo fr.; ces obligations sont au porteur, et garnies de coupons d'arrérages qui se détachent tous les six mois.

* **EXEMPLE.**

Combien coûtera une obligation métallique d'Autriche, au cours de 98 fr. 25 c.?

Cette obligation représentant un capital nominal de 26oo fr., et les capitaux nominaux étant en raison directe des capitaux réels, je forme la proportion suivante :

$$\left. \begin{array}{rcl} \text{1oo fr.} & : & \text{26oo fr.} \\ 1 & : & 26 \end{array} \right\} :: \quad \text{98 fr. 25 c.} \quad : \quad x,$$

dont le 4ᵉ terme, 2554 fr. 5o c., exprime le coût demandé. Mais il s'agit maintenant de compléter ce résultat, et voici pourquoi et comment.

Comme ces obligations proviennent de divers emprunts, dont les arrérages, quoique payables par semestre, partent, cependant, d'époques différentes, il en résulte qu'on manque ici d'une base fixe et commune pour en établir le calcul, et qu'en conséquence on est obligé d'augmenter le coût de l'obligation des arrérages échus du semestre courant.

Ainsi, en supposant qu'il y ait 45 jours d'écoulés entre le premier jour de la jouissance du semestre courant et le jour de la négociation de l'obligation ci-dessus, il faudra 1° calculer 45 jours d'intérêt à 5 p. ⁰⁄₀ sur le capital nominal 26oo fr. de ladite inscription, qui font 16 fr. 25 c.; 2° ajouter cet intérêt à 2554 fr. 5o c., coût brut trouvé précédemment, et l'on aura 2570 fr. 75 c. pour coût total de cette inscription.

Nota. S'il s'agissait de plusieurs obligations métalliques, on commencerait par calculer le montant d'une seule, et l'on multiplierait ensuite ce résultat par le nombre donné des obligations.

On peut déduire de ce qui précède la règle générale suivante :

299. *Pour évaluer en francs une obligation métallique d'Autriche, il suffit de multiplier le nombre fixe 26 par le cours, et d'augmenter ce produit des arrérages échus du semestre courant, calculés au taux de 5 p. ⁰⁄₀, sur le capital nominal de 26oo fr., pour une obligation de 1ooo florins.*

Il y a encore un autre emprunt d'Autriche de 20,800,000 florins, émis avec primes en 1820, et divisé en 208000 obligations au porteur, chacune de 1000 florins, emprunt qui doit être éteint en 1840; mais, comme il ne se négocie guère à la Bourse de Paris, nous n'en parlerons pas.

Emprunt romain de 1831.

300. Le 30 novembre 1831, MM. Rotschild frères ont négocié avec le gouvernement pontifical un emprunt de 3 millions de piastres romaines de capital, lesquelles, au change fixe de 5 fr. 40 c. par piastre, représentent 16,200,000 fr.

Cet emprunt est divisé en 16200 obligations au porteur, de 1000 francs chacune (soit 185 $\frac{19}{24}$ piastres romaines), produisant un intérêt fixe de 5 p. % l'an, payable par semestre, les 1er juin et 1er décembre de chaque année, chez MM. Rotschild frères, à Paris, et sans perte de change.

Il a été affecté à l'amortissement de cet emprunt 1 p. % du capital nominal, soit 162000 fr., qui sont employés à Paris, semestre par semestre, au rachat successif de ces obligations; le double service des intérêts et de l'amortissement, dont le chiffre s'élève à 972000 fr., est garanti par un prélèvement de pareille somme qui se fait annuellement sur les revenus et biens de l'État pontifical.

EXEMPLE.

Combien coûtera une obligation de 1000 fr. de capital de l'emprunt romain, au cours de 98 fr. ?

Les capitaux nominaux étant en raison directe des capitaux réels, je forme la proportion suivante (173) :

$$100 \text{ fr.} : 1000 \text{ fr.} \atop 1 \quad : \quad 10 \Big\} : : 98 \text{ fr.} : x,$$

dont le 4e terme, 980 fr., satisfait à la question.

NOTA. S'il s'agissait de plusieurs obligations, on calculerait d'abord le montant d'une seule, et l'on multiplierait ensuite ce résultat par le nombre donné des obligations.

On déduit de ce qui précède la règle générale suivante :

301. *Pour trouver le coût d'une obligation de l'emprunt romain de 1000 fr. de capital, il suffit de multiplier par 10 le prix porté sur le cours de la Bourse.*

Emprunt belge de 1831.

302. Les deux maisons Rotschild de Londres et de Paris ont conclu avec le gouvernement belge, le 19 décembre 1831, un emprunt de 50,400,000 fr. de capital, lesquels, au change fixe de 25 fr. 20 c., équivalent à 2 millions sterling (*).

Il est divisé en obligations au porteur, libellées en langues française et anglaise; les unes sont de 2520 fr. de capital, ou de 100 liv. st., et les autres de 1008 fr. de capital, ou de 40 liv. st. Ces obligations produisent un intérêt fixe de 5 p. %, payable par semestre, les 1er mai et 1er novembre de chaque année, et au choix des porteurs, soit à Londres, en liv. st. au change fixe de 25 fr. 20 c., soit à Paris, Bruxelles ou Anvers, en francs.

Il a été affecté à l'extinction de cet emprunt une dotation de 1 p. % du capital nominal, soit de 504000 fr., qui est employée, semestre par semestre, au rachat successif de ces obligations à la Bourse de Paris, par

(*) Le prix de 25 fr. 20 c. représente la valeur droite de poids et de titre du souverain frappé depuis 1818.

les soins de MM. Rotschild frères. Ces rachats doivent s'effectuer au dessous du pair; et, lorsque le cours dépasse 100 fr., il doit être procédé publiquement, en présence du représentant du gouvernement belge, à Paris, et de MM. Rotschild frères, au tirage au sort des obligations que les fonds de la dotation, restés disponibles, permettent de rembourser. Le remboursement de ces obligations doit avoir lieu au pair, à l'expiration du trimestre où elles ont été tirées. Au moyen de ces sages précautions, l'action de l'amortissement est continue, sans jamais cesser d'être efficace.

EXEMPLE.

Combien coûtera une obligation belge de 1008 fr. de capital, au cours de 99 fr. ?

Les capitaux nominaux étant en raison directe des capitaux réels, je forme la proportion suivante (173) :

$$100 \text{ fr.} : 99 \text{ fr.} :: 1008 \text{ fr.} : x,$$

dont le 4.e terme, 997 fr. 92 c., satisfait à la question.

NOTA. S'il s'agissait de plusieurs obligations, on calculerait d'abord le montant d'une seule, et l'on multiplierait ensuite ce résultat par le nombre donné des obligations.

303. On déduit de ce qui précède la règle générale suivante :

Pour trouver le coût d'une obligation belge, soit de 1008 fr., soit de 2520 fr. de capital, il suffit d'en multiplier le montant par le cours, et de prendre le centième du produit.

Emprunt grec.

304. L'emprunt grec, émis à Paris le 16 juillet 1833, par MM. Rotschild frères, sous la triple garantie de l'Angleterre, de la France et de la Russie, est de 60 millions de fr., lesquels, au change de 25 fr. 60 c. par liv. sterl., équivalent à 2,343,750 liv. sterl.

Cet emprunt est divisé en obligations au porteur de 1024 fr. de capital nominal chacune (soit 40 liv. sterl.), qui produisent un intérêt fixe de 5 p. $\frac{0}{0}$ l'an, payable tous les six mois, les 1er mars et 1er septembre de chaque année, et au choix des porteurs, soit à Paris en francs, soit à Londres en liv. sterl , au change fixe de 25 fr. 60 c. par liv. sterl.

Le tiers de ces obligations qui est sous la garantie de la France est libellé en langue française, le tiers qui est sous la garantie de l'Angleterre est libellé en langue anglaise, et le tiers qui est sous la garantie de la Russie est libellé en langue russe.

L'ensemble de ces obligations constitue ce qu'on appelle *omnium*, qui ne peut se négocier que par multiple de trois obligations.

On négocie aussi partiellement, soit des obligations françaises, soit des obligations anglaises, soit des obligations russes, mais à des prix nécessairement différens, parce que leur taux respectif est basé sur le cours chez la puissance qui a garanti les obligations.

Il est affecté à l'extinction de cet emprunt une dotation annuelle de 1 p. $\frac{0}{0}$ du capital nominal.

Emprunt portugais de don Miguel.

305. Cet emprunt est de 40 millions de francs, et réparti en 40 mille obligations de 1000 fr. de capital chacune, portant un intérêt fixe de 5 p. $\frac{0}{0}$ l'an.

Il est divisé et remboursable en 32 séries de 1250 obligations chacune. Une série doit être tirée au sort tous les ans à Paris, les 1er avril et

1er août de chaque année, et remboursée, au pair, le 1er septembre suivant. Le premier tirage a eu lieu le 1er août 1833.

Le paiement des intérêts par semestre et le remboursement des séries se font indifféremment, au choix des porteurs, soit à Paris, soit à Londres, les 1er mars et 1er septembre de chaque année.

Cet emprunt n'ayant point été reconnu par le gouvernement de dona Maria, reine actuelle de Portugal, le service des intérêts et du remboursement des séries se trouve suspendu.

Quant à la règle relative à la manière de calculer le montant d'une de ces obligations, elle est la même que celle que nous avons donnée pour l'emprunt romain (301). Ainsi, quand le cours d'une obligation miguéliste est à 25 fr., ou 25 fr. 50 c., par exemple, cela signifie qu'elle coûte 250 fr. ou 255 fr.

Emprunt portugais de Don Pédro.

306. Au mois de décembre 1831, il a été émis, à Londres, un emprunt de 2 millions de liv. sterl. de capital, au nom de dona Maria, reine de Portugal et des Algarves. Cet emprunt, plus généralement connu sous la dénomination d'emprunt de don Pédro, est divisé en certificats au porteur de la manière suivante :

Lettre A n° 1 à 2000 — 2000 certif. de 500 liv. st. ensemble 1,000,000 liv. st.
     B n° 1 à 2000 — 2000 certif. de 200. 400,000
     C n° 1 à 6000 — 6000 certif. de 100. 600,000
Total. 2,000,000

Ces certificats sont libellés en langue portugaise et en langue anglaise, et produisent un intérêt fixe de 5 p. $\frac{0}{0}$ l'un, payable tous les six mois, les 1er juin et 1er décembre de chaque année. La plupart des obligations pédristes en circulation sur la place de Paris sont de 100 liv. sterl.

EXEMPLE.

Combien coûtera un certificat au porteur pédriste de 100 liv. sterl. de capital, au cours de 84 fr. ?

La valeur au pair d'un certificat pédriste de 100 liv. sterl. de capital étant de 2550 fr., et les capitaux nominaux étant en raison directe des capitaux réels, je forme la proportion suivante (173) :

$$100 \text{ fr. : } 84 \text{ fr. : : } 2550 \text{ fr. : } x,$$

dont le 4e terme, 2142 fr., satisfait à la question.

La valeur au pair des certificats pédristes étant ou de 2550 fr., ou de 5100 fr., ou de 15,300 fr. de capital, il résulte de là et de ce qui précède la règle générale suivante :

Pour trouver le coût d'un certificat pédriste d'une somme quelconque, il suffit d'en multiplier le montant par le prix porté sur le cours de la Bourse, et de prendre le centième du produit.

Emprunt de Piémont de 27 millions de livres neuves de capital.

307. Cet emprunt, constitué d'après le même système que celui de 40 millions de la ville de Paris, dont nous avons parlé (287), a été conclu à Turin, le 12 mai 1834, par le gouvernement sarde, et adjugé à une compagnie de banquiers de Paris.

Il est divisé en 27000 obligations au porteur, de 1000 livres neuves de capital chacune (¹), produisant, à partir du 1ᵉʳ juillet 1834, un intérêt fixe de 4 p. ⅖ l'an, payable, par semestre, à Turin, les 1ᵉʳ janvier et 1ᵉʳ juillet de chaque année, jusqu'au remboursement intégral du capital, qui doit s'effectuer progressivement, en 36 années, à dater du 1ᵉʳ janvier 1834 jusqu'au 1ᵉʳ janvier 1871 inclusivement.

Deux mois avant l'époque de chaque paiement semestriel, c. à. d. les 31 octobre et 30 avril de chaque année, il se fait publiquement, à Turin, un tirage des obligations remboursables dans le semestre suivant, dont la liste est publiée à Paris. Les 33 premiers numéros sortant de la roue de fortune donnent droit à des lots ou primes de diverses quotités, dont voici le tableau de répartition pour le tirage qui a eu lieu le 31 octobre 1834.

Le numéro sorti le 1ᵉʳ a gagné.................100000 fr.		
le 2ᵉ.......................... 30000		
le 3ᵉ.......................... 20000		
le 4ᵉ.......................... 10000	192000
le 5e.......................... 8000	
Les 4 suivans, chacun 2000 fr.......... 8000	
Les 8 suivans, chacun 1000 fr......... 8000	
Les 16 suivans, chacun 500 fr......... 8000	

Les tirages subséquens sont sujets à une triple modification, relativement au nombre des numéros gagnans, à la quotité des primes attribuées à chacun d'eux, et enfin à la totalité des sommes affectées à chaque tirage.

MM. Blanc, Colin et Cⁱᵉ, banquiers à Paris, assurent ces obligations contre la chance de sortie sans lots, de la même manière que les obligations de la ville de Paris.

Le semestre échu le 1ᵉʳ janvier 1835, et les obligations remboursables à cette époque, ainsi que leurs primes, ont été payés à Paris, au domicile de MM. Gabriël Odier et Cⁱᵉ, banquiers à Paris, mais les paiemens subséquens ne doivent avoir lieu qu'à Turin. Cette disposition, jointe à l'exclusion de cet emprunt du bulletin authentique de la Bourse de Paris, nuit à la faveur dudit emprunt, qui se négocie constamment à un taux fort inférieur à celui de l'emprunt de la ville de Paris, quoique, dans le premier, il y ait plus du double de numéros gagnans que dans l'autre, et que les primes attribuées à ces mêmes numéros soient aussi beaucoup plus considérables.

EXEMPLE.

À combien p. ⅖ place son argent celui qui achète des obligations au porteur de Piémont, au cours de 1240 fr. ?

Cette question étant absolument la même que celle relative à l'emprunt de la ville de Paris (287), je forme la proportion suivante (174) :

$$1240 \text{ fr.} : 40 \text{ fr.} :: 100 \text{ fr.} : x,$$

dont le 4ᵉ terme, 3,23 p. ⅖, exprime l'intérêt brut de l'argent, duquel il convient de déduire le coût semestriel de l'assurance, pour les raisons exposées page 195. Seulement nous ferons remarquer que ce prix est beaucoup moins élevé que celui relatif aux obligations de la ville de Paris, attendu que le nombre des obligations à amortir chaque semestre, dans l'emprunt de Piémont, est beaucoup moins considérable que dans l'emprunt de Paris. Aussi, l'assurance d'une obligation sarde ne coûte guère que 50 cent., tandis que celle d'une obligation de la ville de Paris coûte communément 7 fr.

(¹) La livre neuve de Piémont est égale au franc.

CHAPITRE IV,

CONTENANT LES CHANGES INTÉRIEURS ET ÉTRANGERS.

Notions préliminaires.

308. Le mot *change* a diverses acceptions : pris dans son usage le plus général, il signifie troc d'une chose contre une autre ; appliqué au commerce des matières d'or et d'argent, il se dit de l'échange qui se fait le plus ordinairement chez les changeurs publics de pièces de monnaies pour d'autres. Enfin, en terme de banque, le mot change s'entend d'une négociation par laquelle un négociant transporte à un autre les fonds qu'il a dans un autre pays à un prix dont ils conviennent d'avance.

Ce transport se fait par le moyen des lettres de change, dont l'invention est due, selon les uns, aux Juifs chassés de France et réfugiés en Lombardie, et, selon les autres, aux Florentins, expulsés de leur patrie, et retirés en France par suite de leurs divisions intestines (¹).

309. Quoiqu'il en soit de cette diversité d'opinions, une *lettre de change* est un contrat mercantile, par lequel une personne transmet à son correspondant, *dans un autre lieu,* l'ordre de payer à une personne désignée dans le corps de la lettre, ou à celle qui en exerce les droits, la somme qui y est énoncée, et dont il déclare avoir reçu la valeur. Mais, pour que cette lettre soit dite de change, elle doit être tirée d'une place sur une autre ; sans quoi, elle n'a que l'effet d'un billet à ordre, et n'emporte point la contrainte par corps (²). En termes de com-

____

(¹) La plus ancienne ordonnance où il soit parlé des lettres de change est l'édit de Louis XI, en date du mois de mars 1462. Voici ce que M. *J.-B. Say* dit de la lettre de change, dans son *Cours d'économie politique :*
« Chez les modernes, on ne voit l'usage des lettres de change devenir » fréquent qu'au commencement du 17ᵉ siècle. On a quelques raisons de » croire, cependant, que les républiques d'Italie, qui fleurirent du 13ᵉ au » 14ᵉ siècle, les connaissaient, et que ce furent les Florentins, que les » troubles politiques chassèrent de leur pays, qui en portèrent l'usage à » Lyon d'abord, à Amsterdam ensuite, et ailleurs. »
(²) Le code de commerce français, en vigueur depuis le 1ᵉʳ janvier 1808, a consacré à la lettre de change le 8ᵉ titre de son 1ᵉʳ livre en 80 articles,

merce, on nomme *traites* les lettres de change qu'un négociant tire sur son correspondant, et par opposition, *remises* celles qu'il envoie à ce dernier pour en opérer la négociation ou le recouvrement.

310. D'après la définition que nous venons de donner de la lettre de change, on voit qu'il y intervient nécessairement trois personnes : 1° celui qui fait la lettre, qu'on nomme le *tireur* ; 2° celui au profit de qui elle est faite, qu'on nomme le *preneur* ; 3° enfin, celui qui doit la payer, et qui n'est que l'exécuteur de la convention faite entre les deux autres, c'est à dire le tiré.

La lettre de change doit réunir les neuf conditions suivantes, savoir : 1° le nom du lieu où réside le tireur ; 2° la date ; 3° l'époque de l'échéance du paiement ; 4° la somme à payer (exprimée d'abord en chiffres, puis écrite dans le corps de la lettre) ; 5° le nom de celui à qui, ou à l'ordre de qui, elle doit être payée ; 6° l'expression de la valeur fournie, avec indication si elle l'a été en espèces, en marchandises, en compte, ou de toute autre manière ; 7° le nom du tireur ; 8° le nom de celui qui doit faire le paiement ; 9° enfin, le lieu où il doit être fait.

Comme la lettre de change est souvent tirée par *duplicata*, par *triplicata*, etc., soit pour faciliter les négociations, soit pour prévenir les inconvéniens qui résulteraient de la perte d'un exemplaire unique, si elle est par première, seconde, troisième, etc., elle doit l'exprimer.

Les lettres de change se font ordinairement sur une feuille de papier oblongue, au revers de laquelle on écrit les endossemens. La rédaction peut en être différente, quant à la tournure des phrases, mais l'esprit en est le même chez toutes les nations commerçantes ; en voici la forme la plus ordinaire :

---

depuis le n° 110 jusque et y compris le n° 189 ; mais la loi du 17 avril 1832, sur la contrainte par corps (insérée dans le *Moniteur* du 22 du même mois), a apporté de nombreuses modifications à l'ancienne législation sur la matière.

Paris, le 1er Juin 1835.   *B. P. Fr. 3000.*

Le vingt septembre prochain, payez par cette première de change, à l'ordre de Monsieur Dowiguy, la somme de TROIS MILLE FRANCS, *valeur reçue en marchandises, que vous passerez en compte, suivant l'avis de*

*A Messieurs
Doris et Cie, Banquiers,
à Bordeaux.*   *Cartier.*

311. Lorsqu'il s'agit de faire passer des fonds d'une place commerciale dans une autre du même pays, comme de Bordeaux à Paris, par exemple, alors le change est dit *intérieur*; si, au contraire, il est question de deux places appartenant, chacune, à un pays différent, dans ce dernier cas le change est dit *étranger*, par opposition au change intérieur. Nous commencerons par le change intérieur.

Du Change intérieur.

312. Chaque pays vend l'excédant de ses denrées, et achète ailleurs celles qui lui manquent : chaque pays est donc à la fois débiteur et créancier. La différence du débit au crédit forme ce qu'on appelle la balance du commerce, dont le montant doit être payé en effectif. Le change, tant intérieur qu'extérieur, a donc pour origine les dettes réciproques de deux pays : il consiste dans l'échange des débiteurs, qui, nous le répétons, s'opère par le moyen des lettres de change ; et il a pour but et pour résultat d'éviter le transport des monnaies d'or et d'argent, qui est coûteux et sujet à des risques.

L'exemple suivant, en développant ces vérités, va les rendre plus sensibles.

Supposons que les articles de commerce que Bordeaux tire de Paris s'élèvent à 100000 fr., et que ceux que Paris tire de Bordeaux ne montent qu'à 60000 fr. ; la balance du commerce entre ces deux villes sera, en faveur de Paris, de 40000 fr., différence entre les deux premières sommes ; et, après avoir fait l'échange de 60000 fr. de créances réciproques, il suffira que Bordeaux fasse voiturer, à Paris, les 40000 fr. excédans, qui forment le solde définitif, ou, en d'autres termes, la balance du commerce entre ces deux villes.

Cela posé, il est évident que les créances sur Paris (de 60000 fr. seulement), étant plus rares à Bordeaux que ne le sont à Paris les créances sur Bordeaux (de 100000 fr.), les négocians de cette dernière ville, qui recherchent des lettres de change sur Paris, auront d'autant plus de peine à s'en procurer ; cette circonstance fera précisément que les porteurs de ces lettres de change exigeront un bénéfice de 1 ou 2 p. $\frac{0}{0}$, plus ou moins ; et ceux qui en ont besoin hésiteront d'autant moins à accorder cette prime, qu'ils épargneront ainsi les frais de transport. En supposant donc que ladite prime soit réglée à 2 p. $\frac{0}{0}$, par ex., on paiera 102 fr., à Bordeaux, une lettre de change à vue (¹) de 100 fr. sur Paris, et dans la même proportion une lettre de change quelconque.

Les créances sur Bordeaux étant, au contraire, plus abondantes à Paris, y seront d'autant plus offertes, première raison pour qu'elles y soient dépréciées. D'un autre côté, les négocians de Paris sachant que le papier sur leur ville gagne 2 p. $\frac{0}{0}$, à Bordeaux, et que, par conséquent, en donnant l'ordre à leurs créanciers de tirer des lettres de change sur eux, et de les négocier, pour leur compte, à Bordeaux, ils peuvent y acquitter, ainsi, 102 fr. avec 100 fr. seulement ; ces négocians de Paris, dis-je, voudront trouver un avantage au moins équivalent, en achetant chez eux des créances sur Bordeaux : ils n'en voudront donc pas à moins de 2 p. $\frac{0}{0}$ de perte, c. à d. qu'ils ne paieront que 98 fr. une lettre de change de 100 fr., sur Bordeaux, ou, dans la même proportion, une lettre d'une somme quelconque.

(¹) C'est pour rendre la démonstration plus facile que nous supposons que la lettre de change est à vue, parce que, si elle était à un terme quelconque, elle serait passible d'un certain escompte.

Mais, après que l'échange des 60000 fr. de créances réciproques entre Paris et Bordeaux aura été effectué, les négocians de cette dernière ville auront beau y chercher des créances sur Paris et en offrir une prime avantageuse, ils n'en trouveront point, puisqu'aucun négociant de Bordeaux n'aura plus de fonds à Paris. Il faudra donc nécessairement que, pour solder ses dettes à Paris, Bordeaux y fasse transporter 40000 fr. en numéraire (¹).

313. On voit, par cet exemple, que le prix du change est variable de sa nature, puisqu'il dépend de l'abondance ou de la rareté des lettres de change, qui se vendent et s'achètent, et dont le cours est coté sur des bulletins authentiques, à l'instar de celui des autres marchandises. En effet, le tireur d'une lettre de change est le vendeur des monnaies dont cette lettre est le signe représentatif, et le preneur est l'acheteur de ces mêmes monnaies : une lettre de change peut donc être comparée, avec vérité, à une marchandise.

Il est aisé de conclure, de là, que si les dettes réciproques des deux villes étaient égales, le besoin de les échanger étant le même de part et d'autre, le change s'établirait au *pair*, c. à d. qu'une lettre de change de 100 fr., par ex., se négocierait pour une somme égale de 100 francs.

314. Les changes de l'intérieur se cotent à *tant* p. % de perte ou de bénéfice, ou bien au *pair*, de la manière suivante :

Cours du change de Paris.

Bordeaux, à courts jours de vue, 1 p. % bénéfice.
Lyon . . . . *idem*. . . . . . . ¾ p. % perte.
Marseille . . . . *idem*. . . . . . au pair.

EXEMPLE 1ᵉʳ.

315. *Le change sur Paris étant à Bordeaux à* 102 *fr.*, *soit à* 2 p. % *de bénéfice à la lettre, combien Jean devra-t-il débourser pour s'y procurer une lettre de change de* 4450 *fr. sur Paris?*

Il y a deux manières de résoudre ces sortes de questions : la première consiste à prendre 2 p. $\frac{0}{0}$ sur 4450 fr., qui font 89 fr. (201), et à ajouter ce bénéfice à 4450 fr.; le total 4539 fr. servira de réponse à la question.

La deuxième consiste à obtenir le même résultat par une seule opération fondée sur le raisonnement suivant : *Puisqu'une lettre de change de* 100 *fr., sur Paris, coûte* 102 *fr. à Bordeaux, combien coûtera celle de* 4450 *fr. ?* D'où la proportion suivante (173) :

$$100 \text{ fr. : } 102 \text{ fr. :: } 4450 \text{ fr. : } x,$$

dont le 4ᵉ terme est les mêmes 4539 fr. ci-dessus,

EXEMPLE II.

316. *De quelle somme sera la lettre de change sur Paris que Jean se procurera, à Bordeaux, pour une somme déterminée, pour* 4539 *fr., par exemple ?*

Cette question étant l'inverse de la précédente, il ne s'agit que de renverser le raisonnement ci-dessus, et de former la proportion suivante (173) :

$$102 \text{ fr. : } 100 \text{ fr. :: } 4539 \text{ fr. : } x,$$

dont le 4ᵉ terme donne 4450 fr. pour réponse à la question.

Ces deux derniers exemples se servent réciproquement de preuve.

EXEMPLE III.

317. *Le change sur Bordeaux étant à Paris à* 98 *f., soit à* 2 *p.* $\frac{0}{0}$ *perte, combien Jacques devra-t-il débourser à Paris, pour s'y procurer une lettre de change de* 4450 *fr. sur Bordeaux ?*

J'ai, comme dans l'exemple 1ᵉʳ, le choix de deux moyens différens, savoir : de prendre 2 p. $\frac{0}{0}$ sur 4450 fr., qui font 89 fr. (201), et de retrancher cette perte de 4450 fr., ce qui laisse 4361 fr. pour reste et pour réponse à la question ;

Ou bien encore, je puis obtenir le même résultat par une seule opération fondée sur le raisonnement suivant : *Puisqu'une lettre de change de* 100 *fr., sur Bordeaux, ne coûte que* 98 *fr., combien coûtera celle de* 4450 *fr. ?* D'où, la proportion suivante (173) :

$$100 \text{ f. : } 98 \text{ fr. :: } 4450 \text{ fr. : } x,$$

dont le 4ᵉ terme est les mêmes 4361 fr. ci-dessus.

EXEMPLE IV.

*318. De quelle somme sera la lettre de change sur Bor-
deaux, que Jacques se procurera pour une somme déterminée, pour 4361 fr., par exemple ?*

Cette question étant l'inverse de la précédente, il ne s'a-
git que de renverser le raisonnement ci-dessus, et de former
la proportion suivante (173) :

$$98 \text{ fr. } : 100 \text{ fr. } :: 4361 \text{ fr. } : x,$$

dont le 4ᵉ terme, 4450 fr., satisfait à la question.

Ces deux derniers exemples se servent réciproquement de
preuve.

Des Changes étrangers.

319. Le change étranger, c. à d. le change entre deux nations différentes, a pour origine, ainsi que le change intérieur
dont nous venons de parler, les dettes réciproques de deux
pays : il consiste également dans l'échange des débiteurs, lequel
a lieu par le moyen des lettres de change, et il est sujet aux
mêmes variations ; enfin, la nature des changes intérieurs
et des changes étrangers repose sur les mêmes bases.

Toutefois, la manière de régler les changes étrangers est fort
différente. En effet, les monnaies de deux places commerçantes d'un même pays étant les mêmes, le change se stipule
entre elles, ainsi que nous l'avons déjà dit plus haut, à *tant*
de bénéfice ou de perte, ou bien au *pair*. Mais, chaque nation ayant des monnaies différentes, il a fallu nécessairement
adopter un mode d'échange fondé sur la valeur comparative
de leurs monnaies respectives, et voici comment on est convenu de régler ce mode d'échange.

320. Dans l'échange réciproque que font deux nations de
leurs monnaies, l'une d'elles en donne toujours le même
nombre à l'autre, pour recevoir de celle-ci un nombre indéterminé des siennes.

Le terme fixe que donne l'une des deux places étrangères
s'appelle le *certain*, parce qu'il est invariable ; et le terme variable, qu'elle reçoit en retour, se nomme l'*incertain* ou le
prix du change. Ainsi Paris, qui donne toujours 3 fr. à Amsterdam, pour en recevoir, en retour, un nombre plus ou
moins grand de deniers de gros, donne le certain et reçoit
l'incertain ; et Paris, qui paie 25 fr., plus ou moins, à Lon-

dres, pour en recevoir toujours une livre sterling, donne, au contraire, l'incertain à l'Angleterre pour en recevoir le certain. La baisse et la hausse du change doivent toujours s'entendre de la place qui donne l'incertain, parce que, dans toutes les transactions de ce genre, la monnaie de la place qui donne l'incertain est considérée comme marchandise.

Mais cet échange serait illusoire ou, du moins, ne pourrait s'effectuer que par le transport des pièces d'or ou d'argent, si, pour obvier à de si graves inconvéniens, on ne s'était avisé d'un expédient très simple et connu de tout le monde, celui des lettres de change, dont nous avons parlé un peu plus haut.

Les lettres de change servent à faire circuler les fonds qu'elles représentent, dans toutes les villes où elles sont payables, sans opérer aucun déplacement matériel. Ainsi, quand Paul, de Paris, doit mille florins à Amsterdam, par exemple, il achète une lettre de change de 1000 florins sur Amsterdam, qu'il y remet en paiement à son créancier ; si, au contraire, un négociant d'Amsterdam doit mille florins à Paul, de Paris, celui-ci tirera, sur son débiteur, une lettre de change de ces mêmes 1000 florins, qu'il vendra, à son tour, à quelqu'un qui aura une dette à acquitter sur Amsterdam.

321. D'après cet exposé, et ce que nous venons de dire un peu plus haut, on voit que les lettres de change sont une branche de commerce, par cela seul qu'on les vend et qu'on les achète (¹). Les négocians chez qui elle n'est qu'accessoire sont réputés faire la banque, et ceux qui s'y vouent exclusivement se nomment banquiers. L'essence de l'état de banquier est donc le commerce des lettres de change et, en général, de tous les effets commerçables, susceptibles d'agio (²).

Si la balance du commerce, entre deux nations, était égale, c. à d. si leurs dettes réciproques se balançaient, le besoin

---

(¹) M. Pardessus est auteur d'un ouvrage sur les lettres de change, digne, à tous égards, de la haute réputation que s'est acquise depuis long-temps ce célèbre jurisconsulte, et que l'on pourra toujours consulter avec fruit.

(²) Le mot *agio*, qui ne se disait autrefois que de la différence de l'argent courant à l'argent de banque, doit s'entendre aujourd'hui, dans son acception la plus générale, du bénéfice dont sont susceptibles les effets commerçables de toute espèce.

des lettres de change étant le même de part et d'autre, le change serait fixé d'une manière invariable, parce que, dans l'échange réciproque de leurs monnaies, chaque nation adopterait la même base, qui serait le titre et le poids de l'or et de l'argent, et ne donnerait, par conséquent, qu'une valeur intrinsèquement égale à celle qu'elle recevrait. Cette identité de valeur, espèces pour espèces, est ce qu'on appelle le *pair intrinsèque* du change.

Mais il en est des lettres de change comme de toutes les autres marchandises ; leur valeur dépend de leur rareté ou de leur abondance, ainsi que nous l'avons déjà démontré (313), et c'est là la cause directe qui fait continuellement varier les changes au dessus et au dessous du pair. Quand ils sont au dessus, la place qui donne l'incertain perd , puisqu'elle paie au delà de leur véritable valeur les monnaies qu'elle achète, et, par la même raison, celle qui donne le certain gagne. Quand les changes sont au dessous du pair, la place qui donne l'incertain gagne, parce qu'elle achète ces mêmes monnaies au dessous de leur valeur réelle, et, par la même raison , celle qui donne le certain perd.

Nous ne parlerons point de la manière comparative de calculer le pair intrinsèque, parce que ce calcul n'est point d'un usage assez fréquent dans le commerce, et que, d'ailleurs, quand on comprend bien les principes de l'arithmétique, il suffit de connaître les élémens mêmes de semblables questions, pour être en état de les résoudre ([1]).

322. Les vendeurs et les acheteurs de marchandises ont toujours des intérêts opposés, et le prix le plus avantageux pour le vendeur est toujours le plus élevé pour les marchandises, en général. Mais il n'en est pas de même à l'égard de la vente des lettres de change sur l'étranger ; c'est tantôt le change le plus bas, et tantôt le plus haut, qui est le plus avantageux pour le vendeur, selon qu'il s'agit d'une place qui donne le certain ou l'incertain. Au surplus, pour fixer, une fois pour toutes, les idées à ce sujet, voici quatre propositions fondamentales, accompagnées chacune de sa démonstration, qui spécifient les divers cas où l'avantage, soit pour

---

([1]) Pour résoudre ces sortes de questions , il faut connaître : 1° la monnaie de change de celle des deux nations qui donne le certain ; 2° la monnaie que l'autre lui donne en retour ; 3° le poids, le titre, les remèdes de poids et de loi, et la valeur numéraire des monnaies effectives de ces deux nations.

le vendeur, soit pour l'acheteur, consiste dans le plus haut
ou le plus bas prix du change.

PREMIÈRE PROPOSITION.

*323. Quand une place qui tire donne le certain, le
change le plus bas est le plus avantageux, dans tous les
cas, parce qu'elle vend une quantité indéterminée de monnaies étrangères, et qu'il est de son intérêt de n'en donner
que le moins possible contre la quantité fixe de ses propres
monnaies, qu'elle reçoit en retour.*

DÉMONSTRATION.

Si Jean, de Madrid, est créancier de Paul, de Paris, de
mille francs, il vaut mieux qu'il tire au change de 15 fr.
qu'au change de 16 fr., parce que, dans le premier cas, la
négociation de sa traite de 1000 fr. sur Paris lui fera recevoir autant de pistoles qu'il y a de fois le nombre 15 dans le
nombre 1000, c. à d. 66 $\frac{2}{3}$ pistoles, tandis qu'au change de
16 fr. il n'en recevrait que 62 $\frac{1}{2}$, quotient de 1000 par 16.

De même, si Jean, de Madrid, est créancier de Paul, de
Paris, de cent pistoles, il vaut mieux encore qu'il prenne
son remboursement au change de 15 fr. qu'à celui de 16 fr.,
parce que, dans les deux cas, la négociation de sa traite sur
Paris lui fera recevoir la même somme de 100 pistoles, et
qu'au change de 15 fr. il ne fera débourser à son correspondant que 100 fois 15 fr. ou 1500 fr., tandis qu'au change
de 16 fr. il lui en ferait débourser 1600, produit de 16 fr.
par 100.

Par conséquent, le change à 15 fr. est plus avantageux
que le change à 16 fr., tant pour le tireur que pour le tiré.

DEUXIÈME PROPOSITION.

*324. Quand une place qui tire donne l'incertain, le
change le plus haut est toujours le plus avantageux, parce
qu'elle vend une quantité fixe de monnaies étrangères, et
qu'il est de son intérêt d'obtenir en échange la plus grande
quantité possible de ses propres monnaies.*

DÉMONSTRATION.

Si Paul, de Paris, est créancier, à Madrid, de cent pistoles,
il vaut mieux qu'il tire au change de 16 fr. qu'à celui de

15 fr., parce que, dans le premier cas, la négociation de sa
traite de 100 pistoles sur Madrid lui fera recevoir 100 fois
16 fr. ou 1600 fr., tandis qu'au change de 15 fr. il ne recevrait que 1500 fr., produit de 15 par 100.

Pareillement, si Paul, de Paris, est créancier, à Madrid,
de mille francs, il vaut mieux aussi qu'il tire au change de
16 fr. qu'à celui de 15 fr., parce que, dans les deux cas, la
négociation de sa traite sur Madrid lui fera recevoir la
même somme de 1000 fr., et qu'au change de 16 fr. il ne
fera débourser à son correspondant que $62\frac{1}{2}$ pistoles (quotient de 1000 par 16), tandis qu'au change de 15 fr. il lui
en ferait débourser $66\frac{2}{3}$ (quotient de 1000 par 15).

Par conséquent, le change de 16 fr. est plus avantageux
que le change à 15 fr., tant pour le tireur que pour le tiré.

TROISIÈME PROPOSITION.

*325. Quand une place qui remet donne le certain, le
change le plus haut est le plus avantageux, dans tous les
cas, parce qu'elle achète une quantité indéterminée de
monnaies étrangères, et qu'il est de son intérêt d'en obtenir le plus possible contre la quantité fixe de ses propres
monnaies qu'elle donne en retour.*

DÉMONSTRATION.

Si Pierre, de Londres, est débiteur, à Paris, de mille
francs, il vaut mieux qu'il remette au change de 25 fr.
qu'au change de 24 fr., parce que, dans le premier cas, la
remise de 1000 fr. sur Paris ne lui coûtera qu'autant de livres sterling qu'il y a de fois le nombre 25 dans le nombre
1000, c. à d. 40 liv. sterl., tandis qu'au change de 24 fr.
elle lui coûterait $41\frac{2}{3}$ liv. sterl., quotient de 1000 par 24.

Pareillement, si Pierre, de Londres, est débiteur, à Paris,
de cent livres sterling, il vaut mieux encore qu'il remette au
change de 25 fr. qu'à celui de 24 fr., parce que, dans les
deux cas, sa remise sur Paris ne lui coûtera que la même
somme de 100 liv. sterl., et qu'au change de 25 fr. il fera
toucher à son correspondant, de Paris, 100 fois 25 fr., ou
2500 fr., tandis qu'au change de 24 fr. il ne lui en ferait
recevoir que 2400 fr., produit de 24 par 100.

Par conséquent, le change de 25 fr. est plus avantageux
que celui de 24 fr., tant pour celui qui remet que pour celui à
qui on remet.

QUATRIÈME PROPOSITION.

326. *Quand une place qui remet donne l'incertain, le change le plus bas est toujours le plus avantageux, parce qu'elle achète une quantité fixe de monnaies étrangères, et qu'il est de son intérêt de ne donner au change que la plus petite quantité possible de sa propre monnaie.*

DÉMONSTRATION.

Si Paul, de Paris, est débiteur, à Londres, de 100 livres sterling, il vaut mieux qu'il remette au change de 24 fr. qu'à celui de 25 fr., parce que, dans le premier cas, sa remise de 100 liv. st. sur Londres ne lui coûtera que 100 fois 24 fr., soit 2400 fr., tandis qu'au change de 25 fr. elle lui coûterait 2500 fr., produit de 25 par 100.

De même, si Paul, de Paris, est débiteur, à Londres, de mille francs, il vaut mieux encore qu'il remette au change de 24 fr. qu'à celui de 25 fr., parce que, dans les deux cas, sa remise sur Londres ne lui coûtera que la même somme de 1000 fr., et qu'au change de 24 fr. il ferait toucher à son correspondant autant de liv. st. qu'il y a de fois le nombre 24 dans le nombre 1000, c. à d. 41 $\frac{2}{3}$ liv. st., tandis qu'au change de 25 fr. il ne lui en ferait recevoir que 40, quotient de 1000 par 25.

Par conséquent, le change de 24 fr. est plus avantageux que celui de 25 fr., tant pour celui qui remet que pour celui à qui on remet.

327. On voit, d'après ce qui précède, que les prix les plus avantageux, pour tirer des lettres de change sur une place, sont désavantageux pour y faire des remises, et que les prix les plus avantageux pour remettre à une place sont désavantageux pour tirer sur cette même place.

Voilà des principes qu'on ne saurait trop méditer, parce qu'ils servent de pivot à toutes les combinaisons relatives aux arbitrages de banque, en même temps qu'ils sont la clef de tout le système.

Des Monnaies effectives et de change de la France et des principales villes de l'Europe, de la manière dont elles changent entre elles, des usances de leurs lettres de change, etc., etc.

328. On distingue les monnaies réelles ou effectives des monnaies idéales ou imaginaires. On se sert des premières pour effectuer les paiemens, et des secondes pour tenir les écritures et pour régler les changes étrangers.

Par exemple, on comptait autrefois, en France, en livres tournois, comme on compte toujours, à Hambourg, en marcs *banco*. Cependant la livre tournois et le marc banco sont des monnaies imaginaires, car il n'y a jamais eu de pièces de monnaie de 1 livre tournois, ni de 1 marc banco ; mais la livre tournois valait 20 sous effectifs, et le marc banco vaut 16 schellings effectifs. Ainsi, les monnaies de *compte* ou de *change* sont des noms collectifs employés pour désigner un certain nombre de monnaies réelles ; ces monnaies ne sont, au reste, qu'une suite de l'imperfection des divers systèmes monétaires, et elles disparaîtront à mesure que ceux-ci acquerront plus de perfection.

Quelquefois les monnaies réelles sont employées comme monnaies de change : par exemple, la rixdale en Allemagne, le florin en Hollande, sont, tout à la fois, des monnaies réelles et des monnaies de change. Il en est de même du franc de France, de la livre neuve du Piémont, de la livre autrichienne du royaume lombardo-vénitien, etc. ; toutes monnaies réelles qui font aussi office de monnaies de change.

329. Nous ne considérerons les changes, dans ce chapitre, que sous le rapport de la réduction, soit des monnaies françaises en monnaies étrangères, et *réciproquement*, soit des monnaies étrangères entre elles ; mais comme, pour être en état de résoudre ces sortes de questions, il est indispensable de connaître à fond les monnaies de compte et les monnaies réelles des divers pays, la manière réciproque dont ces pays règlent leurs changes, etc., etc., nous commencerons par traiter de ces différentes notions.

Quant aux monnaies effectives, nous donnons leur valeur réelle, calculée d'après les bases que nous avons développées au n° 198, auquel nous renvoyons le lecteur ; mais, pour plus de clarté, nous croyons à propos d'entrer ici dans quelques nouvelles explications sur la manière dont est conçu et exécuté ce travail.

On trouvera, pour chaque pays, un petit tableau à quatre colonnes, qui comprend les principales monnaies d'or et d'argent ayant cours dans lesdits pays.

La 1re colonne de ce tableau indique le titre *réel* de ces pièces, c. à d. le titre auquel elles sont reçues aux hôtels des monnaies, conformément au tarif du 17 prairial an xi.

La 2e colonne indique le poids *réel* de chaque pièce, c. à d. celui qui a été constaté par des essais authentiques, et qu'elles doivent avoir, lorsque ce poids n'a pas été altéré par le frai ou par toute autre cause.

La 3e colonne indique le prix auquel doit être payé, au change, le kilogramme des espèces et matières d'or et d'argent du même titre que les pièces dont il s'agit, déduction faite, bien entendu, des frais de fabrication et d'affinage.

Enfin, la 4e colonne exprime la valeur réelle de chaque pièce, calculée d'après la même base.

L'astérisque joint à certains titres indique que les pièces dont il s'agit n'ont pas encore été tarifiées, mais que ce sont bien là les titres qu'elles donnent le plus communément à l'essai.

Si les monnaies sur lesquelles on voudrait spéculer n'avaient pas le poids requis, rien de plus facile, d'après la manière dont est construit chaque tableau, que d'en déterminer la valeur.

Ainsi, je prends pour exemple les guinées de 21 schellings portées sur la 1re ligne du tableau relatif à l'Angleterre, page 225, et je suppose qu'on me propose d'en acheter dont le poids se trouverait réduit à 7^{gr},96.

J'ai deux moyens de vérifier que je ne dois plus payer ces pièces, en raison de la diminution de leur poids, que sur le pied de 25 fr. 01 c., tandis que la 4e colonne du tableau en indique la valeur à 26 fr. 21 c., lorsqu'elles ont le poids requis de 8^{gr},34. porté dans la 2e colonne.

En effet, puisque la 3e colonne de mon tableau m'apprend que la valeur réelle du kilog. d'or, au même titre que la guinée, est de 3142 fr. 52 c., je n'ai qu'à chercher combien valent, à ce prix, 7^{gr},96. Or, il me suffit, pour cela, de multiplier 0^{kilog},00796 par 3142 fr. 52 c.; ce qui, dans la pratique, se réduit à multiplier 314252 par 796, et à séparer ensuite sept chiffres décimaux sur la droite du produit, et qui donne pour résultat 25 fr. 01 c.

Ou bien, encore, les poids et les prix étant directement proportionnels entre eux, je trouverai la même valeur dans le 4° terme de la proportion suivante :

$$8^{gr},34 : 26\,fr.\,21\,c. :: 7^{gr},96 : x,$$

qui est bien les mêmes 25 fr. 01 c.

330. En définitive, les résultats portés sur nos tableaux, quoiqu'en perpétuelle contradiction avec ceux qu'on trouve chez tous les autres auteurs, ces résultats, dis-je, sont de la plus grande justesse sous tous les rapports, et tels que le gouvernement lui-même, ainsi que je l'ai déjà dit dans l'avant-propos, n'en pourrait pas donner de plus exacts :

1°. Parce que c'est à la source même que j'ai puisé les élémens de mon travail ;

2°. Parce que j'ai eu le soin d'augmenter le prix des monnaies d'argent, de la valeur acquise à chaque titre, d'après la table de compensation, qui se trouve page 110 ;

3°. Enfin, parce que j'ai calculé ce prix, pour toutes les monnaies d'or et d'argent, au dessous de 900 millièmes, d'après la réduction qu'ont subie les droits d'affinage, en vertu de l'ordonnance royale du 15 octobre 1828.

Ces deux dernières circonstances, la découverte du nouveau mode d'essai par la *voie humide* d'une part, et la réduction des frais d'affinage de l'autre, font que les meilleurs ouvrages sur les monnaies, publiés antérieurement à l'année 1829, sont presque entièrement à refaire, puisqu'ils ne se trouvent plus justes maintenant, du moins quant à la partie relative à l'évaluation des monnaies, qu'à l'égard des pièces d'or, au titre de 900 à 1000 millièmes, inclusivement.

FRANCE.

331. Avant la révolution de 1789, on comptait et tenait les écritures, en France, en livres, sous et deniers tournois; cette livre était imaginaire, mais les sous étaient effectifs.

En vertu de la loi du 17 floréal an vii, toutes les stipulations ou comptes doivent être énoncés en francs et centimes, à partir du 1er vendémiaire an viii. Comme notre nouvelle unité monétaire, le franc, est une pièce d'argent équivalant à 100 centimes, il en résulte que, depuis près de 40 ans, il n'y a plus, en France, que des monnaies effectives, lesquelles servent tout à la fois à tenir les écritures et à régler les changes avec l'étranger. Voici le tableau de ces monnaies :

Monnaies effectives.

Or......	La pièce de...................	40 fr. ou de	4000 cent^es.
	de...................	20	2000
Argent..	La pièce de...................	5	500
	de...................	2	200
	de...................	1	100
	de...................	$^1/_2$	50
	de...................	$^1/_4$	25
Billon....	La pièce de 1 décime où de 2 sous...........		10
Cuivre..	La pièce de 1...*id*........2 *id*..........		10
	de.............1 *id*..........		5
	de...................		1

Il y a, en outre, des pièces de 15 et 30 sous, qui ont été fabriquées sous l'Assemblée constituante, en 179**● : ces pièces circulent pour la valeur de 75 centimes et de 1 fr. 50 c.; mais elles ne peuvent entrer dans les paiemens que pour les appoints au dessous de 5 francs (¹).

Manière dont la France change avec les places suivantes.

PARIS donne LE CERTAIN pour recevoir L'INCERTAIN.

A Amsterdam et Anvers	3 francs...... 56 ¹/₂ d n. de gr. plus ou moins.	
Lisbonne et Porto..	3 francs......540 rees............*idem*.	

donne L'INCERTAIN pour recevoir LE CERTAIN.

A Berlin............	368 fr. plus ou moins.	100 rixd. cour. de Prusse.
Hambourg........	186 ¹/₂ fr.... *idem*...	100 marcs banco.
Londres..........	25 fr. 15 c.*idem*....	1 livre sterling.
Madrid eff........		
Cadix eff.........	15 fr. 20 c. *idem*....	1 pistole de change.
Bilbao eff.........		
Gênes eff..........	99 fr. 25c ..*idem*....	100 liv. n. de Piémont.
Milan et Venise.....	86 ³/₈ fr....*idem*....	100 liv. autrichiennes.
Naples............	434 fr......*idem*....	100 ducats.
Livourne..........	518 ¹/₄ fr...*idem*....	100 piast. de 8 réaux.
Auguste...........	255 fr......*idem*....	100 flor. arg^t et d'Auguste.
Trieste et Vienne eff.	256 ³/₄ fr...*idem*....	100 florins effectifs.
Genève	162 fr. 30 c..*idem*....	100 liv. argent courant.
Saint-Pétersbourg..	110 cent....*idem*....	1 rouble en papier.
Francfort s/M......	⁷/₈ p. ⁰/₀ de perte. *Réduction fixe de* 297 *florins d'empire pour* 640 *francs.*	
Bâle.............	1 p. ⁰/₀ de perte. *Réduction fixe de* 27 *livres de Suisse pour* 40 *francs.*	
Lyon.............	¹/₄ p. ⁰/₀ perte.. ou 99 ³/₄ fr. pour 100 fr.	
Bordeaux.........	⁵/₁₆...benéfice ou 100 ¹¹/₁₆ fr. pour 100 francs.	
Marseille.........	au pair.	
Montpellier.......	⁷/₈ perte..... ou 99 ¹/₈ fr. pour 100 francs.	

(¹). Quoique ces pièces de 15 et de 30 sous ne soient qu'au titre de 668 millièmes, leur valeur intrinsèque est comparativement la même que celle des anciens écus de 6 livres ; l'excès d'alliage augmente seulement le poids des pièces.

Bâle et Francfort sont cotés sur le bulletin authentique de la Bourse de Paris, comme les places de l'intérieur, et, par conséquent, d'une manière fort peu intelligible ; car rien ne conduit le lecteur à l'idée de la *reduction fixe* à laquelle donnent lieu, ainsi que nous le verrons dans peu, les questions relatives au change de Paris avec les places précitées, *et réciproquement*.

Bayonne et Bordeaux donnent 3 fr. à Hambourg pour en recevoir 25 sols lubs, plus ou moins, et Marseille change avec Hambourg comme Paris.

332. A Paris et dans un grand nombre de places de commerce, les bulletins ou cotes de change renferment trois colonnes intitulées : *jours, papier, argent*, ainsi qu'on le voit dans l'extrait ci-après de la cote de Paris.

	JOURS.	PAPIER.	ARGENT.
Amsterdam.. {	30	56·$\frac{1}{2}$	56 $\frac{3}{8}$
	90	56 $\frac{3}{8}$	56 $\frac{7}{8}$
Londres..... {	30	25 fr.	24 fr. 85 c.
	90	»	» »

La première colonne indique l'échéance des lettres de change.

Le mot *papier*, écrit en tête de la 2ᵉ colonne, signifie que les prix qui y sont cotés sont ceux auxquels le papier est offert ; et le mot *argent*, en tête de la 3ᵉ colonne, signifie, au contraire, que les prix qu'elle mentionne sont ceux auxquels ce même papier est demandé.

Amsterdam, 30 jours à 56 $\frac{1}{2}$, signifie que le papier sur cette ville est offert à Paris, à 56 $\frac{1}{2}$ den. de gros pour 3 fr.; et le mot argent indique qu'il est demandé à 56 $\frac{3}{8}$ den. de gros.

Londres, 30 jours à 25 fr., signifie que le papier sur Londres est offert à Paris à ce prix, et le mot argent qu'il est demandé à 24 fr. 85 c.

L'absence des prix de Londres, dans les deux dernières colonnes, signifie qu'il ne s'est fait aucune affaire en papier sur Londres, à l'échéance de 90 jours.

L'absence du prix, sur l'une des deux dernières colonnes seulement, indique que le papier sur le pays dont il s'agit n'est pas demandé, ou bien qu'il n'est pas offert, selon que la lacune existe dans la 3ᵉ ou dans la 2ᵉ colonne.

D'après cette explication, on voit qu'il vaudrait mieux remplacer ces mots *papier* et *argent* par ceux-ci : *offert* et *demandé*, qui sont plus intelligibles, et synonymes des premiers dans leur application au cas présent.

Monnaies coloniales.

333. D'après une ordonnance royale du 30 août 1826, le système monétaire français est le seul qui soit autorisé dans les îles de la Martinique, de la Guadeloupe, et dans les établissemens dépendans de cette dernière colonie.

La valeur légale de la monnaie de compte est fixée à 180 liv. coloniales pour 100 fr. à la Martinique, et à 185 pour 100 fr. à la Guadeloupe.

Voici les monnaies étrangères d'or et d'argent qui, concurremment avec les monnaies françaises, ont cours dans les colonies.

		fr.	c.
Or	Guinée d'Angleterre	26	47
	Souverain de 20 schellings, frappé en 1818	25	20
	Lisbonne, ou portugaise, de 6400 reis	45	28
	Quadruple d'Espagne, depuis 1786	81	51
Argent	Piastre gourde	5	40
	Demi	2	70
	Quart	1	35
	Huitième	0	67 ½
	Cinquième	1	68
	Dixième	0	54
	Vingtième, réal de veillon	0	27

REMARQUE. La valeur assignée aux pièces ci-dessus n'est point la véritable, c. à d. celle que l'on obtiendrait aux hôtels des monnaies, d'après le tarif annexé au réglement du 17 prairial an XI, qui fixe le prix des matières d'or et d'argent, mais bien leur valeur, supposée *exacte de poids et de titre*. (Voyez, à cet égard, l'explication que nous avons donnée, au numéro 198, sur la différence existant entre ces deux espèces de valeurs.)

Usances et Acceptations.

Une lettre de change doit être acceptée à sa présentation, ou, au plus tard, dans les vingt-quatre heures de sa présentation. Le refus d'acceptation est constaté par un acte que l'on nomme *protêt, faute d'acceptation* (art. 125 *du Code de commerce*).

La lettre de change à vue est payable à sa présentation (*art.* 130).

L'échéance d'une lettre de change { à un ou plusieurs jours de vue } { à un ou plusieurs mois de vue } est fixée { à une ou plusieurs usances.. } par la date de l'acceptation, ou par celle du protêt, faute d'acceptation (*art.* 131).

L'usance est de 30 jours, qui courent du lendemain de la date de la lettre de change.

Les mois sont tels qu'ils sont fixés par le calendrier grégorien (*art.* 132).

Une lettre de change, payable en foire, est échue la veille du jour fixé pour la clôture de la foire, ou le jour de la foire, si elle ne dure qu'un jour (*art.* 133).

Si l'échéance d'une lettre de change est à un jour férié légal, elle est payable la veille (*art.* 134).

. Tous délais de grâce, de faveur, d'usage ou d'habitudes locales, pour le paiement des lettres de change, sont abrogés (*art.* 135).

Au surplus, voyez, pour tout ce qui concerne la lettre de change et le billet à ordre, le 8° titre du 1er livre du code de commerce français, depuis l'art. 110 jusqu'à l'art. 189, inclusivement, et la loi du 17 avril 1832 sur la contrainte par corps, qui a apporté de nombreuses modifications à l'ancienne législature sur la matière.

ANGLETERRE.

Monnaies de change.

334. La livre sterling vaut 20 sous sterl., ou schellings, ou 240 den. sterl. ; et le sou sterling, 12 deniers, ou *pence*.

On tient les écritures, dans toute l'Angleterre, en livres, sous, et deniers sterling, et l'on y change tantôt en livres, et tantôt en den. sterl. La livre sterl., qui était autrefois une monnaie imaginaire, a cessé de l'être depuis 1818, qu'on a frappé des *souverains* en or, qui valent 20 schellings.

MONNAIES EFFECTIVES.	TITRE réel	POIDS réel	VALEUR RÉELLE	
	de chaque pièce.	de chaque pièce.	du kilogram^e	de chaque pièce.
	mill^{es}	gr.	fr. c.	fr. c.
Avant-dernier Monnayage.				
Or......Guinée..... de 21 schellings ...	915	8 34	3142 52	26 21
Demi-guinée, de 10 ¹/₂ id........	915	4 14	3142 52	13 01
Le quart....... 5 ¹/₄ id........	915	2 02	3142 52	6 35
Le tiers........ 7 id........	915	2 76	3142 52	8 67
Argent. *Crown*, ou couronne de 5 schel.	923	30 »	202 03	6 06
Demi-couronne.........2 ¹/₂ id.	923	14 98	202 03	3 03
Schelling.....................	923	5 95	202 03	1 20
Nouveau Monnayage commencé en 1818.				
Or.... Souverain de........20 schell..	915	7 97	3142 52	25 05
Demi de............10...id.:	915	3 98	3142 52	12 51
Double souverain de 40....id..	915	15 94	3142 52	50 11
Pièce de 5 souv., de 100...id..	915	39 85	3142 52	125 23
Argent..Nouvelle couronne de 5....id..	923	28 22	202 03	5 70
Demi-couronne de... 2 ¹/₂ id..	923	14 11	202 03	2 85

Dans le nouveau monnayage, on a conservé le même titre que dans le précédent, celui de $\frac{11}{12}$ de fin, correspondant à 917 millièmes (¹) ; mais le poids des nouvelles monnaies a été diminué depuis 1818. La taille des guinées était, depuis 1728, de 44 ¹/₂ pièces à la livre d'or étalon (²) ; la taille pour les sou-

---

(¹) Les guinées d'Angleterre ne sont portées, sur le tarif des monnaies, qu'à 0,914 ; mais ce titre ayant été reconnu trop faible, ces pièces sont admises au change de 0,915, en vertu d'une décision de l'administration générale des monnaies.

(²) La livre *troy* anglaise, qui sert à peser l'or et l'argent, se compose de 5760 grains anglais ; elle équivaut à 373^{gr},233 ou à 12^{onces},2, poids de marc.

verains est aujourd'hui de 46 $\frac{29}{40}$ pour la même livre, et proportionnellement pour les multiples et sous-multiples.

La taille des anciennes monnaies d'argent qui, depuis la même époque de 1728, était de 12 $\frac{2}{5}$ couronnes à la livre, a été fixée à 13 $\frac{1}{5}$, depuis 1818.

Le prix légal d'une once d'or fin ayant été fixé, en Angleterre, à 3 liv. 17 s. 10 $\frac{1}{2}$ deu. st., et celui d'une once d'argent fin à 5 schellings 2 den., il en résulte que le rapport de l'or à l'argent était autrefois de 1 à 15 $\frac{9}{124}$, résultat de la division de 3 liv. 17 s. 10 $\frac{1}{2}$ den. st. par 5 s. 2 den. (124). Cette ancienne fixation de 5 schellings 2 den. n'est plus maintenue qu'à l'égard des monnaies étrangères.

La nouvelle monnaie d'argent, frappée en Angleterre depuis 1818, ayant été fixée à 5 schellings 6 den. l'once, il suit de là que le rapport légal de l'or à l'argent est actuellement de 1 à 14 $\frac{7}{44}$ seulement, résultat de la division de 3 liv. 17 s. 10 $\frac{1}{2}$ den. st. par 5 s. 6 den. (124).

La nouvelle monnaie d'argent étant, comme nous venons de le voir un peu plus haut, à la taille de 13 $\frac{1}{5}$ couronnes la livre, tandis que l'ancienne n'était qu'à la taille de 12 $\frac{2}{5}$, l'ancienne monnaie d'argent est donc plus forte que la nouvelle dans la proportion de 13 $\frac{1}{5}$ à 12 $\frac{2}{5}$, ou de $\frac{66}{5}$ à $\frac{62}{5}$, ou (151), enfin, de 33 à 31. Or, comme le gouvernement fait fabriquer, exclusivement, la nouvelle monnaie d'argent, il en résulte qu'il y gagne $\frac{33}{31}$, équivalant à 6 $\frac{14}{31}$ p. $\frac{n}{0}$. Mais, dans les paiemens, on peut refuser la nouvelle monnaie, si elle excède 40 schellings.

La monnaie de cuivre a subi également une surévaluation, mais on ne peut légalement faire en cette monnaie un paiement de plus de 12 *penco*.

En Angleterre, l'or est le seul étalon, mesure de valeur et moyen légal de paiement, sans aucune limitation de somme, et les frais de monnayage y sont à la charge de l'Etat et non à celle des particuliers, comme en France. Cette dernière circonstance fait que la valeur numéraire des monnaies anglaises est exactement la même que leur valeur intrinsèque. Ainsi, l'once d'or fin valant, en Angleterre, 3 liv. 17 s. 10 $\frac{1}{2}$ den. st., on reçoit à la monnaie la même somme, sans aucune retenue, en or ou en argent monnayé.

Bien qu'en Irlande on tienne les comptes comme en Angleterre et en Ecosse, en livres, sous et den. sterl., toutes les monnaies, soit de compte, soit réelles, y sont estimées un douzième en sus : c'est la différence établie entre la monnaie anglaise et la monnaie courante d'Irlande ; c. à d. que la monnaie d'Angleterre se convertit en celle d'Irlande, en l'augmentant de sa douzième partie, et que la monnaie d'Irlande se réduit en celle d'Angleterre, en la diminuant de sa treizième partie.

Manière dont l'Angleterre change avec les places suivantes.

LONDRES donne le CERTAIN pour recevoir L'INCERTAIN.

A Amsterdam et Anvers. 1 liv. sterling... 12 flor. 5 stuiv., plus ou moins.
Auguste................1..*dito*......... 9 fl. 58 kr. arg⁺ c⁺...idem.
Hambourg et Altona..1..*dito*......... 13 marcs 12 s. lubs b⁰ idem.
Paris et la France....1..*dito*......... 25 fr. 40 c.............idem.
Francfort-sur-Mein....1..*dito*.........151 batz de change... idem.
Berlin................1..*dito*......... 7 rixdales cour.....idem,
Trieste et Vienne.....1..*dito*......... 9 fl. 55 kr. eff......idem.
Gênes ....1..*dito*......... 25 liv. n. 70 cent.....idem.

donne L'INCERTAIN pour recevoir LE CERTAIN.

A Madrid et à l'Espagne. 87 ¹/₂ d. st., plus ou moins 1 piast. de change.
Genève............... 45...*dito*...................8 liv. argent cour.
Gibraltar............ 47...*dito*...................1 piastre forte.
Livourne............. 48 ¹/₄ *dito*...................1 piast. de 8 réaux.
Venise .... 46...*dito*...................6 liv. autrichiennes.
Naples .... 39 ¹/₈ *dito*...................1 ducat (del regno).
Lisbonne et Porto.... 50...*dito*...................1000 reis.
Palerme et Messine...120...*dito*...................1 once de 30 tarins.
Saint-Pétersbourg.... 10...*dito*...................1 rouble en papier.

Acceptations, Usances, etc.

En Angleterre, l'usance des effets tirés de France, d'Allemagne et de la Hollande, est d'un mois après la date ; de deux mois pour ceux d'Espagne et de Portugal, et de trois mois pour ceux de l'Italie.

Il y a trois jours de grâce qui courent du lendemain de l'échéance. Si le dernier jour de grâce est un dimanche, les effets doivent être acquittés la veille.

L'Angleterre est le seul pays où il ne soit par permis de tirer à *tant* de jours de vue ou de date *fixes*, ou du moins l'usage rendrait cette condition de nul effet.

D'après l'usage adopté par les négocians de Londres, on ne fait presque jamais de protêt, faute d'acceptation, pour un effet tiré de l'intérieur ; on en tient note seulement, et s'il n'est pas payé à l'échéance, il est protesté faute de paiement. Mais, quant aux lettres de change tirées de l'étranger, le protêt en est indispensable, il doit se faire le lendemain de l'échéance.

En Angleterre, un endossement en blanc est permis. Celui qui réçoit un effet avec l'endossement en blanc le prend comme endossé ; il peut en recevoir le montant soit pour son propre compte, soit pour le compte de l'endosseur, et celui-ci peut encore paraître comme porteur dans une action contre le tireur ou l'accepteur. Cet usage ou, pour mieux dire, cet abus de transmettre les lettres de change avec l'endossement en blanc, par la seule signature de l'endosseur, existe aussi en France, et y donne lieu à de très graves inconvéniens. Mieux conçu sur ce point que le nôtre, le nouveau code espagnol défend expressément ces sortes d'endossemens (art. 471), sous peine, pour le contrevenant, d'être déchu de toute action pour réclamer le montant de la traite.

Une chose digne de remarque, c'est que l'Angleterre n'a point de code de commerce : les bills du parlement et les arrêts des tribunaux servent de lois, soit pour les dispositions générales, soit pour les affaires contentieuses.

Du nouveau Système de Mesures adopté par l'Angleterre en 1826.

335. A partir du 1er janvier 1826, les Anglais ont établi chez eux l'uniformité des poids et mesures ; mais de vieilles habitudes et des préjugés nationaux, avec lesquels le gouvernement à composé à certains égards, ont opposé jusqu'à présent de grands obstacles à la réalisation de cette entreprise, conçue dans un but éminemment utile.

Dans le nouveau système, l'unité des mesures linéaires est la *verge* ou le *yard*, dont on a déterminé la longueur d'une manière invariable, à l'aide des moyens suivans :

On a trouvé que la longueur du pendule à secondes, dans le vide, et au niveau de la mer, était, à Londres, de 39,1393 pouces anglais, et celle du mètre de 39,37079 de ces mêmes pouces ; et comme le yard linéaire vaut 3 pieds ou 36 pouces anglais, on a conclu que ce yard vaut les $\frac{36}{39,37079}$ d'un mètre, ou $0^m,914383$.

En conséquence, les Anglais ont adopté, pour la mesure de longueur, le yard comme étalon et modèle unique, d'après lequel devraient être fabriquées et ajustées toutes les autres mesures multiples ou sous-multiples, soit linéaires, soit superficielles, soit cubiques.

Si l'étalon du yard venait à s'altérer ou à se perdre, on serait sûr de le rectifier ou de le retrouver, au moyen du pendule qui bat les secondes à la latitude de Londres ; car le yard contenant 36 pouces, il suffirait de déduire 3,1393 pouces de 39,1393 pouces, et le resté 36 exprimerait la longueur du yard en pouces anglais.

Toutes les nouvelles mesures anglaises sont appelées *impériales* ; voici les rapports de quelques unes de ces principales mesures, avec les nouvelles et les anciennes mesures françaises.

Mesures linéaires.

	mètres.		toises.
1 yard..	0,9144	ou	0,4691
1 rood, pole ou perche........................	5,0291		2,5799
1 mille itinéraire de 1760 yards..............	1609,3141		825,5781
1 mille marin, de 60 au degré................	1851,8519		950,0000
1 mille marin commun, de 48 au degré.......	2314,8148		1187,5001

Mesures carrées.

1 yard carré vaut...............	0,8361	mèt. car.	7,9236 pieds car.
1 rood agraire, de 40 roods carrés.	1011,6765	*dito*	266,3197 tois. car.
1 acre de terre, de 4 roods agrair.	0,404672	hectares	1,1836 arp. de Paris.
1 mille itinéraire carré..........	258,9892	*dito*	757,5175 *dito*.
1 mille marin carré (de 60 au deg.)	342,853	*dito*	1002,8107 *dito*.

Mesures cubiques.

	mètres cubes.		toises cubes.
1 yard cube vaut..............	0,70451	ou	0,10328
1 fathon cube.................	6,11608	ou	0,82629

Mesures de capacité (*matières sèches*).

1 gallon impérial vaut.........	4,543 litres	ou	5,588 litrons.
1 boisseau de 8 gallons........	36,348 *dito*	ou	2,704 boisseaux.

Mesures de capacité (*liquides*).

1 pinte impériale vaut.........	0,568 litres	ou	0,6099 pintes de Paris.
1 gallon impérial de 8 pintes...	4,543 *dito*	ou	4,8788 *dito*.

Poids de Troy, pour peser l'or et l'argent.

1 livre troy vaut...............	373^{gram},233	ou	12,1995 onces.
1 once, dont 12 à la livre.......	31 ,103	ou	8,1328 gros.
1 denier, dont 20 à l'once.......	1 ,555	ou	29,2760 grains.

Poids de commerce avoir du poids.

1 livre avoir du poids..........	453^{gr},582	ou	14,8258 onces.
1 once, dont 16 à la livre.......	28 ,340	ou	7,4130 gros.
1 drachme, dont 16 à l'once....	1 ,772	ou	33,3614 grains.

Établir l'uniformité des poids et mesures dans un État est, sans contredit, un très grand bienfait, et surtout lorsque, comme celui des Anglais, le nouveau système est bien conçu et repose sur des bases immuables, qui permettent d'en retrouver le type dans la nature. Mais conserver en même temps, comme l'a fait l'Angleterre, le calcul des nombres complexes, qui nécessite les opérations les plus compliquées, surtout lorsqu'il s'agit de l'évaluation des surfaces et des solides, c'est là ne remplir que la moitié de sa tâche ; et certes, il est bien étonnant que la Grande-Bretagne, si avancée dans la carrière des sciences et de la civilisation, ait commis une pareille faute, et n'ait pas, à l'exemple de la France, appliqué à son nouveau système des poids et mesures la numération décimale, qui est le complément indispensable de tout système de ce genre, quelque bien entendu qu'il puisse être d'ailleurs.

ESPAGNE.

Monnaies de change.

Valeur en plate.

336. La pist. vaut.   4 piast. ou 32 r^{aux}, ou 1088 m^{dis}.
La piastre. . . . . . . 8 réaux ou 272 maravédis.
Le réal. . . . . 34 marav. ou 64 marav. de veill.
Le ducat. . . . . . . 11 réaux et 1 m^{dis} ou 375 m^{dis}.

Valeur en veillon.

La pistole vaut. . 60 réaux et 8 marav. ou 2048 marav.
La piastre. . . . 15 *id.* et 2 *id.* ou 512 id.
Le réal. . . . . . 34 marav. ou $\frac{578}{17}$ marav.
Le ducat. . . . . 705 $\frac{15}{17}$ marav. ou $\frac{12000}{17}$ marav.

Il faut se rappeler, une fois pour toutes, que l'argent de plate ou de change est à l'argent de veillon comme 34 est à 64 ; ou bien, en divisant les deux termes de ce rapport (151) par 2, comme 17 : 32.

Monnaies effectives.

(Leurs divisions entre elles.)

		R. de plate.		R. de veil.	mar. de veil.
	Le quadruple vaut. .	160	ou	301	6 (¹)
	Le doublon.	80	id.	150	20
Or	La pistole.	40	id.	75	10
	La $\frac{1}{2}$ pistole.	20	id.	37	22
	Le $\frac{1}{4}$ id.	»		20	» (²)
	La piastre forte. . .	$10\frac{5}{8}$	id.	20	» (³)
	La $\frac{1}{2}$ id.	$5\frac{5}{16}$	id.	10	»
	Le $\frac{1}{4}$ id.	$2\frac{21}{32}$	id.	5	»
Argent. .	Le $\frac{1}{8}$ id.	$1\frac{21}{64}$	id.	$2\frac{1}{2}$	»
	La piécette	»		4	»
	La $\frac{1}{2}$ id.	»		2	»
	Le $\frac{1}{4}$ id.	»		1	»
	La pièce de.	2 quartos.			
Cuivre. . .	Celle de	1			
	L'octave de.	» $\frac{1}{2}$			
	Le maravédis. . . .	» $\frac{1}{2}$ octave ou $\frac{1}{4}$ quarto.			

(¹) Les pièces d'or, et surtout les quadruples, gagnent, en Amérique, de 9 à 10 p. $\frac{0}{0}$. A l'île de Cuba, le quadruple est admis pour 17 piastres fortes, quoique sa valeur légale ne soit que de 16 de ces piastres dans la Péninsule; et le demi, le quart et le huitième de quadruple y valent dans la même proportion.

( ) Les quarts de pistole s'appellent, en Espagne, *escudillo, durillo* ou *coronilla.*

(³) Il y a des piastres à colonnes et sans colonnes : les premières sont surtout accréditées aux États barbaresques ; et, pour le commerce d'Alger et du Levant, on ne voit presque pas d'autre monnaie.

MONNAIES EFFECTIVES (leur valeur en francs).	TITRE réel	POIDS réel	VALEUR RÉELLE	
	de chaque pièce.		du kilogramᵉ	de chaque pièce.
	milltᵉˢ	gr.	fr. c.	fr. c.
Or. . . . Pistoles au balancier, aux armes et à l'effigie, avant 1772..........	909	» »	3121 91	» »
Quadruples pistoles de la fabrication commencée en 1772 à 1786.	893	26 98	3066 60	82 74
Double pistole........id........	893	13 49	3066 60	41 37
Pistole.............id........	893	6 75	3066 60	20 70
Démi-pistole.........id........	893	3 35	3066 60	10 27
Un quart ou *escudillo*, autrement dit *durillo* ou *coronilla* (¹).....	885	1 76	3038 76	5 35
Argent.Piastre vieille, avant 1772, aux deux globes, sans effigie, Mexicos et *Sevillianes*.................	910	26 98	199 19	5 37
Demi-piastre ....id........	910	13 49	199 19	2 69
Piastres péruviennes............	901	» »	197 22	» »
Piastres à l'effigie, depuis 1772, et dollars ou piastres mexicaines, depuis 1800 (²)..............	900	26 98	197 »	5 32

Différentes manières de tenir les écritures en Espagne, selon les localités.

337. Douze places principales de l'Espagne changent avec l'étranger, savoir : Madrid, Cadix, Séville, Barcelonne, Valence, Alicante, Malaga, Bilbao, Santander, la Corogne, Saint-Sébastien et Vittoria.

Les places étrangères avec lesquelles l'Espagne change le plus ordinairement, sont les suivantes : Paris, Lyon, Bordeaux, Marseille, Bayonne, Londres, Amsterdam, Hambourg, Gênes et Lisbonne.

Les monnaies de compte sont plus abondantes en Espagne que partout ailleurs, et compliquent extrêmement les calculs : aussi la manière d'y tenir les écritures et de régler les changes avec l'étranger n'y est-elle pas du tout uniforme.

A Cadix et à Séville, on compte généralement par réaux de

(¹) Les pièces d'or de la même fabrication ayant été altérées en 1786, celles frappées depuis cette époque ne peuvent être évaluées, à raison de leur grande variation dans le titre : elles donnent communément, à l'essai, 872 millièmes.

(²) Une délibération de la commission des monnaies, en date du 23 septembre 1831, a bien fixé à 0,898 le titre des piastres mexicaines ; mais, aujourd'hui, elles sont reçues, dans le commerce, à 900 millièmes.

plate de 16 quartos chacun ; cependant, il y a bien des maisons de commerce qui tiennent les écritures en piastres fortes de 20 réaux de veillon. Dans certaines villes d'Espagne, on tient les écritures en piastres, que l'on divise en 20 sous, et le sou en 12 deniers. Il y a des parties de l'Espagne où l'on compte par ducats, que l'on subdivise, tantôt comme les piastres, c. à d. par 20 et par 12, et tantôt en maravédis.

Dans le royaume de Valence, on tient les écritures en livres valenciennes ; cette livre est égale à la piastre de change de 8 réaux de plate, mais elle se divise en 20 sous de 12 deniers chacun ; elle vaut, par conséquent, 240 deniers, ou 512 maravédis de veillon.

Dans tout le royaume d'Aragon, les écritures se tiennent en livres aragonnaises ; cette livre se divise en 20 sous, et le sou en 16 deniers, en sorte qu'elle vaut 320 deniers, ou 640 maravédis de veillon.

Dans l'île de Majorque, la plus importante des Baléares, on tient les écritures en livres majorquines ; cette livre se divise en 20 sous, et le sou en 12 deniers, et vaut, par conséquent, 240 deniers. Mais, quoique les deniers de Majorque soient des maravédis de plate, la livre majorquine, loin d'être égale à la piastre de change, n'en est que les $\frac{15}{17}$, et, par conséquent, les livres majorquines sont inférieures aux piastres de change de $\frac{2}{17}$, qui équivalent à 11 $\frac{13}{17}$ p. $\frac{0}{0}$.

Dans toute la principauté de Catalogne, les écritures se tiennent en livres catalanes ou d'*ardits*. Les monnaies effectives d'Espagne y valent plus, et les monnaies de change y valent moins.

Dans tout le reste de l'Espagne, on compte généralement par réaux effectifs de 34 maravédis de veillon.

Cours des Changes de l'Espagne en général.

L'ESPAGNE donne le certain pour recevoir l'incertain.

A Amsterdam......	1 ducat de change..	104 den. de gr., plus ou moins.
Hambourg.......	1......*dito*........	94 den. de gr. banco idem....
Londres.........	1 piastre de change.	37 ½ den. sterl.....idem....
Paris et la France.	1 pistole de change.	15 fr............idem....
Lisbonne........	1......*dito*........	2400 rées........idem....
Gênes.........	1 pistole d'or, de 40 réaux de plate....	23 liv. hors banque idem....

Des différentes manières dont l'Espagne règle ses changes.

338. La manière dont l'Espagne règle son change avec l'étranger varie selon les localités; aussi nous bornerons-nous à signaler quelques unes de ces principales variations.

Malaga, par exemple, ne change pas avec la France comme l'Espagne en général; il reçoit plus ou moins de sous de franc pour 1 piastre de change; mais, au lieu de compter cette piastre pour 15 réaux et 2 maravédis de veillon, elle ne l'évalue qu'à 15 réaux de veillon juste, et sans que cette différence d'évaluation soit motivée par autre chose qu'un ancien usage. Malaga donne à Hambourg 7 ½ réaux de veillon, p. o. m., pour 1 marc banco.

Cadix et Séville reçoivent aussi, de la France, des sous de franc pour 1 piastre de change, mais évaluée à sa véritable valeur de 15 réaux et 2 maravédis de veillon.

A la Corogne, on cote quelquefois le change de France à 4 réaux de veillon par franc, et à tant pour $\frac{0}{0}$ de bénéfice ou de perte.

Avant que la Sardaigne adoptât pour monnaie de change la livre neuve de Piémont, les places de Madrid, Cadix et Barcelonne changeaient, chacune d'une manière différente, avec Gênes, et comme suit :

Madrid donnait....610 marav. de plate, p. o. m. pour 1 écu d'or.
Cadix....id.......125 p^{tres} de 8 r^x plat., p. o. m. pour 100 liv. hors b^que.
Barcelonne recevait 23 liv. hors banque, p. o. m. pour 1 p^le de 40 r^x de plat.

Aujourd'hui, Cadix et Madrid reçoivent 79 sous de livre neuve, p. o. m., pour 1 piastre de change, et Gênes donne à Barcelonne 2,80 liv. neuves, p. o. m., pour 1 livre catalane. Valence, Alicante, et d'autres villes encore, changent comme Madrid et Cadix. Cependant il se fait encore beaucoup de transactions d'après l'ancien mode de réglement des changes.

Nous ne pousserons pas plus loin ces explications, d'autant mieux que, l'Espagne marchant vers sa régénération, il est probable qu'elle finira par adopter, pour sa seule monnaie de change, la piastre forte, qui non seulement est connue dans presque tous les pays, mais qui est la principale monnaie réelle des Indes occidentales, où on l'appelle *dollar*. Alors il ne sera plus question de cette foule de monnaies de compte qui compliquent si fort les opérations cambistes, et toutes les difficultés provenant de la différence des monnaies entre la Castille et la Catalogne disparaîtront pour toujours.

Usances.

L'usance des lettres de change, tirées de place à place de l'intérieur du royaume, y est de deux mois. A l'égard des lettres tirées de l'étranger, l'usance y est, savoir :

De 30 jours pour celles de France ;

De 2 mois pour celles de l'Angleterre, de la Hollande et de l'Allemagne ;

De 3 mois pour celles de l'Italie, de tous les ports de la Méditerranée et de l'Adriatique.

En vertu de l'art. 447 du nouveau code de commerce espagnol, sanctionné par S. M. C. le 30 mai 1829, et en vigueur depuis le 1er janvier 1830, tous délais de grâce, de faveur, d'usage ou d'habitudes locales pour le paiement des lettres de change, sont abrogés en Espagne:

De l'uniformité des poids et mesures établie en Espagne, en 1801, par Charles IV.

339. Charles IV entreprit, en 1801, d'établir l'uniformité des poids et mesures dans ses états, comme le prince régent l'a fait, 25 ans plus tard, en Angleterre. Il ordonna que les poids et mesures le plus généralement usités en Espagne seraient adoptés, à l'avenir, dans tous les royaumes et seigneuries de la couronne. L'ordonnance royale désigna quatre étalons principaux.

Dans ce nouveau système, la *vara*, dont l'étalon était conservé dans les archives de Burgos, fut choisie comme unité des mesures linéaires, et l'on en fixa la longueur d'une manière invariable, au moyen de l'expérience suivante.

On s'assura que la longueur du pendule simple à secondes, à la latitude de Madrid, qui se trouve plus élevé que les eaux de l'Océan de 2200 pieds espagnols (612 mètres), était de 513$^{\text{lig.}}$,2215 du pied de la vare de Castille, à la température de la glace. Par conséquent, si l'étalon de cette vare venait à s'altérer ou à se perdre, on serait toujours sûr de le rectifier ou de le retrouver, au moyen du pendule qui bat les secondes à la latitude de Madrid ; car la vare contenant 432 lignes (¹), il suffirait de retrancher 81 ˡⁱᵍ·,2215 de 513 ˡⁱᵍ·,2215 pour avoir la longueur de ladite vare.

La nouvelle unité, pour les mesures de capacité, était :

1°. Pour les matières sèches, la demi-*fanega*, dont l'étalon était déposé aux archives de la ville d'*Avilla* ;

2°. Pour les liquides, le *quartillo*, dont l'étalon était conservé dans les archives de Tolède.

La nouvelle mesure pour les mesures de pesanteur était le *marc*, dont le type était conservé dans les archives du conseil de Castille.

La même ordonnance de 1801 détermine aussi la lieue légale, et les mesures agraires qui étaient d'une confusion et d'une variété extrêmes. Elle prescrit la vérification de toutes les mesures de capacité en livres castillanes d'eau pure, et les dimensions desdites mesures s'y trouvent expliquées avec le plus grand détail.

Les divers étalons que nous venons de décrire ont été vérifiés, avec le plus grand soin, à la préfecture des Bouches-du-Rhône, en 1830, sur des types expédiés des lieux respectifs par les autorités espagnoles. M. Altés, auteur d'un excellent traité sur les changes (²), auquel nous avons emprunté plusieurs des renseignemens ci-dessus, relatifs à l'Espagne, et quelques autres encore contenus dans la 1ʳᵉ partie du présent chapitre; M. Altés, dis-je, a présidé à ces diverses expériences qui avaient pour objet de comparer ces étalons castillans aux nouvelles mesures françaises. Voici les principaux résultats de cet examen comparatif :

1 vare linéaire vaut.......	0,835 mètres...ou 0,4284 toises.
1 lieue juridique ancienne, de 1500 pieds espagnols (³)	4175,000 mètres....2142,1925 toises.
1 lieue géographique, de 22812 pieds espagnols (⁴)..	6348,5796 mètres...3256,8213 toises.
1 lieue pour les nouvelles routes, de 24000 pieds espagnols (⁵).............	6680,0000 mètres...3427,3076 toises.

(¹) La vare se divisant en 3 pieds, le pied en 12 pouces, et le pouce en 12 lignes, elle contient 432 lignes.

(²) Cet ouvrage a pour titre : *Traité comparatif des monnaies, poids et mesures, changes, banques et fonds publics, entre la France, l'Espagne et l'Angleterre.* Marseille 1832.

(³) Cette lieue ancienne fut abolie, par un décret de Philippe II, en 1658. Elle se divisait en 3 milles, le mille en 8 stades, et le stade en 125 pas géométriques.

(⁴) Cette lieue s'appelle ainsi, parce qu'elle fut adoptée généralement par les cosmographes et les pilotes espagnols du 16ᵉ et du 17ᵉ siècle, et parce que Philippe V, en 1718, ordonna que toutes les échelles des cartes géographiques fussent réglées à cette lieue.

(⁵) Il fut ordonné, en 1769, que, pour les nouvelles routes de l'Espagne, on ferait usage de cette lieue de 8000 vares. Les colonnes qui marquent les distances sont placées d'après cette ordonnance.

1 lieue marine, vraie lieue espagnole, de 20000 p. (¹).	5566,6666 mètres...2855,7847 toises.
1 vare carrée............	0,6972 mèt. carr. 0,1835 toises carrées.
1 vare cube..............	0,5822 mèt. cub. 0,0786 toises cubes.
1 *fanega* de terre, mesure agraire (²)............	6425,6256 mèt. carr. 1691,5138 toises carrées.
1 *fanega* de Castille (mesure de capacité pour les ma-tières sèches)............	54,8000 litres.... 67,404 litrons de Paris.
1 *quartillo* espagnol (mesure de capacité pour les liquides)	13,7000 litres.... 14,7096 pint⁽ᵉˢ⁾ de Paris.
1 livre pesant de Castille...	0,4605 kilog.... 15,058 onces.

Nous terminerons cet article par les réflexions que nous avons déjà faites, p. 230, à propos des nouvelles mesures impériales d'Angleterre, savoir, qu'établir l'uniformité des mesures dans un pays, sans appliquer au nouveau système le calcul décimal, c'est là, pour le gouvernement, ne remplir que la moitié de sa tâche.

BARCELONNE.

Monnaies de change.

340. La livre catalane vaut 20 sous catalans, ou 240 den.

Le sou catalan. . . .	12 deniers.
Le réal ardit.	2 sous.
Le réal catalan. . . .	3 *idem.*
Le réal de plate. . .	3 s. 6 deniers ou 34 maravédis.
La piastre de ch. . .	28 s. 8 r. de plate ou 272 mar^dis.
La pistole de ch. . .	5 liv. 12 s. ou 32 r. de plate.
La pistole d'or. . . .	7 liv. ou 40 r. de plate.
Le ducat de ch. . . .	38 s. 7 $\frac{4}{17}$ den. cat. ou 375 mar^dis.

Par conséquent, 272 ducats valent 525 liv. cat.

On y tient les écritures en liv., sous et den. cat., et l'on change en pistoles, piastres et ducats.

Cours des Changes.

BARCELONNE donne le CERTAIN pour recevoir L'INCERTAIN.

A Amsterdam.......	1 ducat de change.........	94 ¹/₂ deniers de gros.
Gênes............	1 livre catalane...........	2 liv. neuves 80 c.
Hambourg........	1 ducat de change........	88 deniers de gros.
Londres..........	1 piastre de change.......	38 deniers sterl.
Paris.............	1 pistole de 5 liv. 12 s. cat..	15 francs.

L'usance est de 30 jours de date pour les lettres tirées de l'étranger.

(¹) Rendue obligatoire par l'ordonnance royale de 1801.
(²) La *fanega* de terre contient 576 *estadales* de 16 vares carrées chacune, et, par conséquent, 9216 vares carrées.

ITALIE.

ROYAUME LOMBARDO-VÉNITIEN.

341. L'ancien royaume d'Italie, fondé par Napoléon en 1805, a été démembré à la chute de l'empire français, et dévolu, en grande partie, à l'Autriche. Ce nouveau royaume porte, depuis 1815, le nom de royaume *lombardo-vénitien*, et se compose des états vénitiens, du duché de Mantoue et de Milan. Cette dernière ville en est regardée comme la capitale ; elle sert de résidence au vice-roi autrichien.

Par un décret du 21 mars 1806, inséré au Bulletin des lois du royaume d'Italie, Napoléon avait établi le nouveau système monétaire français dans ce royaume. Il n'y eut que Venise à qui l'on conserva son même système, dans l'intérêt de ses relations commerciales avec le Levant. En conséquence de cette disposition législative, un nouveau décret du 24 janvier 1807, inséré dans le Bulletin des lois du royaume de France, ordonna que les monnaies décimales d'or et d'argent fabriquées en Italie, en vertu du décret précité du 21 mars 1806, auraient cours en France pour leur valeur nominale ; en sorte que la valeur des monnaies décimales fabriquées en Italie, de 1806 à 1823, est absolument la même que celle des monnaies fabriquées, en France, depuis l'adoption du nouveau système métrique.

Mais, à partir de 1823, les Autrichiens ont modifié ce système : tout en conservant le titre de 900 millièmes pour les monnaies d'or et d'argent, ils ont diminué le poids des pièces, et l'ont réduit à celui indiqué dans la deuxième colonne du tableau que nous donnons un peu plus loin. Aucune tolérance n'est allouée pour le titre des monnaies d'or ni d'argent, et la tolérance du poids ne peut excéder $\frac{1}{8}$ p. $\frac{0}{0}$ pour les premières, et $\frac{1}{4}$ p. $\frac{0}{0}$ pour les secondes.

Comme ce titre de 900 millièmes était déterminé par l'ancien mode d'essai de la *coupellation*, il résulte de là et du nouveau mode d'essai dit de *la voie humide*, qu'il en est de ces monnaies d'argent comme de celles frappées en France antérieurement à 1830, c. à d. qu'au lieu de contenir 900 millièmes de fin seulement, elles en contiennent 904. Voilà pourquoi nous avons porté ce dernier titre dans le tableau précité.

MILAN.

342. Le gouvernement de Milan se subdivise en neuf cercles ou provinces, savoir : Milan, Pavie, Lodi, Coni, Crémone, Soudrio, Bergame, Brescia et Mantoue.

Monnaies de change.

Depuis 1750, les écritures se tenaient, à Milan, en livres de 20 sous ou de 240 deniers, qui avaient deux valeurs dites, l'une *impériale*, l'autre *courante*. 106 liv. impériales valaient 150 liv. courantes. Lorsque le duché de Milan fit partie du royaume d'Italie, on tint les écritures en livres italiennes de 100 centimes, égales au franc de France.

Aujourd'hui que ces États appartiennent à l'Autriche, on compte, à Milan, en liv. autrichiennes modernes de 100 centimes, qui servent aussi à régler les changes.

La livre autrichienne, égale en valeur à 20 kreutzers, monnaie de convention, est la nouvelle unité monétaire du royaume lombardo-vénitien.

D'après la loi du 10 novembre 1823, relative aux monnaies,

100 livres autrichiennes $=$ 87 livres italiennes.

100. . . . . *id.* . . . . $= 113\frac{9}{32}$ liv. arg^t cour^t de Milan.

128. . . . . *id.* . . . . $= 145$. *idem.*

Monnaies effectives du royaume lombardo-vénitien.

Ancien monnayage, antérieur à l'établissement du nouveau système monétaire français en Italie.

	TITRE réel	POIDS réel	VALEUR RÉELLE	
	de chaque pièce.		du kilogram^e	de chaque pièce.
	mill^es	gr.	fr. c.	fr. c.
MILAN.				
Or.....Sequin de Marie-Thérèse et de Joseph II, de 1779 à 1784..........	990*	3 45	3400 19	11 73
Doppia, ou pistole de Marie-Thérèse, de 1778..................	908*	6 32	3118 48	19 71
Idem de Joseph II, de 1781......	905*	6 32	3108 17	19 64
Argent.Scudo de *lire sei*, ou écu de 6 liv., de Marie-Thérèse et Joseph II, de 1778 à 1785................	900*	23 11	197 »	4 55
Demi-écu......id......id......	900*	11 53	197 »	2 27
Livre neuve de Marie-Thérèse, de 1780........................	555*	6 21	119 33	» 74
Ecu de la république cisalpine, an VIII (1799 et 1800).........	900*	23 16	197 »	4 56
VENISE.				
Or.....Sequin de 22 livres courantes....	996	3 45	3420 71	11 80
Demi-sequin..................	996	1 70	3420 71	5 81
Oselle de 1783................	996	13 97	3420 71	47 78
Ducat de 14 livres courantes.....	996	2 18	3420 71	7 46
Pistole......................	908*	6 75	3118 48	21 36
Argent. Ducat de 8 livres piccolis........	817	22 63	177 57	4 02
Nota. *Quoique le tarif des monnaies ne porte ces pièces qu'à 813, on obtient communément, à l'essai, le titre de 830.*				
Ecu à la croix................	950*	31 39	207 94	6 52
Justine, ou Ducaton............	951*	27 50	208 16	5 72
Talaro de 1792................	834*	28 68	181 45	5 20
Nouveau Système monétaire autrichien, commencé en 1823.				
Or.....Souverain de 40 liv. autrichiennes	900*	11 33	3091 »	35 02
Demi..... de 20....id..........	900*	5 67	3091 »	17 53
Argent.Ecu ..... de 6 liv. autrichiennes	904*	25 99	197 88	5 14
Demi....de 3....id..........	904*	12 99	197 88	2 57
La livre autrichienne	904*	4 33	197 88	» 87
La demie	904*	2 16	197 88	» 43

Nota. L'astérisque joint au titre indique que les pièces dont il s'agit n'ont pas encore été légalement titrées, mais que ce sont bien là les titres qu'elles donnent ordinairement à l'essai.

Cours des changes de Milan.

MILAN donne L'INCERTAIN pour recevoir LE CERTAIN.

A Amsterdam	245 liv. autr., p. o. m.,	100 florins de Holl.
Hambourg	214 1/2...id......id...	100 marcs banco.
Auguste	295 3/4..id......id...	100 fl. argent cour.
Francfort-sur-Mein	246 5/8..id......id...	100 flor. d'Empire.
Vienne et Trieste	296.....id......id...	100 fl. de convention.
Gênes et Turin	117 1/4..id......id...	100 l. n. de Piémont.
Genève	192 1/2..id......id...	100 liv. argent cour.
Bâle	171.....id......id...	100 liv. de Suisse.
Paris et la France	115 7/8..id......id...	100 francs.
Londres	29,100.id......id...	1 livre sterling.
Livourne	602.....id......id...	100 piast. de 8 réaux.
Naples	504.....id......id...	100 ducats (*del regno*)
Rome, Bologne et Ancône	626.....id......id...	100 écus de 10 *paoli*.
Venise	99 1/2..id......id...	100 liv. autrichien[es].
Florence	98.....id......id...	100 liv. b[e] monnaie.

Usances.

L'usance des lettres de change, sur toutes les places du royaume lombardo-vénitien, est de 30 jours. Il n'y a point de jours dè grâce. Si les traites ne sont pas payées le jour de l'échéance, elles doivent être protestées le jour suivant, ou le premier jour non férié.

VENISE.

343. Le gouvernement de Venise se divise en huit cercles, savoir : Venise, Vérone, Padoue, Vicence, Polésine, Trévise, Bellune et Frioul. Venise a été déclaré port franc en 1830.

Monnaies de change.

Depuis 1750, les écritures se tenaient, à Venise, en livres de 20 sous ou *marchetti*, ou 240 *denari, moneta picciola veneta*; on les tint ensuite en livres italiennes égales au franc de France; mais, depuis 1824, on compte, à Venise comme à Milan, par livres modernes autrichiennes de 100 centimes. 100 liv. autrichiennes équivalent à 169,92 livres vénitiennes.

Il y a, à Venise, deux espèces de ducats, *el ducato corrente* de 6 liv. 4 sous *moneta picciola*, et *el ducato da olio*, qui vaut 20 p. $\frac{0}{0}$ de plus. Le ducat courant passe pour 3,6487 liv. autrichiennes, et le ducat d'olio pour 4,3783 de ces mêmes livres. 74 ducats courans équivalent à 270 liv. autrichiennes.

16

Quant aux monnaies effectives anciennes et nouvelles de Venise, comme elles sont les mêmes qu'à Milan, *voyez*, à cet égard, le tableau, page 240. Pour l'usance et le paiement des traites, *voyez* également *Milan*.

Nota. Presque toutes les données précédentes sur Milan et Venise sont extraites du *Traltado cambiario di ragungli mercantili*, publié à Venise, et approuvé par la chambre de commerce de ladite ville.

Cours des changes de Venise.

VENISE donne l'incertain pour recevoir le certain.

A Amsterdam...	2 liv. aut. 40 c., plus ou moins,	1 florin courant.
Auguste......	2..*dito*...95 c........id.......	1 fl. argt et d'Auguste.
Hambourg....	2..*dito*...16 c........id.......	1 marc banco.
Gênes........	1..*dito*...16 c........id.......	1 livre neuve.
Londres......	29..*dito*...30 c........id.......	1 livre sterling.
Livourne.....	5..*dito*...95 c........id.......	1 piastre de 8 réaux.
Naples.......	5..*dito*...06 c........id.......	1 ducat del régno.
Paris........	1..*dito*...16 c........id.......	1 franc.
Vienne.......	2..*dito*...95 c........id.......	1 fl. de convention.
Lisbonne.....	2..*dito*...60 c........id.......	1 creuzade de change.

Nota. Le change sur *Amsterdam* se cote aussi à Venise à 98 den. de gr., plus ou moins, pour 6 liv. autrichiennes ;

Celui sur *Gênes*, à 2,55 livres neuves, p. o. m., pour 3 livres autrich. ;

Celui sur *Hambourg*, à 88 den. de gr., p. o. m., pour 6 livres autrich. ;

Celui sur *Livourne*, à 96 s. bonne mon^e, p. o. m., pour 1 livre autrich. ;

Celui sur *Londres*, à 48 den. sterl., p. o. m., pour 6 livres autrich. ;

Celui sur *Naples*, à 58 grains, p. o. m., pour 3 livres autrich. ;

Celui sur *Vienne*, à 58 kreutzers, p. o. m., pour 3 liv. autrich.

ROYAUME DES DEUX-SICILES.

344. Le royaume des Deux-Siciles, formé en 1816, comprend le royaume de Naples, grand et beau pays qui occupe la partie méridionale de l'Italie, et l'île de Sicile, la plus grande de toutes les îles de la Méditerranée.

Le royaume de Naples, sous lequel, de 1805 à 1816, ont régné, successivement, Joseph Buonaparte et Murat, comprend la Sicile en deçà du détroit qu'on appelle *Phare de Messine*, laquelle se divise en quatre grandes provinces, qui sont la Terre de Labour, l'Abruzze, la Pouille et la Calabre.

L'île de Sicile (Sicile en delà du Phare) est divisée en sept intendances, savoir : Calata-Nisetta, Catania, Girgenti, Messine, Palerme, Syracuse et Trapani. Naples, ancienne ville très commerçante, est la capitale du royaume de Naples; Palerme, la capitale de la Sicile.

NAPLES.

Monnaies de change.

345. Le ducat vaut 10 carlins, ou 100 grains, ou 1000 centièmes.

Le carlin vaut 10 grains, ou 100 centièmes.

Le ducat se divise aussi en 5 tarins de 20 grains.

L'unité principale du système monétaire adopté en 1818 est le ducat d'argent, qui est une monnaie effective, dont les divisions sont décimales.

On tient les écritures et l'on change à Naples en ducats *del regno*.

MONNAIES EFFECTIVES.	TITRE réel	POIDS réel		VALEUR RÉELLE		
	de chaque pièce.	de chaque pièce.		du kilogram.		de chaque pièce.
	mill.es	gr.		fr. c.		fr. c.
Or.....Once nouvelle de 8 ducats, fabriquée depuis 1818...............	996	3	79	3420	71	12 96
Quintuple de 15 ducats, même fabrication...................	996	18	93	3420	71	64 82
Décuple de 30 ducats...idem....	996	37	87	3420	71	129 64
Nota. Le titre des ducats et autres pièces d'or, frappés avant 1818, est trop variable pour qu'on puisse en donner l'évaluation en monnaies françaises.						
Argent. Pièce de 12 carlins, vieille.......	886	»	»	193	60	
Nota. Le poids de ces pièces varie de 24gr,86 à 25gr,39.						
Idem neuve, de 1786 à 1799......	837*	27	51	182	14	5 01
Pièce de 10 carlins, de 1784......	845*	22	70	183	97	4 18
Idem...............de 1818......	837*	22	90	182	14	4 17

Nota. L'astérisque joint au titre indique que les pièces dont il s'agit n'ont pas encore été légalement titrées, mais que ce sont bien là les titres qu'elles donnent le plus communément à l'essai.

Cours des changes de Naples.

NAPLES donne l'incertain pour recevoir le certain.

A Amsterdam .... 49 ½ grains, plus ou moins, 1 fl. de Hollande.
  Auguste........... 58....*dito*............id............ 1 fl. argᵗ cᵗ d'Auguste.
  Cadix et Madrid .. 95....*dito*...........id............ 1 piastre de change.
  Gênes .... 24....*dito*...........id............ 1 liv. n. de Piémont.
  Hambourg .... 42,80.*dito*...........id............ 1 marc banco.
  Lisbonne.......... 48....*dito*...........id............ 1 creuz. de change.
  Livourne ....115,25.*dito*...........id............ 1 piastre de 8 réaux.
  Londres..........591,60.*dito*...........id............ 1 livre sterling.
  Milan et Venise... 19 ½.*dito*...........id............ 1 livre autrichienne.
  Paris et *la France*. 24....*dito*...........id............ 1 franc.
  Trieste et Vienne.. 58 ¾.*dito*...........id............ 1 florin effectif.

Usances.

L'usance pour les traites d'Espagne sur Naples est de deux mois de date ; pour celles d'Angleterre, de trois mois ; pour celles de France, de 15 jours après l'acceptation ; on n'accorde que 24 heures pour le paiement.

PALERME ET MESSINE.

346. On compte dans la Sicile par onces de 30 tarins de 20 grains chacun.

L'once de Sicile vaut 3 ducats de Naples ; par conséquent, les tarins, les carlins et les grains de Sicile ne valent que la moitié de ceux de Naples.

1 once = 30 tarins, ou 60 carlins, ou 600 grains de Sicile.
1 once = 15 tarins, ou 30 carlins, ou 300 grains de Naples.

L'usance d'une place quelconque sur Palerme et Messine est de 20 jours de vue, le jour de l'acceptation non compris ; on n'accorde qu'un jour de grâce.

ROYAUME DE SARDAIGNE.

347. Le royaume de Sardaigne comprend aujourd'hui le duché de Savoie et de Gênes, la principauté de Mont-Ferrat, le Piémont, une partie du Milanais, le comté de Nice, et l'île de Sardaigne dans la Méditerranée. Turin, grande et belle ville située sur la rive gauche du Pô, est la capitale des Etats Sardes, et Cagliari, la capitale de l'île.

GÊNES (port franc).

Anciennes monnaies de change.

348. Les anciennes monnaies de change étaient la piastre

de 5 livres *banco*, et la livre hors de banque qui se divisait comme notre ancienne livre tournois.

La différence de l'argent de banque à celui hors banque (*fuori banco*) était de 15 p. ⁰⁄₀, c. à d. que 100 liv. de banque faisaient 115 liv. hors banque.

On y tenait les écritures en livres hors banque, et l'on changeait en piastres, en livres et sous hors de banque, et en écus.

Nouvelles monnaies réelles et de change.

Nice, la Savoie et le Piémont furent réunis à la France, lors des premières guerres de la révolution de 1789 ; Gênes le fut aussi en 1805. Ces différens Etats reçurent, par conséquent, les monnaies françaises, en attendant qu'on y établît le nouveau système monétaire décimal ; ce qui eut lieu en 1806, comme nous l'avons déjà dit, page 238.

Un arrêté du 20 décembre 1805 fixa le franc de France à 1 livre 4 sous, monnaie courante de Gênes. Ainsi, 5 fr. valent 6 liv. courantes. Ce rapport est généralement adopté par le commerce. Les livres courantes de Gênes s'appellent aussi livres *hors de banque*.

Le roi Victor Emmanuel, qui, en 1814, a repris possession du royaume de Sardaigne, ses anciens Etats, ordonna, en 1816, la fabrication d'une nouvelle livre de Piémont égale au franc de France. Son frère, Charles-Félix, la fit adopter comme nouvelle unité monétaire, par un édit du 5 février 1817, dont voici la teneur :

« La livre neuve de Piémont, au titre de 900 millièmes » et au poids de 5 grammes, sera dorénavant la seule mon- » naie du duché de Gênes, ainsi que des autres possessions » continentales de S. M.

» La monnaie de Gênes, dite fuori banco, continuera pro- » visoirement à avoir cours à 6 liv. 56 c. de Piémont, l'écu » de 8 liv. fuori banco, et les fractions en proportion.

» Toutes les sommes à payer ou à recevoir, lesquelles se » trouveraient stipulées en monnaie fuori banco, devront être » réduites en liv. de Piémont à 6 liv. fuori banco pour 5 liv. » neuves de Piémont. »

D'après cette ordonnance, Gênes ne devait plus compter ni changer en liv. fuori banco ; mais, cependant, beaucoup de transactions se font encore en cette monnaie, et quelques places de commerce suivent encore l'ancien système pour les changes, sans aucune modification.

Les monnaies effectives d'or de la nouvelle fabrication sont la pièce de 20 *lire* ou livres, la *doppia* de 40 livres, le quadruple de 80, et les pièces de 100 francs.

Les monnaies effectives d'argent sont l'écu de 5 livres, la pièce de 2 livres, la *lira nova* ou livre neuve, et les pièces de 50 et de 25 centimes.

Toutes ces pièces d'or et d'argent sont du même poids et du même titre que celles de France, et ont, par conséquent, la même valeur ; et comme le titre de 900 millièmes pour les monnaies d'argent était déterminé par le mode d'essai de la coupellation, il résulte de là et du nouveau mode d'essai, dit la *voie humide*, qu'il en est de ces monnaies d'argent comme de celles frappées en France antérieurement à 1830, c. à. d. qu'au lieu de contenir 900 millièmes de fin seulement, elles en contiennent 904.

ANCIENNES MONNAIES EFFECTIVES
du nouveau royaume de Sardaigne.

	TITRE réel	POIDS réel	VALEUR RÉELLE	
	de chaque pièce.	de chaque pièce.	du kilogramme	de chaque pièce.
	mill.	gr.	fr. c.	fr. c.
GÊNES.				
Or....Sequin	995	3 45	3417 27	11 79
Génovine ancienne de 100 liv., depuis 1758 inclusivement	900*	28 15	3111 61	87 59
Génovine neuve de 96 liv., depuis 1781 inclusivement	909*	25 18	3121 91	78 61
Argent. Ecu de banque de saint Jean-Baptiste, ancien	913	20 77	199 85	4 15
Madonine, depuis 1747 inclusivement	830	4 51	180 54	» 81
Géorgine	862	5 80	187 92	1 09
Ecu neuf de saint Jean-Baptiste, de 8 liv., depuis 1792	893*	33 25	195 29	6 49
ILE DE SARDAIGNE.				
Or.... Carlin, depuis 1798	890*	16 04	3053 78	48 98
Demi	890*	8 02	3053 78	24 49
Pistole, ou doppietta	890*	3 19	3053 78	9 74
Argent. Ecu, depuis 1768	900*	23 48	197 »	4 63
Demi-écu	903*	11 74	197 66	2 32
Quart d'écu	900*	5 84	197 »	1 15
SAVOIE ET PIÉMONT.				
Or.... Sequin à l'Annonciade	986	3 45	3386 36	11 68
Pistoles vieilles de Piémont	892	6 64	3061 17	20 33
Pistoles neuves de Charles-Emmanuel III, depuis 1755, et de Victor-Amédée, de 1773	902	9 61	3097 87	29 77
Pistoles neuves de Victor-Amédée III, de 1786, et du règne de Charles-Emmanuel IV	902	9 08	3097 87	28 13
Carlin de Charles-Emmanuel III	902	48 12	3097 87	149 07
Carlin de Victor-Amédée III	902	45 52	3097 87	141 02
Demi idem	902	22 73	3097 87	70 41
Argent. Ecu de 6 livres, depuis 1755	907	35 10	198 53	6 97
Demi-écu	907	17 50	198 53	3 47
Un quart, ou 30 sous	907	8 76	198 53	1 74
Demi-quart, ou 15 sous	907	4 30	198 53	» 85

Nota. L'astérisque joint à chaque titre indique que les pièces dont il s'agit n'ont pas encore été légalement titrées, mais que ce sont bien là les titres qu'elles donnent le plus communément à l'essai.

Cours des changes de Gênes.

GÊNES donne l'incertain pour recevoir le certain.

A Amsterdam.......209 ³/₄ l. n. de Piémont, p. o. m., 100 fl. de Hollande.
Auguste..........255......dito...........id... 100 fl. ct d'Auguste.
Cadix et Madrid ..395......dito...........id... 100 piast. de change.
Hambourg ....186......dito...........id... 100 marcs banco.

Suite du cours des changes de Génes.

```
Lisbonne.........   5,45 l. n. de Piémont, p. o. m.,  1000 rées.
Livourne..........515,15 ...dito...............id...  100 piast. de 8 réaux.
Londres...........  25,30 ...dito...............id...    1 livre sterling.
Milan et Venise...  86 1/6 ...dito...............id...  100 l. autrichiennes.
Naples............438......dito...............id...  160 duc. del regno.
Paris et la France. 99 1/4 ...dito...............id...  100 francs.
Trieste et Vienne..258......dito...............id...  100 flor. d'Autriche.
```

Usances.

Nonobstant les changemens politiques survenus à Gênes, depuis 1814, toutes les dispositions du code de commerce français, relatives aux lettres de change, y ont été maintenues sans aucune modification : il n'y a donc pas de jours de grâce.

On tire ordinairement sur Gênes à tant de jours de vue ou de date.

GRAND-DUCHÉ DE TOSCANE.

349. Le grand-duché de Toscane fut érigé en royaume, en 1801, sous le nom de royaume d'Etrurie, en faveur du prince Louis, fils du duc de Parme, qui mourut en 1803. Quatre ans après, ce nouvel Etat fut réuni à l'empire français, dont il fit partie jusqu'en 1815, que le congrès de Vienne le restitua à l'archiduc Ferdinand d'Autriche.

Le grand-duché de Toscane est divisé en trois provinces : Florence, Pise et Sienne ; Florence en est la capitale. Dans la province de Pise, se trouve Livourne, ville très commerçante et port franc sur la Méditerranée.

LIVOURNE et FLORENCE.

Monnaies de change.

350. La piastre de 8 réaux se divise en 20 sous de 12 deniers.

Cette même piastre vaut 5 $\frac{3}{4}$ livres, ou 115 sous, b⁰ mon⁰.

La livre bonne monnaie. . . . 20 sous de 12 deniers.

L'écu d'or. . . . . 7 liv. 10 sous, b⁰ mon⁰.

Le francescone de 10 paoli. . . 6 $\frac{2}{3}$ id.

Le ducat, ou écu courant. . . 7   id.

La piastre, l'écu d'or et le ducat se divisent aussi en 20 sous de 12 deniers.

Le ducat vaut 1 piastre et $\frac{1}{6}$ monnaie longue.

La livre est la monnaie de compte principale, et le point général de comparaison.

A Livourne, on tient les écritures en piastres de 8 réaux
d'or, divisés en 20 sous de 12 deniers ; et à Florence, en livres, sous et deniers, *monnaie d'argent.* Cette monnaie s'appelle aussi *bonne monnaie,* pour la distinguer de la *monnaie
longue* de Livourne, inventée pour la facilité des calculs, et
qui a une valeur moindre.

23 livres, bonne monnaie, valent 24 livres, monnaie lon-
gue ; par conséquent, la bonne monnaie vaut $4\frac{8}{23}$ p. $\frac{o}{o}$ de plus
que l'autre.

1 piastre __ } 5 ¾ liv., ou 8 ⅝ paoli, ou 69 crazie, ou 115 s. bonne monnaie.
de 8 réaux ⟓ 6   liv., ou 9   paoli, ou 72 crazie, ou 120 s. monnaie longue.

4 piastres de Florence == 23 livres, bonne monnaie.

3 francesconi   id.   == 20   id.

A Livourne, toutes les affaires de banque se traitent en
or, et celles de marchandises, en *argent.* De là vient que 100
piastres de Livourne, en or, valent 107 piastres de Florence,
en argent ; en sorte qu'à Livourne l'*agio* de l'or sur l'argent
est invariablement de 7 p. $\frac{o}{o}$.

MONNAIES EFFECTIVES DE TOSCANE.	TITRE réel	POIDS réel		VALEUR RÉELLE		
	de chaque pièce.	de chaque pièce.		du kilogramᵉ		de chaque pièce.
	millᶜˢ	gr.		fr. c.		fr. c.
Or.... Ruspone, ou 3 sequins aux lis....	993	10	40	3410	40	35 43
Un tiers ruspone, ou sequin aux lis	993	3	45	3410	40	11 75
Demi-sequin....................	993	1	70	3410	40	5 70
Sequin à l'effigie..............	991	3	45	3403	53	11 74
Pistole	913	13	38	3135	65	41 95
Rosine........................	892	6	85	3063	11	20 98
Demi..........................	892	3	45	3063	11	10 57
Argent. Francescone de 10 pauls, livour- sine, piastre à la rose, talaro léo- poldine, et écu de 10 pauls....	910	27	30	199	19	5 43
Pièce de 5 pauls...............	910	13	63	199	19	2 71

Cours des changes de Livourne.

LIVOURNE donne LE CERTAIN pour recevoir L'INCERTAIN.

A Amsterdam.......,..   1 piastre de 8 réaux. 99 den. de gros, plus ou moins.
Auguste ....100......*dito*......203 fl. argᵗ cᵗ d'Auguste..id.
Cadix et Madrid....100......*dito*......128 piast. de change....id.
Francfort s/M......100......*dito*......244 florins d'empire....id.
Gênes.............. 1......*d to*......103 s., ou 5 l. n. 15 c.....id.
Genève ....100......*d to*......104 écus argent cour...id.
Hambourg......... 1......*dito*...... 44 ¾ schell. b°.......id.
Lisbonne et Porto.. 1......*dito*......1020 rées.............id.
Milan et Venise..... 1......*dito*......121 sous autrichiens....id.
Naples............100......*dito*......120 ¾ ducats..........id.
Paris et *la France*.. 1......*dito*......105 s. de Fr. ou 5ᶠ 25ᶜ...id.

Usances.

Les lettres de change, tant à Livourne qu'à Florence, ne jouissent d'aucun jour de grâce ; mais, à Livourne, on ne paie que trois jours la semaine , qui sont les lundi, mercredi et vendredi. Les paiemens se font à la *Stanza,* où tous les caissiers se trouvent réunis. Si un effet n'est pas acquitté celui des trois jours ci-dessus désignes, qui suit immédiatement celui de l'échéance , le protêt doit en être levé.

L'usance des traites sur Livourne est de 3 mois pour celles de l'Angleterre, de 60 jours pour celles de l'Espagne, et d'un mois pour celles de la France.

Les lettres de change, tirées sur Livourne, doivent être payées en or, qui gagne sur l'argent un agio fixe de 7 p. $\frac{0}{0}$, pour les raisons que nous avons expliquées un peu plus haut.

ALLEMAGNE.

351. L'empire d'Allemagne était divisé autrefois en neuf cercles, et représenté par une assemblée générale qu'on nommait *diète ,* et dont le siége était à Ratisbonne. Napoléon forma, en 1806, des États du midi de l'Allemagne, la confédération du Rhin, dont il se déclara le protecteur. Cette confédération a été dissoute en 1814, et remplacée par la confédération germanique, dont l'empereur d'Autriche est le chef. Cette nouvelle confédération est représentée par des assemblées d'Etats qui se tiennent à Francfort.

Les monnaies d'Allemagne exigent une attention toute particulière, surtout celles de change, auxquelles on attribue différentes valeurs, selon les localités. Voilà pourquoi nous croyons à propos de donner ci-après quelques explications propres à prévenir toute équivoque à cet égard.

Le *reischthaler* ou rixdale est généralement employé dans l'Allemagne, soit comme monnaie réelle, soit comme monnaie de change, soit comme monnaie de compte.

La rixdale d'espèce, monnaie réelle et de change tout à la fois vaut 2 flor. de 60 kreutz. chacun, soit 240 pennings.

La rixdale courante, monnaie de change, vaut 1 florin $\frac{1}{2}$, soit 90 kreutzers.

La rixdale, monnaie de compte, a une valeur variable.

C'est ici le lieu d'expliquer l'origine de la valeur des monnaies dites de *convention,* qui, tantôt, se détermine sur le pied. de 20 florins, et, tantôt, sur le pied de 24 florins.

Les maisons d'Autriche et de Bavière, par convention signée le 21 septembre 1753, arrêtèrent d'établir la proportion entre l'or et l'argent de 1 à 14 $\frac{11}{71}$, et de porter le marc d'argent à 20 florins. D'après cette convention, le ducat d'or valut 4 florins et 10 kreutzers, et la rixdale d'espèce, écu d'argent, 2 florins. Ces monnaies, par suite de cette circonstance, prirent le nom de *monnaies de convention, sur le pied de 20 florins*, pour le marc d'argent fin de Cologne. Cette convention fut adoptée par la plus grande partie des cercles de l'empire.

Peu de temps après, sans changer la fabrication, le taux numéraire fut augmenté dans la proportion de 5 à 6 ; par conséquent, le ducat fut porté à 5 florins, et la rixdale d'espèce à 2 florins 24 kreutzers : ces monnaies se nommèrent alors *monnaies de convention, sur le pied de 24 florins*.

Là proportion de l'or avec l'argent ayant encore augmenté, la valeur des monnaies a été variable.

Quelques places ont un argent particulier qui s'appelle argent blanc ou *muntz* ; cet argent est ordinairement égal à la monnaie de convention sur le pied de 24 florins le marc. Les pièces sont d'un titre fort bas, depuis 1 florin jusqu'à 1 kreutzer.

AUTRICHE.

VIENNE (CAPITALE).

Monnaies de change.

352. La rixdale vaut. . 1 $\frac{1}{2}$ florin, ou 90 kreutzers.
Le florin. . . . . 60 dito.
Le kreutzer. . . . . 4 pennings.
On tient les écritures, à Vienne, en florins courans, convention sur le pied de 20, et l'on y change en rixdales, florins et kreutzers.

MONNAIES EFFECTIVES DE VIENNE.

	TITRE réel	POIDS réel	VALEUR RÉELLE	
	de chaque pièce.		du kilogram^e	de chaque pièce.
	mill^{es}	gr.	fr. c.	fr. c.
Or.... Double ducat d'Autriche, de Hongrie et de Bohême, de 9 florins..	984	6 96	3379 49	23 52
Ducat simple id., de 4 ¹/₂ florins..	984	3 45	3379 49	11 66
Double ducat de l'Empereur, de Hambourg, de Francfort, de 9 fl.	980	6 96	3365 76	23 43
Ducat simple, de 4 ¹/₂ florins.....	980	3 45	3365 76	11 61
Souverain. de 13 ¹/₂ florins.......	915	» »	3142 52	» »
Argent. Rixd..le de constitution d'Autriche, frappée avant 1753, ou double florin....................	875	28 74	190 97	5 48
Écu ou rixdale d'espèce de convention de tous les cercles.....	837	28 05	182 14	5 11
Demi-rixdale ou florin..........	837	14 02	182 14	2 55
Pièce de 20 kreutzers..........	586	6 64	126 16	0 84

Les florins, à Vienne, s'appellent *courans*, pour les distinguer du papier-monnaie qui circule en abondance. Quelques places, pour mieux les désigner, les nomment *florins courans d'Auguste*, ou pièces effectives de 20 kreutzers, dont 3 le florin ; en sorte que ces expressions, qu'on trouve sur les cotes de changes, *florins courans*, *florins courans d'Auguste*, ou *florins argent courant d'Auguste*, ou enfin *florins effectifs*, signifient la même chose, lorsqu'elles s'appliquent aux monnaies de change de Vienne.

Cours des changes de Vienne.

VIENNE donne LE CERTAIN pour recevoir L'INCERTAIN.

A Naples............ 1 florin effectif........ 58 grains, plus ou moins.
Livourne........... 1 *dito*............... 57 s. bonne mon^e...id.

donne L'INCERTAIN pour recevoir LE CERTAIN.

A Amsterdam....... 136 rixdales, plus ou moins, 256 fl. de Hollande.
Auguste............
Francfort s/M...... } 99 ¹/₂ flor. eff.......id... 100 florins courans.
Gênes............ 115 *dito*..........id... 300 l. n. de Piémont.
Hambourg......... 145 rixdales.........id... 300 marcs banco.
Londres.......... 9 fl. 52 kr. eff......id... 1 livre sterling.
Milan et Venise..... 98 ⁵/₈ fl. eff.........id... 300 l. autrichiennes.
Paris et *la France*.. 115 *dito*..........id... 300 francs.
Saint-Pétersbourg. 44 *dito*..........id... 100 roubl. en papier.

Usances.

Il est accordé trois jours de grâce, y compris les dimanches et jours de fête, et ce qui n'est pas payé aux derniers jours de grâce, à cinq heures du soir, doit être protesté ; le porteur qui

néglige le protèt perd son recours contre tout autre que l'accepteur. Lorsque le jour de paiement est un dimanche ou un
jour de fête, le paiement est remis au lendemain.

La lettre de change tirée à vue, à deux ou trois jours de vue,
à jour fixé, même à une échéance non déterminée, ou à une
échéance plus courte qu'une demi-usance ou sept jours, ne
jouit d'aucun jour de grâce. Celles qui sont présentées après
leur échéance doivent être payées ou protestées dans les vingt-
quatre heures.

Les lettres de change payées dans le milieu d'un mois,
c. à d. le quinzième jour, jouissent également de trois jours
de grâce, à moins qu'elles ne portent le mot *préfix*.

L'usance est de 15 jours de vue.

Rapport entre le poids métrique français et le poids de Vienne.

D'après des expériences tout à fait exactes, il a été constaté
que

1 kil. équivaut à 3 marcs 9 *loths* et 48 *richpfnnings* de Vienne,
1 marc de Vienne à 2 hectog.,80644.

Il résulte, de ces rapports et des lois de fabrication établies
à Vienne, que

1 kilog. d'or fin vaut 1307 florins 20 kreutzers ;
1 *id.* d'argent fin. . .   85 *dito* 21 *dito*.

VILLES LIBRES.

353. Les villes libres de l'Allemagne sont aujourd'hui au
nombre de quatre, savoir : Lubeck, Hambourg, Brême et
Francfort-sur-le-Mein.

HAMBOURG.

Monnaies de change.

354. Le marc vaut 16 sous lubs, ou 32 deniers de gros.

Le sou lub ou schelling, 12 deniers lubs, ou 2 deniers de
gros.

Le dealder ou écu de change, 2 marcs lubs, ou 32 s. lubs,
ou 64 den. de gros.

La rixdale, 1 ½ dealder, ou 3 marcs, ou 48 s. lubs, ou
96 d. de gros.

La livre flamande se divise en 20 sous de 12 deniers chacun, *groot flœmish*, et voilà pourquoi cette livre est généralement connue sous le nom de livre de gros.

1 livre de gros vaut 2 $\frac{1}{2}$ rixdales, 3 $\frac{3}{4}$ dealders, 7 $\frac{1}{2}$ marcs lubs, 20 sous de gros, 120 sous lubs, 240 den. de gros, 1440 den. lubs.

Les monnaies de compte ont deux valeurs à Hambourg, savoir : celle dite *banco*, et celle dite *courante*.

La monnaie courante comprend les pièces réelles de la place, émises au taux fixé par la convention de Lubeck, entre cette ville, le roi de Danemarck et la ville de Hambourg, en 1694. D'après cette convention, un marc d'argent fin de Cologne doit fournir une taille de 34 marcs lubs, au titre de 12 *loths*. Le mot *lub*, qui dérive de Lubeck, sert à désigner la monnaie dont il est ici question.

La monnaie *banco* est imaginaire en ce sens qu'elle n'est autre chose que la monnaie courante, que la Banque reçoit de 23 à 25 p. $\frac{0}{0}$, plus ou moins, au dessous de sa valeur réelle ou légale. Cette différence se nomme *agio*, dans le commerce, et varie selon les circonstances. Les paiemens s'effectuent en assignations sur la Banque.

On tient les écritures, à Hambourg, en marcs, sous et deniers lubs, et l'on y change en rixdales, marcs, sous, lubs, et en livres, sous et den. de gros.

MONNAIES EFFECTIVES DE HAMBOURG.	TITRE réel	POIDS réel	VALEUR RÉELLE	
	de chaque pièce.		du kilogram^e	de chaque pièce.
	mill^s	gr.	fr. c.	fr. c.
Or.......Ducat *ad legem imperii*, d'Allemagne......................	978	3 45	3358 89	11 59
Ducat de Hambourg...........	980	3 45	3365 76	11 61
Nota. *Il y a plusieurs autres espèces de ducats à Hambourg, mais qui sont tous du même titre et du même poids que le ducat de l'empereur.*				
Argent..Pièce du siége de Hambourg....	970	14 16	212 32	8 »
Nota. *Quoique ces pièces aient été fabriquées en 1813 et 1814, elles portent néanmoins le millésime de 1809 : il en a été frappé pour environ six millions.*				
Rixdale de constitution, ou écu de banque.................	879	29 21	191 92	5 61

Cours des changes de Hambourg.

HAMBOURG donne LE CERTAIN pour recevoir L'INCERTAIN.

À Amsterdam....... } 4o marcs b°... 36 fl. de Hollande, plus ou moins.
Anvers...........
Auguste.........
Trieste........... } 200....dito....146 ½ fl. eff.............id.
Vienne..........
Francfort s/M..... 3oo....dito....147 rixd. cour...........id.
Gênes............ 100....dito....187 ½ l. n. de Piémont...id.
Genève........... 1....dito.... 23 sous argent courant...id.
Naples........... 1....dito.... 45 grains.............id.
Paris et *la France*. 104....dito....188 francs ....id.

donne L'INCERTAIN pour recevoir LE CERTAIN.

À Cadix et l'Espagne..46 s. lubs b°, plus ou moins, 1 ducat de change.
Lisbonne et Porto..45...dito........id........ 1000 rées.
Livourne..........44 ½ dito........id........ 1 piastre de 8 réaux.
Londres..........13 marcs 6 s. l. b°.id........ 1 livre sterling.
Saint-Pétersbourg.. 9 sous lubs b°..id........ 1 rouble en papier.
Venise..........88 den. de gros...id........ 6 liv. autrichiennes.

REMARQUE. Quoique Hambourg cote le plus ordinairement le change sur *Auguste* et sur *Vienne* à 146 flor. eff., plus ou moins, contre 200 marcs banco, ainsi qu'on le voit ci-dessus, cependant des cotes de Hambourg portent aussi l'Auguste et le Vienne à 146 rixd. cour., p. o. m., contre 300 marcs banco; mais comme, dans ces deux dernières villes, la rixdale vaut $1\frac{1}{2}$ fl., ou, ce qui est la même chose, que 2 rixd. valent 3 fl., il en résulte que ces deux modes de change ne diffèrent que dans la forme, et sont identiques au fond. En effet, 146 flor. étant les $\frac{2}{3}$ de 146 rixd., de même que le terme fixe, 200 marcs, est les $\frac{2}{3}$ du terme fixe 300 marcs, le rapport est égal dans les deux cas, et ne donne lieu, par conséquent, qu'à une seule et même opération arithmétique.

Usances.

L'usance, à Hambourg, pour les lettres tirées d'Ausbourg, Francfort, Nuremberg, Vienne, et de toute l'Allemagne, est de 14 jours de vue.

Pour celles tirées d'Angleterre, de France et de Hollande, un mois de date.

Pour celles tirées d'Espagne, de Portugal, d'Italie, de Trieste et de Fiume, 2 mois de date.

Depuis 1814 que Hambourg est devenu ville libre, les lettres de change jouissent, comme auparavant, de 11 jours de grâce, non compris celui de l'échéance ; cependant, aucune maison solvable n'en fait usage pour les lettres de change qu'elle a acceptées.

Un effet doit être payé le dernier jour de grâce, ou, à défaut de paiement, être protesté, et même la veille, si le dernier est un jour férié.

FRANCFORT-SUR-LE-MEIN.

Monnaies de change.

355. La rixdale vaut 1 ¼ florin, ou 90 kr., ou 22 ½ bats.
Le florin. . . . . 60 *id.* . . 15 *id.*
Le bats (ou *batzen*). 4 kreutzers.
Le kreutzer. . . . . 4 pennings.

On distingue, à Francfort, trois monnaies différentes, savoir : 1° la monnaie de *change*, qui est imaginaire ; 2° la monnaie *argent courant* ou de *convention* (espèces réelles à 20 florins le marc fin de Cologne) ; 3° la monnaie d'*empire* (à 24 florins le marc fin de Cologne), qui consiste principalement en pièces de 24, de 12 et de 6 kreutzers.

$6 \frac{2}{1.5}$ rixdales de change $=$ $9 \frac{1}{5}$ florins de change.
92 . . . . *idem* . . . . $=$ 165 florins d'empire.
46 florins de change. . $=$ 55 . . *idem.*
$100 \frac{4}{11}$ . . . . *idem* . . . $=$ 100 florins argent courant.
L'écu de Brabant est fixé, en monnaie d'empire, à 2 fl. 42 kr.
L'écu de convention, ci. 2 44

On tient les écritures, à Francfort, en rixdales de change de 90 kreutzers, et en florins d'empire de 60 kreutzers.

Les monnaies réelles de Francfort étant les mêmes que celles de l'Autriche, *voyez* le tableau de la page 252.

Cours des changes de Francfort.

FRANCFORT S/M donne le certain pour recevoir l'incertain.

A Berlin. . . . . 150 flor. d'empire. . . 104 rixd. c^t de Prusse, p. or m.

donne l'incertain pour recevoir le certain.

A Amsterdam . . . . . . .138 ½ rixd. de ch., p. o. m., 250 fl. d'Amsterdam.
Auguste. . . . . .101 . . . .*dito*. . . . . .id. . . 150 fl. cour. d'Auguste.
Hambourg. . . . . . . .146 ¼ *dito*. . . . . .id. . . 300 marcs banco.
Londres. . . . . .148 bats de ch. . . . . .id. . . 1 liv. sterling.
Paris et *la France*. 78 rixd. de ch. . . . . .id. . . 300 francs.
Vienne. . . . . .101 *dito*. . . . . .id. . . 150 flor. de Vienne.

Nota. Le change de Francfort-sur-le-Mein se cote à Paris,

ainsi que nous l'avons déjà vu (221), comme les changes de l'intérieur de la France, c. à d. à *tant* p. $\frac{o}{o}$ de bénéfice ou de perte, ou bien au pair; mais l'opération arithmétique est fort différente ici, puisque, lorsque Paris tire sur Francfort ou bien y remet, il faut commencer, ainsi que nous le verrons (380), par réduire les florins d'empire en francs, d'après leur rapport avec nos francs, lequel a été fixé à raison de 297 de ces florins pour 640 fr. (soit à 2 fr.,828 le florin).

Usances.

L'usance est de 14 jours après l'acceptation; ils ne commencent donc à courir que le lendemain de la date de l'acceptation.

Il y a quatre jours de grâce, mais qui ne sont pas applicables aux effets tirés à vue, ni à deux, trois, quatre jours de vue ou de date; car, dans ces derniers cas, le tiré doit payer dans les 24 heures de l'échéance.

Il y a, à Francfort, deux foires par an, qui durent chacune trois semaines : la première, nommée *foire de Pâques*, commence le mardi de Pâques; et la seconde, qui est la *foire d'automne* ou de *septembre*, commence le lundi de la semaine qui renferme la fête de la Nativité de Notre-Dame, si cette fête, qui tombe au 8 septembre, est un dimanche, un lundi, un mardi ou un mercredi; mais, si c'est un jeudi, un vendredi ou un samedi, la foire ne commence que le lundi de la semaine suivante.

BAVIÈRE.

AUSBOURG (ou AUGUSTE).

356. Quoique Munich soit la capitale de la Bavière, Ausbourg en est la ville la plus importante. Dans le monde commerçant, Ausbourg est plus généralement connu sous le nom d'*Auguste*, et c'est ainsi qu'il se trouve désigné sur tous les bulletins.

Monnaies de change.

La rixd. vaut $1\frac{1}{2}$ fl., ou 90 kr., ou 360 penn., ou 720 hellers.
Le florin. . . . . 60 id.   240 *dito*,   480 *dito*.
Le kreutzer. . . . . »   4 *dito*,   8 *dito*.
    Outre la monnaie *argent courant* ou de *convention*, l'ar-

gent a deux autres valeurs à Auguste, celle de *change* et celle d'*empire*.

100 flor., arg. de ch. = 127 fl., arg. cour. ou de convention, 100 flor., arg. cour. = 120 flor. d'empire.

Par conséquent, 100 flor., argent de change, valent 152 fl. 40 cent., soit 152 flor. 24 kreutzers.

On y tient les écritures en florins et kreutzers, et l'on y change en rixdales et florins.

Quant aux monnaies réelles d'Auguste, comme elles sont les mêmes que celles de l'Autriche, voyez le tableau de la page 252.

Cours des changes d'Auguste.

AUGUSTE donne LE CERTAIN pour recevoir L'INCERTAIN.

A Gênes	1 fl. argt et d'Auguste..	51 sous ou 2,55 liv. nes, p. o. m.
Livourne	1 ....dito.........	57 sous bonne mone.......id...
Milan et Venise.	1 ....dito..........	58 sous autrichiens.....id...
Naples..........	1 ....dito.........	61 grains..............id...

donne L'INCERTAIN pour recevoir LE CERTAIN.

A Amsterdam.......	107 rixd. de ch. d'Auguste, p. o. m.	}	100 rixd. de Holl, = 250 fl.
Cadix et Madrid ..	201 fl. cour...............id..		100 ducats de ch.
Francfort s/M.....	99 1/2 rixd. argt et d'Auguste.id..	}	100 rixd. de ch. de Francf. = 150 fl.
Genève..........	126 fl. argt cour. d'Auguste..id..		200 l. argt cour.
Hambourg	115 rixd. de ch. d'Auguste...id..	}	100 rixd. de Hamb. = 300 marcs b°.
Londres..........	9 fl. 56 kr. argt ct...dito...id:.		1 liv. sterling.
Paris et *la France* .	116 fl. argent cour....dito...id..		300 francs.
Trieste et Vienne..	100 1/4......dito...........id..		100 fl. d'Autrich.

Usances.

L'usance simple est de 14 jours, la demi-usance de 8 jours; l'usance et demie est de 23 jours, et la double usance de 30 jours, à dater de l'acceptation qui n'a lieu que 14 jours avant l'échéance.

Les lettres de change, tirées au delà d'une usance, sont présentées au *visa* du tiré, pour que celui-ci y écrive la date de la présentation; mais l'acceptation ne peut être requise que 14 jours avant l'échéance.

Tous les paiemens de traites se font le mercredi, celles à vue exceptées, qui doivent être payées dans les 24 heures. Les lettres de change qui échoient le mardi n'ont, par conséquent, qu'un jour de grâce; celles qui échoient le mercredi jouissent, au contraire, de 8 jours de grâce, parce qu'elles ne sont payées que le mercredi suivant.

HOLLANDE.

357. Le royaume des Pays-Bas, formé, en 1814, de la Belgique, de la principauté de Liége et du grand-duché de Luxembourg , fut donné en souveraineté au prince d'Orange Nassau ; mais, depuis la révolution qui éclata en Belgique en 1830, le royaume des Pays-Bas a été divisé en deux parties, Hollande et Belgique. D'après le traité de Londres qui a appelé Léopold à régner sur les Belges, le nouveau royaume de Belgique se compose des provinces du Brabant méridional , de Liége, de Namur, du Hainaut, de la Flandre occidentale, de la Flandre orientale, d'Anvers, d'une partie du Limbourg et d'une autre du grand-duché de Luxembourg.

AMSTERDAM (CAPITALE DE LA HOLLANDE).

Monnaies de change.

358. Le florin vaut 20 sous communs, ou stuivers ;

La rixdale, $2\frac{1}{2}$ florins, ou 50 sous communs, ou 100 den. de gros;

Le sou commun, ou stuiver, 16 pennings, ou 2 deniers de gros ;

La livre de gros, 20 sous de gros, ou 6 florins ;

Le sou de gros, ou escalin, 12 deniers de gros, ou 6 sous communs ;

Le denier de gros, 8 pennings, ou $\frac{1}{2}$ sou commun.

A Amsterdam, et dans toute la Hollande, on tient les écritures en florins, que l'on subdivise, tantôt en sous et pennings, et tantôt en centimes; et l'on change en rixdales , florins et stuivers, et en livres, sous et deniers de gros.

MONNAIES EFFECTIVES DE LA HOLLANDE.	TITRE réel	POIDS réel		VALEUR RÉELLE.		
	de chaque pièce.			du kilogram^e		de chaque pièce.
	mill^es	gr.		fr.	c.	fr.	c.
Or......Ryder de 14 florins............	913	9	93	3135	65	31 14
Demi, de 7 id..............	913	4	95	3135	65	15 52
Ducat de 5 ¼ id...............	978	3	45	3358	89	11 59
Pièce de 20 florins du roi Louis (1808)......................	913	13	65	3135	65	42 80
Dix florins........id..........	913	6	80	3135	65	21 32
Vingt florins du roi des Pays-Bas.	900	13	40	3091	»	41 42
Dix....id.....................	900	6	70	3091	»	20 71
Argent..Florin de 20 sous..............	910	10	52	199	19	2 10
Ducaton, ou ryder de 63 sous...	938	32	50	205	32	6 67
Ducat, ou rixdale de 50 sous....	862	28	10	187	92	5 28

Un nouveau système de poids et mesures, tout à fait analogue au système métrique français, a été adopté en 1816, dans le royaume des Pays-Bas; on n'a fait que changer la nomenclature. D'après ce système, l'unité monétaire était le florin d'argent, subdivisé en 100 centimes. Ce florin devait être au titre légal de 917 millièmes et peser légalement 10^{gram},597, et, par conséquent, sa valeur *droite de poids et de titre* devait être de 2 fr. 16 c.; mais comme, ainsi que l'indiqué le tableau précédent, il ne pèse réellement que 10^{gram},52, et qu'il ne contient que 910 millièmes de fin, sa valeur réelle n'est que de 2 fr. 10 c., au lieu de 2 fr. 16 c.

Dans les transactions commerciales, on réduit les florins en francs, à raison de 189 florins pour 400 francs; ce qui fait ressortir le florin à 2 fr. 12 c., qui, nous le répétons, est à très peu près sa valeur réelle.

Cours des changes d'Amsterdam.

AMSTERDAM donne l'incertain pour recevoir le certain.

A Auguste	35 florins, plus ou moins,	20 rixd. arg^t c^t d'Auguste.
Cadix et l'Espagne.	104...*dito*	id...	40 ducats de change.
Francfort s/M	36...*dito*	id...	20 rixd. de change.
Gênes	46 ³/₄ *dito*	id...	100 liv. n^{es} de Piémont.
Genève	93 den. de gros	id...	3 liv. argent courant.
Hambourg	36 florins	id...	40 marcs banco.
Lisbonne et Porto.	38...*dito*	id...	40 creusades de change.
Livourne	96 ³/₈ *dito*	id...	40 piastres de 8 réaux.
Londres	12...*dito*	id...	1 livre sterling.
Naples	82 ¹/₂ *dito*	id...	40 ducats (*del regno*).
Paris et *la France.*	56...*dito*	id...	120 francs.
St-Pétersbourg	11 ¹/₂ *dito*	id...	20 roubles en papier.
Vienne	37...*dito*	id...	20 rixd. de 1 ¹/₂ fl. eff.

Remarque. Sur le bulletin d'Amsterdam, on cote indifféremment, savoir :

Le Cadix et le Madrid à 104 den. de gros, plus ou moins, pour 1 ducat de change, ou bien à 104 flor., p. o. m., pour 40 ducats ;

Le Hambourg à 36 den. de gros, plus ou moins, pour 1 marc banco, ou bien à 36 florins, p. o. m., pour 40 marcs banco ;

Le Lisbonne et le Porto à 38 den. de gros, plus ou moins, pour 1 creusade de change, ou bien à 38 flor., p. o. m., pour 40 creusades ;

Le Livourne à 96 den. de gros, plus ou moins, pour 1 piast. de 8 réaux, ou bien à 96 flor., p. o. m, pour 40 piastres ;

Le Naples à 82 den. de gros, plus ou moins, pour 1 ducat, ou bien à 82 flor., p. o. m., pour 40 ducats.

Mais ces deux manières de coter le change d'Amsterdam, avec les cinq places précitées, ne diffèrent qu'en apparence, et sont les mêmes au fond, ainsi que nous le verrons plus loin, au fur et à mesure que nous passerons en revue les opérations sur les changes étrangers.

Usances.

2 mois, Portugal, Espagne, Italie.
1 mois, France, Angleterre, Flandre.
14 jours de vue, Allemagne, Suisse.

Il y a six jours de grâce dont les bonnes maisons ne font guère usage.

BELGIQUE (ANVERS).

Monnaies de change.

359. La rixdale vaut 48 stuivers, ou 96 deniers de gros.
Le florin de 100 cent. 20   id.   40   *dito.*
Le stuiver. . . . . . 16 pennings ou 2   *dito.*
La livre de gros. . . 20 s. de gr., ou 6 florins.
Le sou de gros. . . . 12 d. de gr., ou 6 stuivers.
Le denier de gros. . $\frac{1}{2}$ stuiver.

Le système monétaire français a été adopté en Belgique par une loi du 5 juin 1832, qui a été mise en vigueur le 1er janvier suivant. L'unité monétaire actuelle est, par conséquent, le franc d'argent, du même poids et du même titre que le franc français. Mais, quoique les écus de 5 francs, frappés en Belgique à l'effigie de Léopold, pèsent 25 grammes comme ceux de France, et soient au même titre de 900 milliémes, cependant une pile de 19 écus de Belgique égale en hauteur une pile de 20 pièces de 5 francs de France. Cette différence de hauteur provient de ce que celles-ci ont 38 millimètres de diamètre, tandis que les autres n'en ont guère que 37.

La Belgique, lorsqu'elle était partie intégrante du royaume des Pays-Bas, comptait et changeait comme la place d'Amsterdam. Il paraît que la Belgique, royaume indépendant et destiné à être perpétuellement neutre, a, nonobstant l'établissement, chez elle, du nouveau système décimal des monnaies, adopté pour unité monétaire la livre flamande ou de change, qui était déjà employée dans les transactions étrangères, et qui vaut 6 florins ; car, depuis la séparation de la Belgique d'avec la Hollande, les factures sont stipulées tantôt en livres de change, et tantôt en florins courans de Brabant. Le rapport du nouveau florin belge avec l'ancien florin courant de Brabant était de 6 pour 7, c. à d. que 6 florins belges de change valaient 7 florins courans de Brabant.

Le rapport des florins de Belgique aux francs est fixé, en Hollande, à 189 florins pour 400 francs, soit à 2 fr. 12 cent. par florin.

On tient actuellement les écritures en Belgique en francs de 100 centimes.

Pour les usances, jours de grâce, cours de change, etc., *voyez* AMSTERDAM, page 259.

SUISSE (CONFÉDÉRATION HELVÉTIQUE).

360. La Suisse est divisée en 22 cantons, dont 6 directoriaux, savoir : Bâle, Berne, Fribourg, Lucerne, Soleuze et Zurich. Genève, si célèbre par ses manufactures d'horlogerie, et l'une des villes les plus riches de l'Europe, fut réunie à la France en 1803, et séparée d'elle en 1814, pour faire partie de la confédération helvétique.

GENÈVE.

Monnaies de change.

361. L'écu, ou patagon, arg. cour., vaut 9 liv. arg. cour., ou 10 flor. 6 sous.

La livre, arg. cour., vaut 20 sous, ou 240 den., ou 3 florins 6 sous.

Le sou vaut 12 deniers.

Le florin vaut 12 sous de florin.

Le florin de compte est d'un usage purement local, et il ne faut pas confondre les sous de florin avec les sous courans, parce que 10 sous courans font 21 sous de florin.

$$61\tfrac{3}{4}\ \text{liv., arg. cour.} = 100 \text{ de France.}$$
$$247\quad \text{id.} \qquad = 400 \quad \text{id.}$$

On tient les écritures à Genève en livres, sous et deniers, arg. cour., et l'on change en écus, livres, sous et deniers, argent courant.

(263)

En 1798, lorsque la Suisse prit le nom de république helvétique, on y établit une monnaie uniforme, le *francken*,
ou franc de Suisse, égal à 10 *batzen* ou 100 *rappen*, qui a
exactement la même valeur que la livre suisse. En 1803, on
fabriqua, pour la confédération en général, des pièces d'argent de 1, 2 et 4 francs suisses, au titre de 900 millièmes,
dont la valeur légale faisait ressortir le franc suisse à 1 fr.
50 c. de France; mais chaque place adopta une méthode différente pour les comptes et, depuis cette époque, les unes les
tiennent en livres de 20 sous, subdivisées en 12 deniers ; les
autres, en livres ou francs de 10 *batzen* de 4 kreutzers chacun, et plusieurs en florins de 60 kreutzers.

MONNAIES EFFECTIVES DE LA SUISSE.	TITRE réel	POIDS réel	VALEUR RÉELLE	
	de chaque pièce.		du kilogram^e	de chaque pièce.
	mill^{es}	gr.	fr. c.	fr. c.
Or......Pistole neuve de Genève.........	913	5 41	3135 65	16 96
Nota. Quoique le tarif des mon-naies porte les pistoles de Genève, sans distinction de date, au titre de 913, la vieille pist^e au double aigle couronné ne donne communément à l'essai que le titre de 896 : comme elle pèse 6^{gr},69, elle ne vaut réel-lement que 20 fr. 58 c., tandis que la monnaie la paie 20 fr. 98 c.				
Pièce de 32 francken de Suisse..	901*	15 24	3094 43	47 16
Pièce de 16 id...............	901*	7 60	3094 43	23 52
Double ducat de Zurich........	974*	6 91	3345 15	23 11
Ducat de Berne...............	974*	3 45	3345 15	11 54
Pistole neuve de Berne.........	901*	7 60	3094 43	23 52
Argent..Pièce de 40 bats, ou écu, depuis 1797, de la république helvé-tique.........	903*	29 48	197 66	5 83
Pièce de 4 francken, ou écu de 1799 de la république helvétique...	903*	29 48	197 66	5 83
Idem de 1801.................	900*	29 48	197 »	5 81
Double écu de Bâle, d'ancienne fabrication................	871*	57 47	190 03	10 92
Ecu....id.........id..........	868*	28 26	189 33	5 35
Demi-écu ou florin. id.........	871*	14 08	190 03	2 68
Ecus neufs de Bâle............	844*	25 81	183 73	4 74
Ecus de Zurich...............	813	» »	176 67	» »

Nota. L'astérisque joint à chaque titre indique que les pièces dont il s'a-
git n'ont pas encore été légalement titrées, mais que ce sont bien là les
titres qu'elles donnent le plus communément à l'essai.

Cours des changes de Genève.

GENÈVE donne LE CERTAIN pour recevoir L'INCERTAIN.

À Amsterdam......... {	92 den. de gros...........	3 liv. argt ct, p. o. m.
	92 florins..............120...	*dito*.......id.
Auguste.........	126 fl. argent courant.....200...	*dito*......id.
Gênes et Turin...	162 l. n^{es} de Piémont.....100..	*dito*......id.
Londres......,...	46 ½ den. sterl.........ℙ. 3...	*dito*......id.
Paris et *la France*.	162 francs.............100...	*dito*......id.
Trieste et Vienne .	125 flor. eff..........,.......200...	*dito*......id.

donne L'INCERTAIN pour recevoir LE CERTAIN.

À Cadix et Madrid..	45 sous argent cour., p. o. m.,	1 piastre de change.
Hambourg.......	23.....*dito*..........id...	1 marc banco.
Livourne........	106 écus de 3 liv. cour...id...	100 piast. de 8 réaux.
Milan et Venise....	51 ¾ liv. argent cour...id...	100 liv. autrich.
Naples...........	53 sous argent cour.....id...	1 ducat.
Saint-Gall .... {	¾ p. % perte, *réduction fixe* de 11 flor. d'empire	
	pour 14 liv. 10 sous 6 deniers, argent courant.	
Lausanne .... {	1 p. % perte, *réduction fixe* de 16 liv. de Suisse pour	
	14 liv. 10 sous 6 deniers, argent courant.	
Zurich.......... {	½ p. % perte, *réduction fixe* de 10 florins pour	
	14 liv. 10 sous 6 den., argent courant.	

Usances.

L'usance pour les effets tirés de France, de Hollande et d'Angleterre, est de 30 jours de date; et d'Allemagne et d'Italie, de 15 jours de vue. Il y a 5 jours de grâce.

A défaut de paiement, le porteur d'un effet est tenu de faire protester le cinquième jour après l'échéance, au plus tard, non compris le dimanche.

La France change avec quelques places de la Suisse, comme avec Francfort-sur-le-Mein, c. à d. en francs, et à *tant* p. $\frac{0}{0}$ de bénéfice ou de perte, mais en prenant, toutefois, pour base du calcul la *réduction fixe*, adoptée par chacune de ces villes en particulier, et dont nous parlerons.

RUSSIE.

SAINT-PÉTERSBOURG (CAPITALE).

Monnaies de change.

362. Le rouble = 10 grwinas ou 100 cop. ou 200 denushkas ou 400 polishkas

Le grwina.....»	10..*dito*....20...*dito*.......	40..*dito*.	
Le copeck.....»	»......2...*dito*......	4..*dito*.	
Le denushkas..»	»...........»........	2..*dito*.	

On y tient les écritures en roubles et copecks, et l'on change en roubles.

Les changes sont stipulés en *papier-monnaie,* qui perd habituellement de 25 à 30 p. $\frac{0}{0}$.

	TITRE réel	POIDS réel	VALEUR RÉELLE	
MONNAIES EFFECTIVES DE RUSSIE.	de chaque pièce.		du kilogram^e	de chaque pièce.
	mill^{es}	gr.	fr. c.	fr. c.
Or......Ducat à l'aigle déployée........	973	3 45	3341 71	11 53
Ducat à la croix d'or de St-André.	965	3 40	3314 24	11 27
Impériale de 10 roubles, de 1756.	915	16 41	3142 52	51 57
Demie, de 5 roubles, de 1756....	915	8 18	3142 52	25 71
Impériale de 10 roubles, de 1762.	915	13 07	3142 52	41 07
Demie, de 5 roubles, de 1763....	915	6 53	3142 52	20 52
Argent..Rouble de 100 copecks, de 1750 à 1762.....................	792	25 50	171 92	4 38
Rouble de 100 copecks, depuis 1798................	874	20 93	190 74	3 99

Depuis plusieurs années, on fabrique en Russie de la monnaie avec du platine. On évalue à près de huit millions les pièces de ce métal, mises en circulation jusqu'au 1er janvier 1834.

Le platine a été découvert en 1741 ; le prix en est beaucoup diminué depuis long-temps ; car, après avoir été jadis plus cher que l'or, il ne vaut plus aujourd'hui qu'environ 800 fr. le kilogramme : par conséquent, sa valeur est, avec celle de l'or, dans le rapport de 1 à 4 à très peu près, et avec celle de l'argent, dans le rapport d'environ 3 $\frac{1}{2}$ à 1.

Cours des changes de Saint-Pétersbourg.

SAINT-PÉTERSBOURG donne LE CERTAIN pour recevoir L'INCERTAIN.

A Amsterdam........1 rouble en papier..10 s. 4 pennings, plus ou moins.
Hambourg.........1.........id.......10 s. lubs banco.......id.
Londres...........1.........id.......10 ½ den. sterling....id.
Paris et *la France*.1.........id....... 1 fr. 15 c...........id.
Vienne ....1.........id.......25 kreutzers.........id.

On ne tire point à usance sur Saint-Pétersbourg, et il n'y a pas de jours de grâce.

Le calendrier grégorien (vieux style), qui diffère de 11 jours du calendrier grégorien, est celui que suivent les Russes. Ainsi, l'année russe, au lieu de commencer comme la nôtre, le 1er janvier, ne commence que le 12 ; en sorte que le 22 janvier, pour nous, est le 10 janvier pour les Russes. Si l'année est bissextile, l'année russe ne commence que le 13 janvier.

ROYAUME DE PRUSSE.

363. Le roi de Prusse qui, par suite de sa dernière guerre avec Napoléon, avait perdu plus de la moitié de ses États, non seulement a tout recouvré à la chute de l'empire, mais a augmenté de beaucoup son territoire.

Le royaume de Prusse se divise aujourd'hui en dix provinces, savoir : la Prusse orientale, la Prusse occidentale, le Brandebourg, la Poméranie, la Westphalie, Clèves, la Silésie, la Saxe et le Bas-Rhin. Ces provinces se subdivisent en régences qui renferment 8, 10 ou 12 cercles, à proportion de leur étendue. Berlin, première régence de la province de Brandebourg, est la capitale du royaume.

BERLIN.

Monnaies de change.

364. La rixdale, argent courant, vaut 30 silbergros.

Le silbergros vaut 12 deniers.

Avant le 1er janvier 1825, la rixdale ou l'écu de Prusse, dit *thaler*, se divisait en 24 bons gros de 12 deniers chacun. La livre de banque, qui était aussi en usage, valait $31\frac{1}{2}$ bons gros, c. à d. que 16 livres de banque faisaient 21 rixdales, argent courant de Prusse.

On y tient les écritures et l'on y change en rixdales, argent courant de 30 silbergros.

MONNAIES EFFECTIVES DE PRUSSE.	TITRE réel	POIDS réel		VALEUR RÉELLE	
	de chaque pièce.	de chaque pièce.		du kilogram^e	de chaque pièce.
	mill^{es}	gr.		fr. c.	fr. c.
Or......Frédéric double, de 1769.......	897	13	33	3080 54	41 06
Frédéric simple, de 1778.........	897	6	69	3080 54	20 61
Demi-frédéric..................	897	3	35	3080 54	10 82
Frédéric simple, de 1798........	897	6	64	3080 54	20 45
Nota. Ces pièces offrent beaucoup de variations dans les titres et les poids ; elles sont généralement au dessous du titre indiqué dans le tarif des monnaies.					
Ducat........................	978	3	45	3358 89	11 59
Argent..Rixdale, ou thaler, écu de 24 bons gros......................	748	22	20	162 65	3 60
Demi, ou 12 bons gros..........	748	11	10	162 05	1 80
Rixdale d'espèce ou de convention.....................	834	28	05	181 45	5 09

Cours des changes.

BERLIN donne l'incertain pour recevoir le certain.

A Amsterdam......141 rixd. c⁵ de Prusse, p.o.m., 100 rixd.d.Holl.=250 fl.
Auguste.........103 ......dito.........id....100 rixd.c⁵Aug.=150 fl.
Francfort s/M....103 ......dito.........id...} 100 rixd. de change de
Francfort = 150 flor.
Hambourg........152 ......dito.........id....300 marcs banco.
Londres......... 6 rixd. c⁵ 24 silberg. id.... 1 livre sterling.
Paris et *la France*. 81 ......dito,........id....300 francs.
St-Pétersbourg... 30 ......dito.........id....100 roubles en papier.
Vienne..........104 ......dito..........id....150 florins effectifs.

Usances.

L'usance est de 14 jours après celui de l'acceptation. Il y a trois jours de grâce après l'échéance ; mais, si le troisième tombe sur un jour férié, le paiement d'une lettre de change sur un Chrétien doit être fait la veille ; si c'est un samedi, jour de sabbat pour les Juifs, les lettres de change, tirées sur ces derniers, sont également payables la veille.

PORTUGAL.

365. Le royaume de Portugal se divise en six provinces, entre Douro et Minho, savoir : Tra-os-Montes, Beira, l'Estramadure portugaise, Alentejo et Algarves. Lisbonne en est la capitale ; Oporto, qu'on écrit aussi Porto, est la seconde ville du royaume par rapport au commerce.

LISBONNE.

Monnaies de change.

La creusade vaut 400 rées qui ne se subdivisent point ; la creusade effective en vaut 480 : par conséquent, 5 creusades effectives valent 6 creusades de change.

On y tient les écritures en rées. On sépare les trois derniers chiffres sur la droite par un zéro barré, et les autres de trois en trois par une virgule. Ainsi, pour exprimer 35 424 632 rées, il faudrait écrire 35, 424∅632.

En Portugal et au Brésil, on compte quelquefois par *contos* : un conto de rées vaut un million de rées qui, d'après la valeur de la creusade neuve, représente 5980 francs en monnaie d'argent, du moins à très peu près.

Il y a, à Lisbonne, un papier-monnaie qui perd habituellement de 16 à 20 p. %, plus ou moins : tous les paiemens s'y font moitié en ce papier et moitié en numéraire ; ce mode de paiement s'appelle *monnaie légale,* et c'est d'après cette base que sont réglés les changes.

On change en crusades et en rées. •

MONNAIES EFFECTIVES DU PORTUGAL.	TITRE réel	POIDS réel	VALEUR RÉELLE	
	de chaque pièce.		du kilogram^e	de chaque pièce.
	mill^{es}	gr.	fr. c.	fr. c.
Or......*Moëda,* douro de 4800 rées.....	914	10 78	3139 08	33 68
Demi, de 2400 rées.............	914	5 36	3139 08	16 83
Quart, de 1200 rées............	914	2 60	3139 03	18 16
Meiadobra, lisbonine ou portugaise de 6400 rées...........	914	14 29	3139 08	44 85
Demi id. de 3200 rées.........	914	7 12	3139 08	22 35
Pièce de 16 testons de 1600 rées.	914	3 55	3139 08	11 14
—— de 12 testons de 1200 rées.	914	2 60	3139 08	8 16
—— de 8 testons de 800 rées.	914	1 75	3139 08	5 49
Crusade de 480 rées...........	914	1 05	3139 08	3 30
Argent..Crusade neuve de 480 rées.....	900	14 61	197 »	2 88

Cours des changes de Lisbonne.

LISBONNE donne LE CERTAIN pour recevoir L'INCERTAIN.

A Amsterdam...1 creus. de change...36 ½ den. de gros, plus ou moins.
Hambourg....1 *dito*...............35 den. de gr. banco....id.
Londres.......1000 rées ....45 den. sterling........id.

donne L'INCERTAIN pour recevoir LE CERTAIN.

A Cadix et Madrid..... 2800 rées, plus ou moins, 1 pistole de change.
Livourne........... 1070 *dito*.......id....... 1 piastre de 8 réaux.
Naples .... 870 *dito*.......id....... 1 ducat.
Paris et *la France*... 635 *dito*.......id....... 3 francs.
Trieste et Vienne.... 540 *dito*.......id....... 1 fl. eff. d'Autriche.
Venise............. 180 *dito*.......id....... 1 liv. autrichienne.

Usances.

L'usance des lettres de change tirées sur le Portugal, de Hollande, d'Allemagne et de France, est de deux mois de date ; d'Espagne, de 15 jours de vue ; d'Italie et d'Irlande, de trois mois de date ; d'Angleterre, de 30 jours de date.

Les lettres de change tirées des villes et dépendances du royaume de Portugal jouissent de 15 jours de faveur ; celles tirées de l'étranger ne jouissent que de six jours : on n'en accorde aucun à celles non acceptées, et, à défaut de paiement, elles doivent être protestées le jour même de leur échéance.

*Changes de la France avec les principales places de
commerce étrangères, et de ces places étrangères
entre elles.*

366. Les questions relatives aux changes étrangers se ré-
solvent toutes, ou par des règles de Trois directes et simples ,
ou par la règle conjointe, selon qu'il entre deux, ou un plus
grand nombre de rapports dans les données du problème ;
c'est, par conséquent, sur l'application des principes exposés (173 et 176) que sont basées les réductions des monnaies
françaises en monnaies étrangères, et de celles-ci entre elles :
aussi nous abstiendrons-nous , pour éviter des redites inutiles,
de renvoyer à ces deux numéros , au fur et à mesure des
opérations.

Jusqu'à présent, ces sortes de réductions donnaient lieu à
des multiplications et à des divisions complexes fort longues
et fort compliquées ; mais nous avons imaginé un moyen de
faire disparaître cet inconvénient, et de ramener les calculs relatifs aux changes étrangers au même état de simplicité que s'il s'agissait d'opérer sur des nombres entiers : ce
moyen, ce sont les six tables que l'on trouvera à la fin de
l'ouvrage, qui nous l'ont fourni. Les cinq premières contiennent la valeur des sous-multiples de l'unité principale des
monnaies de change, adoptée par les diverses places de l'Europe, en millièmes de cette même unité ; et la sixième, qui
sert de complément aux cinq autres, contient la réduction, en
décimales, de quelques fractions ordinaires usitées dans les
cotes de change de ces mêmes places. Voici d'abord l'explication de la formation des cinq premières tables et de la manière de s'en servir.

Explication de la formation des Tables 1 à 6.

TABLE PREMIÈRE.

367. La première colonne verticale de cette table, comme
on voit, contient les sous, et la première colonne horizontale
supérieure, les deniers.

La 2ᵉ colonne verticale, séparée de celle des sous par un
double filet, exprime leur valeur en millièmes de livre ; et
la 2ᵉ colonne horizontale supérieure, séparée aussi par un
double filet de celle des deniers, exprime la valeur de ces deniers en millièmes de livre ; et voici comment j'ai déterminé
ces valeurs.

1 sou, étant la 20e partie de la livre, vaudra $\frac{1}{20}$ de livre, ou, en réduisant cette fraction en décimales (94), vaudra 0,050 de livre : par conséquent, 2 sous vaudront 2 fois 0,050 ou 0,100 de livre ; 3 sous, 3 fois 0,050 ou 0,150 de livre, et ainsi de suite.

Cela posé, 1 denier, étant la 12e partie d'un sou, vaudra le 12e de 0,050 (valeur du sou en livre), ou 0,004166 de livre (94) ; 2 deniers, 3 deniers, 4, etc., deniers vaudront donc 0,008332, 0,012498, 0,016664 de livre ; produits respectifs de 0,004166 par 2, par 3 et par 4, et ainsi de suite : toutefois, nous n'avons conservé que les trois premières décimales de ces divers produits, degré d'exactitude qui répond complétement à tous les besoins du commerce.

La 2e colonne verticale et la 2e colonne horizontale supérieure étant ainsi formées, elles servent à composer toutes les autres par le moyen d'une suite d'additions fort simples.

En effet, la 3e colonne horizontale se forme en ajoutant successivement à 0,050 (valeur d'un sou en millièmes de livre) les produits 004 millièmes, 008 millièmes, 012 millièmes, jusqu'à 046 millièmes, inclusivement, lesquels correspondent, dans la 2e colonne horizontale, à 1, à 2, à 3, jusque et y compris 11 deniers.

Pareillement, la 4e colonne horizontale et les suivantes se forment, en ajoutant successivement ces mêmes produits, portés dans la 2e colonne horizontale, d'abord à 100 millièmes, puis à 150 millièmes, puis à 200, etc., millièmes, valeurs respectives de 2, de 3, de 4, etc., sous, et en continuant de la même manière jusqu'à 19 sous inclusivement.

Comme on a continuellement sous les yeux les deux nombres à ajouter, non seulement ces additions peuvent se faire à vue, au fur et à mesure qu'on construit la table ; mais on peut même se dispenser de la continuer, à partir de la 4e colonne horizontale ; car les deux derniers chiffres de chaque produit se reproduisent constamment ensuite dans un ordre intermittent, il n'y a plus qu'à copier les produits précédens, pourvu, toutefois, qu'on ait soin d'augmenter d'une unité le premier chiffre sur la gauche, de deux en deux colonnes horizontales, parce que c'est le nombre 2 qui marque le retour de la période.

Quant à la manière de se servir de cette table, ainsi que des quatre suivantes , elle est tout à fait analogue à celle que nous avons indiquée (49) pour la table de Pythagore.

Ainsi, la colonne verticale, contiguë à celle des sous, contenant leur valeur en millièmes, je trouve, sans la moindre recherche, que 9 sous, que 13 sous, valent respectivement 450 et 650 millièmes.

Pour trouver la valeur d'un certain nombre de sous accompagnés de deniers, de 14 sous 10 deniers, par exemple, je cherche d'abord 14 dans la colonne des sous, je suis ensuite la ligne horizontale jusqu'au nombre qui répond en ligne verticale à 10, pris dans la colonne supérieure des deniers, et le nombre 742, sur lequel je m'arrête, me donne la valeur cherchée.

La table première est applicable au change de l'Angleterre, de la Suisse en général, de Livourne, et de celles des places d'Espagne où la piastre et le ducat de change se divisent par 20 et par 12, comme notre ancienne livre tournois.

TABLES 2, 3, 4 et 5.

La première colonne verticale, et la première colonne horizontale de chacune de ces quatre tables, contiennent, comme les deux colonnes correspondantes de la table première, les deux différentes subdivisions de l'unité principale.

La 2e colonne verticale et la 2e colonne horizontale, qu'on peut appeler *génératrices*, puisqu'elles servent à former toutes les autres, expriment, comme les deux colonnes correspondantes de la table première, les valeurs des subdivisions de l'unité principale en millièmes de cette même unité, valeurs que nous avons déterminées, toujours d'après le même principe du n° 94 ; en un mot, le système de construction des cinq premières tables est tout à fait uniforme, et c'est pourquoi l'explication détaillée que nous venons de donner de la table première rendrait superflue toute nouvelle explication des cinq tables suivantes : aussi nous bornerons-nous, pour la plus grande intelligence du lecteur, aux courtes remarques suivantes.

Comme le florin d'Amsterdam se divise en 20 stuivers, de même que la livre sterling se divise en 20 schellings, il en résulte que les deux premières colonnes verticales de la table première sont identiques avec les deux colonnes de la table deuxième.

On remarquera que, dans la table 2e, les deux derniers chiffres de chaque produit se reproduisent dans un ordre intermittent, comme dans la table 1re, à partir de la 4e colonne horizontale. C'est à partir de la 8e dans la table 3e, de la 5e dans la table 4e, et de la 10e dans la table 5e, que se reproduisent également les deux derniers chiffres de chaque produit.

Dans les tables 2 à 5 inclusivement, on peut donc se dispenser de continuer les additions à vue, à partir de la colonne horizontale où commencent à se reproduire les deux derniers chiffres de chaque produit, pourvu, toutefois, qu'on ait soin, en copiant les produits précédens, d'augmenter le premier chiffre de gauche, ou de 2 en 2, ou de 6 en 6, ou de 3 en 3, ou de 8 en 8 colonnes horizontales, selon que c'est ou le nombre 2, ou 6, ou 3, ou 8, qui marque respectivement le retour de la période, dans les quatre tables ci-dessus.

Quant à la manière de se servir de ces quatre dernières tables, elle est absolument la même que celle que nous avons enseignée un peu plus haut pour la table 1re : voilà pourquoi nous y renvoyons le lecteur.

On voit, d'après l'explication qui précède, que le système de construction de ces cinq tables est uniforme et fort simple en même temps, puisqu'on n'a qu'à calculer deux valeurs fondamentales, qui sont le sou et le denier, pour la table 1re; le stuiver et le penning, pour la 2e; le krutzer et le penning, pour la 3e, et ainsi de suite ; et qu'ensuite toutes les autres valeurs s'obtiennent par de simples additions à vue : elles sont, en outre, très commodes, attendu qu'il suffit, pour y trouver tel produit que l'on voudra, de savoir se servir de la Table de Pythagore que tout le monde connaît.

TABLE COMPLÉMENTAIRE.

Cette Table, qui contient la réduction, en décimales, de quelques fractions ordinaires, usitées dans les cotes de change des diverses places de commerce de l'Europe, est destinée, comme nous l'avons déjà dit un peu plus haut, à servir de complément aux quatre précédentes ; elle n'a besoin d'aucune explication touchant sa formation, puisqu'il n'y s'agit que de l'application pure et simple du n° 94 : quant à l'utilité qu'on en peut retirer, nous nous référons à l'instruction qu'on trouvera à la suite de ladite Table.

Du degré d'exactitude réel et relatif des cinq premières tables.

368. Ces tables ayant été calculées d'après des valeurs fondamentales poussées jusqu'à cinq et six décimales, dont nous avons conservé trois, après avoir eu soin d'augmenter la troisième d'une unité, toutes les fois que le chiffre suivant égalait ou surpassait 5, il en résulte que leur exactitude est poussée jusqu'à un demi - millième d'unité, et que, par conséquent, elles sont aussi exactes qu'elles puissent l'être, lorsqu'on s'en tient à trois décimales : voilà pour l'exactitude dépendant de leur système spécial de construction, que j'appellerai *relative* par opposition à leur exactitude *réelle*, c. à d. à celle qui est indépendante de ce même système de construction, et dont je vais parler tout à l'heure.

Toutes les valeurs contenues dans les deux premières tables sont d'une exactitude réelle : aussi, quel que soit le mode de calcul (décimal, s'entend) qu'on emploie pour vérifier directement ces valeurs, on trouvera toujours des résultats identiques avec les nôtres ; et cela vient de ce que le nombre 1000, choisi ici pour représenter l'unité principale, divise exactement 20, nombre qui indique le rapport du sou à la livre et au florin.

Mais comme 1000 ne divise pas exactement 60, ni, par conséquent, 30 ; qu'il ne divise pas non plus exactement 16, nombres qui, dans les tables 3ᵉ, 4ᵉ et 5ᵉ, expriment les rapports respectifs du kreutzer au florin, du silbergros à la rixdale et du sou lub au marc, il en résulte qu'il n'y a que les valeurs relatives aux sous multiples de l'unité principale (contenues dans les deux colonnes génératrices), en tant que considérées séparément, qui soient d'une exactitude réelle. Il résulte encore de là que, pour obtenir cette même exactitude dans les autres valeurs portées dans les trois tables ci-dessus, il aurait fallu en changer le système de construction, se livrer à un travail d'une longueur prodigieuse, et en pure perte encore, comme nous le verrons tout à l'heure.

Pour la table 4ᵉ, par exemple, il aurait fallu chercher directement, et par une seule opération, d'abord la valeur de 1 silbergros, plus 1, plus 2, plus 3, etc., jusqu'à 11 deniers inclusivement ; puis, la valeur de 2 silbergros, plus 1, plus 2, plus 3, etc., jusqu'à 11 deniers inclusivement ; et continuer de la même manière, jusque et y compris 29 silbergros; ce qui, de quelque manière qu'on s'y prît, aurait exigé 319 opérations différentes, et ce surcroît de travail n'aurait abouti, en définitive, qu'à obtenir des résultats qui, comparés à ceux de ces mêmes tables, n'en auraient différé, et pour quelques valeurs seulement, que de 1 millième, tantôt en plus, tantôt en moins; différence si minime, que, dans l'application de ces cinq tables à la pratique, elle peut être considérée comme absolument nulle : nous avons donc eu raison de dire, un peu plus haut, que le surcroît de travail nécessaire pour obtenir un plus grand degré d'exactitude, c. à d. de 1 millième, pour quelques valeurs seulement, eût été en pure perte.

De la nécessité d'employer trois décimales dans celui des deux termes qui exprime le prix du change.

369. Pour procéder avec uniformité et plus d'exactitude en même temps, nous avons constamment employé trois décimales dans le cours des opérations de change contenues dans le présent chapitre : cependant, et quand il s'agira de petites sommes surtout, on pourra s'en tenir à deux décimales, pour celles qui accompagnent la somme à réduire s'entend; car, à l'égard du terme qui exprime le prix du change, il faudra toujours employer les trois décimales, et, à plus forte raison encore, lorsque la quantité à réduire sera considérable : nous nous bornerons, pour en faire sentir la nécessité, à citer l'exemple suivant.

Qu'il s'agisse de réduire 4000 liv. sterl. en marcs banco de Hambourg, au change de 13 marcs 13 sous et 4 deniers lubs.

13 sous 4 den. lubs = 0,834 de marc (T. 5).

En opérant avec 3 décimales, on a, pour valeur demandée, 55336 marcs b°.
En s'en tenant à 2 décimales, on a........................ 55320

Différence........... 16

En s'en tenant à deux décimales, on commettrait donc, dans le résultat définitif, une erreur de 16 marcs *banco*, qui, par conséquent, aurait été de 24, de 32, de 48 marcs, si, au lieu de 4000 liv. sterl., il s'était agi de 6000, de 8000, de 12000 liv. sterl.

*Changes de la France avec les places étrangères
suivantes.*

OBSERVATION PRÉLIMINAIRE.

370. Remarquons, avant d'aborder les questions qui font
l'objet du présent chapitre, que Paris change de deux manières différentes avec chacune des onze places suivantes,
savoir : avec Amsterdam, Anvers, Auguste, Berlin, Cadix,
Séville, Francfort-sur-le-Mein, Milan, Naples, Trieste et
Vienne.

Cette bizarrerie, qui, du plus au moins, est commune à la
plus grande partie des places de commerce, entraîne une foule
d'inconvéniens ; d'abord celui d'augmenter la confusion déjà
si grande, inhérente aux changes étrangers, et de surcharger
gratuitement la mémoire, puisque, à quelques rares excep-
tions près, les bulletins ne mentionnent que les prix incertains, et encore d'une manière souvent très peu intelligible,
parce que ces prix n'y sont cotés que comme s'il s'agissait
de nombres *abstraits*, et, par conséquent, sans désignation
de l'espèce des unités : cette même bizarrerie ajoute aussi à la
difficulté des calculs, déjà si compliqués en soi, surtout pour
les changes de l'Espagne et de l'Allemagne ; enfin, elle
oblige les auteurs qui, comme moi, traitent à fond des
opérations cambistes, à donner à leur travail un surcroît
d'étendue, qui en rend l'étude plus longue et plus pénible.
En effet, par cela seul qu'il faut deux exemples pour chaque change, lors même qu'il s'agit de deux places entre lesquelles il n'existe qu'une seule manière de changer, il faut
quatre exemples, si ces deux places ont adopté chacune un
mode particulier de change, l'une à l'égard de l'autre.

Toutes les fois que, dans le cours de ce chapitre, il est
question de deux places se trouvant dans ce dernier cas, le
premier mode de change est basé sur le prix coté dans le
bulletin de la place nommée la première, et le second mode
de change sur le prix porté dans le bulletin de la place
nommée la dernière.

Ainsi, à l'égard de Paris et Auguste (374), places entre
lesquelles il existe deux modes de change, les deux exemples
du premier mode sont relatifs au prix (256 fr., p. o. m.,
pour 100 florins) auquel Auguste est coté sur le *cours authentique* de Paris ; et les deux exemples du deuxième mode

de change se rapportent au prix (116 florins, p. o. m., pour 300 fr.) auquel Paris est coté sur le *bulletin* d'Auguste ; et il en est de même à l'égard de toutes les autres places qui se trouvent dans la même catégorie que Paris et Auguste.

PARIS et AMSTERDAM.

(Voyez, pour la subdivision des monnaies, le n° 358.)

PREMIER ET SECOND MODES DE CHANGE.

371. EXEMPLE. *Réduire 5452 fr. 25 c. en florins, au change de 57 $\frac{1}{2}$ den. de gros pour 3 francs.*

Cette question n'est que l'expression abrégée de cette autre :

Si 3 francs valent 57 $\frac{1}{2}$ deniers de gros, et 40 den. de gros 1 florin, combien 5452 fr. 25 c. vaudront-ils de florins ?

Ce que je déterminerai par la conjointe suivante (176) :

$$
\left.
\begin{array}{lll}
3 \text{ fr.} & : & 57,50 \text{ den. de gros} \\
40 \text{ den. de gr.} & : & 1 \text{ florin}
\end{array}
\right\} \; :: \; 5452 \text{ fr. } 25 \text{ c.} \; : \; x.
$$

$$120 \text{ nomb. fixe} \; : \; 57,50$$

$$
x = \frac{5452,25 \times 57,50}{120} = \frac{313504,375}{120} = \text{Rép. 2612 flor. 10 sous 12 pen.}
$$

REMARQUE. Au lieu d'effectuer la division d'une manière rigoureuse, ainsi que nous venons de le faire, on peut abréger le calcul dans la pratique ordinaire : 1° en négligeant la fraction du dividende, lorsqu'elle n'égale pas une *demie*, et en la comptant pour un entier, dans le cas contraire; 2° en cessant la division après avoir obtenu les entiers au quotient; 3° en prenant le $\frac{1}{6}$ du reste, que l'on comptera pour des sous communs ; 4° enfin, en triplant le second reste, s'il y en a, pour avoir les pennings.

Ainsi, en appliquant ces moyens d'abréviation à l'exemple ci-dessus, on se contentera de diviser 313504 par 120, parce que 0,375 n'équivalent pas à $\frac{1}{2}$; et, après avoir trouvé 2612 florins au quotient et 64 pour reste, on prendra le $\frac{1}{6}$ de ces 64, qui est 10 en nombre entier, que l'on regardera comme des sous communs; l'on triplera ensuite ce second reste 4, on écrira le produit 12 au rang des pennings, et l'on trouvera ainsi les mêmes 2612 flor. 10 sous 12 pennings pour réponse à la question.

La double évaluation que nous prescrivons ici est applicable à tous les cas, parce qu'elle est indépendante du prix du change. La première, relative aux sous communs, est rigoureuse, parce que 20, valeur du florin en sous, est tout juste le $\frac{1}{6}$ du diviseur 120. Quant à la dernière évaluation, comme le $\frac{1}{6}$ de 16, valeur du sou en pennings, est 2 $\frac{2}{3}$, il faudrait, pour être tout à fait exact, multiplier le second reste par 2 $\frac{2}{3}$ au lieu de 3; mais, comme ce second reste ne peut jamais excéder 5, il en résulte que la plus forte erreur ne sera jamais que de 1 $\frac{2}{3}$ penning, ce qui ne mérite aucune considération.

PREUVE.

Réduire 2612 *flor.* 10 *sous communs* 12 *pennings en*

francs, au change de 57,50 den. de gros pour 3 francs.

Cette question n'est que l'expression abrégée de cette autre :

Si 1 florin vaut 40 den. de gros, et 57,50 den. de gros 3 fr., combien 2612 flor. 10 s. com. 12 pen. vaudront-ils de francs?

Ce que je déterminerai au moyen de la conjointe suivante :

$$10 \text{ s. com. } 12 \text{ pen.} = 0,538 \text{ de flor. (T. 2.)}$$

$$
\left.
\begin{array}{lll}
1 \text{ florin} & : & 40 \text{ den. de gr.} \\
57,50 \text{ den. de gr.} & : & 3 \text{ fr.}
\end{array}
\right\} \quad :: \quad 2612 \text{ flor.},538 \quad : \quad x.
$$

$$\underline{57,50} \qquad \underline{120 \text{ nomb. fixe}}$$

$$x = \frac{2612,538 \times 120}{57,50} = \frac{313504,56}{57,50} = \text{Rép. } 5452 \text{ fr. } 25 \text{ c.}$$

Tandis que Paris règle son change avec Amsterdam à 57 den. de gros, plus ou moins, pour 3 fr., Amsterdam stipule le sien avec Paris à 57 florins, plus ou moins, pour 120 francs. Mais comme le florin se divise en 40 den. de gros, et que 3 fois 40 font 120, il en résulte que les deux termes du rapport composé de la conjointe relative au premier mode de change ci-dessus sont identiques avec les deux termes du rapport simple relatif au deuxième mode ; car, dans les deux cas, le terme fixe est 120, et le terme variable le prix du change : en sorte que ces deux modes de change sont les mêmes, au fond, et ne donnent lieu, par conséquent, qu'à une seule et même opération arithmétique, qui peut se résumer par les deux règles générales suivantes, déduites des conjointes qui précèdent :

Pour réduire des francs en florins, soit que le change soit réglé à tant de deniers de gros pour 3 fr., ou à tant de florins pour 120 fr., il suffit de multiplier les francs proposés par le prix du change et de diviser le produit par 120 (l'inverse pour la réduction des florins en francs).

Nota. Lorsque le change de Paris avec Amsterdam sera coté, soit à 60 den. de gros, soit à 60 florins, il suffira, pour réduire des florins en francs, de prendre la moitié des premiers, et de doubler, au contraire, les florins pour les réduire en francs (¹).

(¹) On voit que toute la différence qu'il y a entre la règle conjointe dont nous avons donné des exemples (176 à 181) et l'application que nous

*Manière de déterminer le prix du change, relatif à
une traite sur l'étranger dont on connaît le produit.*

EXEMPLE.

372. *Une traite de 2612 flor.* 10 *stuivers* 12 *pennings,
sur Amsterdam, a produit* 5152 *fr.* 25 *c., on demande
quel était le prix du change.*

10 sous com. 12 pen. = 0,538 de flor. (T. 2.)

Puisque le change sur Amsterdam se règle à Paris à *tant*
de den. de gros pour 3 fr., et que, d'un autre côté, le florin
d'Amsterdam vaut 40 den. de gros, je trouverai le prix demandé au moyen de la conjointe suivante :

$$\left. \begin{array}{lll} 5152 \text{ fr. } 25 \text{ c.} & : & 2612 \text{ florins. } 538 \\ 1 \text{ florin} & : & 40 \text{ den. de gros} \end{array} \right\} :: 3 \text{ fr.} : x,$$

dont le 1ᵉ terme, $57\frac{1}{2}$ den. de gros, satisfait à la question.

Cet exemple, qui sert de preuve au premier du numéro
précédent, suffit pour mettre le lecteur à même de savoir
comment il devra opérer dans toutes les questions semblables.

PARIS et ANVERS.

373. Le florin d'Anvers ayant la même valeur que celui
d'Amsterdam, et Paris changeant avec Anvers comme avec
Amsterdam, les deux exemples précédens s'appliquent naturellement au change de Paris avec Anvers.

Mais, depuis son ancienne réunion à la France, Anvers
changeait avec Paris, comme Paris avec les places de l'intérieur ; et depuis l'adoption récente, en Belgique, de notre système monétaire, Anvers donne à la France 99 fr. de Belgi-
gique, plus ou moins, pour 100 francs de France. Toutefois,
nous devons faire remarquer que, nonobstant cette adoption
du système monétaire décimal, les changes continuent d'être
cotés à Anvers, comme par le passé, c. à d. en florins.

---

en faisons ici aux changes étrangers consiste en ce que, dans le premier
cas, les rapports étaient donnés par la question d'une manière explicite,
tandis que, dans le second cas, ils ne le sont que d'une manière implicite,
et que, par conséquent, il faut les chercher dans les élémens mêmes de la
question. Au surplus, nous prévenons que, dorénavant, nous ne nous atta-
cherons, dans ces sortes de problèmes, qu'au simple énoncé usité dans le
commerce, sans plus de développement, et que nous ne renverrons plus,
pour l'application de cette règle, au n° 176, qui lui est relatif, parce qu'il
est sous-entendu une fois pour toutes, comme nous l'avons déjà dit (366).

Ainsi, la plupart du temps, Paris est coté sur le bulletin d'Anvers, à 47 florins, plus ou moins, pour 100 fr. de France; mais comme le rapport du florin de Belgique est fixé, ainsi que nous l'avons vu (359), à 189 flor. pour 400 fr. (2 fr.,116 le flor.), il en résulte que cette manière de coter le Paris à Anvers revient, au fond, à le coter à 99 fr. 50 c., à très peu près, du moins; car $\frac{47 \times 400}{189} = 99$ fr. 47 c.

Il n'en est pas de même à Bruxelles, où le Paris est réellement coté à $\frac{1}{8}$, $\frac{1}{2}$ p. $\frac{0}{0}$, plus ou moins, de perte ou de bénéfice. Il est probable qu'Anvers finira par adopter la même cote.

PARIS et AUGUSTE.

(Voyez, pour la subdivision des monnaies, le n° 356.)

PREMIER MODE DE CHANGE.

374. 1er EXEMPLE. *Réduire 2186 fr. 35 c. en florins courans d'Auguste, au change de 256 francs pour 100 florins courans* (¹).

256 fr. : 100 flor. cour. :: 2186 fr. 35 c. : $x =$ Rép. 854 fl. 2 kr. 2 pen.

PREUVE.

Réduire 854 florins courans 2 kreutzers 2 pennings en francs, au change de 256 fr. pour 100 flor. courans.

2 kreutz. 2 pen. $= 0,041$ de flor. (T. 3.)

100 flor. cour. : 256 fr. :: 854 fl.,041 : $x =$ Rép. 2186 fr. 35 c.

SECOND MODE DE CHANGE.

2e EXEMPLE. *Réduire 850 florins courans d'Auguste en francs, au change de 116 $\frac{1}{4}$ flor. cour. pour 300 francs.*

$\frac{1}{4}$ flor. ou 15 kreutz. $= 0,250$. (T. 3.)

116 fl.,25 : 300 fr. :: 850 fl. : $x =$ Rép. 2193 fr. 55 c.

PREUVE.

Réduire 2193 fr. 55 c. en florins courans d'Auguste, au change de 116,25 fl. cour. pour 300 francs.

300 fr. : 116 fl.,25 :: 2193 fr. 55 c. : $x =$ Rép. 850 fl. cour.

____

(¹) Le change d'Auguste est coté, à Paris, tantôt à 2 fr. 56 c., p. o. m., pour 1 fl. cour., tantôt à 256 fr. pour 100 fl. cour., et tantôt à 256 centimes pour 1 fl. cour.; mais ces trois modes de change ne diffèrent évidemment qu'en apparence, et ne donnent lieu, par conséquent, qu'à une seule et même opération arithmétique.

On déduit des diverses proportions ci-dessus les quatre règles générales suivantes :

Pour réduire des francs en florins courans d'Auguste, il suffit, lorsque le change est réglé à tant de francs pour 100 flor. cour., de multiplier les francs proposés par 100, et de diviser le produit par le prix du change (l'inverse pour la réduction des florins en francs).

Pour réduire des florins courans d'Auguste en francs, il suffit, lorsque le change est réglé à tant de flor. cour. pour 300 francs, de multiplier les florins proposés par 300, et de diviser le produit par le prix du change (l'inverse pour la réduction des francs en florins).

PARIS et BERLIN.

(Voyez, pour la subdivision des monnaies, le n° 364.)

PREMIER MODE DE CHANGE.

375. 1ᵉʳ Exemple. *Réduire 1456 fr. 25 c. en rixdales argent courant, au change de 368 fr. pour 100 rixdales courantes* (¹) :

368 fr. : 100 rixd. cᵉˢ : : 1456 fr. 25 c. : $x =$ R. 395 rixd. cˢ 21 silberg. 7 den.

PREUVE.

Réduire 395 rixdales courantes 21 silbergros 7 deniers en francs, au change de 368 fr. pour 100 rixd. courantes.

21 silbergros 7 den. = 0,719 de rixd. (T. 4.)

100 rixd. cour. : 368 fr. : 395 rixd. cour.,719 : $x =$ Rép. 1456 fr. 25 c.

SECOND MODE DE CHANGE.

2ᵉ Exemple. *Réduire 420 rixd. cour. en francs, au change de 81 ¼ rixd. cour. pour 300 francs.*

¼ = 0,250. (T. 6.)

81,25 rixd. cour. : 300 fr. : : 420 rixd. cour. : $x =$ Rép. 1550 fr. 77 c.

PREUVE.

Réduire 1550 fr. 77 c. en rixdales courantes, au change de 81,25 rixdales courantes, pour 300 francs.

(¹) Le change de Berlin est coté, à Paris, tantôt à 3 fr. 68 c., p. o. m., pour 1 rixd. cour., tantôt à 368 fr. pour 100 rixd. cour., et tantôt à 368 centimes pour 1 rixd. cour. ; mais ces trois modes de change ne diffèrent évidemment qu'en apparence, et ne donnent lieu qu'à une seule et même opération arithmétique.

300 fr. : 81,25 rixd. cour. :: 1550 fr. 77 c. : $x =$ Rép. 420 rixd. cour.

On déduit des diverses proportions ci-dessus les quatre rè-gles générales suivantes :

Pour réduire des francs en rixd. cour. de Prusse, il suffit, lorsque le change est réglé à tant *de francs pour* 100 rixd. cour., *de multiplier les francs proposés par* 100, *et de diviser le produit par le prix du change* (l'inverse pour la réduction des rixdales en francs).

Pour réduire des rixd. cour. de Prusse en francs, il suffit, lorsque le change est réglé à tant *de rixd. cour. pour* 300 fr., *de multiplier les rixdales proposées par* 300 , *et de diviser le produit par le prix du change* (l'inverse pour la réduction des francs en rixdales).

PARIS avec CADIX, MADRID et L'ESPAGNE en général.

(Voyez, pour la subdivision des monnaies, le n° 336.)

PREMIER MODE DE CHANGE.

376. Exemple. *Réduire* 1726 *fr.* 45 *c. en pistoles, au change de* 15 *fr.* 60 *c. pour* 1 *pistole de change.*

15 fr. 60 c. : 1 pist. :: 1726 fr. 45 c. : $x =$ Rép. 110 pist. 21 réaux 15 marav.

PREUVE.

Réduire 110 *pistoles* 21 *réaux* 15 *maravédis en francs, au change de* 15 *fr.* 60 *c. pour* 1 *pistole de change.*

21 réaux 15 marav. $=$ 729 marav. ou 0,670 de pistole (94).

1 pistole : 15 fr. 60 c. :: 110 pist., 67 : $x =$ Rép. 1726 fr. 45 c.

On déduit des proportions ci-dessus les deux règles géné-rales suivantes :

Pour réduire en pistoles des francs, il suffit de diviser ceux-ci par le prix du change (l'inverse pour la réduction des pistoles en francs).

CADIX et SÉVILLE avec PARIS et avec la FRANCE en général.

SECOND MODE DE CHANGE.

377. Les deux exemples ci-dessus sont relatifs à la manière dont la France change avec l'Espagne, en général; mais Cadix, Séville, Valence, Alicante, etc., ont adopté un autre mode de change avec la France : ces villes en reçoivent

80 sous de franc, plus ou moins, contre une piastre de change de 15 réaux de veillon 2 maravédis, et voici les diverses règles générales qui se rapportent à ce dernier mode de change.

Pour réduire des réaux de veillon en francs, il faut, lorsque le change est réglé à tant de sous de franc pour 1 piastre de change (de 512 maravédis de veillon), multiplier les réaux de veillon proposés par le produit qui résulte de la multiplication du prix du change par 17, et diviser ensuite par 5120 (l'inverse pour la réduction des francs en réaux de veillon).

Pour réduire des réaux de plate en francs, il suffit, lorsque le change est réglé comme ci-dessus, de multiplier les réaux proposés par le prix du change, et de diviser le produit par 160 (l'inverse pour la réduction des francs en réaux de plate).

MALAGA avec la FRANCE.

378. Malaga change avec la France comme Séville et Cadix, c. à d. que Malaga reçoit aussi 80 sous de franc, plus ou moins, contre 1 piastre de change, avec cette différence, seulement, qu'elle compte cette piastre pour 15 réaux de veillon, juste, au lieu de 15 réaux et 2 maravédis de veillon, qui est sa véritable valeur ; et cela, sans que cette différence d'évaluation soit justifiée autrement que par un ancien usage : voici les diverses règles générales qui se rapportent à ce mode de change de Malaga avec la France.

Pour réduire des réaux de veillon en francs, il suffit, lorsque le change est réglé à 80 sous de franc, plus ou moins, pour 1 piastre de 15 réaux de veillon, de multiplier les réaux proposés par le prix du change, et de diviser le produit par 300 (l'inverse pour la réduction des francs en réaux de veillon).

Si c'étaient des réaux de plate que l'on voulût réduire en francs, il faudrait multiplier les réaux proposés par le produit résultant du prix du change par 8, et diviser ensuite par 1275 (l'inverse pour la réduction des francs en réaux de plate).

Enfin, si c'étaient des pistoles qu'on voulût réduire en francs, il faudrait multiplier les premières par le produit résultant du prix de change par 256, et diviser ensuite par 1275 (l'inverse pour la réduction des francs en pistoles).

Nota. Si nous ne donnons pas ici les dix conjointes dont les diverses règles générales ci-dessus sont extraites, c'est pour ne pas allonger cet article, déjà fort étendu. Au surplus, cette omission sera utile au lecteur, en ce sens qu'elle lui fournira l'occasion de s'exercer à trouver lesdites conjointes, dans lesquelles il devra réduire les rapports compoposans, d'après la méthode ordinaire indiquée (178 et 179), afin d'arriver aux mêmes résultats que nous.

PARIS et BARCELONE.

(Voyez, pour la subdivision des monnaies, le n° 340.)

EXEMPLE.

379. *Réduire* 2584 *fr.* 65 *c. en livres catalanes, au change de* 15 *fr.* 18 *c. la pistole.*

$$1 \text{ pistole} = 5 \text{ liv. } 12 \text{ sous catalans.}$$
$$12 \text{ sous catalans} = 0{,}600 \text{ de livre catalane. (T. 1.)}$$

$$\left. \begin{array}{lcl} 15 \text{ fr. } 18 \text{ c.} & : & 1 \text{ pistole} \\ 1 \text{ pistole} & : & 5{,}60 \text{ liv. catal.} \end{array} \right\} \; :: \; 2584 \text{ fr. } 65 \text{ c.} \; : \; x.$$

$$15 \text{ fr. } 18 \text{ c.} \; : \; 5{,}60 \text{ nombre fixe}$$

$$x = \frac{2584{,}65 \times 5{,}60}{15{,}18} = \frac{14474{,}0400}{15{,}18} = \text{Rép. } 953 \text{ liv. catal. } 9 \text{ sous } 11 \text{ den.}$$

PREUVE.

Réduire 953 *liv. catalanes* 9 *sous* 11 *den. en francs, au change de* 15 *fr.* 18 *c. la pistole.*

$$9 \text{ sous } 11 \text{ deniers} = 0{,}496 \text{ de livre. (T. 1.)}$$

$$\left. \begin{array}{lcl} 5{,}60 \text{ liv. cat.} & : & 1 \text{ pistole.} \\ 1 \text{ pistole} & : & 15 \text{ fr. } 18 \text{ c.} \end{array} \right\} \; :: \; 953{,}496 \text{ liv. catal.} \; : \; x,$$

$$5{,}60 \text{ nomb. fixe} \; : \; 15 \text{ fr. } 18 \text{ c.}$$

$$x = \frac{953{,}496 \times 15{,}18}{5{,}60} = \frac{14474{,}06928}{5{,}60} = \text{Rép. } 2584 \text{ fr. } 65 \text{ c.}$$

On déduit des conjointes ci-dessus, les deux règles générales suivantes :

Pour réduire en livres catalanes des francs, il suffit de multiplier ceux-ci par 5,60 *et de diviser le produit par le prix du change* (l'inverse pour la réduction des livres catalanes en francs).

PARIS et FRANCFORT S/M.

(Voyez, pour la subdivision des monnaies, le n° 355.)

PREMIER MODE DE CHANGE.

380. Paris change avec Francfort-sur-le-Mein, comme avec les places de l'intérieur, c. à d. en francs, à *tant* pour cent de bénéfice ou de perte, ou au pair ; mais, comme on tient les écritures, à Francfort, en rixdales de change et en florins d'empire, il faut nécessairement, pour évaluer la perte ou le bénéfice, à la lettre, commencer par réduire ces monnaies étrangères en francs, en basant son calcul sur le rapport desdites monnaies avec nos francs, qui a été fixé à raison de 297 flor. d'empire pour 640 francs, ainsi que nous l'avons vu (355).

Ainsi, quand Francfort est coté, à Paris, à 100 $\frac{1}{2}$ francs, par exemple, ou, ce qui est la même chose, à $\frac{1}{2}$ p. $\frac{0}{0}$ de bénéfice ; si je veux savoir ce que, audit change, produira, à Paris, une traite, sur Francfort, de 1188 florins d'empire, je réduis, d'abord, ces florins en francs, en les multipliant par $\frac{640}{297}$, ce qui donne 2560 francs, qui représentent la valeur de la traite, au pair ; je prends ensuite $\frac{1}{2}$ p. $\frac{0}{0}$ sur cette dernière somme (201), qui est 12 fr. 80 c., je les ajoute à 2560 fr., et le total 2572 fr. 80 c. exprime la valeur réelle de la traite, sur Francfort, de 1188 florins d'empire.

Si cette traite était stipulée en rixdales de change au lieu de florins d'empire, comme 92 rixdales de change valent 165 florins d'empire, il faudrait, pour convertir les rixdales en francs, les multiplier par 3 fr., 865, valeur proportionnelle de la rixdale en francs, d'après le rapport, indiqué ci-dessus, de 297 flor. d'empire pour 640 fr. (¹).

SECOND MODE DE CHANGE.

EXEMPLE. *Réduire 452 florins d'empire en francs, au change de 78 rixdales de change pour 300 francs.*

(¹) D'après ce double rapport de 92 à 165, d'une part, et de 297 à 640, de l'autre, 1 rixdale de change doit valoir les $\frac{165 \times 640}{92 \times 297}$, ou les $\frac{105600}{27324}$ de 1 franc, rapport composé qui équivaut à 3 fr., 865.

165   11 flor. d'emp.   :   92 rixd. de ch.
     78 rixd. de ch.   : 300 20 francs.   ::   452 fl. d'emp. : x.

$$\overline{11 \times 78} \qquad \overline{1840 \text{ nombre fixe}}$$

$$x = \frac{452 \times 1840}{11 \times 78} = \frac{831680}{858} = \text{Rép. 969 fr. 32 c.}$$

PREUVE.

Réduire 969 *fr.* 32 *c. en florins d'empire, au change de* 78 *rixdales de change pour* 300 *fr.*

300 20 francs   :   78 rixd. de ch.
     92 rixd. de ch.   : 165 11 flor. d'emp.   ::   969 fr. 32 c. : x.

$$\overline{1840 \text{ nomb. fixe}} \qquad \overline{78 \times 11 = 858}$$

$$x = \frac{969,32 \times 858}{1840} = \frac{831676,56}{1840} = \text{Rép. 452 flor. d'emp.}$$

On déduit, des conjointes ci-dessus, les deux règles générales suivantes :

Pour réduire des florins d'empire de Francfort en francs, il suffit, lorsque le change est réglé à tant *de rixdales de change pour* 300 *francs, de multiplier les florins proposés par* 1840*, et de diviser ensuite par le produit résultant de la multiplication du prix du change par* 11 (l'inverse pour la réduction des florins en francs).

Nota. *S'il s'agissait de réduire en francs des rixdales de change, au lieu de florins d'empire, il suffirait de multiplier les rixdales proposées par* 300 *, et de diviser le produit par le prix du change* (l'inverse pour la réduction des rixdales en francs).

PARIS et GÊNES.

381. La livre neuve de Piémont, qui, ainsi que nous l'avons vu (348), est égale au franc de France, étant, depuis 1827, la seule monnaie réelle et de change du duché de Gênes, et la France changeant avec cette place en francs contre des livres neuves, il en résulte que ce que nous avons dit (315 à 319) sur le change intérieur s'applique littéralement au change de Paris avec Gênes ; c'est pourquoi nous y renvoyons le lecteur.

PARIS et GENÈVE.

(Voyez, pour la subdivision des monnaies, le n° 361.)

EXEMPLE.

382. Réduire 1250 francs en livres, argent courant de

Genève, au change de 162 ¼ francs pour 100 livres, argent courant.

¹/₄ = 0,250 de fr. (T. 6.)

162 fr. 25 c. : 100 liv. cour. :: 1250 fr. : x = Rép. 770 liv. 8 s. 4 den.

PREUVE.

Réduire 770 livres 8 sous 4 deniers, argent courant de Genève, en francs, au change de 162 fr. 25 c. pour 100 liv. courantes.

8 sous 4 den. = 0,417 de liv. (T. 1.)

100 liv. cour. : 162 fr. 25 c. :: 770 liv. cour.,417 : x = Rép. 1250 fr.

On déduit des proportions ci-dessus les deux règles générales suivantes :

Pour réduire en livres courantes de Genève des francs, il suffit de multiplier ceux-ci par 100, et de diviser le produit par le prix du change (l'inverse pour la réduction des livres courantes en francs).

RemArque. Lorsqu'on négocie, à Genève, des lettres de change sur *Paris* ou sur *Marseille*, on les suppose ordinairement à 10 jours d'échéance, et si elles en ont davantage, on calcule le surplus des jours à raison de 6 p. %, plus ou moins, par an.

Ainsi, pour savoir à quel change on devrait réduire en livres courantes de Genève une lettre de change, sur Paris, à 60 jours d'échéance, négociée au cours de 162 fr. pour le papier à 10 jours, et à raison de 6 p. % l'an, voici comment il faut raisonner : l'échéance de la lettre étant de 60 jours, il y a 50 jours à calculer, à raison de 6 p. % l'an, et à ajouter au cours du change 162 fr. ; or, 50 jours, audit taux, faisant 0 fr. 83 c. sur 100 francs (221), le change serait fixé à 162 fr. 83 c.

PARIS avec quelques villes de la SUISSE.

383. Paris, et la France en général, changent avec plusieurs villes de la Suisse, telles que Bâle, Lausanne, Saint-Gall, etc., comme avec les villes de l'intérieur, c. à d. en francs, à tant de bénéfice ou de perte, ou au pair ; mais, comme en Suisse on tient les écritures, soit en livres de Suisse, soit en florins, il est indispensable, pour évaluer le bénéfice ou la perte, à la lettre, de commencer par convertir ces monnaies étrangères en francs, en basant son calcul sur les rapports relatifs,

adoptés par le commerce, ainsi que nous allons l'expliquer ci-après.

PARIS et BALE.

384. On tient les écritures, à Bâle, en livres de Suisse, qui se subdivisent par 20 et par 12, comme notre ancienne livre tournois, et dont 27 font 40 francs de France.

Cela posé, supposons que *Bâle soit coté, à Paris, à 99 fr.*, soit à 1 p. $\frac{0}{0}$ perte, et que l'on demande ce que, audit taux, *produira à la négociation, à Paris, une lettre de change, sur Bâle, de 3487 liv. 10 sous. de Suisse,* voici comment j'opère :

Je convertis d'abord en francs de France ces livres suisses, en les multipliant par $\frac{40}{27}$, ce qui donne 5166 fr. 66 c., lesquels représentent la valeur de la lettre au pair ; mais comme ce papier perd, à Paris, 1 p. $\frac{0}{0}$, il ne reste plus qu'à opérer, dans cette occasion, d'après l'un ou l'autre des deux modes indiqués (317) pour les changes de l'intérieur, et l'on aura 6115 fr. pour valeur demandée de la lettre ci-dessus.

PARIS et LAUSANNE.

385. Les écritures se tenant à Lausanne, comme à Bâle, en livres de Suisse, dont 27 valent 40 francs de France, ce que nous venons de dire sur le change de Paris avec Bâle s'applique littéralement au change de Paris avec Lausanne.

PARIS et SAINT-GALL.

386. Les écritures se tiennent, à Saint-Gall, en florins courans, qui ont la même valeur que les florins d'empire de Francfort-sur-le-Mein, et dont, par conséquent, 297 valent 640 francs de France : voilà pourquoi ce que nous avons dit sur le change de Paris avec Francfort, au n° 380 (premier mode de change), s'applique littéralement au change de Paris avec Saint-Gall, et c'est pourquoi nous y renvoyons le lecteur.

FRANCE et HAMBOURG.

(Voyez, pour la subdivision des monnaies, le n° 354.)

EXEMPLE.

387. *Réduire 12543 fr. 84 c. en marcs banco, au change de 25 $\frac{3}{4}$ sous lubs pour 3 francs.*

$^3/_4$ sou lub = 0,750. (T. 6.)

$$\left.\begin{array}{lll} 3\text{ fr.} & : & 25,75\text{ s. lubs} \\ 16\text{ sous lubs} & : & 1\text{ marc }b^o \end{array}\right\} \;::\; 12543\text{ fr. }84\text{ c.}\;:\;x.$$

$$48\text{ nomb. fixe}\;:\;25,75$$

$$x = \frac{12543,84 \times 25,75}{48} = \frac{323003,88}{48} = \text{Rép. }6729\text{ marcs }b^o\ 4\text{ s. lubs.}$$

Quand vous divisez par 48, regardez d'abord les centimes qui accompagnent le dividende comme non avenus; et quand vous avez trouvé les marcs au quotient, au lieu de poursuivre la division pour obtenir les parties aliquotes, prenez le tiers du premier reste, et regardez ce quotient comme des sous lubs. S'il y a un second reste, multipliez-le par 4 pour avoir des deniers lubs.

Ainsi, dans ce cas-ci, j'ai divisé 323003 seulement par 48, et, après avoir trouvé pour quotient 6729 marcs et 11 pour reste, j'ai divisé 11 par 3; ce qui m'a donné 3 sous lubs pour quotient et 2 pour reste. J'ai multiplié ce second reste par 4, et j'ai compté le produit 8 pour 8 deniers lubs; ensuite, j'ai évalué les centimes que j'avais négligés, en partant de ce principe que 25 centimes font un denier lub, et, par conséquent, j'ai porté 4 deniers lubs de plus pour les 88 centimes; ce qui a fait 12 deniers lubs, et, par conséquent, 4 sous lubs en tout.

La double évaluation ci-dessus non seulement est rigoureuse, mais encore applicable à tous les cas possibles, parce qu'elle est indépendante du taux du change.

L'évaluation du premier reste de division en sous lubs est fondée sur ce que 16, valeur du marc en sous lubs, est tout juste le tiers du diviseur 48; et celle du second reste en deniers lubs, sur ce que ce reste étant des tiers de sous, on est sûr de le convertir en deniers lubs, en le multipliant par 4, puisque 4 est le tiers de 12, valeur du sou en deniers lubs.

PREUVE.

Réduire 6729 marcs banco 4 sous lubs en francs, au change de 25,75 sous lubs pour 3 francs.

$$4\text{ sous lubs} = 0,250\text{ de marc. (T. 5.)}$$

$$\left.\begin{array}{lll} 1\text{ marc banco} & : & 16\text{ sous lubs} \\ 25,75\text{ sous lubs} & : & 3\text{ francs} \end{array}\right\} \;::\; 6729\text{ m. }b^o,25\;:\;x.$$

$$25,75\;:\;48\text{ nombre fixe}$$

$$x = \frac{6729,25 \times 48}{25,75} = \frac{323004}{25,75} = \text{Rép. }12543\text{ fr. }48\text{ c.}$$

Les conjointes auxquelles les deux questions ci-dessus donnent lieu pour le change de la France avec Hambourg, Marseille et Paris exceptés, fournissent les deux règles générales suivantes :

Pour réduire en marcs de banque des francs, il faut multiplier ceux-ci par le prix du change, et en diviser le produit par 48 (l'inverse pour la réduction des marcs de banque en francs).

Nota. Lorsque le change sur Hambourg sera à 24 sous

lubs, il suffira, pour réduire en marcs banco des francs, de
prendre la moitié de ces derniers, et, pour réduire en francs
des marcs, de doubler ceux-ci.

PARIS ET MARSEILLE AVEC HAMBOURG.

EXEMPLE.

388. *Réduire* 12543 *fr.* 76 *c. en marcs banco, au change
de* 185 *fr.* 27 *c. pour* 100 *marcs banco.*

185 fr. 27 c. : 12543 fr. 76 c. : : 100 m. b° : $x =$ R. 6770 m. b° 8 s. 5 d. lubs.

PREUVE.

Réduire 6770 *marcs banco* 8 *sous* 5 *den. lubs en francs,
au change de* 185 *fr.* 27 *c. pour* 100 *marcs banco.*

8 s. 5 den. lubs $=$ 0,526 de marc: (T. 5.)

100 m. b° : 185 fr. 27 c. : : 6770,526 m. b° : $x =$ 12543 fr. 76 c.

On déduit, des proportions ci-dessus, les deux règles générales suivantes :

Pour réduire en marcs banco de **Hambourg** *des francs*
(*change de* **Paris** *et* **Marseille**) , *il faut multiplier ceux-ci
par* 100, *et en diviser le produit par le prix du change.*
(*L'inverse pour la réduction des marcs de banque en francs.*)

PARIS AVEC LISBONNE, PORTO ET LE PORTUGAL.

(Voyez, pour la subdivision des monnaies, le n° 365.)

EXEMPLE.

389. *Réduire* 2342 *fr.* 63 *c. en rées de Portugal, au
change de* 480 *rées par écu de* 3 *fr.*

3 fr. : 2342 fr. 63 c. : : 480 rées : $x =$ Rép. 374@820 rées.

PREUVE.

Réduire 374@820 *rées en francs, au change de* 480 *rées
par écu de* 3 *fr.*

480 rées : 374@820 rées : : 3 fr. : $x =$ Rép. 2342 fr. 62 c.

On déduit, des proportions ci-dessus, les deux règles générales suivantes :

*Pour réduire en rées de Portugal des francs, il suffit de
multiplier ceux-ci par le prix du change et de prendre le*

19

tiers du produit. (L'inverse pour la réduction des rées en francs.)

Noᴛᴀ. Si c'était en creusades qu'on voulût réduire des francs, on multiplierait de même ces derniers par le prix du change, mais, comme il faut 400 rées pour composer une creusade, on diviserait le produit par 1200 au lieu de le diviser par 3.

PARIS ᴇᴛ LIVOURNE.

(Voyez, pour la subdivision des monnaies, le n° 350.)

EXEMPLE.

390. *Réduire* 1245 *fr.* 35 *c. en piastres de Livourne , au change de* 520 *fr. pour* 100 *piastres de* 8 *réaux.*

520 fr. : 100 piast. :: 1245 fr. 35 c. : x = Rᴇ́ᴘ. 239 piast. 9 s. 10 den.

PREUVE.

Réduire 239 *piastres* 9 *sous* 10 *den. en francs, au change de* 520 *fr. pour* 100 *piastres de change.*

9 sous 10 deniers = 0,492 de piastre. (T. 1.)

100 piast. : 520 fr. :: 239 piast.,492 : x = Rᴇ́ᴘ. 1245 fr. 36 c.

On déduit, des proportions ci-dessus, les deux règles générales suivantes :

Pour réduire en piastres de Livourne des francs, il suffit de multiplier ceux-ci par 100, *et de diviser le produit par le prix du change.* (L'inverse pour la réduction des piastres en francs.)

PARIS ᴇᴛ LONDRES.

(Voyez, pour la subdivision des monnaies, le n° 334.)

EXEMPLE.

391. *Réduire* 5630 *fr.* 25 *c. en liv. sterl., au change de* 25 *fr.* 27 ½ *c. pour* 1 *liv. sterl.*

25 fr.,275 : 1 liv. st. :: 5630 fr. 25 c. : x = Rᴇ́ᴘ. 222 liv. st. 15 s. 2 den.

PREUVE.

Réduire 222 *liv. sterl.* 15 *sous* 2 *den. en francs, au change de* 25 *fr.,* 275 *pour* 1 *liv. sterl.*

15 sous 2 den. = 0,758 de liv. st. (T. 1.)

1 liv. st. : 25 fr.,275 :: 222 liv. st.,758 : x = Rᴇ́ᴘ. 5630 fr. 21 c.

On déduit, des proportions ci-dessus, les deux règles générales suivantes :

Pour réduire en liv. sterl. des francs, il suffit de diviser ceux-ci par le prix du change. (L'inverse pour la réduction des liv. sterl. en francs.)

PARIS et MILAN.

(Voyez, pour la subdivision des monnaies, le n° 342.)

PREMIER MODE DE CHANGE.

392. 1ᵉʳ Exemple. *Réduire 2145 fr. 24 c. en livres autrichiennes, au change de 86 fr. $\frac{3}{8}$ pour 100 liv. autrichiennes* (¹).

$$\text{³/₈} = 0,375 \text{ de fr. (T. 6.)}$$

86 fr.,375 : 100 liv. autr. :: 2145 fr. 24 c. : x = Rép. 2483 liv. autr. 64 c.

PREUVE.

Réduire 2483 liv. aut. 64 c. en francs, au change de 86 fr., 375 pour 100 liv. autrichiennes.

100 liv. autr. : 86 fr.,375 :: 2483 liv. autr. 64 c. : x = R. 2145 fr. 24 c.

SECOND MODE DE CHANGE.

2ᵉ Exemple. *Réduire 4241 liv. aut. 54 c. en francs, au change de 115 $\frac{7}{8}$ liv. autr. pour 100 francs.*

$$\text{⁷/₈} = 0,875 \text{ (T. 6.)}$$

115,875 liv. autr. : 100 fr. :: 4241,54 liv. autr. : x = Rép. 3660 fr. 44 c.

PREUVE.

Réduire 3660 fr. 44 c. en liv. autrichiennes, au change de 115,875 liv. aut. pour 100 francs.

100 fr. : 115,875 liv. autr. :: 3660 fr. 44 c. : x = Rép. 4241 liv. autr. 53 c.

On déduit, des diverses proportions ci-dessus, les quatre règles générales suivantes :

Pour réduire des francs en livres autrichiennes de Mi-

(¹) En France, nonobstant l'adoption du nouveau système monétaire, au lieu d'y coter les changes en francs et centimes, on y cote, le plus souvent, les fractions de franc en *demies, quarts, huitièmes*, etc. La même chose a lieu dans d'autres pays qui ont adopté le système monétaire francais ou un système décimal analogue, comme, par exemple, la Belgique, le Piémont, le royaume lombardo-vénitien, etc.

lan, il suffit, lorsque le change est réglé à tant de francs pour 100 livres autrichiennes, de multiplier les francs proposés par 100, et de diviser le produit par le prix du change. (L'inverse pour la réduction des livres autrichiennes en francs.)

Pour réduire des livres autrichiennes en francs, il suffit, lorsque le change est réglé à tant de livres autrichiennes pour 100 francs, de multiplier les livres autrichiennes proposées par 100, et de diviser le produit par le prix du change. (L'inverse pour la réduction des francs en livres autrichiennes.)

PARIS et NAPLES.

(Voyez, pour la subdivision des monnaies, le n° 345.)

PREMIER MODE DE CHANGE.

393. 1ᵉʳ EXEMPLE. *Réduire 2348 fr. 22 c. en ducats, au change de 435 ⅜ fr. pour 100 ducats.*

$$^3/_8 = 0,375. \text{ (T. 6.)}$$

435 fr.,375 : 100 ducats :: 2348 fr. 22 c. : x = R. 539 duc. 36 grains.

PREUVE.

Réduire 539 ducats 36 grains en francs, au change de 435 fr.,375 pour 100 ducats.

100 duc. : 435 fr.,375 :: 539 duc. 36 grains : x = Rép. 2348 fr. 24 c.

SECOND MODE DE CHANGE.

2ᵉ EXEMPLE. *Réduire 8432 fr. 22 c. en ducats, au change de 23 grains pour 1 franc.*

$$\begin{array}{ll} \text{1 franc} & : \text{23 grains} \\ \text{100 grains} & : \text{1 ducat} \end{array} \Big\} :: 8432 \text{ fr. } 22 \text{ c. } : x.$$

$$\overline{\text{100 nombre fixe} : 23}$$

$$x = \frac{8432,22 \times 23}{100} = \frac{193941,06}{100} = \text{Rép. } 1939 \text{ duc. } 41 \text{ grains.}$$

PREUVE.

Réduire 1939 ducats 41 grains en francs, au change de 23 grains pour 1 franc.

$$\begin{array}{ll} \text{1 ducat} & : \text{100 grains} \\ \text{23 grains} & : \text{1 franc} \end{array} \Big\} :: 1939 \text{ duc. } 41 \text{ grains } : x.$$

$$\overline{23 \quad : \text{100 nombre fixe.}}$$

$$x = \frac{1939,41 \times 100}{23} = \frac{193941}{23} = \text{Rép. } 8432 \text{ fr. } 22 \text{ c.}$$

On déduit, des proportions et conjointes ci-dessus, les quatre règles générales suivantes :

Pour réduire des francs en ducats de Naples, il suffit, lorsque le change est réglé à tant de francs pour 100 ducats, de multiplier les francs proposés par 100, et de diviser le produit par le prix du change. (L'inverse pour la réduction des ducats en francs.)

Pour réduire des ducats de Naples en francs, il suffit, lorsque le change est réglé à tant de grains pour 1 franc, de multiplier les ducats proposés par 100, et de diviser le produit par le prix du change. (L'inverse pour la réduction des francs en ducats.)

PARIS et SAINT-PÉTERSBOURG.

(Voyez, pour la subdivision des monnaies, le n° 362.)

EXEMPLE.

394. *Réduire* 2346 *fr.* 23 *c. en roubles, au change de* 110 *centimes, soit* 1 *fr.* 10 *c. pour un rouble en papier.*

1 fr. 10 c. : 1 roub. :: 2346 fr. 23 c. : $x =$ Rép. 2132 roub. 94 cop.

PREUVE.

Réduire 2132 *roubles* 94 *cop. en francs, au change de* 1 *fr.* 10 *c. pour un rouble en papier.*

1 roub. : 1 fr. 10 c. :: 2132 roub. 94 cop. : $x =$ Rép. 2346 fr. 23 c.

On déduit, des proportions ci-dessus, les deux règles générales suivantes :

Pour réduire en roubles de Russie des francs, il suffit de diviser ceux-ci par le prix du change. (L'inverse pour la réduction des francs en roubles de Russie.)

PARIS et VENISE.

395. Paris donnant à Venise, comme à Milan, 86 fr., plus ou moins, pour 100 liv. autrichiennes, le premier exemple du n° 392, ainsi que sa preuve, relatifs, tous les deux, au premier mode de change entre Paris et Milan, s'appliquent, littéralement, au change de Paris avec Venise ; voilà pourquoi nous y renvoyons le lecteur.

PARIS et VIENNE.

PREMIER ET DEUXIÈME MODES DE CHANGE.

396. Comme il existe entre Paris et Vienne les deux mêmes modes de change qu'entre Paris et Auguste, et comme, d'un autre côté, le florin effectif de Vienne a la même valeur que le florin courant d'Auguste, il en résulte que les quatre exemples du n° 374, relatifs au double mode de change entre Paris et Auguste, s'appliquent, littéralement, au double mode de change de Paris avec Vienne ; c'est pourquoi nous y renvoyons le lecteur.

PARIS et TRIESTE.

PREMIER ET DEUXIÈME MODES DE CHANGE.

397. Paris changeant avec Trieste, comme avec Auguste (1ᵉʳ mode de change), et le florin de Trieste ayant la même valeur que le florin courant d'Auguste, il en résulte que le premier exemple du n° 374, ainsi que sa preuve, s'appliquent, littéralement, au change de Paris avec Trieste ; mais comme cette dernière place a adopté un mode particulier de change avec Paris, voici deux exemples qui se rapportent à ce dernier mode.

EXEMPLE.

Réduire 8201 fr. 92 c. en florins effectifs de Trieste, au change de 23 ½ kreutzers pour 1 franc.

$$\begin{array}{l} \text{1 fr.} \qquad\quad : \quad \text{23 kr.,5} \\ \text{60 kreutzers} \quad : \quad \text{1 flor. eff.} \end{array} \Bigg\} : : \; 8201 \text{ fr. } 92 \text{ c.} \; : \; x.$$

$$\overline{\text{60 nombre fixe}} \quad : \quad \overline{23,5}$$

$$x = \frac{8201,92 \times 23,5}{60} = \frac{192745,120}{60} = \text{Rép. } 3212 \text{ fl. eff. } 25 \text{ kreut.}$$

PREUVE.

Réduire 3212 florins effectifs et 25 kreutzers en francs, au change de 23 kr.,5 pour 1 franc.

25 kreutzers = 0,417 de flor. (T. 3.)

$$\begin{array}{l} \text{1 florin} \qquad : \quad \text{60 kreutzers} \\ \text{23,5 kreutz.} \quad : \quad \text{1 franc} \end{array} \Bigg\} : : \; 3212 \text{ fl.,417} \; : \; x.$$

$$\overline{23,5} \qquad\qquad : \quad \text{60 nombre fixe.}$$

$$x = \frac{3212,417 \times 60}{23,5} = \frac{192745,020}{23,5} = \text{Rép. } 8201 \text{ fr. } 92 \text{ c.}$$

On déduit, des conjointes ci-dessus, les deux règles générales suivantes :

Pour réduire des francs en florins effectifs de Trieste, il suffit, lorsque le change est réglé à tant de kreutzers pour 1 franc, de multiplier les francs proposés par le prix du change, et de diviser le produit par 60. (L'inverse pour la réduction des florins en francs.)

Changes de l'Angleterre avec les places suivantes.

LONDRES avec AMSTERDAM et la HOLLANDE.

(Voyez, pour la subdivision des monnaies, les nᵒˢ 334 et 358.)

EXEMPLE.

398. *Réduire 61 liv. sterl. 12 sous 5 den. en florins, au change de 12 flor. 3 stuiv. 4 pen. pour 1 liv. sterl.*

$$12 \text{ s. } 5 \text{ d. st.} = 0,621 \text{ liv. st. (T. 1.)}$$
$$3 \text{ stuiv. } 4 \text{ pen.} = 0,163 \text{ flor. (T. 2.)}$$
$$1 \text{ liv. st.} : 12 \text{ flor.},163 :: 61 \text{ liv. st.},621 : x.$$
$$x = 61,621 \times 12,163 = 749 \text{ flor.},496223 = \text{Rép. } 749 \text{ flor. } 9 \text{ stuiv. } 15 \text{ pen.}$$

Nota. Lorsqu'il s'est agi d'évaluer la fraction décimale 0,496223 de florin en stuivers et pennings, nous nous sommes borné, comme nous le ferons toujours dans la suite, à opérer sur les trois premières décimales, pour les raisons que nous avons déjà expliquées (108).

PREUVE.

Réduire 749 flor. 9 stuivers 15 pennings en liv. sterl., au change de 12 flor.,163 pour 1 liv. sterl.

$$9 \text{ stuiv. } 15 \text{ pen.} = 0,497 \text{ flor. (T. 2.)}$$
$$12 \text{ flor.},163 : 1 \text{ liv. st.} :: 749 \text{ flor.},497 : x = \text{Rép. } 61 \text{ liv. st. } 12 \text{ s. } 5 \text{ den.}$$

On déduit, des proportions ci-dessus, les deux règles générales suivantes :

Pour réduire en florins d'Amsterdam des liv. sterling, il suffit de multiplier celles-ci par le prix du change. (L'inverse pour la réduction des florins en liv. sterl.)

LONDRES et ANVERS.

399. Le florin d'Anvers et de la Belgique étant le même que celui de la Hollande, et Londres changeant avec Anvers comme avec Amsterdam, les deux exemples ci-dessus s'appli-

quent littéralement au change de Londres avec Anvers ; et c'est pourquoi nous y renvoyons le lecteur.

LONDRES et AUGUSTE.

(Voyez, pour la subdivision des monnaies, les n°s 334 et 356.)

EXEMPLE.

400. *Réduire 225 liv. st. 8 sous 10 den. en flor. courans, au change de 9 flor. cour. 58 ½ kreutz., soit 9 flor. 58 kreutz. et 2 pennings pour 1 liv. sterl.*

$$8 \text{ s. 10 den. st.} = 0,442 \ (\text{T. 1.})$$
$$58 \text{ kreutz. 2 pen.} = 0,975 \text{ flor. } (\text{T. 3.})$$
$$1 \text{ liv. st.} : 9 \text{ flor.},975 :: 225 \text{ liv. st.},442 : x.$$
$$x = 225,442 \times 9,975 = 2248 \text{ fl.},778395 = \text{Rép. } 2248 \text{ flor. cour., } 47 \text{ kreutz.}$$

PREUVE.

Réduire 2248 flor. cour. 47 kreutz. en liv. st., au change de 9,975 flor. cour. pour 1 liv. sterl.

$$47 \text{ kreutz.} = 0,783 \text{ de flor. } (\text{T. 3.})$$
$$9 \text{ flor.},975 : 1 \text{ liv. st.} :: 2248 \text{ flor.},783 : x = \text{Rép. } 225 \text{ liv. st. 8 s. 10 den.}$$

On déduit, des proportions ci-dessus, les deux règles générales suivantes :

Pour réduire en flor. cour. d'Auguste des liv. sterling, il suffit de multiplier celles-ci par le prix du change. (L'inverse pour la réduction des florins en liv. sterl.)

LONDRES et BERLIN.

(Voyez, pour la subdivision des monnaies, les n°s 334 et 364.)

EXEMPLE.

401. *Réduire 252 liv. st. 13 sous 8 den. en rixd. cour., au change de 6 rixd. cour. 24 silbergros pour 1 liv. sterl.*

$$13 \text{ s. 8 den. st.} = 0,683 \text{ liv. st. } (\text{T. 1.})$$
$$24 \text{ silberg.} = 0,800 \text{ rixd. } (\text{T. 4.})$$
$$1 \text{ liv. st.} : 6 \text{ rixd.},8 :: 252 \text{ liv. st.},683 : x = \text{Rép. } 1718 \text{ rixd. cour. 7 silb. 4 d.}$$

PREUVE.

Réduire 1718 rixd. 7 silbergros 4 den., argent courant, en liv. sterl., au change de 6,8 rixd. cour. pour 1 liv. sterl.

$$7 \text{ silberg. 4 den.} = 0,244 \text{ de rixd. } (\text{T. 4.})$$
$$6 \text{ rixd.},8 : 1 \text{ liv. st.} :: 1718 \text{ rixd.},244 : x = \text{Rép. } 252 \text{ liv. st. 13 sous 8 den.}$$

On déduit, des proportions ci-dessus, les deux règles générales suivantes :

Pour réduire en rixdales cour. de Berlin des liv. sterl., il suffit de multiplier celles-ci par le prix du change. (L'inverse pour la réduction des rixdales en liv. sterling.)

LONDRES avec **CADIX**, **MADRID** et **L'ESPAGNE** en général.

(Voyez, pour la subdivision des monnaies, les nᵒˢ 334 et 336.)

EXEMPLE I.

402. *Réduire 12448 réaux de veillon en liv. sterling, au change de 36 $\frac{3}{4}$ den. sterl. pour 1 piastre de change.*

$$\tfrac{3}{4} = 0,750. \ (\text{T. 6.})$$

$$
\left.
\begin{array}{lll}
\text{1 réal v}^{\text{on}} & : & 34 \ \ 17 \ \text{mar. v}^{\text{on}} \\
5\cancel{12} \ 256 \ \text{mar. v}^{\text{on}} & : & 1 \ \text{piastre} \\
\text{1 piastre} & : & 36,75 \ \text{den. st.} \\
240 \ \text{den. st.} & : & 1 \ \text{liv. st.}
\end{array}
\right\} :: 12448 \ \text{r. de veillon} : x.
$$

$$
\overline{61440 \ \text{n}^{\text{re}} \ \text{fixe}} \quad : \quad \overline{624,75}
$$

$$x = \frac{12448 \times 624,75}{61440} = \frac{7776888}{61440} = \text{Rép. } 126 \ \text{liv. st. } 11 \ \text{sous } 6 \ \text{den.}$$

PREUVE.

Réduire 126 liv. sterl. 11 sous 6 den. en réaux de veillon, au change de 36,75 den. stérl. pour 1 piastre.

$$11 \ \text{sous } 6 \ \text{den.} = 0,575 \ \text{de liv. st. (T. 1.)}$$

$$
\left.
\begin{array}{lll}
\text{1 liv. st.} & : & 240 \ \text{den. st.} \\
36,75 \ \text{d. st.} & : & 1 \ \text{piastre} \\
\text{1 piastre} & : & 5\cancel{12} \ 256 \ \text{mar. v}^{\text{on}} \\
34 \ \ 17 \ \text{mar. v}^{\text{on}} & : & 1 \ \text{réal v}^{\text{on}}
\end{array}
\right\} :: 126 \ \text{l. st.,}575 : x.
$$

$$
\overline{624,75} \quad : \quad \overline{61440 \ \text{nombre fixe.}}
$$

$$x = \frac{126,575 \times 61440}{624,75} = \frac{7776768}{624,75} = \text{Rép. } 12447 \ \text{r. de veillon } 27 \ \text{mar.}$$

EXEMPLE II.

Réduire 847 pistoles 9 réaux 17 maravédis en liv. st., au change de 36 $\frac{1}{2}$ den. sterl. pour 1 piastre de change.

$$9 \ \text{réaux } 17 \ \text{maravédis} = 323 \ \text{maravédis ou } 0,297 \ \text{de pistole (94).}$$

$$
\left.
\begin{array}{lll}
\text{1 pistole} & : & 4 \ \ 1 \ \text{piastre} \\
\text{1 piastre} & : & 36,5 \ \text{den. st.} \\
\cancel{240} \ 60 \ \text{den. st.} & : & 1 \ \text{liv. st.}
\end{array}
\right\} :: 847 \ \text{pist.,}297 \ : \ x.
$$

$$
\overline{60 \ \text{n}^{\text{re}} \ \text{fixe}} \quad : \quad \overline{36,5}
$$

$$x = \frac{847,297 \times 36,5}{60} = \frac{30926,3405}{60} = \text{Rép. } 515 \ \text{liv. st. } 8 \ \text{sous } 9 \ \text{den.}$$

PREUVE.

Réduire 515 *liv. sterling* 8 *sous* 9 *den. en pistoles, au change de* 36,5 *den. sterl. pour* 1 *piastre de change.*

8 sous 9 den. st. $= 0,437$ de liv. st. (T. 1.)

$$
\begin{array}{rcl}
1 \text{ liv. st.} & : & 240 \; 60 \text{ den. st.} \\
36,5 \text{ den. st.} & : & 1 \text{ piastre} \\
4 \quad 1 \text{ piastre} & : & 1 \text{ pistole}
\end{array}
\Big\} \; :: \; 515 \text{ liv. st.},437 \; : \; x.
$$

$$
\overline{36,5} \qquad : \qquad \overline{60 \text{ nombre fixe.}}
$$

$$
x = \frac{515,437 \times 60}{36,5} = \frac{30926,220}{36,5} = \text{Rép. } 847 \text{ pist. } 9 \text{ réaux } 14 \text{ mar.}
$$

Les conjointes relatives aux quatre questions ci-dessus, la réduction des rapports composans une fois opérée, fournissent les quatre règles générales suivantes :

Pour réduire en livres sterling des réaux de veillon, il faut multiplier ceux-ci par le produit résultant de la multiplication du prix du change par 17, et diviser ensuite par 61440. (L'inverse pour la réduction des liv. sterl. en réaux de veillon.)

Pour réduire en pistoles des livres sterl., il suffit de multiplier celles-ci par 60, et de diviser le produit par le prix du change.

La réduction des rapports composans, dans les conjointes relatives aux conversions suivantes, conduirait également à ces autres règles générales :

Pour réduire en livres sterl. des réaux de plate, il faut multiplier ceux-ci par le prix du change, et en diviser le produit par 1920. (L'inverse pour la réduction des liv. sterl. en réaux de plate.)

Pour réduire en livres sterling des piastres, il faut multiplier celles-ci par le prix du change, et en diviser le produit par 240. (L'inverse pour la réduction des livres sterling en piastres.)

LONDRES et BARCELONE.

(Voyez, pour la subdivision des monnaies, les n°ˢ 334 et 340.)

EXEMPLE.

403. *Réduire* 125 *liv. sterl.* 11 *sous en liv. catalaues, au change de* 38 *den. sterl. pour* 1 *piastre de change.*

11 sous sterl. = 0,550. (T. 1.)

$$
\left.
\begin{array}{lll}
\text{1 liv. st.} & : & \cancel{240}\ \text{60 den. st.} \\
\text{38 den. st.} & : & \text{1 piastre} \\
\cancel{4}\ \text{1 piastre} & : & \text{5,60 liv. cat.}
\end{array}
\right\} \ :: \ \text{125 liv. st.,55} \ : \ x.
$$

$$
\text{38} \quad : \quad \text{336 nomb. fixe.}
$$

$$
x = \frac{125,55 \times 336}{38} = \frac{42184,80}{38} = \text{Rép. 1110 liv. cat. 2 sous 6 deniers.}
$$

PREUVE.

Réduire 1110 liv. catal. 2 sous 6 den. en liv. sterl., au change de 38 den. st. pour 1 piastre de change. ●

2 sous 6 deniers = 0,125 liv. cat. (T. 1.)

$$
\left.
\begin{array}{lll}
\text{5,60 liv. cat.} & : & \cancel{4}\ \text{1 piastre} \\
\text{1 piastre} & : & \text{38 den. st.} \\
\cancel{240}\ \text{60 den. st.} & : & \text{1 liv. st.}
\end{array}
\right\} \ :: \ \text{1110 liv. cat.,125} \ : \ x.
$$

$$
\text{336 nomb. fixe} \quad : \quad \text{38}
$$

$$
x = \frac{1110,125 \times 38}{336} = \frac{42184,750}{336} = \text{Rép. 125 liv. st. 11 sous.}
$$

Les conjointes relatives aux deux questions ci-dessus, la réduction des rapports composans une fois opérée, fournissent les deux règles générales suivantes :

Pour réduire en livres catalanes des liv. sterl., il suffit de multiplier celles-ci par 336, et de diviser le produit par le prix du change. (L'inverse pour la réduction des liv. catalanes en liv. sterling.)

LONDRES et FRANCFORT S/M.

(Voyez, pour la subdivision des monnaies, les nᵒˢ 334 et 355.)

EXEMPLE.

404. *Réduire 421 liv. sterl. 8 sous 9 den. en florins d'empire, au change de 152 batz de change pour 1 livre sterling.*

8 sous 9 den. = 0,437 de liv. st. (T. 1.)

$$
\left.
\begin{array}{llll}
& \text{1 liv. st.} & : & \text{152 batz de ch.} \\
\cancel{15}\ & \text{3 batz de ch.} & : & \text{1 flor. de ch.} \\
& \text{46 flor. de ch.} & : & \cancel{55}\ \text{11 fl. d'emp.}
\end{array}
\right\} \ :: \ \text{421 liv. st.,437} \ : \ x.
$$

$$
\text{138 nomb. fixe} \quad : \quad \text{152} \times \text{11} = \text{1672}
$$

$$
x = \frac{421,437 \times 1672}{138} = \frac{704642,664}{138} = \text{Rép. 5106 flor. 6 kreutz. 2 pen.}
$$

PREUVE.

Réduire 5106 florins d'empire 6 kreutzers 2 pennings en

livres sterling, au change de 152 *batz de change pour*
1 *liv. sterl.*

$$6 \text{ kreutz. } 2 \text{ pen.} = 0{,}108 \text{ de flor. (T. 3.)}$$

$$55 \quad \begin{matrix} 11 \text{ flor. d'emp.} & : & & 46 \text{ flor. de ch.} \\ 1 \text{ flor. de ch.} & : & 15 & 3 \text{ batz de ch.} \\ 152 \text{ batz de ch.} & : & & 1 \text{ liv. st.} \end{matrix} \Big\} \; :: \; 5106 \text{ fl.}, 108 : x.$$

$$\overline{152 \times 11} \qquad\qquad \overline{138 \text{ nomb. fixe.}}$$

$$x = \frac{5106{,}108 \times 138}{11 \times 152} = \frac{704642{,}904}{1672} = \text{Rép. } 421 \text{ liv. st. } 8 \text{ sous } 10 \text{ den.}$$

Remarque. Le change entre Londres et Francfort se cote aussi à 152
rixdales, plus ou moins, pour 22 ½ livres sterling, au lieu de 152 batz
pour 1 liv. sterl., mais ces deux modes de change ne diffèrent qu'en apparence. En effet, le terme fixe est 22 fois ½ plus grand dans le second
mode que dans le premier, il est vrai; mais le terme variable, quoique
numériquement égal dans les deux modes, est réellement 22 fois ½ plus
grand aussi dans le second que dans le premier, puisque, dans le second
mode, il exprime des rixdales au lieu de batz, et que la rixdale de Francfort vaut 22 ½ batz. Il y a donc identité de rapports dans les deux cas;
donc, ces deux modes de change sont les mêmes, au fond, et ne donnent
lieu, par conséquent, qu'à une seule et même opération arithmétique qui
peut se résumer par les deux règles générales suivantes, déduites des conjointes qui précèdent.

*Pour réduire en florins d' 'mpire de Francfort des livres
sterling, il suffit de multiplier celles-ci par le produit résultant du prix du change par* 11, *et de diviser le produit
par* 138. (L'inverse pour la réduction des florins d'empire en
liv. sterl.)

Si c'était en rixdales de change qu'on voulût réduire les
livres sterling, il suffirait de *multiplier celles-ci par le double du prix du change, et de diviser le produit par* 45.
(L'inverse pour la réduction des rixdales de change en livres
sterling.)

LONDRES et GÊNES.

405. La livre neuve de Piémont étant égale au franc de
France, et Londres changeant avec Gênes à 25 livres neuves,
plus ou moins, pour 1 livre sterling, de même qu'il change
aussi avec Paris à 25 francs, p. o. m., pour une liv. sterl., il
en résulte que l'opération arithmétique relative au change
de Londres avec Gênes est absolument la même que celle du
change de Londres avec Paris, dont nous avons donné deux
exemples (391); voilà pourquoi nous y renvoyons le lecteur.

LONDRES et GENÈVE.

(Voyez, pour la subdivision des monnaies, les n°ˢ 334 et 361.)

EXEMPLE.

406. *Réduire 242 liv. sterling 7 sous 7 deniers en livres, argent courant, de Genève, au change de 46 den. st. pour 3 liv., argent courant.*

7 sous 7 den. st. = 0,380 de liv. st. (T. 1.)

$$
\begin{array}{lcl}
\text{1 liv. st.} & : & \text{240 den. st.} \\
\text{46 den. st.} & : & \text{3 liv. cour.}
\end{array}
\Bigg\} \; :: \; \text{242 liv. st.,38} \; : \; x.
$$

$$46 \quad : \quad 720 \text{ nombre fixe.}$$

$$x = \frac{242,38 \times 720}{46} = \frac{174513,60}{46} = \text{Rép. 3793 liv. cour. 15 sous 6 den.}$$

PREUVE.

Réduire 3793 liv. 15 sous 6 den., argent courant de Genève, en liv. sterl., au change de 46 den. sterling pour 3 liv., argent courant.

15 sous 6 den. = 0,775 de liv. (T. 1.)

$$
\begin{array}{lcl}
\text{3 liv. cour.} & : & \text{46 den. st.} \\
\text{240 den. st.} & : & \text{1 liv. st.}
\end{array}
\Bigg\} \; :: \; \text{3793 liv. cour.,775} \; : \; x.
$$

$$720 \text{ nomb. fixe} \quad : \quad 46$$

$$x = \frac{3793,775 \times 46}{720} = \frac{174513,650}{720} = \text{Rép. 242 l. st. 7 sous 7 deniers.}$$

On déduit des conjointes ci-dessus les deux règles générales suivantes :

Pour réduire en livres, argent courant de Genève, des livres sterling, il suffit de multiplier celles-ci par 720, et de diviser le produit par le prix du change. (L'inverse pour la réduction des livres de Genève en livres sterling.)

LONDRES et HAMBOURG.

(Voyez, pour la subdivision des monnaies, les n°ˢ 334 et 354.)

EXEMPLE.

407. *Réduire 176 liv. st. 5 sous 6 den. en marcs banco, au change de 13 marcs 12 sous 9 den. b° pour 1 liv. sterl.*

5 sous 6 den. st. = 0,275 liv. st. (T. 1.)

12 sous 9 den. lubs = 0,797 de marc. (T. 5.)

1 liv. st. : 13 marcs,797 :: 176 liv. st.,275 : x.

$$x = 176,275 \times 13,797 = \text{2432 marcs,066*75} = \text{Rép. 2432 m. b° 1 sou 1 den.}$$

PREUVE.

Réduire 2432 marcs banco 1 s. 1 den. lub en liv. sterl.,
au change de 13 marcs,797 pour 1 liv. sterl.

$$1 \text{ sou } 1 \text{ den. lub} = 0,068 \text{ marc. (T. 5.)}$$

$$13 \text{ marcs},797 : 1 \text{ liv. st.} :: 2432 \text{ marcs},068 : x.$$

$$x = \frac{2432,068}{13,797} = \text{Rép. } 176 \text{ l. st. 5 sous 6 den.}$$

On déduit des proportions ci-dessus les deux règles générales suivantes :

*Pour réduire en marcs banco de Hambourg des liv. st.,
il suffit de multiplier celles-ci par le prix du change.* (L'inverse pour la réduction des marcs banco en liv. sterl.)

LONDRES avec **LISBONNE**, **PORTO** et le **PORTUGAL**.

(Voyez, pour la subdivision des monnaies, les nᵒˢ 334 et 365.)

EXEMPLE.

408. *Réduire 46 liv. st. 8 sous en creusades de 400 rées,
au change de 52 den. st. pour 1000 rées.*

$$8 \text{ sous st.} = 0,400 \text{ de liv. st. (T. 1.)}$$

$$
\begin{array}{rcl}
1 \text{ liv. st.} & : & 240 \quad 6 \text{ d. st.} \\
52 \text{ d. st.} & : & 1000 \quad 100 \text{ rées} \\
400\ 10 \quad 1 \text{ rées} & : & 1 \text{ creus.}
\end{array}
\quad\right\} :: 46 \text{ liv. st.},4 : x.
$$

$$\frac{}{52} , \qquad \frac{}{600 \text{ nombre fixe.}}$$

$$x = \frac{46,4 \times 600}{52} = \frac{27840}{52} = \text{Rép. } 535 \text{ creus. } 154 \text{ rées.}$$

PREUVE.

*Réduire 535 creusades 154 rées en liv. sterl., au change
de 52 den. st. pour 1000 rées.*

$$154 \text{ rées} = 0,385 \text{ de creusade (94).}$$

$$
\begin{array}{rcl}
1 \text{ creus.} & : & 400\ 10 \quad 1 \text{ rées} \\
1000 \quad 100 \text{ rées} & : & 52 \text{ d. st.} \\
240 \quad 6 \text{ d. st.} & : & 1 \text{ liv. st.}
\end{array}
\quad\right\} :: 535 \text{ creus.},385 : x.
$$

$$\frac{}{600 \text{ n}^{\text{re}} \text{ fixe} :} \qquad \frac{}{52}$$

$$x = \frac{535,385 \times 52}{600} = \frac{27840,020}{600} = \text{Rép. } 46 \text{ liv. st. 8 sous.}$$

Les conjointes relatives aux deux questions ci-dessus, la
réduction des rapports composans une fois opérée, fournissent les deux règles générales suivantes :

*Pour réduire en creusades de change des liv. sterl., il
suffit de multiplier celles-ci par 600, et de diviser le pro-*

duit par le prix du change. (L'inverse pour la réduction
des liv. sterl. en creusades.)

Nota. La creusade de change valant 400 rées, il suit de là
et de la règle générale ci-dessus que, pour réduire en rées
des liv. sterl., il suffit de multiplier celles-ci par 240000, et
de diviser le produit par le prix du change. (L'inverse pour la
réduction des rées en liv. sterling).

LONDRES et LIVOURNE.

(Voyez, pour la subdivision des monnaies, les nos 334 et 350.)

EXEMPLE.

*409. Réduire 455 liv. sterl. 12 sous 8 den. en piastres
de 8 réaux, au change de 48 den. st. par piastre.*

$$12 \text{ sous } 8 \text{ den. st.} = 0{,}633 \text{ de liv. st. (T. 1.)}$$

$$\left.\begin{array}{lll}
1 \text{ liv. st.} & : & 240 \text{ d. st.} \\
48 \text{ d. st.} & : & 1 \text{ piastre}
\end{array}\right\} \; :: \; 455 \text{ liv. st.,}633 \; : \; x.$$

$$\overline{48} \quad : \quad \overline{240} \text{ nombre fixe.}$$

$$x = \frac{455{,}633 \times 24p}{48} = \frac{109351{,}920}{48} = \text{Rép. } 2278 \text{ piast. } 3 \text{ sous } 4 \text{ den.}$$

PREUVE.

*Réduire 2278 piastres 3 sous 4 den. en livres sterling,
au change de 48 den. st. par piastre.*

$$3 \text{ sous } 4 \text{ den.} = 0{,}167 \text{ de piastre. (T. 1.)}$$

$$\left.\begin{array}{lll}
1 \text{ piastre} & : & 48 \text{ den. st.} \\
240 \text{ den. st.} & : & 1 \text{ liv. st.}
\end{array}\right\} \; :: \; 2278 \text{ piast.,}167 \; : \; x.$$

$$\overline{240} \text{ n}^{\text{re}} \text{ fixe} \quad : \quad \overline{48}$$

$$x = \frac{2278{,}167 \times 48}{240} = \frac{109352{,}016}{240} = \text{Rép. } 455 \text{ liv. st. } 12 \text{ sous } 8 \text{ den.}$$

Les conjointes relatives aux deux questions ci-dessus fournissent les règles générales suivantes :

*Pour réduire en piastres de change de Livourne des li-
vres sterl., il suffit de multiplier celles-ci par 240, et de diviser le produit par le prix du change. (L'inverse pour la
réduction des piastres en liv. sterl.)*

Remarque. Au lieu d'effectuer la division d'une manière rigoureuse,
ainsi que nous venons de le faire, on peut simplifier le calcul, dans la
pratique ordinaire, 1o en négligeant la fraction décimale du dividende,
lorsqu'elle n'égale pas une *demie*, et en la comptant pour un entier, dans
le cas contraire; 2o en cessant la division, après avoir obtenu les entiers
au quotient; 3o en prenant le $\frac{1}{12}$ du reste, que l'on comptera pour des
sous sterling; 4o enfin, en portant le second reste, s'il y en a, au rang des
deniers sterling.

Ainsi, en appliquant ces moyens d'abréviation à l'exemple ci-dessus, on se contentera de diviser 109352 par 240, parce que 0,616 n'équivalent pas à $\frac{1}{2}$, et, après avoir trouvé 455 livres sterling au quotient, et 152 pour reste, on prendra le $\frac{1}{12}$ de ces 152, qui est 12 en nombre entier, que l'on regardera comme des sous sterling, et l'on comptera le second reste, 8, comme des deniers sterling.

La double évaluation que nous prescrivons ici, non seulement est applicable à tous les cas, parce qu'elle est indépendante du prix du change, mais elle est rigoureusement exacte.

L'évaluation du premier reste de division, en sous sterling, est fondée sur ce que 20, valeur de la liv. sterl. en sous sterl., est tout juste le douzième du diviseur 240; et celle du second reste, en deniers sterling, sur ce que ce reste, étant des douzièmes de sou sterling, doit nécessairement exprimer des deniers sterling, puisque chaque sou sterling vaut 12 den. sterling.

Nota. Lorsque, comme dans ce cas-ci, le change sera à 48 den. sterl. par piastre, il suffira de quintupler les livres sterling proposées pour les réduire en piastres, et de prendre le cinquième des piastres proposées pour les réduire en livres sterling.

LONDRES et MILAN.

410. La livre autrichienne de Milan se divisant en 100 c., comme le franc de France, et Londres changeant avec Milan à *tant* de liv. autrich. pour 1 liv. sterl., il en résulte que l'opération arithmétique relative au change de Londres avec Milan est absolument la même que celle du change de Paris avec Londres, dont nous avons donné deux exemples (391); voilà pourquoi nous y renvoyons le lecteur.

LONDRES et NAPLES.

(Voyez, pour la subdivision des monnaies, les n°ˢ 334 et 345.)

PREMIER MODE DE CHANGE.

411. 1ᵉʳ Exemple. *Réduire 524 liv. sterl. 9 sous 11 den. en ducats, au change de 40 den. st. par ducat.*

9 sous 11 den. st. $= 0,496$ de liv. st. (T. 1.)

$$\left.\begin{array}{rcl} 1 \text{ liv. st.} &:& 240 \text{ den. st.} \\ 40 \text{ den. st.} &:& 1 \text{ ducat} \end{array}\right\} \quad :: \quad 524 \text{ liv. st.},496 \ : \ x.$$

$$40 \quad : \quad 240 \text{ nombre fixe.}$$

$$x = \frac{524,496 \times 240}{40} = \frac{125879,040}{40} = \text{Rép. } 3146 \text{ duc}, 98 \text{ grains.}$$

PREUVE.

Réduire 3146 ducats 98 grains en liv. sterl., au change de 40 den. sterl. par ducat.

$$\begin{array}{llll}
\text{1 ducat} & : & \text{4o den. st.} & \\
\text{24o d. sterl.} & : & \text{1 liv. st.} &
\end{array} \Big\} :: 3146 \, \text{duc.,} 98 : x.$$

$$\overline{\begin{array}{lll}
\text{24o n}^{\text{re}} \text{ fixe} & : & \text{4o}
\end{array}}$$

$$x = \frac{3146,98 \times 4o}{24o} = \frac{125879,20}{24o} = \text{Rép. } 524 \, \text{liv. st. 9 s. 11 den.}$$

Nota. Même remarque ici, relativement à l'abréviation de la division par 24o, que celle qui se trouve à la suite de la preuve du n° 4o9.

SECOND MODE DE CHANGE.

2° Exemple. *Réduire* 3146 *ducats* 98 *grains en liv. sterl., au change de* 600 *grains pour* 1 *liv. sterl.*

$$\begin{array}{llll}
\text{1 ducat} & : & \text{100 grains} & \\
\text{600 grains} & : & \text{1 liv. st.} &
\end{array} \Big\} :: 3146 \, \text{duc.,} 98 : x = 524 \, \text{liv. st. 9 s. 11 d.}$$

$$\overline{\begin{array}{lll}
\text{600} & : & \text{100 nombre fixe}
\end{array}}$$

·PREUVE.

Réduire 524 *liv. sterl.* 9 *sous* 11 *den. en ducats, au change de* 600 *grains par ducat.*

$$9 \text{ sous 11 den. sterl.} = 0,496 \text{ de liv. sterl. (T. 1.)}$$

$$\begin{array}{llll}
\text{1 liv. sterl.} & : & \text{600 grains} & \\
\text{100 grains} & : & \text{1 ducat} &
\end{array} \Big\} :: 524 \, \text{liv. st.,} 496 = 3146 \, \text{duc. 98 grains.}$$

$$\overline{\begin{array}{lll}
\text{100 n}^{\text{re}} \text{ fixe} & : & \text{600}
\end{array}}$$

On déduit des diverses conjointes ci-dessus les quatre régles générales suivantes :

Pour réduire des liv. sterl. en ducats de Naples, il suffit, lorsque le change est réglé à tant de den. sterl. par ducat, de multiplier les liv. sterl. proposées par 240, *et de diviser le produit par le prix du change* (l'inverse pour la réduction des ducats en liv. sterl.).

Nota. Lorsque, comme dans les deux premiers exemples ci-dessus, le change sera à 4o den. sterl. par ducat, il suffira de multiplier les livres sterling proposées par 6, pour les réduire en ducats, et de prendre le 6° des ducats proposés pour les réduire en livres sterling.

Pour réduire des ducats de Naples en livres sterling, il suffit, lorsque le change est réglé à tant de grains par liv. sterl., de multiplier les ducats proposés par 100, *et de diviser le produit par le prix du change* (l'inverse pour la réduction des livres sterling en ducats).

Nota. Lorsque, comme dans les deux derniers exemples ci-dessus, le change sera à 6oo grains par livres sterling, il suffira de prendre le 6° des ducats proposés, pour les réduire en livres sterling, et de multiplier les livres sterling par 6, pour les réduire en ducats.

LONDRES et PARIS.

(Voyez Paris et Londres, page 290.)

LONDRES et SAINT-PÉTERSBOURG.

(Voyez, pour la subdivision des monnaies, les n°s 334 et 362.)

EXEMPLE.

412. *Réduire* 125 *liv. sterl.* 5 *sous* 9 *den. en roubles, au change de* 10 *den. sterl. pour* 1 *rouble en papier.*

5 sous 9 den. sterl. $= 0,287$ de liv. sterl. (T. 1.)

$$\left.\begin{array}{lll} 1 \text{ liv. sterl.} & : & 240 \text{ den. sterl.} \\ \dfrac{10 \text{ den. st.}}{10} & : & \dfrac{1 \text{ rouble}}{240 \text{ nomb. fixe}} \end{array}\right\} :: 125 \text{ liv. sterl.}, 287 : x.$$

$$x = \frac{125,287 \times 240}{10} = \frac{30068,880}{10} = \text{Rép. } 3006 \text{ roub. } 89 \text{ cop.}$$

PREUVE.

Réduire 3006 *roubles* 89 *copecks en livres sterling, au change de* 10 *den. st. pour* 1 *rouble en papier.*

$$\left.\begin{array}{lll} 1 \text{ rouble} & : & 10 \text{ den. st.} \\ \dfrac{240 \text{ den. st.}}{240 \text{ n}^{re} \text{ fixe}} & : & \dfrac{1 \text{ liv. st.}}{10} \end{array}\right\} :: 3006 \text{ roubles } 89 \text{ cop. } : x.$$

$$x = \frac{3006,89 \times 10}{40} = \frac{30068,90}{40} = \text{Rép. } 125 \text{ liv. st. } 5 \text{ s. } 9 \text{ den.}$$

Nota. Même remarque ici, relativement à l'abréviation de la division par 240, que celle qui se trouve à la suite de la preuve du n° 409.

On déduit des conjointes ci-dessus les deux règles générales suivantes :

Pour réduire en roubles de Russie des liv. sterl., il suffit de multiplier celles-ci par 240, *et de diviser le produit par le prix du change* (l'inverse pour la réduction des roubles en liv. sterl.).

LONDRES avec TRIESTE et VIENNE.

413. Le florin effectif de Trieste et celui de Vienne ayant la même valeur que le florin, argent courant d'Auguste, et Londres changeant avec ces deux premières places comme avec Auguste, voyez pour les changes de Londres avec Trieste et Vienne, le change de Londres avec Auguste, page 296.

LONDRES et VENISE.

(Voyez, pour la subdivision des monnaies, les nᵒˢ 334 et 343.)

PREMIER MODE DE CHANGE.

EXEMPLE.

414. *Réduire* 245 *liv. sterl. 8 sous 6 den. en liv. autrichiennes, au change de 47 den. st. pour 6 liv. autr.*

8 sous 6 den. st. $= 0{,}425$ de liv. st. (T. 1.)

$$\left.\begin{array}{lll} \text{1 liv. sterl.} & : & \text{240 den. sterl.} \\ \text{47 den. sterl.} & : & \text{6 liv. aut.} \end{array}\right\} \; :: \; 245 \text{ liv. sterl.},425 : x.$$

$$47 \qquad : 1440 \text{ nomb. fixe}$$

$$x = \frac{245{,}425 \times 1440}{47} = \frac{353412}{47} : x = \text{R\'{e}p. } 7519 \text{ l. autr. } 40 \text{ c.}$$

PREUVE.

Réduire 7519 *liv. autr. 40 c. en liv. sterl., au change de
47 den. sterl, pour 6 liv. autrichiennes.*

$$\left.\begin{array}{lll} \text{6 liv. aut.} & : & \text{47 den. st.} \\ \text{240 den. st.} & : & \text{1 liv. st.} \end{array}\right\} \; :: \; 7519 \text{ liv. aut. } 40 \text{ c.} : x.$$

$$1440 \text{ n}^{re} \text{ fixe} \qquad : \; 47$$

$$x = \frac{7519{,}40 \times 47}{1440} = \frac{353411{,}80}{1440} = \text{R\'{e}p. } 245 \text{ l. st. 8 s. 6 den.}$$

Les conjointes ci-dessus fournissent les deux règles générales suivantes :

*Pour réduire en liv. autrichiennes des liv. sterling, il
suffit de multiplier celles-ci par 1440, et de diviser le produit
par le prix du change* (l'inverse pour la réduction des liv. autr.
en liv. sterl.).

SECOND MODE DE CHANGE.

La livre autrichienne se divisant en 100 centimes, comme
le franc de France, et Venise donnant à Londres 29 liv. autrichiennes, plus ou moins, pour 1 liv. sterl., de même que
Paris donne aussi à Londres 26 fr., p. o. m., pour 1 livre
sterling, il en résulte que l'opération arithmétique, relative
au change de Venise avec Londres, est absolument la même
que celle du change de Paris avec Londres, dont nous avons
donné deux exemples (page 290); voilà pourquoi nous y
renvoyons le lecteur.

De la réduction des monnaies espagnoles entre elles.

(Voyez, pour la subdivision des monnaies, le n° 336.)

415. Comme les monnaies espagnoles n'offrent, dans leurs nombreuses divisions, que des rapports incohérens et très peu commodes pour le calcul, nous allons, avant de passer outre, donner des exemples des réductions les plus nécessaires et les plus vétilleuses de ces monnaies entre elles.

Réduire 3541 *réaux et* 12 *maravédis de plate en réaux de veillon.*

Puisque la monnaie de plate est à celle de veillon comme 17 : 32, je dois trouver les réaux de veillon demandés dans le 4e terme de cette proportion :

R^{te} 17 : R^{on} 32 : : R^{te} 3541 et 12 mar. : $x =$ R^{on} 6666 ét 8 mar.

Pour multiplier par les maravédis, il ne s'agit que de les porter au produit. Ce procédé, sans être rigoureux, suffit pour la pratique; mais quand, dans la division par 17, on a obtenu le quotient en réaux de veillon, il faut avoir soin de multiplier le dernier reste par 64, pour avoir les maravédis.

Dans cette réduction, on peut encore, si l'on veut, diviser d'abord par 17 les réaux de plate proposés, retrancher le quotient de ces mêmes réaux, et multiplier ensuite la différence par 2.

PREUVE.

Réduire 6666 *réaux et* 8 *maravédis de veillon en réaux de plate.*

R^{on} 32 : R^{te} 17 : : R^{on} 6666 et 8 mar. : $x =$ Rép. R^{te} 3541 et 14 mar.

Le produit relatif aux maravédis se compose en en prenant la moitié, attendu que le réal de plate est à peu près le double de celui de veillon.

Pour réduire des réaux de veillon en réaux de plate, il est encore plus court de prendre deux fois le quart de la somme proposée, et une fois le huitième du quart, et de réduire les quarts et huitièmes de réaux de reste en maravédis, en multipliant les premiers par 8 ½, et les seconds par 4 ¼.

Cette méthode est fondée sur ce que deux fois le quart, ou la moitié plus le ¼ de ¼, c. à d. $\frac{2}{32}$ (109). font bien en tout $\frac{17}{32}$, qui sont précisément la valeur des réaux de veillon en réaux de plate.

Réduire 110 *pistoles* 21 *réaux* 14 *maravédis en réaux de veillon.*

110 pist. 21 réaux 14 maravédis.
60 réaux 8 maray., valeur de 1 pistole.

```
                    marav.
Ron 6600             »
     25         30 p. les  8 marav.  ⎫
     30          4 p.     16 réaux.  ⎪  mar.
      7         18 p.      4 réaux.  ⎬  8 × 110 = 880 |34
      1         30 p.      1 réal.   ⎪                 ‾‾‾
      »         28 p.     14 marav.  ⎪          200     25
                                     ⎪           30
Ron 6666         8 marav.  Rép.      ⎭
```

Pour les ·8 maravédis, du multiplicateur, comme ils ne sauraient diviser exactement 34, il ne reste d'autre parti à prendre que de les multiplier par les pistoles, et d'en diviser le produit par 34, comme nous l'avons fait.

Quant aux maravédis du multiplicande, de règle générale, on les doublera, attendu que le réal de plate est à très peu près le double de celui de veillon.

416. *Réduire* 481 *duc.* 12 *s.* 8 *den. en réaux de veillon.*

```
                 12000
1 ducat     :   ─────── m. de von ⎫
                  17              ⎪
 578                             ⎬ : : 481 duc. 12 s. 8 den. : x.
─────  m. de von :  1 réal de von⎪   12000
 17                              ⎪
─────                            ⎭
 578         :   12000      5772000 ⎫
                             7200   ⎬ 5779600|578
                             400    ⎭ ‾‾‾‾‾‾‾ ‾‾‾‾‾‾‾‾‾‾‾‾‾‾
                                      5776   Ron    9999  10 mar.
                                      5740
                                      5380|17
                                       178 10
                                         8
```

Remarquez que le produit des sous se compose tout à la fois, en les multipliant par 600, et celui des deniers par 50, attendu que le 20e du multiplicateur 12000 est 600 et le 240e, 50.

PREUVE.

Réduire 9999 *réaux* 10 *maravédis de veillon en ducats.*

```
                 578 mar. von ⎫
1 réal de veill. : ─────────  ⎪
                     17       ⎬ : : 9999 r. de von 10 mar. : x.
12000                         ⎪   578
───── mar. v.  :  1 ducat     ⎪
 17                           ⎭
─────
12000          :  578           79992 ⎫
                                69993 ⎬ 5779698
                                49995 ⎪ ─────── = 481 duc. 12 s. 10 d.
                                      ⎭  12000
pour les 10 marav. . .  170
```

Remarquez que le produit des maravédis qui accompagnent les ducats doit se composer tout à la fois, en les multipliant par 17, attendu que le 34e de 578 est 17.

Les conjointes relatives aux deux dernières questions, la

réduction des rapports composans une fois opérée, fournissent les deux règles générales suivantes :

Pour réduire en réaux de veillon des ducats, il faut multiplier ceux-ci par 12000, et en diviser le produit par 578 (l'inverse pour la réduction des réaux de veillon en ducats).

Pour réduire en réaux de veillon des ducats, on peut encore, si l'on veut, multiplier ceux-ci par $2076\frac{1}{5}$, séparer deux chiffres décimaux sur la droite du produit, et prendre le tiers de ces deux chiffres pour avoir le nombre des maravédis. Ce principe est fondé sur ce que 100 ducats valent $2076\frac{1}{5}$ réaux de veillon. Quant aux maravédis, le moyen que nous indiquons pour les trouver suffit dans la pratique ; car il est bon d'observer en passant que, pour qu'il fût exact dans la théorie, il faudrait que le réal de veillon valût $33\frac{1}{5}$ maravédis au lieu de 34.

Pour réduire en ducats des réaux de veillon, on peut aussi multiplier ceux-ci par $48\frac{1}{6}$, et séparer sur la droite du produit trois chiffres décimaux, qu'on multipliera par 20, pour avoir des sous, et par 12 pour avoir des deniers. Ce principe est fondé sur ce que 1000 réaux de veillon valent $48\frac{1}{6}$ ducats.

Changes de l'Espagne avec les places suivantes.

CADIX et MADRID avec AMSTERDAM.

(Voyez, pour les subdivisions des monnaies, les nᵒˢ 336 et 358.)

417. EXEMPLE. *Réduire 9446 réaux de veillon et 13 marav. en florins, au change de 101 flor. pour 40 ducats de change.*

$$\begin{array}{l}
\quad\;\; 1 \text{ réal de v}^{\text{on}} : \dfrac{578}{17} \; 289 \text{ mar. de v}^{\text{on}} \\
\left.\dfrac{12000}{17}\right. \quad 6000 \text{ m. de v}^{\text{on}} : \quad 1 \text{ d. de ch.} \\
\qquad\quad 40 \text{ d. de ch.} : \quad 101 \text{ florins}
\end{array} \Bigg\} :: \text{R}^{\text{on}}\,9446\;13\text{ m.} : x.$$

$$\overline{\;240000\; \text{n}^{\text{re}} \text{ fixe}\;} \qquad 289 \times 101 = 29189$$

$$x = \frac{9446 \text{ r. de v. } 13 \text{ mar.} \times 29189}{240000} = \frac{275730454}{240000} = \text{R. } 1148 \text{ fl. } 17 \text{ s. } 9 \text{ p.}$$

REMARQUE. Quant aux 13 maravédis, il faut de deux choses l'une : ou les réduire en décimales du réal (94), ce qui donne 0,382, ou bien en composer le produit tout à la fois, *en les multipliant d'abord par $8\frac{1}{2}$, et puis par le prix du change.*

Ainsi, dans cette occasion, le produit relatif à ces 13 maravédis était $11160\frac{1}{2}$, et nous avons négligé la fraction comme de raison.

Cette dernière manière d'opérer est fondée sur ce que le réal de veillon vaut 34 maravédis de veillon, et que le 34ᵉ de 289 est $8\frac{1}{2}$.

PREUVE.

Réduire 1148 florins 17 stuiv. et 9 pen. en réaux de veillon, au change de 101 florins pour 40 ducats de change.

$$17 \text{ s. } 9 \text{ pen.} = 0,878 \text{ de flor. (T. 2.)}$$

$$
\begin{array}{lcl}
101 \text{ florins} & : & 40 \text{ duc. de ch.} \\
1 \text{ d. de ch.} & : \dfrac{12000}{17} & 6000 \text{ m. de veil.} \\
289 \text{ m. de v}^{on} & : & 1 \text{ réal de v}^{on}
\end{array}
\right\} \; : : \; 1148 \text{ fl.},878 : x.
$$

$$\dfrac{578}{17}$$

$$101 \times 289 \quad : \quad 240000 \text{ nomb. fixe}$$

$$x = \frac{1148,878 \times 240000}{101 \times 289} = \frac{275730720}{29189} = \text{Rép. } 9446 \text{ réaux de v. } 13 \text{ mar.}$$

Remarque. Ainsi que nous l'avons vu, p. 260, le change sur Cadix et Madrid se cote aussi sur le bulletin d'Amsterdam à 104 den. de gros, plus ou moins, pour 1 ducat de change, au lieu de 104 florins pour 40 ducats, mais ces deux modes de change ne diffèrent qu'en apparence. En effet , le terme fixe est 40 fois plus grand dans le second mode que dans le premier, il est vrai, mais le terme variable, quoique numériquement égal, dans les deux modes, est réellement 40 fois plus grand aussi dans le second que dans le premier, puisque, dans le second mode, il y exprime des florins, au lieu de deniers de gros, et que le florin vaut 40 deniers de gros. Il y a donc identité de rapports dans les deux cas; donc ces deux modes de change sont les mêmes, au fond; et ne donnent lieu, par conséquent, qu'à une seule et même opération arithmétique qui peut se résumer par les deux règles générales suivantes, déduites des conjointes qui précèdent.

Pour réduire en florins d'Amsterdam des réaux de veillon, soit que le change soit réglé à tant de florins pour 40 ducats, ou à tant de den. de gros pour 1 ducat, il faut multiplier les réaux de veillon proposés par le produit résultant de la multiplication du prix du change par 289 , et diviser par 240000 (l'inverse pour la réduction des florins en réaux de veillon).

La réduction des rapports composans, dans les conjointes relatives aux conversions suivantes, conduirait également à ces autres règles générales.

Pour réduire en florins des réaux de plate, il faut multiplier ceux-ci par le produit résultant de la multiplication de 17 par le prix du change, et diviser ensuite par 7500 (l'inverse pour la réduction des florins en réaux de plate).

Pour réduire en florins des piastres, il faut multiplier celles-ci par le produit résultant de la multiplication de 34 par le prix du change, et diviser ensuite par 1875 (l'inverse pour la réduction des florins en piastres).

Pour réduire en florins des ducats, il faut multiplier ceux-ci par le prix du change, et en diviser le produit par 40 (l'inverse pour la réduction des florins en ducats).

Pour réduire en florins des pistoles, il faut multiplier celles-ci par le produit résultant de la multiplication de 136 par le prix du change, et diviser ensuite par 1875 (l'inverse pour la réduction des florins en pistoles).

CADIX et MADRID avec GÊNES.

(Voyez, pour la subdivision des monnaies, les n⁰ˢ 336 et 348.)

MODES DE CHANGE EN VIGUEUR DEPUIS 1827.

PREMIER MODE.

418. EXEMPLE. *Réduire* 22510 *réaux de veillon en livres neuves de Piémont, au change de 20 liv. neuv. pour 5 piast. de change (de 15 réaux 2 marav: de veillon).*

$$512 \quad \begin{matrix} \text{1 réal de veil.} & : & 34 \\ \text{256 mar. de v}^{\text{on}} & : & \\ \text{5 piast. de ch.} & : \\ \hline \text{1280 nomb. fixe} & : \end{matrix} \left. \begin{matrix} \text{17 mar. de veil.} \\ \text{1 piast. de ch.} \\ \text{20 liv. neuves} \\ \hline 340 \end{matrix} \right\} :: 22510 \text{ r. de veil.} : x.$$

$$x = \frac{22510 \times 340}{1280} = \frac{7653400}{1280} = \text{RÉP. } 5979 \text{ liv. neuves } 22 \text{ cent.}$$

PREUVE.

Réduire 5979 *liv. neuves* 22 *c. en réaux de veillon, au change de* 20 *liv. neuves de Piémont pour* 5 *piast. de change (de 15 réaux 2 mar. de veillon).*

$$34 \quad \begin{matrix} \text{20 liv. neuves} & : \\ \text{1 piast. de ch.} & : & 512 \\ \text{17 mar. de v}^{\text{on}} & : \\ \hline 340 & : \end{matrix} \left. \begin{matrix} \text{5 piast. de ch.} \\ \text{256 mar. de v}^{\text{on}} \\ \text{1 réal de v}^{\text{on}} \\ \hline \text{1280 nomb. fixe} \end{matrix} \right\} :: 5979 \text{ liv. n. } 22 \text{ c.}$$

$$x = \frac{5979,22 \times 1280}{340} = \frac{7653401,60}{340} = \text{RÉP. } 22510 \text{ réaux de v.}$$

Les conjointes relatives aux deux questions ci-dessus, la réduction des rapports composans une fois opérée, fournissent les deux règles générales suivantes :

Pour réduire des réaux de veillon en livres neuves de Piémont, il faut, lorsque le change est réglé à tant de liv. neuves pour 5 piastres, multiplier les réaux proposés par le produit résultant de la multiplication du prix du change par 17, et diviser ensuite par 1280 (l'inverse pour la réduction des liv. neuves en réaux de veillon).

Les conjointes relatives aux conversions suivantes conduiraient également à ces autres règles générales, applicables toujours au premier mode de change, spécifié ci-dessus.

Pour réduire en livres neuves de Piémont des réaux de plate, il suffit de multiplier ceux-ci par le prix du change, et de prendre le 40ᵉ du produit (l'inverse pour la réduction des livres neuves en réaux de plate).

Pour réduire en livres neuves de Piémont des pistoles, il suffit de multiplier celles-ci par le produit résultant de la multiplication du prix du change par 4, et de prendre le 5ᵉ du produit (l'inverse pour la réduction des livres neuves en pistoles).

SECOND MODE DE CHANGE.

EXEMPLE.

419. *Réduire* 6584 *liv. neuves en réaux de veillon, au change de* 395 *liv. neuves pour* 100 *piastres de change.*

$$
34 \quad \frac{\begin{array}{l} 395 \text{ liv. neuves} \\ 1 \text{ piast. de ch.} \\ 17 \text{ mar. de v}^\text{on} \end{array} \begin{array}{c} : \\ : \; 5\tfrac{1}{2} \\ : \end{array} \frac{\begin{array}{l} 100 \text{ piast. de ch.} \\ 256 \text{ mar. de v}^\text{on} \\ 1 \text{ réal de v}^\text{on} \end{array}}{}}{\quad}
$$

$$
\frac{395 \times 17}{} \qquad : \qquad 25600 \text{ nomb. fixe}
$$

$$
x = \frac{6584 \times 25600}{395 \times 17} = \frac{168550400}{6715} = \text{Rép. R}^\text{on}\ 25100\ 20 \text{ mar.}
$$

PREUVE.

Réduire 25100 *réaux de veillon et* 20 *marav. en liv. neuves, au change de* 395 *liv. neuves pour* 100 *piastres de change.*

$$
20 \text{ mar. de veil.} = 0{,}59 \text{ de réal } (94).
$$

$$
5\tfrac{1}{2} \quad \frac{\begin{array}{l} 1 \text{ réal de veillon} \\ 256 \text{ mar. de veil.} \\ 100 \text{ piast. de ch.} \end{array} \begin{array}{c} : \ 34 \\ : \\ : \end{array} \begin{array}{l} 17 \text{ mar. de v.} \\ 1 \text{ piast. de ch.} \\ 395 \text{ liv. neuves} \end{array}}{\quad} :: \text{R}^\text{on}\ 25100{,}59 : x\,(^\text{1}).
$$

$$
25600 \text{ nomb. fixe} \qquad : \qquad 395 \times 17 = 6715
$$

$$
x = \frac{25100{,}59 \times 6715}{25600} = \frac{168550461{,}85}{25600} = \text{Rép. } 6584{,}02 \text{ livres neuves.}
$$

Les conjointes relatives aux deux questions ci-dessus, la réduction des rapports composans une fois opérée, fournissent les deux règles générales suivantes :

Pour réduire des liv. neuves de Piémont en réaux de veillon, il faut, lorsque le change est réglé à tant *de liv. neuves pour* 100 *piastres, multiplier les livres neuves proposées par* 25600, *et diviser par le produit résultant de la multiplication du prix du change par* 17 (l'inverse pour la réduction des réaux de veillon en livres neuves).

Les conjointes relatives aux conversions suivantes conduiraient également aux règles générales suivantes, applicables toujours au deuxième mode de change qui vient d'être spécifié un peu plus haut.

Pour réduire en réaux de plate des livres neuves de Piémont, il suffit de multiplier celles-ci par 800, *et de diviser par le prix du change* (l'inverse pour la réduction des réaux de plate en livres neuves).

Pour réduire en pistoles des livres neuves de Piémont, il suffit de multiplier celles-ci par 25, *et de diviser par le prix du change* (l'inverse pour la réduction des pistoles en livres neuves).

($^\text{1}$) C'est pour être plus exact que nous avons réduit les 20 maravédis en décimales du réal ; mais, dans la pratique, on pourra, sans inconvénient, négliger ces maravédis toutes les fois qu'ils ne passeront pas 17, et porter 1 réal de plus, dans le cas contraire.

MODE DE CHANGE USITÉ AVANT 1827.

420. Les exemples et règles générales qui précèdent sont relatifs au nouveau mode de change établi entre l'Espagne en général et Gênes, depuis 1827, époque où la Sardaigne a adopté la livre neuve pour unique monnaie de change. Mais plusieurs maisons de commerce, sans égard pour cette innovation, continuent à régler le change avec Gênes sur l'ancien pied, qui consiste à donner 610 maravédis de plate, plus ou moins, contre un écu d'or de 10 liv. 14 sous *fuori banco*, dont 6 valent 5 livres neuves. Madrid, par exemple, est du nombre des places où il se fait beaucoup de transactions d'après ce dernier mode ; voilà pourquoi nous donnons ci-après les règles générales qui s'y rapportent, et qu'il est indispensable de connaître, d'ailleurs, ne fût-ce que pour la liquidation d'anciens comptes.

MADRID et GÊNES.

Pour réduire des réaux de veillon en livres neuves de Piémont, il faut, lorsque le change est réglé à *tant* de maravédis de plate pour un écu d'or de 10 livres 14 sous hors banque, multiplier les réaux proposés par 7780,75, et diviser ensuite par le produit résultant de la multiplication du prix du change par 48 (l'inverse pour la réduction des livres neuves en réaux de veillon).

Si c'étaient des réaux de plate qu'on voulût réduire en livres neuves, il faudrait multiplier les réaux proposés par 909,50, et diviser ensuite par le triple du prix du change par 3 (l'inverse pour la réduction des livres neuves en réaux de veillon).

Enfin, si c'étaient des pistoles qu'on voulût réduire en livres neuves, il faudrait multiplier les pistoles proposées par 29104, et diviser ensuite par le triple du prix du change par 3 (l'inverse pour la réduction des liv. neuves en pistoles).

CADIX et GÊNES.

A Cadix, plusieurs maisons de commerce continuent aussi à régler le change sur l'ancien pied, c. à d. à 125 piastres de 8 réaux de plate, plus ou moins, contre 100 piastres de Gênes *fuori banco*. Voici, en conséquence, les règles générales qui se rapportent à ce dernier mode de change.

Pour réduire des réaux de veillon en livres neuves de Piémont, il faut, lorsque le change est réglé à *tant* de piastres de 8 réaux de plate, contre 100 piastres *fuori banco* de Gênes, multiplier les réaux proposés par 48875, et diviser ensuite par le produit résultant de la multiplication du prix du change par 1536 (l'inverse pour la réduction des livres neuves en réaux de veillon) (¹).

Si c'étaient des réaux de plate qu'on voulût réduire en livres neuves de Piémont, il faudrait multiplier les réaux proposés par 2875, et diviser ensuite par le produit résultant de la multiplication du prix du change par 48 (l'inverse pour la réduction des livres neuves en réaux de plate).

Enfin, si c'étaient des pistoles qu'on voulût réduire en livres neuves de Piémont, il faudrait multiplier les pistoles par 2875, et diviser ensuite par le produit résultant de la multiplication du prix du change par 1,5 (l'inverse pour la réduction des livres neuves en pistoles).

(¹) 100 piastres *fuori banco* de Gênes valent 575 livres *fuori banco*, et 6 livres *fuori banco* sont comptées pour 5 livres neuves de Piémont, d'après l'édit du roi de Sardaigne, en date du 5 février 1827.

Comme les transactions basées sur le mode de change usité avant
1827 sont beaucoup moins fréquentes que celles réglées d'après le nouveau mode, nous nous abstenons de donner ici les conjointes dont sont
déduites les diverses règles générales qui précèdent, à partir du n°. 420;
mais le lecteur fera fort bien de chercher à trouver lesdites conjointes.
Cet exercice lui sera d'autant plus profitable que l'ancien mode de change
de Cadix et Madrid avec Gênes est très compliqué.

Enfin, quant à celles des places d'Espagne qui continuent à régler leur
change avec Gênes, comme par le passé, c. à d., ainsi qu'on le voit, sur
la cote qui se trouve au bas de la page 233, voici les règles générales
qui se rapportent à ce dernier mode.

Lorsque le change est réglé à 23 livres, hors banque, plus ou moins,
pour 1 pistole d'or de 40 réaux de plate, il faut, pour réduire en livres
neuves de Piémont des réaux de veillon, multiplier ceux-ci par le produit résultant de la multiplication du prix du change par 17, et diviser
ensuite par 1536 (l'inverse pour la réduction des livres neuves en réaux
de veillon).

Si c'étaient des réaux de plate qu'on voulût réduire en livres neuves,
il suffirait de multiplier les premiers par le prix du change, et de diviser
le produit par 48 (l'inverse pour la réduction des livres neuves en réaux
de plate).

Enfin, si c'étaient des pistoles qu'on voulût réduire en livres neuves,
il faudrait multiplier les premières par le double du prix du change, et
prendre le tiers du produit; ou, si l'on aime mieux, il suffirait de multiplier les pistoles proposées par le prix du change, et de diviser
ensuite par 1,5 (l'inverse pour la réduction des livres neuves en pistoles).

CADIX et MADRID avec GENÈVE.

(Voyez, pour la subdivision des monnaies, les n°ˢ 336 et 361.)

EXEMPLE.

*421. Réduire 582 pistoles en livres, arg. cour. de Genève,
au change de 45 sous, arg. cour., pour 1 piast. de change.*

```
   1 pistole        :   4  1 piast. de ch.  )
   1 piast. de ch.  :  45  9 sous cour.     }  : : 582 pist. : x = 5238 l. cour.
20 5  1 sou cour.   :      1 livre cour.    )
   ──────────────────────────────────────
   1 nomb. fixe     :      9
```

PREUVE.

*Réduire 5238 livres courantes de Genève en pistoles, au
change de 45 sous courans pour 1 piastre de change.*

```
      1 livre cour.      : 20 5  1 sou cour.        )
45    9 sous cour.       :       1 piast. de ch.    }  : : 5238 l. cour. : x = 582 pist.
 4    1 piast. de ch.    :       1 pistole          )
   ──────────────────────────────────────
   9                             1 nomb. fixe
```

Les conjointes relatives aux deux questions ci-dessus, la
réduction des rapports composans une fois opérée, fournissent les deux règles générales suivantes :

Pour réduire en livres courantes de Genève des pistoles d'Espagne, il suffit de multiplier celles-ci par 9 (l'inverse pour la réduction des livres courantes en pistoles).

ESPAGNE et HAMBOURG.

 (Voyez, pour la subdivision des monnaies, les nᵒˢ 336 et 354.)

EXEMPLE.

422. *Réduire* 11431 *réaux de veillon en marcs banco, au change de 94 den. de gros pour 1 ducat de change.*

$$1 \text{ réal de veil. } : \frac{528}{17} \ 289 \text{ mar. }v^{on}$$
$$\frac{12000}{17} \ 6000 \text{ m. de }v^{on} : 1 \text{ ducat}$$
$$1 \text{ ducat } : 94 \text{ d. de gr.}$$
$$2 \text{ d. de gr. } : 1 \text{ s.lub}$$
$$16 \text{ s. lubs } : 1 \text{ m. }b^o$$
$$:: 11431 \text{ réaux de veillon } : x.$$
$$192000 \text{ n}^{re}\text{ fixe } : \ 289 \times 94 = 27166$$

$$x = \frac{11431 \times 27166}{192000} = \frac{310534546}{192000} = \text{Rép. } 1617 \text{ m. } b^o \ 5 \text{ s. } 11 \text{ den.}$$

REMARQUE. Si les réaux de veillon étaient accompagnés de maravédis, il faudrait de deux choses l'une : ou les réduire en parties décimales du réal, ou bien composer le produit relatif auxdits maravédis, en les multipliant d'abord par $8\frac{1}{2}$, et puis par le prix du change. Cette dernière manière d'opérer est fondée sur ce que le réal de veillon vaut 34 maravédis de veillon, et que le 34ᵉ de 289 est $8\frac{1}{2}$.

PREUVE.

Réduire 1617 *marcs banco 5 s. lubs 11 den. en réaux de veillon, au change de 94 den. de gros pour 1 ducat de change.*

5 sous 11 den. lubs $= 0,370$ (T. 5).

$$1 \text{ mar. }b^o : 16 \text{ s. lubs}$$
$$1 \text{ s. lub } : 2 \text{ d. de gr.}$$
$$94 \text{ d. de gr. } : 1 \text{ ducat}$$
$$1 \text{ ducat } : \frac{12000}{17} \ 6000 \text{ m. de }v^{on}$$
$$\frac{528}{17} \ 289 \text{ m. de }v^{on} : 1 \text{ r. de }v^{on}$$
$$:: 1617 \text{ m. }b^o,37 : x.$$
$$94 \times 289 : \ 192000 \text{ nomb. fixe}$$

$$x = \frac{1617,37 \times 192000}{27166} = \frac{310535040}{27166} = \text{Rép. } 11431 \text{ réaux de veillon.}$$

Les conjointes relatives aux deux questions ci-dessus, la réduction des rapports composans une fois opérée, fournissent les deux règles générales suivantes :

Pour réduire en marcs de banque de Hambourg des réaux de veillon, il faut multiplier ceux-ci par le produit résultant de la multiplication de 289 par le prix du change, et diviser ensuite par 192000 (l'inverse pour la réduction des marcs de banque en réaux de veillon).

La réduction des rapports composans, dans les conjointes relatives aux conversions suivantes, conduirait également à ces autres règles générales :

Pour réduire en marcs de banque des réaux de plate, il faut multiplier ceux-ci par le produit résultant de la multiplication de 17 par le prix du change, et diviser ensuite par 6000 (l'inverse pour la réduction des marcs de banque en réaux de plate).

Pour réduire en marcs de banque des piastres, il faut multiplier celles-ci par le produit résultant de la multiplication de 17 par le prix du change, et diviser ensuite par 750 (l'inverse pour la réduction des marcs de banque en piastres).

Pour réduire en marcs de banque des ducats, il faut multiplier ceux-ci par le prix du change, et diviser le produit par 32 (l'inverse pour la réduction des marcs de banque en ducats).

Pour réduire en marcs de banque des pistoles, il faut multiplier celles-ci par le produit résultant de 34 par le prix du change, et diviser par 375 (l'inverse pour la réduction des marcs banco en pistoles).

CADIX et MADRID avec LISBONNE et PORTO.

(Voyez, pour la subdivision des monnaies, les nos 336 et 365.)

EXEMPLE.

423. *Réduire 20545 réaux de veillon en rées de Portugal, au change de 2400 rées pour 1 pistole de change.*

$$
\begin{array}{llll}
 & \text{1 réal de veil.} & : & 34 \quad \text{17 m. de veil.} \\
2048 & \text{1024 mar. de veil.} & : & \text{1 pist. de ch.} \\
 & \text{1 pist. de ch.} & : & \cdot \text{2400 rées}
\end{array}
\Big\} :: \text{R}^{\text{on}}\ 20545 : x.
$$
$$
\begin{array}{lll}
\text{1024 nomb. fixe} & : & \text{40800}
\end{array}
$$

$$
x = \frac{10545 \times 40800}{1024} = \frac{838236000}{1024} = \text{Rép. } 8180589 \text{ rées.}
$$

PREUVE.

Réduire 8180589 rées de Portugal en réaux de veillon, au change de 2400 rées pour 1 pistole de change.

$$
\begin{array}{lll}
 & \text{2400 rées} & : \quad \text{1 pistole de ch.} \\
34 & \text{1 pist. de ch.} & : \ 2048\ 1024\ \text{mar. de veil.} \\
 & \text{17} & : \qquad \text{1 réal de veil.}
\end{array}
\Big\} :: 8180589 \text{ rées} : x.
$$
$$
\begin{array}{lll}
\text{40800} & : & \text{1024 nomb. fixe}
\end{array}
$$

$$
x = \frac{8180589 \times 1024}{40800} = \frac{838235136}{40800} = \text{Rép. } 20545 \text{ réaux de veillon.}
$$

Les conjointes relatives aux deux questions ci-dessus, la réduction des rapports composans une fois opérée, fournissent les règles générales suivantes :

Pour réduire en rées de Portugal des réaux de veillon, il faut multiplier ceux-ci par le produit qui résulte de la multiplication de 17 par le prix du change, et diviser ensuite ce nouveau produit par 1024 (l'inverse pour la réduction des rées de Portugal en réaux de veillon).

Les proportions et conjointes relatives aux conversions suivantes conduiraient également à ces autres règles générales :

Pour réduire en rées des réaux de plate, il faut multiplier ceux-ci par le prix du change, et en diviser le produit par 32 (l'inverse pour la réduction des rées en réaux de plate).

Pour réduire en rées des piastres, il faut multiplier celles-ci par le prix du change, et en diviser le produit par 4 (l'inverse pour la réduction des rées en piastres).

Pour réduire en rées des ducats, il faut multiplier ceux-ci par le produit qui résulte de la multiplication de 375 par le prix du change, et diviser ensuite par 1088 (l'inverse pour la réduction des rées en ducats).

Pour réduire en rées des pistoles, il suffit de multiplier celles-ci par le prix du change (l'inverse pour la réduction des rées en pistoles).

CADIX et MADRID avec LIVOURNE.

(Voyez, pour la subdivision des monnaies, les n°s 336 et 359.)

EXEMPLE.

424. *Réduire 2548 réaux de veillon en piastres de Livourne, au change de 132 piastres d'Espagne pour 100 piast. de 8 réaux de Livourne.*

$$
\begin{array}{rll}
 & 1 \text{ réal de veil.} & : \ 34 \quad 17 \text{ mar. de veil.} \\
512 \ 256 & 64 \text{ mar. de v}^{\text{on}} & : \qquad\quad 1 \text{ piast. d'Esp} \\
 & 132 \text{ piast. d'Esp.} & : \ 100 \quad 25 \text{ piast. de Liv.}
\end{array}
\Big\} : : \ \text{R}^{\text{on}}\ 2548 : x.
$$

$$
64 \times 132 \qquad : \qquad 425 \text{ nombre fixe}
$$

$$
x = \frac{2548 \times 425}{64 \times 132} = \frac{1082900}{8448} = \text{Rép. } 128 \text{ piastres } 3 \text{ sous } 8 \text{ deniers.}
$$

PREUVE.

Réduire 128 piastres de Livourne 3 sous 8 den. en réaux de veillon, au change ci-dessus mentionné.

$$
3 \text{ sous } 8 \text{ den.} = 0{,}183 \text{ de piastre (T. 1).}
$$

$$
\begin{array}{rll}
100 & 25 \text{ piast. de Liv.} & : \\
 & 1 \text{ piast. d'Esp.} & : \ 512 \ 128 \quad \begin{array}{l} 132 \text{ piast. d'Esp.} \\ 64 \text{ mar. de veil.} \\ 1 \text{ r. de veil.} \end{array}
\end{array}
\Big\} : : \ 128 \text{ p}^{\text{tres}}, 183 : x.
$$
$$
\ \ 34 \quad 17 \text{ mar. de veil.} :
$$

$$
425 \text{ nomb. fixe} \qquad 132 \times 64 = 8448
$$

$$
x = \frac{128{,}183{,} \times 8448}{425} = \frac{1082889{,}984}{425} = \text{Rép. } 2548 \text{ réaux de veillon.}
$$

Les conjointes relatives aux deux questions ci-dessus, la

réduction des rapports composans une fois opérée, fournissent les deux règles générales suivantes :

Pour réduire en piastres de Livourne des réaux de veillon, il faut multiplier ceux-ci par 425, et diviser ensuite par le produit résultant du prix du change par 64 (l'inverse pour la réduction des piastres de Livourne en réaux de veillon).

La réduction des rapports composans, dans les conjointes relatives aux conversions suivantes, conduirait également à ces autres règles générales :

Pour réduire en piastres de Livourne des réaux de plate, il suffit de multiplier ceux-ci par 25, et de diviser ensuite par le double du prix du change (l'inverse pour la réduction des piastres de Livourne en réaux de plate).

Pour réduire en piastres de Livourne des pistoles, il suffit de multiplier celles-ci par 400, et de diviser le produit par le prix du change (l'inverse pour la réduction des piastres de Livourne en pistoles d'Espagne).

CADIX et MADRID avec NAPLES.

(Voyez, pour la subdivision des monnaies, les n⁰ˢ 336 et 345.)

PREMIER MODE DE CHANGE.

425. 1ᵉʳ EXEMPLE. *Réduire 484 ducats 52 grains en réaux de veillon, au change de 93 grains pour 1 piastre de change.*

$$\begin{array}{l} 1 \text{ ducat} : \\ 93 \text{ grains} : \\ 17 \text{ m. de v.} : \end{array} 5\text{-}2 \begin{array}{l} 100 \text{ grains} \\ 256 \text{ m. de veil.} \\ 1 \text{ réal de veil.} \end{array} \Big\} \; :: \; 484 \text{ duc.,}52 : x.$$

$$34 \qquad \overline{93 \times 17} \quad : \quad \overline{25600 \text{ nomb. fixe}}$$

$$x = \frac{484,52 \times 25600}{93 \times 17} = \frac{12403712}{1581} = \text{Rép. } 7845 \text{ réaux de veil. } 16 \text{ mar.}$$

PREUVE.

Réduire 7845 réaux de veillon 16 maravédis en ducats, au change de 93 grains pour 1 piastre de change.

$$5\text{-}2 \begin{array}{l} 1 \text{ réal de veil.} : 34 \\ 256 \text{ marav.} : \\ 100 \text{ grains} : \end{array} \begin{array}{l} 17 \text{ marav.} \\ 93 \text{ grains} \\ 1 \text{ ducat} \end{array} \Big\} \; :: \text{R}^{\text{on}} \, 7845 \text{ et } 17 \text{ mar.} : x.$$

$$\overline{25600 \text{ nomb. fixe}} \quad : \quad \overline{17 \times 93 = 1581}$$

$$x = \frac{7845 \text{ r. de v. } 17 \text{ m.} \times 1581}{25600} = \frac{12403735}{25600} = \text{Rép. } 484 \text{ duc. } 52 \text{ grains.}$$

SECOND MODE DE CHANGE.

2ᵉ EXEMPLE. *Réduire 5487 réaux de veillon en ducats, au change de 109 piastres de change pour 100 ducats de Naples.*

1 piastre de change = 512 marav. de veil.

$$
\begin{array}{lll}
512 & \begin{array}{l}
\text{1 réal de veillon} \\
\text{64 maravédis} \\
\text{109 piastres}
\end{array} :\ \begin{array}{l}
34 \\
\ \\
100
\end{array}\ \begin{array}{l}
\text{17 marav.} \\
\text{1 piastre} \\
\text{25 ducats}
\end{array} \left.\right\} :: \text{R}^\text{on}\ 5487 : x. \\
\end{array}
$$

$$64 \times 109 \quad : \quad 425 \text{ nombre fixe.}$$

$$x = \frac{5487 \times 425}{64 \times 109} = \frac{2331975}{6976} = \text{Rép. } 334 \text{ ducats } 29 \text{ grains.}$$

PREUVE.

Réduire 334 duçats 29 grains en réaux de veillon, au change de 109 piastres de change pour 100 ducats de Naples.

$$
\begin{array}{lll}
\begin{array}{l}
100 \\
\ \\
34
\end{array}\ \begin{array}{l}
\text{25 ducats} \\
\text{1 piastre} \\
\text{17 mar.}
\end{array} :\ \begin{array}{l}
\ \\
512 \\
\
\end{array}\ \begin{array}{l}
\text{109 piastres} \\
\text{64 marav.} \\
\text{1 réal de v.}
\end{array} \left.\right\} :: 334 \text{ duc. } 29 \text{ gr.} : x. \\
\end{array}
$$

$$425 \text{ n}^\text{re}\text{ fixe} \quad : \quad 109 \times 64 = 6976$$

$$x = \frac{334,29 \times 6976}{425} = \frac{2332007,04}{425} = \text{Rép. } 5487 \text{ réaux de veil. 3 mar.}$$

On déduit des quatre conjointes ci-dessus les quatre règles générales suivantes :

Pour réduire des ducats de Naples en réaux de veillon, il faut, lorsque le change est réglé à tant de grains pour 1 pias. de change, *multiplier les ducats proposés par* 25600, *et diviser ensuite par le produit résultant de la multiplication du prix du change par* 17 (l'inverse pour la réduction des réaux de veillon en ducats de Naples).

Pour réduire des réaux de veillon en ducats de Naples, il faut, lorsque le change est réglé à tant de piastres de change pour 100 ducats de Naples, *multiplier les réaux de veillon proposés par* 425, *et diviser ensuite par le produit résultant de la multiplication du prix du change par* 64 (l'inverse pour la réduction des ducats de Naples en réaux de veillon).

BARCELONE et AMSTERDAM.

(Voyez, pour la subdivision des monnaies, les n°ˢ 340 et 358.)

EXEMPLE.

426. *Réduire* 1045 *florins* 15 *stuivers en livres catalanes, au change de* 94 $\frac{1}{2}$ *den. de gros pour* 1 *ducat de change.*

15 stuivers = 0,750 de flor. (T. 2.)
272 duc. de ch. = 525 liv. catalanes.

$$\begin{array}{lll}
\text{1 florin} & : & \cancel{4e}\ \text{5 den. de gr.} \\
\text{94,5 den. de gr.} & : & \text{1 duc. de ch.} \\
\cancel{272}\ \text{34 duc. de ch.} & : & \text{525 liv. cat.}
\end{array} \Big\} \quad \text{1045 fl.,75} \ : \ x.$$

$$\overline{\text{94,5} \times \text{34}} \quad : \quad \overline{\text{2625 nombre fixe}}$$

$$x = \frac{1045{,}75 \times 2625}{94{,}5 \times 34} = \frac{2745093{,}75}{3213} = \text{Rép. 854 liv. cat. 7 sous 5 den.}$$

PREUVE.

Réduire 854 liv. catalanes 7 sous 5 deniers en florins, au change de 94,5 den. de gros pour 1 ducat de change.

$$\text{7 sous 5 den.} = 0{,}371 \text{ liv. (T. 1.)}$$

$$\begin{array}{lll}
\text{525 liv. cat.} & : & \cancel{272}\ \text{34 duc. de ch.} \\
\text{1 duc. de ch.} & : & \text{94,5 den. de gr.} \\
\cancel{4e}\ \text{5 den. de gr.} & : & \text{1 florin}
\end{array} \Big\} \quad :: \quad \text{854 l. cat.,371} \ : \ x.$$

$$\overline{\text{2625 nomb. fixe}} \quad : \quad \overline{\text{34} \times \text{94,5} = 3213}$$

$$x = \frac{854{,}371 \times 3213}{2625} = \frac{2745094{,}023}{2625} = \text{Rép. 1045 flor. 15 stuiv.}$$

Les conjointes relatives aux questions ci-dessus, la réduction des rapports composans une fois opérée, fournissent les deux règles générales suivantes :

Pour réduire en liv. catalanes des florins d'Amsterdam, il faut multiplier ceux-ci par 2625, et diviser ensuite par le produit résultant de la multiplication du prix du change par 34 (l'inverse pour la réduction des livres catalanes en florins).

BARCELONE et GÊNES.

(Voyez, pour la subdivision des monnaies, les n°s 340 et 361.)

MODE DE CHANGE EN VIGUEUR DEPUIS 1827.

427. EXEMPLE. *Réduire 4520 liv. catalanes 8 sous 10 den. en livres neuves de Piémont, au change de 2,80 liv. neuves pour 1 livre catalane.*

$$\text{8 sous 10 deniers} = 0{,}442 \text{ de liv. (T. 1.)}$$
$$\text{1 liv. cat.} \ : \ \text{2,80 liv. n.} \ :: \ \text{4520,442 liv. cat.} \ : \ x.$$
$$x = 4520{,}442 \times 2{,}80 = 12657{,}23760 = \text{Rép. 12657,24 liv. neuves.}$$

PREUVE.

Réduire 12657,24 liv. neuves de Piémont en liv. catalanes, au change de 2,80 liv. neuves pour 1 liv. catalane.

$$\text{2,80 liv. neuv.} \ : \ \text{1 liv. cat.} \ :: \ \text{12657,24 liv. neuv.} \ : \ x.$$

$$x = \frac{12657{,}24}{2{,}80} = \text{Rép. 4520 liv. cat. 8 sous 11 deniers.}$$

21

On déduit des proportions ci-dessus les deux règles générales suivantes :

*Pour réduire en liv. neuves de Piémont des livres cata-
lanes, il suffit, lorsque le change est réglé à tant de livres
neuves pour 1 liv. catal., de multiplier celles-ci par le prix
du change* (l'inverse pour la réduction des liv. catalanes en
liv. neuves).

MODE DE CHANGE USITÉ AVANT 1827.

428. Antérieurement à 1827, époque de l'adoption en Sardaigne de la livre neuve, comme unique monnaie de change,
Barcelone recevait de Gênes 23 livres hors banque, plus ou
moins, pour un doublon d'or de 40 réaux de plate, égal à
7 livres catalanes. Mais, comme beaucoup de maisons de
commerce stipulent encore le change d'après cet ancien
mode, nous donnons, ci-après, les deux règles générales qui
s'y rapportent.

*Pour réduire des livres catalanes en livres neuves de Pié-
mont, il faut, lorsque le change est réglé à tant de livres hors
banque pour 1 doublon d'or de 40 réaux de plate, multiplier les livres catalanes proposées par le quintuple du prix du
change, et diviser ensuite par 42* (l'inverse pour la réduction des liv. neuves en liv. catalanes).

BARCELONE ET HAMBOURG.

(Voyez, pour la subdivision des monnaies, les n⁰ˢ 340 et 354.)

EXEMPLE.

429. *Réduire 2486 marcs banco 6 sous 9 deniers lubs en
livres catalanes, au change de 87 den. de gros pour 1 ducat
de change.*

$$6 \text{ sous } 9 \text{ den. lubs} = 0,422 \text{ de marc. (T. 5.)}$$
$$272 \text{ duc. de ch.} = 525 \text{ liv. catalanes.}$$

$$
\left.
\begin{array}{lll}
1 \text{ marc } b^\circ & : & 32 \quad 2 \text{ den. de gr.} \\
87 \text{ den. de gr.} & : & 1 \text{ duc. de ch.} \\
\cancel{272}\ 17 \text{ duc. de ch.} & : & 525 \text{ liv. cat.}
\end{array}
\right\} \; :: \; 2486 \text{ m. } b^\circ,422 \; : \; x.
$$

$$87 \times 17 \quad : \quad 1050 \text{ nombre fixe}$$

$$= \frac{2486,422 \times 1050}{87 \times 17} = \frac{2610743,1}{1479} = \text{Rép. } 1765 \text{ liv. cat. 4 sous 2 den.}$$

PREUVE.

Réduire 1765 liv. catalanes 4 sous 2 deniers en marcs

banco, au change de 87 den. de gros pour 1 ducat de change.

$$4 \text{ sous } 2 \text{ den.} = 0{,}208 \text{ de livre. (T. } 1\text{.)}$$

$$
\begin{array}{lll}
525 \text{ liv. cat.} & : & 272 \left. \begin{array}{l} 17 \text{ duc. de ch.} \\ 87 \text{ den. de gr.} \\ 1 \text{ marc b°} \end{array} \right\} :: 1765 \text{ l. cat.,} 208 : x. \\
\quad 1 \text{ duc. de ch.} & : & \\
32 \quad 2 \text{ den. de gr.} & : & \\
\hline
1050 \text{ nomb. fixe} & : & 17 \times 87 = 1479
\end{array}
$$

$$x = \frac{1765{,}208 \times 1479}{1050} = \frac{2610742{,}632}{1050} = \text{R\'ep. } 2486 \text{ m. b° } 6 \text{ s. lubs } 9 \text{ den.}$$

Les conjointes relatives aux deux questions ci-dessus, la réduction des rapports composans une fois opérée, fournissent les deux règles générales suivantes :

Pour réduire en livres catalanes des marcs banco de Hambourg, il suffit de multiplier ceux-ci par 1050, et de diviser ensuite par le produit résultant de la multiplication du prix du change par 17 (l'inverse pour la réduction des liv. catal. en marcs banco).

Nota. Quant aux changes de Cadix, Madrid, Séville, Malaga et Barcelone avec Paris, voyez respectivement les n°˙ 376, 377, 378 et 379 ; et pour ceux de Cadix, Madrid et Barcelone avec Londres, voyez les n°˙ 402 et 403.

Changes de la Hollande avec les places suivantes.

AMSTERDAM et AUGUSTE.

(Voyez, pour la subdivision des monnaies, les n°˙ 356 et 358.)

PREMIER MODE DE CHANGE.

430. 1ᵉʳ Exemple. *Réduire 1500 flor. d'Amsterdam en flor. d'Auguste, au change de 35 ¾ flor. pour 20 rixdales cour. d'Auguste.*

$$^3/_4 \text{ florin} = 0{,}750 \text{ de flor. (T. } 6\text{.)}$$

$$
\begin{array}{lll}
35{,}75 \text{ fl. d'Amst.} & : & 20 \; 10 \text{ rixd. cour.} \left. \begin{array}{l} \\ \\ \end{array} \right\} :: 1500 \text{ fl. d'Amst.} : x. \\
2 \quad 1 \text{ rixd. cour.} & : & 3 \text{ fl. cour. d'Aug.} \\
\hline
35{,}75 & & 30 \text{ nombre fixe}
\end{array}
$$

$$x = \frac{1500 \times 30}{35{,}75} = \frac{45000}{35{,}75} = \text{R\'ep. } 1258 \text{ flor. cour. } 44 \text{ kreutz. } 2 \text{ pen.}$$

PREUVE.

Réduire 1258 flor. cour. d'Auguste 44 kreutz. 2 pen. en florins d'Amsterdam, au change de 35,75 flor. pour 20 rixd. cour. d'Auguste.

44 kreutz. 2 pen. = 0,741 de florin. (T. 3.)

$$\begin{array}{lll}
\text{3 fl. cour. d'Aug.} & : & \text{1 rixd. cour.} \\
\text{20 10 rixd. cour.} & : & \text{35,75 fl. d'Amst.}
\end{array} \Big\} :: \text{1258 fl. cour.,741} : x.$$

30 nombre fixe : 35,75

$$x = \frac{1258,741 \times 35,75}{30} = \frac{44999,99075}{30} = \text{Rép. 1500 florins.}$$

SECOND MODE DE CHANGE.

2e EXEMPLE. *Réduire 632 flor. courans d'Auguste en flor.
d'Amsterdam, au change de 107 rixdales de change d'Auguste, pour 100 rixd. de Hollande, égales à 250 florins.*

$$\begin{array}{lll}
\text{127 fl. cour. d'Aug.} & : & \text{100 fl. de ch.} \\
\text{3 fl. de ch.} & : & \text{2 rixd. de ch.} \\
\text{107 rixd. de ch.} & : & \text{250 fl. d'Amst.}
\end{array} \Big\} :: \text{632 fl. cour. d'Aug.} : x.$$

381 × 107 : 50000 nombre fixe

$$x = \frac{632 \times 50000}{381 \times 107} = \frac{31600000}{40767} = \text{Rép. 775 flor. 2 stuiv. 12 pen. d'Amst.}$$

PREUVE.

*Réduire 775 flor. d'Amsterdam 2 stuivers 12 penn. en flor.
cour. d'Auguste, au change de 107 rixd. de change d'Auguste,
pour 250 florins de Hollande.*

2 stuiv. 12 pen. = 0,138 de florin. (T. 2.)

$$\begin{array}{lll}
\text{250 fl. d'Amst.} & : & \text{107 rixd. de ch. d'Aug.} \\
\text{2 rixd. de ch.} & : & \text{3 fl. de ch.} \\
\text{100 fl. de ch.} & : & \text{127 fl. cour.}
\end{array} \Big\} :: \text{775 fl.,138} : x.$$

50000 nombre fixe : 107 × 381 = 40767

$$x = \frac{775,138 \times 40767}{50000} = \frac{31600050,846}{50000} = \text{Rép. 632 fl. cour. d'Auguste.}$$

Les conjointes relatives aux diverses questions ci-dessus, la
réduction des rapports composans une fois opérée, fournissent
les quatre règles générales suivantes :

*Pour réduire des florins d'Amsterdam en florins courans
d'Auguste, il suffit, lorsque le change est réglé à tant de florins d'Amsterdam pour 20 rixdales courantes d'Auguste, de
multiplier les florins proposés par 30, et de diviser le produit
par le prix du change (l'inverse pour la réduction des flor.
cour. d'Auguste en florins d'Amsterdam).*

*Pour réduire des florins courans d'Auguste en florins
d'Amsterdam, il faut, lorsque le change est réglé à tant de
rixdales de change d'Auguste pour 250 flor. de Hollande,*

multiplier les florins proposés par 50000, et diviser ensuite par le produit résultant de la multiplication du prix du change par 381 (l'inverse pour la réduction des flor. d'Amsterdam en florins courans d'Auguste).

AMSTERDAM et BERLIN.

(Voyez, pour la subdivision des monnaies, les n°s 358 et 364.)

EXEMPLE.

431. *Réduire 426 rixd. cour. de Prusse et 21 silbergros en florins, au change de* $142\frac{1}{6}$ *rixd. cour. pour 250 florins.*

21 silbergros $=$ 0,700 rixd. (T. 4.) || $\frac{1}{6}$ rixd. $=$ 0,167. (T. 6.)

142 rixd. cour.,167 : 250 flor. :.: 426,7 rixd. cour. : x.

$$x = \frac{426,7 \times 250}{142,167} = \frac{106675}{142,167} = \text{Rép. 750 flor. 7 stuiv.}$$

PREUVE.

Réduire 750 flor. 7 stuiv. en rixd. courantes de Prusse, au change de 142,167 rixd. cour. pour 250 florins.

7 stuivers $=$ 0,350 de florin. (T. 2.)

250 florins : 142,167 rixd. cour. :: 750 fl.,35 : x.

$$x = \frac{750,35 \times 142,167}{250} = \frac{106675,00845}{250} = \text{Rép. 426 rixd. cour. 21 silberg.}$$

On déduit des proportions ci-dessus les deux règles générales suivantes :

Pour réduire en rixdales courantes de Prusse des florins d'Amsterdam, il suffit de multiplier ceux-ci par le prix du change, et de diviser le produit par 250 (l'inverse pour la réduction des rixdales courantes en florins).

AMSTERDAM et FRANCFORT S/M.

(Voyez, pour la subdivision des monnaies, les n°s 355 et 358.)

PREMIER MODE DE CHANGE.

432. 1er EXEMPLE. *Réduire 2912 florins d'Amsterdam en florins d'empire de Francfort, au change de 36 flor. d'Amsterdam pour 20 rixdales de change de Francfort.*

36 fl. d'Amst. : 20 5 rixd. de ch.)
23 rixd. de ch. : 165 fl. d'emp. } :: 2912 fl. d'Amst. : x.
36×23 : 825 nombre fixe

$$x = \frac{2912 \times 825}{36 \times 23} = \frac{2402400}{828} = \text{Rép. 2901 fl. d'emp. 27 kreutz.}$$

PREUVE.

Réduire 2901 flor. d'empire 27 kreutz. en florins d'Amsterdam, au change de 36 florins d'Amsterdam pour 20 rixd. de change de Francfort.

27 kreutzers = 0,450 de florin. (T. 3.)

$$\begin{array}{llll}
165 \text{ fl. d'emp.} & : & 92\ 23 \text{ rixd. de ch.} \\
20\ \ 5 \text{ rixd. de ch.} & : & 36 \text{ fl. d'Amst.}
\end{array} \Big\} \ :: \ 2901,45 \text{ fl. d'emp.} \ : \ x.$$

$$825 \text{ nombre fixe} \ : \ 23 \times 36 = 828$$

$$x = \frac{2901,45 \times 828}{825} = \frac{2402400,60}{825} = \text{Rép. } 2912 \text{ fl. d'Amsterdam.}$$

SECOND MODE DE CHANGE.

2ᵉ EXEMPLE. *Réduire 912 florins d'empire de Francfort en florins d'Amsterdam, au change de 138 rixd. de change de Francfort pour 250 florins d'Amsterdam.*

$$\begin{array}{llll}
165\ 33 \text{ fl. d'emp.} & : & 92 \text{ rixd. de ch.} \\
138 \text{ rixd. de ch.} & : & 250\ 50 \text{ fl. d'Amst.}
\end{array} \Big\} \ :: \ 912 \text{ fl. d'emp.} \ : \ x.$$

$$33 \times 138 \ : \ 4600 \text{ nombre fixe}$$

$$x = \frac{912 \times 4600}{33 \times 138} = \frac{4195200}{4554} = \text{Rép. } 921 \text{ flor. 4 stuiv. 4 pen.}$$

PREUVE.

Réduire 921 florins d'Amsterdam 4 stuivers 4 pennings en florins d'empire de Francfort, au change de 138 rixdales de change de Francfort pour 250 florins d'Amsterdam.

4 stuiv. 4 pen. = 0,213 de flor. (T. 2.)

$$\begin{array}{llll}
250\ 50 \text{ fl. d'Amst.} & : & 138 \text{ rixd. de ch.} \\
92 \text{ rixd. de ch.} & : & 165\ 33 \text{ fl. d'emp.}
\end{array} \Big\} \ :: \ 921,213 \text{ fl. d'Amst.} \ : \ x.$$

$$4600 \text{ nomb. fixe} \ : \ 138 \times 33 = 4554$$

$$x = \frac{921,213 \times 4554}{4600} = \frac{4195204,002}{4600} = \text{Rép. } 912 \text{ fl. d'empire.}$$

Les conjointes relatives aux diverses questions ci-dessus, la réduction des rapports composans une fois opérée, fournissent les quatre règles générales suivantes :

Pour réduire des florins d'Amsterdam en florins d'empire de Francfort, il faut, lorsque le change est réglé à tant de florins d'Amsterdam pour 20 rixdales de change de Francfort, multiplier les florins proposés par 825, et diviser ensuite par le produit résultant de la multiplication du prix du change par 23 (l'inverse pour la réduction des flor. d'empire en florins d'Amsterdam).

Nota. Si c'était en rixdales de change de Francfort qu'on voulût réduire des florins d'Amsterdam, le change entre ces deux places étant supposé réglé comme ci-dessus, il *suffirait de multiplier les florins proposés par* 20, *et de diviser le produit par le prix du change* (l'inverse pour la réduction des rixdales de Francfort en florins d'Amsterdam).

Pour réduire des florins d'empire de Francfort en florins d'Amsterdam, il faut, lorsque le change est réglé à tant de rixdales de change de Francfort pour 250 *flor. d'Amsterdam, multiplier les florins proposés par* 4600, *et diviser ensuite par le produit résultant de la multiplication du prix du change par* 33 (l'inverse pour la réduction des florins d'Amsterdam en florins d'empire de Francfort).

Nota. Si c'étaient des rixdales de change de Francfort qu'on voulût réduire en florins d'Amsterdam, le change entre ces deux places étant supposé réglé d'après le dernier mode ci-dessus, *il suffirait de multiplier les rixdales proposées par* 250, *et de diviser le produit par le prix du change* (l'inverse pour la réduction des florins d'Amsterdam en rixdales de Francfort).

AMSTERDAM et GÊNES.

(Voyez, pour la subdivision des monnaies, les n°s 348 et 358.)

PREMIER MODE DE CHANGE.

433. 1er Exemple. *Réduire* 4224 *florins en livres neuv. de Piémont, au change de* 46 $\frac{1}{2}$ *florins pour* 100 *livres neuves.*

46 fl.,5 : 100 liv. neuv. : : 4224 flor. : *x*.

$$x = \frac{4224 \times 100}{46,5} = \frac{422400}{46,5} = \text{Rép. } 9083,87 \text{ liv. neuves.}$$

PREUVE.

Réduire 9083,87 *liv. neuves en florins, au change de* 46,5 *florins pour* 100 *livres neuves.*

100 liv. neuves : 46 fl.,5 : : 9083 liv. n.,87 : *x*.

$$x = \frac{9083,87 \times 46,5}{100} = \frac{422399,955}{100} = \text{Rép. } 4224 \text{ florins.}$$

SECOND MODE DE CHANGE.

2ᵉ **Exemple.** *Réduire* 2183 *flor.* 1 *sou com.* 7 *penn. en livres neuves de Piémont, au change de* 210 *liv. neuv. pour* 100 *flor.*

1 s. com. 7 pen. = 0,072 de florin. (T. 2.)

100 flor. : 210 liv. neuv. :: 2183 fl.,072 : *x.*

$$x = \frac{2183,072 \times 210}{100} = \frac{458445,120}{100} = \text{Rép. } 4584,45 \text{ liv. neuves.}$$

PREUVE.

Réduire 4584,45 *livres neuves en florins, au change de* 210 *liv. neuves pour* 100 *florins.*

210 liv. neuv. : 100 flor. :: 4584,45 liv. neuv. : *x.*

$$x = \frac{4584,45 \times 100}{210} = \frac{458445}{100} = \text{Rép. } 2183 \text{ fl. } 1 \text{ s. com. } 7 \text{ pen.}$$

On déduit des diverses proportions ci-dessus les quatre règles générales suivantes :

Pour réduire des florins d'Amsterdam en livres neuves de Piémont, il suffit, lorsque le change est réglé à tant de flor. pour 100 *livres neuves, de centupler les florins proposés, et de diviser ensuite par le prix du change* (l'inverse pour la réduction des livres neuves en florins).

Pour réduire des livres neuves de Piémont en flor. d'Amsterdam, il suffit, lorsque le change est réglé à tant de livres neuves pour 100 *florins, de centupler les livres neuves proposées et de diviser ensuite par le prix du change* (l'inverse pour la réduction des florins en livres neuves).

AMSTERDAM et GENÈVE.

(Voyez, pour la subdivision des monnaies, les nᵒˢ 358 et 361.)

EXEMPLE.

434. *Réduire* 3456 *liv.* 16 *sous* 8 *den., argent courant de Genève, en florins d'Amsterdam, au change de* 93 *deniers de gros pour* 3 *liv. cour. de Genève.*

16 sous 8 den. = 0,833 de liv. (T. 1.)

$$\left.\begin{array}{l} 3 \text{ liv. cour.} \\ 40 \text{ den. de gros} \end{array}\right\} : \begin{array}{l} 93 \text{ den. de gros} \\ 1 \text{ florin} \end{array} :: 3456 \text{ liv.,833} : x.$$

120 nombre fixe : 93

$$x = \frac{3456,833 \times 93}{120} = \frac{321485,469}{120} = \text{Rép. } 2679 \text{ flor. } 0 \text{ stuiv. } 15 \text{ pen.}$$

Nota. Même remarque ici, relativement à l'abréviation du calcul, à l'égard de la division par 120, que celle qui termine le premier exemple du change entre Paris et Amsterdam (371).

PREUVE.

Réduire 2679 *flor.* 15 *pen. en livres, argent courant de Genève, au change de* 93 *deniers de gros pour* 3 *liv. cour. de Genève.*

$$15 \text{ pennings} = 0{,}047 \text{ de florin. (T. 2.)}$$

$$\begin{array}{l} 1 \text{ florin} \quad : \quad 40 \text{ den. de gr.} \\ 98 \text{ den. de gr.} \quad : \quad 3 \text{ liv. cour.} \end{array} \Big\} \; :: \; 2679 \text{ fl.,}047 \; : \; x.$$

$$\overline{93} \qquad \overline{: \; 120 \text{ nombre fixe}}$$

$$x = \frac{2679{,}047 \times 120}{93} = \frac{321485{,}64}{93} = \text{Rép. } 3456 \text{ liv. cour. } 16 \text{ sous } 8 \text{ den.}$$

Remarque. *Sur le bulletin de Genève, on cote indifféremment Amsterdam à* 93 *deniers de gros, plus ou moins, pour* 3 *livres courantes, et à* 93 *florins, plus ou moins, pour* 120 *livres cour.; mais, par la même raison exposée* (p. 277), *relativement au change entre Amsterdam et Paris, ces deux modes de change sont les mêmes au fond, et ne donnent lieu, par conséquent, qu'à une seule et même opération arithmétique, qui peut se résumer par les deux règles générales suivantes, déduites des conjointes qui précèdent :*

Pour réduire des florins d'Amsterdam en livres courantes de Genève, il suffit, soit que le change soit réglé à tant de deniers de gros pour 3 *livres courantes, ou à tant de florins pour* 120 *livres courantes, de multiplier les florins proposés par* 120, *et de diviser le produit par le prix du change* (l'inverse pour la réduction des livres cour. en florins).

AMSTERDAM et **HAMBOURG.**

(Voyez, pour la subdivision des monnaies, les n°s 354 et 358.)

EXEMPLE.

435. *Réduire* 2413 *florins de Hollande en marcs banco, au change de* 35 $\frac{1}{2}$ *florins pour* 40 *marcs banco.*

$$35 \text{ fl.,}5 \; : \; 40 \text{ m. b}^o \; :: \; 2413 \text{ flor.} \; : \; x.$$

$$x = \frac{2413 \times 40}{35{,}5} = \frac{96520}{35{,}5} = 2713 \text{ m. b}^o \; 14 \text{ sous lubs.}$$

PREUVE.

Réduire 2713 marcs banco 14 sous lubs en florins, au change de 35 flor.,5 pour 40 marcs banco.

14 sous lubs = 0,875 de marc. (T. 5.)

40 m. b° : 35 fl.,5 :: 2713 m. b°,875 : x.

$$x = \frac{2713,875 \times 35,5}{40} = \frac{96520,0925}{40} = \text{Rép. 2413 florins.}$$

REMARQUE. Ainsi que nous l'avons vu, page 260, le change sur Hambourg se cote aussi sur le bulletin d'Amsterdam à 36 deniers de gros, p. o. m., pour 1 marc banco, au lieu de 36 florins pour 40 marcs banco ; mais, par la même raison exposée dans la remarque de la page 311, et que nous passons ici sous silence, pour éviter des redites iuutiles, ces deux modes de change sont les mêmes au fond, et ne donnent lieu, par conséquent, qu'à une seule et même opération arithmétique, qui peut se résumer par les deux règles générales suivantes, déduites des proportions qui précèdent.

Pour réduire en marcs banco de Hambourg des florins de Hollande (que le change soit réglé à tant de florins pour 40 marcs banco, ou à tant de deniers de gros pour 1 marc banco), il suffit de multiplier les florins proposés par 40, et de diviser le produit par le prix du change (l'inverse pour la réduction des marcs en florins).

AMSTERDAM avec LISBONNE et PORTO.

(Voyez, pour la subdivision des monnaies, les n°ˢ 358 et 365.)

PREMIER ET SECOND MODES DE CHANGE.

436. EXEMPLE. *Réduire 3142 florins de Hollande en rées de Portugal, au change de 38 florins pour 40 creusades de change.*

38 flor. : 40 creus. de ch. }
1 creus. de ch. : 400 rées } :: 3142 flor. : x.

38 : 16000 nombre fixe

$$x = \frac{3142 \times 16000}{38} = \frac{50272000}{38} = \text{Rép. 1,3226947 rées.}$$

PREUVE.

Réduire 1,3226947 rées en florins, au change de 38 flor. pour 40 creusades de change.

400 rées   :   1 creus. de ch.⎫   ∷   1,3220947 rées   :   x.
40 creus. de ch. : 38 florins   ⎭

16000 nombre fixe   :   38

$$x = \frac{1,322947 \times 38}{16000} = \frac{50271986}{16000} = \text{Rép. } 3141 \text{ flor. } 19 \text{ sous } 5 \text{ pen.}$$

Tandis qu'Amsterdam règle son change avec Lisbonne à 38 florins, p. o. m., pour 40 creusades de change, Lisbonne stipule le sien avec Amsterdam à 38 deniers de gros, plus ou moins, pour 1 creusade de change; mais, par la même raison exposée dans la remarque de la page 311, il y a identité de rapports dans ces deux modes, en sorte qu'ils sont les mêmes au fond, et qu'ils ne donnent lieu, par conséquent, qu'à une seule et même opération arithmétique, qui peut se résumer par les deux règles générales suivantes :

Pour réduire des florins de Hollande en rées de Portugal (que le change soit stipulé à tant de florins pour 40 creusades, ou à tant de deniers de gros pour 1 creusade), il suffit de multiplier les florins proposés par 16000, *et de diviser par le prix du change* (l'inverse pour la réduction des rées en flor.).

Nota. Lorsque le change sera à 40 florins ou à 40 den. de gros juste, il suffira de multiplier les florins proposés par 400, pour les réduire en rées, et de diviser les rées par 400, pour les réduire en florins.

AMSTERDAM et LIVOURNE.

(Voyez, pour la subdivision des monnaies, les n°s 350 et 358.)

PREMIER ET SECOND MODES DE CHANGE.

437. Exemple. *Réduire* 248 *piastres* 11 *sous en florins, au change de* 101 *florins pour* 40 *piastres de* 8 *réaux.*

11 sous = 0,550 de piastre. (T. 1.)

40 piast. : 101 flor. ∷ 248 piast.,55 : x.

$$x = \frac{248,55 \times 101}{40} = \frac{25103,55}{40} = \text{Rép. } 627 \text{ flor. } 11 \text{ stuiv. } 12 \text{ pen.}$$

PREUVE.

Réduire 627 *florins* 11 *stuivers* 12 *penn. en piastres, au change de* 101 *flor. pour* 40 *piastres de* 8 *réaux.*

11 stuiv. 12 pen. = 0,588 de flor. (T. 2.)

101 flor. : 40 piastr. ∷ 627 fl.,588 : x.

$$x = \frac{627,588 \times 40}{101} = \frac{25103,520}{101} = \text{Rép. } 248 \text{ piast. } 11 \text{ sous.}$$

Tandis qu'Amsterdam règle son change avec Livourne à 101 flor., p. o. m., pour 40 piast., Livourne stipule le sien avec Amsterdam à 101 den. de gros, p. o. m., pour 1 piastre; mais, par la même raison exposée dans la remarque de la p. 311, il y a identité de rapports dans ces deux modes, en sorte qu'ils sont les mêmes au fond, et qu'ils ne donnent lieu, par conséquent, qu'à une seule et même opération arithmétique, qui peut se résumer par les deux règles générales suivantes, déduites des proportions qui précèdent :

Pour réduire des florins de Hollande en piastres de Livourne (que le change soit réglé à tant de florins pour 40 piastres, ou à tant de deniers de gros pour 1 piastre), il suffit de multiplier les florins proposés par 40, et de diviser le produit par le prix du change (l'inverse pour la réduction des piastres en florins).

Nota. Lorsque le change sera à 100 florins ou à 100 den. de gros, juste, il suffira, pour réduire en piastres les florins, de doubler ceux-ci et de prendre le cinquième du produit (l'inverse pour la réduction des piastres en florins).

AMSTERDAM et MILAN.

(Voyez, pour la subdivision des monnaies, les n⁰ˢ 342 et 358.)

438. Exemple. *Réduire* 1413 *flor.* 17 *stuivers* 3 *pen. en liv. autrichiennes, au change de* 242 *liv. autrichiennes pour* 100 *florins.*

$$17 \text{ stuiv. } 3 \text{ pen.} = 0,859 \text{ de flor. (T. 2.)}$$

$$100 \text{ flor.} \quad : \quad 242 \text{ liv. aut.} \quad :: \quad 1413 \text{ fl.},859 \quad : \quad x.$$

$$x = \frac{1413,859 \times 242}{100} = \frac{342153,878}{100} = \text{Rép. } 3421 \text{ liv. aut. } 54 \text{ cent.}$$

PREUVE.

Réduire 3421,54 *livres autrichiennes en florins, au change de* 242 *livres autrichiennes pour* 100 *florins.*

$$242 \text{ liv. aut.} \quad : \quad 100 \text{ flor.} \quad :: \quad 3421,54 \text{ liv. aut.} \quad : \quad x.$$

$$x = \frac{3421,54 \times 100}{242} = \frac{342154}{242} = \text{Rép. } 1413 \text{ flor. } 17 \text{ stuiv. } 3 \text{ pen.}$$

On déduit des proportions ci-dessus les deux règles générales suivantes :

Pour réduire en livres autrichiennes de Milan des florins d'Amsterdam, il suffit de multiplier ceux-ci par le prix du change, et de prendre le centième du produit (l'inverse pour la réduction des livres autrichiennes en florins).

AMSTERDAM et NAPLES.

(Voyez, pour la subdivision des monnaies, les no: 345 et 358.)

PREMIER MODE DE CHANGE.

439. 1ᵉʳ Exemple. *Réduire* 1525 *florins en ducats de Naples, au change de* 82 ¾ *flor. pour* 40 *ducats.*

$$\tfrac{3}{4} \text{ flor.} = 0,750 \text{ de flor. (T. 6.)}$$

$$82 \text{ fl.},75 \; : \; 40 \text{ ducats} \; :: \; 1525 \text{ flor.} \; : \; x.$$

$$x = \frac{1525 \times 40}{82,75} = \frac{61000}{82,75} = \text{Rép. } 737 \text{ duc. } 16 \text{ grains.}$$

PREUVE.

Réduire 737 *ducats* 16 *grains en florins, au change de* 82 *flor.,*75 *pour* 40 *ducats.*

$$40 \text{ ducats} \; : \; 82 \text{ fl.},75 \; :: \; 737 \text{ duc.},16 \; : \; x.$$

$$x = \frac{737,16 \times 82,75}{40} = \frac{60999,99}{40} = \text{Rép. } 1525 \text{ flor.}$$

SECOND MODE DE CHANGE.

2ᵉ Exemple. *Réduire* 842 *ducats* 55 *grains en florins de Hollande, au change de* 51 *grains pour* 1 *florin.*

$$\left.\begin{array}{lll} 1 \text{ ducat} & : & 100 \text{ grains} \\ 51 \text{ grains} & : & 1 \text{ florin} \end{array}\right\} \; :: \; 842 \text{ duc. } 55 \text{ grains} \; : \; x.$$

$$51 \quad : \quad 100 \text{ nombre fixe}$$

$$x = \frac{842,55 \times 100}{51} = \frac{84255}{51} = \text{Rép. } 1652 \text{ fl. } 1 \text{ stuiv. } 3 \text{ pen.}$$

PREUVE.

Réduire 1652 *flor.* 1 *stuiv.* 3 *penn. en ducats, au change de* 51 *grains pour* 1 *florin.*

$$1 \text{ stuiv. } 3 \text{ pen.} = 0,059 \text{ de flor. (T. 2.)}$$

$$\left.\begin{array}{lll} 1 \text{ florin} & : & 51 \text{ grains} \\ 100 \text{ grains} & : & 1 \text{ ducat} \end{array}\right\} \; :: \; 1652 \text{ fl.},059 \; : \; x.$$

$$100 \text{ nomb. fixe} \; : \; 51$$

$$x = \frac{1652,059 \times 51}{100} = \frac{84255,009}{100} = \text{Rép. } 842 \text{ duc.},55.$$

Remarque. Indépendamment des deux modes de change ci-dessus, qui sont réellement différens l'un de l'autre, le Naples, ainsi que nous l'avons vu, page 260, se cote à

Amsterdam à 82 deniers de gros, p. o. m., pour 1 ducat, au lieu de 82 florins pour 40 ducats ; mais, par les raisons exposées dans la remarque de la page 311, ces deux cotes sont les mêmes au fond, et ne donnent lieu, par conséquent, qu'à une seule et même opération arithmétique.

On déduit des proportions et conjointes qui précèdent les quatre règles générales suivantes :

Pour réduire des florins de Hollande en ducats de Naples (que le change soit réglé à tant de florins pour 40 ducats, ou à tant de deniers de gros pour 1 ducat), il suffit de multiplier les florins proposés par 40, et de diviser le produit par le prix du change (l'inverse pour la réduction des ducats en florins).

Pour réduire des ducats de Naples en florins de Hollande, il suffit, lorsque le change est réglé à tant de grains pour 1 florin, de centupler les ducats proposés, et de diviser le produit par le prix du change (l'inverse pour la réduction des florins en ducats).

Nota. Lorsque, dans ce dernier mode de change, le cours sera à 50 grains, il suffira de doubler les ducats proposés pour les réduire en florins, et de prendre la moitié des florins pour les réduire en ducats.

AMSTERDAM et SAINT-PÉTERSBOURG.

(Voyez, pour la subdivision des monnaies, les n°s 358 et 362.)

PREMIER ET SECOND MODES DE CHANGE.

440. Exemple. *Réduire 1431 florins en roubles, au change de 11 ¼ flor. pour 20 roubles en papier.*

$$\tfrac{1}{4} \text{ flor.} = 0{,}250. \text{ (T. 6.)}$$

$$11 \text{ fl.,}25 \;:\; 20 \text{ roubles} \;::\; 1431 \text{ flor.} \;:\; x.$$

$$x = \frac{1431 \times 20}{11.25} = \frac{28620}{11,25} = \text{Rép. } 2544 \text{ roubles.}$$

PREUVE.

Réduire 2544 roubles en florins, au change de 11 flor.,25 pour 20 roubles en papier.

$$20 \text{ roubles} \;:\; 11 \text{ fl.,}25 \;::\; 2544 \text{ roubles} \;:\; x.$$

$$x = \frac{2544 \times 11,25}{20} = \frac{28620}{20} = \text{Rép. } 1431 \text{ florins.}$$

Tandis qu'Amsterdam règle son change avec Saint-Pétersbourg à 12 florins, plus ou moins, pour 20 roubles, Saint-Pétersbourg stipule le sien avec Amsterdam à 12 stuivers, plus ou moins, pour 1 rouble ; mais ces deux modes de change ne diffèrent qu'en apparence. En effet, le terme fixé est 20 fois plus petit dans le premier mode que dans le second, il est vrai ; mais le terme variable, quoique numériquement égal dans les deux modes, est réellement 20 fois plus petit dans le second que dans le premier, puisque, dans le second mode, il exprime des stuivers, au lieu de florins, et qu'il faut 20 stuivers pour faire un florin. Il y a donc identité de rapports dans les deux cas : donc ces deux modes de change sont les mêmes au fond, et ne donnent lieu, par conséquent, qu'à une seule et même opération arithmétique, qui peut se résumer par les deux règles générales suivantes, déduites des proportions qui précèdent :

Pour réduire en roubles de Russie des florins de Hollande, il suffit de multiplier ceux-ci par 20, et de diviser le produit par le prix du change (l'inverse pour la réduction des roubles en florins).

AMSTERDAM et VENISE.

(Voyez, pour la subdivision des monnaies, les n°ˢ 343 et 358.)

PREMIER MODE DE CHANGE.

441. 1ᵉʳ Exemple. *Réduire 2700 flor. 12 stuivers 13 penn. en livres autrichiennes, au change de 97 deniers de gros pour 6 liv. autrichiennes.*

12 stuiv. 13 pen. $=$ 0,641 de flor. (T. 2.)

$$\left. \begin{array}{llll} 1 \text{ florin} & : & 40 \text{ den. de gros} \\ 97 \text{ den. de gr.} & : & 6 \text{ liv. aut.} \end{array} \right\} \;::\; 2700 \text{ fl.},641 \;:\; x.$$

$$\frac{}{97} \qquad : 240$$

$$= \frac{2700,641 \times 240}{97} = \frac{648153,84}{97} = \text{Rép. 6682 liv. autr.}$$

PREUVE.

Réduire 6682 livres autrichiennes en florins, au change de 97 den. de gros pour 6 liv. autr.

$$\left. \begin{array}{llll} 6 \text{ liv. aut.} & : & 97 \text{ den. de gros} \\ 40 \text{ den. de gr.} & : & 1 \text{ florin} \end{array} \right\} \;::\; 6682 \text{ liv. aut.} \;:\; x.$$

$$\frac{}{240 \text{ nomb. fixe}} \qquad : \quad 97$$

$$x = \frac{6682 \times 97}{240} = \frac{648154}{240} = \text{Rép. 2700 flor. 12 stuiv. 13 pen.}$$

SECOND MODE.

2ᵉ Exemple. *Réduire* 5452 *livres autrichiennes* 25 *cent. en florins d'Amsterdam, au change de* 2 *livres autr.* 40 *cent. pour* 1 *florin.*

$$2,40 \text{ liv. autr.} \quad : \quad 1 \text{ florin} \quad :: \quad 5452,25 \text{ liv. aut.} \quad : \quad x.$$

$$x = \frac{5452,25}{2,40} = \text{Rép. } 2271 \text{ flor. } 15 \text{ stuiv. } 7 \text{ pen.}$$

PREUVE.

Réduire 2271 *flor.* 15 *stuiv.* 7 *pen. en liv. autrichiennes, au change de* 2 *liv. autr.* 40 *c. pour* 1 *flor.*

$$15 \text{ stuiv. } 7 \text{ pen.} = 0,772 \text{ de flor. (T. 2.)}$$

$$1 \text{ florin} \quad : \quad 2,40 \text{ liv. autr.} \quad :: \quad 2271 \text{ fl.}, 772 \quad : \quad x.$$

$$x = 2271,772 \times 2,40 = 5452,2528 = \text{Rép. } 5452,25 \text{ liv. autr.}$$

On déduit des diverses conjointes et proportions ci-dessus les quatre règles générales suivantes :

Pour réduire des flor. d'Amsterdam en liv. autr. de Venise, il suffit, lorsque le change est réglé à tant de den. de gros pour 6 livres autrichiennes, *de multiplier les florins proposés par* 240, *et de diviser le produit par le prix du change* (l'inverse pour la réduction des liv. autr. en flor.).

Pour réduire des liv. autrich. en flor. d'Amsterdam, il suffit, lorsque le change est réglé à tant de liv. autrich. pour 1 florin, *de diviser les liv. autr. proposées par le prix du change* (l'inverse pour la réduction des florins en liv. autr.).

AMSTERDAM ET VIENNE.

(Voyez, pour la subdivision des monnaies, les nᵒˢ 352 et 358.)

PREMIER ET SECOND MODES DE CHANGE.

442. Amsterdam change avec Vienne comme avec Auguste, c. à d. qu'il donne 36 florins, plus ou moins, à Vienne, pour en recevoir 30 florins effectifs, de même qu'il donne aussi 36 florins, plus ou moins, à Auguste, pour en recevoir 30 florins courans. Or, comme le florin effectif de Vienne a la même valeur que le florin courant d'Auguste (¹), il en ré-

---

(¹) Le florin effectif ou de convention, de Vienne, ainsi que le florin courant d'Auguste, sont à la taille de 20 pour le marc fin de Cologne.

sulte que l'exemple du n° 430, ainsi que sa preuve, relatifs au change d'Amsterdam avec Auguste (premier mode), s'appliquent au change d'Amsterdam avec Vienne ; mais , comme Vienne, a adopté un autre mode de change avec Amsterdam, voici deux exemples qui se rapportent à ce dernier mode.

EXEMPLE.

Réduire 845 florins effectifs de Vienne en florins d'Amsterdam, au change de 138 rixdales de Vienne pour 250 flor. de Hollande.

$$\begin{array}{lll}
\text{3 flor. de Vienne} & : & \text{2 rixdales} \\
\text{138 rixdales} & : & \text{250 fl. de Holl}^{\text{de}}
\end{array} \Big\} \; :: \; \text{845 fl. eff.} \; : \; x.$$

$$\begin{array}{lll}
\overline{\text{414}} & : & \text{500 nombre fixe}
\end{array}$$

$$x = \frac{845 \times 500}{414} = \frac{422500}{414} = \text{Rép. 1020 fl. d'Amst. 10 stuiv. 10 pen.}$$

PREUVE.

Réduire 1020 flor. de Hollande 10 stuiv. 10 pen. en florins effectifs de Vienne, au change de 138 rixdales de Vienne pour 250 flor. de Hollande.

$$\text{10 stuiv. 10 pen.} = 0,531 \text{ de flor. (T. 2.)}$$

$$\begin{array}{lll}
\text{250 fl. de Holl}^{\text{de}} & : & \text{138 rixdales} \\
\text{2 rixd.} & : & \text{3 florins}
\end{array} \Big\} \; :: \; \text{1020 fl. d'Amst.,531} \; : \; x.$$

$$\begin{array}{lll}
\text{500 nomb. fixe} & : & \text{414}
\end{array}$$

$$x = \frac{1020,531 \times 414}{500} = \frac{422499,834}{500} = \text{Rép. 845 fl. eff. de Vienne.}$$

On déduit des conjointes ci-dessus les deux règles générales suivantes :

Pour réduire des florins effectifs de Vienne en florins de Hollande, il suffit, lorsque le change est réglé à tant de rixdales de Vienne pour 250 florins de Hollande, de multiplier les florins proposés par 500, et de diviser le produit par le prix du change (l'inverse pour la réduction des florins de Hollande en florins effectifs de Vienne).

Nota. Quant au change d'Amsterdam avec Cadix et Madrid, d'une part, et avec Barcelone, de l'autre, voyez respectivement les n°s 417 et 426 ; et pour les changes d'Amsterdam avec Paris et Londres, voyez les n°s 371 et 398.

Change d'Auguste avec les places suivantes.

AUGUSTE et BERLIN.

(Voyez, pour la subdivision des monnaies, les n°ˢ 356 et 364.)

EXEMPLE.

443. *Réduire* 624 *rixdales courantes de Prusse en florins courans d'Auguste, au change de* 103 ¾ *rixd. cour. pour* 150 *flor. d'Auguste.*

$$\tfrac{3}{4} \text{ rixd.} = 0{,}750 \text{ de rixd. (T. 4.)}$$

$$193{,}75 \text{ rixd. cour.} \quad : \quad 150 \text{ fl. cour.} \quad :: \quad 624 \text{ rixd. cour.} \quad : \quad x.$$

$$x = \frac{624 \times 150}{103{,}75} = \frac{93600}{103{,}75} = \text{Rép. } 902 \text{ fl. cour. } 10 \text{ kreutz.}$$

PREUVE.

Réduire 902 *florins courans d'Auguste* 10 *kreutz. en rixd. courantes de Prusse, au change de* 103,75 *rixd. cour. pour* 150 *flor. courans d'Auguste.*

$$10 \text{ kreutz.} = 0{,}167 \text{ de flor. (T. 3.)}$$

$$150 \text{ fl. cour.} \quad : \quad 103{,}75 \text{ rixd. cour.} \quad :: \quad 902 \text{ fl. cour.}{,}167 \quad : \quad x.$$

$$x = \frac{902{,}167 \times 103{,}75}{150} = \frac{93599{,}82525}{150} = \text{Rép. } 623 \text{ rixd. } c^{\text{s}} 29 \text{ silberg. } 10 \text{ d.}$$

On déduit des proportions ci-dessus les deux règles générales suivantes :

Pour réduire des florins courans d'Auguste en rixd. cour. de Prusse, il suffit de multiplier les premiers par le prix du change, et de diviser le produit par 150 (l'inverse pour la réduction des rixd. cour. de Prusse en flor. cour. d'Auguste).

AUGUSTE et GÊNES.

(Voyez, pour la subdivision des monnaies, les n°ˢ 348 et 356.)

444. Le change entre Auguste et Gênes se cote de quatre manières différentes, savoir :

à 52 sous de livre neuve, plus ou moins⎫
 160 livres neuves..........*id*.......⎬ pour 1 florin courant.
260 centimes de livre neuve..*id*.......⎭
260 livres neuves...........*id*....... pour 100.....*dito.*

Mais il est évident que ces quatre manières ne diffèrent qu'en apparence, et qu'elles sont les mêmes au fond, en sorte qu'elles ne donnent réellement lieu qu'à une seule et même opération arithmétique.

EXEMPLE.

Réduire 585 flor. cour. d'Auguste 45 kreutz. en liv. neuves de Piémont, au change de 52 sous de liv. neuv., soit de 260 cent. de liv. neuve pour 1 flor. cour.

45 kreutz. $= 0,750$ de flor. (T. 3.)

52 sous ou 260 c. de liv. neuve faisant 2 liv. neuves 60 c., je trouverai les liv. neuves demandées dans le 4ᵉ terme de la proportion suivante :

1 fl. cour. : 2,60 liv. neuves :: 585 fl. c⁴,75 : $x =$ Rép. 1522,95 liv. neuv.

PREUVE.

Réduire 1522,95 livres neuves en florins cour. d'Auguste, au change de 52 sous de liv. neuve, soit de 260 cent. de livre neuve pour 1 flor. cour.

52 sous ou 260 centimes de liv. neuve $= 2,60$ liv. neuves;

donc,

2,60 liv. n. : 1 fl. cour. :: 1522,95 l. n. : $x =$ R. 585 fl. cour. 45 kreutz.

On déduit de ce qui précède les deux règles générales suivantes :

Pour réduire des flor. cour. d'Auguste en livres neuves de Piémont, il faut, lorsque le prix du change est donné à tant de sous ou de centimes de livre neuve pour 1 florin courant, convertir d'abord ces sous ou centimes en livres neuves, et puis, il suffira de multiplier les florins proposés par le prix du change ainsi réduit. Si ce prix était donné à tant de liv. neuves pour 100 flor. cour., il faudrait multiplier aussi les florins proposés par le prix du change, mais prendre ensuite le centième du produit (l'inverse pour la réduction des livres neuves en florins courans).

AUGUSTE et GENÈVE.

(Voyez, pour la subdivision des monnaies, les nᵒˢ 350 et 361.)

EXEMPLE.

445. *Réduire 2133 flor. cour. en liv. courantes de Genève, au change de 127 flor. cour. pour 200 liv. cour.*

127 fl. cour. : 200 liv. cour. :: 2133 fl. cour. : x.

$$x = \frac{2133 \times 200}{127} = \frac{426600}{127} = \text{Rép. 3359 liv. cour. 1 sou 1 den.}$$

PREUVE.

Réduire 3359 liv. cour. 1 sou 1 den. en flor. cour. d'Auguste, au change de 127 flor. cour. pour 200 liv. cour.

1 sou 1 den. = 0,054 de liv. (T. 1.)

200 liv. cour. : 127 fl. cour. :: 3359,054 liv. cour. : x.

$$x = \frac{3359,054 \times 127}{200} = \frac{426599,858}{200} = \text{Rép. 2133 flor. cour.}$$

On déduit des proportions ci-dessus les deux règles générales suivantes :

Pour réduire en livres, argent courant de Genève, des florins courans d'Auguste, il suffit de multiplier ceux-ci par 200, et de diviser le produit par le prix du change (l'inverse pour la réduction des livres courantes en florins courans).

AUGUSTE et HAMBOURG.

(Voyez, pour la subdivision des monnaies, les n°ˢ 354 et 356.)

PREMIER MODE DE CHANGE.

446. 1ᵉʳ Exemple. *Réduire 236 flor. cour. d'Auguste en marcs banco, au change de 115 rixd. de change d'Auguste contre 300 marcs banco.*

	127 flor. cour.	:	100 flor. de ch.				
3.	1 flor. de ch.	:	2 rixd. de ch.	}	::	236 fl. cour.	: x.
	115 rixd. de ch.	:	3̶0̶0̶ 100 marcs b^co				
	127 × 115	:	20000 nombre fixe				

$$x = \frac{236 \times 20000}{127 \times 115} = \frac{4720000}{14605} = \text{Rép. 323 marcs b}^{co}\text{ 2 sous 10 den.}$$

PREUVE.

Réduire 323 marcs banco 2 sous 10 den. lubs en flor. cour., au change ci-dessus mentionné.

2 sous 10 den. lubs = 0,177 de marc. (T. 5.)

3̶0̶0̶	100 marcs b^co	:		115 rixd. de ch.				
	2 rixd. de ch.	:	3.	1 flor. de ch.	}	::	323 m. b^co,177	: x.
	100 flor. de ch.	:		127 flor. cour.				
	20000 nomb. fixe	:		115 × 127 = 14605				

$$x = \frac{323,177 \times 14605}{20000} = \frac{4720000,085}{20000} = \text{Rép. 236 flor. cour.}$$

SECOND MODE DE CHANGE.

2ᵉ Exemple. *Réduire 842 marcs banco 8 sous lubs en flor.*

cour. *d'Auguste, au change de* 145 $\frac{1}{2}$ *flor. cour. pour* 200 *marcs banco.*

$$8 \text{ sous lubs} = 0,500 \text{ de marc } b^{\circ} \text{ (T. 5.)}$$

$$200 \text{ marcs } b^{\circ} \quad : \quad 145,5 \text{ fl. cour.} \quad :: \quad 842,5 \text{ marcs } b^{\circ} \quad : \quad x.$$

$$x = \frac{842,5 \times 145,5}{200} = \frac{122583,75}{200} = \text{Rép. } 612 \text{ fl. cour. } 55 \text{ kreutz. } 1 \text{ pen.}$$

PREUVE.

Réduire 612 *flor. cour.* 55 *kreutz.* 1 *penn. en marcs banco, au change de* 145,5 *flor. cour. pour* 200 *marcs banco.*

$$25 \text{ kreutz. } 1 \text{ pen.} = 0,921 \text{ de flor. (T. 3.)}$$

$$145,5 \text{ fl. cour.} \quad : \quad 200 \text{ marcs } b^{\circ} \quad :: \quad 612,921 \text{ fl. cour.} \quad : \quad x.$$

$$x = \frac{612,921 \times 200}{145,5} = \frac{122584,200}{145,5} = \text{Rép. } 842 \text{ m. } b^{\circ} \text{ 8 sous lubs.}$$

REMARQUE. Le change sur Auguste se cote aussi à Hambourg à 146 rixd. cour., plus ou moins, pour 300 marcs banco, au lieu de 146 flor. cour., p. o. m., pour 200 marcs banco; mais, ainsi que nous l'avons prouvé au dernier paragraphe du n° 354, ces deux cotes sont les mêmes au fond. Ainsi, les proportions et conjointes relatives aux diverses questions ci-dessus, la réduction des rapports composans une fois opérée, fournissent les quatre règles générales suivantes :

Pour réduire des florins courans d'Auguste en marcs banco de Hambourg, il faut, lorsque le change est réglé à tant de rixdales de change d'Auguste pour 300 *marcs banco, multiplier les florins proposés par* 20000, *et diviser ensuite par le produit résultant de la multiplication du prix du change par* 127 (*l'inverse pour la réduction des marcs banco en flor. courans*).

Pour réduire des marcs banco de Hambourg en flor. cour. d'Auguste (que le change soit réglé à tant de florins cour. pour 200 *marcs banco, ou à tant de rixdales courantes pour* 300 *marcs banco), il suffit de multiplier les marcs proposés par le prix du change, et de diviser le produit par* 200 (*l'inverse pour la réduction des florins courans en marcs banco*).

AUGUSTE et LIVOURNE.

(Voyez, pour la subdivision des monnaies, les n°ˢ 355 et 356.)

PREMIER MODE DE CHANGE.

447. 1ᵉʳ EXEMPLE. *Réduire* 246 *flor. cour. en piastres, au change de* 57 *sous, bonne monnaie, pour* 1 *florin courant.*

$$
\begin{array}{rcl}
\text{1 flor. cour.} & : & \text{57 sous b}^e \text{ m}^e \\
\text{115 sous b}^e \text{ m}^e & : & \text{1 piastre}
\end{array} \Big\} \; :: \; \text{246 flor. cour.} \; : \; x.
$$

$$
\text{115 nomb. fixe} \; : \; 57
$$

$$
x = \frac{246 \times 57}{115} = \frac{14022}{115} = \text{Rép. 121 piast. 18 sous 7 den.}
$$

PREUVE.

Réduire 121 piastres 18 sous 7 den. en florins courans, au change de 57 sous, bonne monnaie, pour 1 flor. courant.

18 sous 7 den. = 0,930 de piast. (T. 1.)

$$
\begin{array}{rcl}
\text{1 piast.} & : & \text{115 s. b}^e \text{ m}^e \\
\text{57 s. b}^e \text{ m}^e & : & \text{1 flor. cour.}
\end{array} \Big\} \; :: \; \text{121 piast.,93} \; : \; x.
$$

$$
57 \; : \; \text{115 nombre fixe}
$$

$$
x = \frac{121,93 \times 115}{57} = \frac{14021,95}{57} = \text{Rép. 246 flor. cour.}
$$

SECOND MODE DE CHANGE.

2e Exemple. *Réduire 842 piastres 10 sous en flor. cour., au change de 204 florins courans pour 100 piast. de 8 réaux.*

10 sous = 6,500 de piast. (T. 1.)

$$
\text{100 piast.} \; : \; \text{204 flor. cour.} \; :: \; \text{842,5 piast.} \; : \; x.
$$

$$
x = \frac{842,5 \times 204}{100} = \frac{171870}{100} = \text{Rép. 1718 fl. cour. 42 kreutz.}
$$

PREUVE.

Réduire 1718 flor. cour. 42 kreutz. en piastres, au change de 204 flor. cour. pour 100 piastres de 8 réaux.

42 kreutz. = 0,700 de flor. (T. 3.)

$$
\text{204 fl. cour.} \; : \; \text{100 piast.} \; :: \; \text{1718,7 fl. cour.} \; : \; x.
$$

$$
x = \frac{1718,7 \times 100}{204} = \frac{171870}{204} = \text{Rép. 842 piast. 10 sous.}
$$

On déduit des conjointes et proportions ci-dessus les quatre règles générales suivantes :

Pour réduire des florins courans d'Auguste en piastres de Livourne, il suffit, lorsque le change est réglé à tant de sous, bonne monnaie, pour 1 florin courant d'Auguste, de multiplier les florins proposés par le prix du change, et de diviser le produit par 115 (l'inverse pour la réduction des piastres en flor. cour.).

Pour réduire des piastres de Livourne en florins courans

d'Auguste, il suffit, lorsque le change est réglé à tant de florins courans pour 100 piastres, de multiplier les piastres proposées par le prix du change et de prendre le centième du produit (l'inverse pour la réduction des florins courans en piastres).

AUGUSTE et MILAN.

448. Il existe entre Auguste et Milan deux modes de change tout à fait semblables aux deux modes qui ont lieu entre Auguste et Gênes, et voici comment :

Auguste donne alternativement à Milan 1 florin courant contre 59 sous de livre autrichienne, plus ou moins, et 100 florins courans contre 295 livres autrichiennes, p. o. m.

Pareillement, Auguste donne, tour à tour, à Gênes 1 flor. courant contre 51 sous de livre neuve, p. o. m., et 100 flor. courans contre 254 liv. neuves, p. o. m.

Or, comme la livre autrichienne, ainsi que la livre neuve, se divise en 100 centimes, il résulte de là et de ce qui précède que les diverses règles générales relatives aux deux modes de change entre Auguste et Gênes (444) s'appliquent littéralement au double mode de change entre Auguste et Milan.

AUGUSTE et NAPLES.

(Voyez, pour la subdivision des monnaies, les n°s 345 et 356.)

EXEMPLE.

449. *Réduire* 8542 *flor. cour. en ducats, au change de* 63 *grains pour* 1 *flor. cour.*

$$\left. \begin{array}{l} \text{1 fl. cour.} \; : \; 63 \text{ grains} \\ \text{100 grains} \; : \; \text{1 ducat} \end{array} \right\} \; :: \; 8542 \text{ fl. cour.} \; : \; x = \text{R. } 5381 \text{ duc. } 46 \text{ grains.}$$

$$\text{100 n}^{\text{re}} \text{ fixe} \; : \; 63$$

PREUVE.

Réduire 5381 *ducats* 46 *grains en flor. cour., au change de* 63 *grains pour* 1 *flor. cour.*

$$\left. \begin{array}{l} \text{1 ducat} \; : \; 100 \text{ grains} \\ 63 \text{ grains} \; : \; \text{1 ducat} \end{array} \right\} \; :: \; 5381 \text{ ducats } 46 \text{ grains} \; : \; x = \text{R. } 8542 \text{ flor. c.}$$

$$63 \; : \; 100 \text{ nombre fixe}$$

On déduit des conjointes ci-dessus les deux règles générales suivantes :

Pour réduire en ducats de Naples des florins courans d'Au-

*guste, il suffit de multiplier ceux-ci par le prix du change,
et de prendre le centième du produit* (l'inverse pour la réduction des ducats en florins courans).

AUGUSTE ET VENISE.

450. Auguste et Venise changeant réciproquement comme
Auguste et Milan, voyez ce que nous avons dit (448), relativement au change entre ces deux dernières places.

Nota. Quant aux changes d'Auguste avec Amsterdam,
Londres et Paris, voyez respectivement les nᵒˢ 430, 400 et
374.

Changes de Berlin avec les places suivantes.

BERLIN ET FRANCFORT S/M.

(Voyez, pour la subdivision des monnaies, les nᵒˢ 355 et 364.)

EXEMPLE.

451. *Réduire* 3122 *rixdales courantes de Prusse en florins d'empire de Francfort, au change de* 103 *rixdales courantes de Prusse pour* 100 *rixd. de change de Francfort,
égales à* 150 *florins.*

$$
\begin{array}{ll}
103 \text{ rixd. c}^{es}\text{ de Prusse} : 100 \quad 25 \text{ rixd. de ch.} \\
23 \text{ rixd. de ch.} \quad\; : \quad\quad 165 \text{ fl. d'emp.}
\end{array} \Big\} :: 3122 \text{ rixd. cour.} : x.
$$

$$
103 \times 23 \qquad : \qquad 4125 \text{ nombre fixe}
$$

$$
x = \frac{3122 \times 4125}{103 \times 23} = \frac{12878250}{2369} = \text{Rép. } 5436 \text{ fl. } 9 \text{ kreutz. } 1 \text{ pen.}
$$

PREUVE.

Réduire 5436 *flor. d'empire de Francfort* 9 *kreutz.* 1 *pen.
en rixd. courantes de Prusse, au change de* 103 *rixd. cour.
de Prusse pour* 100 *rixd. de change de Francfort.*

$$
9 \text{ kreutz. } 1 \text{ pen.} = 0,154 \text{ de flor. (T. 3.)}
$$

$$
\begin{array}{ll}
165 \text{ fl. d'emp.} \quad : \quad\; 23 \text{ rixd. de ch.} \\
100 \quad 25 \text{ rixd. de ch.} : \quad 103 \text{ rixd. cour.}
\end{array} \Big\} :: 5436,154 \text{ fl. d'emp.} : x.
$$

$$
4125 \text{ nombre fixe} \quad : \quad 2369
$$

$$
x = \frac{5436,154 \times 2369}{4125} = \frac{12878248,826}{4125} = \text{Rép. } 3122 \text{ rixd. cour.}
$$

Les conjointes ci-dessus, la réduction des rapports composans une fois opérée, fournissent les deux règles générales suivantes :

Pour réduire en florins d'empire de Francfort des rixd. courantes de Prusse, il faut multiplier celles-ci par 4125, et diviser ensuite par le produit résultant de la multiplication du prix du change par 23 (l'inverse pour la réduction des florins d'empire de Francfort en rixd. cour. de Prusse).

NOTA. Si c'était en rixdales de change de Francfort qu'on voulût réduire des rixdales courantes de Prusse, il suffirait de multiplier celles-ci par 100, et de diviser le produit par le prix du change (l'inverse pour la réduction des rixdales de change de Francfort en rixdales courantes de Prusse).

BERLIN ET HAMBOURG.

(Voyez, pour la subdivision des monnaies, les n°^{os} 354 et 364.)

EXEMPLE.

452. *Réduire 2521 rixd. cour. de Prusse en marcs banco, au change de 152 $\frac{1}{8}$ rixd. cour. pour 300 marcs banco.*

$$\text{¹/₈ rixd.} = 0{,}125 \text{ de rixd. (T. 6.)}$$

152,125 rixd. cour. : 300 marcs b° : : 2521 rixd. cour. : x

$$x = \frac{2521 \times 300}{152{,}125} = \frac{756300}{152{,}125} = \text{RÉP. 4971 marcs b° 9 sous lubs 1 den.}$$

PREUVE.

Réduire 4971 marcs banco 9 sous 1 den. lub en rixd. cour. de Prusse, au change de 152,125 rixdales courantes pour 300 marcs banco.

$$\text{9 sous 1 den. lub} = 0{,}568 \text{ de m. b°. (T. 5.)}$$

300 m. b° : 152,125 rixd. cour. : : 4971,568 m. b° : x

$$x = \frac{4971{,}568 \times 152{,}125}{300} = \frac{756299{,}782}{300} = \text{RÉP. 2521 rixd. cour.}$$

On déduit des proportions ci-dessus les deux règles générales suivantes :

Pour réduire en marcs banco de Hambourg des rixd. cour. de Prusse, il suffit de multiplier celles-ci par 300, et de diviser le produit par le prix du change (l'inverse pour la réduction des marcs banco en rixdales).

BERLIN ET SAINT-PÉTERSBOURG.

(Voyez, pour la subdivision des monnaies, les n°^{os} 362 et 364.)

EXEMPLE.

453. *Réduire 2512 rixd. cour. en roubles, au change de 28 rixd. cour. pour 100 roubles en papier.*

28 rixd. cour. : 100 roub. :: 2512 rixd. cour. : x = R. 8971 roub. 43 cop.

PREUVE.

*Réduire 8971 roubles 43 copecks en rixd. cour. de Prusse,
au change de 28 rixd. cour. pour 100 roubles.*

100 roub. : 28 rixd. cour. :: 8971 roub. 43 cop. : x = 2512 rixd. cour.

On déduit des proportions ci-dessus les deux règles générales suivantes :

*Pour réduire en roubles de Russie des rixdales courantes
de Prusse, il suffit de centupler celles-ci et de diviser le produit par le prix du change (l'inverse pour la réduction des
roubles en rixdales).*

BERLIN et VIENNE.

(Voyez, pour la subdivision des monnaies, les nᵒˢ 352 et 364.)

EXEMPLE.

454. *Réduire 511 rixd. cour. de Prusse en flor. effectifs de
Vienne, au change de 104 rixdales cour. pour 150 florins effectifs de Vienne.*

104 rixd. cour. : 150 flor. :: 511 rixd. cour. : x.

$$x = \frac{511 \times 150}{104} = \frac{76650}{104} = \text{Rép. } 737 \text{ fl. eff. 1 kreutzer 1 pen.}$$

PREUVE.

*Réduire 737 florins effectifs de Vienne 1 kreutz. 1 penn. en
rixd. cour. de Prusse, au change de 104 rixd. cour. pour 150
florins effectifs de Vienne.*

1 kreutz. 1 pen. = 0,021 de flor. (T. 2.)

150 flor. : 104 rixd. cour. :: 737 fl.,021 : x.

$$\frac{737,021 \times 104}{150} = \frac{76650,184}{150} = \text{Rép. } 511 \text{ rixd. cour.}$$

On déduit des proportions ci-dessus les deux règles générales suivantes :

*Pour réduire en florins effectifs de Vienne des rixd. courantes de Prusse, il suffit de multiplier celles-ci par 150, et
de diviser le produit par le prix du change* (l'inverse pour la
réduction des florins en rixdales).

Nota. Quant aux changes de Berlin avec Amsterdam, Auguste, Londres et Paris, voyez respectivement les nᵒˢ 431,
443, 400 et 375.

Changes de Francfort-sur-le-Mein avec les places suivantes.

FRANCFORT S/M et HAMBOURG.

(Voyez, pour la subdivision des monnaies, les n°ˢ 354 et 355.)

EXEMPLE.

455. *Réduire* 1241 *flor. d'empire de Francfort en marcs banco de Hambourg, au change de* 147 *rixd. de change de Francfort pour* 100 *rixd. banco de Hambourg, égales à* 300 *marcs banco.*

165 11 fl. d'emp.   :   9½ rixd. de ch. }
    147 rixd. de ch. : 300 20 marcs b° } :: 1241 fl. d'emp. : *x*.

$$11 \times 147 \quad : \quad 1840 \text{ nombre fixe}$$

$$x = \frac{1241 \times 1840}{11 \times 147} = \frac{2283440}{1617} = \text{Rép. } 1412 \text{ marcs b}° 2 \text{ sous lubs } 4 \text{ den.}$$

PREUVE.

Réduire 1412 *marcs banco* 2 *sous lubs* 4 *den. en flor. d'empire, au change de* 147 *rixd. de change de Francfort pour* 300 *marcs banco.*

2 sous lubs 4 den. = 0,146 de marc. (T. 5.)

300 20 marcs b°   :   147 rixd. de ch. }
   9½ rixd. de ch. : 165 11 fl. d'emp. } :: 1412 m. b°,146 : *x*.

$$1840 \text{ nombre fixe} \quad : \quad 147 \times 11 = 1617$$

$$x = \frac{1412,146 \times 1617}{1840} = \frac{2283440,082}{1840} = \text{Rép. } 1241 \text{ flor. d'emp.}$$

REMARQUE. Le change entre Francfort-sur-le-Mein et Hambourg se cote aussi à 147 florins de change, plus ou moins, contre 200 marcs banco, au lieu de 147 rixd. de change pour 300 marcs banco; mais, par la même raison, exposée dans la remarque de la page 255, ces deux modes de change sont identiques au fond, et ne donnent lieu, par conséquent, qu'à une seule et même opération arithmétique, qui peut se résumer par les deux règles générales suivantes, déduites des conjointes qui précèdent.

Pour réduire des florins d'empire de Francfort en marcs banco de Hambourg (que le change soit réglé à tant de rixdales de change pour 300 *marcs banco, ou à tant de florins de change pour* 200 *marcs banco), il faut multiplier les florins d'empire proposés par* 1840, *et diviser par le produit résultant de la multiplication du prix du change par* 11 (l'inverse pour la réduction des marcs banco en florins d'empire).

Nota. Si c'étaient des rixdales de change de Francfort qu'on voulût réduire en marcs banco, il suffirait de multiplier celles-ci par 300, et de diviser le produit par le prix du change (l'inverse pour la réduction des marcs banco en rixdales de change).

FRANCFORT S/M et LIVOURNE.

(Voyez, pour la subdivision des monnaies, les nᵒˢ 35o et 355.)

EXEMPLE.

456. *Réduire* 1241 *florins d'empire en piastres, au change de* 245 *flor. d'empire pour* 100 *piastres de* 8 *réaux.*

245 fl. d'emp. : 100 piast. :: 1241 fl. d'emp. : x. = R. 506 piast. 10 s. 7 den.

PREUVE.

Réduire 506 *piastres* 10 *sous* 7 *deniers en flor. d'empire, au change de* 245 *flor. d'empire pour* 100 *piastres.*

10 sous 7 den. = o,53o de piast. (T. 1.)

100 piast. : 245 fl. d'emp. :: 506 piast.,53 : x = Rép. 1241 fl. d'emp.

On déduit des proportions ci-dessus les deux règles générales suivantes :

Pour réduire en piastres de Livourne des florins d'empire de Francfort, il suffit de centupler ceux-ci, et de diviser le produit par le prix du change (l'inverse pour la réduction des piastres en florins).

FRANCFORT S/M et MILAN.

(Voyez, pour la subdivision des monnaies, les nᵒˢ 342 et 355.

EXEMPLE.

457. *Réduire* 221 *florins d'empire* 4 *kreutz. en livres autrichiennes, au change de* 244 *liv. autrichiennes pour* 100 *flor. d'empire.*

4 kreutz. = o,o67 de flor. (T. 3.)

100 fl. d'emp. : 244 liv. autr. :: 221,o67 fl. d'emp. : x.

$$x = \frac{221,o67 \times 244}{1o0} = \frac{5394o,348}{100} = \text{Rép. } 539 \text{ liv. autr. 40 c.}$$

PREUVE.

Réduire 539,40 liv. autrichiennes en florins d'empire, au change de 244 liv. aut. pour 100 flor. d'empire.

244 liv. aut. : 100 fl. d'emp. : : 539,40 liv. autr. : x.

$$x = \frac{539,40 \times 100}{244} = \frac{53940}{244} = \text{Rép. 221 fl. d'emp. 4 kreutz.}$$

On déduit des proportions ci-dessus les règles générales suivantes :

Pour réduire en livres autrichiennes des florins d'empire de Francfort, il suffit de multiplier, ceux-ci par le prix du change, et de prendre le centième du produit (l'inverse pour la réduction des liv. autrichiennes en florins).

Nota. Si c'étaient des rixdales de change qu'on voulût réduire en livres autrichiennes, il faudrait multiplier les premières par le produit résultant de la multiplication du change par 33, et diviser ensuite par 1840 (l'inverse pour la réduction des livres autrichiennes en rixd. de change).

FRANCFORT S/M et VIENNE.

(Voyez, pour la subdivision des monnaies, les n°ˢ 352 et 355.)

PREMIER MODE DE CHANGE.

458. 1ᵉʳ Exemple. *Réduire 1241 florins d'empire de Francfort en florins effectifs de Vienne, au change de 101 rixd. de change pour 100 rixdales de Vienne, égales à 150 flor.*

$$
\begin{array}{lll}
165 \quad 11 \text{ fl. d'emp.} & : & 92 \text{ rixd. de ch.} \\
 101 \text{ rixd. de ch.} & : & 150 \quad 10 \text{ fl. de Vienne}
\end{array}
\left.\begin{array}{}\\ \end{array}\right\} :: 1241 \text{ fl. d'emp.} : x.
$$

$$
\overline{11 \times 101} \quad : \quad \overline{920 \text{ nombre fixe}}
$$

$$x = \frac{1241 \times 920}{11 \times 101} = \frac{1141720}{1111} = \text{Rép. 1027 fl. eff. de Vienne 39 kr.}$$

PREUVE.

Réduire 1027 flor. effectifs de Vienne et 39 kreutz. en flor. d'empire de Francfort, au change de 101 rixd. de change pour 150 flor. de Vienne.

39 kreutz. = 0,650 de flor. (T. 3.)

$$
\begin{array}{lll}
150 \quad 10 \text{ fl. de Vienne} & : & 101 \text{ rixd. de ch.} \\
 92 \text{ rixd. de ch.} & : & 165 \quad 11 \text{ fl. d'emp.}
\end{array}
\left.\begin{array}{}\\ \end{array}\right\} :: 1027,65 \text{ fl. de V}^{\text{e}} : x.
$$

$$
\overline{920 \text{ nombre fixe}} \quad : \quad \overline{101 \times 11 = 1111}
$$

$$x = \frac{1027,65 \times 1111}{920} = \frac{1141719,15}{920} = \text{Rép. 1241 flor. d'empire.}$$

SECOND MODE DE CHANGE.

2e Exemple. *Réduire* 426 *florins effectifs de Vienne en flor. d'empire de Francfort, au change de* 98 *flor. effectifs de Vienne pour* 100 *florins de change de Francfort.*

$$
\begin{array}{lcl}
\text{98 fl. eff. de Vienne} & : & \text{100 50 fl. de ch.} \\
\text{46 23 fl. de ch.} & : & \text{55 fl. d'emp.}
\end{array}
\Big\}
\ :: \ \text{426 fl. eff.} \ : \ x.
$$

$$
98 \times 23 \quad : \quad 2750 \text{ nombre fixe}
$$

$$
x = \frac{426 \times 2750}{98 \times 23} = \frac{1171500}{2254} = \text{Rép. 519 fl. d'emp. 44 kreutz. 2 pen.}
$$

PREUVE.

Réduire 519 *florins d'empire de Francfort* 44 *kreutz.* 2 *pennings en florins effectifs de Vienne, au change de* 98 *florins effectifs de Vienne pour* 100 *flor. de change de Francfort.*

$$
44 \text{ kreutz. 2 pen.} = 0,741 \text{ de flor. (T. 3.)}
$$

$$
\begin{array}{lcl}
\text{55 fl. d'emp.} & : & \text{46 23 fl. de ch.} \\
\text{100 50 fl. de ch.} & : & \text{98 fl. eff.}
\end{array}
\Big\}
\ :: \ \text{519,741 fl. d'emp.} \ : \ x.
$$

$$
2750 \text{ nomb. fixe} \quad : \quad 23 \times 98 = 2254
$$

$$
x = \frac{519,741 \times 2254}{2750} = \frac{1171496,214}{2750} = \text{Rép. 426 flor. eff.}
$$

Les conjointes relatives aux diverses questions ci-dessus, la réduction des rapports composans une fois opérée, fournissent les quatre règles générales suivantes :

Pour réduire des florins d'empire de Francfort en florins effectifs de Vienne, il faut, lorsque le change est réglé à tant de rixdales de change de Francfort pour 100 *rixdales de Vienne, multiplier les florins d'empire proposés par* 920, *et diviser ensuite par le produit résultant de la multiplication du prix du change par* 11 (l'inverse pour la réduction des florins effectifs de Vienne en florins d'empire de Francfort).

Pour réduire des florins effectifs de Vienne en flor. d'empire de Francfort, il faut, lorsque le change est réglé à tant de flor. effect. de Vienne pour 100 *flor. de change de Francfort, multiplier les florins proposés par* 2750, *et diviser ensuite par le produit résultant de la multiplication du prix du change par* 23 (l'inverse pour la réduction des florins d'empire de Francfort en florins effectifs de Vienne).

Nota. Quant aux changes de Francfort avec Amsterdam, Berlin, Londres et Paris, voyez respectivement les n°s 432, 451, 404 et 380.

Changes de Gênes avec les places suivantes.

GÊNES et GENÈVE.

(Voyez, pour la subdivision des monnaies, les nos 348 et 361.)

EXEMPLE.

459. Réduire 552 liv. 11 sous 10 den., arg. cour. de Genève, en liv. neuves de Piémont, au change de 161,25 livres neuves pour 100 liv. cour.

11 sous 10 den. = 0,592 de liv. (T. 1.)

100 liv. cour. : 161,25 liv. n. :: 552,592 liv. cour. : x.

$$x = \frac{552,592 \times 161,25}{100} = \frac{89105,46}{100} = \text{Rép. } 891,05 \text{ liv. neuves.}$$

PREUVE.

Réduire 891 liv. neuves 05 c. en liv. courantes de Genève, au change de 161,25 liv. neuves pour 100 liv. cour.

161,25 liv. n. : 100 liv. cour. :: 891,05 liv. cour. : x.

$$x = \frac{891,05 \times 100}{161,25} = \frac{89105}{161,25} = \text{Rép. } 552 \text{ liv. cour. } 11 \text{ sous } 9 \text{ den.}$$

On déduit des proportions ci-dessus les deux règles générales suivantes :

Pour réduire en livres courantes de Genève des livres neuves de Piémont, il suffit de centupler celles-ci, et de diviser le produit par le prix du change (l'inverse pour la réduction des livres cour. de Genève en livres neuves de Piémont).

GÊNES et HAMBOURG.

(Voyez, pour la subdivision des monnaies, les nos 348 et 354.)

EXEMPLE.

460. Réduire 2524,28 liv. neuves de Piémont en marcs banco de Hambourg, au change de 187 livres neuves pour 100 marcs banco.

187 l. n. : 100 m. b° :: 2584 l. n. 28 c. : $x =$ Rép. 1349 m. b° 14 s. 1 den.

PREUVE.

Réduire 1349 marcs banco 14 s. 1 den. lub en liv. neuves de Piémont, au change de 187 livres neuves pour 100 marcs banco.

(352)

14 sous 1 den. lub = 0,88 de marc. (T, 5.)

100 m. b° : 187 l. n. : : 1349 m. b°,88 : x = Rép. 2524 liv. n. 28 c.

On déduit des proportions ci-dessus les règles générales suivantes :

Pour réduire en marcs banco de Hambourg des liv. neuves de Piémont, il suffit de multiplier celles-ci par 100, et de diviser le produit par le prix du change (l'inverse pour la réduction des marcs banco en liv. neuves).

GÊNES et LISBONNE.

(Voyez, pour la subdivision des monnaies, les n°ˢ 348 et 365.)

PREMIER MODE DE CHANGE.

461. 1ᵉʳ EXEMPLE. *Réduire 542,52 liv. neuves de Piémont en rées de Portugal, au change de 5,45 livres neuves pour 1000 rées.*

5,45 liv. n. : 1000 rées : : 542,52 liv. n. : x = Rép. 990545 rées.

PREUVE.

Réduire 990545 rées en liv. neuv. de Piémont, au change de 5,45 liv. neuv. pour 1000 rées.

1000 rées : 5,45 liv. n. : : 990545 rées : x = Rép. 542,52 liv. n.

SECOND MODE DE CHANGE.

2ᵉ EXEMPLE. *Réduire 845231 rées en livres neuves de Piémont, au change de 624 rées pour 3 livres neuves.*

624 rées : 3 liv. n. : : 845231 rées : x = Rép. 4063,01 liv. n.

PREUVE.

Réduire 4063,61 liv. neuv. en rées, au change de 624 rées pour 3 liv. neuves.

3 liv. n. : 624 rées : : 4063 liv. n. 61 c. : x = Rép. 845231 rées.

On déduit des diverses proportions ci-dessus les quatre règles générales suivantes :

Pour réduire en rées de Portugal des livres neuves de Piémont, il suffit, lorsque le change est réglé à tant de livres neuves pour 1000 rées, de multiplier les livres neuves proposées par 1000, et de diviser le produit par le prix du change (l'inverse pour la réduction des rées en liv. neuv.).

Pour réduire des livres neuves de Piémont en rées de Por-

*tugal, il suffit, lorsque le change est réglé à tant de rées
pour 3 liv. neuves, de multiplier les livres neuves proposées
par le prix du change, et de prendre le tiers du produit* (l'inverse pour la réduction des rées en livres neuves).

GÊNES et LIVOURNE.

(Voyez, pour la subdivision des monnaies, les n°⁸ 348 et 35o.)

462. *Le change entre Gênes et Livourne, et réciproquement,
se cote des quatre manières suivantes, qui ne diffèrent qu'en apparence, savoir :*

à 103 sous de liv. n., plus ou moins......⎫
    5 liv. n. 15 c......................⎬ pour 1 piastre de 8 réaux.
515 centimes de liv. neuve...........⎭
515 livres neuves.....................   100......dito.

EXEMPLE.

Réduire 2628 *liv. neuves* 56 *c. en piastres, au change de*
103 *sous de liv. neuve pour* 1 *piastre.*

103 sous de liv. neuve faisant 5 liv. neuves 15 c., je trouverai les piastres demandées dans le 4ᵉ terme de la proportion suivante :

5 liv. n. 15 c. : 1 piast. : : 2628 liv. n. 56 c. : x = Rép. 510 piast. 8 sous.

PREUVE.

Réduire 510 *piastres* 8 *sous en livres neuves, au change de*
103 *sous de livre neuve pour* 1 *piastre de* 8 *réaux.*

8 sous de piast. = 0,400. (T. 1.)

1 piast. : 5 liv. n. 15 c. : : 510 piast.,4 : x = Rép. 2628 liv. n. 56 c.

On déduit de ce qui précède les règles générales suivantes :
*Pour réduire des livres neuves de Piémont en piastres de
Livourne, il suffit, lorsque le change est réglé à tant de liv.
neuves pour* 1 *piastre, de diviser les piastres proposées par
le prix du change* (l'inverse pour la réduction des piastres en
livres neuves).

Si le prix du change était donné à tant de sous ou de centimes de livre neuve pour 1 *piastre, on les convertirait en livres neuves, et l'on opérerait ensuite ainsi que le prescrit la
règle précédente.*

*Enfin, si le prix du change était donné à tant de livres
neuves pour* 100 *piastres, on multiplierait les livres neuves
proposées par* 100, *et l'on diviserait le produit par le prix*

du change (l'inverse pour la réduction des piastres en livres neuves).

GÊNES et MILAN.

PREMIER ET SECOND MODES DE CHANGE.

463. Gênes donnant à Milan 85 livres neuves de Piémont, plus ou moins, pour 100 liv. autrichiennes, et Milan donnant à Gênes 116 livres autrichiennes, plus ou moins, pour 100 livres neuves de Piémont ; et, d'un autre côté, chacune de ces deux espèces de livres se divisant, comme notre franc, en 100 centimes, les opérations arithmétiques relatives à ces deux modes de change sont trop simples pour qu'il soit besoin d'en donner des exemples.

GÊNES et NAPLES.

(Voyez, pour la subdivision des monnaies, les n⁰ˢ 345 et 348.)

PREMIER MODE DE CHANGE.

464. 1ᵉʳ Exemple. *Réduire* 6340,25 *liv. neuv. en ducats, au change de* 4 *liv. neuves,*36 *pour* 1 *ducat, ou, ce qui est la même chose, de* 436 *livres neuves pour* 100 *ducats* (del regno).

436 liv. n. : 100 duc. :: 6340,25 liv. n. : x = Rép. 1454 duc. 19 grains.

PREUVE.

Réduire 1454 *ducats* 19 *grains en liv. neuves, au change de* 436 *liv. neuves pour* 100 *ducats.*

100 duc. : 436 liv. n. :: 1454 duc. 19 gr. : x = Rép. 6340,27 liv. n.

SECOND MODE DE CHANGE.

2ᵉ Exemple. *Réduire* 2525 *ducats* 42 *grains en liv. neuves, au change de* 24 *grains pour* 1 *liv. neuve.*

$$\left. \begin{array}{l} 1\ \text{ducat} : 100\ \text{grains} \\ 24\ \text{grains} : \overline{\ 1\ \text{liv. neuve}\ } \\ 24 \qquad : 100\ \text{nombre fixe} \end{array} \right\} :: 2525,42\ \text{duc.} : x = \text{Rép. } 10522,58\ \text{liv. n}^{\text{es}}.$$

PREUVE.

Réduire 10522,58 *liv. neuv. en ducats, au change de* 24 *grains pour* 1 *liv. neuve.*

$$\left. \begin{array}{l} 1\ \text{liv. neuve} : 24\ \text{grains} \\ 100\ \text{grains} : \overline{\ 1\ \text{ducat}\ } \\ 100\ \text{nomb. fixe} : 24 \end{array} \right\} :: 10522,58\ \text{l. n.} : x = \text{R. } 2525\ \text{duc. } 42\ \text{grains.}$$

On déduit des proportions et conjointes ci-dessus les quatre règles générales suivantes :

Pour réduire des livres neuves de Piémont en ducats de Naples, il suffit, lorsque le change est réglé à tant de liv. neuves pour 100 ducats, de centupler les livres neuves proposées, et de diviser le produit par le prix du change (l'inverse pour la réduction des ducats en liv. neuves).

Pour réduire des ducats de Naples en livres neuves de Piémont, il suffit, lorsque le change est réglé à tant de grains pour 1 livre neuve, de centupler les ducats proposés, et de diviser le produit par le prix du change (l'inverse pour la réduction des livres neuves en ducats).

GÈNES et VENISE.

465. Gènes donnant à Venise 85 livres neuves de Piémont, plus ou moins, pour 100 livres autrichiennes, et Venise donnant à Gènes 116 livres autrichiennes, plus ou moins, pour 100 livres neuves de Piémont ; et, d'un autre côté, ces deux espèces de livres se divisant, comme notre franc, en 100 centimes, ces deux modes de change sont trop simples pour qu'il soit besoin d'en donner des exemples.

GÈNES et VIENNE.

(Voyez, pour la subdivision des monnaies, les n°° 348 et 352.)

PREMIER ET SECOND MODES DE CHANGE.

466. Gènes donnant à Vienne 258 livres neuves, plus ou moins, pour 100 florins effectifs d'Autriche, de même qu'elle donne à Auguste 258 liv. neuves, plus ou moins, pour 100 florins courans ; et, d'un autre côté, le florin effectif d'Autriche ayant la même valeur que le florin courant d'Auguste, il en résulte que l'exemple du n° 444, ainsi que sa preuve, relatifs, tous les deux, au change de Gènes avec Auguste, s'appliquent littéralement au change de Gènes avec Vienne ; mais, comme Vienne a adopté un mode particulier de change avec Gènes, voici deux exemples qui se rapportent à ce dernier mode.

EXEMPLE.

Réduire 8421 florins effectifs d'Autriche et 12 kreutz. en livres neuves de Piémont, au change de 115 flor. effectifs pour 300 liv. neuv.

12 kreutz. $= 0,200$ de flor. (T. 3.)

115 fl. eff. : 300 liv. n. :: 8421 fl.,2 : x.

$$x = \frac{8421,2 \times 300}{115} = \frac{2526360}{115} = \text{Rép. } 21968 \text{ l. n.},35.$$

PREUVE.

Réduire 21968,35 *livres neuves de Piémont en florins effectifs d'Autriche, au change de* 115 *florins effectifs pour* 300 *liv. neuves.*

300 liv. n. : 115 fl. eff. :: 21968,35 liv. n. : x.

$$x = \frac{21968,35 \times 115}{300} = \frac{2526360,25}{300} = \text{Rép. } 8421 \text{ fl. eff. } 12 \text{ kr.}$$

On déduit des proportions ci-dessus les deux règles générales suivantes :

Pour réduire des florins effectifs d'Autriche en liv. neuves de Piémont, il suffit, lorsque le change est réglé à tant de flor. effectifs pour 300 *liv. neuves, de multiplier les flor. proposés par* 300, *et de diviser le produit par le prix du change* (l'inverse pour la réduction des liv. neuv. en flor.).

GÊNES et TRIESTE.

PREMIER ET SECOND MODES DE CHANGE.

467. Quant au change de Gênes avec Trieste, il est le même que celui de Gênes avec Vienne, et comme le florin effectif de Trieste n'est autre que le florin effectif de Vienne, nous nous référons, à l'égard du premier mode de change de Gênes avec Trieste, à ce que nous venons de dire au premier paragraphe du n° 466, relativement au premier mode de change de Gênes avec Vienne; mais, comme Trieste a adopté un mode particulier de change avec Gênes, voici deux exemples qui se rapportent à ce dernier mode.

EXEMPLE.

Réduire 5812 *florins effectifs de Trieste en livres neuves, au change de* 24 *kreut. pour* 1 *livre neuve.*

1 fl. eff. : 60 kreutz. }
24 kreutz. : 1 liv. n° } :: 5812 fl. eff. : $x =$ Rép. 14530 liv. n^es.
24 : 60 nombre fixe

PREUVE.

Réduire 14530 *livres neuves en florins effectifs de Trieste, au change de* 24 *kreutz. pour* 1 *liv. neuve.*

60 kreutz.   :   1 fl. eff. ⎫
1 liv. neuve :   24 kreutz. ⎬ :: 14530 liv. n. : x = RÉP. 5812 fl. eff.

———————————————
60 nomb. fixe :   24

On déduit des conjointes ci-dessus les deux règles générales suivantes :

Pour réduire en livres neuves de Piémont des florins effectifs de Trieste, il suffit, lorsque le change est réglé à tant de kreutzers pour 1 liv. neuve, de multiplier les florins par 60, et de diviser le produit par le prix du change (l'inverse pour la réduction des livres neuves en florins).

NOTE. Quant aux changes de Gênes avec Amsterdam, Auguste, Cadix et Madrid, Londres, Paris, voyez, respectivement, les nᵒˢ 433, 444, 418, 419, 420, 405 et 381.

Changes de Genève avec les places suivantes.

GENÈVE ET HAMBOURG.

(Voyez, pour la subdivision des monnaies, les nᵒˢ 354 et 361.)

EXEMPLE.

468. *Réduire 2481 liv. 13 sous courans en marcs banco, au change de 21 $\frac{15}{16}$ sous courans pour 1 marc banco.*

13 sous = 0,650 de liv. (T. 1.) ‖ ¹⁵/₁₆ = 0,938. (T. 6.)

1 liv. cour.   :   20 sous   ⎫
21,938 sous   :   1 marc b°   ⎬ :: 2481 l. c.,65 : x.

———————————————
21,938   :   20 nombre fixe

$$x = \frac{2481,65 \times 20}{21,938} = \frac{49633}{21,938} = \text{RÉP. 2262 m. b° 6 sous 9 den.}$$

PREUVE.

Réduire 2262 marcs banco 6 sous 9 deniers lubs en livres courantes, au change de 21,938 sous courans pour 1 marc banco.

6 sous 9 den. lubs = 0,422 de marc. (T. 5.)

1 marc b°   :   21,938 sous   ⎫
20 sous   :   1 liv. cour. ⎬ :: 2262 m. b°,422 : x.

———————————————
20 nomb. fixe : 21,938

$$x = \frac{2262,422 \times 21,938}{20} = \frac{49633,013836}{20} = \text{RÉP. 2481 l. cour. 13 sous.}$$

On déduit des conjointes ci-dessus les deux règles générales suivantes :

Pour réduire en marcs banco de Hambourg des livres, argent courant de Genève, il suffit de multiplier celles-ci par 20, et de diviser le produit par le prix du change (l'inverse pour la réduction des marcs banco en livres courantes).

GENÈVE et LIVOURNE.

(Voyez, pour la subdivision des monnaies, les n°s 350 et 361.)

EXEMPLE.

469. *Réduire* 6631 *liv.* 13 *sous* 11 *deniers, argent courant, en piastres de Livourne, au change de* 105 *écus cour. pour* 100 *piastres de* 8 *réaux.*

$$13 \text{ sous } 11 \text{ den.} = 0,696 \text{ de liv. (T. i.)}$$

$$\left. \begin{array}{lll} 3 \text{ liv. cour.} & : & 1 \text{ écu cour.} \\ 105 \text{ écus cour.} & : & 100 \text{ piast.} \end{array} \right\} :: 6631 \text{ l. c.,696} : x.$$

$$315 : 100 \text{ nombre fixe}$$

$$x = \frac{6631,696 \times 100}{315} = \frac{663169,6}{315} = \text{Rép. } 2105 \text{ piast. } 6 \text{ sous.}$$

PREUVE.

Réduire 2105 *piastres* 6 *sous en livres courantes de Genève, au change de* 105 *écus courans pour* 100 *piastres de* 8 *réaux.*

$$6 \text{ sous} = 0,300 \text{ de piast. (T. i.)}$$

$$\left. \begin{array}{lll} 100 \text{ piast.} & : & 105 \text{ écus cour.} \\ 1 \text{ écu cour.} & : & 3 \text{ liv. cour.} \end{array} \right\} :: 2105 \text{ piast.,3} : x.$$

$$100 \text{ nomb. fixe} : 315$$

$$x = \frac{2105,3 \times 315}{100} = \frac{663169,5}{100} = \text{Rép. } 6631 \text{ l. c. } 13 \text{ s. } 11 \text{ den.}$$

On déduit des conjointes ci-dessus les deux règles générales suivantes :

Pour réduire en piastres de Livourne des livres courantes de Genève, il suffit de centupler celles-ci, et de diviser ensuite par le triple du prix du change (l'inverse pour la réduction des piastres en livres courantes).

GENÈVE et MILAN.

(Voyez, pour la subdivision des monnaies, les n°s 342 et 361.)

PREMIER MODE DE CHANGE.

470. 1er EXEMPLE. *Réduire* 1152 *livres cour.* 9 *sous de Ge-*

nève en liv. autrichiennes, au change de 53 liv. cour. pour
100 liv. autrichiennes.

$$9 \text{ sous} = 0,450 \text{ de liv. (T. 1.)}$$

53 liv. cour. : 100 liv. autr. :: 1152 l. c.,45 : $x =$ Rép. 2174,43 liv. autr.

PREUVE.

Réduire 2174,43 livres autrichiennes en livres courantes
de Genève, au change de 53 livres courantes pour 100 livres
autrichiennes.

100 l. autr. : 53 l. cour. :: 2174,43 l. autr. : $x =$ R. 1152 l. c. 8 s. 11 den.

SECOND MODE DE CHANGE.

2ᵉ **EXEMPLE.** *Réduire 2281,12 livres autrichiennes en liv.*
courantes de Genève, au change de 195 liv. autr. pour 100 liv.
courantes.

195 l. autr. : 100 l. cour. :: 2281,12 l. autr. : $x =$ R. 1169 l. c. 16 s. 1 den.

PREUVE.

Réduire 1169 livres courantes 16 sous 1 den. de Genève
en livres autrichiennes, au change de 195 liv. autrich. pour
100 liv. cour.

$$16 \text{ sous} 1 \text{ den.} = 0,804 \text{ de livre. (T. 1.)}$$

100 liv. cour. : 195 liv. autr. :: 1169 l. c.,804 : $x =$ R. 2281,12 liv. autr.

On déduit des diverses proportions ci-dessus les quatre règles générales suivantes :

Pour réduire des livres courantes de Genève en livres au-
trichiennes, il suffit, lorsque le change est réglé à tant de liv.
courantes pour 100 liv. autr., de centupler les liv. courantes
proposées, et de diviser le produit par le prix du change (l'inverse pour la réduction des livres autrichiennes en livres
courantes).

Pour réduire des livres autrichiennes en livres courantes
de Genève, il suffit, lorsque le change est réglé à tant de
livres autrichiennes pour 100 livres courantes, de centupler
les livres autrichiennes proposées, et de diviser le produit par
le prix du change (l'inverse pour la réduction des livres cour.
en liv. autrichiennes).

GENÈVE ET NAPLES.

(Voyez, pour la subdivision des monnaies, les nᵒˢ 345 et 361.)

EXEMPLE.

471. *Réduire 9611 liv. cour. 15 sous de Genève en ducats,*
au change de 53 sous cour. pour 1 ducat.

15 sous $=$ 0,750 de liv. (T. 1.)

$$\left.\begin{array}{lll} \text{1 liv. cour.} : & \text{20 sous} \\ \underline{\text{53 sous}} \quad : & \text{1 ducat} \end{array}\right\} :: 9611 \text{ l. c.,75} : x = \text{Rép. 3627 duc. 8 grains.}$$
$$\text{53} \qquad : \quad \text{20 nombre fixe}$$

PREUVE.

Réduire 3627 *ducats* 8 *grains en liv. cour., au change de*
53 *sous cour. pour* 1 *ducat.*

$$\left.\begin{array}{lll} \text{1 ducat} \quad : & \text{53 s. cour.} \\ \underline{\text{20 s. cour.}} : & \text{1 l. cour.} \end{array}\right\} :: 3627 \text{ duc.,08} : x = \text{R. 9611 l. c. 15 s. 3 den.}$$
$$\text{20 n}^{\text{re}} \text{ fixe} \; : \; \text{53}$$

On déduit des conjointes ci-dessus les deux règles générales suivantes :

*Pour réduire en ducats de Naples des livres courantes de
Genève, il suffit de multiplier celles-ci par* 20, *et de diviser
le produit par le prix du change* (l'inverse pour la réduction
des ducats en liv. courantes).

GENÈVE et VENISE.

472. Genève donnant à Venise, comme à Milan, 52 livres
courantes, plus ou moins, pour en recevoir 100 liv. autrich.,
le premier exemple du n° 470, ainsi que sa preuve, relatifs,
tous les deux, au change de Genève avec Milan, s'appliquent
littéralement au change de Genève avec Venise ; voilà pourquoi nous y renvoyons le lecteur.

GENÈVE et VIENNE.

(Voyez, pour la subdivision des monnaies, les n°ˢ 352 et 361.)

EXEMPLE.

473. *Réduire* 422 *livres courantes en flor. effectifs d'Autriche, au change de* 125 $\frac{7}{8}$ *de florins effectifs pour* 200 *livres
courantes.*

$$\tfrac{7}{8} = 0,875. \, (\text{T. 6.})$$

$$\text{200 liv. cour.} : \text{125 fl.,875} :: \text{422 liv. cour.} : x.$$

$$x = \frac{422 \times 125,875}{200} = \frac{53119,25}{200} = \text{Rép. 265 fl. eff. 35 kreutz. 3 pen.}$$

PREUVE.

Réduire 265 *flor. effectifs* 35 *kreutzers* 3 *pennings en liv.
courantes, au change de* 125,875 *florins effectifs pour* 200 *livres courantes.*

35 kreutz. 3 pen. $=$ 0,595 de flor. (T. 3.)

125 fl.,875 : 200 liv. cour. :: 265 fl.,595 : x.

$$x = \frac{265,595 \times 200}{125,875} = \frac{53119}{125,875} = \text{Rép. 422 liv. cour.}$$

On déduit des proportions ci-dessus les deux règles générales suivantes :

Pour réduire en florins effectifs de Vienne des liv. cour. de Genève, il suffit de multiplier celles-ci par le prix du change, et de diviser le produit par 200 (l'inverse pour la réduction des flor. en liv. courantes).

GENÈVE et TRIESTE.

474. Le florin de Trieste n'étant autre que le florin d'Autriche, et Genève changeant avec Trieste comme avec Vienne, les deux exemples du numéro précédent s'appliquent littéralement au change de Genève avec Trieste ; voilà pourquoi nous y renvoyons le lecteur.

Nota. Quant aux changes de Genève avec Amsterdam, Auguste, Cadix et Madrid, Gênes, Londres, Paris, voyez respectivement les n°ˢ 434, 445, 421, 459, 406 et 382.

Changes de Hambourg avec les places suivantes.

HAMBOURG avec LISBONNE et PORTO.

(Voyez, pour la subdivision des monnaies, les n°ˢ 354 et 365.)

PREMIER MODE DE CHANGE.

475. 1ᵉʳ Exemple. *Réduire 912 marcs banco en rées, au change de 44 sous lubs banco pour 1000 rées.*

$$\begin{array}{c}
\left. \begin{array}{lcl}
\text{1 marc b}^\text{o} & : & \text{16 sous lubs} \\
\text{44 sous lubs} & : & \text{1000 rées}
\end{array} \right\} :: \text{ 912 marcs b}^\text{o} : x. \\
\hline
44 \qquad\qquad : \quad \text{16000 nombre fixe}
\end{array}$$

$$x = \frac{912 \times 16000}{44} = \frac{14592000}{44} = \text{Rép. 3310636 rées.}$$

PREUVE.

Réduire 331φ636 rées en marcs banco, au change de 44 sous lubs banco pour 1000 rées.

$$\begin{array}{c}
\left. \begin{array}{lcl}
\text{1000 rées} & : & \text{44 sous lubs} \\
\text{16 sous lubs} & : & \text{1 marc b}^\text{o}
\end{array} \right\} :: \text{ 3310636} : x. \\
\hline
\text{16000 nomb. fixe} : \quad 44
\end{array}$$

$$x = \frac{331636 \times 44}{16000} = \frac{14591984}{16000} = \text{Rép. 912 marcs b}^\text{o}.$$

SECOND MODE DE CHANGE.

Réduire 723ϕ412 *rées en marcs banco, au change de* 34 *den. de gros banco pour* 1 *creusade de change.*

$$\left.\begin{array}{lll} \text{400 rées} & : & \text{34 den. de gros} \\ \text{32 den. de gr.} & : & \text{1 marc b}^\text{o} \end{array}\right\} \quad :: \quad 7230412 \; : \; x.$$

$$\frac{\text{12800 nomb. fixe} \; : \; 34}{}$$

$$x = \frac{723412 \times 34}{12800} = \frac{24596008}{12800} = \text{Rép. } 1921 \text{ marcs b}^\text{o} \text{ 9 schel.}$$

PREUVE.

Réduire 1921 *marcs banco* 9 *schellings en rées de Portugal, au change de* 34 *deniers de gros banco pour* 1 *creusade de change.*

$$\text{9 schellings} = 0,563. \; (\text{T. 5.})$$

$$\left.\begin{array}{lll} \text{1 marc b}^\text{o} & : & \text{32 den. de gros} \\ \text{34 den. de gros} & : & \text{400 rées} \end{array}\right\} \quad :: \quad 1921 \text{ m. b}^\text{o},563 \; : \; x.$$

$$\frac{34}{} \qquad : \quad \text{12800 nombre fixe}$$

$$x = \frac{1921,563 \times 12800}{34} = \frac{24596008,4}{34} = \text{Rép. } 7230412 \text{ rées.}$$

Ou déduit des diverses conjointes ci-dessus les quatre règles générales suivantes :

Pour réduire des marcs banco de Hambourg en rées de Portugal, il suffit, lorsque le change est réglé à tant de sous lubs pour 1000 *rées, de multiplier les marcs proposés par* 16000, *et de diviser le produit par le prix du change* (l'inverse pour la réduction des rées en marcs banco).

Pour réduire des rées de Portugal en marcs banco de Hambourg, il suffit, lorsque le change est réglé à tant de deniers de gros pour 1 *creusade de change, de multiplier les rées proposés par le prix du change, et de diviser le produit par* 12800 (l'inverse pour la réduction des marcs banco en rées).

HAMBOURG et LIVOURNE.

(Voyez, pour la subdivision des monnaies, les n°s 350 et 354.)

EXEMPLE.

476. *Réduire* 542 *piast.* 12 *sous en marcs banco, au change de* 44 ½ *sous lubs pour* 1 *piastre de* 8 *réaux.*

12 sous = 0,600 de piast. (T. 1.)

$$\begin{array}{ll} \text{1 piast.} & : \quad 44,5 \text{ sous lubs} \\ \text{16 sous lubs} & : \quad \text{1 marc b}^{\circ} \end{array} \Big\} \quad :: \quad 542 \text{ piast.,6} \quad : \quad x.$$

$$\overline{\text{16 nomb. fixe}} : \overline{44,5}$$

$$x = \frac{542,6 \times 44,5}{16} = \frac{24145,7}{16} = \text{Rép. } 1509 \text{ m. b}^{\circ} \text{ 1 s. lub 8 den.}$$

PREUVE.

Réduire 1509 marcs banco 1 sou 8 den. lubs en piastres, au change de 44 ½ sous lubs pour 1 piastre.

1 sou 8 den. lubs = 0,105 de m. b°. (T. 5.)

$$\begin{array}{ll} \text{1 m. b}^{\circ} & : \quad 16 \text{ s. lubs} \\ 44,5 \text{ s. lubs} & : \quad \text{1 piast.} \end{array} \Big\} \quad :: \quad 1509 \text{ m. b}^{\circ},105 \quad : \quad x.$$

$$\overline{44,5} \quad : \quad \overline{16 \text{ nombre fixe}}$$

$$x = \frac{1509,105 \times 16}{44,5} = \frac{24145,68}{44,5} = \text{Rép. } 542 \text{ piast. 12 sous.}$$

On déduit des conjointes ci-dessus les deux règles générales suivantes :

Pour réduire en piastres de Livourne des marcs banco de Hambourg, il suffit de multiplier ceux-ci par 16, et de diviser le produit par le prix du change (l'inverse pour la réduction des piastres en marcs banco).

HAMBOURG et MILAN.

(Voyez, pour la subdivision des monnaies, les n°ˢ 342 et 354.)

EXEMPLE.

477. *Réduire 2381 marcs banco 15 sous 8 deniers lubs en livres autrichiennes, au change de 215 livres autrichiennes pour 100 marcs banco.*

15 sous 8 den. lubs = 0,980 de marc. (T. 5.)

$$100 \text{ marcs b}^{\circ} \quad : \quad 215 \text{ liv. autr.} \quad :: \quad 2381 \text{ marcs b}^{\circ},98 \quad : \quad x.$$

$$x = \frac{2381,98 \times 215}{100} = \frac{512125}{100} = \text{Rép. } 5121,26 \text{ liv. autr.}$$

PREUVE.

Réduire 5121,26 liv. autr. en marcs banco, au change de 215 liv. autr. pour 100 marcs banco.

$$215 \text{ liv. autr.} \quad : \quad 100 \text{ marcs b}^{\circ} \quad :: \quad 5121,26 \text{ liv. autr.} \quad : \quad x.$$

$$x = \frac{5121,26 \times 100}{215} = \frac{512126}{215} = \text{Rép. } 2381 \text{ m. b}^{\circ} \text{ 15 sous 8 den.}$$

On déduit des proportions ci-dessus les règles générales suivantes :

Pour réduire en liv. autrichiennes de Milan des marcs banco de Hambourg, il suffit de multiplier ceux-ci par le prix du change, et de prendre le centième du produit (l'inverse pour la réduction des livres autrich. en marcs banco).

HAMBOURG et NAPLES.

(Voyez, pour la subdivision des monnaies, les n°s 345 et 354.)

EXEMPLE.

478. *Réduire* 1291 *marcs banco en ducats, au change de* 44 *grains pour 1 marc banco.*

$$
\begin{array}{ll}
\text{1 marc b}^\circ & : \quad 44 \text{ grains} \\
\text{100 grains} & : \quad \text{1 ducat}
\end{array}\Big\} \; :: \; 1291 \text{ marcs b}^\circ \; : \; x = \text{R. } 568 \text{ duc. 4 grains.}
$$

$$
100 \text{ n}^{\text{re}} \text{ fixe} \quad : \quad 44
$$

PREUVE.

Réduire 568 *ducats et* 4 *grains en marcs banco, au change de* 44 *grains pour 1 marc banco.*

$$
\begin{array}{ll}
\text{1 ducat} & : \quad 100 \text{ grains} \\
44 \text{ grains} & : \quad \text{1 marc b}^\circ
\end{array}\Big\} \; : \; 568 \text{ duc.,04} \; : \; x = \text{R. } 1291 \text{ marcs b}^\circ.
$$

$$
44 \quad : \quad 100 \text{ nombre fixe}
$$

On déduit des conjointes ci-dessus les deux règles générales suivantes :

Pour réduire en ducats des marcs banco de Hambourg, il suffit de multiplier ceux-ci par le prix du change, et de prendre le centième du produit (l'inverse pour la réduction des ducats en marcs banco).

HAMBOURG et SAINT-PÉTERSBOURG.

(Voyez, pour la subdivision des monnaies, les n°s 354 et 362.)

EXEMPLE.

479. *Réduire* 844 *marcs banco en roubles, au change de* 9 $\frac{3}{8}$ *schellings banco pour 1 rouble en papier.*

$$
^3/_8 \text{ schelling} = 0,375. \text{ (T. 5.)}
$$

$$
\begin{array}{ll}
\text{1 marc b}^\circ & : \quad 16 \text{ sch. b}^\circ \\
9,375 \text{ sch. b}^\circ & : \quad \text{1 rouble}
\end{array}\Big\} \; :: \; 844 \text{ marcs b}^\circ \; : \; x.
$$

$$
9,375 \quad : \quad 16 \text{ nombre fixe}
$$

$$
x = \frac{844 \times 16}{9,375} = \frac{13504}{9,375} = \text{Rép. } 1440 \text{ roubles 43 cop.}
$$

PREUVE.

Réduire 1440 *roubles* 43 *cop. en marcs banco, au change
de* 9,375 *schellings banco pour* 1 *rouble en papier.*

$$\begin{array}{ll} \text{1 rouble} & : \quad 9{,}375 \text{ schel. b}^{\circ} \\ \text{16 schel. b}^{\circ} & : \quad \text{1 marc b}^{\circ} \end{array} \Big\} \; :: \; 1440 \text{ roub. 43 cop.} \; : \; x.$$

$$\text{16 nomb. fixe} : \quad 9{,}375 \qquad :$$

$$x = \frac{1440{,}43 \times 9{,}375}{16} = \frac{13504{,}03125}{16} = \text{Rép. 844 marcs b}^{\circ}.$$

On déduit des conjointes ci-dessus les deux règles générales suivantes :

*Pour réduire en roubles de Russie des marcs banco de
Hambourg, il suffit de multiplier ceux-ci par* 16, *et de diviser le produit par le prix du change* (l'inverse pour la réduction des roubles en marcs banco).

HAMBOURG et VENISE.

(Voyez, pour la subdivision des monnaies, les n⁰ˢ 343 et 354.)

PREMIER MODE DE CHANGE.

480. 1ᵉʳ Exemple. *Réduire* 267 *marcs banco* 3 *sous* 4 *den.
lubs en liv. autrichiennes, au change de* 88 *den. de gros pour*
6 *liv. autrichiennes.*

$$3 \text{ sous 4 den. lubs} = 0{,}209 \text{ de marc. (T. 5.)}$$

$$\begin{array}{ll} \text{1 marc b}^{\circ} & : \quad 32 \text{ den. de gros} \\ \text{88 den. de gros} & : \quad 6 \text{ liv. autr.} \end{array} \Big\} \; :: \; 267 \text{ m. b}^{\circ}{,}209 \; : \; x.$$

$$\text{88} \qquad : \text{192 nombre fixe}$$

$$x = \frac{267{,}209 \times 192}{88} = \frac{51304{,}128}{88} = \text{Rép. 583 liv. autr.}$$

PREUVE.

Réduire 583 *livres autrich. en marcs banco, au change de*
88 *den. de gros pour* 6 *liv. autr.*

$$\begin{array}{ll} \text{6 liv. autr.} & : \quad 88 \text{ den. de gros} \\ \text{32 den. de gros} & : \quad \text{1 marc b}^{\circ} \end{array} \Big\} \; :: \; 583 \text{ liv. autr.} \; : \; x.$$

$$\text{192 nombre fixe} : \quad 88$$

$$x = \frac{583 \times 88}{192} = \frac{51304}{192} = \text{Rép. 267 m. b}^{\circ} \text{ 3 sous 4 den.}$$

SECOND MODE DE CHANGE.

2ᵉ Exemple. *Réduire* 3240 *liv. autr. en marcs banco, au
change de* 2,16 *liv. autr. pour* 1 *marc banco.*

$$2{,}16 \text{ liv. autr.} : \text{1 m. b}^{\circ} :: 3240 \text{ liv. autr.} : x = \text{Rép. 1500 marcs b}^{\circ}.$$

PREUVE.

Réduire 1500 *marcs banco en liv. autrichiennes, au change*
de 2,16 *liv. autr. pour* 1 *marc banco.*

1 marc b° : 2,16 liv. autr. :: 1500 marcs b° : $x =$ Rép. 3240 liv. autr.

On déduit des conjointes et proportions ci-dessus les quatre
règles générales suivantes :

Pour réduire des marcs banco de Hambourg en liv. autri-
chiennes de Venise, il faut, lorsque le change est réglé à tant de
deniers de gros pour 6 *livres autr., multiplier les marcs banco*
proposés par 192, *et diviser le produit par le prix du change*
(l'inverse pour la réduction des livres autrichiennes en
marcs banco).

Pour réduire des livres autrichiennes de Venise en marcs
banco, il suffit, lorsque le change est réglé à tant de liv. autr.
pour 1 *marc banco, de diviser les livres autrichiennes pro-*
posées par le prix du change (l'inverse pour la réduction des
marcs banco en livres autrichiennes).

HAMBOURG et VIENNE.

(Voyez, pour la subdivision des monnaies, les n°s 352 et 354.)

PREMIER ET SECOND MODÉS DE CHANGE.

481. 1ᵉʳ EXEMPLE. *Réduire* 2041 *marcs banco* 12 *sous lubs*
en florins effectifs d'Autriche, au change de 146 *flor. effectifs*
pour 200 *marcs banco.*

12 sous lubs $=$ 0,750 de marc. (T. 5.)

200 marcs b° : 146 fl. eff. :: 2041 marcs b°,75 : x.

$x =$ 2041,75 $\times$ 146 $=$ 298095,5 $=$ Rép. 1490 fl. eff. 28 kreutz. 3 pen.

PREUVE.

Réduire 1490 *florins effectifs* 28 *kreutzers* 3 *pennings en*
marcs banco, au change de 146 *flor. effectifs pour* 200 *marcs*
banco.

28 kreutz. 3 pen. $=$ 0,479 de flor. (T. 3.)

146 fl. eff. : 200 m. b° :: 1490,479 fl. eff. : x.

$$x = \frac{1490,479 \times 200}{146} = \frac{298095,8}{146} \Longleftarrow \text{Rép. 2041 m. b° 12 s. 1 den.}$$

Tandis que Hambourg cote le change sur Vienne à 146
florins effectifs, plus ou moins, pour 200 marcs banco,
Vienne cote le Hambourg à 146 rixdales cour., p. o. m.,
pour 300 marcs banco ; mais, par la raison déjà exposée
dans la remarque de la page 255, ces deux modes de change

sont les mêmes au fond, et ne donnent lieu qu'à une seule
et même opération arithmétique, qui peut se résumer par les
deux règles générales suivantes, déduites des deux proportions ci-dessus.

*Pour réduire des marcs banco de Hambourg en florins ef-
fectifs de Vienne (que le change soit réglé à tant de florins effectifs pour 200 marcs banco, ou à tant de rixdales courantes
pour 300 marcs banco), il suffit de multiplier les marcs proposés par le prix du change, et de diviser le produit par 200*
(l'inverse pour la réduction des florins en marcs banco).

HAMBOURG et TRIESTE.

PREMIER ET SECOND MODES DE CHANGE.

482. Hambourg changeant avec Trieste, comme avec
Vienne, et, d'un autre côté, le florin de Trieste n'étant
autre que le florin d'Autriche, les deux exemples du numéro précédent s'appliquent littéralement au change de Hambourg avec Trieste, et c'est pourquoi nous y renvoyons le
lecteur; mais, comme Trieste a adopté un mode particulier
de change avec Hambourg, voici deux exemples qui se rapportent à ce dernier mode.

EXEMPLE.

*Réduire 8481 florins effectifs de Trieste en marcs banco,
au change de 42 kreutzers pour 1 marc banco.*

$$\left.\begin{array}{lcl} \text{1 fl. eff.} & : & \text{60 kreutz.} \\ \text{42 kreutz.} & : & \text{1 m. b°} \end{array}\right\} \;:: \; \text{8481 fl. eff.} \; : \; x.$$

$$\frac{42}{} \quad : \quad \text{60 nombre fixe}$$

$$x = \frac{8481 \times 60}{42} = \frac{508860}{42} = \text{Rép. 12115 m. b° 11 sous 5 den.}$$

PREUVE.

*Réduire 12115 marcs banco 11 sous 5 deniers lubs en flo-
rins effectifs de Trieste, au change de 42 kreutz. pour 1 marc
banco.*

$$\text{11 sous 5 den. lubs} = 0{,}714 \text{ de marc. (T. 5.)}$$

$$\left.\begin{array}{lcl} \text{1 marc b°} & : & 4\tfrac{1}{2}\text{ kreutz.} \\ \text{60 kreutz.} & : & \text{1 flor.} \end{array}\right\} \;:: \; \text{12115 m. b°,714} \; : \; x.$$

$$\text{60 n}^{\text{re}}\text{ fixe} \quad : \quad 42$$

$$x = \frac{12115{,}714 \times 42}{60} = \frac{508859{,}988}{60} = \text{Rép. 8481 flor. eff.}$$

On déduit des conjointes ci-dessus les deux règles générales suivantes :

Pour réduire des florins effectifs de Trieste en marcs banco de Hambourg, il suffit, lorsque le change est réglé à tant de kreutzers pour 1 marc banco, de multiplier les florins proposés par 60, et de diviser le produit par le prix du change (l'inverse pour la réduction des marcs banco en florins).

Nota. Quant aux changes de Hambourg avec Amsterdam, Auguste, Berlin, Cadix et Madrid, Francfort-sur-le-Mein, Gênes, Genève, la France en général, et Paris et Marseille en particulier, voyez respectivement les n°ˢ 435, 446, 452, 422, 455, 460, 468, 387 et 388.

Changes de Lisbonne avec les places suivantes.

LISBONNE et LIVOURNE.

(Voyez, pour la subdivision des monnaies, les n°ˢ 35o et 365.)

EXEMPLE.

483. *Réduire 633φ264 rées en piastres, au change de 1002 rées pour 1 piastre de 8 réaux.*

1002 rées : 1 piast. :: 633o264 rées : $x =$ Rép. 632 piast.

PREUVE.

Réduire 632 piastres en rées, au change de 1002 rées pour 1 piastre de 8 réaux.

1 piast. : 1002 rées :: 632 piast. : $x =$ Rép. 633o264 rées.

On déduit des proportions ci-dessus les deux règles générales suivantes :

Pour réduire en piastres de Livourne des rées de Portugal, il suffit de diviser celles-ci par le prix du change (l'inverse pour la réduction des piastres en rées).

LISBONNE et NAPLES.

(Voyez, pour la subdivision des monnaies, les n°ˢ 345 et 365.)

PREMIER MODE DE CHANGE.

484. 1ᵉʳ EXEMPLE. *Réduire 424φ125 rées en ducats, au change de 831 rées pour 1 ducat de change.*

831 rées : 1 ducat :: 424o125 rées : $x =$ Rép. 510 duc. 38 grains.

PREUVE.

Réduire 510 ducats 38 grains en rées, au change de 831 rées pour 1 ducat de change.

1 ducat : 831 rées :: 510 duc. 38 : $x =$ Rép. 424o12G rées.

SECOND MODE DE CHANGE.

2ᵉ Exemple. *Réduire 665 ducats en rées, au change de 47 grains, 75 pour 1 creusade de change, égale à 400 rées.*

```
1 ducat      :  100 grains )
47,75 grains :  400 rées   )  ::  665 ducats  :  x = Rép. 557ɸ068 rées.
----------------------------
47,75        :  40000 nombre fixe
```

PREUVE.

Réduire 557ɸ068 rées en duc., au change de 47 grains, 75 pour 1 creusade de change.

```
400 rées    :  47,75 grains )
100 grains  :  1 ducat      )  ::  557ɸ068  :  x = Rép. 665 ducats.
-----------------------------
40000 nᵉ fixe :  47,75
```

On déduit des proportions et conjointes précédentes les quatre règles générales suivantes :

Pour réduire des rées de Portugal en ducats de Naples, il suffit, lorsque le change est réglé à tant de rées par ducat, de diviser les rées proposées par le prix du change (l'inverse pour la réduction des ducats en rées).

Pour réduire des ducats de Naples en rées, il suffit, lorsque le change est réglé à tant de grains pour 1 creusade de change, de multiplier les ducats proposés par 40000, et de diviser le produit par le prix du change (l'inverse pour la réduction des rées en ducats).

LISBONNE et VENISE.

(Voyez, pour la subdivision des monnaies, les nᵒˢ 343 et 365.)

PREMIER MODE DE CHANGE.

485. 1ᵉʳ Exemple. *Réduire 84ɸ552 rées en liv. autr., au change de 184 rées pour 1 liv. autrich.*

```
184 rées  :  1 liv. autr.  ::  84ɸ552  :  x = Rép. 459 liv. autr., 52.
```

PREUVE.

Réduire 459 liv. autr., 52 en rées, au change de 184 rées pour 1 liv. autr.

```
1 liv. autr.  :  184 rées  ::  459 liv. autr., 52  :  x = Rép. 84ɸ552 rées.
```

SECOND MODE DE CHANGE.

2ᵉ Exemple. *Réduire 548,45 liv. autr. en rées, au change* *de 47 sous de liv. autr., soit 2,35 liv. autr. pour 1 creusade de change égale à 400 rées.*

2 liv. autr.,35 : 4oo rées : : 548 liv. autr.,45 : x = Rép. 93o353 rées.

PREUVE.

Réduire 93φ353 rées en liv. autrichiennes, au change de 2 liv. autr. 35 c. pour 1 creusade de change.

4oo rées : 2 liv. autr.,35 :: 93o353 rées : x = Rép. 548,44 liv. autr.

On déduit des diverses proportions ci-dessus les quatre règles générales suivantes :

Pour réduire des rées de Portugal en livres autrichiennes de Venise, il suffit, lorsque le change est réglé à tant de rées par livre autrichienne, de diviser les rées proposées par le prix du change (l'inverse pour la réduction des livres autrichiennes en rées).

Pour réduire des livres autrichiennes de Venise en rées de Portugal, il suffit, lorsque le change est réglé à tant de livres autrichiennes pour 1 creusade de change, de multiplier les livres autrichiennes proposées par 400, et de diviser le produit par le prix du change (l'inverse pour la réduction des rées en livres autrichiennes).

LISBONNE et **VIENNE.**

(Voyez, pour la subdivision des monnaies, les n°ˢ 352 et 365.)

EXEMPLE.

486. *Réduire 954φ212 rées en florins effectifs d'Autriche, au change de 530 rées pour 1 flor. effectif.*

53o rées : 1 fl. eff. :: 954o212 rées : x = Rép. 18oo fl. eff. 24 kreutz.

PREUVE.

Réduire 1800 flor. effectifs 24 kreutz. en rées, au change de 530 rées pour 1 flor. effectif.

24 kreutz. = o,4oo de flor. (T. 3.)

1 fl. eff. : 53o rées :: 18oo fl. eff.,4 : x = Rép. 954o212 rées.

On déduit des proportions ci-dessus les deux règles générales suivantes :

Pour réduire en florins effectifs d'Autriche des rées de Portugal, il suffit de diviser celles-ci par le prix du change (l'inverse pour la réduction des florins en rées).

LISBONNE et TRIESTE.

PREMIER ET SECOND MODES DE CHANGE.

487. Lisbonne changeant avec Trieste comme avec Vienne, et, d'un autre côté, le florin de Trieste n'étant autre que le florin d'Autriche, les deux exemples du numéro précédent s'appliquent littéralement au change de Lisbonne avec Trieste, et c'est pourquoi nous y renvoyons le lecteur ; mais, comme Trieste a adopté un mode particulier de change avec Lisbonne, voici deux exemples qui se rapportent à ce dernier mode.

EXEMPLE.

Réduire 815 florins effectifs de Trieste en rées, au change de 119 kreutz. pour 1000 rées.

1 fl. eff.	:	60 kreutz.	
119 kreutz.	:	1000 rées	:: 815 fl. eff. : $x =$ Rép. 410924 rées.
119	:	60000 nombre fixe	

PREUVE.

Réduire 410924 rées en florins effectifs de Trieste, au change de 119 kreutz. pour 1000 rées.

1000 rées	:	119 kreutz.	
60 kreutz.	:	1 flor.	:: 410924 rées : $x =$ 815 fl. eff.
60000 nomb. fixe	:	119	

On déduit des deux conjointes ci-dessus les deux règles générales suivantes :

Pour réduire des florins effectifs de Trieste en rées de Portugal, il suffit, lorsque le change est réglé à tant de kreutzers pour 1000 rées, de multiplier les florins proposés par 60000, et de diviser le produit par le prix du change (l'inverse pour la réduction des rées en florins).

Nota. Quant aux changes de Lisbonne avec Amsterdam, Cadix et Madrid, Gênes, Hambourg, Londres et Paris, voyez respectivement les n°s 436, 423, 461, 475, 408 et 389.

Changes de Livourne avec les places suivantes.

LIVOURNE et MILAN.

(Voyez, pour la subdivision des monnaies, les n°s 342 et 350.)

488. Le change entre Londres et Milan se cote de quatre manières différentes, savoir :

à 121 sous de liv. autrichienne, p. o. m.....⎫
6 liv. autr., 05 c.................*id*..... ⎬ pour 1 piastre de change.
605 centimes....................*id*..... ⎭
605 liv. autrichiennes............*id*....: pour 100....: *dito*.

Mais il est évident que ces diverses cotes ne diffèrent qu'en apparence, et qu'il n'y a réellement qu'un seul mode de change entre ces deux places.

EXEMPLE.

Réduire 421 piastres 7 sous 8 den. en livres autrichiennes, au change de 121 sous, ou de 605 c. de liv. autr. pour 1 piastre de 8 réaux.

7 sous 8 den. = 0,383 de piast. (T. 1.)

121 sous autrichiens, ou 605 centimes font 6 livres autrichiennes 05 cent.; par conséquent, je trouverai les livres autrichiennes demandées dans le 4e terme de la proportion suivante :

1 piast. : 6,05 liv. autr. :: 421 piast.,383 : x = Rép. 2549,37 liv. autr.

PREUVE.

Réduire 2549,37 liv. autr. en piastres, au change de 6,05 livres autrich. pour 1 piastre de change.

6,05 l. autr. : 1 piast. :: 2549,37 l. autr. : x = Rép. 421 piast. 7 s. 8 den.

On déduit de ce qui précède les deux règles générales suivantes :

Pour réduire des piastres de Livourne en livres autrich. de Milan, il faut, lorsque le prix du change est donné, soit en sous, soit en centimes de cette livre, convertir d'abord ces sous ou ces centimes en livres autrichiennes, et puis il suffira de multiplier les piastres proposées par le prix du change ainsi réduit (l'inverse pour la réduction des livres autrichiennes en piastres).

Cette règle est applicable, bien entendu, au cas où le prix du change est donné à *tant* de livres autrichiennes pour 1 piastre; mais s'il était réglé à 255 livres autrichiennes, plus ou moins, pour 100 piastres, *il faudrait alors, pour réduire en livres autrichiennes des piastres, multiplier celles-ci par le prix du change, et prendre ensuite le centième du produit* (l'inverse pour la réduction des livres autrichiennes en piastres).

LIVOURNE ет NAPLES.

(Voyez, pour la subdivision des monnaies, les n°s 345 ét 35o.)

PREMIER ET SECOND MODES DE CHANGE.

EXEMPLE.

489. *Réduire 452 piastres 5 sous 8 deniers en ducats, au change de 120 $\frac{1}{2}$ ducats pour 100 piastres de 8 réaux.*

5 sous 8 den. = o,283 de piast. (T. 1.)

100 piast. : 120 duc,,5 : : 452 piast.,283 : x = Rép. 545 ducats.

PREUVE.

Réduire 545 ducats en piastres, au change de 120 duc.,5 pour 100 piastres de change.

120,5 duc. : 100 piast. : : 545 duc. : x = Rép. 452 piast. 5 sous 8 den.

Tandis que Livourne règle son change avec Naples à 120 ducats, plus ou moins, pour 100 piastres, Naples règle le sien avec Livourne à 120 grains, plus ou moins, pour 1 piastre; mais ces deux modes de change ne diffèrent qu'en apparence. En effet, le terme fixe est 100 fois plus petit dans le second mode que dans le premier, il est vrai, mais le terme variable, quoique numériquement égal dans les deux modes, est réellement 100 fois plus petit aussi dans le second que dans le premier, puisque, dans le second mode, il exprime des grains au lieu de ducats, et que le grain n'est que la centième partie du ducat. Il y a donc identité de rapports dans les deux cas ; donc ces deux modes de change sont les mêmes au fond, et ne doivent donner lieu, par conséquent, qu'à une seule et même opération arithmétique, qui peut se résumer par les deux règles générales suivantes, déduites des proportions qui précèdent.

Pour réduire des piastres de Livourne en ducats de Naples (que le prix du change soit exprimé à tant de ducats pour 100 piastres, ou à tant de grains pour 1 ducat), il suffit de multiplier les piastres proposées par le prix du change, et de prendre le centième du produit (l'inverse pour la réduction des ducats en piastres).

LIVOURNE ет VENISE.

490. Il existe entre ces deux places deux modes de change différens : l'un est le même que celui qui a lieu entre Li-

vourne et Milan, dont nous avons donné deux exemples au n° 488, et auxquels nous renvoyons le lecteur; le second mode est celui que nous avons mentionné dans le *nota*, placé à la suite du cours des changes de Venise, page 242 (¹). Voici deux exemples qui se rapportent à ce dernier mode.

EXEMPLE.

Réduire 425 piastres 12 sous 8 den. en liv. autrichiennes, au change de 96 sous bonne monnaie pour 5 liv. autr.

$$\text{12 sous 8 den.} = 0{,}633 \text{ de piast. (T. 1.)}$$

$$
\left.
\begin{array}{lcl}
\text{1 piast.} & : & \text{115 s. b}^e \text{ mon}^e \\
\text{96 s. b}^e \text{ mon}^e & : & \text{5 liv. autr.}
\end{array}
\right\} \ :: \ \text{425 piast.,633} \ : \ x.
$$

$$\overline{96} \quad : \quad \overline{575} \text{ nombre fixe}$$

$$x = \frac{425{,}633 \times 575}{96} = \frac{244738{,}975}{96} = \text{Rép. 2549,36 liv. autr.}$$

PREUVE.

Réduire 2549,36 liv. autr. en piastres, au change de 96 sous bonne monnaie pour 5 liv. autr.

$$
\left.
\begin{array}{lcl}
\text{5 liv. autr.} & : & \text{96 s. b}^e \text{ mon}^e \\
\text{115 s. b}^e \text{ mon}^e & : & \text{1 piast.}
\end{array}
\right\} \ :: \ \text{2549,36 liv. autr.} \ : \ x.
$$

$$\overline{575} \text{ nomb. fixe} \quad ; \quad \overline{96}$$

$$x = \frac{2549{,}36 \times 96}{575} = \frac{244738{,}56}{575} = \text{Rép. 425 piast. 12 sous 8 den.}$$

On déduit des conjointes ci-dessus les deux règles générales suivantes :

Pour réduire des piastres de Livourne en liv. autrich. de Venise, il suffit, lorsque le change est réglé à tant de sous, bonne monnaie, pour 5 liv. autr., de multiplier les piast. proposées par 575, et de diviser le produit par le prix du change (l'inverse pour la réduction des livres autrich. en piastres).

LIVOURNE et VIENNE.

(Voyez, pour la subdivision des monnaies, les n°ˢ 350 et 352.)

PREMIER ET SECOND MODES DE CHANGE.

491. Il existe entre ces deux places les deux mêmes modes de change qu'entre Auguste et Livourne , et comme

---

(¹) Il existe, dans la mention de ce change, une faute de typographie qui se trouve corrigée à l'*errata* : le terme fixe doit être de 5 liv. autrichiennes, au lieu de 1 livre, portée par erreur.

le florin d'Autriche a la même valeur que le florin courant
d'Auguste, il en résulte que les quatre exemples du n° 447,
relatifs au change d'Auguste avec Livourne, s'appliquent littéralement au change de Livourne avec Vienne, et c'est
pourquoi nous y renvoyons le lecteur.

LIVOURNE ET TRIESTE.

PREMIER ET SECOND MODES DE CHANGE.

492. Livourne donnant à Trieste, ainsi qu'à Vienne et à
Auguste, 100 piastres de 8 réaux pour 204 florins effectifs ,
plus ou moins, et, d'un autre côté, le florin effectif de
Trieste ayant la même valeur que le florin courant d'Auguste,
il en résulte que les deux derniers exemples du n° 447, relatifs au deuxième mode de change entre Auguste et Livourne,
s'appliquent littéralement au change de Livourne avec
Trieste ; et c'est pourquoi nous y renvoyons le lecteur. Mais
comme Trieste a adopté un autre mode de change avec Livourne, voici deux exemples qui se rapportent à ce dernier
mode.

EXEMPLE.

*Réduire 245 florins effectifs de Trieste en piastres de Li-
vourne, au change de 119 kreutzers pour 1 piastre de 8 réaux.*

1 fl. eff. : 60 kreutz. $\Big\}$ :: 245 fl. eff. : $x=$ Rép. 123 piast. 10 s. 7 den.
119 kreutz. : 1 piast.

119   : 60 nombre fixe

PREUVE.

*Réduire 123 piastres 10 sous 7 deniers en florins effectifs
de Trieste, au change de 119 kreutzers pour 1 piastre de
8 réaux.*

10 sous 7 den. = 0,530 de piast. (T. I.)

1 piast.   : 119 kreutz. $\Big\}$ :: 123 piast.,53 : $x=$ Rép. 245 flor. eff.
60 kreutz. : 1 fl. eff.

60 n^re fixe : 119

On déduit des conjointes ci-dessus les deux règles générales
suivantes :

*Pour réduire des florins effectifs de Trieste en piastres de
Livourne, il suffit, lorsque le change est réglé à tant de kreutzers pour 1 piastre de 8 réaux, de multiplier les florins proposés par 60, et de diviser le produit par le prix du change
(l'inverse pour la réduction des piastres en florins).*

REMARQUE. Lorsque le change sera à 120 grains juste, il

suffira de prendre la moitié des florins, pour les réduire en piastres, et de doubler les piastres pour les réduire en florins.

Nota. Quant aux changes de Livourne avec Amsterdam, Auguste, Cadix et Madrid, Francfort-sur-le-Mein, Gênes, Genève, Hambourg, Lisbonne, Londres, Paris, voyez respectivement les n°s 437, 447, 424, 456, 462, 469, 476, 483, 409, 390.

Changes de Milan avec les places suivantes.

MILAN et NAPLES.

(Voyez, pour la subdivision des monnaies, les n°s 342 et 345.)

PREMIER MODE DE CHANGE.

493. 1ᵉʳ Exemple. *Réduire 7051,33 livres autrichiennes en ducats, au change de 506 livres autrichiennes pour 100 ducats de change.*

506 liv. autr. : 100 duc. :: 7051,33 liv. autr. : $x =$ R. 1393 duc. 54 grains.

PREUVE.

Réduire 1393 ducats 54 grains en livres autrichiennes, au change de 506 livres autrichiennes pour 100 ducats de change.

100 duc. : 506 liv. autr. :: 1393 duc.,54 : $x =$ Rép. 7051,32 liv. autr.

SECOND MODE DE CHANGE.

2ᵉ Exemple. *Réduire 452 ducats 45 grains en livres autrichiennes, au change de 20 grains, 15 pour 1 liv. autrichienne.*

1 ducat | 100 grains
 20,15 grains | 1 liv. autr. $\Big\}$ :: 452 duc.,45 : $x =$ R. 2245,41 liv. autr.

20,15 : 100 nombre fixe

PREUVE.

Réduire 2245,41 liv. autr. en ducats, au change de 20,15 grains pour 1 liv. autrichienne.

1 liv. autr. : 20,15 grains
 100 grains : 1 ducat $\Big\}$ :: 2245,41 liv. autr. : $x =$ R. 452 duc. 45 gr.

100 nᵇʳᵉ fixe : 20,15

On déduit des proportions et conjointes ci-dessus les quatre règles générales suivantes :

*Pour réduire des livres autrichiennes de Milan en ducats
de Naples, il suffit, lorsque le change est réglé à tant de livres
autrichiennes pour 100 ducats de change, de multiplier les
livres autrichiennes proposées par 100, et de diviser le produit par le prix du change (* l'inverse pour la réduction des
ducats en livres autrichiennes).

*Pour réduire des ducats de Naples en livres autrichiennes,
il suffit, lorsque le change est réglé à tant de grains pour
1 livre autrichienne, de multiplier les ducats proposés par
100, et de diviser le produit par le prix du change (* l'inverse
pour la réduction des livres autrichiennes en ducats).

MILAN et VENISE.

494. Ainsi que nous l'avons vu (342), la nouvelle unité
monétaire du royaume lombardo-vénitien est, depuis 1824,
la livre autrichienne, qui se divise, comme le franc de France,
en 100 centimes. Par conséquent, ces deux placés changent
entre elles à tant p. % de perte, ou de bénéfice, ou au pair,
c. à d. comme Paris avec les places de l'intérieur. C'est pourquoi nous nous référons, à cet égard, aux divers exemples
que nous avons donnés (315 à 319) sur le change intérieur.

MILAN et VIENNE.

(Voyez, pour la subdivision des monnaies, les n⁰ˢ 342 et 352.)

PREMIER MODE DE CHANGE.

495. 1ᵉʳ EXEMPLE. *Réduire 6920,45 livres autrichiennes
en florins effectifs, au change de 295 liv. autr. pour 100 florins effectifs.*

295 liv. autr. : 100 fl. eff. :: 6920,45 liv. autr. : x.

$$x = \frac{6920,45 \times 100}{295} = \frac{692045}{295} = \text{Rép. } 2345 \text{ fl. eff. } 55 \text{ kreutz.}$$

PREUVE.

*Réduire 2345 florins effectifs 55 kreutzers en livres au-
trichiennes, au change de 295 livres autrich. pour 100 flor.
effectifs.*

55 kreutz. = 0,917 de flor. (T. 3.)

100 fl. eff. : 295 liv. autr. :: 2345 fl. eff.,917 : x.

$$x = \frac{2345,917 \times 295}{100} = \frac{692045,515}{100} = \text{Rép. } 6920,46 \text{ liv. autr.}$$

SECOND MODE DE CHANGE.

2ᵉ Exemple. *Réduire 482 florins effectifs en livres autri-chiennes, au change de 99 florins effectifs pour 300 livres autrichiennes.*

99 fl. eff. : 300 liv. autr. :: 482 fl. eff. ; $x =$ Rép. 1460,61 liv. autr.

PREUVE.

Réduire 1460,61 livres autrichiennes en florins effectifs, au change de 99 florins effectifs pour 300 liv. autrichiennes.

300 liv. autr. : 99 fl. :: 1460,61 liv. autr. : $x =$ Rép. 482 fl. eff.

On déduit des diverses proportions ci-dessus les quatre règles générales suivantes :

Pour réduire des livres autrichiennes de Milan en florins effectifs d'Autriche, il suffit, lorsque le change est réglé à tant de livres autrichiennes pour 100 florins effectifs, de multiplier les livres autrichiennes proposées par 100, et de diviser le produit par le prix du change (l'inverse pour la réduction des florins effectifs en livres autrichiennes).

Pour réduire des florins effectifs d'Autriche en livres autrichiennes de Milan, il suffit, lorsque le change est réglé à tant de flor. effectifs pour 300 liv. autr., de multiplier les florins proposés par 300, et de diviser le produit par le prix du change (l'inverse pour la réduction des livres autrich. en florins).

MILAN et TRIESTE.

496. Il existe entre Milan et Trieste les deux mêmes modes de change qu'entre Milan et Vienne ; et comme le florin effectif de Trieste a la même valeur que le florin effectif de Vienne, il en résulte que les quatre exemples du numéro précédent, relatifs au change de Milan avec Vienne, s'appliquent littéralement au change de Milan avec Trieste ; et c'est pourquoi nous y renvoyons le lecteur.

Nota. Quant aux changes de Milan avec Amsterdam, Auguste, Francfort-sur-le-Mein, Gênes, Genève, Hambourg, Livourne, Londres et Paris, voyez respectivement les nᵒˢ 438, 448, 457, 463, 470, 477, 488, 410 et 392.

Changes de Naples avec les places suivantes.

NAPLES et VENISE.

(Voyez, pour la subdivision des monnaies, les nᵒˢ 343 et 345.)

PREMIER ET DEUXIÈME MODES DE CHANGE.

497. Il existe entre Naples et Venise les deux mêmes modes de change qu'entre Naples et Milan. Par conséquent, les quatre exemples du nᵒ 493, relatifs au change de Milan avec Naples, s'appliquent littéralement au change de Naples avec Venise ; et c'est pourquoi nous y renvoyons le lecteur.

NAPLES et VIENNE.

(Voyez, pour la subdivision des monnaies, les nᵒˢ 345 et 352.)

EXEMPLE.

498. *Réduire 854 ducats 45 grains en florins effectifs de Vienne, au change de 59 grains,35 pour 1 florin effectif.*

$$\begin{array}{lll}
\text{1 ducat} & : & \text{100 grains} \\
\text{59,35 grains} & : & \text{1 flor. eff.}
\end{array} \Big\} :: 854\,\text{duc.,}45 : x.$$

$$\overline{59,35 \quad : \quad 100 \text{ nombre fixe}}$$

$$x = \frac{854,45 \times 100}{59,35} = \frac{85445}{59,35} = \text{Rép. } 1439 \text{ fl. eff. } 40 \text{ kr. 3 pen.}$$

PREUVE.

Réduire 1439 flor. effectifs 40 kreutz. 3 pennings en duc., au change de 59 grains,35 pour 1 flor. effectif.

40 kreutz. 3 pen. = 0,679 de flor. (T. 3.)

$$\begin{array}{lll}
\text{1 flor. eff.} & : & \text{59,35 grains} \\
\text{100 grains} & : & \text{1 ducat}
\end{array} \Big\} :: 1439 \text{ fl. eff.,}679 : x.$$

$$\overline{100 \text{ nʳᵉ fixe} \quad : \quad 59,35}$$

$$x = \frac{1439,679 \times 59,35}{100} = \frac{85444,94865}{100} = \text{Rép. } 854 \text{ duc. 45 grains.}$$

On déduit des conjointes ci-dessus les deux règles générales suivantes :

Pour réduire en florins effectifs d'Autriche des ducats de Naples, il suffit de multiplier ceux-ci par 100, et de diviser le produit par le prix du change (l'inverse pour la réduction des florins effectifs en ducats).

NAPLES ᴇᴛ TRIESTE.

499. Naples donnant à Trieste, comme à Vienne, 60 grains, plus ou moins, pour 1 florin effectif, et le florin effectif de Trieste n'étant autre que le florin d'Autriche, il en résulte que les deux exemples du numéro précédent, relatifs au change de Naples avec Vienne, s'appliquent littéralement au change de Naples avec Trieste; et c'est pourquoi nous y renvoyons le lecteur.

Noᴛᴀ. Quant aux changes de Naples avec Amsterdam, Auguste, Cadix et Madrid, Gênes, Genève, Hambourg, Lisbonne, Livourne, Londres, Milan et Paris, voyez respectivement les nᵒˢ 439, 449, 425, 464, 471, 478, 484, 489, 411, 493 et 393.

CHANGE ᴅᴇ SAINT-PÉTERSBOURG ᴀᴠᴇᴄ VIENNE.

(Voyez, pour la subdivision des monnaies, les nᵒˢ 352 et 362.)

EXEMPLE.

500. *Réduire* 4531 *roubles en flor. effectifs, au change de* 26 *kreutz. pour* 1 *rouble en papier.*

1 rouble   :   26 kreutz. ⎫
60 kreutz.   :   1 flor.   ⎬ :: 4531 roub. : x = Rép. 1963 fl. eff. 26 kr.
____
60 nʳᵉ fixe :   26

PREUVE.

Réduire 1963 *flor. eff.* 26 *kreutz. en roubles, au change de* 26 *kreutz. pour* 1 *rouble en papier.*

26 kreutz. = 0,433 de flor. (T. 3.)

1 flor.   :   60 kreutz. ⎫
26 kreutz. :   1 rouble ⎬ :: 1963 fl.,433 : x = Rép. 4531 roubles.
____
26   :   60 nombre fixe

On déduit des conjointes ci-dessus les deux règles générales suivantes :

Pour réduire en florins effectifs d'Autriche des roubles de Russie, il suffit de multiplier ceux-ci par le prix du change, et de diviser le produit par 60 (l'inverse pour la réduction des florins effectifs en roubles).

Noᴛᴀ. Quant aux changes de Saint-Pétersbourg avec Amsterdam, Berlin, Londres, Hambourg et Paris, voyez respectivement les nᵒˢ 440, 453, 412, 479 et 394.

Changes de Venise avec les places suivantes.

VENISE et PARIS.

(Voyez, pour la subdivision des monnaies, le n° 343.)

501. Paris, ainsi que nous l'avons déjà vu, page 221, donne à Venise 86 fr. plus ou moins, pour 100 liv. autr. ; mais Venise donne à Paris 116 liv. autr., plus ou moins, pour 100 fr., ou, ce qui est la même chose, 1,16 liv. autr., plus ou moins, pour 1 franc. Voici deux exemples qui se rapportent à ce dernier mode de change.

EXEMPLE.

Réduire 236 liv. autrichiennes en francs, au change de 1,16 liv. autr. pour 1 franc.

1,16 liv. autr. : 1 fr. :: 236 liv. autr. : $x =$ Rép. 203 fr. 45 c.

PREUVE.

Réduire 203 fr. 45 c. en liv. autrichiennes, au change de 1,16 livre autr. pour 1 franc.

1 fr. : 1,16 liv. autr. :: 203 fr. 45 c. : $x =$ Rép. 236 liv. autr.

On déduit des proportions ci-dessus les deux règles générales suivantes :

Pour réduire en francs des livres autrichiennes de Venise, il suffit de diviser celles-ci par le prix du change (l'inverse pour la réduction des francs en livres autrichiennes).

VENISE et VIENNE.

(Voyez, pour la subdivision des monnaies, les n°° 343 et 352.)

PREMIER MODE DE CHANGE.

502. 1ᵉʳ **EXEMPLE.** *Réduire 985,45 liv. autrichiennes en florins effectifs, au change de 2,95 liv. autr. pour 1 flor. effectif.*

2,95 liv. autr. : 1 flor. :: 985,45 liv. autr. : $x =$ Rép. 334 fl. eff. 3 kr.

PREUVE.

Réduire 334 flor. eff. 3 kreutz. en livres autrichiennes, au change de 2,95 liv. autr. pour 1 flor. effectif.

3 kreutz. = 0,050 de flor. (T. 3.)

1 flor. : 2,95 liv. autr. :: 334 fl.,05 : $x =$ Rép. 985,45 liv. autr.

SECOND MODE DE CHANGE.

2ᵉ Exemple. *Réduire 334 flor. eff. en livres autrichiennes, au change de 99 flor. eff. pour 300 liv. autr.*

99 fl. eff. : 300 liv. autr. :: 334 flor. eff. : $x =$ Rép. 1012,12 liv. autr.

PREUVE.

Réduire 1012,12 liv. autrichiennes en flor. effectifs, au change de 99 flor. eff. pour 300 liv. autr.

300 liv. autr. : 99 fl. eff. :: 1012,12 liv. autr. : $x =$ Rép. 334 fl. eff.

On déduit des diverses proportions ci-dessus les quatre règles générales suivantes :

Pour réduire des livres autrichiennes en florins effectifs d'Autriche, il suffit, lorsque le change est réglé à tant de liv. autrichiennes pour 1 flor. eff., de diviser les livres proposées par le prix du change (l'inverse pour la réduction des florins en livres autrichiennes).

Pour réduire des florins effectifs d'Autriche en livres autrichiennes, il suffit, lorsque le change est réglé à tant de florins effectifs pour 300 liv. autr., de multiplier les florins proposés par 300, et de diviser par le prix du change (l'inverse pour la réduction des livres autrichiennes en florins).

Nota. Quant aux changes de Venise avec Amsterdam, Auguste, Gênes, Genève, Hambourg, Lisbonne, Livourne, Londres, Milan et Naples, voyez respectivement les nᵒˢ 441, 450, 465, 472, 480, 485, 490, 414, 494 et 497.

VIENNE et LONDRES.

503. Ainsi que nous l'avons expliqué (413), les deux exemples du change d'Auguste avec Londres, du nᵒ 400, s'appliquent littéralement au change de Vienne avec Londres, et c'est pourquoi nous renvoyons le lecteur audit nᵒ 400.

Nota. Quant aux changes de Vienne avec Amsterdam, Berlin, Francfort-sur-le-Mein, Gênes, Genève, Hambourg, Lisbonne, Livourne, Milan, Naples, Paris, Saint-Pétersbourg et Venise, voyez respectivement les nᵒˢ 442, 454, 458, 466, 473, 481, 486, 491, 495, 498, 396, 500 et 502.

RÉSUMÉ GÉNÉRAL.

504. Nous venons de passer en revue les changes étrangers de la plus grande partie des places de l'Europe; et ce

travail qui, dans cette édition, a quatre fois plus d'étendue
que dans la précédente, répond à tous les besoins de la banque. Au reste, fût-il plus étendu encore, il n'apprendrait
rien de plus, puisque nous avons donné une méthode universelle, dont l'application, à chaque change en particulier,
offre le mode de solution le plus court possible.

En effet, quelque compliquée que soit une question sur les
changes, elle ne donne jamais lieu qu'à une conjointe dans
laquelle il n'y a qu'un terme de variable, qui est le prix du
change. Il résulte de là qu'après avoir opéré sur tous les autres termes les différentes réductions dont ils sont susceptibles, on aura toujours un *nombre fixe* et invariable pour
le produit, soit de tous les antécédens, soit de tous les conséquens, et que la colonne dans laquelle se trouvera le prix du
change offrira également un nombre fixe (composé du produit de tous les termes, moins un), qui, pour devenir complet
et invariable, n'aura besoin que d'être multiplié par ce prix
même du change.

Voilà donc le rapport composé de la conjointe trouvé une
fois pour toutes, et, par conséquent, l'on est à même d'en
extraire la règle générale qui s'y rapporte ; ce qui fait que,
comme nous l'avons avancé dans notre avant-propos, la
solution de toutes les questions semblables dépend d'une simple proportion dans laquelle il n'y a jamais que le premier ou
le second terme à compléter, à l'aide d'un facteur déterminé,
qui n'est autre chose que le prix du change.

Notre méthode a encore cet avantage, que, à mesure qu'il
surviendra de nouveaux changemens dans les différens modes
de change actuellement en usage, il suffira de les connaître
pour être en état de leur appliquer le même mode de solution, et d'en extraire la règle générale qui s'y rapporte. Or,
comme il n'y a que les personnes vouées à la profession du
haut commerce qui aient besoin de chiffrer un arbitrage, elles
ne peuvent, par cela même, manquer de connaître les élémens de semblables problèmes.

Enfin, on doit conclure des observations précédentes que
mon traité sur les changes ne peut pas vieillir, et que, par
conséquent, il sera utile dans tous les temps ; puisque, nous
le répétons encore, notre méthode ne dépend pas de tel ou
tel mode de change donné, mais qu'elle est applicable à toutes
les questions de la même nature, qui peuvent bien varier
dans la forme, mais jamais quant au fond.

De la rectification à opérer dans les tableaux relatifs à l'évaluation des monnaies étrangères, compris p. 225 à 269.

505. Pendant que les tableaux relatifs à l'évaluation des monnaies étrangères d'or et d'argent étaient sous presse, il est survenu une ordonnance royale, en date du 27 février 1835, qui a réduit d'un tiers les frais de fabrication des matières d'or et d'argent : voici la teneur des deux premiers articles de cette ordonnance.

« Art. 1er. A partir du 1er juillet prochain, les frais de fabrication des
» monnaies d'or et d'argent, à payer aux directeurs des monnaies, sont
» fixés, tous déchets compris, savoir :
» Par kilogramme, au titre monétaire (900 millièmes);
» Pour les espèces d'or, à 6 fr. au lieu de 9 fr.;
» Pour les espèces d'argent, à 2 fr. au lieu de 3 fr.
» Conformément à la loi du 7 germinal an xi, il ne pourra être exigé de
» ceux qui porteront des matières d'or et d'argent aux hôtels des mon-
» naies que les frais de fabrication au taux fixé ci-dessus.
» Art. 2. En conséquence de l'article précédent, à dater de la même
» époque, les espèces duodécimales d'or démonétisées, qui, d'après l'ar-
» ticle 2 de la loi du 30 mars 1834, devaient être payées au change des
» hôtels des monnaies, sur le pied de 3091 fr. le kilogramme, seront
» payées 3094 fr. le kilogramme; et les espèces duodécimales d'argent
» démonétisées, dont la valeur avait été fixée à 200 fr. 60 c., y compris la
» bonification pour l'or contenu dans lesdites espèces, seront payées
» 201 fr. 60 c. le kilogramme. »

Nos tableaux ayant été calculés d'après l'ancienne fixation des frais de fabrication, il est évident que les valeurs des monnaies étrangères d'or et d'argent, portées dans les deux dernières colonnes desdits tableaux, sont maintenant trop faibles d'une quantité proportionnelle à la quotité de la réduction statuée par l'ordonnance royale précitée, et que, par conséquent, il faudra augmenter d'autant lesdites valeurs.

Mais la précaution que nous avons eue d'indiquer dans ces tableaux le titre et le poids de chaque pièce suffit pour mettre le lecteur à même d'opérer la rectification que nécessite la réduction ci-dessus, et celle que pourrait nécessiter, plus tard, toute autre réduction du même genre. Voici la méthode à suivre, à cet effet, pour les matières d'or et d'argent.

EXEMPLE I.

Combien doit-on payer, au change des hôtels des monnaies, d'après la nouvelle fixation des frais de fabrication, 1 kilogr. d'or, au titre de 0,915, qui, d'après l'ancienne fixation de ces mêmes frais, était payé sur le pied de 3142 fr. 52 c., ainsi qu'on le voit, ligne 1re du tableau de la page 225?

La réduction des frais de fabrication, statuée par l'ordonnance royale précitée, étant de 3 francs par kilogramme d'or, au titre monétaire, d'une part; et de l'autre, les frais de fabrication étant en raison directe de chaque titre, voici comment je raisonne pour trouver la réduction correspondante au titre proposé de 915 millièmes : *Si 1 kilogramme d'or, au titre de 900 millièmes, donne lieu à une réduction de 3 francs dans les frais de fabrication, à quelle réduction donnera lieu 1 kilogramme, au titre de 915 millièmes?* D'où la proportion suivante :

900 millièmes : 3 fr. } :: 915 millièmes : x,
300 : 1 }

dont le 4e terme, 3 fr. 05 c., ajouté à 3142 fr. 52 c., donne 3145 fr. 57 c. pour somme et pour réponse à la question.

EXEMPLE II.

La guinée d'Angleterre, portée sur la 1re ligne du tableau de la page 225, contenant 915 millièmes de fin, son poids étant de 8 gr.,34, et sa valeur, calculée d'après l'ancienne fixation des frais de fabrication étant de 26 fr. 21 c., quelle en sera la valeur eu égard à la nouvelle fixation de ces mêmes frais?

Dans tous les cas pareils, il faut commencer par chercher, d'après la méthode employée dans l'exemple précédent, quelle est la réduction proportionnelle des frais de fabrication sur un kilogramme d'or, au même titre que la pièce dont il s'agit. Ici, nous sommes dispensé de cette recherche, puisque nous venons de voir qu'au titre de 915 millièmes, qui est celui de la guinée, la réduction des frais de fabrication est de 3 fr. 05 c. Cette réduction une fois connue, je dis : *Si 1 kilogramme, ou 1000 grammes à 915 millièmes, donne lieu à une réduction de 3 fr. 05 c., à quelle réduction donneront lieu 8 gr.,34, poids de la guinée au même titre de 915 millièmes?* D'où la proportion suivante :

1000 grammes : 3 fr. 05 c. :: 8 gr.,34 : x,

dont le 4e terme, 0 fr.,0254370, soit 3 c., ajouté à 26 fr. 21 c., donne 26 fr. 24 c. (1) pour valeur demandée de la

(1) Si l'on multiplie 3145 fr. 57 c. (valeur que nous avons trouvée être celle du kilogramme d'or au titre de 915 millièmes, d'après la nouvelle

guinée, calculée d'après la nouvelle fixation des frais de fabrication.

On déduit de ce qui précède les deux règles générales suivantes :

506. *Connaissant la valeur d'un kilogramme d'or à un titre quelconque, basée sur l'ancienne fixation des frais de fabrication, il suffit, pour en trouver la valeur correspondante à la nouvelle fixation de ces mêmes frais, d'ajouter à la valeur connue le quotient résultant de la division du titre proposé par le nombre fixe 300.*

507. *Connaissant la valeur d'une pièce d'or étrangère à un titre quelconque, basée sur l'ancienne fixation des frais de fabrication, il faut, pour en trouver la valeur correspondante à la nouvelle fixation de ces mêmes frais : 1° diviser le titre de la pièce proposée par le nombre fixe 300 ; 2° multiplier ensuite le quotient obtenu par le poids de la pièce, et prendre le millième du produit ; 3° enfin, ajouter ce dernier résultat à la valeur connue de la pièce, et la somme donnera la valeur demandée.*

508. Nous voici arrivé aux matières d'argent ; comme la méthode qui leur est applicable est la même au fond que celle relative aux matières d'or, nous nous bornerons à indiquer les opérations.

EXEMPLE III.

Combien doit-on payer au change des hôtels des monnaies, d'après la nouvelle fixation des frais de fabrication, 1 kilogramme d'argent, au titre de 923 millièmes, qui, d'après l'ancienne fixation de ces mêmes frais, était payé sur le pied de 202 fr. 03 c., ainsi qu'on le voit à l'avant-dernière ligne du tableau de la page 225 ?

La réduction des frais de fabrication étant, d'après la nouvelle fixation, de 1 fr. par kilogramme d'argent, au titre monétaire, je trouverai la réduction correspondante à 1 kilogramme d'argent, au titre proposé, au moyen de la proportion suivante :

$$900 \text{ millièmes} : 1 \text{ fr.} :: 923 \text{ millièmes} : x.$$

dont le 4ᵉ terme, 1 franc,0255, soit 1 fr. 03 c., ajouté à

---

fixation des frais de fabrication) par 8 gr.,34, qui est le poids de la guinée, on trouvera le même résultat, 26 fr. 24 c. ; ce qui prouve tout à la fois l'exactitude de la méthode et la justesse matérielle des calculs.

202 fr. 03 c., donne 203 fr. 06 c. pour somme et pour ré
ponse à la question.

EXEMPLE IV.

*La nouvelle couronne de 5 schellings d'Angleterre, portée
sur l'avant-dernière ligne du tableau de la page 225, contenant 923 millièmes de fin, son poids étant de 28 gr.,22, et sa
valeur, calculée d'après l'ancienne fixation des frais de fabrication, étant de 5 fr. 70 c., quelle en sera la valeur, eu égard
à la nouvelle fixation de ces mêmes frais ?*

Il faut opérer ici, et, par la même raison, absolument
comme dans l'exemple ii; et comme on a déjà vu, dans
l'exemple qui précède, que la réduction proportionnelle des
frais de fabrication, sur 1 kilogramme d'argent au même
titre que la pièce proposée, est de 1 fr. 03 c., je dois trouver
la réduction correspondante à cette même pièce, au moyen
de la proportion suivante :

1000 grammes : 1 fr. 03 c. :: 28 gr.,22 : x.

dont le 4ᵉ terme, 0 fr., 0290666, soit 3 c., ajouté à 5 fr. 70 c.,
donne 5 fr. 73 c. pour somme et pour réponse à la question(¹).

On déduit de ce qui précède les deux règles générales sui
vantes :

509. *Connaissant la valeur d'un kilogramme d'argent à un
titre quelconque, basée d'après l'ancienne fixation des frais
de fabrication, il suffit, pour en trouver la valeur correspondante à la nouvelle fixation de ces mêmes frais, d'ajouter à la
valeur connue le quotient résultant de la division du titre
proposé par le nombre fixe 900.*

510. *Connaissant la valeur d'une pièce d'argent étrangère
à un titre quelconque, basée sur l'ancienne fixation des frais
de fabrication, il faut, pour trouver sa valeur correspon
dante à la nouvelle fixation de ces mêmes frais : 1° diviser le
titre de la pièce proposée par le nombre fixe 900 ; 2° multiplier
ensuite le quotient obtenu par le poids de la pièce, et prendre
le millième du produit ; 3° enfin, ajouter ce dernier résultat
à la valeur connue de la pièce, et la somme donnera la valeur
demandée.*

(¹) Si l'on multiplie 202 fr. 03 c. (valeur que nous avons trouvée être
celle du kilogramme d'argent au titre de 923 millièmes, d'après la nouvelle fixation des frais de fabrication) par 28 gr.,22, qui est le poids de la
nouvelle couronne d'argent d'Angleterre, on trouvera le même résultat,
5 fr. 73 c.; ce qui prouve tout à la fois l'exactitude de la méthode et la
justesse matérielle des calculs.

CHAPITRE V,

CONTENANT UN TRAITÉ D'ARBITRAGES.

Notions préliminaires.

511. Nous conseillons au lecteur de se reporter, avant d'aborder les arbitrages, aux notions préliminaires, exposées en tête du chapitre précédent, pages 206 à 218, et surtout aux quatre principes fondamentaux qui en font partie (323 à 327) et dont la connaissance est indispensable pour conclure du bénéfice ou de la perte, dans toutes les opérations cambistes sans exception. Ces principes sont, auxdites opérations, ce que la boussole est à la navigation.

En effet, à quoi servirait d'avoir effectué le calcul d'un arbitrage, par le moyen de la conjointe, si l'on manquait ensuite de règles certaines pour apprécier l'avantage ou le désavantage de ce résultat arithmétique; ou bien encore si l'on était exposé à faire une fausse application de ces règles? à rien assurément; car on marcherait alors en aveugle, ou bien l'on arriverait à des conséquences erronées. Mais, par leur netteté et leur précision, les principes ci-dessus sont propres à prévenir ce double inconvénient : voilà pourquoi il faut les avoir gravés dans la mémoire en même temps qu'inculqués dans l'esprit, de manière à n'avoir plus à y revenir.

Il faut aussi se familiariser avec la manière dont les diverses places changent entre elles, de façon à ce que l'énoncé seul du prix incertain que donne une place à une autre suffise pour fixer sur le prix certain. Quand on dit, par exemple, que Madrid est coté à 15 fr. à Paris, et Londres à 13 marcs 8 schellings à Hambourg, il ne faut pas qu'on ait besoin d'ajouter la *pistole,* la *livre sterling,* parce que les termes certains doivent être sus par cœur; et cela, avec d'autant plus de raison que les cotes de change n'en font presque jamais mention (¹). A plus forte raison encore faut-il se

______

(¹) Je ne connais guère que Venise et Berlin qui stipulent le *certain* et l'*incertain* sur leurs bulletins. C'est un exemple que devraient imiter toutes les autres places, non seulement parce que cette double indication

rappeler, une fois pour toutes , les subdivisions de toutes les monnaies de change étrangères , que nous avons données pages 225 à 269 ; sans quoi les renseignemens qu'on est obligé d'aller puiser à la source distraient l'attention de l'objet principal , et multiplient les difficultés à pure perte.

512. Comme dans les arbitrages on a souvent à prendre une certaine quotité pour cent sur les prix des changes, et que, pour Amsterdam et Hambourg, on n'emploie que des seizièmes pour fractions, nous allons, avant d'entrer en matière, indiquer le moyen le plus simple d'opérer.

Des quotités pour cent relatives aux changes d'Amsterdam et de Hambourg.

EXEMPLE I.

Combien 2 $\frac{1}{8}$ p. $\frac{0}{0}$ font-ils de seizièmes de denier de gros d'Amsterdam sur 54 $\frac{3}{4}$ deniers de gros ?

$$54 \tfrac{3}{4} \text{ multiplicande,}$$
$$2 \tfrac{1}{8} \times 16 = 34 \quad \text{multiplicateur.}$$

Produit et Rép... 18,61 seizièmes (¹), ou 1 $\frac{3}{16}$ d. de gr., à moins de $\frac{1}{16}$ près.

EXEMPLE II.

Évaluer 2 $\frac{7}{8}$ p. $\frac{0}{0}$ en seizièmes de sous lubs sur 25 $\frac{3}{8}$ s. lubs.

$$25 \tfrac{3}{8} \text{ multiplicande,}$$
$$2 \tfrac{7}{8} \times 16 = 46 \quad \text{multiplicateur.}$$

Produit et Rép...11,66 ou $\frac{12}{16}$ de sou lub, à moins de $\frac{1}{16}$ près.

513. *On voit que, tout se borne à multiplier le nombre sur lequel on doit opérer par le produit qui résulte de la quotité proposée par 16 , de séparer ensuite deux chiffres décimaux sur la droite du produit , et de n'avoir égard qu'aux chiffres de gauche qu'on regardera comme exprimant des seizièmes.*

La raison de ce procédé s'explique d'elle-même. Dès qu'on multiplie la somme proposée par une quotité 16 fois plus grande que celle dont il s'agit, le produit qui en résulte ne peut manquer d'être 16 fois trop grand ; il faut donc le rendre

---

soulagerait la mémoire, mais parce que les innovations qui surviennent de temps à autre dans le mode des changes déroutent quelquefois les négocians qui ont le plus d'expérience.

(¹) Comme il y a deux chiffres décimaux à regarder comme non avenus, et qu'ils passent une *demie,* nous avons, pour plus d'exactitude, porté un seizième de plus.

16 fois plus petit, et c'est ce qu'on fait réellement en ne le re-
gardant que comme exprimant des seizièmes.

Des Arbitrages.

514. Les *arbitrages* sont des combinaisons de plusieurs
changes entre eux, qui ont lieu par le moyen de la règle conjointe, et dont il résulte des égalités de change ou des changes
indirects, qui font connaître aux banquiers les voies les plus
avantageuses d'exécuter leurs diverses opérations de banque.
Elles se réduisent toutes à ces trois cas, savoir :

1°. *A recouvrer une créance;*

2°. *A acquitter une dette;*

3°. *A spéculer sur les changes.*

C'est par la comparaison des changes directs avec les
changes indirects qu'on détermine l'avantage de ces sortes
d'opérations.

515. *Le change indirect entre deux places est la réduction des monnaies de celle qui donne le certain en monnaies
de celle qui donne l'incertain, proportionnellement au prix
du change d'une ou de plusieurs places intermédiaires.* On
l'appelle aussi *pair politique* par opposition au pair intrinsèque
dont nous avons déjà parlé (321).

EXEMPLE I.

516. *Le change de Paris avec Londres étant à 25 fr. par
livre sterling, et celui d'Amsterdam avec Londres à 11 flor.
8 sous par livre sterling aussi,* on demande quel est le change
indirect de Paris avec Amsterdam;

C. à d. combien 3 fr. valent de deniers de gros proportionnellement au prix du change de Paris avec Londres, et
de Londres avec Amsterdam : cherchons donc la valeur de ces
3 francs.

$$11 \text{ flor. } 8 \text{ s. } \times 40 = 456 \text{ den. de gr.}$$

$$\left. \begin{array}{l} 25 \text{ francs} \; : \; 1 \text{ liv. st.} \\ 1 \text{ liv. st.} \; : \; 456 \text{ d. de gr.} \end{array} \right\} \; :: \; 3 \text{ fr.} \; : \; x = \text{Rép. } 54 \tfrac{12}{16} \text{ d. de gr. (}^{1}\text{).}$$

$$25 \quad : \quad 456$$

Le change indirect de Paris avec Amsterdam par Londres
est de $54 \tfrac{12}{16}$ den. de gros.

------

(1) Le 4ᵉ terme n'était que $54 \tfrac{11}{16}$ den. de gros; mais comme le dernier
reste passait $\tfrac{1}{2}$, nous avons porté $\tfrac{12}{16}$ pour plus d'exactitude, et nous prévenons, une fois pour toutes, que nous avons opéré de même dans tous les
exemples suivans.

EXEMPLE II.

517. *Le change de Paris avec Londres étant à 25 fr. par livre sterl., celui de Londres avec Hambourg à 13 marcs 8 s. lubs banço, soit 13 $\frac{1}{2}$ marcs banço par livre sterling, et celui de Hambourg avec Amsterdam à 34 florins pour 40 marcs banço, on demande quel est le change indirect de Paris avec Amsterdam ;*

C. à. d. combien 3 fr. valent de deniers de gros, proportionnellement au prix du change de Paris avec Londres, de Londres avec Hambourg, et de Hambourg avec Amsterdam : cherchons donc la valeur de ces 3 francs (515).

25 fr.	:	1 liv. st.
1 liv. st.	:	13 $\frac{1}{2}$ marcs b°
4o marcs b°	:	34 florins
1 florin	:	4o den. de gr.
::	3 fr.	: $x = 55 \frac{1}{16}$ den. de gros.

Le change indirect entre Paris et Amsterdam par Londres et Hambourg est de 55 $\frac{1}{16}$ deniers de gros, par écu de 3 francs (¹).

Voilà le principe unique qui nous servira à résoudre tous les problèmes relatifs aux arbitrages : nous allons en faire l'application successive aux trois divers cas qu'ils comprennent.

Traites indirectes, relatives au premier Cas des arbitrages, ou au Recouvrement d'une créance dans l'étranger.

EXEMPLE I.

518. *Il est dû à un négociant de Paris 3000 fr. par son correspondant d'Amsterdam ; il a quatre moyens différens de rentrer dans ses fonds, savoir :*

1°. *De tirer directement à 55 $\frac{1}{2}$ deniers de gros par écu ;*

2°. *De tirer indirectement par Londres ;*

3°. *De tirer indirectement par Hambourg ;*

4°. *Enfin, de tirer indirectement par Londres et Hambourg.*

On demande quelle est pour lui la voie la plus avantageuse, en supposant les cours suivans des changes :

(¹) Quoiqu'il n'y ait jamais eu d'écus de 3 francs en France, et que, depuis le 1ᵉʳ janvier 1835, il n'y ait même plus d'écus de 3 livres, cependant, pour abréger le discours, nous conserverons cette expression d'écu *de 3 fr.*, toutes les fois qu'il s'agira du change de la France avec Amsterdam et Hambourg.

Londres *à Paris*, à 25 *fr. par livre sterling.*

Amsterdam {à *Londres*, à 11 *flor.* 8 *sous par livre sterling*;
à *Hambourg*, à 34 *flor. pour* 40 *marcs b°.*

Hambourg {à *Paris*, à 185 *fr. pour* 100 *marcs b°*;
à *Londres*, 13 *marcs* 8 *s. lubs b° par livre sterling.*

Nous avons vu que quand une place qui tire donne le certain, le change le plus bas est le plus avantageux (323). Si donc, par quelque voie indirecte, le créancier peut établir un change plus bas que le change direct de 55 $\frac{1}{2}$ deniers de gros, il doit l'adopter comme plus favorable aux intérêts de son débiteur, parce que, par ce moyen, celui-ci déboursera moins de deniers de gros pour acquitter sa dette ; car on sent fort bien que tout change serait égal au tireur, puisqu'il recevrait toujours les mêmes mille écus pour prix de sa traite ; mais, comme il est de son devoir de ménager les intérêts de son correspondant comme les siens propres, la conséquence est la même. Cherchons d'abord le change indirect de Paris avec Amsterdam par Londres, puis par Hambourg, et, enfin, par Londres et Hambourg (515).

Quant au change indirect de Paris avec Amsterdam par Londres, comme les données sont les mêmes ici que dans l'exemple du n° 516, nous savons que ce change indirect, pur et simple, est de 54 $\frac{12}{16}$ deniers de gros ; mais, dans l'application que nous avons à en faire, ce résultat 54 $\frac{12}{16}$ renferme une erreur, puisque l'on a omis la commission de la place intermédiaire, et voici comment :

Il est d'usage, dans le commerce, que quand un négociant tire sur un de ses correspondans, avec ordre à celui-ci de se rembourser sur une autre place, ce correspondant prenne une commission qui est le plus ordinairement de $\frac{1}{2}$ p. $\frac{0}{0}$. Ainsi, pour 100 liv. sterl., par exemple, que paiera, dans cette occasion pour compte du tireur, le correspondant de Londres, il tirera à son tour pour la valeur de 100 $\frac{1}{2}$ liv. sterl., sur Amsterdam, en supposant la commission à ce taux de $\frac{1}{2}$ p. $\frac{0}{0}$.

Il résulte de là et de ce qui a été dit (323) :

519. 1°. Que le rapport de la commission pour les traites indirectes sera alternativement de 100 : 100 $\frac{1}{2}$ et de 100 $\frac{1}{2}$: 100 ;

520. 2°. Que lorsque, comme dans cet exemple, la place créancière donne le certain à la place débitrice sur laquelle elle tire indirectement, ce sera le plus petit de ces deux rap-

ports qu'il faudra introduire dans la conjointe, pour chaque place intermédiaire, c. à d.

$$100 : 100 \tfrac{1}{2} ;$$

521. 3°. Que lorsque, comme dans l'exemple suivant (525), cette place créancière donne, au contraire, l'incertain à la place débitrice sur laquelle elle tire indirectement, ce sera le plus grand de ces deux rapports qu'il faudra introduire dans la conjointe, pour chaque place intermédiaire, c. à d.

$$100 \tfrac{1}{2} : 100.$$

Ainsi voici la nouvelle pose de la conjointe avec commission pour le change indirect par Londres,

25 francs	:	1 liv. st.
100 liv. st.	:	100 $\tfrac{1}{2}$ liv. st.
1 liv. st.	:	456 den. de gr.
:: 3 fr.	:	$x = 55$ den. de gros.

522. Le change indirect de Paris avec Amsterdam par Londres est de 55 deniers de gros, par écu, en plaçant rigoureusement le rapport de la commission; mais, d'un autre côté, ce procédé allonge de beaucoup l'opération sans nécessité : c'est pourquoi, dans la banque, on lui en substitue un autre moins exact, il est vrai, mais suffisant pour l'usage ordinaire, parce que le but du banquier est bien moins de se rendre un compte rigoureux, à lui-même, que de juger d'une convenance relative. On commence donc par chercher le change indirect pur et simple, et ensuite voici comment on opère.

523. Comme dans tous les cas possibles les frais de commission diminuent nécessairement d'autant l'avantage du change indirect, et que cet avantage consiste précisément dans le bas prix du change, lorsque, comme dans l'exemple ci-dessus, la place créancière donne le certain à la place débitrice, sur laquelle elle tire indirectement (323), dans ce dernier cas, on ajoute les frais de commission à cedit prix du change.

Par la même raison, on déduit de ce prix les frais de commission, lorsque, comme dans l'exemple suivant (525), la place créancière donne l'incertain à la place débitrice, parce que, dans ce dernier cas, l'avantage du change indirect consiste précisément dans l'élévation de son taux.

Ainsi, pour me servir de la méthode usitée, après avoir

trouvé que le change indirect pur et simple par Londres est de 54 $\frac{12}{16}$ den. de gros, je prends $\frac{1}{2}$ p. % sur ce prix du change pour la commission de la place intermédiaire ; ce qui fait $\frac{4}{16}$ den. de gros (513) que j'ajoute au prix du change, qui devient, au moyen de cette addition, 55 den. de gros.

524. Ces deux résultats, dans cette occasion, sont identiques. Dorénavant, nous ferons les opérations des deux manières, et nous les placerons en regard, afin de mettre dans le cas d'opérer rigoureusement ceux qui voudront le faire, et de les convaincre en même temps que les différences qui en résultent ne sont point assez sensibles pour dédommager de la longueur qu'entraîne le procédé rigoureux. Nous voici arrivé à la voie indirecte par Hambourg, que nous allons essayer à son tour (515).

Par Hambourg.

185 francs	: 100 marcs b°	185 francs	: 100 marcs b°
100 marcs b°	: 100 $\frac{1}{2}$ m. b°	40 marcs b°	: 34 florins
40 marcs b°	: 34 florins	1 florin	: 40 den. de gr.
1 florin	: 40 den. de gr.		

$$:: 3 \text{ fr.} : x = 55 \tfrac{7}{16} \text{ den. de gr.}$$ (colonne de gauche)

$$:: 3 \text{ fr.} : x = 55 \tfrac{2}{16} \text{ d. de gr.}$$
$\frac{1}{2}$ p. % commission à ajouter (513 et 523) » $\frac{6}{16}$
$$\overline{55 \tfrac{8}{16} \text{ d. de gr.}}$$

Essayons actuellement par Londres et Hambourg (515 et 517), en observant qu'il y a deux places intermédiaires, et que, par conséquent, il y a deux commissions à payer, l'une à Londres, et l'autre à Hambourg. •

Par Londres et Hambourg.

25 francs	: 1 liv. st.	25 francs	: 1 liv. st.
100 liv. st.	: 100 $\frac{1}{2}$ m. b°	1 liv. st.	: 13 $\frac{1}{2}$ marcs b°
1 liv. st.	: 13 $\frac{1}{2}$ m. b°	40 marcs b°	: 34 florins
100 m. b°	: 100 $\frac{1}{2}$ m. b°	1 florin	: 40 den. de gros
40 m. b°	: 34 florins		
1 florin	: 40 den. de gr.		

$$:: 3 \text{ fr.} : x = 55 \tfrac{10}{16} \text{ den. de gros.}$$ (colonne de gauche)

$$:: 3 \text{ fr.} : x = 55 \tfrac{1}{16} \text{ d. de gr.}$$
1 p. % doub. com^{on} à ajouter (513 et 523) » $\frac{9}{16}$
$$\overline{55 \tfrac{10}{16}}$$

Récapitulation.

Change direct. . . . . : . . . . . 55 $\frac{8}{16}$ den. de gr.

Change indirect par Londres. . . . . 55 » *id.*

Id. . . . . par Hambourg. . . . 55 $\frac{8}{16}$ *id.*

Id. . . . . par Londres et Hamb. . 55 $\frac{10}{16}$ *id.*

D'après cette récapitulation, on doit conclure que la voie indirecte par Londres est la plus avantageuse, comme établissant le change le plus bas (323).

Il faudra donc que Paris tire d'abord sur Londres, avec ordre à Londres de se rembourser sur Amsterdam.

La traite des 3000 fr. à 25 fr. devra être de 120 liv. st. (391). Voyons actuellement quelle est l'économie qui va résulter, pour le débiteur d'Amsterdam, de cette voie indirecte.

Pour savoir de combien de florins serait la traite en remboursement de Londres sur Amsterdam, nous n'aurions qu'à ajouter ½ p. $\frac{0}{0}$ pour la commission aux 120 liv. st., ce qui ferait 120 liv. 12 s. st., et réduire ensuite cette somme totale en monnaie de Hollande d'après le procédé déjà indiqué (398) ; mais, cherchons la valeur de ladite traite par une seule opération, au moyen de la conjointe suivante :

$$
\begin{array}{lll}
100 \text{ liv. sterl.} & : & 100\frac{1}{2} \text{ liv. sterl.} \\
1 \text{ liv. sterl.} & : & 456 \text{ den. de gros} \\
40 \text{ den. de gr.} & : & 1 \text{ florin} \\
:: & 120 \text{ liv. st.} & : \quad x = 1374 \text{ flor. 16 sous 12 pen.}
\end{array}
$$

1000 écus, par la voie directe, à 55 ¼ deniers de gros par écu, feront débourser à Amsterdam (371), ci.................. 1387 fl. 10 sous 11 pen.
1000 écus, par la voie indirecte de Londres, n'y feront débourser que..................... 1374   16   12

Il résulte donc, pour le débiteur d'Amsterdam, une économie de............................. 12 fl. 13 sous 4 pen.

Ce que nous avons dit (323) prouve que, quand bien même Paris aurait eu un remboursement de florins, au lieu de francs, à prendre, l'opération arithmétique et la conclusion eussent été absolument les mêmes.

EXEMPLE II.

525. *Il est dû à un négociant de Paris mille livres sterling par son correspondant de Londres ; il a quatre moyens différens de rentrer dans ses fonds, savoir :*

1°. De tirer directement à 25 ½ fr. par liv. sterl. ;
2°. De tirer indirectement par Hambourg ;
3°. De tirer indirectement par Amsterdam ;
4°. Enfin, de tirer indirectement par Hambourg et Amsterdam.

On demande quelle est pour lui la voie la plus avantageuse, en supposant les cours suivans des changes :

Hambourg, *à Paris, à 185 fr. pour 100 marcs de banque.*

Londres... { *à Hambourg, à 13½ marcs banco par liv. sterl.;*
{ *à Amsterdam, à 11 flor. 8 sous com. par liv. sterl.*

Amsterdam { *à Hambourg, à 34 florins pour 40 marcs de banque;*
{ *à Paris, à 54 deniers de gros par écu.*

Nous avons vu que, quand une place qui tire donne l'incertain, le change le plus haut est le plus avantageux (324); il ne reste donc qu'à choisir la voie qui ménagera ce plus haut change : essayons-les toutes successivement (515).

Par Hambourg.

1 liv. sterl. : 13½ m. b°	1 liv. sterl. : 13½ m. b°
100 ½ m. b° : 100 m. b°	100 m. b° : 185 fr.
100 m. b° : 185 fr.	
	:: 1 liv. st. : x = 24 fr. 97 c.
:: 1 liv. st. : x = 24 fr. 85 c.	½ p. % commission à déduire (201 et 523).... » 12
	———————
	24 fr. 85 c.

Par Amsterdam.

11 florins 8 sous com. $\times$ 40 = 456 den. de gr.

1 liv. sterl. : 456 den. de gros	1 liv. sterl. : 456 den. de gros
100 ½ d. de gr. : 100 den. de gros	54 d. de gr. : 3 francs
54 d. de gr. : 3 fr.	
	:: 1 liv. st. : x = 25 fr. 33 c.
:: 1 liv. st. : x = 25 fr. 20 c.	½ p. % commission à déduire (201 et 523).... » 13
	———————
	25 fr. 20 c.

Par Hambourg et Amsterdam.

1 liv. sterl. : 13½ m. b°	1 liv. sterl. : 13 m. b°
100 ½ m. b° : 100 m. b°	40 m. b° : 34 florins
40 m. b° : 34 florins	1 florin : 40 d. de gr.
100 ½ d. de gr. : 100 d. de gr.	54 d. de gr. : 3 fr.
54 d. de gr. : 3 fr.	
	:: 1 liv. st. : x = 25 fr. 50 c.
:: 1 liv. st. : x = 25 fr. 25 c.	1 p. % double com⁰ⁿ à déduire (201 et 523).... » 25
	———————
	25 fr. 25 c.

Récapitulation.

Change direct. . . . . 25 fr. 50 c.
Change indir. par Hambourg. 24 85
Id. . . . par Amsterdam. 25 20
Id. . . . par Hambourg et Amsterdam . 25 25

D'après cette récapitulation , on doit conclure que le change direct est le plus avantageux comme le plus haut (324), puisque, par ce moyen, 1 liv. sterl. vaut au négociant de Paris 25 ½ fr. ; tandis que, par toutes les autres voies indirectes, elle lui vaudrait moins.

En conséquence, il devra fournir sur son débiteur de Londres une traite de 1000 liv. sterl. qui , à 25 ½ fr., lui produira 25500 fr. (391).

Ce que nous avons dit (324) prouve que, quand bien même Paris aurait eu un remboursement de monnaies du pays à prendre , au lieu de liv. sterl., l'opération arithmétique et la conclusion eussent été absolument les mêmes.

Remises indirectes relatives au deuxième cas des Arbitrages, ou à l'acquit d'une dette dans l'étranger.

EXEMPLE III.

526. *Un négociant de Paris doit 3000 fr. à son correspondant d'Amsterdam ; il a quatre moyens différens d'acquitter sa dette, savoir :*

1°. *De remettre directement à 54 ½ den. de gros par écu ;*

2°. *De remettre indirectement par Londres ;*

3°. *De remettre indirectement par Hambourg ;*

4°. *Enfin, de remettre indirectement par Londres et Hambourg.*

On demande quelle est la voie la plus avantageuse pour le créancier d'Amsterdam, en supposant la même cote de changes de l'exemple premier du n° 518.

Nous avons vu que, quand une place qui remet donne le certain , le change le plus haut est le plus avantageux (325). Si donc, par quelque voie indirecte, le débiteur peut établir un change plus haut que le change direct de 54 ½ den. de gros, il doit l'adopter comme plus favorable aux intérêts de son créancier.

527. Mais le rapport de la commission n'est pas le même dans les remises indirectes que dans les traites indirectes, voici pourquoi : sur 100 liv. sterl., par exemple, que remettra le négociant de Paris à son correspondant de Londres, pour qu'il en opère le recouvrement, et qu'il en remette à son tour la valeur à Amsterdam, celui-ci retiendra sa commission et n'y remettra que la valeur de 99 ½ liv. st. en supposant la commission à ce taux de ½ p. %.

Il résulte de là et de ce qui a été dit (337) :

528. 1°. Que le rapport de la commission pour les remises indirectes sera alternativement de 100 : 99 $\frac{1}{2}$, et de 99 $\frac{1}{2}$: 100 ;

529. 2°. Que lorsque, comme dans l'exemple actuel, la place débitrice donne le certain à la place créancière à laquelle elle remet indirectement, ce sera le plus grand de ces deux rapports qu'il faudra introduire dans la conjointe, pour chaque place intermédiaire, c. à d.

$$100 : 99 \tfrac{1}{2} ;$$

530. Que lorsque, comme dans l'exemple suivant (532), cette place débitrice donne, au contraire, l'incertain à la place créancière à laquelle elle remet indirectement, ce sera le plus petit de ces deux rapports qu'il faudra introduire dans la conjointe, pour chaque place intermédiaire, c. à d.

$$99 \tfrac{1}{2} : 100.$$

531. Mais, par la même raison déjà alléguée (522), on se contente, dans l'usage ordinaire, d'opérer de la manière suivante :

Comme l'avantage de l'opération consiste précisément dans l'élévation du prix du change indirect, toutes les fois que, comme dans l'exemple actuel, la place débitrice donne le certain à la place créancière à laquelle elle fait des remises indirectes (325), on retranche en pareil cas les frais de commission dudit prix du change.

De même, on ajoute à ce prix les frais de commission, toutes les fois que, comme dans l'exemple suivant, la place débitrice donne l'incertain à la place créancière à laquelle elle fait des remises indirectes ; attendu que, dans ce dernier cas, l'avantage de l'opération consiste précisément dans le bas prix du change indirect (326).

Essayons successivement les différentes voies proposées (515).

Par Londres.

25 francs	: 1 liv. sterl.	25 francs	: 1 liv. sterl.
100 liv. sterl.	: 99 $\frac{1}{2}$ liv. sterl.	1 liv. sterl.	: 456 den. de gros.
1 liv. sterl.	: 456 den. de gr.		
:: 3 fr. : $x = 51 \frac{7}{10}$ den. de gr.		:: 3 fr. : $x = 51 \frac{12}{10}$ d. de gr.	
		$\frac{1}{2}$ p. $\frac{0}{0}$ com^on à déduire	
		(513 et 531)........ » $\frac{4}{10}$	
		$\overline{}$	
		54 $\frac{8}{10}$ d. de gr.	

Par Hambourg.

185 francs	:	100 m. b°		185 francs	:	100 m. b°
100 m. b°	:	$99\frac{1}{2}$ m. b°		40 m. b°	:	34 florins
40 m. b°	:	34 florins		1 florin	:	40 den. de gr.
1 florin	:	54 den. de gr.				

$$:: 3 \text{ fr.} : x = 54\tfrac{14}{16} \text{ den. de gr.}$$

$$:: 3 \text{ fr.} : x = 55\tfrac{2}{16} \text{ d. de gr.}$$
$\frac{1}{2}$ p. $\frac{0}{0}$ commission à déduire (513 et 531).. » $\tfrac{14}{16}$
$$54\tfrac{14}{16} \text{ d. de gr.}$$

Par Londres et Hambourg.

25 francs	:	1 liv. st.		25 francs	:	1 liv. st.
100 liv. st.	:	$99\frac{1}{2}$ m. b°		1 liv. st.	:	$13\frac{1}{2}$ m. b°
1 liv. st.	:	$13\frac{1}{2}$ m. b°		40 m. b°	:	34 florins
100 m. b°	:	$99\frac{1}{2}$ m. b°		1 florin	:	40 den. de gr.
40 m. b°	:	34 florins				
1 florin	:	40 den. de gr.				

$$:: 3 \text{ fr.} : x = 54\tfrac{8}{16} \text{ den. de gr.}$$

$$:: 3 \text{ fr.} : x = 55\tfrac{1}{16} \text{ d. de gr.}$$
1 p. $\frac{0}{0}$ double com^{on} à
déduire (513 et 531) » $\tfrac{9}{16}$
$$54\tfrac{8}{16} \text{ d. de gr.}$$

Récapitulation.

Change direct.	$54\frac{1}{2}$	den. de gr.
Change indir. par Londres. . . .	$54\tfrac{8}{16}$	id.
Id. . . . par Hambourg. . . .	$54\tfrac{14}{19}$	id.
Id. . . . par Londres et Hambourg.	$54\tfrac{8}{16}$	id.

D'après cette récapitulation, on doit conclure que le change indirect par Hambourg est le plus avantageux, comme le plus haut (325), puisque, par cette voie, Paris fait toucher à Amsterdam $54\tfrac{14}{16}$ d. de gr. par écu, tandis que par toutes les autres il n'y en ferait recevoir qu'un moindre nombre.

Il faudra donc que Paris remette d'abord à Hambourg, avec ordre à Hambourg de remettre à son tour à Amsterdam.

Voyons actuellement le bénéfice qui va résulter pour le créancier de cette voie indirecte..

La remise à Hambourg des 3000 fr. à 185 fr. devra être de 1621 marcs 9 sous 11 den. lubs (387).

Pour savoir de combien de florins devrait être la remise que Hambourg devrait faire à Amsterdam, nous n'aurions qu'à prendre $\frac{1}{2}$ p. $\frac{0}{0}$ sur les 1621 marcs 9 s. 11 den., ce qui ferait 8 marcs 1 s. 8 den., retrancher ce nombre du premier, et réduire ensuite la différence 1613 marcs 8 s. 3 den. en monnaics de Hollande, d'après le procédé indiqué (435). Mais cherchons la valeur de ladite remise par une seule opération, au moyen de la conjointe suivante :

$$100 \text{ marcs b}^o \quad : \quad 99\tfrac{1}{2} \text{ marcs b}^o$$
$$40 \text{ marcs b}^o \quad : \quad 34 \text{ florins}$$
$$:: \quad 521 \text{ m. b}^o \text{ 9 sous 11 den.} \quad : \quad x = 1371 \text{ fl. 9 sous 11 pen.}$$

3000 fr., par la voie indirecte de Hambourg, feront recevoir à Amsterdam...................................... 1371 fl.   9 sous 11 pen.

3000 fr., par la voie directe, à 54 den. de gros, n'y feront recevoir que (371) 1362   10   »

Il résulte, pour le créancier d'Amsterdam, un bénéfice de..................................... 8 fl. 19 sous 11 pen.

Ce que nous avons dit (325) prouve que, quand bien même Paris aurait eu à remettre des florins, au lieu de francs, à Amsterdam, l'opération arithmétique et la conclusion eussent été absolument les mêmes.

EXEMPLE IV.

532. *Un négociant de Paris doit 1000 livres sterl. à son correspondant de Londres ; il a, pour acquitter sa dette, quatre moyens différens, qui sont précisément les mêmes que ceux indiqués dans le second exemple : toutes les données étant d'ailleurs les mêmes, à l'exception du change direct de Paris avec Londres qu'on suppose actuellement à 25 fr. au lieu de 25 $\frac{1}{2}$ fr., on demande quelle est la voie la plus avantageuse pour le débiteur de Paris.*

Nous avons vu que, quand une place qui remet donne l'incertain, le change le plus bas est le plus avantageux (326). Essayons donc successivement si, par les diverses voies indirectes, nous pouvons établir un change plus bas que le change direct de 25 francs (515).

Par Hambourg.

1 liv. sterl.	:	$13\tfrac{1}{2}$ m. b^o	1 liv. sterl.	:	$13\tfrac{1}{2}$ m. b^o
$99\tfrac{1}{2}$ m. b^o	:	100 m. b^o	100 m. b^o	:	185 francs
100 m. b^o	:	185 francs			
			:: 1 liv. st. : $x = 24$ fr. 97 c.		
:: 1 liv. st. : $x = 25$ fr. 10 c.			$\frac{1}{2}$ p. $\frac{0}{0}$ commission à ajouter (201 et 531)....... » 12		
			25 fr. 09 c.		

Par Amsterdam.

11 flor. 8 sous com. × 40 = 456 den. de gr.

<table>
<tr><td>

1 liv. sterl. : 456 den. de gr.
99 ¼ d. de gr. : 100 den. de gr.
54   d. de gr. : 3 francs.

    :: 1 liv. st. : $x = 25$ fr. 47 c.

</td><td>

1 liv. st. : 456 den. de gr.
54 den. de gr. : 3 francs

    :: 1 liv. st. : $x = 25$ fr. 33 c.
½ p. ⁰⁄₀ commission à ajou-
ter (201 et 531)........ » 13
               —————
             25 fr. 46 c.

</td></tr>
</table>

Par Hambourg et Amsterdam.

<table>
<tr><td>

1 liv. sterl. : 13 ¼ marcs b°
99 ¼ marcs b° : 100 marcs b°
2   marcs b° : 68 den. de gr.
99 ½ den. de gr. : 100 den. de gr.
54 den. de gr. : 3 fr.

    :: 1 liv. st. : $x = 25$ fr. 76 c.

</td><td>

1 liv. sterl. : 13 ½ marcs b°
2 marcs b° : 68 den. de gr.
54 den. de gr. : 3 francs

    :: 1 liv. st. : $x = 25$ fr. 50 c.
1 p. ⁰⁄₀ double commission
à ajouter (201 et 531).. » 25
               —————
             25 fr. 75 c.

</td></tr>
</table>

Récapitulation.

Change direct.	25 fr.	» c.
Change indir. par Hambourg.	25	09
Id. . . par Amsterdam.	25	46
Id. . . par Hambourg et Amsterdam.	25	75

D'après cette récapitulation, on doit conclure que le change direct est le plus avantageux pour faire des remises à Londres, comme étant le plus bas (326), puisque, par ce moyen, la liv. sterl. ne coûte au débiteur de Paris que 25 fr., tandis que par toutes les autres voies elle lui coûterait davantage.
La remise de 1000 liv. st., au change de 25 fr., coûtera à Paris 25000 fr. (391).

Spéculations sur les Changes.

NOTIONS PRÉLIMINAIRES.

533. Les banquiers spéculent sur les changes, comme les négocians sur les marchandises. Ils ont des correspondans dans les principales places de l'Europe, et s'instruisent réciproquement des cours respectifs de leurs changes, afin d'être à même de profiter de leurs moindres variations. Ils s'ouvrent mutuellement des crédits, qui leur rendent plus facile l'exé-

cution de leurs combinaisons ; car on sent fort bien que le défaut des crédits à découvert jetterait une gêne prodigieuse
dans les affaires de banque : une opération lucrative serait
souvent paralysée par la difficulté momentanée de se procurer
des contre-valeurs, et l'on se verrait réduit, d'ailleurs, à n'em-
brasser qu'une masse d'affaires, bornée à l'existence réelle
de ses capitaux. Par le moyen de ces crédits, au contraire,
les banquiers étendent considérablement le cercle de leurs
spéculations, et se ménagent, dans le présent, des ressources
pour l'avenir.

534. Pour qu'un arbitrage soit lucratif, il est évident qu'il
doit rendre un bénéfice *net* plus fort que ne l'eût été l'intérêt
de l'argent placé pendant le même temps, dans le pays de celui qui fait l'opération ; d'où il suit que le peuple chez qui
l'argent est à plus bas prix, aura la supériorité, dans ce genre
de commerce, sur celui qui paie l'intérêt de l'argent plus
cher.

535. C'est, comme nous l'avons déjà dit, la comparaison
du change direct avec le change indirect qui sert à faire juger
du profit ou de la perte que laisserait telle opération relative
à ces sortes de spéculations. Mais le prix du change indirect
est sujet à d'autres modifications que celles résultantes des
commissions des places intermédiaires. Il est encore d'autres
frais qui l'augmentent ou le diminuent, tels que courtages,
jours perdus, escomptes, ports de lettres, etc. ; frais dont
nous n'avons pas déjà fait mention, pour ne pas multiplier
les difficultés toutes à la fois. En toute rigueur, chacun de ces
frais serait l'objet d'un nouveau rapport ; mais cela allongerait
considérablement la conjointe sans utilité. C'est pourquoi
on opère à l'égard de la totalité des frais comme à l'égard de
la commission ; c. à d. qu'on les ajoute au prix du change
lorsqu'ils l'augmentent, et qu'on les en retranche dans le cas
contraire. Nous entrerons dans tous les détails relatifs à l'é-
valuation des frais, au fur et à mesure des arbitrages.

Dans les deux premiers cas des arbitrages, il ne s'agit
guère que de tirer ou de remettre d'une place sur une autre,
par l'intermédiaire d'une place tierce. Dans les spéculations
sur les changes, au contraire, les traites et remises se croi-
sent en divers sens, les reviremens de partie y sont plus fré-
quens ; en un mot, le jeu des combinaisons y est plus varié
et plus compliqué. D'un autre côté, nous avons envisagé
plus particulièrement ces sortes de spéculations, sous un

point de vue qui nous a paru plus propre à en donner l'idée la plus exacte, et à en rendre la solution plus facile, celui de l'achat et de la vente des monnaies, dont les lettres de change sont le signe représentatif. C'est à raison de ces divers motifs que nous croyons à propos d'ajouter ici quelques considérations destinées à faciliter l'application à ces sortes d'opérations des quatre principes fondamentaux exposés (323 à 327).

536. *Tirer des lettres de change sur un pays étranger, se faire remettre ou négocier des lettres de change sur ce même pays, c'est vendre les monnaies étrangères qu'elles expriment.*

Ainsi, que je tire de Bordeaux une lettre de change de 1 liv. sterl. à 25 fr. sur mon correspondant de Londres (¹), ou bien que je lui ordonne de me remettre une lettre de change de 1 livre sterl., pour être négociée à Bordeaux à 25 fr.; ou enfin, que je me fasse remettre sur Bordeaux même une lettre de change de 25 fr., qui aura coûté à Londres 1 liv. sterl.; dans ces trois hypothèses, j'aurai vendu sur le pied de 25 fr. 1 liv. sterl. qui était entre les mains de mon correspondant.

Dans tous les cas semblables, l'avantage de la vente est donc dans le plus haut prix du change, lorsque, comme dans cette occasion, la place qui arbitre donne l'incertain (324), et dans le plus bas prix, lorsqu'elle donne le certain (323).

537. *Remettre, prendre des lettres de change sur un pays étranger, ou bien faire tirer sur soi par ce même pays, c'est acheter les monnaies étrangères dont ces lettres de change sont le signe représentatif.*

Ainsi, que je remette à mon correspondant de Hambourg une lettre de change de 24 sous lubs, prise à Bordeaux à 3 fr., ou bien que je garde cette lettre en porte-feuille; ou, enfin, que j'ordonne à ce correspondant de tirer sur moi une lettre de change de 3 fr., négociée à Hambourg à 24 s. lubs par écu; j'aurai, dans ces trois hypothèses, acheté les 24 sous lubs pour 3 francs.

Dans tous les cas semblables, l'avantage de l'acheteur est donc dans le plus haut prix du change, lorsque, comme dans cette occasion, la place qui arbitre donne le cer-

---

(¹) Nous avons choisi l'unité pour rendre la démonstration d'autant plus simple.

tain (325), et dans le plus bas prix, lorsqu'elle donne l'incertain (326).

538. Tous les arbitrages possibles consistant , au fond , à vendre ou à acheter des monnaies étrangères , il faut bien se pénétrer des deux propositions que nous venons d'exposer ci-dessus, et des conséquences qui en résultent.

Spéculations sur les Changes par l'action de remises.

EXEMPLE V.

539. *On demande si Jacques de Paris aurait du profit ou de la perte à remettre à Londres du papier sur Londres même, pris à Paris à 22 fr. la liv. st. (¹), et de s'en faire faire les retours sur Madrid à 38 den. st. par piastre, en supposant le Madrid à Paris à 15 fr. la pistole.*

Remettre du Londres à Londres même à 22 fr., c'est acheter des liv. st. à ce taux (537). Le change direct de Paris avec Londres est donc le prix d'achat de la liv. sterl. : le change indirect entre ces deux pays va nous apprendre combien cette même liv. st. vaudra de francs à Jacques par l'effet de son arbitrage, c. à d. qu'il en représentera le prix de vente ; cherchons-le (515).

$$38 \text{ den. st.} \quad : \quad 1 \text{ piastre,}$$
$$4 \text{ piastres} \quad : \quad 15 \text{ francs,}$$
$$\therefore 240 \text{ den. st.} \quad : \quad x = 23 \text{ fr. 68 c.}$$

Le change indirect pur et simple est 23 fr. 68 c. , et, par conséquent, plus avantageux que 22 fr. (326). Mais les frais de toute espèce vont diminuer cet avantage, puisqu'ils sont à la charge de Jacques : donc il faudra les soustraire du prix du change.

D'abord il y a un courtage de $\frac{1}{8}$ p. $\frac{0}{0}$ à payer à Paris pour s'y procurer le Londres , puis une commission de $\frac{1}{2}$ p. $\frac{0}{0}$ à Londres même, et puis un autre courtage de $\frac{1}{8}$ p. $\frac{0}{0}$ à Paris , pour la négociation du Madrid.

Je ne compte pas de courtage à Londres, parce que les remises étant en papier sur Londres même, le correspondant, loin d'avoir à le payer, fait jouir, au contraire, Jacques de tous les jours d'escompte que le Londres a courus

---

(¹) Ce prix de 22 fr. est sensiblement au-dessous du pair, qui est 24 fr., par liv. st. Mais, dans ce cas-ci, cette circonstance est assez indifférente en elle-même. C'est au principe seul de l'arbitrage qu'il faut s'attacher.

depuis qu'il a été pris à Paris ; de sorte qu'en toute rigueur il n'y aurait guère pour Jacques que 4 ou 5 jours de perdus, qui sont ceux que le Madrid met en route de Londres à Paris; attendu que, lorsqu'on négocie du papier sur une place étrangère quelconque, on ne déduit point, comme lorsqu'il s'agit du papier sur place, les jours d'escompte, quand ceux-ci ne passent pas 4 ou 5 jours. Mais comme il vaut toujours mieux caver au plus fort dans l'évaluation des frais, et que, d'ailleurs, nous ne compterons jamais les ports de lettres, nous avons supposé 18 jours de perdus, qui, au taux adopté en France de 5 p. $\frac{o}{o}$ l'an, ou $\frac{5}{12}$ p. $\frac{o}{o}$ par mois, font $\frac{1}{4}$ p. $\frac{o}{o}$.

Change ind. pur et simple........................ . 23 fr. 68 c.
Commission à Londres... » $\frac{1}{4}$ p, $\frac{o}{o}$
Double courtage à Paris.. » $\frac{3}{8}$
18/j perdus en France... » $\frac{1}{4}$
___

Frais à soustraire... 1 » p. $\frac{o}{o}$ sur 23 fr. 68 c. = » 24 (201).
___

Prix de vente net..... 23 fr. 44 c.

Conclusion.

Change direct, prix d'achat de la liv. st..... 22 fr. » c.
Change indir., prix de vente de la liv. st..... 23 44
___

Donc bénéfice de....... 1 fr. 44 c. net par liv. st.

Jacques vendant, par l'effet de son arbitrage, à 23 fr. 44 c. la même livre st. qu'il n'a achetée que 22 fr., gagne 1 fr. 44 c. net par liv. st. (536 et 537).

Nous prévenons, une fois pour toutes, que, toutes les fois qu'il s'agira de jours perdus, soit en France, soit en pays étrangers, nous compterons l'intérêt sur le pied de 5 p. $\frac{o}{o}$ l'an, ou $\frac{5}{12}$ p. $\frac{o}{o}$ par mois.

Nota. J'aurais pu encore résoudre cette question en cherchant le change indirect entre Paris et Madrid ; mais alors le change indirect eût été le prix d'achat de la pistole. Dorénavant, j'emploierai toujours deux manières, mais je ne compléterai l'opération qu'à l'égard de celle que j'aurai adoptée. Cherchons le change indirect entre Paris et Madrid (515).

$$
\begin{array}{lll}
\text{1 piastre} & : & \text{38 den. st.} \\
\text{240 den. st.} & : & \text{22 francs} \\
:: \text{4 piast.} & : & x = 13 \text{ fr. } 93 \text{ c.,}
\end{array}
$$
prix d'achat pur et simple de la pistole, auquel il faudrait ajouter les frais.

EXEMPLE VI.

540. *On demande si Jacques de Paris aurait du profit ou de la perte à remettre à Londres du papier sur Amsterdam, pris à Paris à 56 den. de gros par écu, pour y être négocié à 10 flor. 10 sous com. par liv. st., et en avoir les retours sur Madrid à 38 den. st. par piastre, en supposant le Madrid à Paris à 15 fr. la pistole.*

Remettre à Londres de l'Amsterdam pris à Paris à 56 den. de gros par écu, c'est acheter des florins sur ce pied (537). Le change direct de Paris avec Amsterdam est donc le prix d'achat des florins, et le change indirect entre ces deux pays représentera le prix de vente de ces mêmes florins, qui sera d'autant moins avantageux ou moins bas, que les frais de toute espèce vont diminuer cet avantage : donc il faudra les ajouter au prix de change ; cherchons-le (515).

15 francs   :   4 piastres
1 piast.   :   38 den. sterl.
240 den. st. : 420 den. de gros.

                  d. d. g.
:: 3 fr. : $x =$ 53 $\frac{3}{16}$ ch. ind.
                      p. et 𝕍.

Com.on à Londres » $\frac{1}{4}$ p. $\frac{2}{0}$
Trois courtages. » $\frac{3}{4}$
18/J. perdus..... » $\frac{1}{3}$
                          d. d. g.
Frais à ajouter. 1 $\frac{7}{8}$ p. $\frac{b}{0}$ sur 53 $\frac{3}{16} =$ » $\frac{10}{16}$ (513).

                          d. d. g.
Prix de vente net... 53 $\frac{13}{16}$

1 piast.   :   38 d. st.
240 d. st.   : 420 d. de g.
56 d. de g. :   3 francs.
:: 4 piast. : $x = 14^f\ 25^c$, prix d'achat pur et simple du Madrid.

NOTA. Les frais sont à ajouter.

Conclusion.

Change direct, prix d'achat des florins........ 56 den. de gros.
Change indirect, prix de vente des florins.... 53 $\frac{13}{16}$

          Donc bénéfice net de....... 2 $\frac{3}{16}$ den. de gr. par écu.

Jacques vendant, par l'effet de son arbitrage, à 53 $\frac{13}{16}$ den. de gros par écu les mêmes florins qu'il a achetés à 56 den. de gros, gagne 2 $\frac{3}{16}$ den. de gr. net par écu (536 et 537).

J'ai porté ici un courtage de plus qu'à l'arbitrage précédent, parce que Londres ayant à négocier de l'Amsterdam, au lieu d'escompter du papier sur place, a un courtage à payer dans la négociation de ce papier étranger contre le Madrid. Par la même raison, Londres ne peut pas faire jouir Jacques des 4 jours d'escompte que cet Amsterdam a passés en route, parce que, nous le répétons, l'usage est que, dans la négociation de papier étranger, 4 ou 5 jours de courus n'établissent que le pair ; c. à d. qu'on ne paie pas plus cher du papier étranger à 3 mois qu'à 3 mois moins 4 ou 5 jours.

En toute rigueur, il n'y aurait guère, dans cet arbitrage, que 9 jours de perdus, qui sont ceux pendant lesquels Jacques est en débours jusqu'à la réception du Madrid ; mais nous en avons supposé 18, pour caver au plus fort.

541. Lorsqu'en faisant un arbitrage, on veut connaître en même temps la quotité pour cent de gain ou de perte qui en résulte, il y a une autre manière d'opérer qui, peut-être, est préférable ; la voici :

On suppose qu'on fait successivement circuler une somme de cent francs par les diverses places qu'on emploie dans l'arbitrage, et l'on tire des conclusions relatives au résultat de l'opération suivant les cas. Ainsi, pour appliquer cette méthode à l'exemple ci-dessus, voici ma conjointe.

$$
\left.
\begin{array}{lcl}
3 \text{ francs} & : & 50 \text{ den. de gr.} \\
420 \text{ den. de gr.} & : & 1 \text{ liv. st.} \\
1 \text{ liv. st.} & : & 240 \text{ den. st.} \\
38 \text{ den. st.} & : & 1 \text{ piastre} \\
4 \text{ piastres} & : & 15 \text{ francs}
\end{array}
\right\} \; :: \; 100\,\text{fr.} \; : \; x = 105\tfrac{5}{19}\,\text{fr.}
$$

Puisqu'en remettant à Londres de l'Amsterdam pour la valeur de 100 fr. que je débourse, je reçois $105\tfrac{5}{19}$ fr., il y a un bénéfice brut exprimé par la différence entre ces deux sommes, qui est $5\tfrac{5}{19}$ p. $\frac{0}{0}$; résultat dont on n'a qu'à déduire les frais pour avoir le bénéfice net.

EXEMPLE VII.

542. *On demande si Jean de Bayonne aurait du profit ou de la perte à ordonner à son correspondant de Hambourg de lui remettre du Bilbao à trois mois, pris à Hambourg à 41 ½ sous lubs b° par ducat, en supposant le Hambourg, à Bayonne, à 25 sous lubs par écu, et le Bilbao à 20 jours fixe, à 15 fr. la pistole.*

Se faire remettre par Hambourg du Bilbao qu'on doit négocier à Bayonne à 15 fr. (sauf l'escompte relatif au terme à déduire), c'est vendre des pistoles à ce taux (536). Le change direct entre Bayonne et Bilbao est donc le prix de vente de la pistole, et le change indirect entre ces deux pays fera connaître avec combien de francs Jean se procurera cette même pistole ; c. à d. qu'il en représentera le prix d'achat, qui sera d'autant moins avantageux ou moins bas que les frais de toute espèce diminueront cet avantage : donc il faudra les ajouter au prix de change; cherchons-le (515).

375 mar.   : 83 den. de gros.
50 d. de gr. :   3 francs

$$:: 1088 \text{ mar.} : x = 14,44 \text{ ch. ind.}$$
p. et s.

Comm^{on} à Hamb. $\frac{2}{4}$
Double courtage. $\frac{1}{4}$
Intérêts à Hamb.
pendant 18/j...... $\frac{1}{4}$

Frais à ajouter.. 1 p. $\frac{0}{0}$ sur $14,44 = $ »,14 (201).

Coût net........ 14,58

15 fr.   : 1088 mar.
375 mar. : $41\frac{1}{2}$ s. lubs
$:: 3$ fr. : $x = 24\frac{1}{10}$ s. lubs, prix de vente pur et simple du Hambourg.

NOTA. Il faudra ajouter aux frais déjà calculés $1\frac{1}{2}$ p. $\frac{0}{0}$ à peu près, pour la différence du prix de Bilbao de terme à terme.

Conclusion.

Change direct, prix de vente de la pistole (déduction faite de l'escompte relatif au terme...................... 14 fr. 80 c. par pist.
Change indirect, prix d'achat de la pistole........ 14   58

Donc bénéfice net de........ »   22 c. par pist.

Jean, vendant à 14 fr. 80 c. les mêmes pistoles que, par l'effet de son arbitrage, il n'a achetées qu'à 14 fr. 58 c., gagne 22 centimes nets par pistole (536 et 537).

Voici comment j'ai calculé les frais. J'ai supposé que Jean veuille se rendre compte de son arbitrage à la réception même de son Bilbao, c. à d. environ 15 jours après qu'il aurait été pris à Hambourg. Il en arrêtera la valeur à ce moment même. Et je suppose qu'en cavant au plus bas, il puisse en retirer 14 fr. 80 c. la pistole; alors il n'a plus qu'à ajouter la totalité des frais au prix du change indirect, et la différence avec le change direct indiquera le bénéfice ou la perte.

Cette évaluation, qui nous paraît la plus simple, ne cesse pas d'être juste (les cours restant toujours les mêmes), soit qu'il convienne à Jean de ne négocier que plus tard et de faire les remises à sa commodité, soit qu'il anticipe celles-ci sur la négociation; et en voici la raison :

Si Jean ne négocie qu'un mois, plus ou moins, après son calcul arrêté (le terme n'y fait rien), et qu'il fasse, au contraire, ses remises sur-le-champ; ayant cavé au plus bas dans l'appréciation de son Bilbao, il devra le négocier à un prix relatif au terme qu'il aura couru; et il aura gagné, de ce côté, l'intérêt qu'il perd d'un autre, des fonds qu'il lui a fallu débourser pour faire ses remises. S'il négocie réellement tout de suite, et qu'il ne fasse les remises à Hambourg qu'un certain temps après, la jouissance des fonds provenant de la négociation lui représente l'intérêt qu'il devra de plus à Hambourg pour cedit temps. Ainsi, dans tous les cas, le premier calcul est bien établi en ce que les divers termes se compensent.

J'ai porté dans les frais 18 jours de perdus, tandis qu'à la rigueur il n'y en aurait que 14 d'intérêt à bonifier, qui sont ceux que le Bilbao aurait mis en route pour parvenir à Bayonne; mais c'est toujours par la même raison, pour caver au plus fort, surtout ne faisant jamais mention des menus frais.

Spéculation sur les Changes par l'action de traites et remises ensemble.

EXEMPLE VIII.

543. *On demande si Jacques de Paris aurait du profit ou de la perte à tirer sur Madrid à 15 fr. par pistole, et à remettre à Londres de l'Amsterdam à 56 den. de gros par écu, pour y être négocié à 10 ½ flor. par liv. st., en ordonnant à Londres de remettre à Madrid pour remboursement de sa traite, à 38 den. st. par piastre.*

Tirer sur Madrid à 15 fr., c'est vendre la pistole à ce taux (536). Le change direct de Paris avec Madrid est donc le prix de vente de la pistole, et le change indirect fera connaître avec combien de francs Jacques se procurera cette même pistole; c. à d. qu'il en représentera le prix d'achat, qui sera d'autant moins bas ou moins avantageux que les frais de toute espèce diminueront cet avantage : donc il faudra les ajouter au prix du change; cherchons-le (515).

$$10\tfrac{1}{2}\text{ flor.} = 420\text{ den. de gros.}$$

1 piastre : 38 den. sterl.	15 francs : 4 piast.
240 den. st. : 420 den. de gr.	1 piast : 38 den. st.
56 d. de gr. : 3 francs	240 d. st. : 420 d. de g.
:: 4 piast. : $x = 14{,}25$ ch. ind. (fr. c.)	:: 3 f. : $x = 53\tfrac{3}{16}$ d. de g.,
p. et s.	prix de vente pur et simple de l'Amsterd.

Double com^{on}. 1 p. $\tfrac{0}{0}$
4 courtages... » $\tfrac{4}{8}$
9/j perdus.... » $\tfrac{1}{8}$

Frais à ajouter 1 $\tfrac{5}{8}$ p. $\tfrac{0}{0}$ sur 14,25 = (fr. c.) »,23 (201)

Prix d'achat net.... (fr. c.) 14,48

Nota. Les frais sont à ajouter.

Conclusion.

Change direct, prix de vente de la pistole......... 15 fr. »
Change indirect, prix d'achat de la pistole........ 14   48

Donc bénéfice net de...... »   52 c. par pist.

Jacques, vendant à 15 fr. les mêmes pistoles que, par l'effet de son arbitrage, il n'a achetées qu'à 14 fr. 48 c., gagne 52 centimes nets par pist. (536 et 537).

544. Voici comment j'ai calculé les frais. Il y a d'abord une commission à payer à Madrid, et puis une autre à Londres. J'ai porté ensuite deux courtages à Paris et deux autres à Londres, quoiqu'il pût arriver que ces deux places n'en eussent qu'un à payer chacune, si d'une part Paris trouvait à placer son Madrid contre l'Amsterdam au même agent de change, et si Londres, de son côté, négociait ce même Amsterdam contre le Madrid en une seule main ; mais tout cela est éventuel, et, par conséquent, ne doit point entrer en ligne de compte.

J'ai porté 9 jours de perdus, quoiqu'à la rigueur il n'y en eût que 5, qui sont ceux que l'Amsterdam met en route de Paris à Londres, parce que, nous le répétons, Londres, négociant du papier étranger, ne jouira pas de l'escompte de ces 5 jours. Mais quant aux remises que Londres fait à Madrid en papier sur Madrid même, ces remises devant s'y escompter, il n'y aura pas un seul jour de perdu de ce côté-là.

545. Si j'avais voulu connaître la quotité pour cent de gain ou de perte de cet arbitrage, j'aurais supposé une circulation de 100 fr. par les diverses places qui y figurent, comme

au n° 541 de l'exemple vi, et j'aurais, en conséquence, commencé par poser la conjointe suivante :

```
15 francs       :    4 piastres      ⎫
 1 piastre      :   38 den. st.      ⎬ ::  100 fr.  :  x = 95 fr.
240 den. st.    :  420 den. de gr.   ⎪
 56 den. de gr. :    3 francs        ⎭
```

Puisqu'en tirant sur Madrid pour la valeur de 100 fr. que
je reçois, je ne débourse que 95 fr., il y a un bénéfice brut
exprimé par la différence entre ces deux sommes, qui est
5 fr.; quotité p. $\frac{0}{0}$ de laquelle il n'y a qu'à déduire la totalité
des frais pour avoir le bénéfice net.

EXEMPLE IX.

546. *On demande si Pierre de Bordeaux aurait du profit
ou de la perte à remettre à Londres du papier sur cette place
même, pris à Bordeaux à 25 fr. la liv. st., avec ordre à Londres de remettre à Hambourg à 13 marcs 11 sous lubs b°,
et à tirer ensuite lui-même sur Hambourg à 25 sous lubs par
écu.*

Remettre à Londres du papier sur cette ville, pris à Bordeaux à 25 fr., c'est acheter des livres sterling à ce taux
(537). Le change direct de Bordeaux avec Londres est donc
le prix d'achat de la livre sterling. Le change indirect entre
ces deux pays va nous apprendre combien cette même livre
sterling vaudra de francs à Pierre; c. à d. qu'il en représentera le prix de vente, qui sera d'autant moins avantageux ou
moins haut, que les frais de toute espèce diminueront cet
avantage : donc il faudra les soustraire du prix du change;
cherchons-le (515).

13 marcs 11 sous = 219 sous lubs.

```
 1 liv. sterling : 219 sous lubs.
25 sous lubs     :   3 francs.
                                   fr.  c.
            :: 1 liv. st. : x = 26,28 ch. ind.
                                   p. et s.
Double com^on.    1 p. 0/0
Trois courtages   » 3/8
8/j. perdus. ...  » 1/8
                  ___________
                                   fr.  c.
Frais à soustr^re 1 1/2 p. 0/0 sur 26,28 = »,39 (201)
                                   ___________
                                   fr.  c.
        Prix de vente net... 25,89
```

```
25 francs :     1 liv. st.
 1 liv. st. : 219 s. lubs
:: 3 fr. : x = 26 4/16 s. lubs,
   prix d'achat du Ham-
   bourg.

Nota. Les frais sont
à soustraire.
```

Conclusion.

Change direct, prix d'achat de la livre sterling.... 25 fr. » c.
Change indirect, prix de vente de la liv. sterling.. 25   89
____

          Donc bénéfice net de...... »   89 c. par liv. st.

Pierre, vendant, par l'effet de son arbitrage, à 25 fr. 89 c. les mêmes livres sterling qu'il n'a achetées qu'à 25 fr., gagne 89 centimes nets par liv. sterling (536 et 537).

Voici comment j'ai calculé les frais. Il y a d'abord une commission à Londres et une autre à Hambourg. Il y a deux courtages à Bordeaux pour y prendre le Londres et y placer les traites sur Hambourg ; en tout trois courtages.

J'ai porté $\frac{1}{8}$ p. $\frac{0}{0}$ pour environ 9 jours de perdus, qui se rapportent à la prééchéance à Hambourg des traites de Bordeaux sur les remises de Londres, quoiqu'à la rigueur il n'y en eût pas un seul de perdu. Car, si d'un côté Hambourg doit payer les traites de Pierre environ 12 jours avant l'échéance des remises que lui fera Londres, d'un autre côté Londres jouit de l'escompte du papier sur place qu'il reçoit de Bordeaux. Le papier sur Hambourg gagne aussi le temps qu'il met en route de Londres à Hambourg, puisque c'est encore des remises en papier sur place pour le correspondant de Hambourg, et que, par conséquent, il les escomptera jour par jour.

547. Si j'avais voulu connaître la quotité pour cent de gain ou de perte de cet arbitrage, j'aurais supposé une circulation de 100 fr. par les diverses places qui y figurent, comme au n° 541 de l'exemple VI, et j'aurais, en conséquence, commencé par poser la conjointe suivante :

$$\left.\begin{array}{lll} 25 \text{ francs} & : & 1 \text{ liv. st.} \\ 1 \text{ liv. st.} & : & 219 \text{ s. lubs} \\ 25 \text{ s. lubs} & : & 3 \text{ francs} \end{array}\right\} \;::\; 100 \text{ fr.} \;:\; x = 105\,\tfrac{3}{25}\text{ fr.}$$

Puisqu'en remettant à Londres pour la valeur de 100 fr. que je débourse, je reçois $105\frac{3}{25}$ fr., il y a un bénéfice brut exprimé par la différence entre ces deux sommes, qui est $5\frac{3}{25}$ p. $\frac{0}{0}$; quotité dont il n'y a qu'à déduire les frais pour avoir le bénéfice net.

EXEMPLE X.

548. *On demande si Pierre de Bordeaux aurait du profit ou de la perte à ordonner à son correspondant de Bilbao de lui remettre du papier sur Londres à 37 den. st. par piastre,*

èt d'en prendre son remboursement sur Hambourg à 87 den. de gros b° par ducat, en supposant le Londres à Bordeaux à 25 fr. 50 c. par liv. st., et le Hambourg à 25 sous lubs par écu.

Se faire remettre par Bilbao du papier sur Londres, qu'on doit négocier à Bordeaux à 25 fr. 50 c., c'est vendre des livres sterling à ce taux (536). Le change direct entre Bordeaux et Londres est donc le prix de vente de la liv. st., et le change indirect entre ces deux places fera connaître avec combien de francs Pierre se procurera cette même liv. sterling ; c. à d. qu'il en représentera le prix d'achat, qui sera d'autant moins bas ou moins avantageux, que les frais de toute espèce diminueront cet avantage : donc il faudra les ajouter au prix du change ; cherchons-le (515).

$$25 \text{ sous lubs} = 50 \text{ den. de gros.}$$
$$87 \text{ den. de gr.} = 43\tfrac{1}{2} \text{ sous lubs.}$$

37 den. sterl. : 272 mar.
375 mar. : 87 den. de gr.
50 den. de gr. : 3 francs

              fr. c.
:: 240 den. st. : $x = 24,55$ ch. ind.
              p. et s.

Double com^{on}.. 1 p. $\frac{0}{0}$
Trois courtages. » $\frac{3}{8}$
Pour 9/j. perdus » $\frac{1}{8}$

              fr. c.
Frais à ajouter 1 $\frac{1}{2}$ p. $\frac{0}{0}$ sur 24,55 = »,37 (201).

              fr. c.
Coût net..... 24,92

---

25 $\frac{1}{2}$ fr. : 240 d. st.
37 d. st. : 272 mar.
375 mar. : 43 $\frac{1}{2}$ s. lubs
:: 3 f. : $x = 24\frac{1}{16}$ s. lubs,
prix de vente pur et simple du Hambourg.

Nota. Les frais sont à ajouter.

Conclusion.

Change direct, prix de vente du Londres........ 25 fr. 50 c.
Change indirect, prix d'achat du Londres........ 24. 92

      Donc bénéfice net de...... » 58 c. par liv. st.

Pierre, vendant à 25 fr. 50 c. les mêmes livres sterling que, par l'effet de son arbitrage, il n'a achetées qu'à 24 fr. 92 c., gagne 58 centimes nets par liv. sterling (536 et 537).

Voici le calcul des frais. Il y a d'abord une commission à Bilbao et une autre à Hambourg ; il y a ensuite un courtage à Bilbao et deux à Bordeaux ; en tout trois courtages, sauf l'observation faite sur ce dernier point au premier alinéa du n° 544.

J'ai porté $\frac{1}{8}$ p. $\frac{0}{0}$ pour environ 9 jours de perdus, qui se rapportent à la prééchéance à Hambourg des traites de Bilbao sur les remises de Bordeaux, quoiqu'à la rigueur ces jours ne soient pas perdus pour Pierre, puisqu'ils sont compensés par l'avantage qu'il retrouvera dans la négociation du papier sur Londres, qui, lorsqu'il parviendra à Bordeaux, aura déjà couru ces mêmes 9 jours, par le trajet de Bilbao à Bordeaux.

549. *On demande actuellement si, les données étant les mêmes, Pierre ne trouverait pas plus d'avantage à ordonner à Bilbao de prendre son remboursement sur Amsterdam, à 94 den. de gros par ducat, en supposant ce même Asterdam à Bordeaux à 54 den. de gros par écu.*

$$87 \text{ den. sterl.} \quad : \quad 272 \text{ mar.}$$
$$375 \text{ mar.} \quad : \quad 94 \text{ den. de gr.} \Big\} :: 240 \text{ den. sterl.} : x = 24 \text{ fr. } 57 \text{ c.}$$
$$54 \text{ den. de gr.} \quad : \quad 3 \text{ francs}$$

Le remboursement sur Hambourg est plus avantageux de 2 centimes par livre sterling, puisqu'on ne la paie par cette voie que 24 fr. 55 cent., tandis que par Amsterdam elle coûte 24 fr. 57 cent.

Si l'on proposait l'un ou l'autre de ces arbitrages isolément, il faudrait opérer comme nous venons de le faire ; mais si l'on avait déjà résolu l'un des deux, et qu'on voulût savoir s'il ne conviendrait pas mieux d'assigner le remboursement à Bilbao sur la place qui n'aurait pas fait partie de la première question, au lieu de répéter l'opération, il ne s'agirait que de comparer deux rapports, au moyen de la règle de Trois que nous allons indiquer.

Ainsi, après avoir résolu le premier problème, j'observerais que la nouvelle conjointe à laquelle le second donne lieu se compose des mêmes termes, à l'exception du nouveau rapport 54 : 94, qui est substitué à l'ancien 50 : 87. Il ne s'agit donc que de comparer ces deux rapports de la manière suivante :

$$50 : 87 :: 54 : x = 93 \tfrac{48}{50}.$$

Si le nouveau rapport eût été 54 : 93 $\tfrac{48}{50}$, il aurait été égal au premier ; mais il est 54 : 94, évidemment plus petit que l'autre : donc le 4e terme de la conjointe, qui est le prix du change, sera plus grand, et, par conséquent, moins avantageux.

En effet, d'après ce que nous avons vu (177), il est clair qu'on ne peut, dans une conjointe, substituer à un rapport composant un autre plus petit, sans rendre le rapport composé d'autant plus petit (169), et sans produire, par conséquent, le même effet sur le second rapport de la règle de Trois composée , puisqu'une proportion n'est que l'assemblage de deux rapports égaux. Or, le premier terme du second rapport, qui n'est autre chose que le 3ᵉ terme de la proportion, étant invariable ici, il est évident que, pour que ce second rapport devienne plus petit, il faut nécessairement que son second terme, qui est le 4ᵉ terme de la conjointe, devienne plus grand ; donc, etc.

La même abréviation aura lieu lorsqu'il s'agira d'un plus grand nombre de rapports, parce qu'alors on formerait, des nouveaux rapports composans substitués aux anciens, un rapport composé, à l'égard duquel on opérerait comme nous venons de le faire, en le comparant au rapport, que l'on composerait également du produit des anciens termes.

Voilà le secret de certains agens de change, qui étonnent par leur promptitude à résoudre de tête et presque sur-le-champ des questions semblables à la dernière. Une grande habitude fait qu'ils voient des yeux de l'imagination la pose de la conjointe à laquelle le problème donne lieu, et qu'ils ont une grande facilité à évaluer les rapports dont dépend la solution de la question.

EXEMPLE XI.

550. *On demande si Jacques de Paris aurait du profit ou de la perte à tirer à 30 jours fixe sur Amsterdam, à 54 den. de gros par écu, et d'assigner à Amsterdam son remboursement sur Livourne, à 88 den. de gros par piastre* (¹), *tandis qu'il remettrait dans cette dernière ville, pour y être négocié à 48 den. st. par piastre, du Londres pris à Paris à 24 fr. par livre sterling.*

Tirer sur Amsterdam à 54 den. de gros, c'est vendre des florins sur le pied de 54 den. de gros par écu (536). Le change direct de Paris avec Amsterdam est donc le prix de vente des florins, et le change indirect entre ces deux pays fera connaître combien on se procurera de deniers de gros avec ce même écu ; c. à d. qu'il représentera le prix d'achat des flo-

---

(¹) Ce prix de 88 deniers de gros par piastre est fort au dessous du pair ; mais, dans l'objet qu'on se propose ici, cette circonstance est fort indifférente en elle-même.

rins, qui sera d'autant moins avantageux ou moins haut, que les frais de toute espèce diminueront cet avantage : donc il faudra les soustraire du prix du change; cherchons-le (515).

24 francs : 240 den. st.
48 den. st. : 1 piastre
1 piastre : 88 den. de gros

$$:: 3 \text{ fr.} : x = 55 \overset{\text{d. d. gr.}}{} \quad \text{ch. ind.}$$
p. et s.

Double com^on... 1 p. $\frac{o}{o}$
4 courtages..... » $\frac{4}{8}$
Pour 9/j. perdus » $\frac{1}{8}$
____

Frais à soust^re.. $1 \frac{5}{8}$ p. $\frac{o}{o}$ sur 55 $\overset{\text{d. d. gr.}}{=}$ » $\frac{14}{16}$ p^r mém. seulem.
____

Coût net..... 55 den. de g.

48 den. st. : 1 piastre
1 piastre : 88 d. de gr.
54 d. de gr. : 3 francs

$$:: 240 \text{ d. st.} : x = 24,44 \overset{\text{fr. c.}}{},$$
prix de vente brut de la liv. sterling.

Nota. Les frais sont à soustraire.

Conclusion.

Change direct, prix de vente de l'Amsterdam.... 54 den. de gr.
Change indirect, prix d'achat de l'Amsterdam... 55
____

Donc bénéfice net de...... 1 den. de gr. par écu.

Jacques, vendant à 54 den. de gros par écu les mêmes florins que, par l'effet de son arbitrage, il a achetés sur le pied de 55 den. de gros, gagne 1 den. de gros net par écu (536 et 537). Voici le calcul des frais.

Il y a d'abord une commission à Amsterdam, et une autre à Livourne; il y a un courtage à Amsterdam, deux à Paris, et un à Livourne; en tout quatre courtages, sauf l'observation faite au premier alinéa du n° 544.

J'ai porté $\frac{1}{8}$ p. $\frac{o}{o}$ pour environ 9 jours perdus, quoiqu'à la rigueur il n'y en eût pas un seul de perdu, puisque Livourne trouvera dans la négociation du Londres un avantage à peu près relatif aux 9 jours qu'il aura passés en route.

Je n'ai point soustrait, du prix du change indirect, les frais montant à $1 \frac{5}{8}$ p. $\frac{o}{o}$, attendu qu'ils sont plus que compensés par l'avantage qui résulte pour Jacques de la jouissance des fonds à Livourne pendant 4 mois, qui, à $\frac{5}{12}$ p. $\frac{o}{o}$ par 30 jours, font précisément $1 \frac{5}{8}$ p. $\frac{o}{o}$ plus 3 jours ([1]).

____

([1]) Quatre mois à $\frac{5}{12}$ p. $\frac{o}{o}$ par mois font $1 \frac{2}{3}$ p. $\frac{o}{o}$: or la différence de $1 \frac{5}{8}$ à $1 \frac{2}{3}$, étant de $\frac{1}{24}$ p. $\frac{o}{o}$ en faveur de Jacques, représente bien 3 jours de bénéfice, puisque 72 jours à ce taux font 1 p. $\frac{o}{o}$.

551. Si j'avais voulu connaître la quotité pour cent de gain ou de perte de cet arbitrage, j'aurais supposé une circulation de 100 francs par les diverses places qui y figurent, comme je l'ai déjà fait (545), relativement à l'arbitrage de l'exemple VIII, et j'aurais, en conséquence, commencé par poser la conjointe suivante :

$$\left.\begin{array}{lll} 3 \text{ francs} & : & 54 \text{ den. de gr.} \\ 88 \text{ d. de gr.} & : & 1 \text{ piastre} \\ 1 \text{ piastre} & : & 48 \text{ den. st.} \\ 240 \text{ den. st.} & : & 24 \text{ francs} \end{array}\right\} \;::\; 100 \text{ fr.} \;:\; x = 98\tfrac{2}{11} \text{ fr.}$$

Puisqu'en tirant sur Amsterdam pour la valeur de 100 fr. que je reçois, je ne débourse que $98\tfrac{2}{11}$ fr., il y a un bénéfice brut exprimé par la différence entre ces deux sommes, qui est $1\tfrac{9}{11}$ p. $\tfrac{0}{0}$.

En résumant ce qui précède, tant sur les frais que sur les quotités p. $\tfrac{0}{0}$ de gain et de perte, relativement aux spéculations sur les changes, on en déduit les quatre règles générales suivantes ; savoir :

Pour l'addition et la soustraction des Frais.

552. *Quand la place qui donne lieu à la recherche du change indirect tire ou se fait remettre et qu'elle donne le certain, ou bien quand elle remet ou fait tirer sur elle et qu'elle donne l'incertain, il faut soustraire les frais de l'arbitrage du prix du change indirect.* (Voyez l'application de ce principe, exemples 5, 9 et 11.)

553. *Quand la place qui donne lieu à la recherche du change indirect remet ou fait tirer sur elle et qu'elle donne le certain, ou bien quand elle tire ou se fait remettre et qu'elle donne l'incertain, il faut ajouter les frais de l'arbitrage au prix du change indirect.* (Voyez l'application de ce principe, exemples 6, 7, 8 et 10.)

Pour les Quotités p. $\tfrac{0}{0}$ de gain et de perte lorsqu'on suppose une somme de 100 francs en circulation.

554. *Quand la place qui fait l'arbitrage tire ou se fait remettre, soit qu'elle donne le certain ou l'incertain, le 4ᵉ terme de la conjointe doit être plus petit que 100, pour que l'opération présente du bénéfice ; et la différence de ces deux sommes, diminuée des frais, exprimera la quotité p. $\tfrac{0}{0}$ net de bénéfice. Si le 4ᵉ terme, au contraire, est plus*

grand que 100 *, il y aura une perte brute exprimée par la différence de ces deux sommes.* [Voyez l'application de ce principe, exemples 8 et 11 (545 et 551].

555. *Quand la place qui fait l'arbitrage remet ou fait tirer sur elle, soit qu'elle donne le certain ou l'incertain, le 4ᵉ terme de la conjointe doit être plus grand que* 100 *, pour que l'opération présente du bénéfice; et la différence de ces deux sommes, diminuée des frais, exprimera la quotité* p. ⁰⁄₀ *net de bénéfice. Si le 4ᵉ terme, au contraire, est plus petit que* 100 *, il y aura une perte brute exprimée par la différence de ces deux sommes.* [Voyez l'application de ce principe, exemples 6 et 9 (541 et 547].

Arbitrages composés (ordres simples).

556. Il arrive souvent que les variations survenues dans les changes, pendant l'intervalle que mettent les ordres des banquiers à parvenir à leurs correspondans, empêchent ceux-ci de les exécuter littéralement. On appelle alors *arbitrage composé* l'opération qui sert à faire juger si l'on ne pourrait pas suppléer à cette exécution littérale d'une manière différente en apparence, mais la même dans le fond.

EXEMPLE XII.

557. *Jacques de Paris reçoit ordre de Pierre de Londres de tirer sur Amsterdam à* 54 *den. de gros, et de lui remettre du Lisbonne à* 480 *rées par écu; mais, au moment où cet ordre lui parvient, l'Amsterdam est monté à* 56 ¼ *den. de gros : on demande à quel change il doit remettre le Lisbonne, pour ne point déranger les calculs de son correspondant.*

Avant de procéder à la solution de ces sortes de questions, il faut bien se pénétrer des conséquences résultantes des variations des changes, d'après les propositions fondamentales déjà établies (323 à 327). Dans cette occasion, par exemple, Paris ne pouvant plus tirer qu'à 56 ¼ au lieu de 54 den. de gros, il y a perte (323). Il faut donc compenser cette perte par l'avantage de la remise; c. à d. qu'au lieu de remettre sur Lisbonne à 480 rées, Jacques doit remettre à un change d'autant plus avantageux, et, par conséquent, d'autant plus haut (325). Les changes d'Amsterdam et de Lisbonne étant ici en rapport direct quant aux intérêts de Pierre, je trouverai

la solution de la question dans le 4ᵉ terme de la règle de Trois
suivante :

54 d. de gr. : 56 ¼ d. de gr. :: 480 rées : $x = 500$ rées (¹).

Jacques doit remettre le Lisbonne au change de 500 rées
par écu, pour que le résultat de cette nouvelle opération soit
identiquement égal à celui de l'opération indiquée par Pierre.

EXEMPLE XIII.

558. *Jacques de Paris reçoit ordre de Pierre de Londres
de lui remettre du Lisbonne à 500 rées par écu, et de tirer sur
Amsterdam pour son remboursement à 56 ¼ den. de gros ;
mais, au moment où cet ordre lui parvient, Jacques ne peut
plus remettre qu'à 480 rées : on demande à quel change il doit
tirer sur Amsterdam, pour ne point déranger les calculs de
son correspondant.*

Pierre ne pouvant plus remettre qu'à 480 rées, au lieu de
500, il y a perte (325). Il faut donc compenser cette perte
par l'avantage de la traite ; c. à d. qu'au lieu de tirer sur Amsterdam à 56 ¼ den. de gros, Jacques doit tirer à un change
d'autant plus avantageux, et, par conséquent, d'autant plus
bas (323). Les changes de Lisbonne et d'Amsterdam étant
ici en rapport direct quant aux intérêts de Pierre, je trouverai la solution de la question dans le 4ᵉ terme de cette règle
de Trois :

500 rées : 480 rées :: 56 ¼ d. de gr. : $x = 54$ d. de gr. (²).

Jacques doit tirer sur Amsterdam à 54 den. de gros.

Cet exemple et le précédent se servent réciproquement de
preuve.

EXEMPLE XIV.

559. *Jacques de Paris reçoit ordre de Pierre de Londres*

(¹) Le caractère distinctif de la règle de Trois directe, c'est, comme
nous l'avons déjà vu (173), qu'*une des quantités homogènes et sa relative
peuvent former alternativement les deux antécédens ou les deux conséquens
de la proportion.* Ainsi, en prenant pour 1ᵉʳ terme 54 den. de gros, sa
quantité relative, qui est 480 rées, sera le 3ᵉ terme : dès lors 56 ¼ den. de
gros devenant nécessairement mon 2ᵉ terme, le 4ᵉ sera le terme inconnu ;
par conséquent, ma règle de Trois se trouve posée tout naturellement.
Remarquez que les deux changes fixés composent les deux antécédens.
(²) Voyez la note de l'exemple précédent, et surtout remarquez bien
que, comme la proportion est directe ici, ce sont les deux changes fixés
qui composent les deux antécédens.

de tirer sur Hambourg à 190 fr., et de lui faire remise sur Amsterdam à 55 ½ den. de gros ; mais, au moment où cet ordre lui parvient, le change sur Hambourg est tombé à 185 fr. : on demande à quel change il devra remettre sur Amsterdam, pour que les intérêts de Pierre ne soient pas compromis.

Paris ne pouvant plus tirer qu'à 185 fr., au lieu de 190, il y a perte (324). Il faut donc compenser cette perte par l'avantage de la remise ; c. à d. qu'au lieu de remettre sur Amsterdam à 55 ½ den. de gros, Jacques doit remettre à un change d'autant plus avantageux, et, par conséquent, d'autant plus haut (325). Les changes de Hambourg et d'Amsterdam étant ici en rapport inverse quant aux intérêts de Pierre, je trouverai la solution de la question dans le 4ᵉ terme de cette règle de Trois :

185 fr. : 190 fr. :: 55 ½ d. de gr. : x = 57 d. de gr. (¹).

Jacques doit remettre l'Amsterdam à 57 den. de gros, pour que le résultat de cette nouvelle opération soit identiquement égal à celui de l'opération indiquée par Pierre.

EXEMPLE XV.

560. *Jacques de Paris reçoit ordre de Pierre de Londres de lui remettre de l'Amsterdam à 57 den. de gros par écu, et de tirer sur Hambourg, pour son remboursement, à 185 fr.; mais, au moment où cet ordre lui parvient, Jacques ne peut plus remettre qu'à 55 ½ den. de gros : on demande à quel change il devra tirer sur Hambourg, pour ne pas déranger les calculs de son correspondant.*

Jacques ne pouvant plus remettre qu'à 55 ½ den., au lieu de 57, il y a perte (325). Il faut donc compenser cette perte par l'avantage de la traite ; c. à d. qu'au lieu de tirer sur Hambourg à 185 fr., Jacques doit tirer à un change d'autant plus avantageux ou d'autant plus haut (324). Les changes d'Amsterdam et de Hambourg étant ici en rapport inverse

---

(¹) Le caractère distinctif de la règle de Trois inverse, c'est, comme nous l'avons déjà vu (174), que l'*une des quantités homogènes et sa relative doivent former les extrêmes, et l'autre et sa relative les moyens de la proportion.* Ainsi, en prenant pour les deux moyens 190 fr. et sa quantité relative 55 ½ den. de gros, le terme inconnu sera nécessairement un des extrêmes, et ma règle de Trois se trouvera posée tout naturellement. Remarquez que les deux changes fixés composent les deux moyens.

quant aux intérêts de Pierre, je trouverai la solution de la question dans le 4ᵉ terme de cette règle de Trois :

55 $\frac{1}{2}$ d. de gr. : 57 d. de gr. :: 185 fr. : $x = 190$ fr. (').

Jacques doit tirer sur Hambourg à 190 francs.

Cet exemple et le précédent se servent réciproquement de preuve.

Arbitrages composés (ordres composés).

EXEMPLE XVI.

561. *Paris reçoit ordre de remettre à Amsterdam à 55 den. de gros, et de tirer sur Londres pour son remboursement à 25 fr. par livre sterling ; mais, à la réception de l'ordre, l'Amsterdam est à 54 den., et le Londres à 26 fr. : on demande si Paris peut exécuter cet ordre nonobstant ces variations.*

Le moyen le plus court et le plus simple de résoudre ces sortes de questions est de chercher la quotité pour cent de perte ou de bénéfice que présente chaque variation de change, et la différence de ces deux quotités exprimera la perte ou l'avantage de l'opération. A cet effet, je raisonne ainsi :

Puisque Paris, qui donne le certain à Amsterdam, ne peut plus remettre qu'à 54 au lieu de 55 den. de gros, il y a perte (325);

Puisque Paris, qui donne l'incertain à Londres, peut tirer à 26 au lieu de 25 fr., il y a bénéfice (324).

Or, les changes de Hollande, ainsi que ceux d'Angleterre, étant en rapport direct, puisque la baisse produit la perte et la hausse le bénéfice, j'évaluerai ces deux quotités pour cent de perte et de bénéfice, au moyen des deux règles de Trois suivantes (173) :

	Prix fixés.	Différences.			
Rapports {	55 d. de gr.	: 1 d. de gr.	:: 100 :	$x = 1,81$ p. $\frac{0}{0}$	perte.
directs (a). {	25 francs	: 1 franc	:: 100 :	$x = 4,$ » p. $\frac{0}{0}$	bénéfice.

Excédant de bénéfice...... 2,19 p. $\frac{0}{0}$.

---

* (') Voyez la note de l'exemple précédent, et surtout remarquez bien que, comme la proportion est inverse ici, ce sont les deux changes fixés qui composent les deux moyens.

(a) C'est pour plus de brièveté dans l'opération que nous substituons, aux prix des changes qui ont varié, les différences qui existent entre le taux fixé et le nouveau taux. Ainsi, en adoptant pour capital arbitraire

Le bénéfice excédant la perte de 2,19 p. $\frac{o}{o}$, il en résulte que l'arbitrage peut avoir lieu et offre cette quotité pour cent même de bénéfice.

EXEMPLE XVII.

562. *Paris reçoit ordre de tirer sur Amsterdam à 55 den. de gros, et de remettre à Londres à 25 fr. par livre sterling; mais, à la réception de l'ordre, l'Amsterdam est à 56 den., et le Londres à 24 fr. : Paris peut-il exécuter cet ordre, nonobstant ces variations?*

Puisque Paris, qui donne le certain à Amsterdam, ne peut plus tirer qu'à 56 den. de gros au lieu de 55, il y a perte (323);

Puisque Paris, qui donne l'incertain à Londres, peut remettre à 24 au lieu de 25 fr., il y a bénéfice (326).

Or, les changes d'Amsterdam, ainsi que ceux de Londres, étant en rapport inverse, puisque la hausse produit la perte et la baisse le bénéfice, j'évaluerai ces deux quotités pour cent, au moyen des deux règles de Trois suivantes (174) :

	Prix qui ont varié.	Différences.				
Rapports	56 d. de gr.	: 1 d. de gr.	:: 100	: $x = 1,78$ p. $\frac{o}{o}$	perte.
inverses (*b*).	24 francs	: 1 franc	:: 100	: $x = 4,16$ p. $\frac{o}{o}$	bénéfice.

Excédant de bénéfice...... 2,38 p. $\frac{o}{o}$

Le bénéfice excédant la perte de 2,38 p. $\frac{o}{o}$, il en résulte que l'arbitrage peut avoir lieu, et présente cette même quotité pour cent de bénéfice.

EXEMPLE XVIII.

563. *Bordeaux doit tirer à 25 sous lubs par écu sur Hambourg, et remettre à Amsterdam à 55 den. de gros; mais, à la réception de l'ordre, le Hambourg est à 24 $\frac{1}{2}$ sous lubs, et l'Amsterdam à 53 den. : Bordeaux peut-il exécuter cet ordre, nonobstant ces variations?*

---

le nombre invariable 100, il en résulte qu'en prenant pour premier terme, dans toutes les proportions directes, le prix fixé de chaque change, ce nombre invariable 100, devenant alors la quantité relative de ce même prix du change, devra nécessairement former le 2ᵉ antécédent, soit le 3ᵉ terme de la proportion.

(*b*) C'est pour plus de brièveté dans l'opération que nous substituons, aux prix fixés des changes, les différences qui existent entre le taux fixé et le nouveau taux. Ainsi, si nous adoptons pour capital arbitraire le nombre invariable 100, et si nous prenons pour premier terme, dans toutes les proportions inverses, le prix de chaque change qui a varié, il en résultera que ce nombre invariable 100, devenant alors la quantité relative de cette différence, devra, conjointement avec cette même différence, former les deux moyens de la proportion.

Puisque Bordeaux, qui donne le certain à Hambourg, peut tirer à 24 ½ sous lubs au lieu de 25, il y a bénéfice (323);

Puisque Bordeaux, qui donne le certain à Amsterdam, ne peut plus remettre qu'à 53 au lieu de 55 den. de gros, il y a perte (325).

Or, les changes de Hambourg étant en raison inverse, puisque la baisse produit le bénéfice, et ceux d'Amsterdam étant, au contraire, en raison directe, puisque la baisse produit la perte, j'évaluerai ces deux quotités pour cent, au moyen des deux règles de Trois suivantes :

Rapport in-⎰ Prix qui a varié. Différences.
verse (174) (c) ⎱ 24 ½ s. lubs : ½ sou lub :: 100 : $x = 2,04$ p. $\frac{0}{0}$ bénéfice.

Rapport di-⎰ Prix fixé.
rect (173) (d) ⎱ 55 d. de gr. : 2 d. de gr. :: 100 : $x = 3,63$ p. $\frac{0}{0}$ perte.

$$\text{Excédant de perte}\dots\dots 1,59 \text{ p. } \tfrac{0}{0}.$$

La perte excédant le bénéfice de 1,59 p. $\frac{0}{0}$, il en résulte que l'arbitrage ne peut avoir lieu, attendu qu'il présenterait cette même quotité pour cent de perte.

EXEMPLE XIX.

564. *Amsterdam ordonne à Bordeaux de remettre à l'une des trois places suivantes, nonobstant les variations qui pourraient survenir : les prix fixés sont à 15 fr. sur Madrid, à 25 fr. 75 c. sur Londres, et à 24 ⅞ sous lubs sur Hambourg. A la réception de l'ordre, le Madrid est à 14 fr. 30 c., le Londres à 24 fr. 90 c., et le Hambourg à 25 ⅜ s. lubs : on demande à quelle place Bordeaux doit faire sa remise.*

D'après le principe fondamental du n° 326, il est prouvé que Madrid et Londres se sont bonifiés, et, d'après celui du n° 325, il l'est aussi que le Hambourg s'est amélioré.

Or, les changes de Madrid, ainsi que ceux de Londres, étant en raison inverse, puisque la baisse produit le bénéfice, et ceux de Hambourg étant en raison directe, puisque la hausse produit l'avantage, j'évaluerai ces diverses quotités pour cent, au moyen des trois proportions suivantes :

(c) Voyez la note *b* relative au dernier exemple.
(d) Voyez la note *a* relative à l'exemple xvi.

Prix qui ont varié. Différences.

Rapports in- { 14 fr. 30 c. : 0,70 :: 100 : $x = 4,90$ p. $\frac{0}{0}$ bénéfice. *Madrid.*
verses (174) (*e*) { 24   90   : 0,85 :: 100 : $x = 3,41$ p. $\frac{0}{0}$ *id.*   *Londres.*

Rapport di-
rect (173) (*f*) } $24\frac{7}{8}$ s. lubs : $\frac{1}{2}$ s. lub :: 100 : $x = 2,01$ p. $\frac{0}{0}$ *id.*   *Hamb.*

Bordeaux doit remettre à Madrid, attendu que c'est le change qui présente la plus grande quotité pour cent de bénéfice.

565. Pour les ordres composés de banque, il y a une autre méthode qui, sans être aussi courte, est peut-être préférable, en ce qu'elle est propre à mieux fixer les idées d'une certaine classe de lecteurs; la voici :

Formez autant de fractions qu'il y a de places, en donnant à chacune pour numérateur le plus bas prix du change, et pour dénominateur le plus haut prix; et lorsque la plus petite fraction représentera le bénéfice, l'ordre pourra s'exécuter avec avantage; mais lorsqu'au contraire elle représentera la perte, il ne pourra avoir lieu.

Ainsi, pour faire l'application de ce principe à l'exemple xix, je forme les deux fractions suivantes :

offre ...   Amsterdam $\frac{54}{58}$ détérioré (325),
demande ...   Londres... $\frac{25}{26}$ bonifié (324),

Et la plus petite fraction $\frac{25}{24}$ exprimant le bénéfice, j'en conclus que l'ordre peut s'effectuer.

Lorsqu'il ne sera pas aussi facile d'apercevoir quelle est la plus petite fraction, on les convertira en décimales. Ainsi, pour faire la même application à l'exemple précédent, où j'ai les trois fractions suivantes :

Madrid.... $\dfrac{14,30}{15,00}$ bonifié (326),

Londres... $\dfrac{24,90}{25,75}$ bonifié (326),

Hambourg. $\dfrac{199}{203}$ bonifié (325),

Je les convertis en décimales (94), en ayant soin de pousser l'exactitude jusqu'au troisième chiffre décimal, comme cela est nécessaire dans tous les cas semblables; et elles se trouvent transformées en celles-ci :

0,953 Madrid,
0,967 Londres,
0,980 Hambourg.

La fraction de Madrid étant évidemment la plus petite, j'en conclus que Bordeaux doit remettre sur cette place; conclusion qui s'accorde avec celle que nous a déjà fournie l'autre méthode, et qui sert en même temps de preuve à l'exactitude de l'opération.

Quand les changes représentent la perte au lieu du bénéfice, la plus grande fraction est celle qui laisse le moins de perte.

L'analyse de ce que nous venons de dire sur les arbitrages composés fournit les deux règles générales suivantes; savoir :

(*e*) Voyez la note *b* relative à l'exemple xvii.
(*f*) Voyez la note *a* relative à l'exemple xvi.

Ordres simples.

566. *Lorsque, pour compenser le désavantage résultant de la variation des changes, l'un doit baisser ou hausser précisément dans la même proportion que l'autre, ou, en d'autres termes, lorsque les rapports de ces changes sont directs, formez une règle de Trois, dont le 1er terme sera le prix fixé du change qui a varié; le second, le prix qui a varié; et le troisième, le prix de l'autre change : le 4e terme sera la solution de la question.* (Voyez l'application de ce principe dans les exemples xii et xiii.)

567. *Lorsque, pour compenser le désavantage résultant de la variation des changes, l'un doit baisser dans la proportion que l'autre a haussé, ou hausser dans la même proportion que l'autre a baissé; c. à d. lorsque les rapports de ces changes sont inverses, formez une règle de Trois, dont le 1er terme sera le prix du change qui aura varié, et les deux autres termes les prix fixés : le 4e terme sera la solution de la question.* (Voyez l'application de ce principe dans les exemples xiv et xv.)

Ordres composés.

568. Il faut commencer par évaluer la quotité pour cent de gain ou de perte de chaque change, et la différence de ces quotités indiquera si l'arbitrage peut avoir lieu, et de quelle manière il doit avoir lieu.

569. *Lorsque les rapports des changes sont directs, ou, en d'autres termes, lorsque la baisse produit la perte et la hausse l'avantage, il faut, pour trouver la quotité pour cent, multiplier 100 par la différence du prix fixé au prix qui a varié, et diviser le produit par le prix fixé.* (Voyez l'application de ce principe dans l'exemple xvi.)

570. *Lorsque les rapports des changes sont inverses, ou, en d'autres termes, lorsque la baisse produit l'avantage et la hausse la perte, il faut, pour trouver la quotité pour cent, multiplier 100 par la différence du prix fixé au prix qui a varié, et diviser le produit par le prix qui a varié.* (Voyez l'application de ce principe dans l'exemple xvii.)

De la Nécessité de ne pas négliger les restes de Divisions dans certains cas des Arbitrages.

571. Il est certains cas où il est important de ne pas négliger les restes de divisions, après être descendu aux seizièmes : l'exemple suivant va nous en fournir une preuve.

Les changes de Londres et d'Amsterdam étant à Hambourg à 12 marcs banco 13 $\frac{1}{2}$ sous lubs par liv. sterl., et à 35 florins pour 40 marcs banco, Pierre de Bordeaux écrit à Jacques de Paris de remettre sur-le-champ 50,000 marcs à Hambourg, en papier sur Londres ou sur Amsterdam, au mieux de ses intérêts.

On suppose le Londres à Paris à 25 fr., et l'Amsterdam à 54 den. de gros, au moment où l'ordre y parvient.

Jacques de Paris, dans l'intérêt de son correspondant, devra choisir, pour faire sa remise, celle des deux places intermédiaires qui établira le change indirect le plus élevé (325) : essayons donc ces deux voies (515).

Londres.	*Amsterdam.*
12 marcs 13 $\frac{1}{2}$ s. lubs $=$ 205 $\frac{1}{2}$ s. lubs.	1 écu : 54 d. de gros
25 fr. : 1 liv. sterl.	40 d. de gr. : 1 florin
1 liv. st. : 205 $\frac{1}{2}$ sous lubs	35 florins : 40 marcs b°
:: 3 fr. : x.	1 marc b° : 16 sous lubs
	:: 1 écu : x.
615	324
1 $\frac{1}{2}$	54
616 $\frac{1}{2}$ |25	864 |35
116 24 $\frac{10}{16}$ s. lubs $+\frac{14}{25}$	164 24 $\frac{10}{16}$ s. lubs $+\frac{34}{35}$
16 $\frac{1}{2}$	24
16	16
96	144
16	24
8	
264	384
14	34

Les deux places établissant 24 $\frac{10}{16}$ sous lubs, bien des personnes concluraient qu'il est égal de remettre à Hambourg du papier sur Londres ou sur Amsterdam. Cependant, si Jacques remet du Londres, je dis qu'il fera perdre à son correspondant plus de $\frac{1}{10}$ p. $\frac{0}{0}$; ce dont on pourrait s'assurer en comparant entre elles les deux fractions qu'on a négligées, et qui sont $\frac{14}{25}$ et $\frac{34}{35}$ de $\frac{1}{16}$ de sou lub. Mais, pour plus de simplicité, et pour mettre cette vérité à la portée de tout le monde et la rendre tout à fait palpable, effectuons l'opération par les deux voies.

Par Londres.

$$\left. \begin{array}{lll} 1 \text{ marc } b^{\circ} & : & 16 \text{ sous lubs} \\ 105\tfrac{1}{2} \text{ sous lubs} & : & 1 \text{ liv. sterl.} \\ 1 \text{ liv. sterl.} & : & 25 \text{ francs} \end{array} \right\} \; :: \; 50{,}000 \text{ marcs} \; : \; x = 97\,323 \text{ fr. } 60 \text{ c.}$$

Par Amsterdam.

$$\left. \begin{array}{lll} 10 \text{ marcs } b^{b} & : & 35 \text{ florins} \\ 1 \text{ florin} & : & 40 \text{ den. de gr.} \\ 54 \text{ den. de gr.} & : & 3 \text{ francs} \end{array} \right\} \; :: \; 50{,}000 \text{ marcs} \; : \; x = 97\,222 \qquad 22$$

Excès des débours par Londres...... 101 fr. 38 c.

Jacques de Paris ayant déboursé 101 fr. 38 c. de plus qu'il n'aurait fait s'il eût remis par Amsterdam, il en résulte qu'il a constitué gratuitement son correspondant en cette perte; ce qui fait plus de $\frac{1}{10}$ p. $\frac{0}{0}$, puisque ce $\frac{1}{10}$ p. $\frac{0}{0}$ ne serait que 97 fr. 22 c. Et cette faute vient de ce que, dans les fractions de seizième de sou lub que Jacques a négligées, celle d'Amsterdam, étant la plus grande, établissait le change indirect de Hambourg par cette dernière place plus haut que celui par Londres. On voit, par cet exemple, que de pareilles omissions, quoique fort légères en elles-mêmes, peuvent cependant devenir considérables lorsqu'il s'agit de fortes sommes. Il faut donc alors de deux choses l'une : ou avoir recours aux décimales, ou bien apprécier les fractions de seizième. Cette observation est commune aux deux premiers cas des arbitrages.

Résumé général relatif à la Méthode qui vient d'être exposée.

572. Quoiqu'il y ait autant de manières de résoudre les questions relatives aux spéculations sur les changes qu'il y a de places qui y figurent, ces sortes de problèmes sont presque aussi faciles que ceux des deux premiers cas des arbitrages ; car il ne s'agit jamais que de chercher le change indirect d'une place dont on considère l'action avec celle où elle se réalise. *Or, cette action sera toujours de tirer ou de remettre, ou l'équivalent de ces deux choses ; et, par conséquent, de vendre ou d'acheter des monnaies étrangères :* dès lors, tout se borne à appliquer au résultat de l'opération les conclusions

déjà établies (536 et 537), application qui devient d'autant
plus facile que le change indirect est toujours l'opposé du
change direct. Quand celui-ci est prix d'achat, le change
indirect est prix de vente ; et, quand le change direct est prix
de vente, le change indirect est prix d'achat.

Pour moi, j'ai adopté la manière qui m'a paru la plus naturelle, celle qui consiste à se fixer à l'action la plus directement
personnelle à celui qui arbitre : car il ne faut pas s'attacher
au simple énoncé de la question, dont la forme est sujette à
changer, mais bien au fond, qui est invariable. Ainsi, dans
l'exemple v, n° 539, Jacques remet et se fait remettre ; mais
la remise qu'il fait lui-même à Londres constitue une action
plus immédiate : aussi ai-je cherché le change indirect entre
Paris et Londres. Dans l'exemple x encore, Pierre se fait
remettre du Londres par Bilbao, place à laquelle il assigne
son remboursement sur Hambourg ; mais l'action de l'arbitrage, qui a plus particulièrement trait à Pierre, est la remise
qu'on lui fait du Londres : aussi ai-je cherché le change indirect entre Bordeaux et Londres.

Mais, au reste, quel que soit le change auquel on s'attache,
on retombe toujours, malgré soi, dans le même cercle. L'arbitrage de l'exemple vi, n° 540, dans lequel il y a quatre
places en jeu, va nous servir à en acquérir la preuve, et à
faire, en même temps, l'application de ce que j'ai avancé au
commencement du présent numéro sur le nombre de solu-
tions dont chacune de ces questions est susceptible. J'ai déjà
résolu celle-ci de deux manières différentes ; mais il ne tiendrait qu'à moi de chercher le change indirect entre Londres
et Amsterdam ; et comme Londres doit négocier l'Amsterdam
à 10 flor. 10 s. com. (qui valent 420 den. de gros), c. à d.
vendre, pour le compte de Jacques de Paris, des monnaies
d'une place étrangère à laquelle Paris donne le certain,
l'avantage doit se trouver dans le plus bas prix (536). Or,
puisque je sais déjà que l'arbitrage est avantageux, je suis
sûr d'avance que le prix du change indirect de Londres avec
Amsterdam, qui représente l'achat des florins, doit être plus
élevé. Je le cherche, et je trouve, en effet, qu'il est $442\frac{2}{10}$ den.
de gros, et qu'il laisse, par conséquent, $22\frac{2}{10}$ den. de gros de
bénéfice brut par livre sterling.

Je pourrais encore chercher le change indirect entre Londres et Madrid ; et comme Londres doit remettre à Jacques
du Madrid, pris à 38 den. sterl. par piastre, c. à d. acheter,

pour le compte de Jacques, des monnaies d'une place étrangère à laquelle ledit Londres donne l'incertain, l'avantage
doit se trouver dans le prix le plus bas (537). Je suis donc
sûr d'avance que le prix du change indirect de Londres avec
Madrid, qui représente le prix de vente des piastres, doit être
plus élevé. Je le cherche et je trouve, en effet, qu'il est 40 den.
st., et qu'il représente, par conséquent, 2 den. sterl. par
piastre de bénéfice brut.

On voit, d'après cet exposé, que, quel que soit le change
indirect auquel donne lieu la manière dont on envisage ces
sortes de questions, tout cela revient au même, parce que les
principes fondamentaux qui servent à conclure du gain ou
de la perte, et qui sont applicables au résultat de l'opération,
sont invariables. C'est pourquoi, je le répète pour la dernière
fois, il faut les méditer, encore les méditer, et toujours les
méditer; sans quoi, tout n'est que chaos; et il serait aussi
impossible à quelqu'un qui ne les aurait pas retenus et compris parfaitement, de raisonner un arbitrage, qu'à celui qui
ne saurait pas la multiplication des nombres simples entre
eux, de faire une multiplication composée.

Notions complémentaires sur les Arbitrages.

573. Nous venons d'exposer la méthode d'après laquelle il
convient de commencer par étudier les arbitrages, parce
qu'elle est tout à fait élémentaire et la plus propre, selon
nous, à mettre le lecteur en état de les bien approfondir.
Mais, comme les rapports qui servent de base à nos exemples
ne sont point accompagnés des cotes de change où ils sont
censés puisés, et qui seules renferment les élémens de toutes
sortes d'arbitrages, on pourrait se trouver embarrassé un
peu plus tard pour mettre ces matériaux en œuvre, c. à d.
pour appliquer notre théorie à la pratique. Et comme, d'un
autre côté, il est essentiel d'élaborer ces mêmes élémens contenus dans les bulletins des changes, de manière à éviter,
autant que possible, les essais inutiles, qui feraient perdre
un temps précieux, cette double considération nous a engagé
à indiquer les procédés d'exécution usités dans la banque,
au moyen desquels on est toujours sûr de découvrir, sans aucun tâtonnage, les voies les plus avantageuses d'effectuer les
diverses opérations cambistes.

Ces procédés d'exécution, les mêmes au fond que ceux que

nous venons de développer dans la première partie du présent chapitre, n'en diffèrent que dans la forme, ainsi qu'on va le voir tout à l'heure, puisque c'est toujours le change indirect qui est la base fondamentale de cette nouvelle manière d'opérer.

Supposons donc que Jacques de Paris soit débiteur ou créancier, à Londres, ou bien qu'il veuille s'assurer s'il ne pourrait pas faire avec cette dernière place quelque opération cambiste avantageuse.

Dans ces trois hypothèses, il commencera par comparer la cote de Paris avec celle de Londres, et cherchera le change indirect entre ces deux villes par les diverses places intermédiaires, de la manière suivante :

Cours des changes.

PLACES.	COURS DE PARIS.		COURS DE LONDRES.	
	PRIX INCERTAINS (¹).	PRIX CERTAINS,	PRIX INCERTAINS.	PRIX CERTAINS.
Londres..	23 francs p^r	1 liv. sterl.	*Paris.* 23 f. 10 c. p^r	1 liv. sterl.
Amsterd .	56 d. de g. p.	3 francs.	10$\frac{1}{2}$ flor. p.	1 liv. sterl.
Madrid ..	15 francs p.	1 pist. ch.	38 d. st. p.	1 piast. ch.
Hamb....	185 francs p.	100 marcs b°.	12$\frac{3}{8}$ m. b° p.	1 liv. sterl.
Lisbonne.	480 rées p.	3 francs.	64 den. st. p. 1000 rées.	

Change indirect de Paris avec Londres.

Par Amsterdam.	*Par Madrid.*
1 liv. sterl. : 420 den. de gros	1 liv. sterl. : 240 den. sterl.
56 den. de gr. : 3 francs	38 den. sterl. : 1 piastre
∴ 1 liv. st. : $x = 22$ fr. 50 c.	4 piastres : 1 pistole
	1 pistole : 15 francs
	∷ 1 liv. st. : $x = 23$ fr. 68 c.

(¹) Les cotes de change ne font presque jamais mention que des prix incertains; les autres sont sous-entendus une fois pour toutes. C'est pour soulager la mémoire que nous les avons indiqués. Nous nous sommes borné aussi à cinq places, pour simplifier d'autant l'état de la question.

<table>
<tr><td>Par Hambourg.</td><td>Par Lisbonne.</td></tr>
</table>

Par Hambourg.	*Par Lisbonne.*
1 liv. st. : 198 s. lubs b° (¹)	1 liv. sterl. : 240 den. sterling
16 s. lubs b° : 1 marc b°	64 den. st. : 1000 rées
100 marcs b° : 185 francs	480 rées : 3 francs
:: 1 liv. st. : $x = 22$ fr. 89 c.	:: 1 liv. st. : $x = 23$ fr. 44 c.

Récapitulation.

Change direct. . . . . 23 fr.	00 c.	
Change indirect par Amsterdam. 22	50	*(plus bas).*
Id. . . . . . par Madrid. . . 23	68	*(plus haut).*
Id. . . . . . par Hambourg. 22	89	
Id. . . . . . par Lisbonne. . 23	44	

PREMIÈRE CONCLUSION.

574. Paris donnant à Londres l'incertain, le change le plus haut lui est avantageux pour tirer, et le plus bas pour remettre (324 et 326). Ainsi, le change indirect par Madrid étant le plus élevé, et le change indirect par Amsterdam le plus bas, Paris doit prendre du papier sur Amsterdam à 56 den. de gros, le remettre à Londres, qui le négociera à $10\frac{1}{2}$ florins par livre sterling, et lui en fera le retour en papier sur Madrid à 38 den. sterl. par piastre ; lequel Madrid Paris négociera à 15 fr. la pistole.

575. La comparaison entre eux des deux changes indirects par Amsterdam et Madrid fait connaître la quotité pour cent de bénéfice de l'arbitrage. En effet, le premier de ces deux changes étant au second comme le terme 100 est à la quotité demandée, je trouverai cette même quotité dans le 4ᵉ terme de cette règle de Trois,

plus bas.   plus haut.

$$22\tfrac{19}{38} \text{ fr. (}^2\text{)} : 23\tfrac{26}{38} \text{ fr.} :: 100 \text{ fr.} : x,$$

qui est $105\frac{5}{19}$ fr.; c. à d. que l'arbitrage laisse $5\frac{5}{19}$ p. % (en dehors) de bénéfice brut, dont je n'ai qu'à déduire les frais pour avoir le bénéfice net.

Ce résultat $105\frac{5}{19}$ est le même que celui déjà obtenu, par un autre procédé, pour le même arbitrage qui fait la matière

---

(¹) $12\frac{3}{8}$ marcs banco font 198 sous lubs.
(²) Nous conservons ici la fraction ordinaire, afin d'avoir des résultats rigoureux, qui sont indispensables pour comparer les preuves.

de l'exemple vi, n° 541, et, par conséquent, ces deux manières d'opérer se servent réciproquement de preuve.

Toutes les fois que la place qui arbitre remet, le 4° terme doit être plus grand que 100, et, par conséquent, la différence doit être en dehors, puisque c'est 100 monnaies de son pays qu'elle commence par débourser, et que, bien entendu, il doit lui en rentrer une plus grande quantité pour qu'elle gagne.

576. Si Paris a besoin de se faire des fonds, il commencera par tirer sur Madrid, et remettra ensuite à Londres de l'Amsterdam pour faire les fonds à Madrid ; mais alors il lui en coûtera une commission de plus à Madrid.

577. La comparaison entre eux des deux changes indirects de Paris avec Londres par Madrid et par Amsterdam fait connaître la quotité pour cent de bénéfice de ce dernier arbitrage. En effet, le premier de ces deux changes étant au second comme le terme 100 est à la quotité demandée, je dois trouver cette même quotité dans le 4° terme de cette proportion,

plus haut.　　plus bas.

$23 \frac{26}{38}$ fr. : $22 \frac{19}{38}$ fr. :: 100 fr. : x,

qui est 95 fr.; c. à d. que l'arbitrage laisse 5 p. $\frac{0}{0}$ (en dedans) de bénéfice brut, dont je n'ai qu'à déduire les frais pour avoir le bénéfice net.

Ce résultat 95 fr. est le même que celui déjà obtenu par un autre procédé pour le même arbitrage qui fait la matière de l'exemple viii, n° 545, et, par conséquent, ces deux manières d'opérer se servent réciproquement de preuve.

Toutes les fois que la place qui arbitre tire, le 4° terme doit être plus petit que 100, et, par conséquent, la différence doit être en dedans, puisque c'est 100 monnaies de son pays qu'elle commence par recevoir, et que, bien entendu, elle doit en débourser une moins grande quantité pour y gagner.

SECONDE CONCLUSION.

578. Si Paris ne voulait point spéculer sur les changes, mais qu'il fût débiteur ou créancier à Londres ; dans le premier cas, il y remettrait de l'Amsterdam, et, dans le second cas, il se ferait remettre par Londres du papier sur Madrid.

579. *Actuellement les cours des changes demeurant les*

mêmes, je suppose seulement que le change direct sur Londres soit à Paris à 22 fr. au lieu de 23 fr.

Par les mêmes raisons déjà alléguées au n° 574, le change direct supposé à 22 fr. étant le plus bas, Paris remettra à Londres à 22 fr., et s'en fera faire les retours en papier sur Madrid à 38 den. sterl. par piastre ; lequel papier Paris négociera à 15 fr. la pistole. C'est le problème qui fait la matière de l'exemple y, n° 539, où nous avons vu que Jacques gagnait 1 fr. 44 c. nets par livre sterling.

580. Si Paris a besoin de se faire des fonds, il commencera par tirer sur Madrid, et remettra ensuite des livres sterling à Londres, pour faire des fonds à Madrid ; mais, alors, il lui en coûtera une commission de plus à Madrid.

581. Si Paris est débiteur à Londres, il y remettra directement du Londres même, à 22 fr. la livre sterling ; si, au contraire, il est créancier à Londres, il se fera remettre par cette place du papier sur Madrid.

582. *Les cours des changes demeurant toujours les mêmes, je suppose seulement que le change direct sur Londres soit à Paris à 24 fr. au lieu de 23 fr.*

Toujours par les mêmes raisons déjà alléguées au n° 574, le change direct supposé à 24 fr. étant le plus élevé, Paris commencera par tirer sur Londres à 24 fr., et y remettra en paiement de l'Amsterdam à 56 den. de gros, lequel papier Londres négociera à 10 ½ florins par livre sterling.

583. Si Paris est débiteur à Londres, il y remettra du papier sur Amsterdam ; si, au contraire, il est créancier à Londres, il tirera directement sur cette place pour son remboursement.

584. Je suppose actuellement que Paris veuille savoir s'il ne pourrait pas faire quelque spéculation sur les changes avec Amsterdam ; il comparera d'abord sa cote avec celle d'Amsterdam et cherchera le change indirect entre ces deux pays, par les diverses places intermédiaires, de la manière suivante :

Cours des changes.

PLACES.	COURS DE PARIS.		COURS D'AMSTERDAM.	
	PRIX INCERTAINS.	PRIX CERTAINS.	PRIX INCERTAINS.	PRIX CERTAINS.
Amsterd .	$55\frac{1}{2}$ d. de gr. p^r	3 francs.	Paris 55 florins p^{r}120 francs.	
Madrid...	15 francs p.	1 pist. ch.	95 d. de gr. p.	1 duc. ch.
Hamb....	185 francs p.	100 marcs b°	35 florins p.	40 m. b°
Londres..	24 francs p.	1 liv. st.	11 fl. 8$^{s com}$ p.	1 liv. st.
Vienne...	2 francs p.	1 florin.	28 florins p.	20 rixd.

Change indirect de Paris avec Amsterdam.

Par Madrid.

15 francs : 1 pistole
1 pistole : 1088 maravédis
375 marav. : 1 ducat
1 ducat : 95 den. de gros

:: 3 fr. : $x = 55\frac{2}{16}$ den. de gr.

Par Hambourg.

185 francs : 100 marcs b°
40 marcs b° : 35 florins
1 florin : 40 den. de gros

:: 3 fr. : $x = 56\frac{12}{16}$ d. de gros.

Par Londres.

24 francs : 1 liv. sterling
1 liv. st. : 456 den. de gros

:: 3 fr. : $x = 57$ den. de gros.

Par Vienne.

2 francs : 1 florin
3 florins : 2 rixd.
20 rixd. : 28 florins
1 florin : 40 den. de gros

:: 3 fr. : $x = 56$ den. de gros.

Récapitulation.

Change direct. . . . . 55 $\frac{8}{16}$
Change indirect par Madrid. . . . . 55 $\frac{2}{16}$ (plus bas).
Id. . . . . . . par Hambourg. . . 55 $\frac{12}{16}$
Id. . . . . . par Londres.. . . . 57 (plus haut).
Id. . . . . . par Vienne. . . . . 56 (¹)

(¹) Les cotes de change mentionnent ordinairement beaucoup plus de rapports que n'en contiennent les cotes de Paris et de Londres (pag. 430), et celles de Paris et d'Amsterdam ci-dessus, sur lesquelles nous venons d'opérer. Mais, quelque nombreux que soient ces rapports dans les *oul-*

PREMIÈRE CONCLUSION.

585. Paris donnant à Amsterdam le certain, le change le plus bas lui est avantageux pour tirer, et le plus haut pour remettre (323 et 325). Ainsi, le change indirect par Madrid étant le plus bas, et le change indirect par Londres le plus haut, Paris doit prendre du papier sur Londres à 24 fr. la livre sterling, le remettre à Amsterdam, qui le négociera à 11 flor. 8 s. com. par livre sterling, et lui en fera le retour en papier sur Madrid à 95 den. de gr. par ducat, lequel papier Paris négociera à 15 fr. la pistole.

586. La comparaison entre eux des deux changes indirects par Madrid et par Londres fait connaître la quotité p. $\frac{0}{0}$ de bénéfice de l'arbitrage. En effet, le premier de ces deux changes étant au second comme le terme 100 est à la quotité demandée, je dois trouver cette même quotité dans le 4e terme de cette règle de Trois,

Plus bas.Plus haut.

$$55 \tfrac{47}{375} \text{ den. de gr. } (^1) : 57 \text{ d. de gr. } :: 100 : x,$$

qui est 103 $\tfrac{109}{272}$; c. à d. que l'arbitrage laisse 3 $\tfrac{109}{272}$ p. $\frac{0}{0}$ (en dehors) de bénéfice brut, dont je n'ai qu'à déduire les frais pour avoir le bénéfice net.

(Même observation touchant le 4e terme de la règle de Trois, que celle contenue dans le dernier alinéa du n° 575, toutes les fois que la place qui arbitre remet.)

587. Si je veux résoudre cet arbitrage, semblable à celui de l'exemple VI, n° 540, par le procédé du n° 541, je trouve qu'en remettant à Amsterdam du Londres pour la valeur de 100 fr. que je débourse, je reçois 103 $\tfrac{109}{272}$ fr., et que, par conséquent, il y a un bénéfice brut, exprimé par la différence entre ces deux sommes, qui est 3 $\tfrac{109}{272}$ fr., résultat qui est le même que le précédent ; et, par conséquent, ces deux manières d'opérer se servent réciproquement de preuve.

---

letins ordinaires, ils ne font qu'allonger, et non compliquer l'opération. En pareil cas, au lieu de n'avoir, comme dans cette occasion, que quatre résultats arithmétiques, pour termes de comparaison, on en a huit, dix, plus ou moins, selon que les bulletins contiennent huit ou dix places ; voilà toute la différence : si nous nous sommes borné à quatre places, c'est pour rendre notre démonstration plus simple.

(^{1}) Nous conservons ici la fraction ordinaire, afin d'avoir des résultats rigoureux, qui sont indispensables pour comparer les preuves.

588. Si Paris a besoin de se faire des fonds, il commencera par tirer sur Madrid, et remettra ensuite du Londres à Amsterdam, pour faire les fonds à Madrid ; mais, alors, il lui en coûtera une commission de plus à Madrid.

589. La comparaison entre eux des deux changes indirects de Paris avec Amsterdam par Londres et par Madrid fait connaître la quotité p. % de bénéfice de ce dernier arbitrage. En effet, le premier de ces deux changes étant au second comme le terme 100 est à la quotité demandée, je dois trouver cette même quotité dans le 4e terme de cette règle de Trois,

Plus haut.   Plus bas.

57 den. de gr. : 55 $\frac{47}{375}$ den. de gr. :: 100 : x,

qui est 96 $\frac{32}{45}$; c. à d. que l'arbitrage laisse 3 $\frac{13}{45}$ p. % (en dedans) de bénéfice brut, dont je n'ai qu'à déduire les frais pour avoir le bénéfice net.

(Même observation touchant le 4e terme de la règle de Trois, que celle contenue dans le dernier alinéa du n° 577, toutes les fois que la place qui arbitre tire.)

590. Si je veux résoudre cet arbitrage par le procédé du n° 545, je trouve qu'en tirant sur Madrid pour la valeur de 100 fr. que je reçois, je ne débourse que 96 $\frac{32}{45}$ fr., et que, par conséquent, il y a un bénéfice brut, exprimé par la différence entre ces deux sommes, qui est 3 $\frac{13}{45}$; résultat qui est le même que le précédent, et auquel on n'a qu'à ajouter la totalité des frais pour avoir le bénéfice net ; et, par conséquent, ces deux manières d'opérer se servent réciproquement de preuve.

SECONDE CONCLUSION.

591. Si Paris ne voulait pas spéculer sur les changes, mais qu'il fût débiteur ou créancier à Amsterdam ; dans le premier cas, il y remettrait du Londres, et, dans le second, il se ferait remettre du papier sur Madrid.

592. *Actuellement, les cours des changes demeurant les mêmes, je suppose seulement que le change direct sur Amsterdam soit à Paris à 58 den. de gr., au lieu de 55 $\frac{1}{2}$.*

Par les mêmes raisons déjà alléguées au n° 585, le change direct, supposé à 58 den. de gros, étant le plus élevé, Paris doit remettre à Amsterdam à 58 den. de gros, et s'en faire

faire le retour en papier sur Madrid, à 95 den. de gros par ducat, lequel papier Paris négociera à 15 fr. la pistole.

593. Si Paris a besoin de se faire des fonds, il commencera par tirer sur Madrid, et remettra ensuite des florins à Amsterdam pour faire les fonds à Madrid; mais, alors, il lui en coûtera une commission de plus à Madrid.

594. Si Paris est débiteur à Amsterdam, il y remettra directement de l'Amsterdam même à 58 den. de gros; si, au contraire, il est créancier à Amsterdam, il se fera remettre par cette place du papier sur Madrid.

595. *Les cours des changes demeurant toujours les mêmes, je suppose seulement que le change direct sur Amsterdam soit à Paris à 54 den. de gros, au lieu de 55 $\frac{1}{2}$.*

Le change direct supposé à 54 den. de gros étant le plus bas, Paris, par les mêmes raisons déjà alléguées au n° 585, doit tirer sur Amsterdam à 54 den. de gros, et y remettre en paiement du Londres à 24 fr.; lequel papier Amsterdam négociera à 11 flor. 8 s. com. par livre sterling.

596. Si Paris est débiteur à Amsterdam, il y remettra directement du Londres; si, au contraire, il est créancier à Amsterdam, il tirera directement sur cette place à 54 den. de gros.

La méthode que nous venons d'exposer dans ces notions complémentaires se réduit à l'analyse suivante :

Résumé général relatif aux notions complémentaires sur les Arbitrages.

597. Nous passons tout de suite au troisième cas des arbitrages, car ce qui est relatif aux deux premiers est trop simple pour nous y arrêter un seul instant.

Lorsqu'on veut spéculer sur les variations des changes, on se borne le plus ordinairement à arbitrer avec une seule place. Ainsi, si une place quelconque, que nous désignerons par A, veut arbitrer avec n'importe quelle place, que nous appellerons B, la place A commence d'abord par chercher le change indirect entre elle et la place immédiate B, par toutes les places intermédiaires données. La comparaison de ces divers changes indirects lui faisant connaître, d'après les principes déjà établis (323 à 327), quelles sont les places médiates qui offrent le plus de bénéfice, tant pour les traites que pour les remises, la place A commence par remettre à la place B avec laquelle elle arbitre, du papier sur la place médiate qui ménage le plus grand avantage pour la remise, et s'en fait faire le retour sur la place médiate qui offre le plus de bénéfice pour la traite. (*Voyez l'application de ce principe*, n°s 574 et 585.)

Lorsque la place qui arbitre a besoin de se faire des fonds, elle commence par tirer sur la place médiate qui présente de l'avantage pour la traite ; elle prend ensuite du papier sur la place médiate qui offre du bénéfice pour la remise, et le remet à la place avec laquelle elle arbitre, pour payer le montant de sa traite. Mais, dans ce dernier cas, elle a une commission de plus à payer. (*Voyez l'application de ce principe*, n°s 576 et 588.)

·Si le change direct de la place A sur la place B est plus avantageux pour la traite, la place A commence par tirer sur la place immédiate B avec laquelle elle arbitre, et lui remet ensuite du papier sur la place médiate qui offre le plus de bénéfice pour la remise. (*Voyez l'application de ce principe*, n°s 582 et 595.)

Si le change direct est, au contraire, plus avantageux pour la remise, la place A commence par remettre directement à la place immédiate B, et s'en fait faire ensuite les retours sur la place médiate qui offre le plus de gain pour la traite. (*Voyez l'application de ce principe*, n°s 579 et 592.)

Lorsque la place qui arbitre a besoin de se faire des fonds, elle commence par tirer sur la place médiate qui offre de l'avantage pour la traite, et ensuite remet directement à la place immédiate avec laquelle elle arbitre, pour faire les fonds de sa traite à la place médiate. Mais, dans ce dernier cas, elle a une commission de plus à payer. (*Voyez l'application de ce principe*, n°s 580 et 593.)

Quant à la quotité p. ⁰⁄₀ de gain ou de perte des arbitrages, voici les règles générales pour la déterminer.

598. *Quand la place qui fait l'arbitrage tire ou se fait remettre, soit qu'elle donne le certain ou l'incertain, multipliez 100 par le plus bas prix du change, et divisez-en le produit par le plus haut prix.* (Voyez l'application de ce principe, n°s 576 et 577 d'une part, et 588 et 589 de l'autre.)

599. *Quand la place qui fait l'arbitrage remet ou fait tirer sur elle, soit qu'elle donne le certain ou l'incertain, multipliez 100 par le plus haut prix du change, et divisez le pro-*

duit par le plus bas prix. (Voyez l'application de ce principe, nᵒˢ 574 et 575 d'une part, et 585 et 587 de l'autre.)

De la nécessité d'étudier les arbitrages d'après le double système exposé dans le présent chapitre.

600. On sera peut-être étonné que je n'aie pas traité les arbitrages, uniquement d'après la méthode qui vient d'être exposée dans les notions complémentaires qui précèdent, puisqu'elle ne diffère que dans la forme de celle qui sert de base au travail du même genre contenu dans la première partie du présent chapitre.

Je répéterai d'abord, à cette occasion, ce que j'ai déjà dit au commencement du nᵒ 573, savoir : que la manière dont j'enseigne d'abord à étudier les arbitrages, en général, est beaucoup plus élémentaire et beaucoup plus propre, selon moi, à mettre le lecteur en état de bien approfondir la matière, tandis que la méthode indiquée dans les notions subséquentes, bien que la même, au fond, me paraît plus propre à fortifier sur la pratique que sur la théorie, et, par conséquent, à former plutôt des routiniers que de véritables calculateurs. Reste maintenant à prouver la justesse de cette dernière observation ; et je crois que j'y réussirai, si je parviens à démontrer, comme je vais essayer de le faire ci-après, qu'il suffirait de changer l'énoncé d'une question de ce genre pour embarrasser, et pour mettre souvent hors d'état de la résoudre, celui qui n'aurait appris les arbitrages que d'après les notions complémentaires.

Supposons donc que Jean de Paris soit dans ce dernier cas, et qu'il veuille savoir s'il ne pourrait pas faire avec Londres quelque spéculation avantageuse sur les changes. Pour en juger, il comparera d'abord entre elles les deux cotes de Paris et de Londres, ainsi que nous l'avons fait (573), et il conclura ensuite de cette comparaison (574) qu'il y a de l'avantage pour lui à prendre du papier sur Amsterdam à 56 den. de gros par écu, de le remettre à Londres pour y être négocié à 10 ¼ florins par liv. sterl., et en avoir les retours en papier sur Madrid à 38 den. sterl. par piastre, lequel papier Paris négociera à 15 fr. la pistole. Or, cette conclusion n'est autre chose que la solution de l'arbitrage qui fait la matière de l'exemple vi (540), lequel exemple est conçu en ces termes :

Jacques de Paris aurait-il du profit ou de la perte à re-
mettre à Londres du papier sur Amsterdam pris à Paris à
56 den. de gros par écu, pour y être négocié à 10 florins 10 sous
communs par liv. sterl., et en avoir les retours sur Madrid à
38 den. sterl. par piastre, en supposant le Madrid à Paris à
15 fr. la pistole.

Maintenant, supposons qu'au lieu de mettre les cotes de
Paris et de Londres sous les yeux de Jean, on lui propose
l'arbitrage ci-dessus isolément.

Eh bien ! je maintiens que Jean qui, nous le répétons, est
censé ne connaître que la méthode exposée dans les notions
complémentaires, sera fort embarrassé de résoudre cette
question : car, comme il y a ici quatre places en jeu, ce problème, ainsi que nous l'avons expliqué (572), est susceptible
de quatre modes de solution différens. Mais, en admettant
que Jean découvre l'un de ces modes, celui que nous avons
nous-même adopté (540), lequel consiste à chercher le
change indirect entre Paris et Amsterdam, je prétends que
de nouvelles difficultés l'attendent encore après la réduction
de la conjointe, parce que, habitué qu'il est à envisager les
arbitrages sous un autre point de vue, il ne saura quelle conclusion tirer du résultat de son calcul.

Lorsqu'on s'accoutume, au contraire, à rapporter toutes
les spéculations sur les changes à leur essence véritable,
c. à d. à l'achat et à la vente des monnaies étrangères exprimées dans les lettres de change, il ne peut jamais y avoir
ni incertitude ni embarras en quoi que ce soit, et pour éviter
des redites inutiles, nous renvoyons le lecteur à ce que nous
avons dit, à ce sujet, au nº 572.

Cette dernière manière de raisonner les spéculations sur
les changes, et de les rapporter à l'achat et à la vente des
monnaies étrangères dont les lettres de change sont le signe
représentatif, m'appartient en propre, puisque je suis le
seul auteur qui ait mis cette méthode en avant. Mais c'est
parce que j'ai senti qu'elle ne répondait pas à tous les besoins
de la pratique, que je l'ai fait suivre de celle exposée (573
à 600). Cette dernière méthode est donc le complément nécessaire de l'autre.

Au surplus, ma méthode a encore cet avantage, que, dans
beaucoup de cas particuliers, elle dispense de recourir au
procédé usité dans la banque, toujours fort long de sa nature, puisqu'il faut épuiser, dans les calculs qu'il nécessite,

tous les rapports indiqués dans les cotes des deux places choisies pour pivot de l'arbitrage. En effet, si, d'une part, on ne voit pas d'abord ce qui, dans mon système, fait découvrir la source de la spéculation, il n'en est pas moins vrai pourtant que la pratique conduit bientôt à cette découverte, et voici comment.

Quand on a eu occasion de calculer les arbitrages, pendant un temps moral, d'après le procédé usité dans la banque, on a bien casé dans la tête les prix qui établissent le pair réciproque des changes des principales places de commerce, attendu que, dans les temps ordinaires, les cours tendent toujours à se rapprocher de ce pair. C'est précisément par cette raison que, lorsque cet équilibre vient à se rompre, les calculateurs, habitués déjà au procédé *pratique,* profitent de cet écart des changes pour en faire surgir un arbitrage, dont la pose d'une conjointe suffit seule pour leur faire apprécier l'utilité. On sent fort bien, dès lors, que plus on aura acquis d'expérience dans ce procédé pratique, et plus on trouvera d'occasions de s'en passer, tandis que celui qui n'en connaît pas d'autre sera toujours forcé d'épuiser un grand nombre de combinaisons, pour en découvrir une avantageuse.

OBSERVATION.

Il va sans dire que les six tables suivantes sont applicables aux arbitrages, tout aussi bien qu'aux changes étrangers. Si je n'en ai pas fait usage dans le cours de ce chapitre, c'est que j'ai choisi des exemples qui, par la simplicité des rapports composans, ne donnent point lieu à des multiplications et divisions complexes ; et cela, afin de faciliter les démonstrations, et ne pas détourner l'attention du lecteur de l'objet principal. En effet, dans les arbitrages, le calcul n'est que l'instrument, et la manière de l'établir, et les conclusions à en tirer, constituent seules la *méthode* ou, si l'on aime mieux, la partie scientifique ; tandis que, dans les changes directs, où il ne s'agit purement et simplement que de la réduction réciproque des monnaies de deux pays, le mécanisme et le perfectionnement du calcul, au contraire, sont tout. Au surplus, comme dans la pratique on ne peut pas choisir les rapports composans qui sont nécessairement donnés par l'état de la question, on fera fort bien d'employer nos tables, dans les arbitrages, toutes les fois que l'occasion s'en présentera.

PREMIÈRE TABLE.

ANGLETERRE, ESPAGNE, LIVOURNE et SUISSE.

Réduction des Sous et Deniers de la Livre Sterling d'Angleterre, de la Livre catalane et de la Livre suisse, de la Piastre de change de Livourne et de celle d'Espagne, en millièmes de la Livre et de la Piastre.

Nota. La Livre et la Piastre valent 20 Sous de 12 Deniers chacun, ou 240 Deniers;
1 Sou = 0,050 de Livre juste, et 1 denier = 0,004166 de Livre.

DENIERS.

SOUS.	0	1	2	3	4	5	6	7	8	9	10	11
0	000	004	008	012	017	021	025	030	033	037	042	046
1	050	054	058	062	067	071	075	080	083	087	092	096
2	100	104	108	112	117	121	125	130	133	137	142	146
3	150	154	158	162	167	171	175	180	183	187	192	196
4	200	204	208	212	217	221	225	230	233	237	242	246
5	250	254	258	262	267	271	275	280	283	287	292	296
6	300	304	308	312	317	321	325	330	333	337	342	346
7	350	354	358	362	367	371	375	380	383	387	392	396
8	400	404	408	412	417	421	425	430	433	437	442	446
9	450	454	458	462	467	471	475	480	483	487	492	496
10	500	504	508	512	517	521	525	530	533	537	542	546
11	550	554	558	562	567	571	575	580	583	587	592	596
12	600	604	608	612	617	621	625	630	633	637	642	646
13	650	654	658	662	667	671	675	680	683	687	692	696
14	700	704	708	712	717	721	725	730	733	737	742	746
15	750	754	758	762	767	771	775	780	783	787	792	796
16	800	804	808	812	817	821	825	830	833	837	842	846
17	850	854	858	862	867	871	875	880	883	887	892	896
18	900	904	908	912	917	921	925	930	933	937	942	946
19	950	954	958	962	967	971	975	980	983	987	992	996

DEUXIÈME TABLE.

AMSTERDAM.

Réduction des Sous communs et Pennings en millièmes de Florin.

Nota. Le Florin d'Amsterdam vaut 20 Sous communs de 16 Pennings chacun, ou 320 Pennings ;

1 Sou commun = 0,050 de Florin, et un Penning = 0,003125 de Florin.

PENNINGS.

SOUS COMMUNS ou S'LUIVERS.	0	1	2	3	4	5	6	7	8	9	10	11	12	13	14	15
0	000	003	006	009	013	016	019	022	025	028	031	034	038	041	044	047
1	050	053	056	059	063	066	069	072	075	078	081	084	088	091	094	097
2	100	103	106	109	113	116	119	122	125	128	131	134	138	141	144	147
3	150	153	156	159	163	166	169	172	175	178	181	184	188	191	194	197
4	200	203	206	209	213	216	219	222	225	228	231	234	238	241	244	247
5	250	253	256	259	263	266	269	272	275	278	281	284	288	291	294	297
6	300	303	306	309	313	316	319	322	325	328	331	334	338	341	344	347
7	350	353	356	359	363	366	369	372	375	378	381	384	388	391	394	397
8	400	403	406	409	413	416	419	422	425	428	431	434	438	441	444	447
9	450	453	456	459	463	466	469	472	475	478	481	484	488	491	494	497
10	500	503	506	509	513	516	519	522	525	528	531	534	538	541	544	547
11	550	553	556	559	563	566	569	572	575	578	581	584	588	591	594	597
12	600	603	606	609	613	616	619	622	625	628	631	634	638	641	644	647
13	650	653	656	659	663	666	669	672	675	678	681	684	688	691	694	697
14	700	703	706	709	713	716	719	722	725	728	731	734	738	741	744	747
15	750	753	756	759	763	766	769	772	775	778	781	784	788	791	794	797
16	800	803	806	809	813	816	819	822	825	828	831	834	838	841	844	847
17	850	853	856	859	863	866	869	872	875	878	881	884	888	891	894	897
18	900	903	906	909	913	916	919	922	925	928	931	934	938	941	944	947
19	950	953	956	959	963	966	969	972	975	978	981	984	988	991	994	997

TROISIÈME TABLE.

FRANCFORT s/m, AUGUSTE, VIENNE et TRIESTE.

Réduction des Kreutzers et Pennings en millièmes de Florin.

NOTA. Le Florin de ces quatre places vaut 60 Kreutzers de 4 Pennings
chacun, ou 240 Pennings ;
1 Kreutzer = 0,01666 de Florin, et 1 Penning = 0,00416 de Florin.

PENNINGS.

KREUTZERS	0	1	2	3		KREUTZERS	0	1	2	3
0	000	004	008	012		0	000	004	008	012
1	017	021	025	029		30	500	504	508	512
2	033	037	041	045		31	517	521	525	529
3	050	054	058	062		32	533	537	541	545
4	067	071	075	079		33	550	554	558	562
5	083	087	091	095		34	567	571	575	579
6	100	104	108	112		35	583	587	591	595
7	117	121	125	129		36	600	604	608	612
8	133	137	141	145		37	617	621	625	629
9	150	154	158	162		38	633	637	641	645
10	167	171	175	179		39	650	654	658	662
11	183	187	191	195		40	667	671	675	679
12	200	204	208	212		41	683	687	691	695
13	217	221	225	229		42	700	704	708	712
14	233	237	241	245		43	717	721	725	729
15	250	254	258	262		44	733	737	741	745
16	267	271	275	279		45	750	754	758	762
17	283	287	291	295		46	767	771	775	779
18	300	304	308	312		47	783	787	791	795
19	317	321	325	329		48	800	804	808	812
20	333	337	341	345		49	817	821	825	829
21	350	354	358	362		50	833	837	841	845
22	367	371	375	379		51	850	854	858	862
23	383	387	391	395		52	867	871	875	879
24	400	404	408	412		53	883	887	891	895
25	417	421	425	429		54	900	904	908	912
26	433	437	441	445		55	917	921	925	929
27	450	454	458	462		56	933	937	941	945
28	467	471	475	479		57	950	954	958	962
29	483	487	491	495		58	967	971	975	979
30	500	504	508	512		59	983	987	991	995

QUATRIÉME TABLE.

BERLIN.

Réduction des Silbergros et Deniers de Berlin en millièmes de Rixdale.

Nota. La Rixdale de Berlin vaut 3o Silbergros de 12 Deniers chacun, ou 36o Deniers.

1 Silbergros = o,o3333 de Rixdale, et 1 Denier = o,oo2777 de Rixdale.

<table>
<tr><th rowspan="2">SILBERGROS.</th><th colspan="12">DENIERS.</th></tr>
<tr><th>0</th><th>1</th><th>2</th><th>3</th><th>4</th><th>5</th><th>6</th><th>7</th><th>8</th><th>9</th><th>10</th><th>11</th></tr>
<tr><td>0</td><td>000</td><td>003</td><td>006</td><td>008</td><td>011</td><td>014</td><td>017</td><td>019</td><td>022</td><td>025</td><td>028</td><td>031</td></tr>
<tr><td>1</td><td>033</td><td>036</td><td>039</td><td>041</td><td>044</td><td>047</td><td>050</td><td>052</td><td>055</td><td>058</td><td>061</td><td>064</td></tr>
<tr><td>2</td><td>067</td><td>070</td><td>073</td><td>075</td><td>078</td><td>081</td><td>084</td><td>086</td><td>089</td><td>092</td><td>095</td><td>098</td></tr>
<tr><td>3</td><td>100</td><td>103</td><td>106</td><td>108</td><td>111</td><td>114</td><td>117</td><td>119</td><td>122</td><td>125</td><td>128</td><td>131</td></tr>
<tr><td>4</td><td>133</td><td>136</td><td>139</td><td>141</td><td>144</td><td>147</td><td>150</td><td>152</td><td>155</td><td>158</td><td>161</td><td>164</td></tr>
<tr><td>5</td><td>167</td><td>170</td><td>173</td><td>175</td><td>178</td><td>181</td><td>184</td><td>186</td><td>189</td><td>192</td><td>195</td><td>198</td></tr>
<tr><td>6</td><td>200</td><td>203</td><td>206</td><td>208</td><td>211</td><td>214</td><td>217</td><td>219</td><td>222</td><td>225</td><td>228</td><td>231</td></tr>
<tr><td>7</td><td>233</td><td>236</td><td>239</td><td>241</td><td>244</td><td>247</td><td>250</td><td>252</td><td>255</td><td>258</td><td>261</td><td>264</td></tr>
<tr><td>8</td><td>267</td><td>270</td><td>273</td><td>275</td><td>278</td><td>281</td><td>284</td><td>286</td><td>289</td><td>292</td><td>295</td><td>298</td></tr>
<tr><td>9</td><td>300</td><td>303</td><td>306</td><td>308</td><td>311</td><td>314</td><td>317</td><td>319</td><td>322</td><td>325</td><td>328</td><td>331</td></tr>
<tr><td>10</td><td>333</td><td>336</td><td>339</td><td>341</td><td>344</td><td>347</td><td>350</td><td>352</td><td>355</td><td>358</td><td>361</td><td>364</td></tr>
<tr><td>11</td><td>367</td><td>370</td><td>373</td><td>375</td><td>378</td><td>381</td><td>384</td><td>386</td><td>389</td><td>392</td><td>395</td><td>398</td></tr>
<tr><td>12</td><td>400</td><td>403</td><td>406</td><td>408</td><td>411</td><td>414</td><td>417</td><td>419</td><td>422</td><td>425</td><td>428</td><td>431</td></tr>
<tr><td>13</td><td>433</td><td>436</td><td>439</td><td>441</td><td>444</td><td>447</td><td>450</td><td>452</td><td>455</td><td>458</td><td>461</td><td>464</td></tr>
<tr><td>14</td><td>467</td><td>470</td><td>473</td><td>475</td><td>478</td><td>481</td><td>484</td><td>486</td><td>489</td><td>492</td><td>495</td><td>4.9</td></tr>
<tr><td>15</td><td>500</td><td>503</td><td>506</td><td>508</td><td>511</td><td>514</td><td>517</td><td>519</td><td>522</td><td>525</td><td>528</td><td>531</td></tr>
<tr><td>16</td><td>533</td><td>586</td><td>539</td><td>541</td><td>544</td><td>547</td><td>550</td><td>552</td><td>555</td><td>558</td><td>561</td><td>564</td></tr>
<tr><td>17</td><td>567</td><td>570</td><td>573</td><td>575</td><td>578</td><td>581</td><td>584</td><td>586</td><td>589</td><td>592</td><td>595</td><td>598</td></tr>
<tr><td>18</td><td>600</td><td>603</td><td>606</td><td>608</td><td>611</td><td>614</td><td>617</td><td>619</td><td>622</td><td>625</td><td>628</td><td>631</td></tr>
<tr><td>19</td><td>633</td><td>636</td><td>639</td><td>641</td><td>644</td><td>647</td><td>650</td><td>652</td><td>655</td><td>658</td><td>661</td><td>664</td></tr>
<tr><td>20</td><td>667</td><td>670</td><td>673</td><td>675</td><td>678</td><td>681</td><td>684</td><td>686</td><td>689</td><td>692</td><td>695</td><td>698</td></tr>
<tr><td>21</td><td>700</td><td>703</td><td>706</td><td>708</td><td>711</td><td>714</td><td>717</td><td>719</td><td>722</td><td>725</td><td>728</td><td>731</td></tr>
<tr><td>22</td><td>733</td><td>736</td><td>739</td><td>741</td><td>744</td><td>747</td><td>750</td><td>752</td><td>755</td><td>758</td><td>761</td><td>764</td></tr>
<tr><td>23</td><td>767</td><td>770</td><td>773</td><td>775</td><td>778</td><td>781</td><td>784</td><td>786</td><td>789</td><td>792</td><td>795</td><td>798</td></tr>
<tr><td>24</td><td>800</td><td>803</td><td>806</td><td>808</td><td>811</td><td>814</td><td>817</td><td>819</td><td>822</td><td>825</td><td>828</td><td>831</td></tr>
<tr><td>25</td><td>833</td><td>836</td><td>839</td><td>841</td><td>844</td><td>847</td><td>850</td><td>852</td><td>855</td><td>858</td><td>861</td><td>864</td></tr>
<tr><td>26</td><td>867</td><td>870</td><td>873</td><td>875</td><td>878</td><td>881</td><td>884</td><td>886</td><td>889</td><td>892</td><td>895</td><td>898</td></tr>
<tr><td>27</td><td>900</td><td>903</td><td>906</td><td>908</td><td>911</td><td>914</td><td>917</td><td>919</td><td>922</td><td>925</td><td>928</td><td>931</td></tr>
<tr><td>28</td><td>933</td><td>936</td><td>939</td><td>941</td><td>944</td><td>947</td><td>950</td><td>952</td><td>955</td><td>958</td><td>961</td><td>964</td></tr>
<tr><td>29</td><td>967</td><td>970</td><td>973</td><td>975</td><td>978</td><td>981</td><td>984</td><td>986</td><td>989</td><td>992</td><td>995</td><td>998</td></tr>
</table>

CINQUIÈME TABLE.

HAMBOURG.

Réduction des Sous et Deniers lubs de Hambourg en millièmes de Marc banco.

Nota. Le Marc banco de Hambourg vaut 16 Sous lubs de 12 Deniers chacun, ou 192 Deniers lubs;

1 Sou lub = 0,0625 juste de Marc, et 1 Denier = 0,005208 de Marc.

	DENIERS LUBS.											
SOUS LUBS ou SCHELLINGS.	0	1	2	3	4	5	6	7	8	9	10	11
0	000	005	010	016	021	026	031	036	042	047	052	057
1	062	068	073	079	084	089	094	099	105	110	115	120
2	125	130	135	141	146	151	156	161	167	172	177	182
3	188	193	198	204	209	214	219	224	230	235	240	247
4	250	255	260	266	271	276	281	286	292	297	302	307
5	313	318	323	329	334	339	344	349	355	360	365	370
6	375	380	385	391	396	401	406	411	417	422	427	432
7	438	443	448	454	459	464	469	474	480	485	490	495
8	500	505	510	516	521	526	531	536	542	547	552	557
9	563	568	573	579	584	589	594	599	605	610	615	620
10	625	630	635	641	646	651	656	661	667	672	677	682
11	688	693	698	704	709	714	719	724	730	735	740	747
12	750	755	760	766	771	776	781	786	792	797	802	807
13	813	818	823	829	834	839	844	849	855	860	865	870
14	875	880	885	891	896	901	906	911	917	922	927	932
15	938	943	948	954	959	964	969	974	980	985	990	995

SIXIÈME TABLE (complémentaire).

Réduction en Décimales de quelques Fractions ordinaires usitées dans les Cotes de Change des diverses Places de commerce de l'Europe.

TIERS.	SIXIÈMES.	SEIZIÈMES.
$1/3 = 0,333$	$1/6 = 0,167$	$1/16 = 0,063$
$2/3 \quad 0,667$	$2/6 \quad 0,333$	$2/16 \quad 0,125$
	$3/6 \quad 0,500$	$3/16 \quad 0,183$
QUARTS.	$4/6 \quad 0,667$	$4/16 \quad 0,250$
	$5/6 \quad 0,833$	$5/16 \quad 0,313$
		$6/16 \quad 0,375$
$1/4 = 0,250$	**HUITIÈMES.**	$7/16 \quad 0,438$
$2/4 \quad 0,500$		$8/16 \quad 0,500$
$3/4 \quad 0,750$		$9/16 \quad 0,563$
	$1/8 = 0,125$	$10/16 \quad 0,625$
CINQUIÈMES.	$2/8 \quad 0,250$	$11/16 \quad 0,688$
	$3/8 \quad 0,375$	$12/16 \quad 0,750$
	$4/8 \quad 0,500$	$13/16 \quad 0,813$
$1/5 = 0,200$	$5/8 \quad 0,625$	$14/16 \quad 0,875$
$2/5 \quad 0,400$	$6/8 \quad 0,750$	$15/16 \quad 0,938$
$3/5 \quad 0,600$	$7/8 \quad 0,875$	
$4/5 \quad 0,800$		

De l'utilité de cette Table.

Quoique, ainsi que nous l'avons vu dans la première partie de ce chapitre, l'unité principale des monnaies de change des diverses places de l'Europe soit subdivisée en unités de plus petite espèce dont chacune a un nom particulier, cependant il arrive assez fréquemment que, dans les cotes de change, on substitue à ces dernières unités les fractions ordinaires comprises dans la table ci-dessus. C'est précisément à remplacer avec avantage, dans tous les cas pareils, les cinq tables précédentes qu'est destinée celle-ci. Nous nous bornerons à donner ici deux exemples de ces sortes de cas, relatifs, le premier, au change de Berlin avec Hambourg, et le second, à celui de Cadix avec Lisbonne.

Ainsi, au lieu de coter le Hambourg en rixdales, et en subdivisions spéciales de la rixdale, qui sont les silbergros et les deniers, Berlin cote parfois ce change en rixdales, et en *tiers* ou en *quarts* ou en *huitièmes*, etc., de la rixdale ; c'est à dire que, sur le bulletin de Berlin, Hambourg est coté, par ex., tantôt à $152\frac{2}{3}$, tantôt à $152\frac{5}{8}$ rixdales, pour 300 marcs banco.

Lorsque le change de Hambourg est coté à Berlin de cette dernière manière et au prix de $152\frac{5}{8}$ rixdales, on serait obligé, sans le secours de la table ci-dessus, de transformer d'abord les $\frac{5}{8}$ de rixdale en 18 silbergros et 9 deniers, en basant son calcul sur les subdivisions de la rixdale indiquée en tête de la 4e table, et puis de chercher, dans ladite table, l'équivalent de ces 18 silberg. 9 den. en millièmes de la rixdale, qui est 0,625 (1). Au lieu de cela, il suffit de chercher purement et simplement dans la table ci-dessus la valeur de la fraction $\frac{5}{8}$, que l'on trouve être également 0,625. Ce moyen, comme on voit, est plus simple et bien plus court en même temps.

Pareillement, au lieu de coter le Livourne en piastres de change et en sous et deniers, qui en sont les subdivisions spéciales, Cadix le cote parfois en piastres, et puis tantôt en *quarts*, tantôt en *cinquièmes*, et tantôt en *sixièmes*, etc., de piastre ; c. à d. que Cadix cote le Livourne, par ex., ou à $132\frac{2}{5}$, ou à $132\frac{5}{6}$ piast. de change pour 100 piast. de Livourne.

Supposons le change de Livourne coté à Cadix de cette dernière manière, et au prix de $132\frac{5}{6}$ piastres ; au lieu de calculer, d'après les subdivisions de la piastre indiquée dans la 1re table, que $\frac{5}{6}$ de piast. font 16 sous 8 den., et puis d'y chercher l'équivalent de ces 16 sous 8 den. en millièmes de piast., qui est 0,833, il est bien plus simple et bien plus court en même temps de chercher dans la présente table la valeur de la fraction $\frac{5}{6}$ en décimales, que l'on trouve être également de 0,833.

____

(1) Comme il n'y a d'usitées, dans le commerce (la fraction $\frac{1}{7}$ exceptée), que les sept espèces de fractions ordinaires comprises dans la présente table, il s'ensuit que les sous-multiples de l'unité principale des diverses monnaies de change ne peuvent être remplacés par lesdites fractions que lorsque celles-ci expriment exactement la valeur desdits sous-multiples.

18 silbergros 9 deniers, par exemple (voyez la 4e table), peuvent être transformés en $\frac{5}{8}$ de rixdale, parce qu'ils valent ensemble 225 deniers qui sont les $\frac{225}{360}$ d'une rixdale, et qu'en divisant les deux termes de cette fraction par 45, elle se réduit à $\frac{5}{8}$; mais 18 silbergros 10 deniers ne peuvent s'exprimer par aucune des fractions ordinaires comprises dans la table ci-dessus, parce qu'ils équivalent à $\frac{226}{360}$ de la rixdale, et que, les deux termes de cette dernière fraction n'étant divisibles que par 2, son expression la plus simple est $\frac{113}{180}$.

FIN DE LA SECONDE ET DERNIÈRE PARTIE.

TABLE ALPHABÉTIQUE ET RAISONNÉE

DES MATIÈRES

CONTENUES DANS CET OUVRAGE.

Nota. Les chiffres indiquent les numéros des paragraphes, quand ils ne sont pas précédés du mot *page*.

G.

H.

monnaies effectives d'or et d'argent, et leur valeur *réelle* en francs, page 254. — Cours des changes, acceptations, usances, page 255.

— CHANGE de Hambourg avec Amsterdam, 435. —Avec Auguste (1er et 2e modes de change), 446. —Avec Berlin, 452. — Avec Cadix et Madrid, 422. —Avec Francfort S/M, 455. — Avec Gênes, 460. — Avec Genève, 468. — Avec Lisbonne et Porto (1er et 2e modes de change), 475. — Avec Livourne, 476. — Avec Milan, 477. — Avec Naples, 478. — Avec Paris et Marseille, 388. — Avec la France en général, 387. — Avec Saint-Pétersbourg, 479. —Avec Venise (1er et 2e modes de change), 480. — Avec Vienne (1er et 2e modes de change), 481. — Avec Trieste (1er et 2e modes de change), 482.

HOLLANDE. *Voyez* AMSTERDAM.

I.

INCERTAIN, prix du change, ou nombre variable des monnaies qu'une place donne à une autre, 320.

INTÉRÊT LÉGAL, fixé par notre Code à 5 p. % dans les transactions ordinaires, et à 6 p. % en matière de commerce, page 91.

INTÉRÊT SIMPLE, définition de cette espèce d'intérêt, 173, 216. —Méthode générique pour trouver l'intérêt d'une certaine somme pour un temps quelconque, à un taux donné, et règle générale y relative, 217, 218. — Abréviation de cette méthode par le moyen des *diviseurs fixes*, et règle générale y relative, 219, 220, 221. — Modification de la même méthode, applicable aux cas où les diviseurs, au lieu d'être des nombres entiers, sont des nombres fractionnaires, 230. — Deuxième méthode de résoudre les mêmes questions, en opérant par parties aliquotes, applicable aux cas où les diviseurs fixes sont des nombres entiers, 225. — Troisième méthode dite des *multiplicateurs ordinaires*, 227. —Quatrième méthode dite du *multiplicateur décimal*, 229. — Table contenant les *diviseurs* et les multiplicateurs *ordinaires* et *décimaux* tout préparés, page 132. — Divers exemples auxquels on a appliqué les quatre modes de solution fondamentaux ci-dessus, 233. — Moyen d'obtenir, sans le secours de la plume, des

résultats très approximatifs, pour les règles d'intérêt simple, 234, 235.

INTÉRÊTS COMPOSÉS (ACCUMULATION DES INTÉRÊTS SIMPLES), 239. — Moyen de trouver l'accroissement d'une certaine somme au bout d'un temps donné, en tenant compte des intérêts des intérêts, *ib.* — *Idem* de trouver combien vaut, argent comptant, une certaine somme payable au bout d'un temps donné, à un taux déterminé, *ib.*—Tables relatives à toutes les questions du même genre, pages 145 et 146.

J.

JOURS DE GRACE, délai de paiement accordé à l'accepteur d'une lettre de change. *Voyez*, pour les divers pays, chaque ville relative.

K.

KARAT, division de l'or dans l'ancien système monétaire, 188.

L.

LAINES D'ESPAGNE, règle de fausse position relative aux proportions à établir dans les prix de vente de leurs différentes espèces, 183.

LAUSANNE, 385. — Manière d'y tenir les écritures, *ib.* — Change avec Paris, *ib.*

LISBONNE, 365. — Monnaies effectives et de change, *ib.*—Manière d'y tenir les écritures, *ib.*—Tableau indiquant le titre et le poids *réels* des monnaies effectives d'or et d'argent, et leur valeur *réelle* en francs, page 268.—Cours des changes, acceptations, usances, *ib.*

—CHANGE de Lisbonne avec Amsterdam, 436. — Avec Cadix et Madrid, 423. — Avec Gênes (1er et 2e modes de change), 461. — Avec Hambourg (1er et 2e modes de change), 475.—Avec Livourne, 483. — Avec Londres, 408.— Avec Naples (1er et 2e modes de change), 484. — Avec Paris, 389. — Avec Venise (1er et 2e modes de change), 485. — Avec Vienne, 486. — Avec Trieste (1er et 2e modes de change), 487.

LIVOURNE, 349.—Monnaies effectives et de change, 350. — Manière d'y tenir les écritures, *ib.* — Tableau indiquant le titre et le poids *réels* des monnaies effectives d'or et d'argent

M.

FIN DE LA TABLE ALPHABÉTIQUE.

ERRATA.

Page 63, ligne 5, *au lieu de* n'est pas, *lisez* est aussi.

Page 75, colonne des nombres relative à la réduction des mètres carrés en toises carrées, *au lieu de* 1, 3, 3, *lisez* 1, 2, 3.

Page 80, dernier mot de la ligne 27, *au lieu de* mètres, *lisez* toises.

Page 81, dernier mot de la ligne 5, *au lieu de* toises, *lisez* mètres.

Page 111, ligne 25, *au lieu de* en change, *lisez* au change.

Page 126, ligne 27, *au lieu de* son premier nombre, *lisez* son premier membre.

Page 242, ligne 25, *au lieu de* pour 1 liv. autr., *lisez* pour 5 liv. autr.

Page 252, ligne 11 d'en bas, *au lieu de* 99½ flor. eff., *lisez* 99 ½ flor. de change, pour la place de Francfort seulement.

Page 340, dernière ligne, *au lieu de* 443, 400 et 375, *lisez* 443, 401 et 375.

ABRÉVIATIONS.

Art.	Article.
Ordonn.	Ordonnance.
Circ.	Circulaire.
Déc. minist.	Décision ministérielle.
Arr. de cass.	Arrêt de la Cour de Cassation.
Déc. admin.	Décision administrative.
Lett. admin.	Lettre administrative.
Tar. off.	Tarif officiel.
Circ. manus.	Circulaire manuscrite.
Rég.	Réglement.
Jug.	Jugement.
Supp.	Supplément.

OUVRAGES DU MÊME AUTEUR

QUI SE TROUVENT CHEZ LE MÊME LIBRAIRE.

PRINCIPES ÉLÉMENTAIRES DES EMPRUNTS PUBLICS et de leur amortissement, précédés de notions générales et spéciales sur la dette publique ; *nouvelle édition*. Paris, 1839. 4 fr.

COUP D'OEIL SUR LES ASSURANCES SUR LA VIE DES HOMMES, suivi de la comparaison des deux modes d'assurances *mutuelles* et à *primes* contre l'incendie, etc. ; *quatrième édition*. 1825. 3 fr.

AVANTAGES DE LA CAISSE D'ÉPARGNE, rendus sensibles par divers exemples du résultat de ses opérations, accompagnés de 4 tableaux pour connaître le produit de toute espèce de placements. 1826, in-8. 2 fr. 5o c.

TRAITÉ THÉORIQUE ET PRATIQUE sur les monnaies, suivi d'un tableau indiquant le titre, le poids et les valeurs des monnaies d'or et d'argent de tous les pays ; *troisième édition*. 1834, 1 vol. in-8. 2 fr. 5o c.

———

EDMOND DÉGRANGE. La tenue des livres rendue facile, ou nouvelle méthode d'enseignement de la tenue des livres en simple et double partie, comprenant la manière de tenir les livres en double partie par le moyen d'un seul registre ; VINGTIÈME ÉDITION, augmentée de l'abrégé d'une méthode complète en partie mixte, de nouvelle invention, par Dégrange fils aîné. Paris, 1840, 1 vol. in-8. 5 fr.

FOISSY. Les tarifs décimaux depuis 1 jusqu'à 10,000. 1 gros vol. grand in-16 de 1,000 pages, 1840. 12 fr.

VIROLLE. Le guide des syndics, ou traité des faillites et banqueroutes. Paris, 1839, 1 vol. in-8. 6 fr.

Imprimerie de L. BOUCHARD-HUZARD, rue de l'Éperon, 7.

www.ingramcontent.com/pod-product-compliance
Ingram Content Group UK Ltd.
Pitfield, Milton Keynes, MK11 3LW, UK
UKHW020718120726
13693UKWH00001B/51